华北克拉通矽卡岩型富铁矿区域多层赋矿成矿效应和成矿机制

张保涛　李秀章　梅贞华　胡兆国◎著

中国石化出版社
·北京·

图书在版编目(CIP)数据

华北克拉通矽卡岩型富铁矿区域多层赋矿成矿效应和成矿机制 / 张保涛等著. — 北京 ：中国石化出版社，2025. 3. — ISBN 978-7-5114-7935-8

Ⅰ. P618. 31

中国国家版本馆 CIP 数据核字第 2025KV3410 号

中国石化出版社出版发行

地址：北京市东城区安定门外大街 58 号

邮编：100011　电话：(010)57512500

发行部电话：(010)57512575

http://www. sinopec-press. com

E-mail：press@ sinopec. com

宝蕾元仁浩(天津)印刷有限公司印刷

全国各地新华书店经销

*

787 毫米×1092 毫米 16 开本 21. 5 印张 439 千字

2025 年 3 月第 1 版　2025 年 3 月第 1 次印刷

定价：158. 00 元

编写委员会

主　任： 牛建华

副主任： 王文军　潘树仁　琚宜太　孙振波　高东旭

委　员： 田郁溟　王　健　张之武　陈贺起　姜晓平
梅贞华　谭延斌　王　春

主　编： 张保涛　李秀章　梅贞华　胡兆国

副主编： 孙　斌　杜利明　陈　磊　赵晓博　张　文

成　员： 胡加斌　胡创业　戴广凯　韩智昕　郝兴中
季志刚　王小玉　曹其琛　于晓卫　王　春
华　北　王巧云　柳　森　郭　伟　张修龙
徐　建　王宜元　王华青　刘　云　魏正宇
王继广　孙　峰　谭　森　葛瑞臣　陈　琦
李建委　郑岩岩　王铭远　徐广东　高　升
汪　云　韩进国　徐　坚　姬晴川　龚甲桂

序　一 / FOREWORD

铁矿作为国家战略性矿产，是国民经济和社会发展的重要物质基础。我国富铁矿资源匮乏，外采度居高不下。华北克拉通是我国矽卡岩型富铁矿资源基地，分布有多个富铁矿主产区。本专著是国家重点研发计划课题“华北克拉通矽卡岩型富铁矿定位技术与增储示范”的研究成果，是矽卡岩型富铁矿成矿理论和勘查技术研究的又一力作。

研究团队坚持“产学研用”相结合，基于对华北克拉通矽卡岩型富铁矿区域成矿地质背景、中生代侵入岩特征、矿体分布规律及关键控制因素、岩浆作用和成矿模式等研究，发现了岩溶对成矿的关键控制作用，创建了区域多层赋矿成矿模式和地质找矿模型，构建了岩浆作用与成矿效应理论模型，指导实现找矿突破。研究成果丰富和发展了矽卡岩型富铁矿成矿理论，对华北克拉通及其他具有相似成矿地质条件地区的成矿研究和勘查工作具有重要指导意义。

在成矿作用方面，专著系统阐述了岩溶对矽卡岩型富铁矿成矿的关键控制作用，揭示了岩溶、膏岩层等对成矿作用的制约机理，创新性地从地层学和岩溶地质学新视角提出了制约成矿的关键因素，为进一步研究提供了新思路。在成矿模式方面，揭示了区域多层赋矿与成矿规律，创建了成矿模式和找矿模型，提出华北克拉通发育 7 层潜在成矿空间，指明了未来勘查和找矿方向。岩浆作用与成矿效应方面，发现有利成矿的物理化学条件，提出成矿有利关键条件和地球化学找矿标志，从地壳重熔花岗岩(广义)成因理论视角构建了岩浆作用与成矿效应理论模型，解释了华北克拉通矽卡岩型富铁矿难以解释的复杂现象和诸多难题。在勘查技术方面，集成了“古岩溶+微动地震法+重磁电震联合反演+矿物地球化学”综合勘查技术方法体系，针对深覆盖区、矿集区、矿田等不同层次开展了成矿预测案例分析。

我欣喜地看到本书具有鲜明的特色：既有局部典型矿床的深入解剖，又有区域不同矿床形成分布规律的系统对比；既着眼于矿床学基本理论，又从其他学科视角进行审视；既利用先进的测试方法得到实验数据，又以详实的矿产勘查资料为基础；既重视理论创新，又坚持找矿实践。这种“宏观与局部结合、不同学科交叉审视、先进方法和传统手段并重、理论与实践并行”的研究思路，充分体现了作者严谨的治学态度和创新的科学思维。

希望专著能激励更多青年学者投身战略性矿产研究与勘查，也期待研究团队在富铁矿成矿理论和找矿技术方法方面持续攻关，取得更多创新性成果，为保障国家资源安全作出更大贡献。

中国科学院院士：

2025 年 8 月 5 日

序　二 / FOREWORD

矿产资源是国民经济发展的基石，铁矿是现代工业不可或缺的战略性资源。我国地域辽阔，地质构造复杂多样，形成了各具特色的区域性铁矿成矿带，但已查明的铁矿石资源中，大多数品位较低，开发成本相对较高，不具备国际市场竞争力。面对日益纷繁复杂的国际形势，作为全球铁矿石消费和进口大国，加强富铁矿成矿理论与勘查技术研究，查明并开发国内富铁矿资源，降低外采度，是保障资源供应安全的重要举措。

华北克拉通已发现有邯邢、莱芜等多处矽卡岩型富铁矿矿集区，区域内的铁矿床具有规模大、品位高、易采选等特点，已成为国内重要的铁矿勘查开发基地。中国冶金地质总局富铁矿研究团队聚焦华北地区典型矽卡岩型富铁矿床，深入研究其成矿地质背景，系统总结了构造、岩体、围岩地层特征与矿体富集规律，提出了岩溶、膏岩等对富铁矿形成的关键控制作用，创建了区域多层赋矿成矿模式和地质找矿模型，构建了地质—地球物理—地球化学综合勘查技术体系，成功指导了区内多处矿床勘查实现找矿突破。

课题组汇聚多年来在华北地区矽卡岩型富铁矿的勘查找矿经验与研究成果，形成了本专著。该专著既是产学研一体化的成果，更是理论指导实践，并在实践基础上得到丰富和发展的生动具现。对此，我深感欣慰，并向课题组表示祝贺！该专著的出版将有效指导华北克拉通矽卡岩型富铁矿床的勘查找矿工作，进一步扩大区内矿床规模，不断发现新的工业矿床，持续增加铁矿石资源储量。同时，该书对于国内其他地区同类型铁矿床的找矿勘查也具有指导和借鉴意义。

未来，随着大数据、云计算以及人工智能技术在地质勘查领域的深度应用，关于富铁矿成矿理论和勘查技术的研究成果也将更加丰富，期待这些成果能够指导国内不断发现可供开发的富铁矿床。

中国工程院院士：王运敏

2025 年 8 月 5 日

序　　三 / FOREWORD

矿产资源是国民经济安全平稳运行的"粮食"与"血液"。党的二十大胜利召开前夕，习近平总书记给山东地矿六队的重要回信，强调要大力弘扬优良传统、保障国家能源资源安全，推进新一轮找矿突破战略行动。为我国地质事业高质量发展指明了方向，提供了根本遵循。铁矿作为大宗战略性矿产资源，关系国家经济命脉。我国铁矿资源禀赋差，供需矛盾突出，外采度居高不下，安全保障形势异常严峻，新增大型富铁矿资源基地迫在眉睫。

冶金地质队伍的铁矿勘查历史悠久，在长期实践中，构建并验证了铁矿向斜(形)控矿理论与找矿模式，累计探明铁矿资源量逾400亿吨，为大冶、五台—吕梁、鞍本、冀东、邯邢及鲁中等大型铁矿资源基地建设夯实了资源基础。鲁中—鲁西是我国富铁矿重要资源基地，新一轮找矿突破战略行动启动以来，冶金地质队伍秉持初心、勇担使命，积极推进产学研用深度融合与协同创新，实现了成矿理论突破。该研究成果不仅得到华北克拉通邯邢、安林、淄博、莱芜、齐河—禹城等多个地区海量勘查数据的系统验证，更有效指导了华北克拉通域内多个富铁矿矿集区的勘查实践，助力实现找矿突破。

本专著系国家重点研发计划"华北克拉通矽卡岩型富铁矿定位技术与增储示范"课题、中国冶金地质总局综合研究项目"鲁中富铁矿成矿规律研究与找矿预测"的系统研究成果，形成三个方面的创新性认识：一是研究发现了岩溶是华北克拉通矽卡岩型富铁矿成矿的关键控制因素，提出了岩溶、膏岩等对成矿作用的制约机理，创建了区域多层赋矿成矿模式和地质找矿模型。二是首次通过锆石原位微区微量地球化学研究，揭示了古基底沉积变质型铁矿与矽卡岩型富铁矿的成矿耦合关系，构建了岩浆作用与成矿效应理论模型。三是研发了基于有限钻孔实现勘探矿产的方法，集成了"古岩溶+微动地震法+重磁电震联合反演+矿物地球化学"综合勘查技术方法体系。

一代又一代冶金地质人传承着不畏艰难、勇于探索的精神，本专著不仅承载着老一代冶金地质人的丰富经验，更融入了中青年一代在新时代背景下的创新思维与前沿技术应用。在此，向所有参与专著编纂、理论研究以及在找矿实践一线拼搏的工作者们致以最诚挚的敬意与感谢。希望冶金地质广大工作者深刻领悟习近平总书记重要指示批示精神，以更高的政治站位、更强的使命担当，加强科技创新，加大勘查力度，在新一轮找矿突破战略行动中勇挑重担，发挥更大作用，为我国地质事业再谱新篇，为国家经济社会的稳健发展筑牢坚实根基。

中国冶金地质总局党委书记：牛建华

2025 年 8 月 5 日

前　言 / PREFACE

铁矿资源是国民经济和社会发展的重要物质基础。我国铁矿资源丰富，但以贫矿为主，富铁矿资源相对匮乏，外采度较高。近年来，随着我国经济的持续快速发展，对铁矿资源的需求长期居高不下，寻找和开发富铁矿资源已成为当务之急。

华北克拉通是我国重要的矽卡岩型富铁矿资源基地聚集区，分布有邯邢、莱芜、淄博金岭、安林、齐河—禹城等多处富铁矿集区，具有规模大、品位高、易采选等特点，是国内富铁矿石供应的重要来源，具有重要的经济价值。但是，区内矿山企业资源接替形势严峻，已发现和开采的矿体普遍偏浅，多为500m埋深以浅。因资源枯竭而关停的矿山陆续出现，在产矿山迫切需求发现深部铁矿资源以补充后续产能。

然而，华北克拉通矽卡岩型富铁矿的成矿机制复杂，控矿因素多样，其成矿关键控制因素一直是科学研究的热点和难点，也是制约下一步找矿方向和实现找矿突破的关键。近年来，虽在成矿理论和成矿机制方面取得了丰硕成果，但仍未能解决找矿的关键科学问题，致使在找矿方向上存在理论研究瓶颈。矿体具体分布规律不清晰，精准的勘查技术方法体系未能有效建立，导致增储瓶颈期的到来，成为明晰下一步找矿方向和实现找矿突破的一大实际障碍。

本书以华北克拉通矽卡岩型富铁矿为研究对象，基于产学研合作，坚持成矿理论和找矿实践相结合，在系统总结前人研究成果的基础上，通过野外地质调查、室内测试分析、对比研究、典型矿床剖析等手段，对华北克拉通矽卡岩型富铁矿的区域成矿地质背景、中生代侵入岩特征、矿体分布规律及关键控制因素、岩浆作用和成矿模式等方面进行了深入研究，并开展了找矿模型构建和典型案例分析工作。经过近四年的系统研究攻关，取得重大突破，并在实际找矿活动中得到有效应用。通过研究，发现岩溶对华北克拉通矽卡岩型富铁矿成矿的关键控制作用，提出了岩溶、膏岩等对成矿过程的制约机理，创建了区域多层赋矿成矿模式和地质找矿模型；首次通过锆石原位微区微量地球化学研究等新方法，揭示了古基底沉积变质型铁矿与矽卡岩型富铁矿的成矿耦合关系，构建了岩浆作用与成矿效应理论模型及地质、地球物理、地球化学综合勘查技术方法体系。研究成果得到华北克拉通邯邢、安林、淄博、莱芜、齐河—禹城等地大量勘查资料的印证，并指导多个富铁矿矿集区实现找矿突破。

本书依托的科研和勘查项目为国家重点研发计划课题"华北克拉通矽卡岩型富铁矿定位技术与增储示范"，中国冶金地质总局综合研究项目"鲁中富铁矿成矿规律研究与找矿预测"，中国冶金地质总局山东局科研项目"淄博—莱芜富铁矿矿集区成矿规律与成矿预测研究"，山东 2020—2024 年省级地质勘查项目等，是国家重点研发计划课题"华北克拉通矽卡岩型富铁矿定位技术与增储示范"的重要成果之一。

本书是在中国冶金地质总局指导下，由中国冶金地质总局山东正元地质勘查院牵头山东省地质调查院共同完成。编写分工如下：前言，张保涛；第一章，张保涛、胡兆国、韩智昕；第二章，李秀章、张文、王继广、孙斌、张保涛、胡兆国；第三章，戴广凯、于晓卫、陈磊、张保涛、赵晓博、郭伟；第四章，韩智昕、赵晓博、季志刚、张文；第五章，张保涛、梅贞华、李秀章、姜晓平、胡兆国、王小玉、赵晓博、杜利明、胡加斌、柳森；第六章，张保涛、梅贞华、李秀章、胡加斌、赵晓博、胡创业；第七章，张保涛、杜利明、胡创业、赵晓博、曹其琛、胡加斌、季志刚、王春、王小玉；第八章，张保涛。全文由张保涛统稿完成。

本书是作者多年来对华北克拉通矽卡岩型富铁矿研究的系统性成果，旨在为华北克拉通矽卡岩型富铁矿的成矿理论研究、找矿勘查和资源评价提供科学依据。在本书编写过程中得到有关部门、单位和领导的大力支持和帮助，得到众多专家、学者和同行的指导，在此表示衷心感谢！由于作者水平有限，书中难免存在不足之处，敬请读者批评指正。

目　　录 / CONTENTS

第一章

绪 论

第一节　中国主要铁矿类型

铁矿是指含有可提炼出铁的化合物的岩石或沉积物。铁矿资源主要用于钢铁冶炼，是钢铁工业不可或缺的原材料，在国家重工业、基础建设、国防建设等众多领域有着巨大需求，其消耗量约占金属总消耗量的95%。目前技术条件下，具有工业利用价值的主要是磁铁矿、赤铁矿、磁赤铁矿、钛铁矿、褐铁矿、菱铁矿等。据统计，目前已经探明的世界铁矿石资源总储量约为1800×10^8t。其中，澳大利亚的铁矿石储量超过世界总量的25%，达530×10^8t，居世界第一；其次为巴西，铁矿石探明储量为348×10^8t，占世界总储量的19.4%；其他铁矿石资源国主要有俄罗斯、中国、乌克兰等。拥有高品质铁矿石资源的国家主要为澳大利亚、巴西、印度等。中国的铁矿石储量约为200×10^8t，虽然资源量规模大，但具有相对品位低、品质差、构造复杂、品种多、富矿少等特点，97.5%的矿石需要选矿后方能利用，由此导致我国铁矿石对外依赖度长期居高不下。

根据矿床成因，中国铁矿可划分为沉积变质型、岩浆型、矽卡岩型、火山岩型、沉积型和风化淋滤型6种。

（一）沉积变质型铁矿

沉积变质型铁矿是指由沉积作用或火山沉积作用并经过不同程度的区域变质作用而形成的矿床。这类铁矿床因沉积作用的差异可进一步划分为多种型式，主要包括海相火山沉积作用（如鞍山式铁矿床）、海底喷气沉积作用（如镜铁山式铁矿床）、海相碎屑沉积作用（如袁家村式铁矿床）、海相碎屑—碳酸盐沉积作用（如大栗子式铁矿床）等型式。

沉积变质型铁矿的形成过程主要包括以下两个步骤：一是沉积作用，即铁矿床最初是通过沉积作用形成的，包括海相火山沉积、海底喷气沉积、海相碎屑沉积、海相碎屑—碳酸盐沉积等；二是变质作用，即形成的铁矿床经过不同程度的区域变质作用，使其矿物成分和结构发生变化，最终形成沉积变质型铁矿。

沉积变质型铁矿床的主要特征如下。

（1）矿床规模大，但矿石品位较低。沉积变质型铁矿通常规模较大，矿体露出地表或浅部，易于开采，但品位较低，一般全铁品位为20%~40%。

（2）成矿时代一般为前寒武纪，尤其是太古代和古元古代。矿床绝对年龄以18亿至26亿年最普遍，最古老的已知矿床形成于距今地质年龄约30亿年前。

（3）主要分布于地台和地盾区的区域变质带中，不限于岩体附近，且与其无直接的成因联系，分布广泛，且在矿床范围内，变质程度一致，不具因变质程度差异而形成的分带。

（4）主要控矿因素包括含矿原岩建造和变质程度两个方面。

（5）矿石矿物主要有磁铁矿、假象赤铁矿等，脉石矿物主要有石英等。铁矿石具有很强的磁性和很高的密度，重磁异常明显。

在我国，沉积变质型铁矿是重要的铁矿类型之一，查明资源储量近 400×10^8t，约占全国铁矿已查明资源储量的 60%。在区域上，主要分布于吉林东南部、辽宁鞍山—本溪、冀东、北京密云、晋北、内蒙古南部、豫中、鲁中、皖西北、江西新余、陕西汉中、湘中等地。

（二）岩浆型铁矿

岩浆型铁矿是指由岩浆活动及伴随的一系列地质作用形成的铁矿床，与基性、超基性岩浆侵入活动关系密切。岩浆型铁矿通常富含钒和钛，因此亦被称为钒钛磁铁矿。其形成与岩浆的结晶分异作用密切相关，矿体形态多样，其矿石成分与母岩同质但不同量。

岩浆型铁矿主要通过岩浆的结晶分异作用形成，即在岩浆冷却过程中，富含铁的矿物如磁铁矿、钛铁矿等从岩浆中结晶析出，形成矿体。

岩浆型铁矿床的主要特征如下。

（1）以钒钛磁铁矿为主，矿石成分与母岩同质不同量，富含钒、钛等元素。矿石矿物主要为磁铁矿和钛铁矿，脉石矿物以造岩矿物为主。

（2）矿体形态主要有贯入型和分异型两种。贯入型矿体呈脉状，与围岩界线清楚，矿石构造主要表现为致密块状，矿物晶体自形程度常呈他形。分异型矿体则呈似层状，矿石构造以稠密浸染状为主，少数呈块状或条带状。

（3）矿石具有明显的磁性，与围岩差异显著。钒钛磁铁矿属强磁性矿石，能引起较大的磁异常，而围岩的磁异常较小。地面磁法勘探是有效的找矿手段，特别是在矿体埋藏不深且规模较大的情况下，地磁测量可以发现明显的矿致异常。

（4）常伴有绿帘石化、碳酸盐化、黑云母化、绿泥石化等围岩蚀变，对矿体的形成和分布有重要指示意义。

在我国，岩浆型铁矿主要分布在隆起区边缘的深断裂带附近，成矿时代主要为古生代及元古宙。已发现岩浆型铁矿的典型地区有四川攀枝花、河北大庙等。

（三）矽卡岩型铁矿

矽卡岩型铁矿是指在中酸性—中基性侵入岩类与碳酸盐岩类接触带或附近，因接触交代作用而形成的矿床。矿床中常发育由石榴子石(钙铝榴石—钙铁榴石)、辉石(透辉石—钙铁辉石)及其他钙、镁、铁、铝的硅酸盐矿物组成的矽卡岩。矿体与矽卡岩在空间、时间和成因上具有密切联系。

矽卡岩型铁矿依据其成矿岩体的性质差异，可以划分为与基性岩有关的矽卡岩型铁矿、与中酸性岩有关的矽卡岩型铁矿、与酸性岩有关的矽卡岩型铁矿。

矽卡岩型铁矿床的主要特征如下。

（1）矿体主要产于接触带的矽卡岩中，受接触带、断裂、层间破碎带、捕虏体等构造控制，与围岩多呈渐变关系，其形态通常呈似层状、凸镜状、囊状或不规则状。

（2）矿石矿物以磁铁矿为主，常见磁黄铁矿、黄铁矿、黄铜矿等。脉石矿物为矽卡岩矿物组合，包括石榴石、透辉石及钙铁辉石、方柱石、钠长石等。

（3）矿石结构常具交代结构、交代残余结构、他形—半自形粒状结构。矿石构造常呈浸染状、条带状、斑杂状、角砾状、致密块状等。

(4) 围岩矽卡岩化普遍，矿物种类繁多，往往呈不同的矿物组合产出，空间上常具有一定的分带性。内带主要由高温矿物组成，如石榴子石和辉石；外带主要由中低温矿物组成，如角闪石和绿泥石。距接触带较远的围岩中广泛发育石英和方解石，有时发育萤石和重晶石。

(5) 矿体因受控于岩体与围岩的接触带，矿体规模通常较小。

(6) 富铁矿床占比高，占我国铁矿富矿的一半以上。

矽卡岩型铁矿是我国富铁矿石的主要来源。我国矽卡岩型铁矿矿集区较多，较典型的有河北邯郸—邢台地区、山东莱芜地区、湖北大冶地区、东北小兴安岭地区、内蒙古黄岗地区、广东连平大顶、秦岭南麓的陕西洛南县木龙沟等；另外，在西部地区也有分布，如青海肯德可克铁矿、西藏尼雄等铁矿床。

(四) 火山岩型铁矿

火山岩型铁矿是指与火山活动有关的铁矿床，常与玄武质、安山质岩浆的火山侵入活动有关，主要形成于火山岩分布区域内。火山岩型铁矿床可以分为矿浆型和火山热液型两种，前者通过矿浆喷溢形成，后者通过火山热液活动形成。

火山岩型铁矿床的主要特征如下。

(1) 火山岩型铁矿石通常呈现灰黑色，具粒状结构和浸染状构造。

(2) 矿石矿物成分主要包括磁铁矿、斜长石和辉石。其中，磁铁矿是主要的金属矿物；斜长石呈长柱状，构成三角形格架；辉石填充其中，形成辉绿结构。

(3) 火山岩型铁矿通常与富钠质的中性(偏基性或偏酸性)火山侵入活动有关，主要产于陆相火山岩或海相火山岩中。

(4) 陆相火山岩型铁矿成矿时代主要为中生代，以安徽庐枞、马芜地区及江苏梅山地区的铁矿最典型。海相火山型铁矿成矿时代主要为古生代及元古宙，典型的如位于云南玉溪地区的大红山铁矿、新疆东天山地区的蒙库铁矿等。

我国火山岩型铁矿的分布区域主要包括长江中下游成矿带和西天山阿吾拉勒成矿带。长江中下游成矿带的火山岩型铁矿主要分布在宁芜和庐枞地区，属于早中生代坳陷基础上发育起来的一系列陆相火山岩断陷盆地。西天山阿吾拉勒成矿带的海相火山岩型铁矿近年来取得了巨大的找矿突破，铁矿化类型包括岩浆型、热液型和热液—沉积型，形成了多种类型的成矿系列和成矿模式。

(五) 沉积型铁矿

沉积型铁矿是指由沉积作用形成的铁矿床，主要形成于各种水盆地中。按沉积环境可分为浅海相化学沉积型、海相火山—沉积型、海陆交替相及内陆湖泊相沉积型、沼泽沉积型等类型。

沉积型铁矿的主要特征如下。

(1) 矿体通常产于海侵岩系中下部，呈层状或似层状，与围岩产状一致，具有明显的铁矿物分带性，从岸边到大洋依次为铁的氧化物矿物相带(如赤铁矿、针铁矿、褐铁矿)、硅酸盐矿物相带(如鲕绿泥石)、碳酸盐矿物相带(如菱铁矿)和硫化物矿物相带(如黄铁矿、白铁矿、胶黄铁矿)。

(2) 矿石具鲕状、豆状、肾状、条带状构造，呈胶体结构。矿石成分主要为铁的氧化物、碳酸盐矿物，其次为铁的硅酸盐和硫化物。矿石颜色通常为红褐色，质地致密，呈细粒结构，并具溶蚀孔洞。

(3) 沉积型铁矿类型分为浅海相沉积铁矿和陆相沉积铁矿。浅海相沉积铁矿占世界沉积型铁矿总量的87%，矿体呈单层或多层层状，延长及宽度较大，但厚度一般较薄。矿石矿物主要为赤铁矿或菱铁矿，或两者都有。陆相沉积铁矿占世界总量的13%，呈似层状、扁豆状或凸透镜状，长度、宽度、厚度均较小，矿石矿物以褐铁矿和菱铁矿为主。

(4) 沉积型铁矿的形成与海洋或湖泊的沉积作用有关。浅海相沉积铁矿主要形成于浅海环境，而陆相沉积铁矿则形成于内陆湖泊或沼泽环境。

我国典型的海相沉积型铁矿主要有两处，在河北北部张家口宣化—龙关—赤城一带的被称为"宣龙式"铁矿；在华南泥盆纪地层中的鲕状赤铁矿床则被称为"宁乡式"铁矿。此外，在北京、河北、吉林和河南等省市中元古界和新元古界及其他时代地层中，也都有不同规模的赤铁矿产出。根据目前的经济技术条件，沉积型铁矿石尽管分布广，但难于选冶，很少被利用，工业价值暂不大。

(六) 风化淋滤型铁矿

风化淋滤型铁矿是指前寒武纪铁硅建造中的贫铁矿或含铁岩石受风化淋滤作用而形成的氧化富铁矿。这一过程包括二氧化硅的淋滤、含铁硅酸盐矿物的水合和水解、磁铁矿的假象赤铁矿化等。这种矿床属于大陆相地质建造的一部分，主要由大气(包括降水)和有机物作用于原岩而生成。矿床的物质基本上是由原岩的风化产物组成，向深处逐渐转为新鲜的未风化的原岩，因此也被称为风化壳矿床。

风化淋滤型铁矿床的主要特征如下。

(1) 矿石品位高且含杂质少，矿石质量较高，适合用于钢铁工业。

(2) 在我国分布有限且规模不大，工业利用价值低。

(3) 矿床的形成与自然地理位置、地质条件和成矿因素密切相关。

(4) 风化淋滤型铁矿是按成因分类的铁矿床之一，与其他类型的铁矿床相比，其形成过程涉及地表风化作用。

由于我国缺乏长期稳定的克拉通环境，表生风化时间短，作用不彻底，因此风化淋滤型铁矿大多为中小型，主要分布于南方地区。风化淋滤型铁矿虽然在中国分布有限，但在其他国家(如澳大利亚等地)是重要的富铁矿资源。

第二节　华北克拉通矽卡岩型富铁矿概况

一、矽卡岩型铁矿成矿地质概况

(一) 大地构造特征

华北克拉通北邻中亚造山带，西南邻秦岭—大别造山带，东邻苏鲁造山带，郯庐断裂带在其东部边缘呈北北东向穿过[图 1-2-1(a)]。根据基底特征的差异，华北克拉通自西向东划分为西部陆块、中部造山带、东部陆块三部分(赵国春等，2002)。矽卡岩型铁矿床主要分布在华北克拉通的中东部。

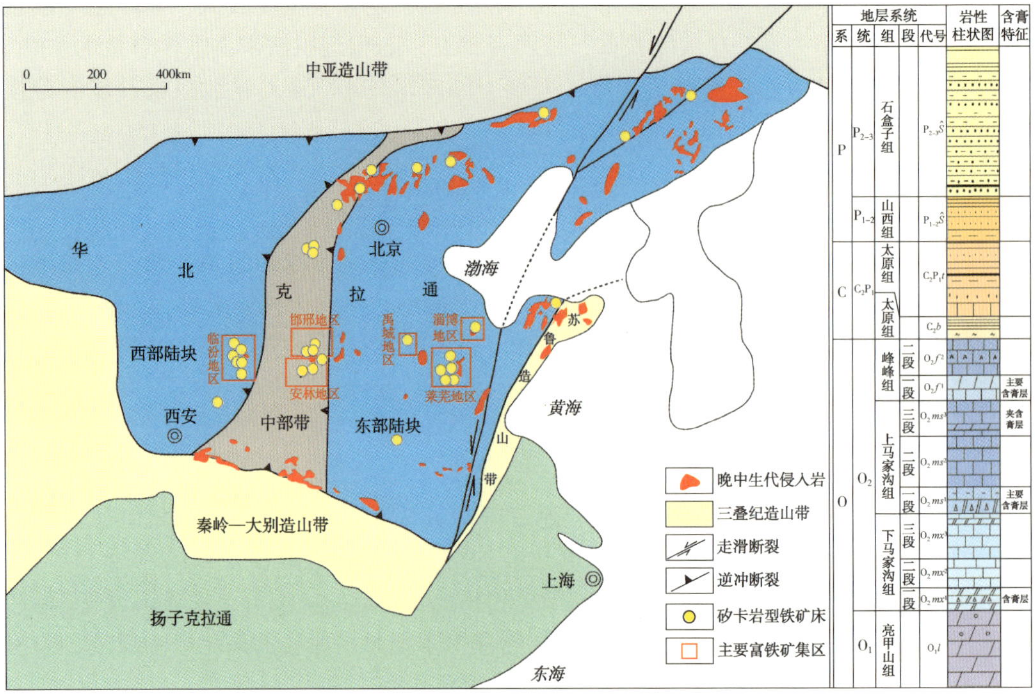

(a)大地构造图　　(b)综合柱状图

图 1-2-1　华北克拉通大地构造与综合柱状图

(二) 成矿岩体特征

晚中生代，在华北克拉通中东部发生多期次岩浆侵入事件，随之发育出一系列矽卡岩型铁矿床，形成了邯邢、莱芜、淄博金岭、临汾、禹城等富铁矿矿集区。不同矿集区侵入岩体的共同特征是均形成于燕山期，成岩年龄集中，距今地质年龄约为130Ma，与华北克拉通破坏具有密切联系(段壮，2019；朱日祥等，2012；文广，2017；李秋奎等，2014；DENG et al.，2015；张保涛等，2021；郝兴中等，2018；张兆年等，2022)；成矿岩体均表现出杂岩体特征，反映多期次侵入特征，岩性多样，多为基—中性岩浆岩，涵盖辉长岩、闪长岩、二长岩等，但在区域上不同矿集区之间尚未发现明显的岩性变化规律。

(三) 地层特征

华北克拉通不同区域分布的矽卡岩型富铁矿矿集区多为第四系覆盖区，发育地层不尽相同，钻探揭示普遍发育寒武系、奥陶系、石炭系、二叠系等，其中奥陶系是与矽卡岩型铁矿床最密切的成矿围岩(李俊建等，2022；张保涛等，2022)[图 1-2-1(b)]。由于不同地区地层划分单元的差异(李明娟等，2004；陈建强等，2001；张俊明等，1999；刘波等，1997；齐永安等，2002；马学平等，1998；田建功，2016)，奥陶系各组存在诸多同物异名的现象，现将与成矿关系密切的奥陶系进行区域对比(图 1-2-2)。

虽然华北克拉通寒武系—奥陶系各地层在不同地区的层组划分及称谓具有差异性，但总观全区，其岩性及厚度较稳定，全区可以对比(张凤岐等，1986)。

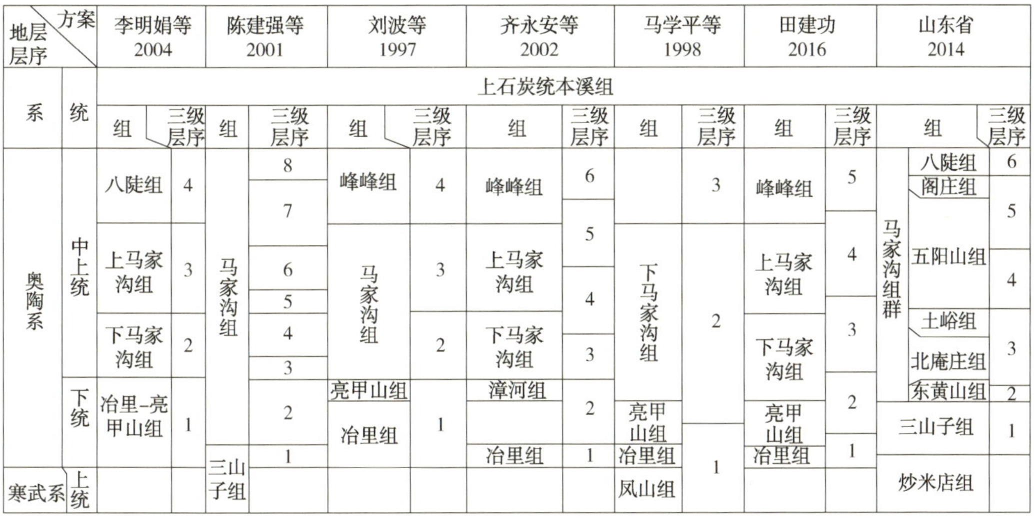

图 1-2-2　华北克拉通奥陶系岩石地层和层序划分方案

根据张凤岐和韩行瑞(1986)对华北地区寒武至奥陶系的有关研究，对寒武系下伏地层至中石炭统本溪组的主要岩性、含膏性及岩溶发育主要特征(表 1-2-1)等简述如下。

寒武系下伏地层岩性主要为砂岩、白云岩、变质岩等，不含膏，以非岩溶地层为主。寒武系至奥陶系下统，岩性总体以白云岩为主，个别组段含灰岩、页岩等，均为不含膏层，总体为弱岩溶化溶孔、微裂隙，不均匀发育，连通性差。

奥陶系中统是与华北克拉通矽卡岩型铁矿成矿最密切的层系，包括下马家沟组、上马家沟组和峰峰组共三组八段，对其重点叙述如下。

下马家沟组：一段为薄层含泥灰质泥晶白云岩夹石膏层，为含膏层，以弱岩溶化溶孔发育为主；二段为中厚层泥晶灰岩及斑状白云质灰岩，不含膏，强岩溶化缝洞层较均匀发育；三段为中厚层泥晶灰岩与中薄层微晶白云岩互层，不含膏，强岩溶化缝洞层与弱岩溶化溶孔层相间分布。

上马家沟组：一段为薄层泥晶灰岩夹石膏层，为主要含膏层，以弱岩溶化溶孔为主；二段为中层含生物碎屑泥晶灰岩及斑状白云质灰岩，不含膏，强岩溶化缝洞层较均匀发育；三段为中层泥晶灰岩与薄—中层灰质白云岩互层，中部夹含石膏层，强岩溶化缝洞层与弱岩溶化溶孔层相间发育。

峰峰组：一段以薄层泥晶白云岩为主，为主要含膏层，岩溶发育微弱，以溶孔为主；二段为中厚层生物碎屑灰岩及斑状白云质灰岩，不含膏，强岩溶化，缝洞较均匀发育。

石炭系本溪组岩性主要为一套紫色、杂色铁铝质泥岩、铝土岩及粉、细砂岩组合。在奥陶纪和石炭纪之间具有长达约 1.5 亿年之久的沉积间断(刘波等，1997)，奥陶系与石炭系之间为一大型平行不整合面。

表 1-2-1 华北克拉通寒武系—奥陶系岩性及岩溶特征表（张凤岐等，1986）

系	统	组	段	代号	厚度/m	主要岩性	含膏层位	岩溶发育的主要特征
上覆地层：中石炭统铝土岩及页岩								非岩溶层
奥陶系	中统	峰峰组	二段	O_2f^2	0~121	中厚层生物碎屑灰岩及斑状白云质灰岩		强岩溶化，缝洞较均匀发育
			一段	O_2f^1	23~127	以薄层泥晶白云岩为主，夹石膏，地表多膏溶角砾岩	主要含膏层	岩溶发育微弱，以溶孔为主
		上马家沟组	三段	O_2ms^3	20~171	中层泥晶灰岩与薄—中层灰质白云岩互层，中部夹石膏	夹含膏层	强岩溶化缝洞层与弱岩溶化溶孔层相间存在
			二段	O_2ms^2	28~180	中层泥晶灰岩及斑状白云质灰岩，含生物碎屑		强岩溶化缝洞层较均匀发育
			一段	O_2ms^1	20~171	薄层泥晶灰岩夹石膏层，地表多为膏溶角砾岩	主要含膏层	以弱岩溶化溶孔为主
		下马家沟组	三段	O_2mx^3	23~176	中厚层泥晶灰岩与中薄层微晶白云岩互层		强岩溶化缝洞层与弱岩溶化溶孔层相间存在
			二段	O_2mx^2	28~94	中厚层泥晶灰岩及斑状白云质灰岩		强岩溶化缝洞层较均匀发育
			一段	O_2mx^1	10~57	薄层含泥灰质泥晶白云岩夹石膏层，地表为膏溶角砾岩	含膏层	以弱岩溶化溶孔为主
	下统	亮甲山组		O_1l	0~249	以薄—厚层微细白云岩为主，含燧石，上部见灰岩		以弱岩溶化溶孔为主，上部灰岩夹层局部岩溶发育
		冶里组		O_1y	24~106	中层微、细晶含泥白云岩		弱岩溶化，少量溶孔
寒武系	上统	凤山组		$\in_3f$	31~184	中上部以中粗晶白云岩为主，下部砾屑白云岩		中等岩溶化小孔洞和缝隙较均匀发育
		长山及崮山组		$\in_3cg$	14~120	砾屑灰岩和砾屑白云岩及条带状灰岩		弱岩溶化微裂隙
	中统	张夏组		$\in_2z$	100~236	以厚层鲕状白云质灰岩为主		中等岩溶化缝洞不均匀发育
		徐庄组		$\in_2x$	40~127	中上部以鲕状灰岩和泥质灰岩为主，下部紫色钙质页岩		弱岩溶化微裂隙
	下统	毛庄及馒头组		$\in_1$	11~211	上部以紫红色页岩为主，下部暗紫色泥质白云岩		非岩溶层夹弱岩溶化溶孔层
下伏地层：前寒武系砂岩、白云岩和变质岩等								以非岩溶地层为主

二、矽卡岩型铁矿床分布

华北克拉通已探明资源储量的矽卡岩型铁矿区在河北省、山东省、河南省、山西省、江苏省等均有分布，但在资源量规模上以河北省、山东省、河南省和山西省最重要(图 1-2-3)。现将河北省、山东省、河南省和山西省矽卡岩型铁矿床情况简介如下。

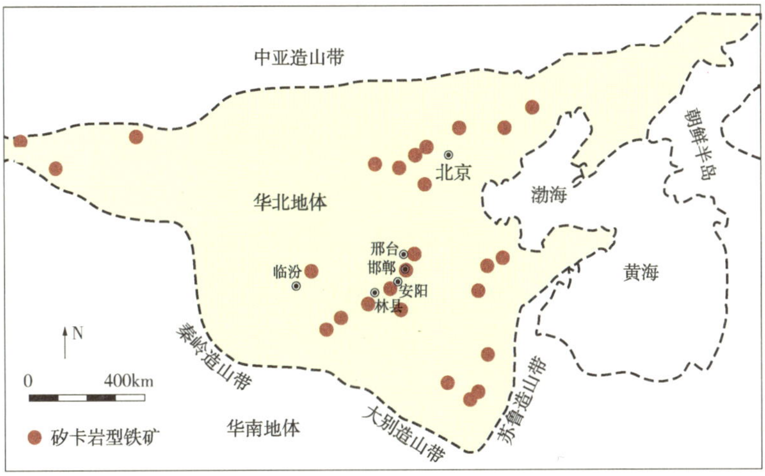

图 1-2-3 华北克拉通矽卡岩型铁矿分布(陈艳等，2014；Zhai 和 Santosh，2013)

(一) 河北省

河北省矽卡岩型铁矿主要分布在太行山东麓的中段地区，主要为武安、沙河、邢台及涉县一带(图 1-2-4)。这些地区的矽卡岩型铁矿床的形成主要与燕山期闪长岩和中奥陶纪石灰岩的接触带有关，其规模多为中到小型，个别为大型。其中，沙河市白涧铁矿是河北省最大的矽卡岩型铁矿，矿床规模达大型，铁矿石资源量达到 1.04×10^{8}t。

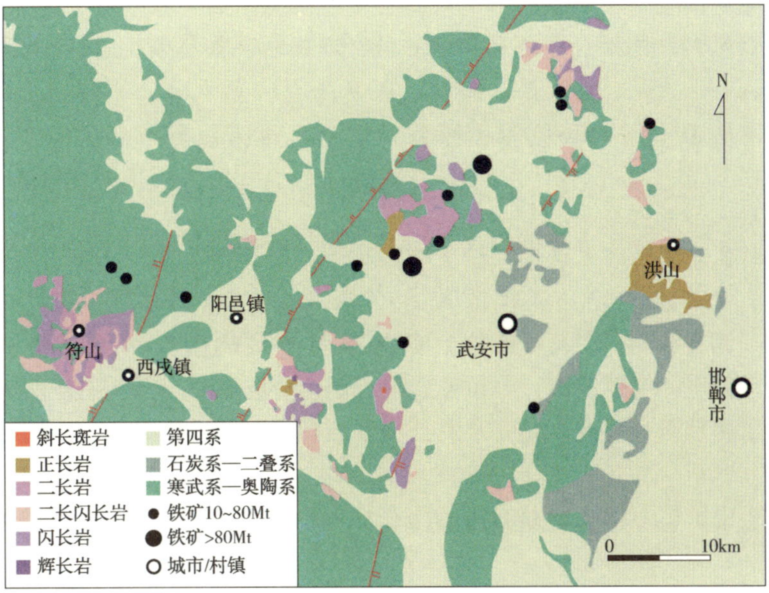

图 1-2-4 河北省邯邢地区矽卡岩型铁矿分布(杨誉博，2022)

（二）山东省

山东省矽卡岩型铁矿主要分布在济南、莱芜、淄博和齐河—禹城等地，分别形成济南矿集区、莱芜矿集区、金岭矿集区和齐河—禹城矿集区（图 1-2-5）。

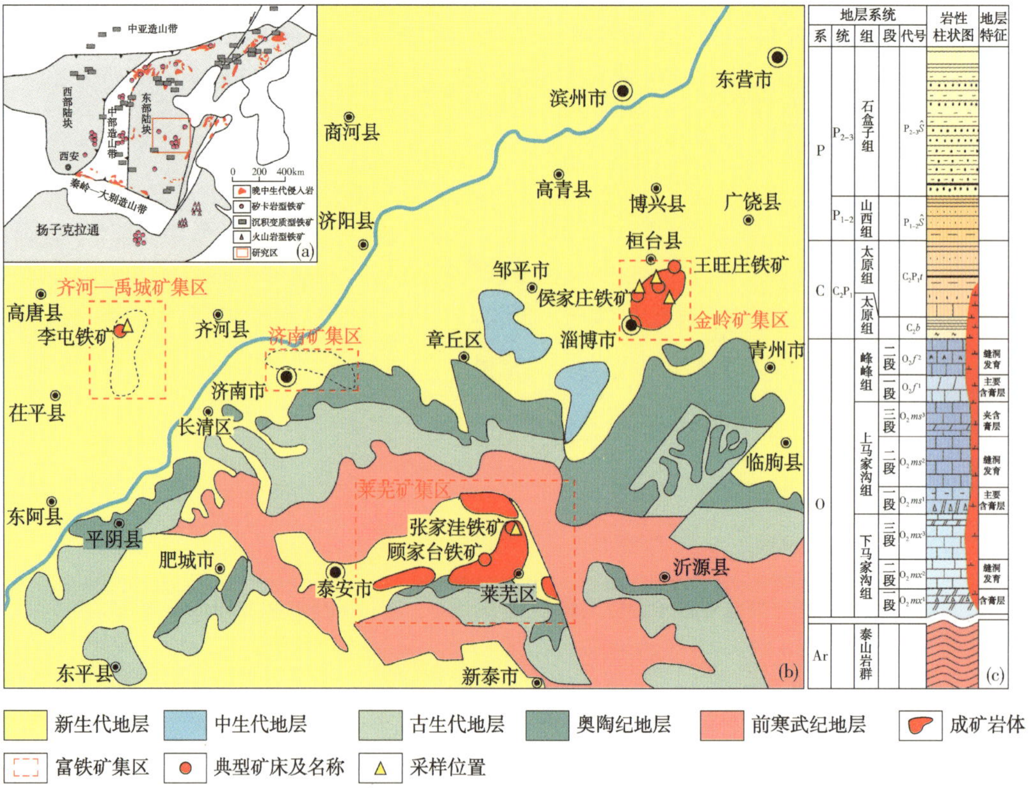

图 1-2-5　山东省矽卡岩型铁矿集区分布（张保涛等，2025）

济南矿集区因城市规划已全部停产闭坑，产地及储量集中分布于东郊黄台—历城郭店间胶济铁路两侧附近。已探明产地 8 处，即郭店、张马屯、东风、农场果园、农科所、王舍人、徐家庄、机床四厂矿区。

莱芜矿集区围绕燕山晚期形成的矿山、金牛山、崅峪、铁铜沟四大岩体已发现大、中、小型矿床 27 处，其中大中型矿床 8 处，其中分布于区内的张家洼铁矿是我国迄今为止发现的最大矽卡岩型铁矿床。

淄博金岭矿集区的矽卡岩型铁矿主要围绕金岭杂岩体分布，总体可划分为南北两部分。北部岩体分布较杂乱，规模较小，已发现的矽卡岩型铁矿床主要有王旺庄铁矿、新立庄铁矿、西齐铁矿、东召口铁矿、西召口铁矿等 5 处，其中大型 1 处、中型 2 处、小型 2 处。南部岩体规模较大，分布形态较规则，呈椭圆形，分布有中小型铁矿超 10 处，其中侯家庄铁矿、北龙西铁矿、肖庄铁矿、南北岭铁矿、琉璃山铁矿、四宝山铁矿、北金召北铁矿等位于南部岩体的北西侧，北金召铁矿、南金召铁矿、辛庄铁矿、铁山铁矿、军屯铁矿等位于南部岩体的南东侧。目前，王旺庄矿区和辛庄矿区控制的矿体深度较深，为 500~600m，其余矿区矿体控制深度均在 500m 以浅。

齐河—禹城矿集区为近年来的新发现成果，正处于资源量提升阶段，自北向南分为李屯、潘店、薛官屯、大张 4 个相对独立的磁异常区。目前，该区已圈定富铁矿体 16 个，全铁平均品位 55.27%、磁性铁平均品位 50.67%，矿体厚度 7.66～119.67m，探获富铁矿资源量 1.04×10^8t。该区富铁矿资源是我国罕见的高品位富铁矿，具有分布面积广、矿体厚度大、矿石品位高、找矿前景好的特点。

（三）河南省

河南省矽卡岩型铁矿主要分布在安林地区。安林矿集区共发现矿床(点)50 余处，矿床(点)分布与岩体分布一致，可分为东、西 2 个矿带。东矿带由李珍、泉门、下庄和杨家庄矿田组成，西矿带由东冶、石村—栗家沟、晋家庄和东街矿田组成(图 1-2-6)。东西矿带在矽卡岩、矿体特征(规模大小与赋存形态)以及围岩蚀变、原岩特征等方面有所区别。东矿带以李珍矿田为代表，铁矿床主要赋存于接触带的中奥陶统马家沟组含镁质碳酸盐岩地层中，由于底部闪长玢岩的侵入，其围岩蚀变较强。西矿带以东冶矿田为代表，以大量闪长岩和角闪闪长岩的发育为主要特征，其铁矿体赋存于闪长岩和灰岩接触带，矿化呈断续带状分布。东西带矿体因接触带的形态规模不同而各异，有似层状、叉状、囊状和楔状，规模大小悬殊，矿石量从 10×10^4 到 2000×10^4t 不等(吴进甫和吴娜，2004；欧阳黎明，2012)。

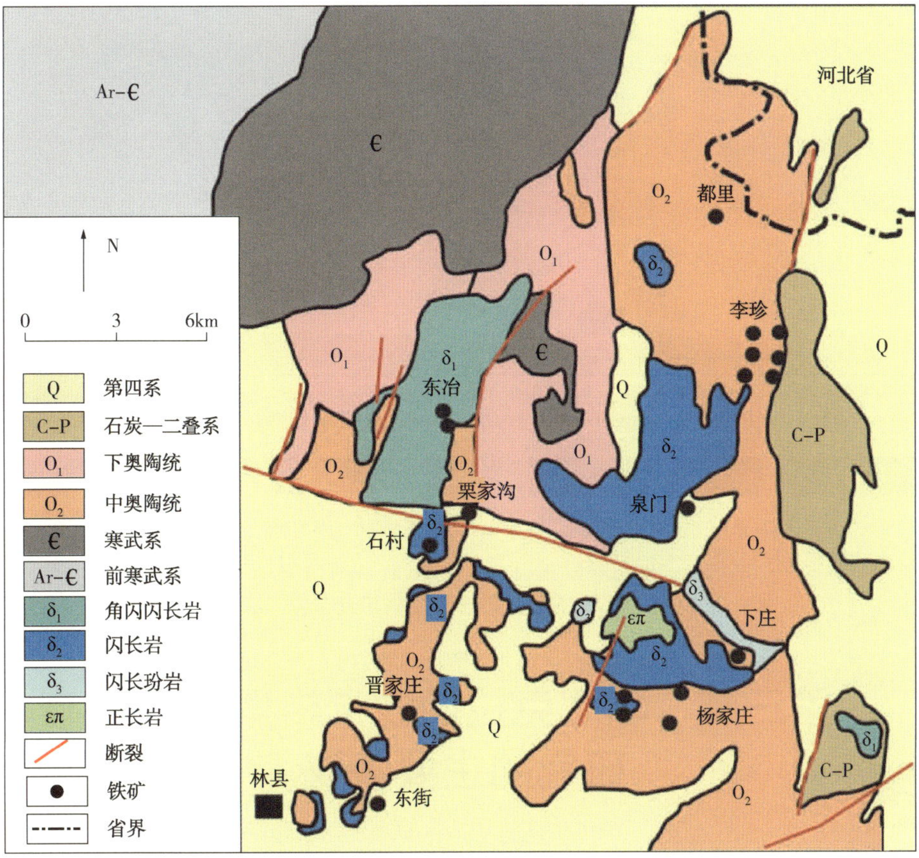

图 1-2-6　河南省安林地区矽卡岩型铁矿分布(陈艳，2014)

（四）山西省

山西省矽卡岩型铁矿主要集中分布于3个区域：中部太原古交、交城一带，即五台—太行山成矿区；南部浮山、翼城、襄汾、曲沃一带，即临汾成矿区塔儿山一带（图1-2-7）；北部壶关—平顺一带，即太行山成矿区。除临汾市大王中型铁矿区外，其他矿区多为小型，主要矿区有：古交郭家梁矿区，交城席麻岭矿区，翼城打鼓山、董家洼矿区，襄汾黑龙顶、半山里矿区，曲沃张家湾矿区，浮山南畔、北山角矿区及平顺水沟、壶关照阳沟等小型矿区（司东泽，2022）。

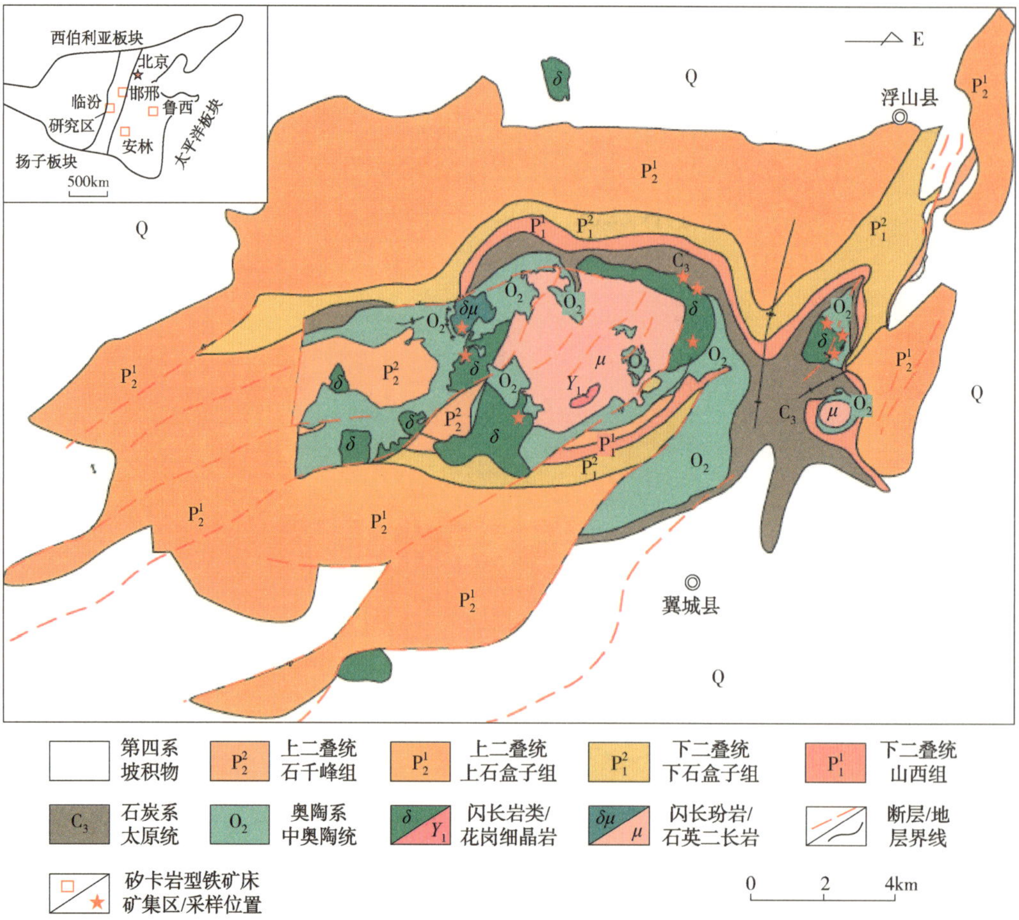

图1-2-7 山西省临汾地区矽卡岩型铁矿分布（司东泽，2022）

第三节 华北克拉通矽卡岩型富铁矿研究的主要争议

华北克拉通是我国矽卡岩型富铁矿地质勘查和研究程度最高的区域之一。虽然前人对华北克拉通矽卡岩型富铁矿矿床及相关地质问题进行了大量研究，取得了诸多矿产勘查和研究方面的进展，但仍存在一些颇具争议的关键问题。

一、矿床成因

目前，对该类矿床的成因和形成机制仍然存在争议，主要有岩浆热液接触交代成矿说、矿浆成因说、深部岩浆分异成因说等观点(杨誉博等，2022)。

岩浆热液接触交代成矿说认为，中酸性侵入体上部固结之后，残余岩浆分离出含挥发分的流体沿着薄弱面继续上升，与围岩及侵入体发生反应，生成磁铁矿，后又经中酸性岩体沿着接触带侵入，残余岩浆中分离出大量含铁热液，由于减压作用结晶大量磁铁矿，形成矿床(黄懿等，1957；沈保丰等，1977，1979，1981；刘英俊等，1982；赵一鸣等；1983；郑建民，2007)。这种观点的重大缺陷是不满足质量平衡的要求，原因为闪长质岩浆难以提供足以形成超大型铁矿的铁元素。此外，与矽卡岩型矿床有关的岩浆侵入体具有宽广的成分变化范围(江秀敏等，2014)，也不利于这种成矿模型。

关于矿浆成因说，石准立等(1981，1983)认为铁质先在深部聚集，后以矿浆的形式上侵贯入。铁矿浆贯入后，高温且富含挥发分的矿浆与围岩反应，矿体向外侵蚀扩大(李延河等，2013；翟裕生等，1982)。这种观点可以解释某些铁矿脉的产出特征和矿石的气孔状构造，但没有阐明铁矿浆上升的机制。

深部岩浆分异成因说认为，成矿物质与岩浆同源，均来自上地幔(林新多等，1984；林新多，1998；裴荣富，1985)。与矿浆成因说(石准立等，1981，1983；李延河等，2013；翟裕生等，1982)不同的是，岩浆分异说认为铁矿成因的直接控矿因素是深部富含水、盐类和其他挥发分的含铁流体。这种观点的主要缺陷是直接侵入体一般具有中酸性成分，而不是地幔起源的基性岩类，亦不能解释铁矿中存在的矽卡岩矿物。

二、成矿物质来源

对于铁质来源，目前观点仍不统一。有学者认为来自岩浆系统(沈保丰等，1981；Zhao et al.，1984；林新多等，1984；林新多，1998；裴荣富，1985)，亦有学者认为来自基底的硅铁石英岩(真元庆等，1982)，也有学者认为来自碳酸盐岩围岩或其中的“山西式”铁矿。目前，华北克拉通富铁矿成矿岩体的岩浆起源及演化过程成为揭示成矿作用和成矿效应的重要科学问题之一。

锆石具有稳定的物理化学性质(D. J. Cherniak et al.，1997)，常以副矿物的形式广泛分布于各类岩石中(Andersen T，2005；Gehrels G et al.，2011；Kohn M J et al.，2015；Rubatto D，2017；邹心宇等，2021；Zhai M G.，2014)，蕴含着结晶年龄、温度、氧逸度、岩浆源区、岩浆演化过程等大量信息(Smythe D J and Brenan J M，2015；赵志丹等，2018；雷玮琰等，2013)。随着矿物原位微区测试技术的发展和锆石微量元素理论的研究进展，运用锆石微量元素解决地质及成矿作用问题成为地球科学研究的重要技术手段(邹心宇等，2021；Ballard J R et al.，2002；Smythe D J 和 Brenan J M，2015；赵振华，2010；Buret Y et al.，2016；Buret Y et al.，2017；张保涛等，2021；

Li H et al.，2014)，并在成矿作用研究方面取得了大量成果(Smythe D J 和 Brenan J M，2015；朱日祥等，2012；张招崇等，2021；王鹏等，2017)，但在华北克拉通特别是鲁西矽卡岩型富铁矿成矿研究方面尚不足。本次工作拟从锆石微量元素角度入手，结合已有成岩和成矿理论，拟揭示华北克拉通富铁矿成矿岩体岩浆起源和演化，进一步约束成矿作用及成矿效应，为进一步成矿研究和找矿工作提供基础。

三、成矿关键控制因素

长期以来，矽卡岩型富铁矿床的成矿作用一直是研究的热点和难点，有学者在成矿理论和成矿机制方面取得了丰硕成果(李建威等，2019；Xie et al.，2015；Wen et al.，2017；Hu et al.，2020；Chen et al.，2007；Li et al.，2014)，但仍然存在诸多分歧，成矿关键控制因素长期没有得到解决。有学者认为，流体沸腾、快速降温及相对开放构造体系是导致高温、高浓度富铁岩浆热液铁质沉淀而充填成矿的理论基础(张招崇等，2021；金子梁，2017)。但是，导致流体沸腾、快速降温的直接因素以及相对开放体系的形成尚不明晰。以往大量勘探实践证实，华北克拉通矽卡岩型富铁矿体主要赋存在中上奥陶统，成矿显示出较强的地层选择性特征，但地层学因素对富铁矿体成矿的关键控制因素不明，矿体分布规律尚不清晰，这导致华北克拉通矽卡岩型富铁矿床增储瓶颈期的到来，将成为明晰下一步找矿方向和实现找矿突破的一大障碍。

与华北克拉通矽卡岩型铁矿成矿关系密切的碳酸盐岩围岩之中的膏岩，其对成矿的作用，前人亦做了大量研究，但均着眼于膏岩层对岩浆的流体改造作用，聚焦于膏岩层对成矿流体的演化影响，其对成矿的关键控制作用未能得到精准发掘，如：膏岩层中的SO_4^{2-}在高温条件下具有很强的氧化性(Pokrovski 和 Dubrovinsky，2011)；在矽卡岩型铁矿成矿过程中可以起到很好的氧化剂作用，可将成矿流体中的二价铁迅速氧化成三价铁，导致大量磁铁矿的快速沉淀(Wen et al.，2017)；膏岩层的加入导致岩浆—热液系统中钠化蚀变，改造了岩浆流体，对富铁矿的形成具有重要作用(张招崇等，2021)；等等。

本次工作拟利用华北克拉通已形成的典型矽卡岩型富铁矿床资料，结合近年来的勘查新发现，基于对矿体分布规律的研究，通过地层学、岩溶地质学等分析，发现华北克拉通矽卡岩型富铁矿床主矿体与围岩层系、岩溶层、膏岩层等空间关系密切，并提出地层学因素对矽卡岩型富铁矿床成矿的关键控制作用和制约机理，建立华北克拉通矽卡岩型富铁矿床地质找矿模型，并指出下一步重点找矿及研究方向。

四、成矿模式

关于成矿模式，目前国内外研究成果主要是基于经典接触交代式铁矿成矿理论(Li W et al.，2019；王怀洪等，2021；张招崇等，2021)，认为矿体主要受控于岩体和围岩的接触带或软弱构造带，而并未与地层的特征差异性相关联。同时，前人同类研究仍不统一，该类富铁矿并非严格意义上的接触交代矿床，而是富铁岩浆热液灌入充填成矿(Li W et al., 2019)。研究结果揭示，流体沸腾或相分离是矽卡岩型富铁矿的重要成矿机制(段壮，2019)。高温高盐度、富铁且贫硅、贫铝的热液进入各种开放的控矿构造体系中，因压力迅速下降而发生流体沸腾作用，这是富铁矿快速沉淀成矿的重要机制，但不利于接触交代作用和矽卡岩化的进行(Meinert L D et al., 2005；张招崇等，2021)。杨誉博等(2022)认为“含铁熔体流体”并非侵入岩与围岩发生接触交代反应后形成的远端矽卡岩脉，而是源于深部的“含铁熔体流体”在浅部结晶的产物。以高钛、富集 REE 为特征的磁铁矿是深部岩浆房铁矿浆结晶的磁铁矿微晶。由于富含挥发分的流体注入岩浆房形成流体超压，磁铁矿微晶与气泡结合沿岩浆通道快速上升，最后在 1.55~2.19km 的深度形成以低 Ti、亏损 REE 为特征的磁铁矿，并结晶形成角闪石等流体晶矿物。目前成矿模式均不能全面解释华北克拉通矽卡岩型富铁矿现存的复杂现象和诸多难题。

五、资源潜力

华北克拉通矽卡岩型铁矿全面系统的地质勘查工作始于新中国成立之后，大体上可分为 4 个阶段：①就矿找矿阶段，主要对已发现矿床及其附近开展找矿勘查；②磁异常全面验证及普查、勘探阶段，这一阶段找矿效果好、成果多；③低缓磁异常和剩余磁异常找矿阶段，这一阶段属于查漏补缺阶段；④深部及外围找矿预测与潜力评价阶段，这一阶段属于向深部进军阶段，已取得了一定认识，但钻探验证尚少。目前，各矿山普遍存在如下现状：已发现和开采的矿体普遍偏浅，多位于海拔-500m 以浅(张保涛，2021)；在建矿山迫切需求发现深部铁矿资源以补充后续产能；由于后续新发现的可采铁矿资源不足，已出现因资源枯竭而关停的矿山。

华北克拉通邯邢地区、金岭地区、莱芜地区等老矿集区矽卡岩型铁矿开采历史悠久，随着开采程度的加剧，矿区将面临资源枯竭，隐伏矿体的探寻逐步成为重点研究领域(Zhao Pengda et al., 2008；Chen Weijun et al., 2008)，亟须利用新方法、新理论评价区内资源潜力(Zhao Pengda et al., 2003)，指导区内富铁矿找矿方向。成矿机制理论认识突破成为资源潜力评价和指导下一步找矿方向的首要科学问题。

第二章

成矿地质背景

华北克拉通矽卡岩型铁矿在成矿地质背景方面具有相似性，如在成矿岩体方面，不同矿集区侵入岩体均形成于燕山期，成岩年龄一致，成矿岩体均表现出杂岩体特征，在区域上无明显的岩性变化规律；各矿集区普遍发育于寒武系、奥陶系、石炭系、二叠系等地层，赋矿空间具有明显的地层选择性特征，以中上奥陶统马家沟群为主，与地质体赋矿空间的提供能力具有密切联系。在此，以华北克拉通莱芜地区的矽卡岩型铁矿矿集区为例，介绍其成矿地质背景。

第一节　区域地层特征

莱芜矿集区地层属华北地层大区晋冀鲁豫地层区之鲁西地层分区，区内岩石地层单位自下而上划分为古生界寒武系长清群、寒武—奥陶系九龙群、奥陶系马家沟群、石炭—二叠系月门沟群、石盒子群，中生界侏罗纪淄博群、白垩系莱阳群、青山群，新生界古近系官庄群、新近系临朐群和第四系松散堆积物。

一、早古生代地层

（一）长清群

长清群处于寒武系下部，其下与太古代侵入岩呈角度不整合接触，其上与九龙群呈整合接触，研究区内总厚度 250m 左右。长清群属陆表海碎屑岩—碳酸盐岩建造，依其岩石组合特征自下而上划分为朱砂洞组和馒头组。

1. 朱砂洞组

研究区内仅发育丁家庄白云岩段，主要岩性为一套厚层含燧石结核白云岩夹薄层泥灰岩、膏溶白云岩、藻纹层白云岩，厚度 25m 左右，角度不整合于太古代结晶基底之上。

莱芜区张家洼镇许家沟寒武系长清群朱砂洞组实测剖面(图 2-1-1)。

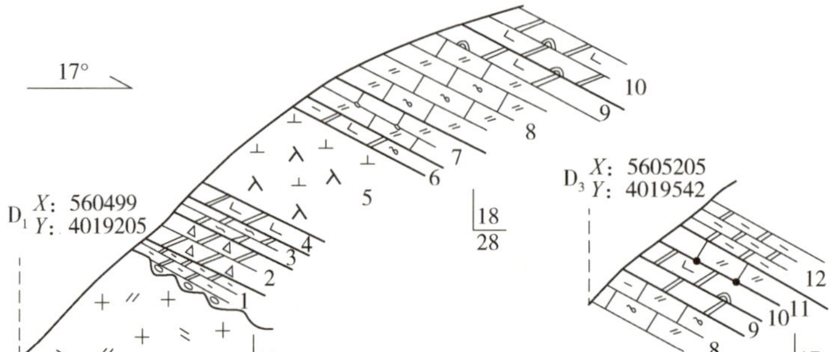

岩石地层	段			$\in_2 m^{\hat{s}}$
	组	$Ar_3\eta\gamma As$	$\in_2 \hat{z}^d$	$\in_2 m$
年代地层		Ar_3	$\in_2$	

图 2-1-1　莱芜区张家洼镇许家沟寒武系长清群朱砂洞组实测剖面

上覆地层：馒头组石店段

12. 紫红、灰黄色薄层泥质白云岩

——————整合接触——————

朱砂洞组($\in_2\hat{z}^d$)	总厚度 25.56m
11. 中厚层纹层状白云质灰岩，层面上含有燧石结核，不规则状	厚度 1.06m
10. 厚层藻凝块灰质白云岩，含有方解石细脉	2.37m
9. 中厚层白云岩，岩石风化面呈糖粒状，裂隙发育，裂隙表面发育褐红色铁硅质膜	1.42m
8. 中厚层泥质条带白云质灰岩	8.48m
7. 厚层含燧石条带白云质灰岩	3.44m
6. 中厚层白云岩泥质条带灰质白云岩	0.85m
5. 灰黑色闪长玢岩岩脉	
4. 灰黄色厚层含燧石条带灰质白云岩，纹层不明显	1.70m
3. 灰黄色纹层状白云岩	1.70m
2. 厚层含燧石条带角砾白云岩，具纹层	3.39m
1. 灰黄色、紫红色薄层泥质白云岩，底部为灰黄色砂砾岩	1.15m

~~~~角度不整合~~~~

下伏岩石：中粒二长花岗岩

该组主体岩性为含燧石结核和条带白云岩夹薄层泥岩、灰质白云岩、藻纹层白云岩，分布于寒武系与前寒武系不整合面之上，呈 NW—SE 向分布，倾向 NE，下部与新太古代二长花岗岩呈角度不整合接触，上部以灰黄色—黄灰色薄层—页片状泥质白云岩出现和燧石结核白云岩结束划界，与馒头组石店段呈整合接触。

2. 馒头组

馒头组岩性以灰黄色泥质白云岩、灰紫色粉砂质页岩及中粒长石石英砂岩为主，次为鲜红色易碎页岩、云泥岩、泥灰岩、鲕状灰岩。依其岩性和岩石组合特征自下而上分为石店段、下页岩段和洪河段。

莱芜区张家洼镇秦王寨寒武系长清群馒头组实测剖面(图 2-1-2)。

上覆地层：张夏组下灰岩段青灰色巨厚层鲕粒灰岩	7.37m

——————整合接触——————

馒头组($\in_{2-3}m$)	总厚度 225.57m
洪河段	厚度 33.5m
47. 中厚层含生物碎屑砂屑灰岩，夹少量页岩、薄层粉砂岩，砂屑灰岩中发育缝合线	2.4m
46. 灰黄色、紫红色薄层细砂岩，交错层理发育	0.8m
45. 暗紫色页岩夹薄层砂岩，砂岩厚度 3~7cm	2.6m
44. 灰色厚层砂屑灰岩，具交错层理	1.7m
~~~~

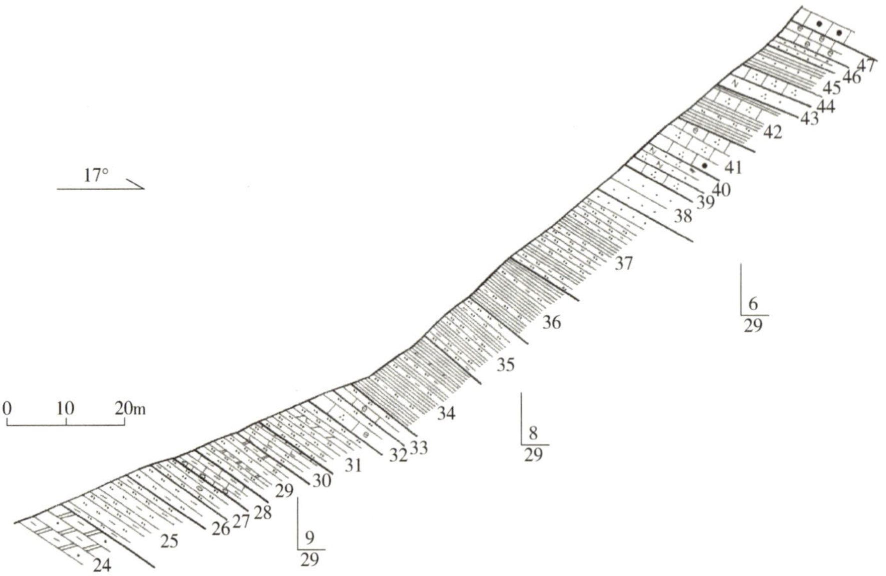

岩石地层	段	$\in_2 m^{\hat{s}}$	$\in_{2-3} m^{l}$	$\in_3 m^{h}$	$\in_2 \hat{z}^{1}$
	组		$\in_{2-3} m$		$\in_3 \hat{z}$
年代地层			$\in_{2-3}$		$\in_3$

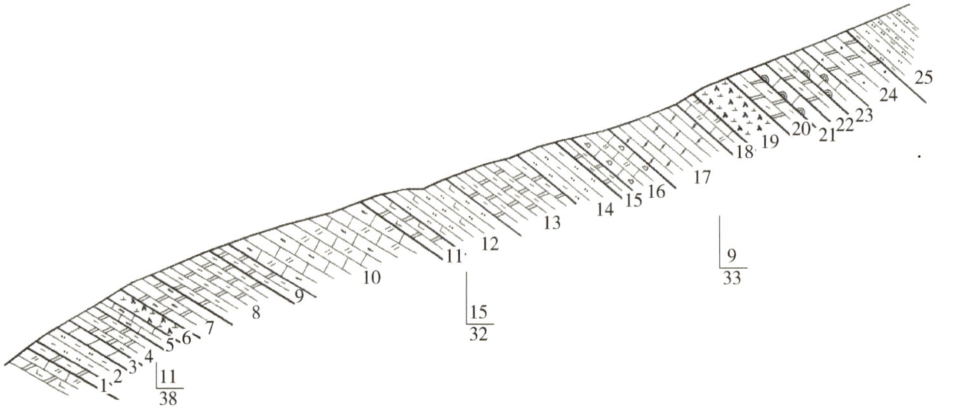

岩石地层	段	$\in_2 \hat{z}^{d}$	$\in_2 m^{\hat{s}}$	$\in_{2-3} m^{l}$
	组	$\in_2 \hat{z}$	$\in_{2-3} m$	
年代地层		$\in_2$	$\in_{2-3}$	

图 2-1-2 莱芜区张家洼镇秦王寨寒武系长清群馒头组实测剖面

43. 灰黄色厚层钙质胶结石英长石砂岩，岩石中含白云母片，交错层理发育 1.7m

42. 灰绿色页岩夹薄层粉砂岩，中上部夹一层中厚层砂屑灰岩 9.5m

41. 厚层鲕粒生物碎屑砂屑灰岩，以砂屑为主，局部见鲕粒及生物碎屑，发育交错层理 6.8m

40. 中层细粒长石砂岩，含少量白云母片及海绿石 2.0m

39. 灰色厚层砂屑灰岩，具交错层理，风化面呈灰黄色，砂粒显著 1.2m

38. 灰紫色厚层细砂岩，偶见交错层理 4.8m

——————整合接触——————

下页岩段　总厚度 86.77m

37. 灰紫色薄层泥质粉砂岩夹页岩，上部夹一层中层细砂岩　厚度 17.3m

36. 灰紫色页岩夹灰绿色薄层泥质粉砂岩，页片表面可见大量云母碎片　7.49m

35. 灰紫色薄层泥质粉砂岩夹页岩，薄层粉砂岩增多，层厚也略有增加　7.92m

34. 灰紫色页岩夹薄层泥质粉砂岩，岩石碎裂为页片状，页理表面可见大量白云母细小碎片，局部夹薄层泥灰岩薄片　12.7m

33. 薄层生物碎屑灰岩与薄层页片状粉砂岩反复叠置构成 4 个旋回，生物碎屑灰岩单层厚度 20cm 左右，具缝合线构造　2.02m

32. 青灰色中厚层生物碎屑砂屑灰岩与暗紫红色页片状薄层粉砂岩反复叠置构成 3 个韵律　3.68m

31. 暗紫红色页片状粉砂岩，含有大量细小的白云母碎片，局部含薄层钙质泥灰岩夹层　7.51m

30. 暗紫红色薄层钙质粉砂岩，易碎裂为 1~2mm 厚的薄板状，含有大量细小的云母片，顶部为厚 60cm 灰黄色细砂岩　3.00m

29. 紫红色厚层块状泥质粉砂岩—薄层易碎裂成页片状粉砂岩—灰黄色、紫红色互层泥云岩组成两个韵律　6.76m

28. 中厚层泥质灰岩，下部为竹叶状灰岩　2.25m

27. 薄层紫红色泥质粉砂岩，夹中厚层紫红色砾屑粉砂岩　3.01m

26. 厚层紫红色泥质粉砂岩　3.76m

25. 紫红色薄层泥质粉砂岩夹中厚层泥质粉砂岩，易碎裂成页片状，层理面上可见细小的云母片　9.37m

——————整合接触——————

石店段　总厚度 105.3m

24. 浅紫色—灰黄色砂质泥云岩　厚度 6.41m

23. 青灰色中厚层藻凝块灰岩，具缝合线构造　2.85m

22. 灰黄色中层泥云岩，含云泥质条带，具纹层构造　2.14m

21. 青灰色中厚层藻凝块灰岩，层厚度 30~50cm，局部含砂屑及砾屑　1.42m

20. 紫红、灰黄色中层泥云岩，具纹层状构造　3.56m

19. 灰黑色闪长玢岩岩脉

18. 中厚层白云质灰岩，含云泥质条带　2.90m

17. 青灰色薄层泥晶灰岩　9.07m

16. 中厚层竹叶状灰岩夹薄层白云质灰岩，顶部为一层厚度 0.6m 左右的薄层泥质粉砂岩　5.06m

15. 灰黄色、紫红色薄层泥云岩互层　1.34m

14. 紫红色中层泥质粉砂岩　6.01m

13. 灰黄色中薄层泥质白云岩　8.68m

12. 暗红色中薄层钙质粉砂岩　8.69m

11. 中厚层纹层状灰质白云岩	2. 67m
10. 青灰色纹层状灰岩、白云质灰岩	17. 40m
9. 灰黄色与紫红色泥云岩互层	1. 82m
8. 灰黄色中薄层泥云岩	7. 87m
7. 灰黄色中厚层纹层状白云岩，下部夹中厚层灰岩	4. 64m
6. 灰黑色闪长玢岩岩脉	
5. 青灰色中厚层纹层状灰岩	1. 61m
4. 灰黄色、紫红色薄层泥云岩	4. 06m
3. 中厚层泥灰岩夹薄层泥质粉砂岩	2. 08m
2. 中厚层纹层状泥质粉砂岩	3. 45m
1. 薄层纹层状泥质白云岩	1. 57m

————整合接触————

下伏地层：朱砂洞组中厚层白云质灰岩

馒头组石店段岩性以薄层泥云岩、泥灰岩为主，夹多层生物屑灰岩，局部地段还发育有白云质鲕状灰岩。岩石中发育藻席纹层、小型帐篷构造、泥裂及石盐假晶，属障壁潮坪相沉积。石店段由下向上形成5个由灰色薄层灰岩—泥灰岩及紫灰色泥岩—泥云岩组成的沉积韵律。该段厚度总体变化不大，向南九龙山一带稍有增厚。

下页岩段下部为暗紫色页岩、紫红色薄层泥质粉砂岩夹中厚层泥质粉砂岩，中部为紫红色泥质粉砂岩、细砂岩夹中厚层生物碎屑灰岩、砂屑灰岩，上部为灰紫色页岩夹灰绿色薄层泥质粉砂岩，岩石易碎裂为页片，页片表面可见大量云母碎片，薄层粉砂岩厚度0. 3~1. 5cm。

洪河段岩性以浅褐色、灰紫色中薄层含海绿石细砂岩为主，夹粉砂质页岩及鲕粒灰岩，发育板状、羽状交错层理。区域上馒头组厚度变化不大，石店段在九龙山一带稍有增厚，下页岩段稍有减薄，在研究区内洪河段为中薄层含海绿石细砂岩为主夹粉砂质页岩及鲕粒灰岩，向西北页岩增多，砂岩减少，逐渐过渡为上页岩段，向南东砂质含量增高，砂岩层变厚。

3. 长清群小结

区内长清群为一套碳酸盐岩的滨海—陆表海沉积组合。由朱砂洞组到馒头组经历了数次海侵且每次海侵的规模逐渐扩大，海侵方向由东南向北西推进。在丁家庄白云岩段沉积时期海水较浅，形成一套含膏岩系的萨布哈沉积。在馒头组沉积中早期，海水进一步扩大，形成了潮坪环境沉积，由数个潮下带—潮间带—潮上带组成的沉积旋回，由于海侵程度差异，形成了不同类型岩石组合类型。到下页岩段后期，海侵程度达到最大，由氧化环境逐渐向还原环境过渡，形成了黄绿色钙质页岩。在洪河砂岩段沉积时，为较大规模的海退，并于沂源—莱芜—泰安一线南侧广大地区形成砂坪—砂坝，交错层理发育。该砂坪—砂坝在局部地段过渡为鲕状灰岩层。

（二）九龙群

九龙群是跨系的岩石地层单位，属中寒武统—下奥陶统，主要由碳酸盐岩组成，与上覆马家沟群平行不整合接触(怀远间断)，与下伏长清群整合接触。研究区内九龙群按照岩石组合特征自下而上可分为张夏组、崮山组、炒米店组、三山子组。

1. 张夏组

张夏组主要岩性为厚层鲕状灰岩、叠层石藻礁灰岩、藻凝块灰岩及黄绿色页岩、薄层灰岩等，具明显的鲕状灰岩、黄绿色页岩及藻凝块灰岩三种岩石组合特征，自下而上划分为下灰岩段、盘车沟页岩段及上灰岩段。

莱芜区张家洼镇水泉峪寒武系九龙群张夏组实测剖面(图 2-1-3)。

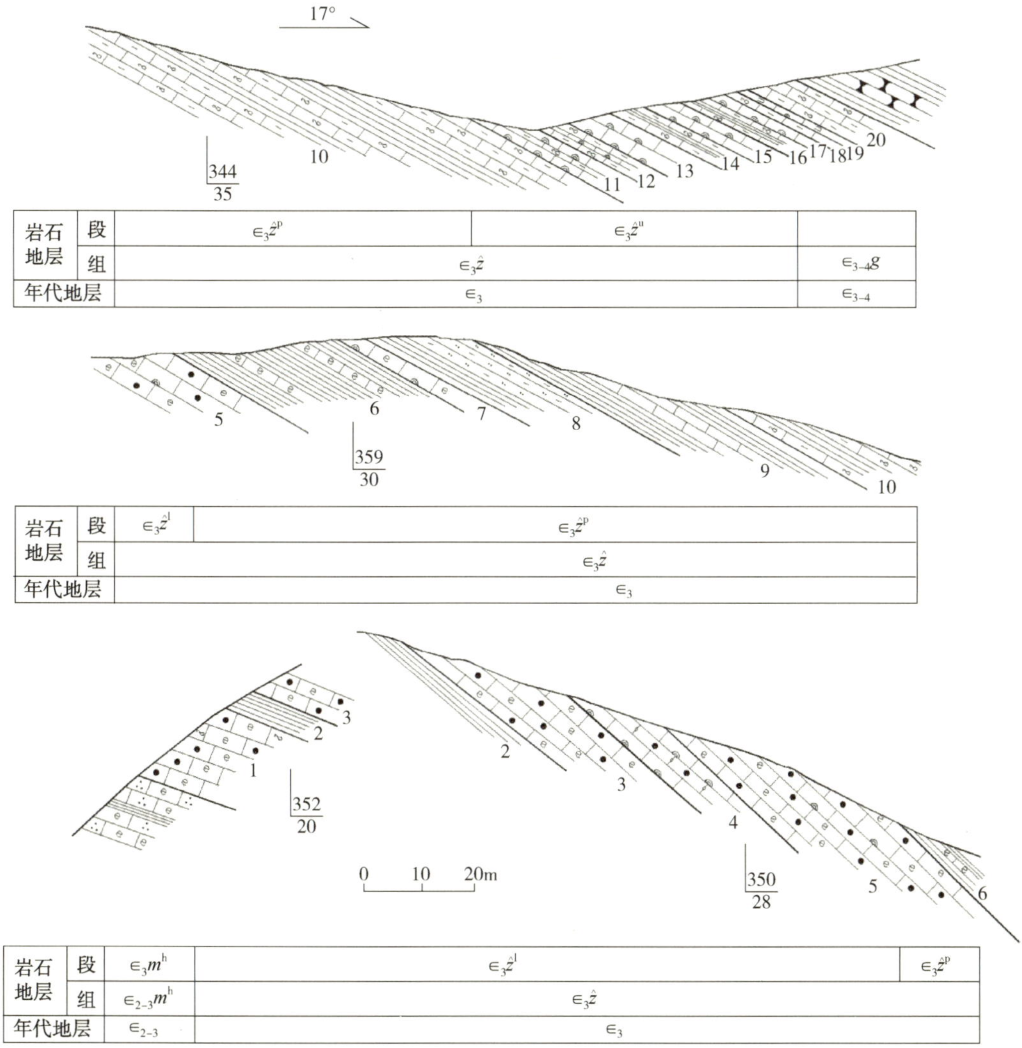

图 2-1-3　莱芜区张家洼镇水泉峪寒武系九龙群张夏组实测剖面

上覆地层：崮山组灰绿色页岩夹薄层疙瘩状灰岩

——————整合接触——————

张夏组($\in_3\hat{z}$)　　总厚度 172. 95m

上灰岩段　　厚度 35. 01m

20. 泥质条带灰岩，岩石易碎裂为薄板状，局部裂开为疙瘩状薄板灰岩　　5. 28m

19. 青灰色厚层云斑藻凝块灰岩	1.76m
18. 薄层泥质条带灰岩夹页岩	1.17m
17. 青灰色厚层藻凝块灰岩	1.17m
16. 薄层泥质条带灰岩夹页岩	3.52m
15. 青灰色厚层藻凝块灰岩	3.52m
14. 薄层泥质条带灰岩夹页岩	3.87m
13. 厚层藻凝块灰岩	5.17m
12. 中厚层泥质条带灰岩夹中薄层藻灰岩	4.52m
11. 青灰色厚层藻凝块灰岩夹泥质条带灰岩	5.03m
———整合接触———	
盘车沟段	总厚度 92.59m
10. 中薄层泥质条带灰岩夹页岩，灰岩厚度 10~30cm，页岩厚度一般不超过 50cm	厚度 43.82m
9. 灰绿色页岩夹薄层灰岩，页岩厚度 0.5~3m，灰岩厚度 0.1~0.25m	17.07m
8. 灰绿色页岩、薄层泥质粉砂岩	11.14m
7. 厚层生物碎屑藻灰岩	1.76m
6. 黄绿色页岩夹中薄层生物碎屑灰岩	18.80m
———整合接触———	
下灰岩段	总厚度 45.35m
5. 厚层生物碎屑鲕粒灰岩，含云泥质条带，局部夹藻凝块灰岩	厚度 15.35m
4. 浅灰色中厚层藻凝块灰岩夹鲕状亮晶灰岩	4.06m
3. 中厚层生物碎屑鲕粒灰岩	7.37m
2. 灰绿色页岩，页理发育，易碎裂，无白云母片	3.47m
1. 青灰色巨厚层含生物碎屑鲕粒灰岩，含泥质条带，向上增多	15.10m
———整合接触———	

下伏地层：馒头组洪河段中厚层含生物碎屑砂屑灰岩夹页岩

张夏组下灰岩段以深灰色厚层—巨厚层鲕粒灰岩和云斑灰岩为主要特征，底部岩石中常含海绿石和黄灰色泥质条带或团块，下灰岩段中存在 2~3m 的灰绿色页岩，易破碎，上下都见厚层—巨厚层鲕粒灰岩。从岩性组合分析属台地边缘滩相沉积环境，水体动荡，能量较高。

盘车沟段以黄绿色、灰绿色钙质页岩为主，夹少量的薄层泥晶灰岩、生物碎屑灰岩，下部主要为页岩，向上出现页岩夹薄层灰岩，再向上出现薄层灰岩夹页岩。据岩石组合分析，其形成于水体较深的中深缓坡，属浅海盆地相沉积。

上灰岩段岩性主要为灰色厚层藻凝块灰岩、泥质条带灰岩夹页岩。地貌上泥质条带灰岩和页岩易风化形成缓坡，露头容易长满杂草，与藻灰岩形成明暗相间的条带。据岩性组合分析，其形成于浪基面附近的高能环境，属台地边缘礁滩相沉积。

2. 崮山组

崮山组岩性以疙瘩—链条状薄层泥晶灰岩与黄绿色钙质页岩互层，夹竹叶状灰岩为特征，厚度 90m 左右。

泰安市祝阳镇永宁村西寒武系九龙群崮山组实测剖面(图 2-1-4)。

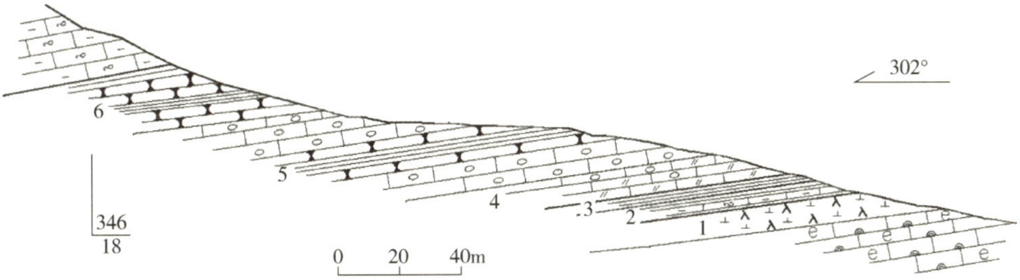

岩石地层	段			$\in_3\hat{z}^u$
	组	$\in_4O_1\hat{c}$	$\in_{3-4}g$	$\in_3\hat{z}$
年代地层		$\in_4O_1$	$\in_{3-4}$	$\in_3$

图 2-1-4 泰安市祝阳镇永宁村西寒武系九龙群崮山组实测剖面

上覆地层：炒米店组中厚层泥质条带灰岩

——————整合接触——————

崮山组($\in_{3-4}g$) 总厚度 96.71m

6. 疙瘩状灰岩夹灰绿色页岩，灰岩层厚度 12~30cm，易碎裂为 1~2cm 的薄板 厚度 26.22m
5. 灰黄色中层砾屑灰岩夹中薄层疙瘩状灰岩和灰绿色页岩 44.28m
4. 中薄层白云质灰岩、砾屑灰岩、泥质条带灰岩夹灰绿色、灰黄色页岩 14.00m
3. 暗红色页岩夹灰绿色页岩 4.18m
2. 灰绿色页岩夹中薄层泥质条带灰岩，灰岩厚度 15~25cm 8.03m
1. 灰黑色闪长玢岩

——————侵入接触——————

下伏地层：张夏组上灰岩段青灰色厚层藻凝块生物碎屑灰岩

崮山组以黄绿(夹紫红)色页岩、灰色薄层疙瘩状—链条状灰岩、竹叶状灰岩为主，夹蓝灰色薄板状灰岩，与上覆炒米店组及下伏张夏组均呈整合接触。崮山组总体上由竹叶状灰岩—薄层灰岩—页岩三类岩石反复叠置而成。靠近顶部页岩逐渐减少，顶、底界均以页岩的出现及消失作为划分标志。该组属陆棚内缘斜坡相(中缓坡相)及浅海盆地相(深缓坡相)沉积，水平层理发育，三叶虫化石保存完整，反映了水动力条件较弱，处于水体较深的还原状态。

3. 炒米店组

炒米店组岩性以灰色薄层泥质条带灰岩、生物碎屑灰岩、砾屑灰岩及中厚层竹叶状灰岩(风暴岩)夹鲕状灰岩及厚层藻凝块灰岩为主，局部发育柱状叠层石。与下伏崮山组和上覆三山子组均呈整合接触。

莱芜区张家洼镇水泉峪寒武系九龙群炒米店组实测剖面(图 2-1-5)。

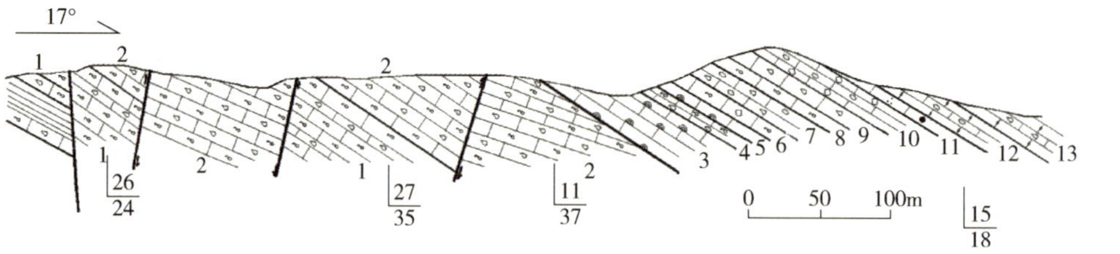

岩石地层	组	$\in_{3-4}g$	$\in_4O_1\hat{c}$
年代地层		$\in_{3-4}$	$\in_4O_1$

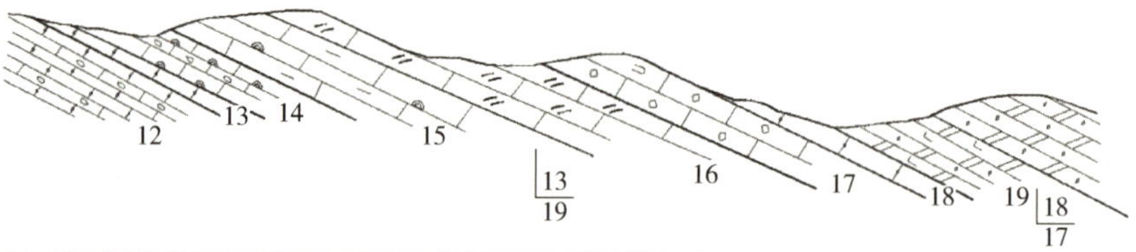

岩石地层	组	$\in_4O_1\hat{c}$	O_1s^c
年代地层		$\in_4O_1$	O_1

图 2-1-5　莱芜区张家洼镇水泉峪寒武系九龙群炒米店组实测剖面

上覆地层：三山子组灰黄色中层细晶白云岩　26.44m

——整合接触——

炒米店组($\in_4O_1\hat{c}$)　总厚度 297.92m

19. 灰黄色中薄层细晶灰质白云岩、白云质灰岩，岩石具纹层结构　厚度 34.98m
18. 灰白色中薄层泥晶灰岩夹中薄层竹叶状砾屑灰岩　8.53m
17. 暗灰色含云斑厚层微晶灰岩，岩石局部有轻微白云岩化，局部具泥质条带　19.82m
16. 巨厚层大窝卷状白云质灰岩，岩石呈灰色，层厚度可达 5~6m　23.52m
15. 厚层含泥质条带白云质灰岩、藻丘白云岩化灰岩，风化表面呈糖粒状　17.06m
14. 厚层藻灰岩夹中层竹叶状砾屑灰岩　17.97m
13. 中层白云岩化泥晶灰岩夹薄层白云岩化竹叶状灰岩　5.88m
12. 中薄层浅灰色泥晶灰岩夹薄层砾屑灰岩　8.68m
11. 白云岩化中厚层砂屑鲕粒灰岩，岩石风化后显示灰黑色，局部有砾屑灰岩　5.62m
10. 中薄层微晶灰岩夹中薄层砾屑灰岩　16.11m
9. 中厚层竹叶状灰岩夹薄层泥晶灰岩，泥质条带灰岩，竹叶状灰岩常具红色氧化圈　10.41m
8. 中厚层泥质条带灰岩夹薄层竹叶状灰岩　9.11m
7. 中层竹叶状砾屑灰岩夹中—中薄层泥晶灰岩、砂屑灰岩及泥质条带灰岩，部分竹叶状灰岩具氧化圈　13.67m

6. 厚层白云岩化含泥质条带细晶灰岩，局部具云斑，白云岩化程度不均匀 7. 16m

5. 厚层藻凝块灰岩 3. 12m

4. 中薄层竹叶状灰岩与泥质条带微晶灰岩互层 7. 06m

3. 浅灰色厚层藻凝块灰岩，含少量云斑 27. 66m

2. 中厚层泥质条带灰岩与中厚层竹叶状灰岩互层 48. 64m

1. 厚层泥质条带灰岩夹中薄层竹叶状灰岩 12. 92m

——————整合接触——————

下伏地层：崮山组中厚层泥质条带灰岩、竹叶状灰岩夹页岩

炒米店组下部以砾屑灰岩与中薄层条带状灰岩为主，夹浅灰色厚层藻礁灰岩；中部为深灰色云斑状藻球粒灰岩夹鲕粒灰岩和砾屑灰岩；上部为中薄层云质条带—云斑状泥晶灰岩，发育一层巨厚层藻丘白云岩，叠层石十分发育，厚度5~7m；顶部为青灰色厚层云斑状砾屑砂屑灰岩夹泥晶灰岩及灰质白云岩，虫迹构造发育。

4. 三山子组

三山子组岩性以褐灰色厚层窝卷状中细晶白云岩及灰白色中厚层细晶白云岩为主。上部含有较多的燧石结核及条带。底以中厚层灰岩结束、大套白云岩出现为界，与炒米店组整合接触；顶以浅黄色中薄层含燧石结核白云岩结束、黄灰色中层含砾白云岩出现为界，与上覆马家沟群东黄山组为平行不整合接触。

莱芜区尚家庄—吊鼓山奥陶纪三山子组、东黄山组剖面(图2-1-6)。

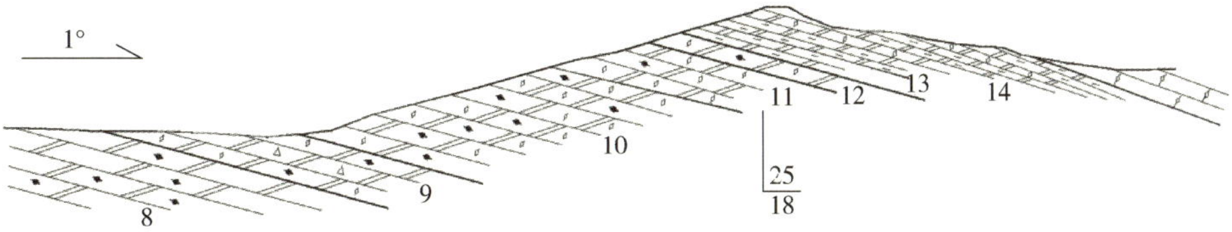

岩石地层	段	O_1s^a		
	组	O_1s	O_1d	O_2b
年代地层		O_1	O_2	

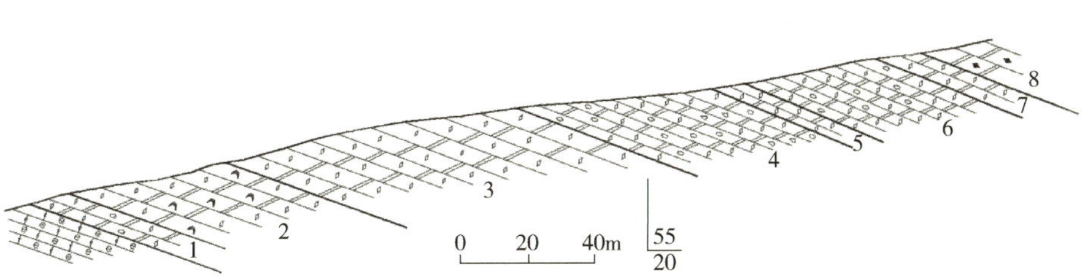

岩石地层	段		O_1s^c	O_1s^b	O_1s^a
	组	$\in_4O_1\hat{c}$	O_1s		
年代地层		$\in_4O_1$	O_1		

图2-1-6　莱芜区尚家庄—吊鼓山奥陶系三山子组、东黄山组剖面

上覆地层：东黄山组灰黄色微薄层含泥质白云岩，底部为白云质灰岩	3.60m
------------平行不整合------------	
三山子组（O_1s）	总厚度 193.31m
a 段	厚度 76.55m
12. 灰色中厚层含燧石结核微晶白云岩	5.19m
11. 灰黄色细晶白云岩夹厚层含燧石结核细晶白云岩	11.91m
10. 黄灰色中厚层含燧石结核细晶白云岩	33.34m
9. 浅灰色中厚层含少量燧石结核细晶白云岩，晶洞构造发育，并夹一层角砾状（古喀斯特化）白云岩	11.73m
8. 浅灰色中厚层含燧石结核白云岩	14.38m
b 段	总厚度 81.87m
7. 黄灰色中厚层细晶白云岩	厚度 5.50m
6. 黄灰色中薄层含砾屑细晶白云岩	16.92m
5. 浅灰黄色中薄层细晶白云岩	3.39m
4. 暗灰色中薄层含砾屑粉细晶白云岩，上部夹竹叶状细晶白云岩	19.31m
3. 暗灰黄色中厚层细晶白云岩，产头足类 *Yehlioeras* sp.	36.75m
c 段	总厚度 34.89m
2. 黄灰色中厚层窝卷状叠层石细晶白云岩	厚度 27.89m
1. 土灰色中层含砾屑细晶白云岩	7.0m
————整合接触————	
下伏地层：炒米店组黄绿色中薄层小竹叶状白云石化生物碎屑泥晶灰岩	2.50m

三山子组 c 段以褐灰色中厚层窝卷状中细晶白云岩为主，夹中薄层细晶白云岩，大致相当于炒米店组上部层位，是白云石化作用的产物。b 段岩性以灰色、黄绿色薄层细晶白云岩及中厚层砾屑细晶白云岩为主，底部发育厚约 0.3m 具紫红色氧化圈的小竹叶状砾屑白云岩。a 段岩性以灰色中—中厚层含燧石结核及条带白云岩为主，夹 1~2 层含晶洞古喀斯特角砾岩，代表水体向上变浅的沉积层序。据岩性组合特征，三山子组沉积环境下部 c 段属台地前缘斜坡相及台地边缘礁相沉积；中部 b 段属局限台地相—泻湖相沉积；上部 a 段属泻湖相沉积，而燧石结核及条带的形成代表水体较浅，且有淡水注入，pH 值发生变化，使游离的 SiO_2沉淀，在成岩过程中凝聚形成燧石结核和条带。

5. 九龙群小结

九龙群与长清群对比，沉积环境发生较大变化。长清群以陆源物质较多的潮坪相转入九龙群以内碎屑为主的碳酸盐台地及斜坡相沉积。张夏组上、下部沉积环境分别为台地边缘滩、礁相沉积，水体动荡剧烈，但清洁透光性好，有利于各种生物礁生长，形成厚—巨厚层的鲕状灰岩及藻礁灰岩。张夏组中部盘车沟页岩段及崮山组沉积环境属浅海盆地相，水体达到最深。九龙群早期为快速海侵，在馒头组洪河段砂坪、砂坝的基础上形成碳酸盐台地。崮山组沉积时期水体进一步加深，发育黄绿色钙质页岩、疙瘩状灰岩、瘤状灰岩及沿斜坡下泻形成的竹叶状灰岩，以台地前缘斜坡相及浅海盆地相沉积为主。炒米店组为一套大陆斜坡相沉积，局部发育台地边缘礁滩，总体由数个规模较小的海侵—海退层序组成，海水较浅，水动力条件强，发育砾屑灰岩、条带状灰岩、藻礁灰岩、风暴岩等；其顶部，海水进一步变浅，白云质含量增多，多发育白云质灰岩、云斑灰岩等。三山子组沉积期海退明显加剧，由大陆斜坡转为局限台地泻湖相沉积。之后，华北地台由于受怀远运动的影响，地壳上升，研究区遭受剥蚀。

（三）马家沟群

马家沟群地层在研究区内露头较少，并且不连续，断裂较多，主要分布于研究区南部，多为隐伏地层。其岩性以厚层微晶灰岩及白云岩、泥质白云岩为主，自下而上划分为 6 个组，即东黄山组、北庵庄组、土峪组、五阳山组、阁庄组及八陡组。

1. 东黄山组

东黄山组岩性为黄绿色纹层状中薄层微晶白云岩、膏溶角砾状白云岩、角砾状白云岩，厚度 20~30m，底部为厚度 10cm 左右的砾岩或含砾白云岩，与三山子组呈平行不整合接触。

莱芜区尚家庄—吊鼓山东黄山组剖面如下。

上覆地层：北庵庄组褐灰色中层微晶灰岩　26.4m

——————整合接触——————

东黄山组(O_2d)　总厚度 21.7m

14. 灰黄色微薄层泥云岩夹灰红色中薄层泥晶白云岩，有膏溶现象且晶洞发育　厚度 18.1m

13. 灰黄色微薄层含泥质白云岩，底部为薄层白云质灰岩　3.6m

------------------平行不整合------------------

下伏地层：三山子组 a 段灰红色中厚层含燧石结核细晶白云岩　5.19m

东黄山组由黄绿色薄层泥晶微晶白云岩、土黄色角砾状泥质白云岩和灰红色纹层状白云岩组成，底部为复成分砾岩及薄层微晶白云质灰岩。复成分砾岩属底砾岩，区域分布较稳定，砾石成分以白云质为主，次为燧石质，砾径 2~3cm，棱角为次圆状。该段属局限台地—泻湖相沉积，多发育藻席纹层及膏溶角砾岩。东黄山白云岩段一般厚度 20~30m，区域变化不大。

2. 北庵庄组

北庵庄组主要岩性为灰色厚层微晶灰岩、纹层状厚层灰岩、云斑微晶灰岩夹少量灰黄色薄层白云岩、泥质白云岩，底部纹层构造发育，中上部发育云斑、藻球粒。底以灰黄色中薄层白云岩结束、灰色厚层微晶灰岩出现为界，与下伏东黄山组整合接触、顶以大套灰岩结束划界，与土峪组呈整合接触。

莱芜区北王店北奥陶纪马家沟群北庵庄组剖面（图 2-1-7）。

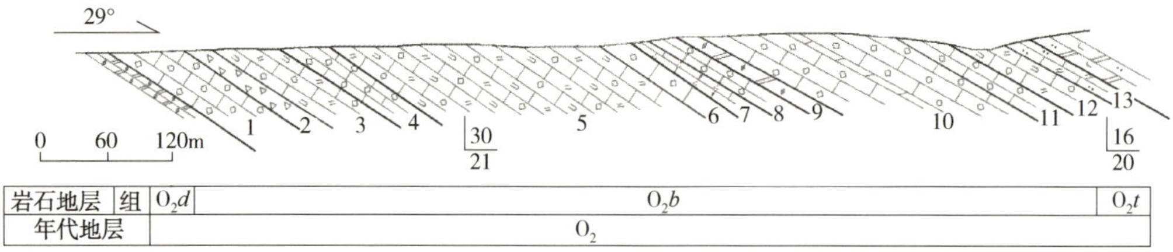

图 2-1-7 莱芜区北王店北奥陶纪马家沟群北庵庄组剖面

上覆地层：土峪组灰黄色中薄层灰质粉晶白云岩

——————整合接触——————

北庵庄组(O_2b)	总厚度 206.37m
13. 灰黄色薄层白云质粉晶灰岩	厚度 8.31m
12. 褐灰色厚层豹皮状含白云质微晶灰岩	8.77m
11. 浅灰色薄层微晶灰岩	5.56m
10. 灰色厚层微晶灰岩夹厚度 1m 的黄色薄层泥灰岩	56.24m
9. 灰黄色中薄层球粒泥晶白云岩	6.02m
8. 灰色中厚层微晶灰岩	9.19m
7. 褐灰色中薄层含砂屑泥晶灰岩	1.21m
6. 浅灰色中厚层微晶灰岩	3.33m
5. 褐灰色中厚层豹皮状白云质微晶灰岩	52.16m
4. 褐灰色中厚层微晶灰岩	9.03m
3. 褐灰色中厚层豹皮状含白云质微晶灰岩	17.70m
2. 构造角砾岩	
1. 褐灰色中层微晶灰岩	28.85m

——————整合接触——————

下伏地层：东黄山组灰黄色中薄层泥晶白云岩

北庵庄组以灰—深灰色中薄层微晶灰岩、厚层豹皮状灰岩为主，中上部夹少量白云岩及泥质白云岩，与上、下地层均呈整合接触，其区域上分布较稳定，以含大量厚层生物扰动灰岩为特征，沉积环境属开阔台地潮间带—潮下带。

3. 土峪组

土峪组下部为黄灰色中薄—中厚层白云岩，上部为黄灰色中厚层白云岩夹黄灰色膏溶角砾状白云岩，底以厚层灰岩结束、中薄层白云岩出现为界，与北庵庄组呈整合接触。

莱芜区北十里河奥陶纪马家沟群土峪组、五阳山组剖面(图 2-1-8)。

上覆地层：五阳山组褐灰色中层微晶灰岩　　3.14m

——————整合接触——————

土峪组(O_2t)	总厚度 83.35m
3. 灰黄色薄层微晶白云岩夹中厚层喀斯特化角砾岩	厚度 23.20m
2. 灰色中厚层角砾状亮晶砂屑白云岩(喀斯特化)	30.10m

1. 灰黄色中薄层灰质粉晶白云岩　　30.05m

——————整合接触——————

下伏地层：北庵庄组灰黄色薄层白云质粉晶灰岩　　8.31m

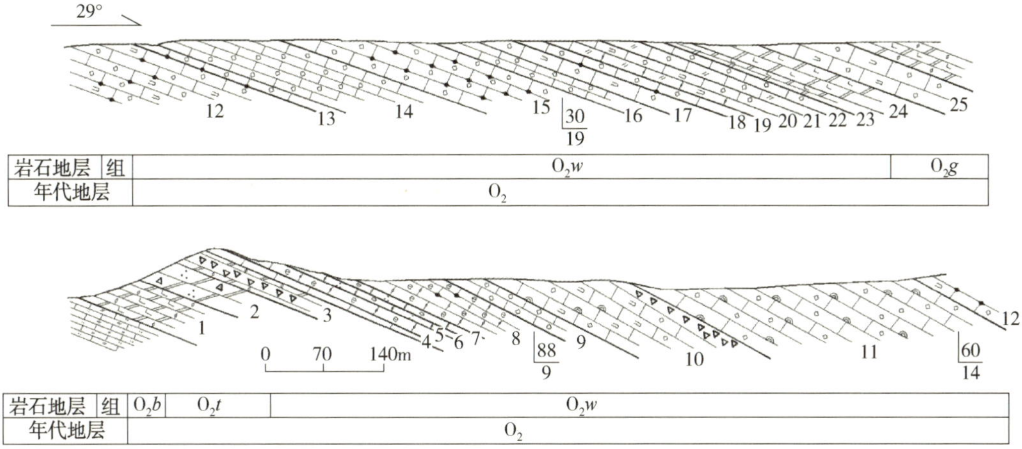

图 2-1-8　莱芜区北十里河奥陶纪马家沟群土峪组、五阳山组剖面

土峪组岩性以土黄色、紫灰色中薄层微晶白云岩为主，夹中层喀斯特化角砾岩，与上、下地层均呈整合接触，该组中见有鸟眼、泥裂、石膏假晶等暴露标志，膏溶现象普遍，沉积环境属局限台地—泻湖相沉积。

4. 五阳山组

五阳山组底部以灰色厚层含燧石结核或条带灰岩为主，夹砂屑灰岩、云斑灰岩、纹层状灰岩，中上部主要为灰色厚层微晶灰岩、云斑灰岩、藻屑灰岩夹白云岩。该组底以稳定连续灰岩出现为界，顶以灰岩基本结束，大套白云岩出现划界，与上下地层整合接触(图 2-1-8)。

上覆地层：阎庄组灰黄色中薄层粉晶白云岩夹灰质白云岩　　59.94m

——————整合接触——————

五阳山组(O_2w)　　总厚度 349.06m

25. 黄灰色中厚层豹皮状微晶灰岩　　厚度 24.74m

24. 黄灰色中层粉晶灰质白云岩　　25.04m

23. 灰黄色中薄层白云岩与褐灰色灰质粉晶白云岩互层　　14.70m

22. 灰黄色中层微晶灰岩　　7.27m

21. 灰黄色中层白云质微晶灰岩　　15.10m

20. 黄灰色中层豹皮状微晶灰岩　　13.47m

19. 灰黄色薄—中厚层豹皮状白云质泥晶灰岩　　15.87m

18. 灰色中厚层含燧石结核微晶灰岩　　15.87m

17. 灰黄色中厚层豹皮状微晶灰岩，产头足类 *Armenoceras tani*　　17.68m

16. 黄灰色中厚层微晶灰岩　　2.20m

15. 黄灰色中厚层含燧石结核微晶灰岩　　9.67m

14. 浅灰色中薄层微晶灰岩 34.50m

13. 浅灰色中层含燧石结核微晶灰岩 2.18m

12. 褐灰色中层含燧石结核豹皮状微晶灰岩 13.36m

11. 灰色厚层藻凝块微晶灰岩，产头足类 *Armenoceras tani*，*Nybyoceras cryptum* 50.72m

10. 灰色中厚层豹皮状白云石化藻屑微晶灰岩上部发育一层喀斯特化角砾岩 22.28m

9. 浅灰色中厚层微晶灰岩 10.03m

8. 灰色厚层燧石结核白云石化含生物屑亮晶球粒灰岩，产头足类 *Armenoceras tani*，*Nybyoceras cryptum*，*Amanchllooense* 26.96m

7. 灰色中厚层含生物屑，砂、砾屑亮晶灰岩 5.53m

6. 灰色含燧石结核白云石化生物屑砂砾屑泥晶灰岩 10.55m

5. 灰色中厚层含生物碎屑球粒泥晶灰岩 8.20m

4. 灰色厚层微晶灰岩，产头足类 *Armenoceras tani* 3.14m

——————整合接触——————

下伏地层：土峪组灰黄色薄层微晶白云岩夹中厚层喀斯特化角砾岩 23.20m

五阳山组岩性以灰色中厚层微晶灰岩、云斑灰岩夹中薄层白云岩为主，中下部灰岩中含燧石结核，与上、下地层均呈整合接触。在该段中下部见一层喀斯特化角砾岩，厚0.5~1m，区域上分布较稳定，是重要的暴露标志。据岩石组合分析，五阳山段沉积环境属开阔台地潮间—潮下带沉积，中期有一次水体向上变浅的过程，并有短期暴露。

5. 阁庄组

阁庄组岩性为灰色、灰黄色、泥质白云岩、细晶白云岩、白云质灰岩。底以灰岩基本结束、大套白云岩出现划界，顶以白云岩基本结束、大套灰岩出现划界。与上、下地层均呈整合接触。

莱芜区张家岭村奥陶系马家沟群阁庄组、八陡组剖面(图2-1-9)。

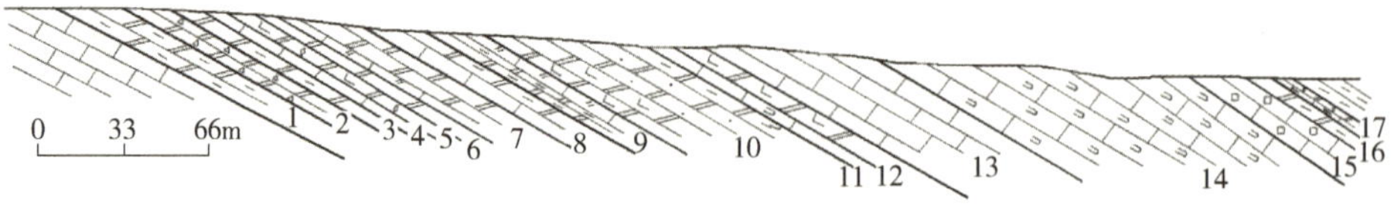

岩石地层	段				
	组	O_2w	O_2g	$O_{2-3}b$	C_2b
年代地层		O_2		O_3	C_2

图2-1-9 莱芜区张家岭村奥陶纪马家沟群阁庄组、八陡组剖面

上覆地层：八陡组青灰色厚层灰岩 28.43m

——————整合接触——————

阁庄组(O_2g) 总厚度95.39m

12. 灰褐色中厚层灰质白云岩 厚度4.66m

11. 青灰色厚层云斑灰岩、灰岩，产：*Nybyoceras* sp. [尼比角石(未定种)]，*Gonioceras* sp. [棱角石(未定种)]，*Tongyiceras* sp. [同义角石(未定种)] 4.66m

10. 底部为灰质白云岩，中部糖粒状白云岩，上部为泥质白云岩 16.93m

9. 浅灰褐色中薄层泥质白云岩，上部浅灰褐色中厚层白云质灰岩 8.26m

8. 中薄层灰岩、泥质白云岩 8.65m

7. 灰褐色中厚层白云岩，底部有一层白云质灰岩 12.25m

6. 深灰褐色厚层白云岩 3.43m

5. 浅灰色中厚层细晶灰质白云岩 6.89m

4. 青灰色厚层灰岩 0.92m

3. 褐黄色薄层状含泥质白云岩 7.34m

2. 角砾状白云岩，角砾均为白云岩，直径5~10cm 9.77m

1. 褐黄色中薄层泥质白云岩 11.63m

——————整合接触——————

下伏地层：五阳山组青灰色厚层灰岩，局部含燧石条带 17.21m

阁庄组以黄灰色中薄层粉晶白云岩及细晶白云岩为主，属局限台地泻湖相沉积。该组在淄川一带以细晶白云岩为主，较厚，总体上呈西薄东厚的变化趋势。

6. 八陡组

八陡组岩性以深灰色、灰黄色中厚层微晶灰岩及藻屑粉晶灰岩为主，夹少量灰质白云岩及白云质灰岩。与下伏阁庄组整合接触，与上覆石炭纪本溪组平行不整合接触(图2-1-9)。

上覆地层：本溪组紫红色、黄绿色等杂色泥岩、易碎 2.02m

------------平行不整合------------

八陡组($O_{2-3}b$) 总厚度94.95m

17. 下部为青灰色厚层层纹状灰岩，上部为浅灰—浅褐灰色中薄层细晶白云岩 厚度3.03m

16. 褐黄色薄层状泥质白云岩 1.26m

15. 青灰色厚层微晶灰岩 10.83m

14. 青灰色厚层云斑灰岩 51.40m

13. 青灰色厚层灰岩，产：*Badouceras* sp. [八陡角石(未定种)]，*Gonioceras* sp. [棱角石(未定种)]，*Nybyoceras* sp. [尼比角石(未定种)] 28.43m

——————整合接触——————

下伏地层：阁庄组灰褐色中厚层灰质白云岩 4.66m

八陡组岩性以深灰色、灰黄色中厚层微晶灰岩及藻屑粉晶灰岩为主，夹少量灰质白云岩及白云质灰岩。灰岩纯度较高，是优质制碱原料。沉积环境属开阔台地潮下—潮间带，后期转入泻湖相沉积。

7. 马家沟群小结

马家沟群是沉积在“怀远间断”夷平面之上的一套稳定的碳酸盐岩沉积组合，受地壳平稳的升降影响，在碳酸盐台地上形成灰岩与白云岩的反复叠置，沉积环境为开阔台地—局限台地反复更替。各组之间均呈整合接触。马家沟群沉积时期地势相对平坦，古地形起伏不大，各组地层分布较稳定，以开阔台地相沉积为主，并含有丰富的头足类化石。

二、晚古生代地层

（一）月门沟群

月门沟群为一套海陆交互相—陆相含煤岩系，与下伏奥陶系马家沟群呈平行不整合接触，与上覆石盒子群呈整合接触。研究区自下而上分为本溪组、太原组及山西组，主要出露于莱芜区幅南部北梨沟—安仙一带，露头零星。

1. 本溪组

本溪组岩性为一套紫色、杂色铁铝质泥岩、铝土岩及粉、细砂岩组合。本溪组与下伏奥陶纪马家沟群呈平行不整合接触；顶部与太原组灰岩呈整合接触，本组以相当于风化壳沉积的铁铝质泥岩为特征，区域分布稳定，识别标志明显。

潘西煤矿63-09号钻孔资料。

上覆地层：太原组青灰色厚层灰岩

——————整合接触——————

本溪组(C_2b)	总厚度20.44m
5. 杂色砂质黏土岩	厚度1.91m
4. 紫红色细粒砂岩	1.63m
3. 灰白色中粒砂岩	6.32m
湖田铁铝岩段	厚度10.58m
2. 杂色黏土岩	6.53m
1. 深灰色黏土岩，高炭质黏土，有黄铁矿结核，结核直径2cm	4.05m

------------平行不整合------------

下伏地层：八陡组中薄层白云岩夹青灰色厚层灰岩

本溪组岩性为深红色粉砂质泥岩、厚层砂岩，底部为紫红色铁铝质泥岩，黄灰色铝土质泥岩。湖田铁铝岩段以铁铝质岩石为主，为一套风化壳上再沉积的残积物。

2. 太原组

太原组岩性为灰色调的泥岩夹砂岩、灰岩及煤层，其顶、底分别以稳定的灰岩出现与结束作为划分和识别标志，与下伏本溪组和上覆山西组均呈整合接触。

莱芜煤田潘西煤矿63-09号钻孔资料。

上覆地层：山西组深灰色细粉砂岩夹菱铁矿结核　9.00m

——————整合接触——————

太原组(C_2P_1t)　总厚度168.20m

42. 浅灰色灰岩，见腕足类化石及缝合线构造　厚度2.01m
41. 煤　0.22m
40. 深灰色粉砂岩，含泥质菱铁矿结核　4.57m
39. 灰色细砂岩，以石英为主，黏土胶结　0.90m
38. 深灰色粉砂岩，顶部有厚度0.1m黏土岩夹泥灰岩，含黄铁矿及植物化石　8.23m
37. 煤　0.37m
36. 灰色黏土岩，含有植物化石　1.40m
35. 深灰色粉砂岩　2.08m
34. 煤　0.22m
33. 灰色砂质黏土岩，含植物化石　4.30m
32. 灰色细砂岩，石英为主，钙质胶结　5.10m
31. 灰绿色中砂岩，砂以石英为主，黏土与钙质胶结　13.10m
30. 灰色细砂岩，以长石、石英为主　1.10m
29. 深灰色粉砂岩　8.43m
28. 煤　1.00m
27. 深灰色黏土粉砂岩，有植物根化石　2.60m
26. 煤　0.25m
25. 浅灰色灰岩　2.02m
24. 灰褐色黏土岩、粉砂岩　7.95m
23. 灰色粉砂岩与细砂岩互层　6.05m
22. 深灰色粉砂岩　3.95m
21. 浅灰—灰褐色灰岩　7.70m
20. 浅灰色中—细砂岩　3.75m
19. 深灰色粉砂岩　2.80m
18. 灰色中砂岩　13.80m
17. 深灰色粉砂岩　9.92m
16. 煤　3.31m
15. 灰色黏土岩　3.70m
14. 浅灰色黏土岩、细砂岩　2.20m
13. 灰色砂质黏土岩　5.50m
12. 深灰色粉砂岩　6.00m
11. 灰绿色黏土岩　3.40m
10. 浅棕色灰岩　2.90m

9. 浅灰色砂质黏土岩	5.65m
8. 灰色灰岩	7.41m
7. 煤	0.35m
6. 黏土岩	0.63m
5. 浅灰色灰岩	0.30m
4. 黏土岩	2.15m
3. 青灰色厚层灰岩	1.31m
2. 杂色黏土岩	8.55m
1. 青灰色灰岩	1.02m

——————整合接触——————

下伏地层：本溪组中薄层白云岩夹青灰色厚层灰岩　1.91m

太原组从岩性上看，各地差别不大。一般以泥岩、粉砂岩、细砂岩夹灰岩为主，局部夹少量中粗粒砂岩，并含有丰富的化石，既有海相的蜓类、腕足类、珊瑚类和头足类，又有陆相植物化石。太原组是以泥、砂岩为主的含煤建造，为华北地区重要的聚煤层位，属陆表海滨海砂泥坪及泥炭沼泽相。

3. 山西组

山西组总体色调呈灰—深灰色，岩性以泥岩、粉砂岩及细砂岩为主。底以太原组顶部灰岩为界，与太原组呈整合接触；顶以泥岩基本结束、黄绿色长石石英砂岩大量出现为界，与石盒子群黑山组呈整合接触。该组以深灰色泥岩发育为标志，与下伏太原组灰岩及上覆石盒子群黑山组砂岩易于区分。

莱芜煤田矿山井田 61 号钻孔资料。

上覆地层：黑山组浅灰色中粒砂岩，砂屑成分以石英为主，次为长石及少量黑色矿物。细小层理清楚，微具分选作用，由上而下逐渐变粗，底部有厚度约为 3.5m 的粗砂岩　9.60m

——————整合接触——————

山西组($P_{1-2}\hat{s}$)	总厚度 154.56m
32. 杂色砂质黏土页岩，以灰绿色为主，夹紫红色、深灰色，局部夹粗砂岩	厚度 9.59m
31. 灰色、灰绿色细砂岩，泥质胶结，层理清晰	3.84m
30. 灰色砂质黏土页岩	4.00m
29. 灰色细砂岩，泥质胶结，局部夹有页岩，含植物化石	13.65m
28. 灰色砂质黏土页岩，中部夹 0.2m 厚坚硬的粗砂岩	8.89m
27. 灰色、浅灰色细砂岩，上部以泥质胶结为主，下部为钙质胶结，且节理发育	6.55m
26. 灰色砂质页岩	2.89m
25. 浅灰色中粒砂岩，砂屑成分以石英为主，少量长石，泥质胶结	5.00m

24. 灰色黏土砂质页岩，上部颜色较深，含有植物碳片，及高特木化石，夹岩质页岩	10.90m
23. 灰色砂岩，交错层理发育，中部夹有煤线	1.89m
22. 深灰色粉砂岩，含泥质，上部夹厚度 0.1m 薄层砂岩	2.33m
21. 煤(2)，玻璃光泽，断口呈贝壳状，煤质坚硬具层理	0.74m
20. 灰黑色炭质页岩，下部含高特木化石	0.59m
19. 灰色砂页岩，以砂岩为主，纹层发育	2.31m
18. 灰白色中粒砂岩，砂屑以石英为主，泥质胶结，含钙质	7.84m
17. 灰色、深灰色砂质页岩，中部夹细砂岩，下部呈深灰色，层面含炭质及化石	3.49m
16. 煤(3)，暗淡无光，断口不规则，具垂直细小节理	0.17m
15. 灰色、深灰色砂质页岩，上部砂质页岩，中部夹粉砂岩，下部为砂页岩	3.34m
14. 浅灰色粗砂岩，砂屑成分以石英及长石为主，含黑色矿物，颗粒呈次棱角状，泥质胶结	1.32m
13. 深灰色粉砂岩，层面含有植物化石，底部具细小的交错层理	9.35m
12. 煤(4)，玻璃光泽，断口不规则，煤质疏脆	1.72m
11. 浅灰色中粒砂岩，砂屑以石英为主，泥质胶结，细小层理清楚	3.25m
10. 灰黑色砂质页岩，富含炭质，细小节理发育，倾角 74°	6.67m
9. 灰白色泥质细砂岩，泥质含量较高	1.89m
8. 砂质页岩，上部层理清晰，层面含炭质	4.43m
7. 灰色细砂岩，砂屑以细粒石英为主，泥质胶结	1.28m
6. 灰色砂岩、页岩，上部以细砂岩为主，细小纹层发育	4.73m
5. 深灰色砂质页岩，性松脆，具有细小羽状节理，夹 1m 厚黏土页岩	18.58m
4. 煤($7_{Ⅰ}$)，玻璃光泽，断口平坦，煤质疏松，下部呈页片状	1.02m
3. 黏土质页岩，疏松，脆性，微含砂质，具滑面	0.69m
2. 煤($7_{Ⅱ}$)，玻璃光泽，半贝壳状断口，煤质坚硬，有层理构造、水平方向擦痕	0.82m
1. 深灰色页岩，性易碎，具近垂直细小节理，其面含薄片状钙质	10.80m
————整合接触————	
下伏地层：太原组灰色灰岩	1.25m

山西组岩性以黑灰—深灰色泥岩、粉砂岩为主，夹 5 层煤，沉积环境属三角洲相—泥炭沼泽相。

4. 月门沟群小结

月门沟群是自奥陶纪末期地壳抬升后，经过漫长的风化剥蚀，形成铁铝质风化壳，至晚石炭世接受海相沉积，海侵方向主要自东北向西南推进。本溪组以陆表海的滨海浅水陆棚砂泥沉积为主；太原组沉积时水体动荡频繁，以海陆交互相的陆表海砂泥坪及泥炭沼泽相为主，并沉积 4~5 层灰岩，还含有多层可开采煤层，为研究区内主要含煤层位；山西组沉积时，海水逐渐退出，以泥炭沼泽及三角洲相为主，煤层逐渐减少。

（二）石盒子群

为一套陆相沉积的由黄绿色砂岩、紫红—紫灰色泥岩夹铝土岩、灰黑色页岩、灰黄色厚层粗粒长石石英砂岩组成的沉积组合。研究区内只发育黑山组和万山组，其下与山西组整合接触，上与三台组呈角度不整合接触。

1. 黑山组

黑山组主要岩性以灰色砂岩、粉砂岩为主，夹杂色页岩、泥岩。其底以泥岩基本结束、黄绿色砂岩大量出现为界，顶以灰、白、紫等杂色铁铝质泥(页)岩之底面为界。

莱芜煤田矿山井田 61 号钻孔资料。

上覆地层：万山组灰绿色铝质页岩，组织致密，含有的白色矿物比重较大 1. 65m

——————整合接触——————

黑山组(P_2h) 总厚度 126. 73m

18. 杂色砂质页岩，颜色以赭红色为主，夹灰绿色 厚度 14. 10m
17. 灰色中粒砂岩，砂屑成分以石英为主，泥质胶结 2. 94m
16. 灰色黏土砂质页岩，具细小层理，其面含高特木植物化石 2. 05m
15. 灰色砂岩与页岩互层，以砂岩为主，细小纹层发育，局部含钙质 1. 98m
14. 杂色黏土砂质页岩，上部以灰色为主，下部夹杂色，底部具网状方解石脉 5. 85m
13. 灰色中粒砂岩，砂屑以石英为主，泥质胶结 3. 75m
12. 杂色黏土砂质页岩，颜色以赭红色为主，夹杂灰色、灰绿色，岩性松软 4. 88m
11. 灰色粉砂岩，颜色以灰绿色及杂色为主，具有细小层理，含极不规则煤线，煤线下部夹砂质页岩 8. 65m
10. 灰色细砂岩，砂屑成分以石英为主，泥质胶结，具有近似垂直细小裂缝 3. 47m
9. 杂色黏土砂质页岩，上部以赭红色为主，夹杂灰色及灰绿色，且有极光滑面及近垂直细小节理。下部呈灰色，含蕨类及楔叶目植物化石 31. 20m
8. 灰色砂岩与页岩互层，纹层发育，页岩呈透镜体夹于砂岩，中上部夹有厚度 0. 4~0. 5m 比重较大的菱铁矿一层 6. 06m
7. 浅灰色粗砂岩，砂屑成分以石英为主，含少量长石，颗粒呈棱角状，分选差，泥质胶结，较疏松，具细小层理 4. 07m
6. 灰色砂岩页岩互层，以细砂岩为主，细小纹层发育，微含黏土质 3. 40m
5. 灰绿色粗砂岩，砂屑成分以石英为主，次为少量长石及黑色矿物，分选不好，具细层理，局部含次棱角状石英、砂砾，泥质胶结 5. 24m
4. 杂色砂质黏土页岩，颜色以灰色、灰绿色为主，夹赭红色 7. 85m

3. 浅灰色中粒砂岩，砂屑成分以石英及白色长石为主，夹有少量黑色矿物，颗粒均匀，泥质胶结　6.58m

2. 杂色黏土页岩　5.06m

1. 浅灰色中粒砂岩，砂屑成分以石英为主，次为长石及少量黑色矿物。细小层理清楚，微具分选作用，由上而下逐渐变粗，底部有厚度约为 3.5m 粗砂岩　9.60m

——————整合接触——————

下伏地层：山西组杂色砂质黏土页岩　9.59m

黑山组主要由黄绿、灰绿色砂岩、粉砂岩及杂色黏土岩组成，以河流相沉积为主。

2. 万山组

万山组岩性为黄绿色厚层长石石英砂岩，细砂岩与黄绿色、紫色砂质泥岩，泥岩反复叠置，并夹黄灰色铝土岩、灰、黄绿、紫等杂色泥岩构成的岩石组合。以杂色泥岩增多区别于上、下以砂岩为特征的两个段。底以杂色泥(页)岩底面为界，研究区内未见顶。

莱芜煤田矿山井田 61 号钻孔资料。

——————未见顶——————

万山组(P_2w)　总厚度>137.70m

11. 杂色砂质页岩，顶部风化呈碎块状，颜色以赭红色为主，间夹有灰黄色或灰绿色粉砂岩薄层　厚度 26.50m

10. 灰色粗粒石英砂岩，砂粒成分以石英为主，硅质胶结紧密，分选差，棱角状，具有层理，局部夹砂砾岩　8.89m

9. 杂色砂质黏土页岩，颜色以红色为主，夹有灰绿色，上部夹有厚约 1m 的砂岩　10.01m

8. 浅灰粗粒石英砂岩，砂粒成分以石英为主，颗粒棱角状，硅质胶结与泥质胶结　9.78m

7. 杂色砂质黏土页岩，顶部致密含铝质，颜色为赭红色、灰绿黄等　3.49m

6. 灰绿色细砂岩，砂屑成分以石英及长石为主，泥质胶结，中下部为钙质胶结　7.26m

5. 杂色黏土质页岩，颜色以赭红色与灰绿灰黄色相间　17.70m

4. 灰色、灰绿色中粒砂岩，砂屑成分以石英为主，上部为灰绿色细砂岩，下部为浅灰色中粒砂岩，泥质胶结　15.10m

3. 杂色黏土页岩，局部含有砂质，上部为赭红色灰黄绿等颜色，下部以灰色为主　32.59m

2. 灰色细砂岩，砂屑成分以石英为主，泥质胶结　4.73m

1. 灰绿色铝质页岩，组织致密，含有白色矿物比重较大　1.65m

——————整合接触——————

下伏地层：黑山组杂色砂质页岩，颜色以赭红色为主，夹灰绿色　14.10m

万山组是一套陆相沉积地层，研究区钻孔中以黄及黄白色长石砂岩及石英砂岩为主，夹紫色云母页岩及灰白色铝土页岩。该段底部杂色铁铝质泥岩和铝土岩区域上常相变为紫红色铁铝质泥岩，层位稳定，是区域划分对比的良好标志层。

3. 石盒子群小结

石盒子群是一套陆相沉积地层，以河湖相沉积为主，以河流相的砂岩、含粒粗砂岩出现为界，与下伏山西组为整合接触；顶部由于不同时期的沉积间断，与上覆第四系地层、古近系地层或者中生代地层均为不整合接触。该群总体上由下至上表现为河流相—浅湖相—河流相—湖相的两个大的沉积旋回；岩性上为砂岩(含砂砾岩)—泥岩(粉砂质泥岩)—砂岩—页岩(黏土岩)，呈粗—细—粗—细的沉积演化规律。研究区内只保留黑山组和万山组地层，上部地层缺失。

三、中生代地层

研究区内中生代地层自下而上有淄博群、莱阳群和青山群。淄博群只发育三台组，莱阳群只发育水南组，青山群只发育八亩地组。

(一) 淄博群

淄博群为不整合或平行不整合于古生界或三叠系之上、白垩系莱阳群之下的一套杂色砂岩、页岩、黏土岩及砂砾岩沉积。下部粒度偏细，以灰色调为主，称坊子组；上部粒度偏粗，以紫、红色为主，称三台组。研究区内只发育三台组。

三台组主要出露于莱芜区红石公园中，高庄西南和段盘龙东也有少许出露，岩性以砖红色中细粒长石砂岩为主，夹细砾岩及粉砂岩，其下与二叠纪石盒子群万山组呈角度不整合接触，其上与莱阳群水南组呈平行不整合接触或与青山群八亩地组呈角度不整合接触。

山东省莱芜区莱城区红石公园侏罗—白垩系三台组剖面(图 2-1-10)。

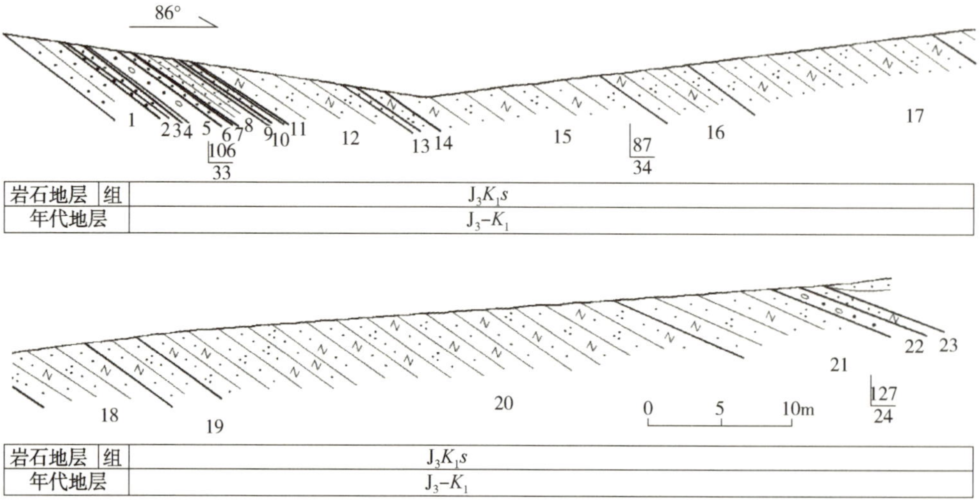

图 2-1-10 山东省莱芜区莱城区红石公园侏罗—白垩系三台组实测地层剖面

上覆地层：第四系棕黄色粉砂质黏土

——————未见顶——————

三台组(J_3K_1s) 总厚度>67.74m

23. 紫红色厚层中细粒长石砂岩，发育不明显的水平层理，局部沿层理发育还原色，水平层理组成粗细相间的纹层 厚度0.65m

22. 紫红色中厚层含砾粗砂岩，发育灰白色的还原色，底部发育一层砾岩，厚度约5cm，砾石主要为长英质砾石，磨圆度较好 0.65m

21. 紫红色厚层中粗粒夹细粒长石砂岩，纹层不发育，分选不好，局部夹含砾粗砂岩，砾石大小2~8cm，此层与上层为侵蚀接触，界面不平直 3.57m

20. 紫红色厚层细粒长石石英砂岩，纹层发育 22.64m

19. 紫红色厚层长石细砂岩，斜层理发育，向北东收敛，组成粗细相间的纹层条带 2.23m

18. 紫红色厚层长石石英砂岩，斜层理发育，斜层理从南向北收敛，纹层厚度0.3~30cm 5.05m

17. 紫红色巨厚层状长石砂岩，层厚度5~6m，纹层发育，粒度稍有粗细变化，细者颜色较深，纹层厚度0.1~0.3cm；粗者颜色较浅，纹层厚度1~3cm 13.15m

16. 紫红色厚层状细粒长石砂岩，斜层理十分发育，分选好，纹层厚度1~5mm 3.93m

15. 巨厚层中细粒长石砂岩，分选较好，纹层发育，斜层理发育，产状变缓，从南向北收敛，纹层厚度约5cm，比下部纹层要粗 4.67m

14. 紫红色中厚层中细粒长石砂岩，纹层发育，厚度1~2mm，易碎裂，呈薄片状 0.40m

13. 紫红色中细粒长石砂岩，纹层发育，纹层厚度1~3mm，发育双向斜层理 0.20m

12. 紫红色中细粒长石砂岩，发育大型交错层理，发育灰白色次生色，纹层厚度1~2mm 4.43m

11. 灰紫色页岩 0.13m

10. 灰紫色中细粒长石砂岩，斜层理十分发育，还原色沿斜层理发育，斜层理收敛方向大致从南向北 0.33m

9. 灰紫色页岩，易碎裂，呈薄片状 0.21m

8. 灰紫色薄层—纹层状细砂岩，夹4层厚度约3~5cm的灰紫色页岩，纹层厚度2~5cm，细砂岩表面发育泥裂 1.15m

7. 灰紫色页岩，泥质较细，易碎裂，呈薄片状 0.08m

6. 灰紫色纹层状长石石英细砂岩，水平层理发育，易裂开，呈薄片、薄板状，还原色沿层理偶见发育 0.40m

5. 中层含砾粗砂岩，底部含有较多的泥砾，偶见石英砾石，发育 4 个粗—细韵律层，每个韵律层厚度约 40cm　　0. 97m
4. 中层中粗粒长石砂岩，含大小 0. 3~0. 5cm 的泥砾，局部发育斜层理，泥砾沿斜层理分布　　0. 19m
3. 灰紫色厚层中粒长石砂岩，局部见平行层理，偶见灰白色还原色　　0. 53m
2. 灰紫色中层含砾粗砂岩，含透镜状灰紫色粉砂岩泥砾，泥砾大小 1cm×2cm，偶见有大小 1. 5cm 左右的石英砾石，砾石棱角明显，局部次生还原色　　0. 24m
1. 灰紫色厚层中粒长石砂岩，斜层理不十分清晰，分选性不好　　1. 94m

————未见底————

三台组主要岩性为灰红色、紫红色砂岩、砾岩，夹少量粉砂岩、粉砂质泥岩、页岩，砂岩中发育大型交错层理，未见化石。研究区内三台组主要为风成沙漠相沉积。

(二) 莱阳群

莱阳群为平行不整合于三台组之上，角度不整合于青山群之下的一套河湖相沉积，分布比较零星，发育也较差。研究区内莱阳群只出露水南组，以三角洲相、浅湖相沉积为主，主要岩性为中薄层灰黄—灰绿色粉砂岩夹厚层长石砂岩。未见顶，厚度大于 70. 65m。

山东省莱芜区太平岭白垩系莱阳群水南组实测剖面(图 2-1-11)。

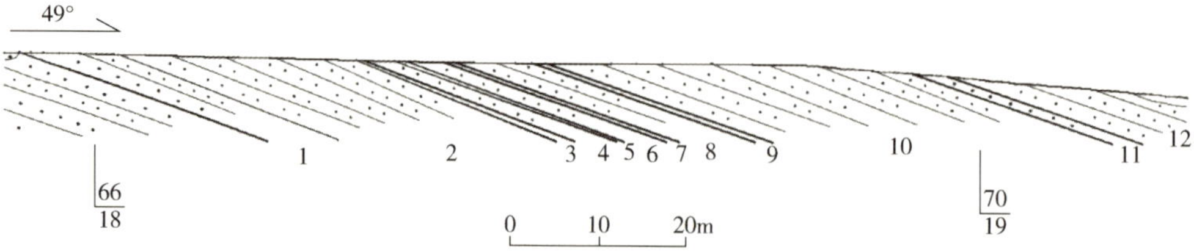

岩石地层	组	$K_1\hat{s}$
年代地层		K_1

图 2-1-11　莱芜区太平岭水南组实测剖面

上覆地层：第四系棕黄色粉砂质黏土

————未见顶————

水南组($K_1\hat{s}$)　　总厚度>70. 65m
12. 灰绿色厚层粉砂岩夹中薄层灰色泥岩，粉砂岩厚 50~60cm，泥岩厚度 20~40cm，发育水平层理　　厚度 14. 02m
11. 灰黄色厚层细砂岩，岩石厚度 1m 左右，长石含量 20%~30%，石英含量 70%~80%　　1. 93m
10. 灰绿色厚层粉砂岩，岩层厚度 50~60cm，局部夹厚 20~30cm 中厚层细砂岩，岩石易碎裂为碎块，夹多层厚度 5~2cm 灰色泥岩，岩石发育水平层理　　23. 41m

9. 灰黄色厚层细砂岩，岩石厚度 60~80cm，层厚不稳定　0.87m

8. 灰绿色厚层粉砂岩，局部夹薄层泥岩和薄层细砂岩，易碎裂为碎块　5.19m

7. 灰黄色中厚层细砂岩，与下层接触界面不平直，应为河流侵蚀面　0.58m

6. 灰黄、灰绿色厚层粉砂岩，发育水平层理，易碎裂为碎片状，顶部发育一层厚 3cm 左右灰黑色页岩　2.33m

5. 灰黄色厚层细砂岩，岩石层厚度 60cm 左右，发育交错层理　0.49m

4. 灰黄色厚层粉砂岩，岩石易碎裂为碎片　1.94m

3. 灰黄色厚层细砂岩，层厚度 40~50cm　0.49m

2. 灰黄色厚层粉砂岩，岩石略显水平层理，易碎裂为碎片状　13.58m

1. 灰黄色厚层细砂岩夹中薄层粉砂岩。细砂岩厚度 60~80cm，粉砂岩厚度 20~30cm　5.82m

——————未见底——————

（三）青山群

青山群为发育在莱阳群之上的一套火山岩系，间夹正常沉积岩层。研究区内只出露八亩地组，以中性火山岩发育为标志，局部出现沉火山碎屑岩。其下与白垩纪水南组呈角度不整合接触，上与官庄群呈角度不整合接触。

山东省莱芜区草沟—大石家白垩系八亩地组实测剖面(图 2-1-12)。

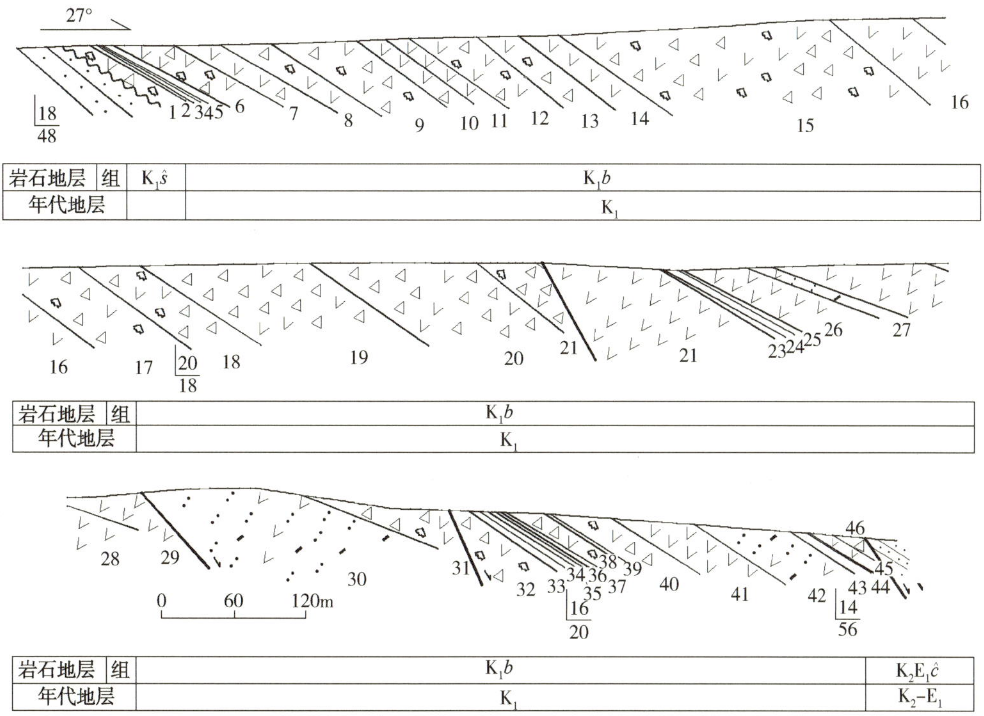

图 2-1-12　莱芜区草沟—大石家白垩系八亩地组实测剖面

上覆地层：常路组紫红色粉砂岩，厚层，局部含砾　2. 36m

——————断层接触——————

八亩地组(K_1b)　总厚度>732. 82m

46. 灰紫色集块角砾岩，岩石受断裂影响十分破碎，裂隙发育，见到多条次级断面，次断面产状 14°∠56°，断面表面有一条暗红色铁质膜　厚度 6. 55m
45. 灰紫色安山岩，岩石安山结构，块状构造，节理发育，表面易形成暗红色铁质条带　5. 88m
44. 灰紫色角砾集块熔岩，集块大小 6. 4~40cm，熔岩胶结　0. 69m
43. 灰黑色安山岩—灰绿色晶屑凝灰岩，组成两个旋回　4. 13m
42. 灰紫色晶屑凝灰岩，可见角闪石晶屑，晶屑排列无序　24. 38m
41. 灰黑色安山岩，岩石安山结构，块状构造，可见角闪石斑晶，大小 2~5mm　22. 62m
40. 灰紫色集块角砾岩，凝灰质胶结　17. 31m
39. 灰绿色集块角砾熔岩，熔岩胶结　1. 66m
38. 灰紫色集块角砾岩，集块角砾含量 40%~50%　11. 29m
37. 灰黑色安山岩　1. 74m
36. 灰紫色集块角砾岩　1. 74m
35. 灰黑色安山岩，安山结构，块状构造，岩石风化后呈灰绿色　2. 17m
34. 灰紫色集块角砾岩，集块角砾含量 50%左右，凝灰质胶结　2. 61m
33. 灰黑色安山岩，岩石安山结构，块状构造　2. 46m
32. 灰紫色安山质集块角砾岩，集块角砾含量 50%~60%　3. 99m
31. 灰紫色安山质集块角砾岩，集块角砾含量 60%~70%，凝灰质胶结，角砾成分与凝灰质基本相同　26. 20m
30. 灰紫色晶屑凝灰岩，岩石凝灰结构，块状构造，含有角闪石和斜长石晶屑　36. 17m
29. 灰绿色安山岩，岩石成分与上层基本一致，但颜色明显发铜绿色，铜绿色沿裂隙更集中成条带分布，有铜矿化现象　24. 41m
28. 灰黑色安山岩，岩石安山结构，块状构造，风化面灰绿色　37. 28m
27. 灰紫色安山质晶屑凝灰岩，岩石风化面呈灰黄色，含有角闪石和斜长石晶屑　5. 81m
26. 角闪安山岩，岩石安山结构，块状构造　15. 72m
25. 灰紫色凝灰岩，岩石凝灰结构，层状构造　0. 68m
24. 灰黑色安山岩，岩石安山结构，块状构造　2. 92m
23. 灰紫色晶屑凝灰岩，岩石凝灰结构，可见角闪石和斜长石晶体　0. 52m
22. 灰黑色含角砾辉石角闪安山岩，岩石斑状结构，块状构造，岩石斑晶有 25%，主要是斜长石、角闪石和辉石　22. 76m

21. 紫红色集块角砾岩，集块角砾含量60%~70%，棱角状，集块大小6.4~30cm，分布不均匀，总体向上集块增多 12.65m

20. 灰绿色安山质角砾岩，岩石风化较严重，呈灰绿色，露头较差 36.28m

19. 灰紫色安山质角砾岩，岩石总体紫灰色，风化后局部呈灰绿色。角砾大小主要集中在0.5~3.5cm之间，角砾大多为灰紫色安山岩，少数呈灰绿色，角砾含量60%左右 37.27m

18. 灰绿色集块角砾岩，岩石较破碎，风化后呈灰绿色，角砾含量50%~60%，角砾紫红色，胶结物风化后呈灰绿色 14.27m

17. 灰紫色安山质集块角砾岩，集块角砾含量30%~40%，角砾棱角状 20.76m

16. 灰黑色安山岩，岩石安山结构，块状构造，风化后呈灰绿色，此层只在开始有少许露头 19.46m

15. 灰紫色安山质集块角砾岩，集块角砾含量30%~40%，角砾与胶结物成分基本相同 68.10m

14. 灰黑色安山岩，岩石安山结构，块状构造 20.11m

13. 灰紫色安山质集块角砾岩，集块大小6.4~25cm，含量30%~40% 21.55m

12. 灰黑色安山质集块角砾岩，集块角砾含量30%~40%，层理不明显，角砾成分与胶结物基本一致 34.22m

11. 灰黑色角闪安山岩，岩石安山结构块状构造，可见角闪石斑晶和斜长石斑晶 10.97m

10. 灰紫色角砾熔岩，岩石块状构造，节理发育，节理走向27°、334°两组切过角砾，岩石角砾含量10%左右，熔岩中可见角闪石长柱状晶体 13.71m

9. 安山质集块角砾岩，集块角砾含量60%左右，集块大小6.4~15cm 40.23m

8. 灰紫色集块角砾熔岩，集块最大30cm 23.33m

7. 安山质角砾熔岩，角砾含量30%~40% 21.65m

6. 安山质角砾集块熔岩。集块含量30%左右，最大50cm，棱角状，熔岩胶结，集块成分与熔岩相同，集块中可见长粒状角闪石晶体，大小2~5mm，含量10%左右 30.41m

5. 灰黑色安山质熔岩，岩石层状 5.79m

4. 灰紫色角砾集块岩，集块含量30%~50% 1.45m

3. 灰黑色安山质熔岩，岩石层厚度1m左右，可见角闪石斑晶，晶体大小2~4mm 1.45m

2. 灰紫色安山质集块角砾岩，角砾含量30%~50%，偶见集块大小6.4~15cm 3.62m

1. 灰黑色安山质角砾集块岩，集块大小7~40cm，集块含量30%~40%，分布不均匀，角砾20%~30% 13.85m

~~~~角度不整合接触~~~~

下伏地层：水南组灰绿色厚层含钙质细粒长石砂岩 24.08m
~~~~

八亩地组除出露在研究区内东南陈家峪附近外，还见于莱芜区东侧辛庄镇和里辛镇一带，厚度292.96m，主要岩性为灰色安山岩、安山质凝灰岩、集块角砾岩，夹少量中粗粒沉凝灰岩。

四、新生代地层

（一）晚白垩—古近系官庄群

官庄群为含膏岩的山麓洪积相—河湖相碎屑岩，大都隐伏分布于盆地中，在泰莱盆地东部有零星露头出露。自下而上分为常路组、朱家沟组及大汶口组。

1. 常路组

常路组岩性以棕红、砖红色泥岩、粉砂质泥岩为主，夹厚层砂岩及砾岩透镜体，底部为复成分砾岩。其下与青山群八亩地组和莱阳群水南组为角度不整合接触，其上与朱家沟组呈整合接触。

莱芜区田庄常路组剖面(图2-1-13)。

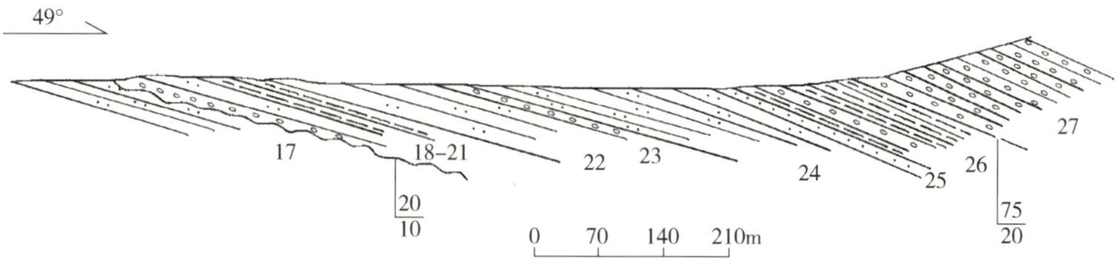

岩石地层	$K_1\hat{s}$	$E_2\hat{c}$	$E_2\hat{z}$
年代地层	K_1	E_2	

图2-1-13　莱芜区田庄古近纪常路组—朱家沟组地层剖面

上覆地层：朱家沟组厚层灰质砾岩

——————整合接触——————

常路组($K_2E_1\hat{c}$)　　总厚度253.3m

9. 砖红色厚层泥岩，不显层理，夹3层厚度30cm的复成分砾岩　　厚度62.9m
8. 浅灰色中粗粒砂岩夹薄层砾岩　　1.2m
7. 砖红色粉砂质泥岩夹粗砂岩及细砾岩透镜体　　94.1m
6. 浅灰色厚层复成分砾岩夹中粗粒砂岩　　1.8m
5. 砖红色厚层粉砂质泥岩，岩石不显层理，底部含大量钙质结核(30%)　　61.4m
4. 砖红色泥岩，底部夹细砂岩　　13.7m
3. 厚层砾岩，呈不规则透镜状，砾石以灰质为主　　0.7m
2. 砖红色含钙质结核粉砂质泥岩，岩石层理不明显　　15.0m
1. 复成分砾岩，砾石成分为灰岩(30%)、闪长玢岩(40%)、砂岩、泥岩(10%)及少量花岗岩、石英岩砾石等　　2.5m

~~~~不整合接触~~~~

下伏地层：水南组灰—灰白色泥质粉砂岩
~~~~

研究区内常路组下部以红色地层为特征，钻孔所见最大厚度为381.72m，根据地震资料分析盆地中部可达800~1000m。在研究区东南部有零星出露，矿山附近超覆于奥陶系之上，呈角度不整合接触，在山子后一带则与石炭系呈不整合接触，在庞家岭向东至戴家花园则与中生代三台组呈不整合接触。根据常路组下部岩性组合来看，其沉积环境应属距风化剥蚀区不远的山前洪积环境。常路组下部砾石成分复杂，说明来自不同母岩区；岩石颜色普遍发红，气候应属炎热干旱气候的氧化环境，不利于生物化石保存。

2. 朱家沟组

朱家沟组岩性为一套灰褐、灰红色灰质砾岩夹少量紫红色细砂岩、泥岩。其下与常路组呈整合接触，其上与奥陶纪马家沟群为断层接触。该组以砾岩为主，岩性较单一，野外识别标志明显。

陈梁坡水库北朱家沟组剖面。

上覆地层：北庵庄组厚层灰岩

——————断层——————

朱家沟组(E_2z)	总厚度>78.2m
3. 灰红色角砾岩，角砾主要为灰岩，钙泥质胶结，角砾棱角状，大小混杂	厚度11.2m
2. 灰褐色粗砾岩，致密块状，层理不明显，砾石主要为灰岩砾石，钙泥质胶结，分选性较差，砾径一般10~20cm，大者50cm	46.8m
1. 灰红色砾岩，砾石主要为灰岩砾石，偶见紫红色中粒砂岩及花岗岩砾石。砾石呈棱角—次棱角状，砂泥质胶结，分选性较差，砾径一般3~20cm。	20.2m

——————整合接触——————

下伏地层：常路组紫红色含砾粉砂岩与泥岩互层

朱家沟组为山麓洪积相沉积，主要分布于大洛庄—毕家庄—郭家庄一带，呈北西—南东向带状分布，宽度200~600m，长度约13km。该组岩性灰褐色，以灰质粗—中砾岩为主，不显层理，基本不见夹层，砾石成分以古生代灰岩为主，占90%，分选差，粒径一般为10~20cm。

3. 大汶口组

大汶口组下部岩性为灰、深灰色粉砂岩、砂岩和灰色砂质黏土岩，上部为灰、灰白色泥质岩、黏土岩、褐色油页岩夹灰色泥灰岩、细砂岩、灰岩和数层褐煤。

山东省泰莱盆地ZK1钻孔资料。

上覆地层：第四系灰黄色粉砂质黏土	21.24m

——————不整合接触——————

大汶口组($E_{2-3}d$)	总厚度>978.97m

71. 粉砂质泥岩：岩石为灰色、泥砂质结构，层状构造，岩石中含少量薄层泥质粉砂岩。上部有一层灰白及灰黄色的杂色泥岩，下部含薄层泥质粉砂岩。经鉴定于孔深 51.4m 处见介形虫、腹足类化石　厚度 50.21m
70. 砂岩：灰色，岩石中夹有页岩及粉砂岩，微层理发育，岩石为泥砂质结构，薄层状及页状构造　45.38m
69. 粉砂岩：深灰色，泥质胶结，砂泥质结构，薄层状构造，岩石中夹有页岩　14.87m
68. 砂岩：灰色，岩石中夹有页岩及粉砂岩，微层理发育，岩石为泥砂质结构，薄层状及页状构造　10.26m
67. 粉砂岩：深灰色，泥质胶结，泥砂质结构，薄层状构造，岩石中夹有页岩，下部较上部粗些，最底部有 6cm 的泥灰岩砾石　12.99m
66. 砂质泥灰岩：灰黑色，产螺类化石，岩石中泥灰质与砂质呈透镜状相间出现。经鉴定于孔深 156.75m 处见永安塔滴螺、扁平高盘螺、介形虫及瓣鳃类化石　2.92m
65. 页岩：灰黑色，页理发育，靠近岩体的部位蚀变为黑色。160.15~161.18m 为粉砂岩，160.35~160.90m 为破碎带，滑动面倾角为 40°　9.78m
64. 辉绿岩　7.48m
63. 页岩　1.05m
62. 辉绿岩　2.08m
61. 页岩　2.18m
60. 辉绿岩　2.44m
59. 页岩：灰黑色页岩与薄层粉砂岩互层，局部夹少量辉绿岩。190.01~191.16m 为砾岩，砾石呈椭圆状，成分为泥灰岩，泥质胶结，散装黄铁矿侵染普遍　8.35m
58. 辉绿岩　1.70m
57. 页岩：灰色，上部有厚度 90cm 的砾岩层，与 14 层相同，但中间有石英砾，下部含少量薄层粉砂岩　29.68m
56. 粉砂岩：浅灰色，较松散，局部夹有少量页岩　6.68m
55. 页岩：灰黑色，岩石中夹薄层粉砂岩及泥岩　7.30m
54. 粉砂岩：浅灰色，较松散，局部夹有少量页岩　8.95m
53. 页岩：灰黑色，岩石中夹少量粉砂岩薄层　12.71m
52. 粉砂岩：浅灰色，较松散，局部夹少量页岩，岩石中夹有大量植物碎屑　25.63m
51. 页岩：灰色，岩石中夹有少量薄层粉砂岩及薄层状泥岩　10.10m
50. 粉砂岩：浅灰色，较松散，局部夹少量页岩及螺类化石，301.87~305.55m 为含油质页岩，并有厚度 2mm 沥青质　12.88m
49. 页岩：灰色，岩石中夹有薄层粉砂岩，313.89~314.29m 含泥灰岩砾，砾径达 5cm，椭圆状　11.44m

48. 泥灰岩：灰黑色，薄层状，岩石中夹有页岩及薄层粉砂岩，323.61~324.11m处为50cm的砂岩，经鉴定于孔深335.69~339.79m处产介形虫化石，孔深365.35m处产拱星介化石 29.41m

47. 砂岩：灰色，主要以石英砂为主，泥质胶结，局部见有植物碎屑，365.40~366.00m为浅灰色砂岩，钙质胶结较硬，产螺类化石。386.08~387.38m为含砂砾岩，以灰岩砾为主，大小为1~3cm，产螺类化石，浅灰色 48.53m

46. 粉砂质泥岩：灰黑色，岩石中夹有页岩 10.08m

45. 砂岩：浅灰色，415.70~416.58m为含砂砾岩，砾的成分为灰岩及泥灰岩，大小不一。在411.92m处有20cm的灰岩夹层。下部岩石较松散，富含螺类化石 21.82m

44. 页岩：灰—灰黑色，靠近岩体处蚀变为黑色 5.82m

43. 辉绿岩：灰黑绿色岩石中夹有小气孔，孔壁被方解石充填 2.25m

42. 泥质粉砂岩：岩石为灰色，夹有页岩。本层有数小层辉绿岩 22.22m

41. 页岩：灰色，在465.33m处有厚度20cm的辉绿岩 4.42m

40. 泥质粉砂岩：灰色，479.62~480.07m为含砂砾岩，成分为灰岩，大小为0.3cm，次棱角状，黄铁矿零星分布，略见黄铜矿，风化面呈绿色、蓝色 17.69m

39. 页岩：灰黑色，482.43~484.10m为辉绿岩，岩石中的长石斑晶已碳酸盐化，页岩中夹有薄层粉砂岩 14.58m

38. 砂岩：灰色较松散，岩石中夹有少量页岩。主要以石英砂为主，泥质胶结 12.92m

37. 页岩：岩石为灰黑色，呈叶状及薄层状构造，产螺类化石，岩石中夹有数层粉砂岩。526.28~527.60m为破碎带，被砂质充填，滑动面为60°~80°，两盘为粉砂岩。经鉴定于518.96~531.29m处产鱼骨化石 38.66m

36. 砂岩 4.52m

35. 页岩：灰色，页理发育，局部含砾，有一小滑动面 3.97m

34. 砂岩：岩性同35层，夹少量页理，富含螺类化石 11.85m

33. 含砂砾岩：上部粒径较大，在3cm×5cm及2cm×3cm，成分为泥灰岩(?)，呈椭圆状，磨圆度较好，无分选现象及定向排列，下部砾的成分为黑色泥质粉砂岩，次棱角状，大小为1cm，并含有少量螺类化石，中部含砾较多，局部夹砂岩 12.88m

32. 砂岩：灰色，较松散，层理发育，中间夹有少量页岩，局部见有波状及揉皱状构造 2.69m

31. 页岩：深灰色，叶状薄层状构造，局部夹有粉砂质页岩及薄层状泥灰岩，经鉴定于孔深600.66m处产介形虫化石 25.42m

30. 粉砂岩：深灰色，泥质胶结，较松散，产植物碎屑化石，618.60~620.44m为含砂砾岩，砾大小为1~3cm，砾呈椭圆状，灰黄色 12.38m

29. 页岩：灰黑色，岩石中含少量粉砂质，产螺类化石，下部有一小滑动面，孔深 627.16m 处产玻璃介化石 13.77m
28. 砂岩：灰色，泥质胶结，较松散，产植物碎屑化石 2.32m
27. 页岩：灰至浅灰色和灰黄色，形成页状及薄层状，岩石中夹有少量粉砂岩及泥灰岩，产少量植物碎屑化石，下部泥灰增多。662.62~662.89m 为 27cm 的砂岩，灰色较松散 43.72m
26. 砂岩：灰色，泥质及粉砂质胶结，较松散，以石英砂为主，岩石中夹有微小层钙质胶结的砂岩，成分相同，较硬些，下部有的地方偶见一点泥灰岩角砾，大小为 1cm，685.30~686.29m 产状有差异，见有角砾 17.40m
25. 泥灰岩：灰色，薄层状构造，局部含少量粉砂质，局部呈页状构造，为页岩，经鉴定于孔深 763.05m 处产华北介、介形虫化石 28.75m
24. 砂岩：灰色，岩性同 47 层。局部见有薄层状构造的泥灰岩，产植物碎屑化石 25.07m
23. 粉砂质泥灰岩：灰至黑灰色，局部见有土黄色薄层。富含螺类化石。756.25m 处有 50cm 的砂岩夹层，在 758.71m 处见一小裂隙，被沥青充填，底部粉砂质增多 23.60m
22. 砂岩：褐灰色，泥质胶结，颗粒较细，局部夹有深灰色砂质泥灰岩 6.09m
21. 粉砂质泥灰岩：褐灰色，夹少量油质页岩，岩石中还夹有薄层砂岩及页岩 4.55m
20. 灰至灰白色砂岩，泥质胶结，以石英砂为主 2.81m
19. 泥灰岩：灰至黑灰色，局部夹页岩及泥质灰岩，产少量介形虫化石及植物碎屑，局部含砂质，底部有 20cm 的灰岩 17.73m
18. 砂岩：灰至灰白色，以石英砂为主，富含螺类化石，局部见有植物碎屑，并夹有砂质泥灰岩 27.36m
17. 粉砂质泥灰岩 4.71m
16. 砂岩：浅灰色，产螺类化石，在 840m 处有一小层泥灰岩夹层 7.99m
15. 粉砂质泥灰岩：褐灰色，夹少量油质页岩，岩石中还夹有薄层状砂岩及页岩，经鉴定于孔深 849.34m 处产华北介、扁平高盘螺、介形虫、冠轮藻等化石 8.31m
14. 砂岩：灰色，氧化后有一层铁锈似的薄膜，岩石中局部含有泥灰质。866.47m 处有灰黄色的似角砾状的钙质黄斑 15.60m
13. 泥灰岩：灰至黑灰色，局部夹有页岩及泥质灰岩，岩石中产介形虫及少量植物碎屑，局部含砂质，底部有 20cm 的灰岩 4.38m
12. 砂岩：灰色，夹有砂质泥灰岩，局部产植物化石，在 883m 处有一层粉砂质泥灰岩 14.91m
11. 粉砂质泥灰岩：灰色，局部夹有薄层砂岩 11.06m
10. 灰色砂岩以长石、石英砂为主，含泥质高，下部砂粒较细，泥质较高 7.34m

9. 深灰色泥灰岩局部夹有粉砂泥灰岩和泥岩及砂岩，本层中产螺类化石，底部有少量页岩　22.78m

8. 粉砂岩：灰色，顶部产有厚度75cm的泥灰质粉砂岩，富产螺类化石，经鉴定孔深930.86m处产渤海螺、永安螺、云脊塔螺、冠轮藻等化石　9.72m

7. 砂质泥灰岩：黑灰色，含砂量15%，主要是石英砂　2.66m

6. 粉砂岩：浅灰色，薄层状，有页状泥灰质及炭质和粉砂岩组成的微层理构造　9.01m

5. 砂质泥灰岩：黑灰色，岩石较致密，局部夹有薄层泥质粉砂岩，中部螺类化石集中，局部见有油迹　19.30m

4. 砂岩：灰色，顶部岩性较粗，中部、底部岩性变细，以石英砂为主　8.29m

3. 泥灰岩：黑灰色，岩石较致密，局部夹有粉砂质泥灰岩，顶部到底部呈灰质减少、泥质增多变化趋势，螺类化石分布不均　7.14m

2. 砂岩：灰色，以石英砂为主，局部夹有薄层状泥灰岩，螺类化石较集中，底部碳质碎屑较多　12.33m

1. 泥灰岩：黑灰色，岩石较致密，含有介形虫及少量植物碎屑，局部灰质成分含量不等　1.10m

————————未见底————————

研究区内大汶口组地层较发育，除矿山背斜东南部以外，矿山背斜以西的盆地地区大都有大汶口组沉积。根据大量钻孔资料，大汶口组下部岩性为灰—深灰色粉砂岩、砂岩，向盆地内部(北部)相变为灰色、杂色砂质黏土岩夹细砂岩、泥灰岩；中部为灰、灰白色泥质岩，黏土岩夹灰白色细砂岩，泥灰岩，褐色油页岩，数层薄层褐煤，向盆地内部(北部)相变为灰黑色油页岩、页岩夹砾岩层；上部为灰色粉砂岩、砂岩、油页岩、页岩夹砾岩，向盆地北部大断裂附近相变为灰色角砾岩。砾岩角砾主要是古生界灰岩，其次为闪长岩、片麻岩等，分选性差、棱角状，磨圆度不好，砾径通常为5~10cm，大者可达20cm，钙质胶结，厚度138~270m。

(二) 新近系临朐群

研究区内临朐群主要岩性为玄武岩和黏土岩，按照岩性组合可分为牛山组和山旺组，主要分布于1∶50000图幅范镇东南部朱家埠东—大桥沟—五龙口—太平官庄一带。

1. 牛山组

研究区内只在大桥沟—太平官庄一带出露，岩性为灰黑色橄榄玄武岩。整合于山旺组之下，与下伏大汶口组为不整合接触。岩石粗玄结构、块状构造，斜长石含量45%，辉石35%，橄榄石20%，微量钛铁矿、磁铁矿和磷灰石。斜长石为板条状，直径0.6~1mm，新鲜无蚀变，双晶发育，实测An57#。辉石是易变辉石，为粒状，直径0.2~0.4mm，晶体新鲜无蚀变，均匀分布在斜长石粒间。橄榄石为粒状，直径0.3~0.5mm，晶体新鲜无蚀变，均匀分布。该岩石中的板条状斜长石粒间全有辉石和橄榄石充填，构成粗玄结构。

2. 山旺组

山旺组主要分布于泰安市刘家埠东—莱芜区大桥沟—莱芜区太平官庄，泰安市徐家楼、谢家官庄一带，由于被第四系覆盖，仅见零星露头。其岩性以灰白色、灰黄色纹层状黏土岩、黏土质页岩为主，水平层理发育。其下与牛山组呈整合接触，其上与第四系大站组呈不整合接触。

（三）第四系

广泛分布于研究区中部以及山区凹地、河流两侧等地，其沉积物岩性及成因类型与近代地貌形态密切相关，据岩性特征、时代及成因类型，划分为5个组级岩石地层单位。

1. 大站组

大站组广泛分布于沟谷、山间盆地及山前斜坡、台地，常构成二级阶地上部。该组为黄土堆积，岩性主要为土黄色黏土质粉砂及粉砂质黏土，常含有铁锰质结核，底部常发育有似层状、透镜状砂砾层，与下伏基岩呈不整合接触，厚度3~20m。由于土地整理等人为工作，原有自然形成的地形地貌大都被平整为耕地，使得其与临沂组界线比较模糊。

2. 山前组

山前组一般出露于中低山的山麓及低缓丘陵顶部，其岩性受下伏基岩影响较大，研究区内岩性主要为灰黄色、棕黄色含砾砂质黏土或黏土质砂，胶结疏松。

3. 黑土湖组

黑土湖组为湖沼相沉积，岩性为灰、灰褐—黑灰色粉砂质黏土、黏土，局部夹粉砂层，含铁锰质结核，局部含有陶器碎片及螺类化石。其上与临沂组呈整合接触，其下与大站组呈连续沉积的整合接触。

4. 临沂组

临沂组主要分布于区内河流的Ⅰ级阶地及高河漫滩之上，上部以土黄色、灰黄色含砂质粉砂、粉砂质黏土为主，下部为粗砂及砾石层。

5. 沂河组（*Qhy*）

沂河组为现代河流沉积物发育于河流的河床及低河漫滩之上，呈带状分布。岩性以含砾混粒砂为主，为灰黄色含砾粗砂堆积物，该组分构成河床及低河漫滩，具交错层理。总体上该组岩性较复杂，各种粒级、成分皆有，一般为砂级以上粗碎屑堆积，一般河流上游以砾石、粗砂为主，向下游渐变为含砾砂。

第二节　区域岩浆岩特征

莱芜矿集区区域岩浆岩既有侵入岩也有火山岩。侵入岩岩石类型从超镁铁岩—基性岩—中性岩—酸性岩皆有，以中酸性岩为主，形成时代主要为新太古代、中元古代及中生代（表2-2-1）。火山岩均分布于莱芜中新生代陆相盆地内，其中中生代火山岩集中分布在莱芜区西南角的大桥—大故事—大石家一线，主要岩性为玄武安山岩、安山岩、粗安岩及火山碎屑岩。新生代火山岩分布局限，零星分布在莱芜区胡家宅一带，岩性以橄榄玄武岩为主，底部夹有橄榄玄武岩，并见有少量玄武玢岩和辉绿玢岩呈脉状侵入。

表 2-2-1 研究区侵入岩划分表

代	纪	世	期	阶段	序列	单元	岩性	代号	同位素年龄/Ma 及测试方法
中生代	白垩纪	早白垩世	燕山晚期	一	沂南	大朝阳	中细斑二长闪长玢岩	$K_1\eta\delta\mu Yd$	(127±1)、(126±1)、(126±1)锆石 U-Pb(王永，2010)
						核桃园	细粒角闪石英闪长岩	$K_1\delta o Yh$	
						靳家桥	角闪闪长玢岩	$K_1\delta\mu Yj$	(128±1)锆石 U-Pb
						上水河	细粒角闪闪长岩	$K_1\delta Ys$	(130.73±0.78)LIMS
						东明生	中细粒辉石闪长岩	$K_1\delta Yd$	(132±1)*锆石 U-Pb(王永，2010)，(129±1)、(134±2)
中元古代						牛岚	辉绿岩脉	$Ch\beta\mu n$	(1621.1±8.8)ID-TIMS(陆松年等，2008)
新太古代			晚期	三	傲徕山	调军顶	细粒二长花岗岩	$Ar_3\eta\gamma Adj$	(2517±13)SHRIMP
						松山	中粒二长花岗岩	$Ar_3\eta\gamma As$	(2516±10)SHRIMP
						邱子峪	巨斑状细粒含黑云二长花岗岩	$Ar_3\eta\gamma Aq$	
						蒋峪	条带状中粒黑云二长花岗岩	$Ar_3\eta\gamma Aj$	(2516±10)SHRIMP

一、新太古代侵入岩

（一）蒋峪条带状中粒黑云二长花岗岩

1. 地质特征

主要分布于 1∶50000 图幅莱芜区南柳子—下郭家沟—马龙崮一带，呈岩基或者不规则包体，分布于松山中粒二长花岗岩中。整体走向呈北北西向、南北向，被晚期的松山中粒二长花岗岩侵入。

岩体中常常含大量包体，包体大小混杂，形态各异，成分复杂，分布广泛，均具有捕虏包体特征，其含量占岩石总量的 2%~3%，局部地段可达 10%。按物质来源包体可分为两种类型：其一为泰山岩群包体，岩性为斜长角闪岩等岩石；其二为早期侵入岩包体，主要岩性为花岗闪长岩、变角闪石岩、斜长角闪岩、角闪闪长岩等。按包体与围岩的关系可分为两类：其一为边界清晰的，这类包体成分多为闪长质、角闪质、长英质，与围岩关系截然。该类包体的成因为包体在被包裹过程中发生裂解，由于岩浆温度低，包体规模较大、包裹时间短，在未被熔融时即随着岩浆的侵位而定位，在该类包体的外围，包体成分与花岗质成分没有相互混熔，没有形成同化混染带；其二为边界模糊的，主要为黑云母、角闪石含量高的包体，该类包体在与花岗岩接触部位的界线是模糊的，从包体到花岗岩，暗色矿物逐渐减少，而包体内部并没有什么大的变化，包体形状多具圆化、压扁和定向，该类包体的成因为包体在同化过程中边缘已处于部分熔融状态，保持了一定的塑性，并且形成于岩浆基本定位阶段。

2. 岩石学特征

岩性为条带状中粒黑云二长花岗岩，岩石呈灰白色，中粒结构，条带状构造和弱片麻状构造，主要矿物含量为斜长石 35%~40%、微斜长石 21%~25%、石英 25%~31%、黑云母 6%~15%。暗色矿物易定向形成弱片麻状构造，暗色矿物相对集中形成条带状、条痕状构造。副矿物主要为锆石、榍石、磷灰石及磁铁矿等。

斜长石：半自形、他形粒状集合体或单体，粒径一般为 2.0~3.0mm，有的大于 3.0mm，聚片双晶发育，晶内干净者较少，一般都有程度不同的蚀变作用，主要有绢云母化、方解石化，晶体内有绿帘石零星分布，也有圆粒状石英及磷灰石包体，有被微斜长石交代现象。

微斜长石：有两种，一种粒度较粗(0.5~5mm)，见有石英交代穿孔和钠长石交代条纹，具斜长石包粒，(—)2V=80°，三斜度为 0.2，三斜有序度为 0.29，为低三斜正长石；另一种粒度较细(0.1~0.5mm)，呈他形粒状分布于大颗粒的斜长石、微斜长石粒间，形成较晚，交代粗粒微斜长石及其他早期矿物。

石英：呈他形粒状集合体分布于其他矿物间隙中，具波状消光。

黑云母：片状，多色性明显，Ng′=暗褐黄色，Np′=浅褐黄色，零星出现。常被绿泥石交代，粒径 0.5~1.7mm。

3. 岩石化学特征

SiO_2 含量多数为 68.71%~72.33%，为酸性岩；Al_2O_3 含量 13.4%~14.86%，全碱(K_2O+Na_2O)含量 6.65%~8.14%，MgO 含量 0.14%~1.30%，全铁($FeO+Fe_2O_3$)含量 1.95%~3.70%，与中国主要岩浆岩平均化学成分(黎彤等，1998)花岗岩类相比较，化学成分基本相当，但 CaO 含量偏高。σ(里特曼指数)为 1.60~2.28，*A. R*(碱度率) 2.18~2.68，*A/CNK*(过铝指数)0.95~1.05，属于过铝质钙碱性岩石；*DI*(分异指数) 75.67~88.74，*SI*(固结指数)1.39~11.16，*FL*(长英质指数)67.04~88.74，反映岩石分离结晶程度好，分异明显；*OX*(氧化率)0.54~0.59，中等，表明岩浆侵位中等。

4. 地球化学特征

1）微量元素特征

与维氏酸性岩相比，亲硫重金属元素 Bi、Pb、Sb 等含量均高于维氏值，As 含量与维氏值相当。Ba、Zr、Li、Mn、Cu、Zn、Mo、Be 等含量均较低，规律性不明显。

2）稀土元素特征

稀土总量 $\sum REE=86.89\times10^{-6}\sim228.19\times10^{-6}$，$\sum LREE=80.62\times10^{-6}\sim212.64\times10^{-6}$，

$\sum HREE=6.27\times10^{-6}\sim27.69\times10^{-6}$，轻稀土含量明显高于重稀土；$\delta Eu=0.40\sim1.08$，可能由于样品中暗色包体的存在，Eu 异常差异明显；$(La/Yb)_N=8.94\sim64.46$，$(Ce/Yb)_N=6.38\sim43.19$，反映了 LREE 和 HREE 均分异；$(La/Sm)_N=2.89\sim8.85$，轻稀土元素富集且分异明显。在稀土配分曲线上，蒋峪岩体表现为向右倾曲线，轻稀土分馏明显、重稀土分馏较差，Eu 仅一件样品为明显负异常，其余异常不明显，属轻稀土富集型。由于样品中暗色包体、条带的含量、种类均存在差异，导致蒋峪岩体中的稀土总量以及其他特征参数变化范围较大，规律性差。

5. 副矿物特征

主要副矿物为锆石、磷灰石、磁铁矿、黄铁矿及榍石等。

锆石：浅玫瑰色，半自形柱状，晶内有裂纹，晶棱晶锥均已钝化，均有不同程度的水化现象，可见凹坑、沟槽等熔蚀痕迹，有铁染，常见锥柱不对称歪晶，多见黑色固相包体及气液包体，可见(110)(100)及(111)晶面。

磷灰石：无—白色，半自形次浑圆柱状粒状，透明，玻璃光泽，中硬度 0.02～0.40，长宽比值为 1.2∶1、3∶1。

磁铁矿：黑色，棱角块状、半自形八面体状，不透明，金属光泽，高硬度 0.03～0.80。

黄铁矿：浅铜黄色，棱角块状、半自形立方体状，不透明，金属光泽，高硬度 0.02～0.50。

榍石：褐黄色，棱角块状，透明—半透明，油脂光泽，高硬度 0.02～0.60。

（二）邱子峪似斑状黑云二长花岗岩

1. 地质特征

主要分布于 1∶50000 莱芜区北方山一带，岩体大致呈 NNW 向带状展布，向 N 延出图幅，总体走向仍与区域构造线方向一致，被后期松山岩体侵入，局部见细粒石英闪长岩包体，包体呈不规则状，大小一般为 0.3～0.5m，常被围岩改造，边界模糊。

2. 岩石学特征

岩性为似斑状黑云二长花岗岩，岩石呈浅肉红色，似斑状结构，基质为半自形粒状结构，块状构造，岩石中斑晶含量 30%～40%，基质占 60%～70%，斑晶为钾长石，浅肉红色，多为板柱状。岩石主要矿物含量为石英 23%～30%、斜长石 32%～38%、钾长石 27%～36%、黑云母 2%～7%。副矿物主要为锆石、磷灰石、磁铁矿等。

斜长石：半自形粒状，粒径 3～6mm，聚片双晶发育，被钾长石包裹的斜长石为自形板柱状，粒径 0.1～0.3mm，均有绢云母化。

钾长石：为微斜长石和条纹长石，半自形，他形粒状，粒径 3～7mm，均匀分布。

石英：他形粒状，粒径 1～3mm，有的具波状消光，分布在长石晶粒间。

黑云母：片状，粒径 0.5～1mm，具暗绿色多色性，有的有绿泥石化，均匀分布。

3. 岩石化学特征

SiO_2含量多数为 68.70%～74.74%，为酸性岩；Al_2O_3含量 12.88%～13.96%，全碱(K_2O+Na_2O)含量 7.54%～8.45%，MgO 含量 0.18%～0.76%，全铁($FeO+Fe_2O_3$)含量

1.16%~4.91%，与中国主要岩浆岩平均化学成分(黎彤)花岗岩类相比较，化学成分基本相当，但 CaO、MgO 含量偏低。σ(里特曼指数)为 1.86~2.58，*A.R*(碱度率)2.16~2.99，*A/CNK*(过铝指数)1.02~1.13；*DI*(分异指数)84.57~90.57，*SI*(固结指数)1.84~6.17，*FL*(长英质指数)84.18~90.57，反映岩石分离结晶程度较好，分异比较明显；*OX*(氧化率)0.53~0.56，中等，表明岩浆侵位中等。

4. 地球化学特征

1）微量元素特征

与维氏酸性岩相比，Sr、Mo、Pb、V、Ti、Zr、Ba 含量偏高，Be、Li、Cu、Cr、Mo 等含量偏低，Rb/Sr 为 1.70。

2）稀土元素特征

稀土总量 $\sum REE = 171.49\times10^{-6} \sim 440.26\times10^{-6}$，$\sum LREE = 164.54\times10^{-6} \sim 317.76\times10^{-6}$，$\sum HREE = 6.95\times10^{-6} \sim 120.50\times10^{-6}$，轻稀土含量明显高于重稀土的；$\delta Eu = 0.39 \sim 0.79$，Eu 负异常明显。在稀土配分曲线上，邱子峪岩体表现为向右倾曲线，轻稀土分馏明显、重稀土分馏较差，Eu 异常不明显，属轻稀土富集型。

5. 副矿物特征

主要副矿物有锆石、磷灰石、赤褐铁矿、磁铁矿等。

(三) 松山中粒二长花岗岩

1. 地质特征

主要分布于 1∶50000 图幅莱芜区小崮山—青杨河及铜山—八石山一带，岩性为中粒二长花岗岩。该岩体侵入蒋峪岩体，被后期的调军顶细粒二长花岗岩呈脉状侵入，岩石比较均匀，但含有角闪闪长岩、斜长角闪岩包体，包体呈不规则状，局部包体富集，形成包体带，包体大小不一，大者可见 0.4m，长轴明显定向，其走向呈北西向，与区域构造线方向一致。

2. 岩石学特征

岩性为中粒二长花岗岩，岩石呈浅肉红色，中粒花岗结构、粒状变晶结构，块状构造，主要矿物含量约为石英 25%，斜长石 25%~30%，钾长石 35%~40%，黑云母小于 10%，个别样品中可达 15%。副矿物主要为锆石、磷灰石、赤铁矿，少量的榍石、黄铁矿等。

斜长石：半自形粒状，粒径 2~5mm，双晶发育，实测 An27#，普遍有绢云母和绿帘石化，有的斜长石被钾长石包含，为自形晶，板柱状，粒度较细，粒径 0.2mm(±)。

钾长石：半自形，他形粒状，粒径 2~5mm。格子双晶发育，为微斜长石。

石英：他形粒状，粒径 2~4mm，具波状消光，产于长石粒间。

黑云母：片状，多数被绿泥石代替，呈单体或集合体沿矿物间隙分布，褐绿色，多色性明显。

3. 岩石化学特征

SiO_2含量多数为 70.85%~76.55%，为酸性岩；Al_2O_3含量 11.20%~15.70%，全碱(K_2O+Na_2O)含量 7.57%~10.17%，MgO 含量 0.09%~0.56%，全铁($FeO+Fe_2O_3$)含量

1.43%~2.83%，与中国主要岩浆岩平均化学成分(黎彤)花岗岩类相比较，化学成分基本相当，但 CaO、MgO 含量偏低。σ(里特曼指数)为 1.51~3.71，*A.R*(碱度率)2.08~3.51，*A/CNK*(过铝指数)0.93~1.11；*DI*(分异指数)85.71~92.77，*SI*(固结指数)0.92~5.11，*FL*(长英质指数)81.09~92.77，反映岩石分离结晶程度较好，分异比较明显；*OX*(氧化率)0.49~0.57，中等，表明岩浆侵位中等。

4. 地球化学特征

1）微量元素特征

与维氏酸性岩相比，个别样品有一定差异，总体上除 Mo、Pb、Sn、Zn、Ni、Cr、Ag 含量偏高，Rb 含量相近外，其余元素含量均偏低。

2）稀土元素特征

稀土总量 $\sum REE=63.40\times10^{-6}\sim220.75\times10^{-6}$，$\sum LREE=49.70\times10^{-6}\sim206.95\times10^{-6}$，$\sum HREE=6.81\times10^{-6}\sim16.08\times10^{-6}$，轻稀土含量明显高于重稀土的；$\delta Eu=0.36\sim0.57$，仅一件样品为 1.29，总体 Eu 负异常明显，一件样品为正 Eu 异常。$(La/Yb)_N=6.63\sim61.96$，$(Ce/Yb)_N=5.54\sim39.47$，反映了稀土元素分异明显；$(La/Sm)_N=3.71\sim10.28$，轻稀土元素富集，轻稀土分异明显。在稀土配分曲线上，表现为向右倾曲线，轻稀土分馏明显、重稀土分馏较差，Eu 仅一件样品为明显正异常，其余均具明显负异常，属轻稀土富集型。

5. 副矿物特征

主要副矿物为磁铁矿、磷灰石、锆石、榍石、赤铁矿、黄铁矿及石榴石等，副矿物组合为磁铁矿—锆石—磷灰石类型。

（四）调军顶细粒二长花岗岩

1. 地质特征

主要分布于莱芜区北于家庄一带，呈脉状侵入松山岩体及蒋峪岩体，出露面积仅 $0.22km^2$。在北于家庄村东北方向，脉体长度约 3.5km，宽度 50~150m，连续性较好，呈北北西向侵入松山中粒二长花岗岩及蒋峪条带状二长花岗岩中，脉体走向与孙祖断裂展布方向基本一致。

2. 岩石学特征

岩性为细粒二长花岗岩，细粒花岗结构，块状构造，主要组成矿物含量为：石英 26.5%~30.3%，斜长石 26.6%~32.3%，钾长石 36.8%~40.6%，黑云母 2.1%~3.3%。

石英：他形粒状，粒径 0.5mm，波状消光，见交代穿孔结构及蠕英结构。

斜长石：粒状，少量为不规则板柱状，粒径 1.5mm，部分见密集聚片双晶，表面有少量绢云母化蚀变。

钾长石：粒状，少量片状，粒径 1~1.1mm，具模糊格子状双晶，常包裹小的斜长石、石英颗粒。

3. 岩石化学特征

SiO_2 含量多数为 72.18%~73.46%，为酸性岩；Al_2O_3 含量 12.44%~13.59%，全碱

(K_2O+Na_2O)含量 7.79%~8.79%，MgO 含量 0.35%~0.46%，全铁($FeO+Fe_2O_3$)含量 2.49%~3.01%，与中国主要岩浆岩平均化学成分(黎彤)花岗岩类相比较，化学成分基本相当，但 Al_2O_3、CaO、MgO 含量偏低。σ(里特曼指数)为 1.98~2.65，*A.R*(碱度率)2.22、2.42，*A/CNK*(过铝指数)1.06~1.16；*DI*(分异指数)88.83~96.38，*SI*(固结指数)3.01、4.10，*FL*(长英质指数)88.28~96.38，反映岩石分离结晶程度较好，分异比较明显；*OX*(氧化率)0.53~0.55，中等，表明岩浆侵位中等。

4. 地球化学特征

1）微量元素特征

与维氏酸性岩相比，总体上除 Rb、Zr、Ni、Sb、Bi 含量偏高，Ba 含量相近外，其余元素含量均偏低。

2）稀土元素特征

稀土总量 $\sum REE=269.73\times10^{-6}$、$416.49\times10^{-6}$，$\sum LREE=240.66\times10^{-6}$、$397.19\times10^{-6}$，$\sum HREE=19.30\times10^{-6}$、$29.07\times10^{-6}$，轻稀土含量明显高于重稀土的；$\delta Eu=0.30$、0.34，Eu 负异常明显，$(La/Yb)_N=25.22$、68.73，$(Ce/Yb)_N=16.27$、51.23，反映了稀土元素分异明显；$(La/Sm)_N=6.17$、7.44，轻稀土元素富集，轻稀土分异明显。在稀土配分曲线上，表现为向右倾曲线，轻稀土分馏明显、重稀土分馏较差，Eu 具明显负异常，属轻稀土富集型。

5. 副矿物特征

主要副矿物为磁铁矿、锆石、磷灰石、榍石及黄铁矿，副矿物组合为磁铁矿—锆石—磷灰石类型。

二、中元古代侵入岩

仅发育四堡期牛岚辉绿岩脉。

1. 地质特征

呈脉状产出，总体走向为 NNE 向。脉体宽度 5~20m，最宽处可达 50m，长度几百米至几公里不等，在郭家沟一带，长度大于 6km。

2. 岩石学特征

岩性为辉绿岩，呈灰绿色、灰黑色，风化后呈黄色，细粒辉绿结构，块状构造。主要矿物含量为斜长石 52%~65%、普通辉石 26%~50%、磁铁矿 3%~5%、角闪石 0~5%、黑云母 0~3%等。

斜长石：半自形、自形晶，板条状，粒径 0.2~0.4mm，双晶发育，普遍绢云母和绿帘石化，蚀变强烈，实测 An56#。

辉石：为普通辉石，半自形—他形粒状集合体，无色—略带淡黄色，多色性不明显，粒径 0.1~0.3mm，聚晶为±1mm。

角闪石：粒状，粒径 0.1~0.2mm，个别达 0.5mm，具棕褐色多色性，有轻微的绿泥石化。

磁铁矿：粒状，粒径0.1mm(±)，均匀分布其中，有的转变为赤铁矿。

3. 岩石化学特征

SiO_2含量46.78%~47.24%，为基性岩；Al_2O_3含量14.87%~15.2%，全碱(K_2O+Na_2O)含量4.34%~4.93%，MgO含量5.38%~6.73%，全铁(FeO+Fe_2O_3)含量14.83%~15.04%，与中国主要岩浆岩平均化学成分(黎彤)辉长岩相比较，TiO_2、全铁含量偏高，MgO、MnO含量偏低。σ(里特曼指数)为4.84~5.73，*A.R*(碱度率)1.45~1.75，*A/CNK*(过铝指数)0.71~1.15，属于偏铝质—过铝质碱性岩石；*DI*(分异指数)32.99~42.07，*SI*(固结指数)21.73~25.41，*FL*(长英质指数)34.2~60.2，反映岩石分离结晶程度较差，分异不明显；*OX*(氧化率)0.67~0.69，较高，表明岩浆侵位较浅。

4. 地球化学特征

稀土总量$\sum REE=212.80\times10^{-6}$，$\sum LREE=164.32\times10^{-6}$，$\sum HREE=148.48\times10^{-6}$，轻稀土含量明显高于重稀土的；$\delta Eu=1.14$，Eu具不明显正异常；$(La/Yb)_N=10.39$，$(Ce/Yb)_N=7.77$，反映了稀土元素均分异；$(La/Sm)_N=3.26$，轻稀土元素富集，轻稀土分异明显。在稀土配分曲线上，表现为向右倾斜的曲线，轻稀土、重稀土均分馏，轻稀土分馏明显，Eu具弱正异常。

5. 形成时代

牛岚岩体呈脉状侵入新太古代望府山片麻岩中，说明其形成时代晚于片麻岩形成年龄。在泰山红门取得样品锆石U-Pb年龄(1621.1±8.8)Ma(陆松年等，2008)；1∶50000泰安幅区调测的Rb-Sr同位素年龄为1200~1700Ma；大致与华北地块中元古代裂解相当，说明其形成时代应为中元古代四堡期。

6. 岩石成岩及就位机制

牛岚侵入岩SiO_2含量小于52%，富Fe、Mg，贫K、Na，*A/CNK*(过铝指数)0.71~1.15，为Ⅰ型花岗岩类，说明岩浆来源于上地幔，为幔源分异型侵入岩。

本区该类侵入岩脉皆呈近南北向分布，其侵位严格受构造(断裂)控制。受四堡运动影响，早期形成的一些近南北向断裂再次活动，表现为张裂性质，幔源岩浆分异的基性岩浆，沿这些断裂以岩浆扩张形式上侵定位，形成该期侵入体。

三、中生代燕山期侵入岩

研究区中生代燕山期侵入岩主要分布于泰—莱盆地边缘及构造薄弱地带，集中分布于莱芜矿山、泰安角峪以及莱芜口镇一带。岩石类型以中性的闪长岩类为主，石英闪长岩次之，二长闪长岩类稀少，多数呈多次脉动(涌动)侵入的复式岩体出现，产状有岩盖、岩株、岩床、岩脉等，规模一般较小，侵入关系明显。

(一)东明生中细粒辉石闪长岩

1. 地质特征

主要分布于莱芜盆地矿山岩体和角峪岩体中，在莱芜矿山一带呈北东向展布，东与奥陶系马家沟群灰岩地层直接接触，在接触带出露宽度不一的接触蚀变岩带(矽卡岩带)；西与细粒角闪闪长岩为涌动接触，没有明显的界线，两者渐变过渡；该岩体中含有辉长岩、辉石岩包体，包体形状不一，包体与基体亦无明显的接触界线。岩体被后期的角闪石英闪长岩脉状侵入，两者接触界线明显。在角峪一带，见4个侵入体，中心相位于角峪岩体中心部位，边部一般为角闪闪长岩，局部侵入奥陶系马家沟群灰岩，接触带一般存在宽度不一的渐变过渡带。侵入体中，常常含有辉长岩和灰岩的捕虏体，侵入体与围岩间均发生同化混染作用，灰岩捕虏体均发生大理岩化，围岩捕虏体的大小不等，形状多呈角砾状，在接触带附近捕虏体数量较多。

2. 岩石学特征

中细粒辉石闪长岩，岩石呈深灰色，中细粒全自形柱粒状结构，块状构造，主要矿物含量为斜长石60%~70%，辉石22%~34%，角闪石8%~15%，少量的黑云母、钾长石等。副矿物主要为磁铁矿、磷灰石、锆石。

斜长石：自形、半自形，半柱状，粒径一般0.5~3.0mm，具有环带结构，有绿帘石和绢云母化。个别样品中，被钾长石沿其边缘交代。

辉石：为普通辉石，呈粒状或短柱状，粒径一般0.5~3.0mm，有时常被角闪石包围。

角闪石：呈绿色及褐色，两种不同颜色的角闪石连生，而且往往是中心部位呈褐色而边缘呈绿色，褐色自形程度差，与辉石关系密切，常分布于辉石的周围，交代普通辉石，绿色角闪石一般自形程度好，长柱状，粒度小，常有黑云母沿其解理缝交代。

黑云母：少量，呈暗褐—淡黄色多色性。

3. 岩石化学特征

SiO_2含量多数为54.78%~57.81%，为中性岩；Al_2O_3含量15.53%~16.01%，全碱(K_2O+Na_2O)含量6.56%~7.45%，MgO含量4.59%~5.72%，全铁($FeO+Fe_2O_3$)含量4.89%~7.69%，一件样品为1.78%，与中国主要岩浆岩平均化学成分(黎彤)闪长岩类相比较，化学成分基本相当，但MgO含量偏高，TiO_2偏低。σ(里特曼指数)为2.91~4.2，*A.R*(碱度率)1.71~2.05，*A/CNK*(过铝指数)0.60~0.76，属于偏铝质钙碱性岩石；*DI*(分异指数)54.86~61.57，*SI*(固结指数)26.09~53.5，*FL*(长英质指数)42.57~55.19，反映岩石分离结晶程度中等，分异较差；*OX*(氧化率)0.59~0.61，表明岩浆侵位较浅。

4. 地球化学特征

1）微量元素特征

与维氏中性岩相比，造岩碱性元素偏低或者接近；高温成矿元素Zr、Mo、Nb偏低，Hf偏高；第一过渡元素除V偏低外，均明显偏高；亲硫重金属元素除Zn偏低，其他均接近；Ag元素偏高，Th元素偏低。在微量元素蛛网(图2-2-1)上，大离子亲石元素Rb亏损、Ba富集；高场强元素Nb、Ta明显负异常，说明岩浆源区有地壳物质参与，Zr、Hf无异常或正异常，可能说明源区锆石类矿物不稳定；Sr元素明显正异常，说明源区长石类矿物不稳定。相比较，Y、Yb元素含量较低，说明石榴石在源区稳定存在。

2）稀土元素特征

稀土总量 $\sum REE=122.67\times10^{-6}\sim149.73\times10^{-6}$，$\sum LREE=92.76\times10^{-6}\sim121.64\times10^{-6}$，$\sum HREE=25.96\times10^{-6}\sim30.07\times10^{-6}$，轻稀土含量明显高于重稀土；$\delta Eu=0.87\sim1.14$，Eu 异常不明显，说明长石类矿物在源区不稳定；$(La/Yb)_N=4.80\sim13.05$，$(Ce/Yb)_N=5.71\sim8.56$，反映了稀土元素分异程度明显；$(La/Sm)_N=2.67\sim2.98$，轻稀土元素富集，轻稀土之间具明显分异。在稀土配分曲线(图 2-2-2)上，东明生单元表现为右缓倾斜，轻稀土分馏，重稀土分馏不明显，Eu 异常不明显，为轻稀土富集型。

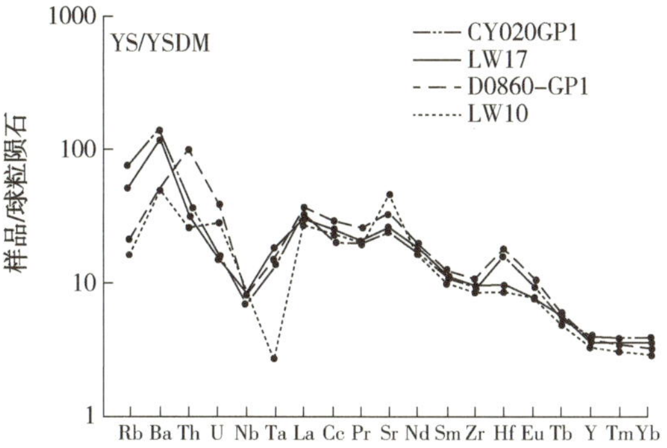

图 2-2-1　东明生单元微量元素蛛网图

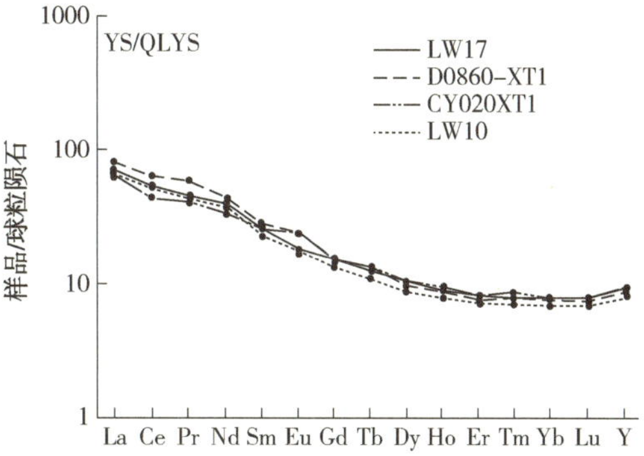

图 2-2-2　东明生单元稀土元素配分曲线

5. 副矿物特征

东明生单元中的副矿物主要有磁铁矿、磷灰石及榍石，少量的锆石，矿物组合为磁铁矿—磷灰石—榍石类型。

（二）上水河细粒角闪闪长岩

1. 地质特征

主要分布于莱芜盆地矿山岩体和角峪岩体中，出露面积为 5.68km²。在矿山一带，位于矿山背斜核部，总体呈北东向展布，且由北向南逐渐收敛，东与辉石闪长岩呈涌动接触，西被角闪石英闪长岩侵入，在两者接触带附近，见多条北东向石英闪长岩脉侵入角闪闪长岩体中，该岩石球形风化发育。在角峪一带，上水河岩体一般呈边缘相绕辉石闪长岩分布，局部地区与奥陶纪灰岩直接接触，在接触带附近发育接触变质作用，灰岩发生大理岩化、矽卡岩化等，且发育有灰岩捕虏体。

2. 岩石学特征

上水河单元岩性以角闪闪长岩为主，但矿物含量不均，有时差别较大，在角峪一带，岩石中普通角闪石含量较高，岩性为角闪闪长岩；在莱芜矿山一带，岩石中含黑云母，岩性为黑云角闪闪长岩、黑云闪长岩。岩石呈灰色、灰黑色，中细粒结构，块状构造，主要矿物含量为斜长石 60%~65%、角闪石 10%~25%、黑云母 8%~15%、辉石 8%~15%，极少量的钾长石及石英。副矿物主要为锆石、磷灰石、榍石、磁铁矿等。

斜长石：根据斜长石粒度大小及自形程度，斜长石分为两类，一类颗粒较大，呈半自形板状，为主要类型，粒径约 1mm；另一类呈粒状或不规则状分布于早期斜长石边缘(系交代产物)，粒径 0.1~0.7mm；斜长石 An33~49#，环带发育，普遍绢云母化。

角闪石：为普通角闪石，也可分为两类，一类颗粒较大，往往含有辉石内核，呈粒状，粒径 1~2mm，在普通角闪石的边缘常被黑云母交代，并伴有磁铁矿析出；另一类含量较少，但自形程度高，呈粒状或短柱状，粒径较小，粒径 0.05~0.5mm 全被暗化成氧化铁。

黑云母：呈片状，常分布于普通角闪石的周围，暗褐色—黄褐色，粒度一般为 0.5~2mm。

辉石：为普通辉石，呈粒状，粒径 0.5~1mm，被角闪石包含在中心，与角闪石呈反应边构造。

石英：粒状，粒径 0.1~0.3mm。

钾长石：粒状，粒径 0.5~1mm，高岭土化。

3. 岩石化学特征

SiO_2含量多数为 58.16%~59.82%，为中性岩；Al_2O_3含量 14.70%~16.19%，全碱(K_2O+Na_2O)含量 5.82%~8.15%，MgO 含量 4.24%~5.99%，全铁($FeO+Fe_2O_3$)含量 3.04%~6.00%，与中国主要岩浆岩平均化学成分(黎彤)闪长岩类相比较，SiO_2、MgO 全碱含量偏高；TiO_2、Al_2O_3、全铁、MnO 偏低。σ(里特曼指数)为 2.23~4.3，*A.R*(碱度率)1.69~2.48，*A/CNK*(过铝指数)0.68~0.85，属于偏铝质钙碱性岩石；*DI*(分异指数)52.18~68.66，*SI*(固结指数)24~32.75，*FL*(长英质指数)46.90~67.52，反映岩石分离结晶程度中等，分异较好；*OX*(氧化率)0.51~0.63，表明岩浆侵位中等。

4. 地球化学特征

1）微量元素特征

与维氏中性岩相比，造岩碱性元素 Rb、Sr 偏低，高温成矿元素 Nb、Ta 偏低，第一过渡元素 V、Cr、Co 偏高，亲硫重金属元素 Cu、Zn 偏高。在微量元素蛛网(图 2-2-3)上，大离子亲石元素 Rb、Sr、Ba、U 明显富集，高场强元素 Nb、Ta 明显亏损，指示地壳物质参与，Zr、Hf 元素不明显负异常，说明锆石类矿物的早期结晶。Sr 正异常明显，说明源区长石类矿物不稳定。相比较，Y、Yb 元素含量较低，说明石榴石在源区稳定存在。

2）稀土元素特征

稀土总量$\sum REE=68.32\times10^{-6}\sim154.59\times10^{-6}$，$\sum LREE=48.82\times10^{-6}\sim124.09\times10^{-6}$，$\sum HREE=19.50\times10^{-6}\sim30.50\times10^{-6}$，轻稀土含量明显高于重稀土；$\delta Eu=0.91\sim1.07$，Eu 异常不明显；$(La/Yb)_N=4.51\sim11.49$，$(Ce/Yb)_N=4.72\sim8.37$，反映了稀土元素具明显分异；$(La/Sm)_N=1.35\sim3.21$，轻稀土元素富集，轻稀土之间具明显分馏。在稀土配分曲线(图 2-2-4)上，上水河岩体表现为右缓倾斜，轻稀土分馏，重稀土分馏较弱，Eu 异常不明显，为轻稀土富集型。

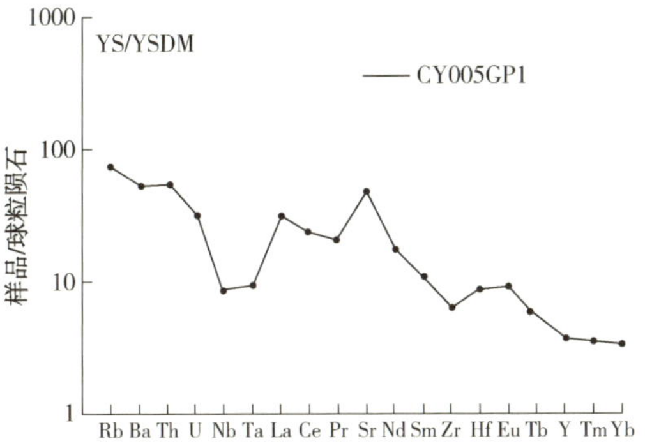

图 2-2-3　上水河岩体微量元素蛛网图

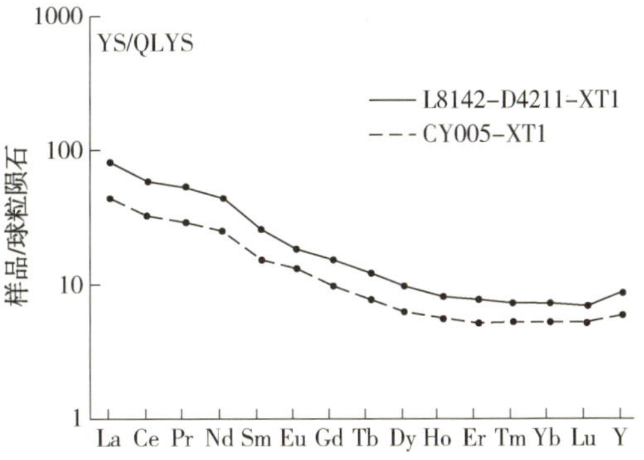

图 2-2-4　上水河岩体稀土元素配分曲线

5. 副矿物特征

上水河岩体中的副矿物主要有磁铁矿、钛铁矿、磷灰石、锆石、榍石，少量方铅矿等。

（三）靳家桥角闪闪长玢岩

1. 地质特征

该类岩石出露较少，主要分布于角峪一带，呈脉状、岩株或者沿断裂侵入寒武系—奥陶系灰岩地层中，或者分布于杂岩体最边部。脉状侵入体宽度不等，脉体走向北东向、北西向均见，延伸不远，与围岩界线截然，在接触带内见明显接触变质及烘烤等现象；岩株、岩瘤侵入体仅在泉坡、吴家庄一带出露，均与奥陶系马家沟群八陡组直接接触，在接触带上，岩体中见灰岩捕虏体，灰岩发生大理岩化。另外，在莱芜北部金牛山一带该地质体比较发育。

2. 岩石学特征

靳家桥岩体岩性为中细粒角闪闪长玢岩，岩石呈斑状结构、块状构造，主要矿物含量为斜长石 58%~67%、角闪石 31%~40%，个别样品中含有少量的黑云母、钾长石及石英。

斜长石：斑晶为自形板柱状，粒径 0.5~5mm，聚片双晶发育，实测 An36#，基质为粒状，粒径 0.05~0.1mm，绢云母化明显。

角闪石：为普通角闪石，斑晶为柱状和粒状，粒晶 0.5~2mm，基质为粒状，粒径 0.05~0.1mm，有绿泥石和阳起石化，具褐绿—黄绿色多色性。

岩石中的斑晶含量为 30%，主要为辉石、斜长石和角闪石，基质为粒状结构。

3. 岩石化学特征

SiO_2含量多数为 58.63%~62.58%，为中性岩；Al_2O_3含量 15.21%~15.91%，全碱（K_2O+Na_2O）含量 7.06%~7.27%，MgO 含量 4.18%~5.26%，全铁（$FeO+Fe_2O_3$）含量 4.01%~4.03%，与中国主要岩浆岩平均化学成分（黎彤）闪长岩类相比较，SiO_2、MgO、全碱含量偏高；TiO_2、Al_2O_3、全铁、MnO 偏低。σ（里特曼指数）为 2.55、3.37，*A.R*（碱度率）2.18、2.24，*A/CNK*（过铝指数）0.78、1.01，属于偏铝质碱钙性岩石；*DI*（分异指数）64.72、71.4，*SI*（固结指数）27.37、33.25，*FL*（长英质指数）62.51、73.77，反映岩石分离结晶程度较好，分异一般；*OX*（氧化率）0.51、0.52，表明岩浆侵位中等。

4. 地球化学特征

1）微量元素特征

与维氏中性闪长岩相比，造岩碱性元素 Rb、Sr、ba 偏低；第一过渡元素 Cr、Co 偏高，Ni 偏低；亲硫重金属元素 As、Sb、Pb、Bi 均偏高。

2）稀土元素特征

稀土总量 $\sum REE=119.20\times10^{-6}$、$120.09\times10^{-6}$，$\sum LREE=92.94\times10^{-6}$、$105.90\times10^{-6}$，$\sum HREE=14.19\times10^{-6}$、$26.26\times10^{-6}$，轻稀土含量明显高于重稀土；$\delta Eu=0.87$、0.90，Eu 负异常不明显；$(La/Yb)_N=11.54$、28.07，$(Ce/Yb)_N=7.98\sim20.06$，反映了稀土元素明显分异；$(La/Sm)_N=3.29$、3.95，轻稀土元素富集，轻稀土之间具明显分馏。在稀土配分曲线上，靳家桥岩体表现为右缓倾斜，轻稀土、重稀土均分馏，Eu 负异常不明显，为轻稀土富集型。

5. 副矿物特征

靳家桥单元副矿物主要为磁铁矿、赤铁矿、锆石、榍石、磷灰石、方铅矿等，副矿物组合为磁铁矿—锆石—榍石—磷灰石类型。

锆石：淡紫色、浅黄色、淡红褐色，有的颗粒近于无色，金刚石光泽，透明—半透明，面平棱直，表面光滑光亮，晶形完整。

磷灰石：无色，透明度高，玻璃光泽，多数呈柱状，粒块状，大小一般在 0.06~0.16mm 之间。

榍石：褐色，金刚石光泽，有的含有黑色包体，不规则粒块状，大小一般在 0.1~0.2mm 之间。

磁铁矿：黑色，金属光泽，有的颗粒表面有一层赤铁矿化的薄膜，完整晶形者少见，多数为粒块状，柱状，粒径一般在 0.03~1.13mm 之间。

（四）核桃园角闪石英闪长岩

1. 地质特征

主要分布于莱芜盆地矿山岩体和角峪岩体中，出露面积为 3.41km^2。在矿山一带分布于杂岩体边部或者呈脉状侵入东明生岩体，总体走向近 SN 向、NE 向，在耿公清一带由 N 向 S 收敛，变窄，岩石中含较明显的辉石闪长岩、角闪闪长岩包体，在孟家峪附近侵入上水河单元，侵入界面明显，在界线附近，角闪闪长岩体中发育大致平行 NE 向展布的角闪石英闪长质脉体。在角峪一带，分布于杂岩体边部，或者侵入靳家桥岩体，呈 NE 向展布，局部与奥陶系马家沟群灰岩直接接触，在接触带附近，发育有灰岩捕虏体，具接触变质现象。

2. 岩石学特征

核桃园单元岩性为中细粒角闪石英闪长岩。岩石呈灰色、灰白色、灰红色，中细粒结构、块状构造，主要矿物含量为斜长石 68%~71%、角闪石 5%~26%，石英 6%~15%，少量的钾长石(<5%)、辉石等，辉石含量不均匀，一般小于 5%，在辉石闪长岩附近，含量可达 15%。副矿物为磷灰石、磁铁矿、锆石及榍石等。

斜长石：自形，板柱状，粒径 0.5~2mm，聚片双晶发育，实测 An45#，具环带结构，有绢云母、高岭石和绿帘石化。

角闪石：为普通角闪石，绿色，呈粒状和柱状，粒径 0.5~2.5mm，有绿泥石和绿帘石化。

石英：他形粒状，粒径 0.3~1mm，分布在长石粒间。

钾长石：半自形，他形粒状，粒径 0.2~0.8mm，有轻微的高岭石化。

3. 岩石化学特征

SiO_2含量多数为 61.01%~62.96%，为中酸性岩；Al_2O_3含量 15.8%~17.66%，全碱(K_2O+Na_2O)含量 7.58%~9.33%，MgO 含量 2.88%~4.83%，全铁($FeO+Fe_2O_3$)含量 2.28%~4.66%，与中国主要岩浆岩平均化学成分(黎彤)闪长岩类相比较，SiO_2、Al_2O_3、全碱含量偏高，TiO_2、MgO、全铁、MnO 偏低。σ(里特曼指数)为 2.23~4.3，*A.R*(碱度率)2.23~2.72，*A/CNK*(过铝指数)0.69~0.88，属于偏铝质钙碱性岩石；*DI*(分异指数)75.86~79.76，*SI*(固结指数)16.29~20.92，*FL*(长英质指数)62.28~70.06，反映岩石分离结晶程度较好，分异一般；*OX*(氧化率)0.53~0.57，表明岩浆侵位中等。

4. 地球化学特征

1）微量元素特征

与维氏中性岩相比，个别样品异常，总体上造岩碱性元素 Li、Rb、Sr 偏低，Ba 偏高；第一过渡元素除 Sc 较高外，V、Cr、Co、Ni 均低；高温成矿元素除 Hf 较高外，Zr、Nb、Ta 均较低；亲硫重金属元素 Zn、Ga 较低。在微量元素蛛网(图 2-2-5)上，大离子亲石元素 Rb 亏损，Ba、Th、U 相对富集；高场强元素 Nb、Ta 相对亏损，说明岩浆有地壳物质参与，Zr、Hf 相对富集，锆石类矿物早期不稳定。Sr 正异常，长石类矿物早期不稳定。Y、Yb 含量较低且负异常，石榴石早期稳定存在。

2）稀土元素特征

稀土总量 $\sum REE=113.21\times10^{-6}\sim175.41\times10^{-6}$，$\sum LREE=91.55\times10^{-6}\sim139.07\times10^{-6}$，$\sum HREE=21.66\times10^{-6}\sim36.34\times10^{-6}$，轻稀土含量明显高于重稀土；$\delta Eu=0.76\sim1.13$，仅一件样品为正异常，Eu 为弱负异常；$(La/Yb)_N=8.59\sim12.47$，$(Ce/Yb)_N=6.99\sim8.18$，反映了稀土元素明显分异；$(La/Sm)_N=2.72\sim3.72$，轻稀土元素富集，轻稀土之间具较明显分异。在稀土配分曲线(图 2-2-6)上，核桃园岩体表现为右缓倾斜，轻稀土分馏，重稀土分馏较弱，多数样品弱负 Eu 异常，为轻稀土富集型。

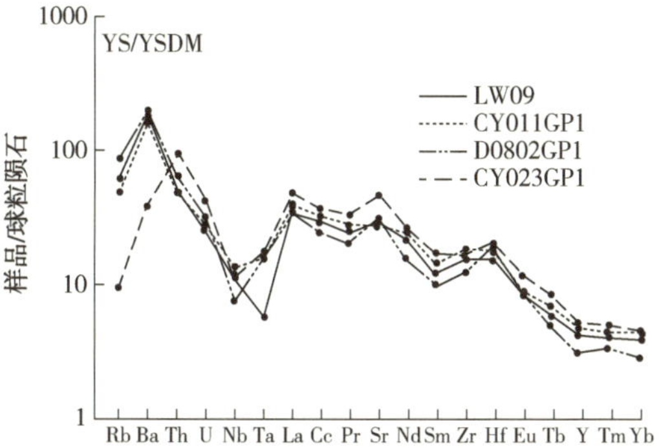

图 2-2-5 核桃园单元微量元素蛛网图

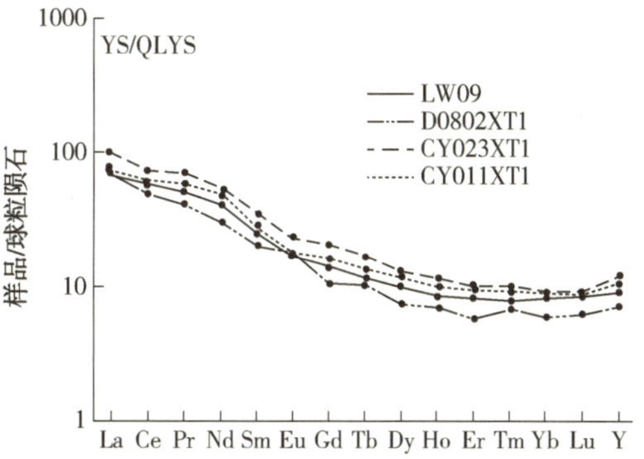

图 2-2-6 核桃园单元稀土元素配分曲线

5. 副矿物特征

核桃园单元中的副矿物主要有磁铁矿、赤褐铁矿、磷灰石、锆石等。

（五）大朝阳中细粒二长闪长岩

1. 地质特征

该单元出露很差，仅在谷家台子一带出露，分布于矿山岩体最边缘，基岩露头较少。侵入体整体呈 NNE 向展布，周围均被第四系所覆盖，未见与其他地质体接触关系。

2. 岩石学特征

大朝阳单元岩性为中细粒辉石二长闪长岩，岩石呈灰白、浅肉红色，半自形粒状结构，块状构造，主要矿物为斜长石 46%~68%、钾长石 10%~19%，辉石小于 9%。副矿物主要为榍石、磷灰石等。

斜长石：分为两期，早期半自形板粒状，正常环带构造发育，An35~41#，晚期呈他形不规则状，分布于早期斜长石等自形矿物的间隙中。

钾长石：粒状，粒径 0.5mm(±)，普遍有高岭石化。

辉石：普通辉石，粒状，粒径 0.5~1mm，均匀分布。

3. 岩石化学特征

SiO_2含量多数为 65.29%，为酸性岩；Al_2O_3含量 16.42%，全碱（K_2O+Na_2O）含量 9.64%，MgO 含量 1.91%，全铁（$FeO+Fe_2O_3$）含量 3.08%。σ（里特曼指数）为 4.17，*A.R*（碱度率）3.11，*A/CNK*（过铝指数）0.90，属于偏铝质钙碱性岩石；*DI*（分异指数）86.62，*SI*（固结指数）16.36，*FL*（长英质指数）80.47，反映岩石分离结晶程度较好，分异较好；*OX*（氧化率）0.52，表明岩浆侵位中等。

4. 地球化学特征

1）微量元素特征

在微量元素蛛网图上大离子亲石元素 Rb 负异常，Ba、Th 富集；高场强元素 Nb、Ta 明显负异常，说明岩浆源区有地壳物质参与，Zr、Hf 正异常，可能说明源区早期锆石类矿物不稳定；Sr 弱负异常，说明源区长石类矿物早期结晶。

2）稀土元素特征

稀土总量 $\sum REE=138.15\times10^{-6}$，$\sum LREE=113.68\times10^{-6}$，$\sum HREE=24.47\times10^{-6}$，轻稀土含量明显高于重稀土；$\delta Eu=0.90$，Eu 弱负异常，说明长石类矿物早期结晶；$(La/Yb)_N=10.62$，$(Ce/Yb)_N=8.70$，反映了 LREE 和 HREE 的分异程度明显；$(La/Sm)_N=3.99$，轻稀土元素富集，轻稀土之间具明显分馏。在稀土配分曲线上，大朝阳岩体表现为右缓倾斜，轻稀土分馏，重稀土分馏不明显，Eu 弱负异常，为轻稀土富集型。

5. 副矿物特征

大朝阳岩体中的副矿物主要有磁铁矿、磷灰石、榍石、金红石，少量的锆石、黄铁矿、黄铜矿及钛铁矿等，矿物组合为磁铁矿—磷灰石—榍石—金红石类型。

四、中新生代火山岩

（一）中生代火山岩

1. 岩石特征

1）熔岩类

（1）安山岩：黑灰—暗绿—紫灰色，主要矿物为辉石、斜长石、角闪石、黑云母、石英、磷灰石等。常为玻基交织结构、填间结构、斑状结构等。斑晶粒度1.45mm×0.9mm，基质粒度<0.2mm。块状构造、杏仁构造等。斑晶以普通辉石、斜长石为主，次为角闪石。斜长石为自形—半自形柱状，斑晶An56#，基质An42#，多已绢云母化、绿帘石化、葡萄石化，具环带构造。单斜辉石呈半自形粒状，横切面为八边形，主要为透辉石，次为普通辉石，少数熔蚀为浑圆状，多具次闪石化、阳起石化。角闪石呈半自形柱状，浅绿色，略具多色性，$C\Lambda Ng' = 12°$，具暗化边结构。黑云母，多被绿泥石取代，具暗化边结构。玻璃质呈棕褐色，脱玻化较强，大部变为斜长石微晶、绿泥石。实测矿物含量：斜长石34%、单斜辉石16%、角闪石2%、黑云母1%、石英<1%、玻璃质及微晶斜长石43%、其他4%。

（2）粗安岩：主要矿物为辉石、斜长石、角闪石、黑云母、石英、磷灰石等。常为玻基交织结构、填间结构、斑状结构等。化学成分（K_2O+Na_2O）含量达7%以上。因钾长石、黑云母结晶较晚，为微晶或玻璃质，黑云母易被氧化为磁铁矿。

（3）玄武安山岩：岩石呈灰绿色，斑状结构，基质为交织结构，块状构造。由斑晶（30%）、基质（70%）组成。主要矿物为黑云母（3%）、辉石（2%）、磁铁矿（4%）、长石（81%）、火山玻璃（10%）。其中黑云母呈长片柱状，粒度0.5~1mm，具暗化边，一般形成斑晶；辉石为规则板柱状或八边形，粒度0.5mm，一般形成斑晶，具暗化边及裂纹；长石部分形成斑晶，粒度0.21mm，斑晶多有环带结构，为中长石，晶形呈不太规则板柱状；基质为中长石，一般是规则长板条状，粒度0.1mm，半定向，形成交织结构。

（4）角闪安山岩：斑状结构，基质为交织结构，块状构造。斑晶以角闪石为主，另有少量斜长石，部分有少量辉石斑晶。副矿物有磷灰石、磁铁矿等，个别有次生矿物绿脱石、沸石等。基质主要由斜长石微晶组成。辉石局部可见，呈短柱状，主要为斑晶。普通角闪石呈半自形柱状—自形柱状，个别呈集合体状，主要为斑晶；镜下为绿色，具闪石式解理，暗化边发育，个别的全部暗化，有的核部被蒙脱石交代。斜长石斑晶较少见，呈半自形长条状或板状，表面混浊，具绢云母化、土化，很少见聚片双晶，为奥长石；斜长石杂乱排列，角闪石、磁铁矿分布其中；粒径0.01~0.15mm、0.05~0.2mm。

（5）次生矿物：以绿脱石为主，少量沸石，多呈不规则状分布于基质中，有的分布于角闪石中。

2）火山碎屑岩

（1）安山质集块岩：集块成分主要为安山岩，其次为少量的凝灰岩、玄武岩，集块直径 5~8cm，最大者可达 30~50cm，胶结物为凝灰质成分，局部见有紫色泥岩及闪长玢岩角砾；该岩性分布较为局限，在莱芜盆地苗家庄附近有少量出露。

（2）安山质熔结集块岩：集块含量 50%~60%，直径 2~15cm 均可见到，集块形态不规则，成分以安山质为主（含量 80%以上），有少量玄武岩、安山岩。出露在莱芜区大石家等地。

（3）火山角砾岩：灰色、灰绿色、杂色，有玄武质、安山质熔岩和粗安岩、熔结碎屑岩岩块，有潜火山岩和凝灰岩岩块，粒度在 0.2~5cm 之间，常有一定分选性，显层状构造；含粗粒级岩屑达 10%以上时为集块角砾岩，多为角砾构造、斑杂构造，常有绿帘石化、电气石化等。

（4）安山质火山角砾凝灰岩：岩石呈灰紫色，火山碎屑结构，块状构造，胶结物为火山灰物质，约占 10%。镜下观察碎屑由晶屑（35%）、岩屑（30%）、玻屑（35%）组成，主要矿物为长石（67%）、单斜辉石（3%）、磁铁矿（5%）、火山玻璃（隐晶质 25%）。长石多为晶屑，呈不规则板柱状，粒径 0.02~0.5mm；单斜辉石为片柱状、粒状，粒径 0.05~0.4mm；岩屑为安山岩，次棱角状，粒度 0.8~3.5mm；火山玻璃呈淡黄褐色，为隐晶质。岩石中含有少量集块，成分同角砾，大小为 6~10cm，集块和角砾等较大碎屑有一定磨蚀，显示有短距离搬运，但无陆源物质。

（5）安山质凝灰岩：灰绿色、紫红色，其成分为玄武质、安山质、粗安质岩屑和晶屑、玻屑、复成分火山尘。粒度小于 2mm，碎屑为棱角状，晶屑为斜长石、辉石，可见爆裂的弧形边界，粒度为 0.05~1.0mm，含量 10%~60%。玻屑含量少，多已脱玻化。岩屑和尘屑成分复杂。凝灰结构，块状、层状构造。常有绿帘石化、绿泥石化、黄铁矿化、黄铜矿化等。本区有玄武质凝灰岩、安山质凝灰岩、晶屑凝灰岩或岩屑晶屑凝灰岩、角砾凝灰岩等。

（6）沉凝灰岩：灰绿色，主要成分为玄武质、安山质、粗安质岩屑和玻屑、晶屑及黏土质矿物、石英、长石、砂粒。显微镜下为鳞片状结构，层状构造，水平层理发育，分选性极好，局部可见斜层理及火山泥球构造。岩屑为半滚圆状，斜长石晶屑个别呈浑圆状。

2. 岩石化学特征

1）元素含量

青山群八亩地组火山岩的 SiO_2含量介于 56.83%~57.57%之间，位于中酸性岩的化学成分范围内，且以 SiO_2含量在 56%左右的中性岩为主。

2）岩石化学定名

在全碱—SiO_2（TAS）图解和邱家骧（1979）的火山岩酸度、碱度、名称图解中，青山群八亩地组火山岩投点均位于安山岩区。其岩石化学成分类型主体属玄武岩—玄武安山岩—英安岩—流纹岩系列。

3）碱度类型和火山岩系列

（1）碱度类型。

青山群八亩地组火山岩的 σ 值变化较大，分布在 2.07~3.90 之间，为钙碱性。$Na_2O+K_2O=5.08$（平均），$CaO>Na_2O+K_2O$，多见于大陆边缘构造环境。

（2）火山岩系列。

在火山岩 *A. R*–SiO_2碱度关系图上青山群八亩地组火山岩投点均落于钙碱性岩区，在碱硅关系图中青山群八亩地组火山岩多位于高铝玄武岩区，部分位于碱性玄武岩区。

4）火山岩氧化特征和分异作用

中生代八亩地组安山岩氧化率 *OX* 为 0.55～0.60，氧化率中等，表明岩浆来源较浅，火山喷发时间短。牛山组固结指数为 30.50，接近于原始玄武岩固结指数，分异指数为 44.57～55.60，说明岩浆有一定结晶分异，与戴里火山岩化学成分平均值之玄武岩 *DI* 值(35)相近。

3. 地球化学特征

1）微量元素

中生代青山群八亩地组安山岩中 Ba、Zr、Cr、Cu、Au 的丰度随 SiO_2 的增加而增加，Mo、Sb、Bi 的丰度随 SiO_2 的增加而减少。安山岩中的高场强元素 $w(Zr)$为 114.0×10^{-6}～216.5×10^{-6}，$w(Hf)$为 5.43×10^{-6}～7.73×10^{-6}，$w(Nb)$为 4.79×10^{-6}～5.67×10^{-6}，$w(Y)$为 14.4×10^{-6}～19.2×10^{-6}，$w(Ga)$为 17.8×10^{-6}～24.08×10^{-6}，平均 21.07×10^{-6}；$w(Sr)$为 504×10^{-6}～1668.3×10^{-6}，平均 978.1×10^{-6}。在不相容元素原始地幔标准化微量元素蜘蛛网图上，八亩地组安山岩表现出富集大离子亲石元素 Ba、Sr 和贫大离子亲石元素 Rb、Ce 的特征，样品均表现出明显的富集 Rb、Ba、Hf、La 和较少的 Nb、Zr、Y 和 Yb，与火山弧花岗岩的模式曲线相似。

2）稀土元素

稀土总量为 122.68×10^{-6}～141.67×10^{-6}，$\sum LREE/\sum HREE$ 为 2.80～3.30，δEu 为 0.95～0.99，为铕弱负异常轻稀土富集型，稀土配分曲线右倾，斜率中等，轻稀土分馏程度中等，轻重稀土之间分馏程度中等。

（二）新生代火山岩

1. 岩石特征

1）熔岩

（1）橄榄玄武岩。

岩石为深灰色，斑状结构，块状构造，气孔、杏仁状构造。斑晶占 10%～15%，由橄榄石(5%～10%)、辉石(0～5%)及少量斜长石组成。斑晶橄榄石呈粒状，伊丁石化蚀变强烈，具铁质暗化边。斜长石呈板状，钠长石双晶发育，为拉长石，粒度一般为 2～3.5mm。普通辉石呈粒状，粒度一般小于 1mm。

（2）粗玄岩。

岩石灰黑色，斑状结构，块状构造，气孔、杏仁状构造。斑晶占 10%～15%，由橄榄石(5%～10%)、辉石(0～5%)及少量斜长石组成。斑晶橄榄石呈粒状，有蛇纹石化、绿泥石化、伊丁石化现象，具铁质暗化边。基质为隐晶质结构，由斜长石(35%～45%)、辉石(10%～15%)、橄榄石(5%～10%)及磁铁矿(5%)组成。具有杏仁构造的，杏仁体多为沸石。

2）潜火山岩

（1）潜橄榄玄武岩。

岩石为灰黑色，斑状结构，基质粗玄结构，块状构造。斑晶占10%~15%，由橄榄石(5%~10%)，普通辉石(0~5%)及少量斜长石组成。斜长石呈板状，钠长石双晶发育，为拉长石，粒度一般为2~3.5mm。普通辉石呈粒状，粒度一般小于1mm。橄榄石呈粒状，粒度一般为2~3mm，多以集合体出现。

（2）潜玄武岩。

岩石灰黑色，斑状结构，块状构造。斑晶占(10%~15%)，由斜长石(5%~10%)、辉石(0~5%)组成。斑晶普通辉石呈粒状，有伊丁石化现象，具铁质暗化边，粒度一般为1~1.5mm。基质为拉斑玄武结构，由斜长石(35%~45%)、辉石(15%~25%)及磁铁矿(5%)组成，粒度一般小于0.5mm。

2. 岩石化学特征

1）岩石化学一般特征

火山岩的SiO_2含量为48.49%，属基性岩类，与中国主要岩浆岩平均化学成分(黎彤)玄武岩类相比较，岩石中的SiO_2、TiO_2、Al_2O_3、Fe_2O_3、MnO、Na_2O、P_2O_5含量偏低，FeO、MgO、CaO、K_2O含量偏高，具有高镁、高钙、低钠的特点。

2）岩石化学定名

在全碱—SiO_2(TAS)图解中临朐群牛山组样品点落入玄武岩区。在邱家骧的火山岩酸度、碱度、名称图解中牛山组火山岩投点位于碱性玄武岩区，其岩石化学成分类型主体属碱性玄武岩—玄武粗安岩—粗安岩—粗面岩系列。

3）碱度类型和火山岩系列

牛山组火山岩的里特曼指数为3.90，$Na_2O>K_2O$，属钠钙性岩石，碱度率*A.R*为1.53，在火山岩*A.R*-SiO_2碱度关系图上投点落于碱性岩区，在久野(kumo)的碱硅关系图中牛山组火山岩样品落入碱性玄武岩系区。

4）火山岩氧化特征和分异作用

新生代牛山组玄武岩氧化率*OX*为0.62，氧化率中等，表明岩浆来源较浅，火山喷发时间短。牛山组固结指数为35.63，接近于原始玄武岩固结指数，说明岩浆有一定结晶分异，分异指数为38.73，与戴里火山岩化学成分平均值之玄武岩*DI*值(35)相近。

3. 地球化学特征

1）微量元素

亲石元素Ba、Sr含量低于维氏值，Ba/Sr值在0.18~1.6之间，反映牛山组岩浆分异程度较低。在不相容元素原始地幔标准化微量元素蛛网图上，牛山组玄武岩表现出富集大离子亲石元素Ba、Sr和贫大离子亲石元素Rb、Ce的特征，样品均表现出明显的富集Rb、Ba、Th、Zr、Hf正异常，而Nb、Ta和Sm相对亏损，这与有地壳物质参与的板内玄武岩模式曲线一致。Eu为1.14，有不明显的正Eu异常。

2）稀土元素

稀土总量(ΣREE)为125.94×10^{-6}。δEu为1.14，说明Eu与其他稀土元素比较，基本不发生分异。稀土配分模式图上，曲线左高右低，为轻稀土富集型。

第三节　区域构造特征

一、区域构造格架

研究区位于鲁中隆起区的中部，自太古代以来经历了多次构造运动的叠加，最显著的构造特点是：断块构造发育，由规模较大的脆性断裂将本区分割为凸起区与凹陷区，且以燕山运动和喜马拉雅运动表现最强烈，构成了本区的构造格架，尤其以凹凸相间或盆山相间的排列结构最为突出(图 2-3-1)。凸起区主要由基底与盖层两部分组成，基底岩系主要由新太古代的变质变形侵入体和新太古代泰山岩群变质表壳岩包体组成。泰山岩群呈规模不等的透镜状、带状的残留断片及残留包体，散布于花岗岩质深成岩之中，北北西向延伸，与区内的韧性剪切带、片麻理、条带等一起构成基底的北北西向构造线。凸起区的盖层主要由寒武、奥陶系地层组成，主要分布于盆地周边的基底之上。凹陷区保存了石炭—二叠纪地层，多被中新生代地层覆盖，总体呈现北东东向展布，主要受盆地边界断裂控制，以北断、南超为特点，由于燕山期闪长岩的侵入，盆地内褶皱和断裂均发育。区内中生代侵入体较常见，多为燕山期侵入的钙碱性中性岩，往往受断裂构造控制。区内构造以脆性断裂为主，北西向断裂、南北向断裂及北东向断裂较发育，东西向断裂也较发育。

二、构造类型及性质

(一) 基底构造

1. 构造面理

基底岩系由泰山岩群和新太古代各阶段侵入岩构成，广泛发育各种面理构造。基底岩系主要出露于泰安—莱芜盆地北侧和东侧，由于经受了不同程度的多期变质—变形作用的改造，构造形迹表现出多期性和多样性，时空分布规律较明显，构造演化序列也较清楚。泰山岩群是本区最古老的岩石，对构造事件的记录也最全面，发育有多期基底褶皱、面理和线理等构造；新太古代早期侵入岩中往往发育条带、揉皱及面理构造；新太古代晚期峄山序列侵入岩中主要发育面状构造；新太古代末形成的地质体多呈块状构造，部分地区发育构造面理，局部见有岩浆流变条带。韧性剪切带一般穿切上述各时期地质体及构造形迹。

1) 条带及构造透镜体

发育在条带状英云闪长质片麻岩中，呈北西向带状，主要分布于研究区西北角的黄前—贾庄一带，往北延伸出研究区。条带常显示出宽缓的褶皱构造。条带构造由暗色矿物(以黑云母、角闪石为主)与长英质矿物(石英、斜长石、钾长石)等分别相对富集

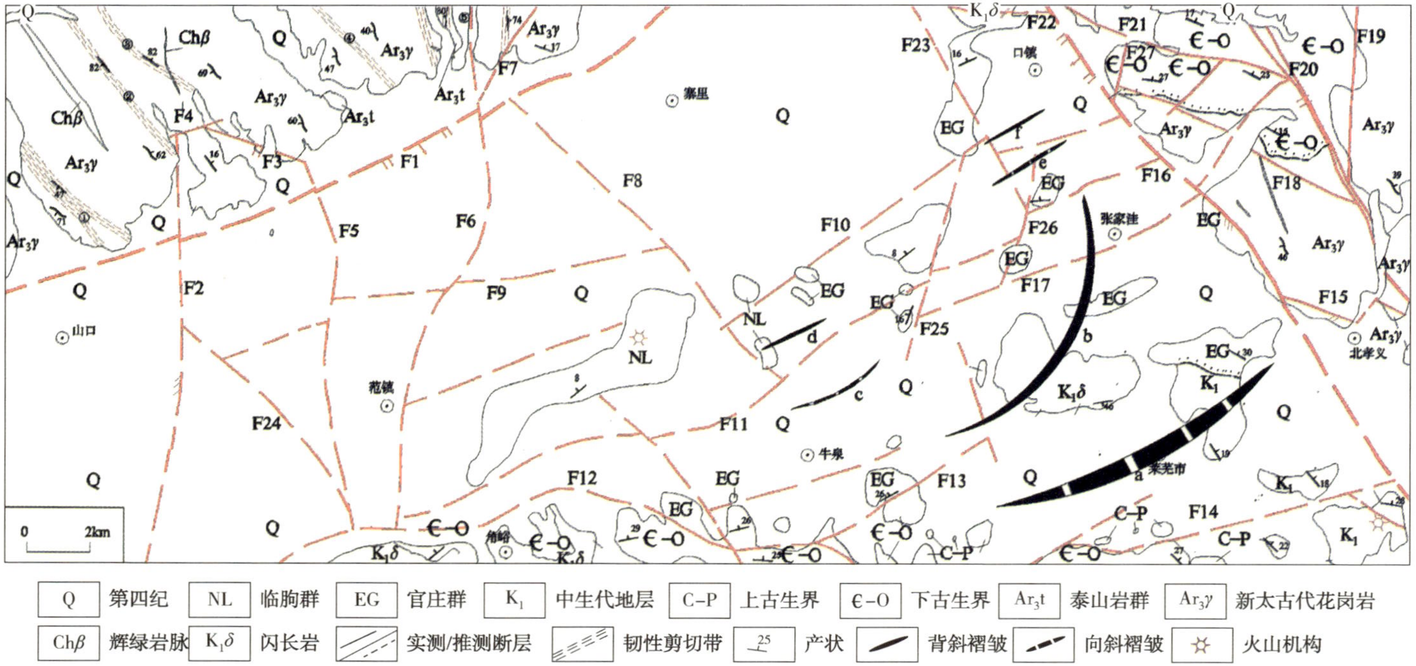

F1——泰安–大王庄断裂；F2——姚庄断裂；F3——永宁庄断裂；F4——祝山子断裂；F5——马家庄断裂；F6——尹家庄断裂；F7——羊丘山断裂；F8——高庄断裂；F9——前郭庄断裂；F10——范镇断裂；F11——柳行沟断裂；F12——角峪—石门断裂；F13——西泉河断裂；F14——陈家峪断裂；F15——北孝义断裂；F16——陈梁坡断裂；F17——张家洼断裂；F18——大陡沟断裂；F19——劈石山断裂；F20——鹿野—孙祖断裂；F21——大冶断裂；F22——下水河断裂；F23——太平断裂；F24——马庄断裂；F25——铁牛岭断裂；F26——港里断裂；F27——花水泉断裂

a——八里沟向斜；b——矿山背斜；c——沈家岭潜向斜；d——柳行沟潜背斜；e——张高庄潜向斜；f——港里潜背斜；

①——下毛栗韧性剪切带；②——马蹄峪韧性剪切带；③——张家小楼韧性剪切带；④——周家庄韧性剪切带；⑤——官营香山韧性剪切带

图2-3-1　莱芜铁矿区构造纲要图

而成，黑白相间，宽为毫米至数厘米不等。条带内矿物多呈集合体分布，单颗粒不显拉长，重结晶作用普遍，表现出强烈的晶格应变。通过野外观察、矿物特征、岩石地球化学及示踪同位素等研究，认为条带主要是岩体侵位后由构造分异而成，是近水平滑脱机制控制下不均匀塑性剪切流变的结果，但有些条带可能是岩浆侵位时的流动构造。

2）片麻理

片麻理是侵入岩在定位及其后期变形、变质过程中，由浅色矿物定向展布、暗色矿物优选排列而形成的面状构造，根据成因和期次分为两种类型。

一种发育于新太古代中、早期的侵入岩及变质地层中，尤其在新太古代早期侵入岩中较发育。岩石中的暗色矿物多集中分布，长石、石英不显拉长，石英多呈多晶集合体条带顺片麻理展布，重结晶作用普遍发生，出现较高温压条件下的晶格应变。赋存于片麻岩中的斜长角闪岩透镜体多为不对称状，透镜体颈缩区、尾部有长英质矿物充填。构造片麻理与条带构造密切相关，呈渐变过渡关系，二者可能为同一塑性递进剪切流变机制下不同变形域的产物。

另一种片麻理发育于新太古代晚期的地质体中，但分布不均，多呈带状产出，与韧性剪切带关系密切，继承改造先期面理，形成于中浅构造层次。在岩体中部片麻理发育较弱，边部片麻理较明显。片麻理呈北西向展布，近直立。暗色矿物集合体被压扁—拉长，镜下观察云母类、帘石类矿物构成弱的面理，石英定向并具波状消光，亚颗粒结构较清楚，有时发育核幔结构。据石英变形特点判断为中低温变形环境，因此认为是构造片麻理。有些片麻理具糜棱结构，塑性变形与交代作用同时发生，交代斑晶显示出同构造生长的特点，岩组分析表明：一是石英极密靠近 *Z* 轴附近，有四个对称极密，显示挤压共轭变形；二是由糜棱岩化作用形成的糜棱面理，其石英组构显示为中温菱面滑移系、温度 450～550℃和中温柱面滑移系、温度 550～650℃，显示出挤压兼左行剪切。野外观察，碎斑多显示左旋特点。以上特点反映，这类片麻理与构造活动关系密切。

3）片理

片理主要发育在泰山岩群岩石中，由岩石中的片、柱状矿物及石英定向排列而成。研究区泰山岩群多以单斜层状产出，根据成分层、粒序层理等沉积构造，可以大致辨别出原始层理 S0 及变质变形面理 Sl、S2，大部分地区为 S2∥Sl∥S0，片理一般顺层分布。在有些褶皱转折端，Sl 或 S2 为轴面劈理，与 S0 垂直或斜交，在褶皱翼部，则平行或近于平行。片理走向呈北西向，与区域构造线方向一致。此外，研究区内多数镁铁质—超镁铁质岩脉在后期构造挤压下产生了片理构造，而两侧围岩则未发生明显变形，因此，不能仅根据片理围切关系确定地质体的先后顺序。

2. 褶皱构造

研究区基底褶皱多为揉流褶皱，且规模较小，以无根钩状褶皱、流动褶皱以及由条带构成的宽缓褶皱为主。无根钩状、流动褶皱多为露头尺度，条带或面理为变形面，岩体中的暗色岩石包体也一同发生褶皱变形，轴面近直立，枢纽往北西向缓倾伏，背形和向形相间排列，伴有间隔性轴面劈理，沿轴面劈理有后期角闪岩脉及阳起透闪片岩、花岗岩脉贯入。单个褶皱多为平卧褶皱，少数为压扁褶皱，褶皱波长几米至几十米不等。

3. 韧性剪切带

韧性剪切带是研究区基底岩系中的主要构造形迹，不仅奠定了区内早前寒武纪的构造格局，也控制了显生宙构造活动，脆性断裂常常叠加在区域性韧性剪切带之上。该区韧性变形事件主要发生在新太古代中、晚期，前者形成扫帚峪等韧性剪切带，并在泰山岩套的岩体中形成构造片麻理及条带状构造，具中—深构相变形特征；后者变形较强烈，以形成规模较大韧性剪切带、糜棱面理、糜棱线理为特征，具中—浅构相变形特征，变形时代在1800Ma前后，这期韧性变形事件是吕梁运动在鲁西地区的主要表现。

（二）盖层构造

研究区盖层构造发育，包括盖层褶皱、不整合面、脆性断裂及接触带构造等。

1. 盖层褶皱

研究区内呈区域性分布的盖层褶皱不甚发育，规模小。盖层褶皱多与断裂构造有关，系断裂活动形成的牵引褶皱或派生构造，有些是岩体侵入而形成的横弯褶皱。

1）矿山背斜

位于泰莱凹陷盆地东南部的矿山一带，是由于闪长岩侵入而形成横弯背斜，北起港里，经古沟至西南端的西尚庄一带，长度约16.5km，宽度约7km。轴向NE向，但由于附近NW向左行压扭断层活动，使褶皱枢纽呈反S形弯曲，北端为NNW向，到中部转NE向，西尚庄附近呈NEE向，再由西尚庄至鹿毛埠一带其轴向则近EW，至此背斜逐渐倾没。

背斜两翼由古生代地层组成，北端两翼不对称，东翼陡，西翼缓；南端进入西尚庄矿区，其形态逐渐变为两翼对称、平缓。背斜核部有白垩纪闪长岩侵入，并形成矽卡岩型铁矿。

2）八里沟向斜

八里沟向斜位于矿山短轴背斜的南侧，西起八里沟，向东延伸，长度约10km。其轴向近EW向，向东逐渐转为NEE向，随之倾没。向斜轴部为侏罗系，两翼由石炭、二叠系组成。与矿山背斜属同一褶皱系，是由于岩体上侵牵引而形成的横弯褶皱，多被第四纪地层覆盖。

3）沈家岭潜向斜

沈家岭潜向斜位于矿山背斜的西南侧，西起鲁西，向东北延伸至方下，长度约12km，轴向NE向。向斜轴部由石炭、二叠系组成，两翼由马家沟群灰岩组成。与矿山背斜属同一褶皱系，是由于岩体上侵牵引而形成的横弯褶皱，后被新生界地层所覆盖。

4）张高庄潜向斜

张高庄潜向斜位于矿山背斜的西北侧，西起张高庄，向东北延伸至港里，长约4km，轴向NE向。向斜轴部由石炭、二叠系组成，两翼由马家沟群灰岩组成。与矿山背斜属同一褶皱系，是由于岩体上侵牵引而形成的横弯褶皱，后被新生界地层所覆盖。

5）柳行沟潜背斜

柳行沟潜背斜位于矿山背斜的西南侧，西起石家泉，向东北延伸至柳行沟，长约3km，轴向近EW向。背斜轴部由马家沟群灰岩组成，两翼由石炭、二叠系地层组成，被新代地层所覆盖。

6）港里北潜背斜

港里北潜背斜位于矿山背斜的西南侧，长度约1km，轴向NE向。背斜轴部由马家沟群灰岩组成，两翼由石炭、二叠系地层组成，被新生界地层所覆盖。

7）大王庄潜向斜

该向斜隐伏分布于泰莱盆地北侧、泰安—大王庄断裂之南的寨里、山口、省庄一带，总体是由断裂活动而形成的牵引褶皱。褶皱轴向呈北东东向，北翼产状较陡，因受断层影响，产状比较紊乱，南翼产状较缓。两翼以寒武—奥陶纪地层为主，核部发育中生代和新生代地层，局部有中生代岩体侵入。

除上述主要构造外，在盆地内还发育有次级的NE向小褶皱，如西尚庄向斜，东尚庄—侯家沟背斜等。

2. 假整合面的层间剥离构造(层间构造破碎带)

组成背斜的岩层，在形成背斜的地质应力作用下发生弯曲时，由于岩层间的错动而形成破碎带。本溪组地层主要为页岩，而马家沟地层为灰岩，前者为柔性，后者为脆性，二者物性相差较大，且两者之间又为假整合面，所以此层间破碎带更发育，为矿液富集储存提供了有利条件。

3. 接触带构造

背斜核部的闪长岩与奥陶系马家沟群灰岩的接触带，为构造脆弱带，沿接触带常形成构造破碎带，是成矿的有利部位。

4. 断裂构造

研究区断裂走向呈“井”字形组合特征，可大致划分为NEE向、NE向、NNW向、NW向、近SN向和近EW向六组。

1）NEE向断裂

NEE向断裂较发育，区域上属泰安—莱芜—沂源NEE向张性构造带，受同一区域应力场的控制，这些断裂具有近似的力学特点，其一般为张性，断层面多倾向南，仅少数断层面北倾。NEE向断裂集中发育在泰安—莱芜一带的中—新生代盆地北缘，对中—新生代盆地的生成发展有明显的控制作用。

NEE向断裂带皆表现为正断层性质，地层多表现单斜型式，断裂具有一定的等距性，白垩纪侵入岩分布明显受该方向断裂控制。在莱芜盆地，古近系官庄群、临朐群中的一些断裂、褶皱轴向也呈NEE向的展布，反映了断裂活动时代较新，也说明该断裂具有多期活动的特点。NEE向断裂对中新生代盆地的生成发展起控制作用。野外观察该方向的断裂常错切NE向断裂带和近SN向断裂；断裂带附近常形成小型牵引褶皱，与其他方向断裂交汇处常有早白垩世闪长玢岩侵入。

上述特征反映，NEE向断裂具多期活动性，以张性活动为主，总体是在EW向挤压、SN向伸展机制下长期作用的结果，与其他方向断裂的切割、限制和制约关系较明显。

（1）泰安—大王庄断裂(F1)。

该断裂西起泰安市以西，往东经大王庄、口镇等地与孙祖断裂汇合。总体呈NEE向展布，走向一般在50°~80°之间，由于多处被近SN向、NW向断裂切截，走向不连续，中间稍向北凸，断裂磁场特征属升降成因的线性磁场，卫星照片显示线状影像特征；断层倾向S，倾角60°~80°，长度大于50km，宽度10~100m，为正断层，是泰莱凹陷盆地的北缘断裂，也是莱芜凹陷与泰沂凸起的分界线。断层发育断层泥、断层角砾岩及碎裂岩、蚀变岩等，多被第四系覆盖。断层北盘上升，出露基底新太古代变质—侵入岩系；断层南盘下降，发育古生代、中生代地层，并沉积了古近纪和新近纪地层，沿断裂带发育寒武—奥陶系灰岩断片和牵引向斜。

断裂的结构较简单，东段主断面明显，表现为高角度的正断层，在口镇东北梁山一带有两条规模较大的断层：一条发育在马家沟群灰岩与寒武纪馒头组页岩之间；另一条发育在寒武纪馒头组与新太古代二长花岗岩之间，断层面倾角220°，倾角甚陡，为高角度正断层。

口镇以北的毛家圈、东南张庄、秃尼子山等地均可见到新太古代二长花岗岩与寒武纪呈断层接触。沿断裂带，常有白垩纪闪长岩、闪长玢岩、蛭石化云母碳酸岩等岩体侵入，形成矽卡岩型铁矿；断层以南发育巨厚的古近纪地层，并有新近纪山旺组沉积。

综上分析研究认为该脆性断裂大概有过四次活动：第一次为右行压扭，表现为早期断裂中的节理密集带雁行状排列；第二次为右行张扭，形成了高角度的正断层切割燕山晚期的脉岩，时间为晚白垩纪至古近纪；第三次为强烈挤压，表现为断层泥的片理化，并见有逆冲擦痕，活动时间为古近纪晚期；第四次是张性，是新构造运动的产物，在刘家庄南见有断裂切割第四系，并呈阶梯状正断层。

综合分析认为，该断裂可能形成于早白垩世，规模较大，与拆离断层相联，并导致了幔源岩浆的侵入。大规模的升降活动可能发生于晚白垩纪至古近纪，控制了凹陷盆地的形成及地层沉积，新近纪和第四纪断层仍在活动，持续北升南降，导致了泰山等诸峰突兀。断裂具多期活动性，但主要显示张性，是在EW向挤压、SN向伸展机制下形成的，属泰安—莱芜—沂源EW向张性构造带的组成部分，在区域上控制了泰莱凹陷的形成及其发展。

（2）角峪—石门断裂(F12)。

该断裂是控制泰莱盆地南缘的一条边界断裂，长度大于30km，宽度10~50m，断层面向盆地内倾斜，倾角80°~85°，为正断层。南盘为上升盘，出露白垩纪闪长岩体；北盘为下降盘，出露古近纪地层，局部发育宽缓的牵引向斜。后被NW向构造切割成不连续的三段，西段为NEE向，中段为近EW向，东段转为NWW向。

（3）柳行沟断裂(F11)。

该断裂位于盆地中部，为一隐伏断层，与盆地边界断裂平行，NEE向延伸，为上古生代形成之后无继承性活动的正断层。西起大辛庄，途经郑家寨子、柳行沟、田封邱等，止于南山阳。全长约 32km。断面倾向 NW 向，为一高角度正断层。对盆地西部新生代地层的沉积明显地起了控制作用。总体走向 NEE 向，倾向 NW 向，浅震上只断开 T*gi*、T*g*1、T*g*2 三个反射界面，即属上古生代形成之后无继承性活动的正断层。

2）NNW 向断裂

NNW 向断裂是本区规模较大、变形强烈的主干构造之一，延伸远，走向稳定，断层南端常与 NW 向断裂复合，对本区构造格局影响较大。沿断裂有白垩纪岩浆侵入，古近纪仍在活动。规模较大者主要有鹿野—孙祖断裂和陈梁坡断裂。上述两条断裂均具有一致的几何特征、变形特征和变形机制及构造演化史。该组断裂至少经历了两期继承性构造活动，早期为强烈的张性活动、后期为左行压扭性运动。

（1）鹿野—孙祖断裂(F20)。

区域上鹿野—孙祖断裂北起鹿野，向南经雪野、铜山、铁铜沟等地，南至沂南孙祖。断裂总长度大于 100km，宽度 100~200m，在测区内出露长度在 14km 左右，总体走向 315°~340°，倾向 SW，倾角 60°~80°。在莱芜东，该断裂分为两条主干断裂，一条从铜山通过，另一条从口镇东侧通过(研究区内为陈梁坡断裂)，并再次在雪野复合，两断裂之间，夹有基底花岗岩和寒武—奥陶纪地层断片，地层受左行牵引而使走向发生偏转。在北端，主断裂分解为一系列的次级断裂，并呈指状散开，断裂活动强度逐渐减弱，实为应力消减带。在雪野水库西侧，文祖断裂并入该断裂，并有合二为一的趋势。

该断裂为凸起与凹陷的分界断裂，不但控制中—新生代断陷盆地的形成与发展，而且对本地区侵入岩分布起明显控制作用。沿该断裂破碎带多伴有铜矿化现象。该断裂多为山区与山前冲积平原的分界线，呈带状异常影像。沿该断裂带，航磁及重力异常显示也较明显。

研究区内断裂总体走向 320°，倾向 SW，倾角一般为 60°~76°，个别达 80°，延伸稳定，连续性好，规模较大，露头较好，露头长度大于 12km，宽为数米至上百米。断裂的表现形式不一，结构复杂多变。铜山子以南断裂主要发育在新太古代晚期的二长花岗岩中，表现为宽大的节理密集带或高岭土化带，带内常充填有伟晶岩脉、石英脉，并形成鳍状山脊的地貌景观。铜山子以北断裂发育在新太古代晚期的二长花岗岩与古生代地层交界处，断裂发育东、西两个主断裂面。东侧破碎带，硅化比较轻微；西侧则强烈硅化及高岭土化，破碎带宽一般几十米，最宽处可达 200 余米。

该断裂由 2~4 条断裂破碎带组成，带内岩石强烈破碎，发育有构造角砾岩、碎裂岩和劈理化带等，并有黄铜矿化、黄铁矿化、高岭土化现象等，构造角砾岩的角砾成分受两盘岩性控制，呈棱角状—次棱角状，钙质胶结，岩性复杂，具张性断落活动特征；断裂两盘的压性劈理、牵引褶皱和两翼紧闭小揉皱等伴、派生次级构造较发育，劈理化带产状与主干断面产状基本保持一致。

（2）陈梁坡断裂(F16)。

陈梁坡断裂北起口镇以北，向南经大洛庄、后宋等地，从大石家延出图幅，多被新近纪巴漏河组及第四纪地层覆盖，总长度大于21km，宽度50~200m，在卫星及航空照片上，线性影像特征尤为明显。

测区内断裂总体走向330°，倾向SW，倾角一般为60°~70°，个别达80°，延伸稳定，连续性好，规模较大，露头较好，露头长度大于5km，宽度为数米至上百米，为莱芜盆地的东北部边界。

断裂发育在新太古代晚期的二长花岗岩与古近纪官庄群交界处，断裂以断层带和断片的形式出现，表现为正断层的型式，断裂发育东、西两个主断裂面。西侧破碎带硅化较轻微，东侧则强烈硅化及高岭土化，两个断面之间多为完好的古生代灰岩断片，形成垄状正地形。

3）NW向断裂

（1）高家庄断层。

该断层位于盆地中部，北端切割泰安—大王庄断裂，中经高家庄、冷家庄，全长13km，南端与何家庄断层相交。走向NW向，倾向NE，切穿T1以下的所有反射界面，是一条继承性活动较强烈的高角度正断层，对盆地内自中生界—新生界地层的沉积起了控制作用。

（2）永宁庄断裂。

该断裂北起永宁庄，向南经二王安进入泰莱盆地，南段被第四纪地层覆盖，露头区呈直线形负地形，由2~3条断层破碎带组成，影像特征明显。断层延伸方向300°~310°，多倾向SW，倾角72°~80°，长度大于5km，单个破碎带宽一般在10m左右。断裂主要发生在新太古代早期奥长花岗岩和古生代马家沟群灰岩的接触带上，发育张性断层角砾，断裂中心发育断层泥，并见有擦痕、阶步和挤压透镜体等，显示正断层特点，根据野外特征及区域地质特征判断，该断裂可能形成于白垩纪，以左行张扭为主；至渐新世，显示张性及右行张扭。

4）NE向断裂

（1）何家庄断层。

该断层位于盆地南部边缘，东端与高家庄断层相交，SW向延伸，长度约5km，倾向SE，倾角45°，下降盘落差约150m，对盆地南部边缘新生代地层起了沉积控制作用。

（2）矿山断裂。

位于盆地东部，是以石家泉隐伏背斜为砥柱，由八里沟向斜、矿山背斜及刘家庙向斜之间的一系列NE向压性断裂组成，向WS收敛，向EN散开的帚状构造。形成于中生代晚期，可能是白垩世盆地边界断裂强烈左行扭动时产生的。多为隐伏断层，只有在矿山一带出露，断层两侧地层错开，闪长岩侵入，总体走向45°，产状为132°∠60°，断裂长度12km，宽度1~3m，岩性为构造角砾岩。

5）近SN向断裂

近SN向断裂形成时代可能稍晚于上述两组断裂，对早白垩世侵入岩脉的展布起明显控制作用。断裂在白垩纪至古近纪以张性或张扭性活动为主；在白垩纪末或古近纪初期被近 EW 向张性断裂切割；新近纪中新世以后以左行压扭活动为主，切割近 EW 向断层，使张性结构面演化为压扭性结构面。

（1）劈石山断裂。

劈石山断裂位于测区东北角，近 SN 向延伸。图幅内北起南柳子，途经劈石山、桃花峪，往南被孙祖断裂所切割，卫星遥感影像图片上为一南北向线状山脊，非常醒目。断层延伸方向 8°，倾向 W，倾角 62°~80°，劈石山处产状为 278°∠63°，长度大于 5km，单个破碎带宽一般在 10m 左右。断裂主要发生在新太古代晚期二长花岗岩中，发育张性断层角砾，硅质胶结，现为一线状展布的硅化角砾岩带，并见有擦痕、阶步等，显示正断层特点。

（2）佟家庄断层。

该断层位于盆地中西部，近 SN 向延伸。北端切割泰安—大王庄大断裂，中经马家庄，全长约 12km。断面倾向东，为一高角度正断层。断开六个地震界面，对盆地西部新生代地层的沉积明显地起了控制作用。

6）近 EW 向断裂

近 EW 向断裂形成于早白垩世早期，白垩纪末或古近纪初期开始强烈活动，是在近 EW 向挤压、SN 向引张的伸展机制下形成的，断层下部可能与拆离断裂相连。该组断裂以控制古近纪地层沉积为特征，其活动时代与古近纪相当，并且由早至晚活动强度逐渐减弱，至渐新世末期基本停止活动，之后被 NW 或 NNW 向左行压扭性断裂切割。

石门—塔子断层，走向近 EW 向，属一条无继承性活动的高角度正断层。断距及断开的反射界面不清。

5. 断裂形成机制及活动序列

根据断裂与地质体及断裂之间的相互切割关系，认为研究区断裂一般具多期活动性，在不同地质时期，其活动性质也不尽相同。

1）NW 向和 NE 向断裂

NW 向和 NE 向断裂具共轭断裂特征，形成时间早，活动周期长，把研究区分割成多个大小不一的菱形块体，形成棋盘状构造，二者控制了基岩露头区的总体构造格局。在白垩纪，区域性挤压应力形成一系列 NW 向和 NE 向的压扭性破裂面；在白垩纪至古近纪渐新世，以张性或张扭性活动为主，形成中—新生代断陷盆地，控制白垩纪和古近纪地层沉积，同时沿断裂侵入了早白垩世中性—中酸性和偏碱性岩体；古近纪早期，被近 EW 向张性断裂切割；中新世以后，以左行压扭活动为主，切割近 EW 向张性断裂，并且在 NE 向断裂中形成压性结构面，这次左行压扭机制，不但造成 EW 向断裂走向不连续，同时由于构造应力调整，使有些邻近断裂相互连通，在有些地方造成 NW 向与 NNW 向断裂复合现象。

2）NNE 向和 NNW 向断裂

NNE 向和 NNW 向断裂形成时代可能稍晚于上述两组断裂，对早白垩世侵入岩脉的展布起明显控制作用。断裂在白垩纪至古近纪以张性或张扭性活动为主；在白垩纪末或古近纪初期被近 EW 向张性断裂切割；新近纪中新世以后以左行压扭活动为主，切割近 EW 向断层，使张性结构面演化为压扭性结构面。

3）近 EW 向断裂

近 EW 向断裂形成于早白垩世早期，白垩纪末或古近纪初期开始强烈活动，是在近 EW 向挤压、SN 向引张的伸展机制下形成的，断层下部可能与拆离断裂相连。该组断裂以控制古近纪地层沉积为特征，其活动时代与古近纪相当，并且由早至晚活动强度逐渐减弱，至渐新世末期基本停止活动，之后被 NW 或 NNW 向左行压扭性断裂切割。

（三）新构造运动

新生代以来，该区域的地质构造基本继承了中生代构造格局，增大了凸起和凹陷的差异性运动幅度，并形成了新生代断陷盆地。同时，构造活动导致了基性岩浆的喷发及侵入，形成分布广泛的玄武岩及辉绿岩等。总的看来，研究区的新构造运动较强烈。

1. 新生代构造特征

泰莱盆地为新生代断陷盆地，是在张引机制下形成的，断裂活动基本继承了中生代的构造结构面，使隆起与凹陷幅度进一步加大。断陷盆地基本呈 EW 向展布，盆地形状受 NEE 向和 NW 向断裂控制，盆地呈三角形。根据盆地内新生界的分布和沉积建造特征，认为古近纪地层沉积与盆地沉降是同时进行的，在盆地边部，一般发育粗碎屑岩，而在盆地中心一般发育泥岩和灰岩等，沉积相变较明显，并夹有较稳定的石膏矿层及玄武岩层；新近纪地层与古近纪呈角度不整合，总体呈近水平状产出，在泰莱盆地中，因受挤压而形成宽缓的褶皱构造，并有断层切割及辉绿岩脉侵入，与第四纪地层呈角度不整合。但从区域资料分析，NEE 向断裂延伸较远，为盆地的边界断裂，被 NW 向断裂切割。

2. 新生代地层沉积特征

1）古近纪地层

据钻探资料，研究区内古近纪地层广泛分布于断陷盆地中，按其岩性组合特征又可分为常路组、朱家沟组和大汶口组。常路组下部以红色地层为特征，边缘孔所见最大厚度为 381.72m，根据地震资料分析盆地中部厚度可达 800~1000m。在盆地东南部有零星出露，矿山附近超覆于奥陶系之上，呈角度不整合接触关系，在山子后一带则与石炭系呈不整合接触，在戴家花园附近与侏罗系—白垩系接触，在大石家、大官庄一带则与白垩系接触，说明盆地内喜马拉雅运动极为强烈。朱家沟组为一套灰褐、灰红色灰质砾岩夹少量紫红色细砂岩、泥岩的山麓洪积相沉积，其下与常路组呈整合接触，主要出露于莱芜区幅东部大洛庄—毕家庄—郭家庄一带，主要沿陈梁坡断裂和北孝义断裂带状分布，根据钻孔资料，沿泰安—大王庄断裂也有分布。大汶口组分布面积很广，除研究区东南部外其余盆地区都有分布，下部岩性为灰、深灰色粉砂岩、砂岩和灰色砂质黏土岩，上部为灰、灰白色泥质岩、黏土岩、褐色油页岩夹灰色泥灰岩、细砂岩、灰岩和数层褐煤。

2）新近纪地层

研究区内新近纪地层主要为临朐群，按照岩性组合可分为牛山组和山旺组。牛山组岩性只有灰黑色橄榄玄武岩，不整合于山旺组之下，主要分布于1：50000范镇幅东南部朱家埠东—大桥沟—五龙口—太平官庄一带。山旺组岩性以灰白色、灰黄色纹层状黏土岩、黏土质页岩为主，水平层理发育。新近纪地层以淡水湖泊相沉积为主，生物化石较丰富，但往往有玄武岩夹层，反映该地质时期构造活动仍较强烈。

3）第四纪地层

广泛分布于研究区中部以及山区凹地、河流两侧等地，其沉积物岩性及成因类型与近代地貌形态密切相关，据岩性特征、时代及成因类型，划分为5个组级岩石地层单位。大站组广泛分布于沟谷、山间盆地及山前斜坡、台地，常构成二级阶地上部。该组为黄土堆积，岩性主要为土黄色黏土质粉砂土，常含有铁锰质结核。山前组一般出露于中低山的山麓及低缓丘陵顶部，其岩性受下伏基岩影响较大，岩性主要为灰黄色、棕黄色含砾砂质黏土或黏土质砂，胶结疏松。黑土湖组为湖沼相沉积，岩性为灰、灰褐—黑灰色粉砂质黏土、黏土，局部夹粉砂层。临沂组主要分布于区内河流的Ⅰ级阶地及高河漫滩之上，上部以土黄色、灰黄色含砂质粉砂、粉砂质黏土为主，下部为粗砂及砾石层。沂河组为现代河流沉积物发育于河流的河床及低河漫滩之上，呈带状分布。岩性以含砾混粒砂为主，为灰黄色含砾粗砂堆积物，构成河床及低河漫滩，具交错层理。

3. 水系特征

研究区主要有牟汶河、瀛汶河及石汶河等水流。在山区，沟谷形态常呈V形，比较平直，在沟谷底部发育少量的沂河组，两岸很少见有临沂组分布，阶地类型属侵蚀阶地，多由大站组构成，有些地区为基岩阶地，反映河流以底蚀作用为主，地壳在新生代处于持续上升状态；在平原区，水系均为曲流河，在河流两岸临沂组分布较广泛，发育由临沂组构成的堆积阶地，河流两岸的冲积平原较发育，河床宽阔、平坦，反映河流以侧蚀作用为主，地壳在新生代处于持续下降状态。水系特征反映新生代以来，研究区北部以持续抬升为主，而研究区中南部则处于持续下降状态，新构造运动比较强烈。断裂切割山旺组，反映断裂控制了新生代沉积盆地的形成和发展。

三、构造演化历史

根据研究区的沉积作用、岩浆作用、变质作用、构造变形及区域地壳活动特征，测区地质构造演化过程可大致归纳为表2-3-1。地壳形成经历了陆核、陆壳、陆块、陆缘和陆内（滨太平洋构造域）五个发展阶段。

表 2-3-1　区域地质构造演化表

地质年代划分及年龄值/Ma				地质发展阶段构造期及构造活动			地壳活动及构造变形	沉积作用	岩浆作用	变质作用	沉积作用或沉积环境	应力场
景生宙	新生代	第四纪	2.588	陆内(滨太平洋构造域)发展阶段	喜马拉雅	喜马拉雅运动	第四纪盆地形成	沉积第四系				
		第四纪	23.03				北西–南东向挤压 南北向伸展 地壳下降	沉积临朐群	基性岩浆侵入及喷发		内陆湖泊环境	
		古近纪	65.5					沉积官庄群	基性岩浆侵入及喷发		内陆河湖环境 短时期海侵	
	中生代	白垩纪	145		燕山	燕山运动	地壳抬升、剥蚀、夷平 地壳下降	沉积青山群 沉积莱阳群	白垩纪岩浆侵入	接触变质作用	火山盆地环境 内陆河湖环境	
		侏罗纪	199.6				地壳抬升、剥蚀、夷平 地壳下降	沉积淄博群			内陆河湖环境	
		三叠纪	252.17		印支	印支运动	地壳抬升、剥蚀、夷平 地壳下降					
	古生代	二叠纪	299.0	陆缘发展阶段	华力西	华力西运动	地壳抬升、剥蚀、夷平 地壳下降	沉积石盒子群			内陆河湖环境	
		石炭纪	359.58					沉积月门沟群			海陆交互环境	
		泥盆纪	416.0		加里东	加里东运动	地壳抬升、剥蚀、夷平 地壳下降					
		志留纪	443.8									
		奥陶纪	435.4					沉积马家沟群			陆表海环境	
		寒武纪	541.0				地壳抬升、剥蚀、夷平 地壳下降	沉积九龙群 沉积长清群			被动大陆边缘	
元古宙	新元古代	震旦纪	635		震旦	张广才岭运动	地壳抬升、剥蚀、夷平 地壳下降					
		南华纪	780									
		青白日纪	1000		晋宁	晋宁运动						
	中元古代	待建	1400	陆块发展阶段	四堡	四堡运动	地壳减薄		牛岚辉绿岩脉侵入			
		蓟县纪	1600									
		长城纪	1800									
	古元古代	滤沱系	2300		吕梁	吕梁运动	韧性剪切带(中~浅构相) 地壳抬升			剪切带绿片岩相变质		
太古宙			2500	陆壳发展阶段	五台	五台运动			傲徕山岩套侵入 峰山岩套侵入	高绿片岩相变质		
	新太古代		2600		阜平	阜平运动	中构相韧性变形–分异、形成上港–北马湾构造带		早期TTG岩浆侵入	低角闪岩相变质		
							泰山岩群变质					
			2800					沉积柳杭组 沉积山草峪组 沉积雁翎关组	基性—超基性火山喷发 陆源碎屑沉积 基性—超基性火山喷发		火山岛弧盆地	
	中太古代			陆核发展阶段					硅铝质古陆核形成 沂水岩群沉积(区外)			

(一) 陆壳发展阶段

该阶段主要为阜平、五台构造期，地质年龄距今大致在 2800~2300Ma。根据泰山岩群中碎屑锆石 SHRIMP 年龄测定数据(刘敦一、万渝生、杜利林等，2003)，认为泰山岩群沉积时代距今地质年龄 2750Ma 前后，泰山岩群中碎屑锆石年龄显示其物源区地质体年龄>2770Ma。距今地质年龄 2800Ma 前后，由于古陆核与古洋壳间的相互作用，形成岛弧构造环境，距今地质年龄约 2750Ma 前(阜平构造期的中期)，基性—超基性岩浆喷出地表，沉积了雁翎关组火山地层(岩浆活动以海底火山喷发为主)。火山宁静期，古陆壳遭受剥蚀、夷平，在相对封闭的海盆地中(陆—弧盆地)，沉积了巨厚的陆源碎屑岩夹基性火山沉积岩和硅铁建造(山草峪组)。该阶段由早至晚，火山活动由强变弱，表现为在山草峪组底部，火山物质夹层较多，而中上部变为比较纯净的陆缘碎屑岩类。之后，陆—弧盆地再次活化，基性—超基性岩浆再次喷出地表，形成柳杭组。泰山岩群沉积以后，地壳逐渐下沉，距今地质年龄 2700~2650Ma，随着地壳热值增高，沉积物质和火山物质发生动态重结晶，造岩矿物定向排列，使地层原始层理转化为与此平行的新生面理，形成新生变质矿物组合和斜长角闪岩、黑云变粒岩、磁铁石英岩等变质岩石组合，岩石变质程度以低角闪岩相为主，峰期变质作用接近或达到高角闪岩相。同时陆—弧相互作用(或碰撞)导致了幔源岩浆侵入，形成泰山期镁铁质—超镁铁质侵入岩体以及英云闪长岩质—花岗闪长质—奥长花岗质片麻岩组合(第一套 TTG)。

在阜平构造期晚期，发生了阜平构造运动，伴随角闪岩相区域动热变质作用。在测区内，阜平运动主要表现为北—南向挤压或近水平方向的层间滑脱运动，使泰山岩群发生褶皱变形，也使 TTG 质花岗岩体发生构造变形或深熔分异，形成一系列轴向 NW 的柔流褶皱、拉伸线理、条带、片麻理、a 型褶皱及中构相韧性剪切带等，如马蹄峪韧性构造带等。泰山期侵入岩体之展布方向与区域变质地层的构造线方向一致，反映幔源岩浆主要是以断裂扩张方式定位的，也反映该地质时期地壳厚度较小，而这些侵入体中往往发育透入性的构造片麻理或面理。这期绿片岩相变质作用与角闪岩相变质作用可能是连续的，其不但使泰山岩群发生退变作用，也使阜平期的侵入岩经受了区域动热变质作用改造，形成新生构造面理及变质矿物组合，其距今地质年龄应在 2600~2550Ma。变质作用后期伴随有南涝坡岩套侵入。

距今地质年龄 2600Ma 前后，五台构造期开始，五台运动造成古陆壳发生碰撞及拼接，形成与碰撞有关的侵入岩体。在碰撞作用早期，形成峄山期镁铁质、超镁铁质及 TTG 质侵入岩体(晚期 TTG)，往往含有泰山岩群、泰山期和早期镁铁质—超镁铁质陆壳岩石包体，包体的成带性比较明显，并侵入早期 TTG 质片麻理及条带；晚期形成分布广泛的二长花岗岩岩体(造山花岗岩)。

测区在陆块基础上，经盆地活化、火山作用、沉积作用、变质作用、构造变形及岩浆侵入等，使地壳厚度明显增大，至距今地质年龄 2500Ma 前后，随着五台运动的基本结束，厚度较大、稳定统一的华北陆壳也已形成。

(二) 褶皱基底形成阶段

该阶段包括吕梁和四堡构造期，相当于古元古代早期到中元古代(距今地质年龄 2300~1000Ma)，是华北陆壳走向裂解的过程。吕梁运动使地壳抬升，由于地壳上升的不均衡性以及地壳内部的应力调整等原因，先后形成 NW 向中—浅部构造相韧性剪切带。这些韧性剪切带，主要分布于变质侵入岩体与变质地层接触带附近，少数发生于侵入岩体内部。韧性剪切带为右行剪切，剪切带的形成和活动特征，反映吕梁运动以 NW—SE 向挤压作用为主。在吕梁构造期结束后(距今地质年龄 1800Ma 前后)，研究区地壳的克拉通化基本结束，地壳的稳定性明显增强，形成较完整的刚性块体。距今地质年龄约 1800Ma 四堡构造期开始，构造活动在区内主要表现为地壳抬升，同时在 NW—SE 向的压应力作用下，形成 NNW 向张扭性破裂面，幔源岩浆沿断裂上侵定位，形成遍布全区的辉绿—辉长岩脉，标志着地壳克拉通化的结束。随着地壳的持续抬升，测区地壳长期接受风化、剥蚀、夷平，直至新元古代早期。

(三) 陆缘发展阶段

主要表现为被动大陆边缘盆地和陆表海环境沉积，包括晋宁、震旦和加里东构造期等，相当于青白口纪到二叠纪(距今地质年龄1000~250Ma)。受加里东构造期前期的影响，地壳下沉，海侵由ES向NW缓慢推进，在早寒武世，沉积地层以陆缘碎屑岩为主，夹碳酸盐岩和泥质岩，以陆缘海浑水沉积为主。在中晚寒武世，沉积地层均为碳酸盐岩，以陆表海清水碳酸沉积为主。因此，在寒武纪张夏期早期发生了沉积环境的转化，即由陆缘海转化成了陆表海。在奥陶纪，研究区环境为较稳定的陆表海环境，形成灰岩和白云岩组合，环境变化受天文周期控制，只是在早奥陶世早期，怀远运动引起地壳抬升，造成沉积间断，使马家沟群平行不整合于九龙群之上。距今地质年龄约400Ma，加里东运动使地壳抬升、剥蚀、夷平，研究区缺失志留纪、泥盆纪和早石炭世地层沉积。在古生代末期，地壳下降，沉积了海陆交互相—陆相地层，即月门沟群和石盒子群，形成了具重要工业意义的煤系地层。之后，研究区可能处于沉积、剥蚀交替环境，沉积的部分地层，可能由于剥蚀而缺失，该时期地壳发展的特点是整体一致性，该阶段完成了沉积环境由海逐渐向陆的演化。距今地质年龄约250Ma，扬子板块对华北板块的俯冲碰撞(印支运动)导致三叠系呈角度不整合于二叠系之上，标志着地壳由陆缘向陆内(滨太平洋构造域)发展转化。

(四) 陆内(滨太平洋构造域)发展阶段

陆内发展阶段主要受控于欧亚板块与太平洋板块的相互作用，主要表现了陆内断裂、盆地和褶皱等构造的形成，而构造又对沉积作用呈明显的控制作用。该发展阶段包括印支、燕山和喜马拉雅等构造期，相当于中生代早中期至新生代(距今地质年龄250Ma至今)，由于中新生代构造活动较强烈，决定了研究区总体构造格局。

1. 区域构造演化特征

在三叠纪，印支运动使地壳不均衡下沉，在盆地区沉积了河湖相石千峰群孙家沟组及刘家沟组等地层，并夹有大量火山物质，之后扬子板块与华北板块发生了陆—陆碰撞，致使华北板块东南部地壳抬升，已有的三叠纪地层遭受风化剥蚀。在燕山构造期中期，总体在近SN向的伸展机制控制下，形成一系列NW向、NE向的张扭性断层和断陷盆地，断层北盘上升，南盘下降，在盆地区沉积了淄博群三台组等地层；在燕山运动晚期，研究区NW向、NE向断裂活动加剧，断陷幅度增强，并且形成了近EW向张性断裂雏形，在断陷盆地中，首先沉积了河湖相莱阳群水南组地层，之后，沿断裂发生大规模岩浆侵入及喷发活动，形成白垩纪杂岩体及八亩地组火山岩地层。白垩纪晚期至古近纪，地壳主要处于SN向伸展状态，形成近EW向的张性断裂，断裂活动控制新生代盆地的形成与发展，也控制古近纪地层沉积。近EW向张性断裂均为盆缘断裂，断层两侧多形成宽缓的牵引背斜及向斜构造。新生代盆地与中生代盆地复合，加大了其沉降幅度，盆地边发展边沉积，而沉积补偿幅度大于沉降幅度，至渐新世末期，盆地断陷活动明显减弱。在中新世—上新世，受太平洋板块俯冲影响，地壳以NW向左行压扭机制为主，使NW向断裂发生左行压扭活动，切割近EW向断裂，并伴随大规模基性岩浆侵入及喷发，在低洼区沉积浅湖相的山旺组地层。在第四纪，新生代断陷盆地基本消亡，但沉积作用仍主要发生在原盆地分布区，在山区或山前盆地，往往沉积大站组、黑土湖组和临沂组等。

2. 莱芜盆地的构造演化特征

莱芜盆地的演化始于三叠纪，由印支运动引起的挤压构造作用，导致古生代沉积地层沿逆冲断层抬升，形成古高地，并一直持续到中侏罗世末期(李文勇等，2006)。中生代是莱芜盆地最重要的发展时期，也是燕山运动在东部坳陷的具体体现阶段，先后经历了拉张、挤压等过程。

通过对莱芜盆地重要不整合面的识别，对重要不整合剥蚀量的计算，结合盆地的构造解释及断裂特征及活动性分析，可以将莱芜盆地的中—新生代构造演化划分为晚侏罗世—早白垩世坳陷阶段、晚白垩世—古新世隆升阶段、古近纪断陷阶段、晚渐新世挤压阶段、新近纪坳陷阶段共 5 个阶段。

1）晚侏罗世—早白垩世坳陷阶段

自晚侏罗世开始，整个山东地区由区域性隆升转入坳陷阶段，变成一个宽阔的盆地并接受沉积。莱芜盆地作为鲁西地区的一个局部坳陷，在此时期沉积了一套以碎屑岩、泥岩为主的侏罗—白垩系沉积，其中早白垩世地层在整个东部坳陷全区发育，厚度的分布不受断裂的影响且易识别盆地的边界，表明在较稳定的环境下发生了坳陷沉积。厚度近千米的中生代沉积，足以说明中生代时期盆地是坳陷阶段。

2）晚白垩世—古新世隆升阶段

晚白垩世时期，由于太平洋板块俯冲方向的改变，中朝板块的区域构造应力场发生了转变，由区域性拉张变为区域性 NW—SE 向挤压。受其作用或影响，整个鲁西地区整体大规模抬升，不仅遭受剥蚀，形成重要的区域不整合界面，而且引起盆地构造反转，形成轴向 NE 向的挤压性褶皱。

3）古近纪断陷阶段

根据山东省构造地质情况，平邑凹陷、蒙阴凹陷、莱芜凹陷和大汶口凹陷都发育在北升南断的断裂南侧的断陷内，这些断层都呈弧形，古近纪的活动表现为边断边沉积，其走向由东而西分别为 NW 向、近 EW 向、NE 向。根据官庄群在鲁西地区的沉积分布可以看出，在晚白垩世至中始新世，发生了从南向北、由东向西的构造迁移。据宗国洪等(1999)研究，古新世至始新世(距今地质年龄 65～37Ma)是郯庐断裂走滑平移运动最强烈的时期。郯庐断裂在晚侏罗世至早始新世以左旋剪切活动为主(刘德良等，2000)，鉴于晚侏罗世至白垩纪时沉积速率低，而早始新世沉积速率高出前期数十倍，古新世至早始新世(距今地质年龄 65～45Ma)是郯庐断裂左旋剪切平移最活跃的时期，也就说明在常路组沉积时期 NW 向断层的负反转活动控制了盆地的沉积活动。中始新世至渐新世是郯庐断裂右旋剪切运动的时期。由于中、晚始新世沉积速率及扭张量均较大，所以中、晚始新世(距今地质年龄 45～37Ma)是郯庐断裂右旋活动最强烈的时期，莱芜盆地发育了 NEE 向断裂，沉积了朱家沟组和大汶口组下部地层。

晚渐新世，随着 SN 向张应力的减弱，断裂活动逐渐衰弱，通过对渐新统内部的不整合解释追踪，发现不整合面之上地层分布变得相对广泛，局部缺失，断裂对地层的控制作用不强，表明盆地进入断陷末期。

4）晚渐新世挤压阶段

受喜马拉雅运动的影响，区域强烈的 NE 向挤压构造运动导致鲁西再次发生构造反转，始新世和渐新世地层普遍发生明显的褶皱变形，并受到剥蚀作用。

5）新近纪热回沉阶段

中新世早期，鲁西地区仍继承了渐新世末期的挤压构造应力场特点，整个鲁西地区基本处于隆起剥蚀与准平原化状态，不仅未接受沉积，而且前期的褶皱构造被削顶夷平并出露地表。同时，经受挤压作用，盆地部分边界断层在局部地段发生反转。经历了渐新世末期与中新世早期的挤压隆升，直到中新世中期，整个盆地转入区域沉降坳陷阶段，盆地范围内的热衰减差别较小，主要形成了浅湖相沉积，以填平补齐为特点。

进入后期(更新世和全新世)，断裂活动明显减弱，岩浆活动基本停止。

第四节　区域地球物理特征

一、区域磁场特征

（一）1∶200000 航磁异常特征

1. 莱芜盆地中心异常带

调查区内区域磁场强度在±200nT 之间起伏变化，以正磁场为主。在此区域背景上叠加−100～−300nT 和+200～+2000nT 局部异常。依据磁场特征，按照磁场的强度、成因及变化特征，研究区大致可分为三个磁场区(图 2-4-1)。

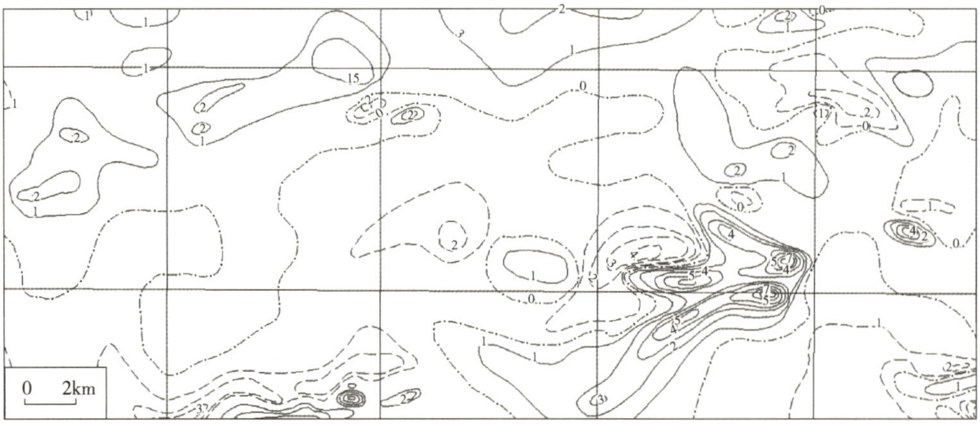

○2 正ΔT等值线　○2 负ΔT等值线　○0 零ΔT等值线

注：等值线数值1=100nT　根据山东省1∶200000航空磁测ΔT异常平面图绘制(1980)

图 2-4-1　调查区航空磁测 ΔT 平面图(根据山东省地矿局铁矿区划组 1(1979)编绘)

区域磁场强度一般在±200nT 之间平缓起伏，局部叠加有 0～500nT 局部异常，该异常主要分布在莱芜盆地中心范镇—太平庄一线。

1）盆地构造边缘异常带

该带以正异常值为主，负异常值较少，区域磁场等值线走向基本与盆地构造边缘走向一致，正异常一般为+200～+400nT，在大王庄一带出现+600～+800nT 高异常值，负异常一般为-100～-200nT。推测为沿断层侵入岩体造成的，其展布受区域构造控制。

2）矿山背斜异常带

该带正异常一般为+200～+800nT，在马庄一带出现+1000～+2000nT 峰值；负异常值较少，推测为沿矿山背斜核部侵入的闪长岩体造成的。

区域磁场强度一般在±100nT 之间平缓起伏变化，正负磁场区的面积基本相当。在此区域背景上叠加-200～-500nT 和+200～+1000nT 局部异常。区域磁场等值线总体走向呈 NW、NE 和近 EW 向，对应的区域地质构造单元为鲁西断块北部，分布有早前寒武纪结晶基底及古生界盖层。在此主体岩石背景上泰山岩群零星残留，中生代岩浆岩局部侵入，莱芜盆地嵌于其中。由于早前寒武纪基底岩系和古生界盖层属无或微磁性，因此区域磁场背景在零等值线附近平缓起伏变化。磁铁石英岩、斜长角闪岩、中新生代侵入岩、喷出岩和磁铁矿体等较强磁性地质体，在区域平缓磁场背景之上显示局部正异常，并且由于斜磁化的影响，正异常往往伴随有局部负异常出现。

2. 调查区北部低缓负磁场

区域磁场背景总体呈现 0～-300nT 的平缓变化场，在此背景上叠加数处 100～1000nT 剧烈升高异常，局部叠加 1000～4000nT 高强度异常。

该磁场区对应地质构造单元为莱芜盆地的北部边缘带。区域基岩主体为新太古代花岗片麻岩和古生代沉积岩。由于主体岩石属无或微磁性，因此区域磁场呈现平缓的低负值场。

（二）1∶50000 区域磁异常特征

区域磁异常值变化范围-500～1900nT，平均值约-5nT，根据区内磁场特征，结合岩性及构造特征，将其划分为Ⅰ(正负磁场变化区)和Ⅱ(负平稳磁场区)两个磁场区，除南部属于Ⅱ平稳负磁场区外，大部分(中南部～北部)均属于Ⅰ正负变化磁场区(图 2-4-2)。

1. Ⅰ正负磁场变化区

该磁场区包括测区中南部—北部大部分区域，构成测区磁场主体，磁场值在-480～1300nT 之间，一般在-70～700nT 之间；对应于中新生代鲁西陆缘岩浆弧莱芜—邹平亚带南部，为莱芜铁矿床分布区。根据Ⅰ区磁场特征，将其又分为Ⅰ-1 反 C 字弧形正磁场区和Ⅰ-2 弱正负磁场变化区。

1）Ⅰ-1 反 C 字弧形正磁场区

Ⅰ-1 区以正磁异常为主，呈反 C 字弧形带状异常，磁场值一般在 100～700nT 之间，构成测区正磁场主体；对应泰莱盆地东部(北、东、南)边缘岩浆岩分布带。带内主要出露燕山晚期闪长岩类岩体(细粒正长闪长岩、中细粒闪长岩、中细粒辉石闪长岩)及少量细粒辉长岩，从南到北分布有角峪岩体、矿山岩体、金牛山岩体，中北部有燕山晚期细粒蛭石化含磷灰石云母岩，新太古代二长花岗岩、奥长花岗岩则分布在区内 WN 和 EN 部；出露地层以奥陶系马家沟群(灰岩建造)为主，少量寒武—奥陶系三山子组(白云质灰岩—白云岩建造)、寒武系九龙群。带内褶皱、断裂构造非常发育，

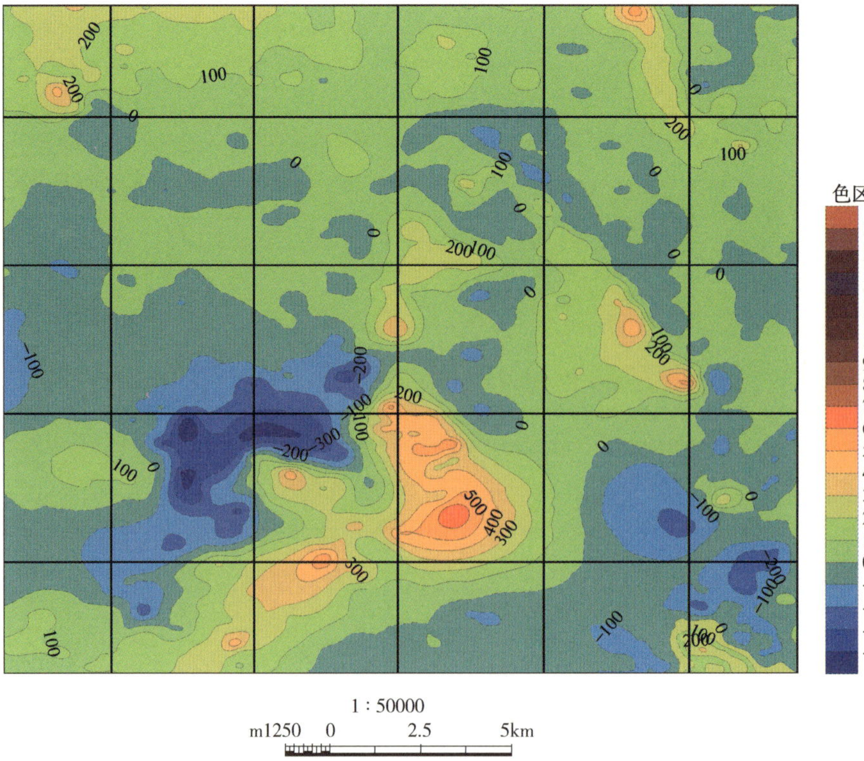

图 2-4-2 区域 1：50000 航磁 Δ*T* 平面等值线图

莱芜弧形背斜位于其南东部，区内铁矿床主要分布在该带内。

2）Ⅰ-2 弱正负磁场变化区

Ⅰ-2 以负磁场为主，呈 NEE 向椭圆状被Ⅰ-1 包围，磁场值一般变化于-80～70nT 之间；对应于泰莱盆地东部，大部分为第四系覆盖，东南部有零星新近系林朐群山旺组地层。

2. Ⅱ负平稳磁场区

Ⅱ区位于研究区南部边界，呈近 EW 向条带状负磁场分布，磁场值一般变化于-550～-80nT 之间，为研究区内最低磁场区；中西部出露地层主要为寒武系九龙群，少量寒武系长清群；东部出露寒武—奥陶系三山子组、奥陶系马家沟群及少量石炭系本溪组、石炭—二叠系太原组、二叠系山西组及侏罗系三台组地层。

二、区域重力场特征

根据山东省 1：200000 布格重力异常平面图分析，区域重力场特征为：盆地区是低缓负重力场区，而盆地周边区域为波动正负重力场区，与区域磁场分区特征相对应。

从 1：100000 和 1：50000 重力布格异常平面或剖面图上可以看出，本区重力场总的分布趋势是 WN 低、ES 高。盆地的沉积中心在寨里一带，其中心奥陶系顶面深度超 4000m，（据地震探测结果）在重力低的 WN 侧，存在布格异常等值线密集带，水平梯度达到 6mGal/km。由此可以看出，盆地北部边缘受泰-莱断裂(内弧)控制，盆地沉积中心的 ES 侧，重力场有规律的递增，水平梯度为 5.45mGal/km，直到矿山岩体中心重力值达到 60mGal(图 2-4-3)。

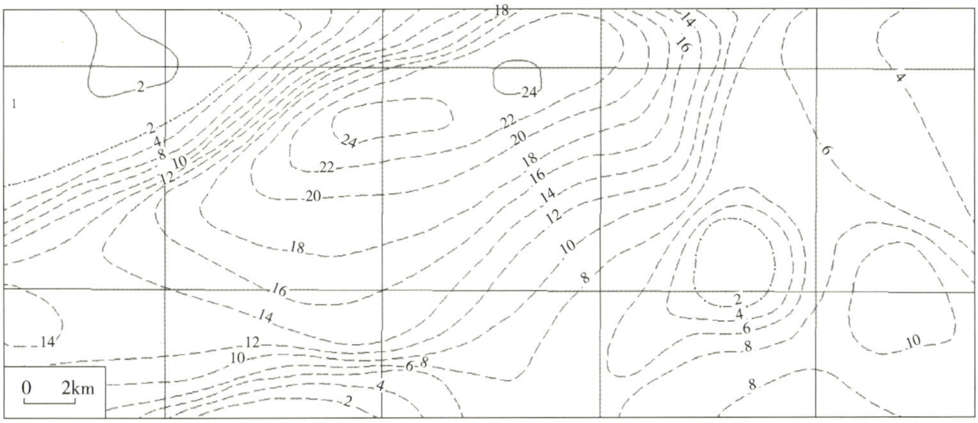

2 正布格重力异常等值线　2 负布格重力异常等值线　0 零布格重力异常等值线

注：单位1=1×10^{-5}m/s^2，1983~1990年山东省地矿局物化探队1∶20000分幅山东省布格重力异常平面图

图 2-4-3　调查区布格重力异常平面图(据山东省地矿局第一地质大队，1986 年编绘)

角峪岩体的 N 部边缘也出现等值线密集带，反映出角峪—塔子 EW 向断裂带既控制了盆地 S 部边缘，又控制了角峪岩体向 N 延展。

(1) 重力场是岩(矿)石密度差异所引起的，物探分队共取密度测定标本 5617 块，其中古近纪红砂岩、砂砾岩密度分别为 2.090g/cm^3、2.402g/cm^3，侏罗—白垩系紫砂岩为 2.429g/cm^3，石炭系砂页岩为 2.578g/cm^3 及 2.592g/cm^3，寒武至奥陶系灰岩为 2.602g/cm^3、2.720g/cm^3，太古代花岗片麻岩为 2.569g/cm^3、2.716g/cm^3，岩浆岩为 2.726g/cm^3、2.904g/cm^3，磁铁矿为 4.071g/cm^3。很明显古近纪与下伏石炭系及寒武、奥陶系之间有 0.2~0.6g/cm^3 的密度差值，这就为了解低密度的古近纪的空间分布轮廓提供了物性前提。

(2) 盆地内部为一草鞋底形低重力异常区，重力场总的分布趋势是西北低、东南高。以 41mGal 圈定的低值区从祝阳向 EN 经水北街、张街里、寨里、仪封延至城子县、下水河一带，长轴方向为 N70°E，全长 24.5km，宽度 6~10km，面积约 120km^2。低值中心位于水北街 NEE 2~3km 的北刘村附近。

(3) 在盆地重力低的 EN 侧，出现布格异常等值线密集带，水平梯度达到 6mGal/km，推断为控制盆地 N 部边界的山前断裂所引起。

盆地东部依然受边界断裂控制，但在莱芜区 WN 角有闪长岩侵入，形成一个马蹄形山头(矿山)，布格异常出现一个明显重力高点，极大值达 6036mGal，并且反映了岩体向 N 和 WS 方向延伸的趋势，由于闪长岩体侵入，盖层随之同步隆起，这正是重力场出现 WN 低、ES 高的主要地质因素。

另外，航磁或地磁资料均显示在张里街—仪封一带出现小于 100nT 的低磁区。这个低磁区在正常情况下，与老基底(磁性层)的起伏是相吻合的，也就是说低磁区应该与重力反映的沉积中心位置相吻合。但是，因为盆地北部大王庄—温石埠—金牛山闪长岩体出露地表，必然使盆地N部磁场升高，势必迫使低磁区向S推移，这就是重磁低值位置不相重合的主要原因。

三、地震特征

1983年对泰莱盆地进行了以查明盆地形态及构造分布特征为目的的地震普查工作，工作范围包括调查区内盆地全部。

地震反射界面、波组特征及相应代表层位，根据能量相位连续性等，物探队划出九组反射界面，由上往下分别命名为T4、T6、T7、TR、T9、Tgi、Tg1、Tg2、Tg3（表2-4-1），较好地反映了各地层的发育特征，简述如下。

表2-4-1　莱芜盆地地震反射波组特征

地层代号	反射层号	界面及主要岩性	时间/s	波组特征
N_1s	T4	山旺组泥岩	0.4~0.9	能量强2~3个相位，连续性好，能可靠对比追索
E_2d^2	T6	大汶口组二段的泥灰岩、砂岩及油页岩	0.5~1.5	在922.8与835.7交点向东至816.6交点可对比追索，北端能量强，相位多。838.5线西同线轴连续性差
E_2d^1	T7	大汶口组一段的泥灰岩、油页岩、砂岩及杂色黏土岩	0.6~1.6	两个相位，能量弱，只有小的连续反射段，北部出现强相位。842.7线上反射特征明显，能量强，能对比追索
K_1b	TR	八亩地组之灰绿色、灰色安山质熔岩	0.5~1.7	能量不稳定，盆地中心和北部能可靠对比追索，波组遍布全区，东西两翼抬起
K_1s	T9	早白垩世三台组之砖红色风成砂岩	1.1~1.8	两个相位，连续性好，能可靠对比追索
C—P	Tgi	石炭—二叠纪侵蚀面，含煤建造	0.8~1.9	2~3个强相位，能可靠对比追索
O	Tg1	奥陶系顶，灰岩侵蚀面	0.5~2.2	能量强，相位多，低频率，大倾角，波频好，全区可连续追索
∈	Tg2	馒头组页岩顶面	>2.5	多相位，连续出现，与Tg1平行
Ar	Tg3	太古代变质岩顶面	>2.8	能量强，连续性差，与Tg2平行

（1）T4反射层：相当于古近纪官庄群大汶口组页岩集中段顶反射。其特征是能量强，2~3个相位，连续性好，能可靠地对比追踪ZK1孔位于922.8线、844.7线交点东150m处，地质分层数据大汶口组油页岩集中段顶面为579.95m，换算成果深度是

585m。地质分层与地震反射界面相吻合。在研究区东西两翼的相对凸起区，该层遭受剥蚀(图 2-4-4)。

(2) T6 反射层：是大汶口组与下伏地层分界面(图 2-4-4)。

(3) T7 反射层：相当于原官二段底界面反射。其与下伏界面之间，除有第三系底部砾岩的沉积外，尚有常路组紫红色黏土岩沉积。该区未将砾岩单独划分出来(图 2-4-5)。

(4) TR 反射层：相当于中生界顶面反射。在盆地的沉积中心和剖面北部能可靠对比追踪。在高庄断层以东开始变平，逐渐向上抬起，在东部抬起地段反射波断续出现。与上覆地层呈角度不整合接触(图 2-4-5)。

(5) T9 反射层：相当于中生界三台组顶面反射。2 个相位，连续性好，能可靠地对比追踪，与其上覆和下伏地层均呈角度不整合接触。

(6) Tgi 反射层：相当于石炭、二叠系侵蚀面反射，一般 2~3 个强相位，能可靠地对比追踪(图 2-4-6)。

(7) Tg1 反射层：相当于奥陶系灰岩顶面反射。地震波品质好(图 2-4-7)，全区能连续追踪，是本区划分地震层位的标志层，最大特点是与其下伏反射层 Tg2 平行，相距 400ms(图 2-4-7)。

(8) Tg2 反射层：相当于下寒武系馒头组页岩顶面反射(图 2-4-8)。

(9) Tg3 反射层：相当于前寒武纪变质岩系顶面反射。能量强，连续性差，其特征是与上覆地层 Tg2 平行，相距约 250ms，可作为 Tg1、Tg2 反射层的辅助层(图 2-4-9)。

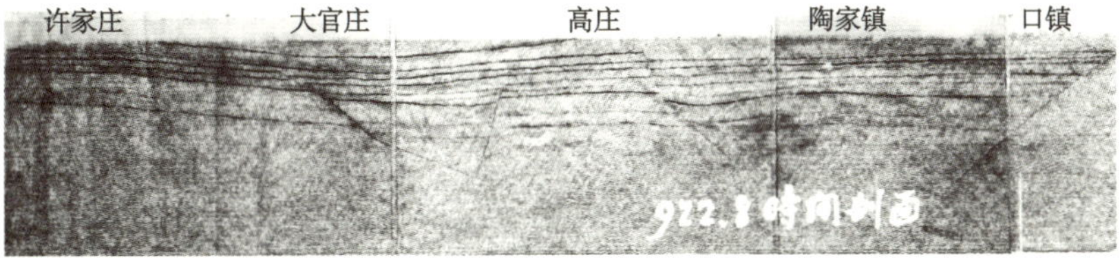

图 2-4-4　许家庄—口镇东西向地震剖面图

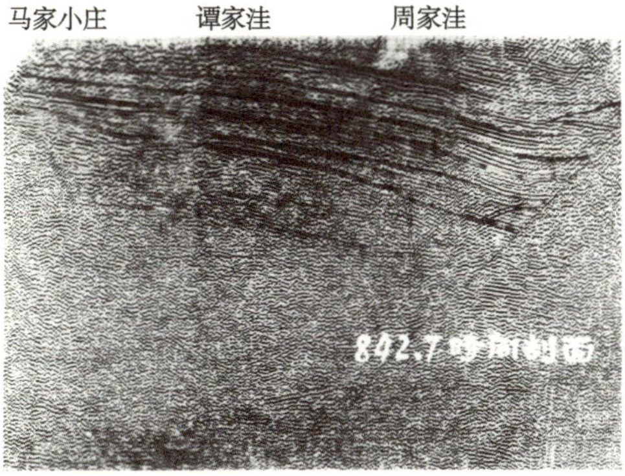

图 2-4-5　马家小庄—周家洼地震剖面图

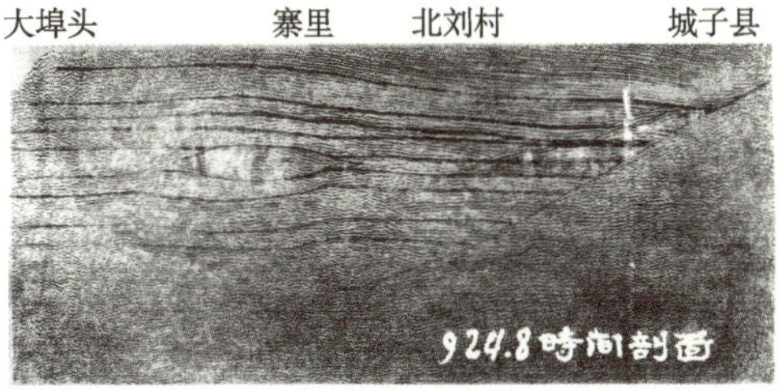

图 2-4-6　大埠头—城子县地震剖面图

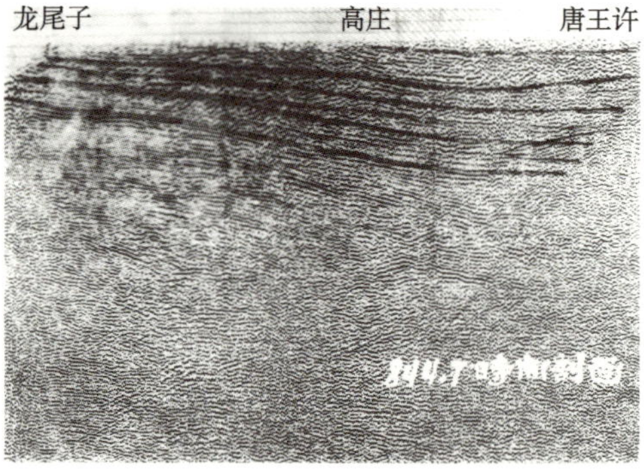

图 2-4-7　龙尾子—唐王许地震剖面图

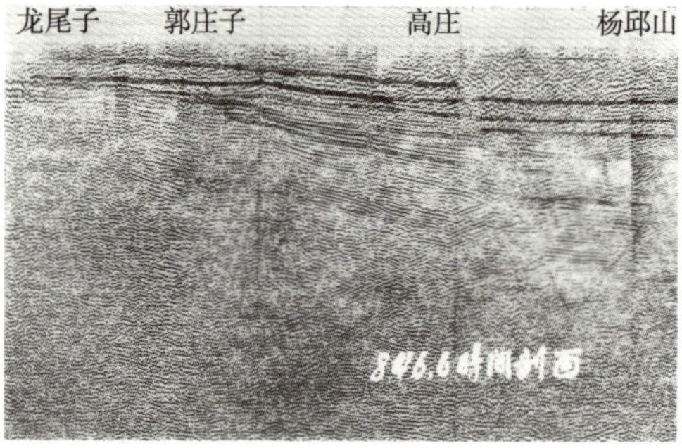

图 2-4-8　龙尾子—杨邱山地震剖面图

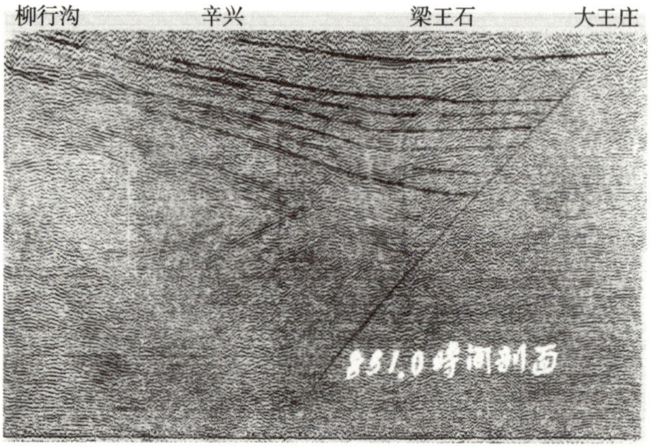

图 2-4-9　柳行沟—大王庄地震剖面图

第五节　区域地球化学特征

一、重砂异常特征

研究区内的重砂异常是根据异常矿物的性质和共生关系圈定的组合异常。研究区内共有三处组合异常，分别为东风炉黄金异常，宋家庄钛铁矿、金红石异常以及铜山铜、锆石、磷灰石异常。根据异常区有用矿物含量的高低、异常点的连续性、地质构造条件、与矿床点以及其他异常的吻合程度，将重砂异常划分为Ⅰ级、Ⅱ级、Ⅲ级。其中Ⅰ级异常点分布集中，有用矿物含量级别一般为Ⅰ级或Ⅱ级，与有关的控矿地质体或化探异常吻合程度较高，成矿地质条件非常有利，是寻找原生矿床或砂矿床较有希望的地区；Ⅱ级次之，Ⅲ级较低。

调查区内有三处重砂异常区(图 2-5-1)，各重砂组合异常区特征简述如下。

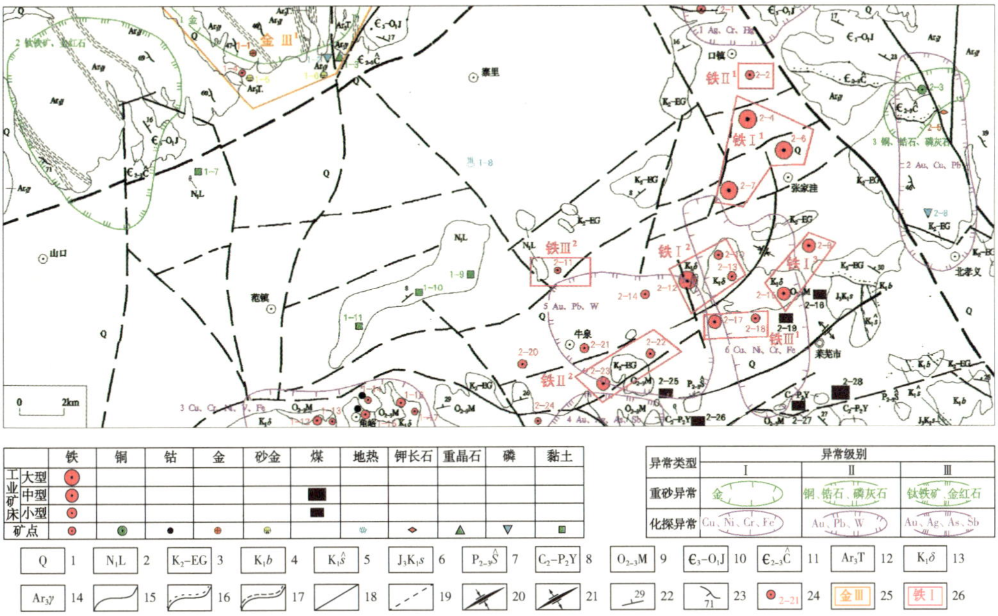

图 2-5-1　莱芜铁矿区矿产及异常分布图

1. 东风炉金Ⅰ级异常

异常位于莱芜区大槐树乡东风炉—公家庄一带，处于 1∶50000 范镇幅北部，地理坐标为东经 117°10′10″～117°26′12″，北纬 36°18′45″～36°24′15″，平面直角坐标 X：4020350～4030550，Y：20530150～20539250。属低山丘陵区，水系由北西向西南汇入汶河。异常形态呈马鞍状，总体 NW 向延伸，面积约 35km²，其大部分位于调查区之外，北侧不封闭。区内共采集自然重砂样品 37 件，有 25 件金达到异常含量，其中Ⅰ级含量点 13 个，Ⅱ级含量点 7 个，Ⅲ级含量点 5 个，最高含量为 0.227×10^{-6}，最低为 0.0198×10^{-6}，一般为 0.2×10^{-6}。

金多为不规则粒状，个别为片状，树枝状；粒径一般为 0.1～0.35mm，个别达 0.5～0.7mm。伴生矿物有方铅矿、白钨矿、黄铁矿、黄铜矿、独居石、金红石、磷灰石等。

异常区内主要出露新太古代片麻状奥长花岗岩金和条带状英云闪长岩以及泰山岩群柳杭组和山草峪组斜长角闪岩、变质砾岩和各种片岩、变粒岩等。NW 向和 NNW 向两条断裂贯穿异常区，NNW 向的断裂破碎带中，见有褐铁矿化、黄铁矿化等蚀变。已知异常区内有金矿点多处，调查区内的黄峪金矿点即位于该异常区内，金井砂金矿点、北庵重晶石矿点亦位于异常区附近。

异常检查取样重砂加密样 6 个，全部见金，取 11 个基岩样试金样，片麻状奥长花岗岩中金含量最高，为 11.50×10^{-9}，其余脉岩金含量一般为 5×10^{-9} 左右。构造蚀变带中取样分析，含金量为 100×10^{-9}。

综上所述，推断该异常与 NW 和 NNW 向的断裂以及韧性剪切带破碎蚀变带关系密切，该区的片麻状奥长花岗岩、条带状英云闪长岩以及柳杭组含金量较高，为金的原始矿源层；热液和断裂、韧性剪切带使金在断裂破碎带等有利部位富集。该区是寻找变质热液型金矿的有利地区。

2. 宋家庄钛铁矿、金红石Ⅲ级异常

该异常区位于孙家岭—水泉峪一带，处于1∶50000范镇幅西北角，平面直角坐标 X：4012900~4010400，Y：20507000~20510400。属低山丘陵区，水系由NW向WS汇入汶河。异常形态近似梨状，近SN向延伸，面积约48km²。区内取自然重砂样品60件，有36件钛铁矿达到异常含量，34件样品金红石达到异常含量。伴生矿物有锆石、磷灰石、重晶石、白钨矿、黄铁矿、辰砂、刚玉等。

异常区南部被第四系覆盖，北部主要出露新太古代英云闪长质片麻岩，少量的花岗闪长岩；中部出露寒武系灰岩。N向断裂发育以及韧性剪切带发育，辉绿岩脉等岩脉侵入英云闪长岩中。

该异常推断钛铁矿和金红石来源于太古代泰山序列望府山单元的英云闪长质片麻岩中的副矿物和基性岩脉。

3. 铜山铜、锆石、磷灰石Ⅱ级异常

该异常区位于1∶50000莱芜区幅东北部的铜山地区，平面直角坐标 X：4016450~4019900，Y：20563500~20567350。异常区属低山丘陵区，水系由NW向SE汇入汶河。异常区形态近似新月状，NE向延伸，面积达8km²。区内取自然重砂样品6个，铜、磷灰石、锆石分别有3个、5个和5个达到异常含量。伴生矿物有榍石、白钛石、金红石、黄铁矿、白钨矿、锐钛矿、钍石、钛铁矿、重晶石等。

异常区EN部和WS部均为新元古代傲徕山序列松山单元中粒二长花岗岩，中部出露寒武系灰岩、页岩，北向鹿野—孙祖断裂带贯穿异常区。铜山铜矿即位于异常区内，铜山—孝义Au、Cu、Pb化探组合异常与之吻合。

推断铜异常由产于寒武系地层中的中低温热液层控铜矿床引起，锆石和磷灰石则由松山单元中粒二长花岗岩的副矿物引起。

二、区域地球化学特征

调查区内化探异常是根据单元素异常的分布，把关系密切、地质背景相同、浓集中心基本一致且有一定分布规律的单元素异常组合在一起，综合考虑圈定出来的。根据区域异常面积、异常强度、异常规模、元素组合特征、元素分带特征、成矿地质条件，以及与已知矿床之间的吻合程度，将异常区分为Ⅰ级、Ⅱ级、Ⅲ级。其中Ⅰ级元素组合复杂，关系密切，主要元素及伴生元素异常套合很好，浓集中心十分显著且一致，成矿地质条件非常有利，具很好的找矿前景，Ⅱ级次之、Ⅲ级较低。

调查区内共有6处综合异常(图2-5-1)，其中Ⅰ级异常2处，Ⅱ级异常3处，Ⅲ级异常1处。各异常区的特征分述如下。

1. 崔家庄Ag、Cr、Hg组合异常

异常形态似柱状，NE向延伸，面积19.8km²。以Ag、Cr为主，伴有Au、Hg、Ba、Zr、F、Co、Ni、V、Pb等。套合较好，Ag、Cr、Hg具有明显的一致浓集中心。

异常区内主要为白垩纪沂南序列闪长(玢)岩侵入寒武系、奥陶系灰岩中，EN 端有松山单元中粒二长花岗岩。NW 向断裂从区内通过。该异常推断由已知的接触交代型铁矿引起。异常级别为Ⅱ级。

2. 铜山—孝义 Au、Cu、Pb 组合异常

异常呈近 SN 向延长的柱状，面积 $25km^2$。以 Cu、Pb 为主，伴生 W、Zn、Au、Sn、Cr、Yb、Y 等组分，各异常套合较好。异常区主要分布于新太古代傲徕山序列松山单元中粒二长花岗岩中，仅在西部有寒武系灰岩及页岩分布，鹿野—孙祖断裂斜贯异常区，区内发育一处铜矿床。该异常推测由铜多金属矿引起。异常级别为Ⅱ级。

3. 角峪 Cu、Cr、Ni、V、Fe 组合异常

平面直角坐标 X：40111500~4005900，Y：20534100~20542900。异常形态呈瓶状，近 EW 向延伸，面积 $24km^2$，调查区内该异常区南部不闭合。以 Cu、Cr、Ni、V、Fe 为主，伴生 Mn、Sc、Ti、Sr、Ba、Zn、As、Ag、Au 等多组分，各异常套合较好，浓集中心明显一致。区内主要出露早白垩世沂南序列的闪长岩类，岩性为辉石闪长岩、正长闪长岩和黑云闪长岩，异常边部出露寒武系、奥陶系灰岩地层。区内发育多处接触交代型铁矿床(点)。该异常由已知的铁矿床(点)引起。异常级别为Ⅰ级。

4. 勃鸽楼 Au、Ag、As、Sb 组合异常

平面直角坐标 X：4000100~4005500，Y：20545550~20551000。异常形态为椭圆状，长轴 NE 向，面积 $18km^2$，该异常南部不闭合，大部分位于调查区外。该异常以 Au、Ag 为主，伴生 As、Sb、Pb、Bi、Cr 等元素，各异常套合较好，Au、Ag、As 异常有较明显的浓集中心。区内主要出露寒武系、奥陶系灰岩、泥灰岩，在东北端和西北边缘有两个燕山期闪长岩的小侵入体，区内 NE、NW 和近 EW 向断裂构造发育。该异常推断由金矿化或多金属矿化引起。异常级别为Ⅲ级。

5. 嘶马河村 Au、Pb、W 组合异常

平面直角坐标 X：4005400~4010800，Y：20547400~20554800。异常形态呈斧头状，近 EW 向延伸，异常面积 $24km^2$，该异常南部不闭合，小部分位于调查区外。以 Au、Pb 为主，伴有 W、Mo、Bi、B 等元素，各异常套合较好，Au 具明显的异常浓集中心。区内大面积被第四系覆盖，EN 边缘有燕山期沂南序列辉石闪长岩和正长闪长岩侵入，南部边缘零星出露奥陶系灰岩。区内有多处接触交代型铁矿，且伴生铜矿化。该异常为已知铁矿引起。异常级别为Ⅱ级。

6. 莱芜区 Cu、Ni、Cr、Fe 组合异常

位于莱芜区城西大曹村—高家洼一带，平面直角坐标 X：4006600~4010800，Y：20547400~20551000。异常形态似椭圆状，SN 向延伸，面积约 $36km^2$。异常区南部和北部大部分为第四系所覆盖，中部为矿山岩体，主要出露早白垩世沂南序列闪长岩体，主要岩性为闪长岩、正长闪长岩和辉石闪长岩，且出露少量奥陶系灰岩分布于岩体南部。异常区为莱芜铁矿的主要矿区，发育多处大中小型接触交代型铁矿。异常元素组合以 Cu、Ni、Cr、Fe 为主，伴有 V、Mn、Co、Sc、Au、Ag、Zn、Hg、Sr、Ba 等多种元素，元素组合复杂。各元素异常呈 SN 向的似椭圆状，套合好，浓集中心强而明显一

致。主要元素及平均异常强度分别为 Cu193.7 × 10^{-6}、Ni99 × 10^{-6}、Cr276 × 10^{-6}、Fe6.4%；异常面积分别为 25km^2、22km^2、16km^2、21km^2；异常规模分别为 175.02、59.84、49.41、36.64。主要成矿元素及伴生元素衬度大，Cu、Ni、Cr 的衬度分别达 6.95、2.72 和 3.05。该异常由已知的铁矿引起，异常级别为Ⅰ级。

第六节 区域遥感地质特征

一、地层解译标志

研究区岩石类型繁多，各个单元由于矿物成分、结构构造不同，在遥感图像上表现为不同的影像特征。结合野外具体情况，分别对地层、岩浆岩和构造建立了遥感解译标志。

（一）第四系的解译及解译标志

研究区内新生代地层较局限，以大面积的第四系发育为特征。第四系广泛分布于研究区西南部及中部，以及山区凹地、河流两侧等地，常沿河流呈狭长带状展布，其沉积物岩性及成因类型与近代地貌形态密切相关。在遥感影像上第四系一般为绿—黄绿—黄褐色色调，水系呈灰—灰白色色调的弯曲带状影像，水体呈黑—蓝黑色。耕地为不规则稀疏格子状影像。人工改造强烈，随农作物、植被情况的不同，色调变化较大。

据岩性特征、时代及成因类型，将测区第四系地层自下而上划分为大站组、山前组、黑土湖组、临沂组及沂河组 5 个组级单位。根据色调、影纹结构、水系、植被发育程度及分布等特征能区分出沂河组、临沂组等地层的分布界线，各组解译标志如表 2-6-1 所示。

表 2-6-1　第四纪松散沉积物解译标志一览表

单位	标志			
	色调及界线清晰程度	纹形图案	地貌水系特征	人类活动及植被
沂河组	影像上呈青色及深蓝色调，色调不均匀，水深处呈深蓝色调；与临沂组、大站组界线较为清晰	不均匀蛇曲状、条纹状、宽带状、辫状纹形	沿河流呈条带状分布，部分河段具辫状水流特点，岸边多具人工堤	植被不发育，人类改造迹象明显
临沂组	影像上呈红色调；与周围地层界线不清晰	格状、条块状细腻影纹	地势平坦，沿河流呈宽带状分布，有稀疏的树枝状冲沟	已改造为农田，植被发育
黑土湖组	影像上呈黄绿—绿色调，只分布于范镇幅西南角曲口店一带，与临沂组界线不清晰	格状、条块状纹形	地势较平坦，具稀疏树枝状冲沟	已改造为农田，植被发育

续表

单位	标志			
	色调及界线清晰程度	纹形图案	地貌水系特征	人类活动及植被
山前组	影像上为黄绿—绿色调	不规则条块状纹形	低缓山丘的坡麓及坡顶，发育树枝状冲沟	多改造为农田，植被发育
大站组	影像上为紫红夹黄绿色调	不规则条块状纹形	分布于山区、丘陵地带的小型冲积平原或山地—平原过渡带，发育树枝状冲沟	多改造为农田，植被发育

（二）中生代地层解译标志

研究区内中生代地层主要分布于 1：50000 莱芜幅东南部，自下而上有淄博群、莱阳群和青山群。淄博群只发育三台组，莱阳群只发育水南组，青山群只有八亩地组。各组解译标志如表 2-6-2 所示。

表 2-6-2　中生代地层解译标志一览表

单位	标志			
	色调及界线清晰程度	纹形图案	地貌水系特征	人类活动及植被
青山群八亩地组	影像上呈绿色调，与第四系界线较清楚，与莱阳群八亩地组不易区分	格状、条纹状影纹	低缓丘陵和平原地貌，发育少量树枝状水系、冲沟及曲流河	人类活动迹象明显，多改造为农田
莱阳群水南组	呈黄绿色调，与第四系界线较清楚，与青山群八亩地组不易区分	格状、条纹状影纹	低缓丘陵和低山地貌，发育少量树枝状水系及冲沟	人类活动改造作用较强，多改造为农田
淄博群三台组	呈蓝绿色调，因城镇化严重，与周围地层界线不清楚	格状、条纹状影纹	低山及低缓丘陵地貌，水系不甚发育，少量树枝状冲沟	人类活动迹象明显，已改造为城市建成区

（三）寒武—奥陶系地层解译标志

寒武—奥陶系地层在区内出露长清群朱砂洞组、馒头组和九龙群的张夏组、崮山组、炒米店组、三山子组，多为山地丘陵，遥感图像上显示绿、青绿色调，不规则影像特征。水系不甚发育，多为树枝状。植被稀疏，人类活动迹象不明显，与第四系界线清晰，以大冶水库南地层与二长花岗岩以北的北西向断裂为界，界线平直清晰。由于植被覆盖较严重，群内地层之间界线无法详细解译。此外研究区南部的奥陶纪马家沟群多为隐伏地层，解译效果较差。寒武—奥陶系地层解译标志如表 2-6-3 所示。

表 2-6-3　寒武—奥陶系地层解译标志一览表

单位	标志			
	色调及界线清晰程度	纹形图案	地貌水系特征	人类活动及植被
三山子组	呈绿色—蓝绿色，与周围地层界线不甚清晰	清晰的条纹状影纹，延伸稳定	高地或平缓山丘为主，水系不发育	人类活动迹象较弱，植被发育

续表

单位	标志			
	色调及界线清晰程度	纹形图案	地貌水系特征	人类活动及植被
炒米店组	呈绿色调，与周围地层界线不甚清晰	清晰的条纹状影纹，延伸稳定	高地或平缓山丘为主，发育少量树枝状水系及冲沟	人类活动迹象较弱，植被发育
崮山组	呈绿—青绿色调，与周围地层界线不甚清晰	清晰的条纹状影纹，延伸稳定	高地或平缓山丘为主，水系不发育	人类活动迹象较弱，植被发育
张夏组	绿色—棕绿色调，与周围地层界线不甚清晰	清晰的条纹状影纹，延伸稳定	高地或平缓山丘为主，发育少量树枝状水系及冲沟	人类活动迹象较弱，植被发育
馒头组	呈绿色调，与朱砂洞组和张夏组界线不甚清晰	清晰的条纹状影纹，延伸稳定	高地或平缓山丘为主，树枝状水系、羽状水系发育	人类活动迹象较弱，植被发育
朱砂洞组	呈绿—青绿色调，与松山中粒二长花岗岩界线清晰，与馒头组界线不甚清晰	清晰的条纹状影纹，延伸稳定	高地或平缓山丘为主，水系不太发育，稀疏的树枝状水系	人类活动迹象较弱，植被发育

二、侵入岩解译标志

侵入岩在研究区内大面积分布，岩性以中生代闪长岩，新太古代花岗岩、闪长岩等为主，在影像上呈绿色、青绿色，宏观上较均匀。纹形图案在影像上呈斑点状及云朵状，影纹较粗糙。侵入岩分布区为山地丘陵区，地形起伏较大，水系较发育，冲沟呈树枝状、羽毛状等。与沉积地层界线较清晰，由于岩性是以闪长岩和花岗质为主，且人类活动迹象较弱，多为植被覆盖，因此具体各单元在影像上区别较困难。另有中元古代牛岚辉绿岩脉出露，牛岚辉绿岩脉在影像上解译效果较好，呈延伸较长的脉带状、线状，深灰色调，影像细腻，其走向及规模都能较好地确定，对填图及点上追索起到了很好的指示作用。侵入岩解译标志如表 2-6-4 所示。

表 2-6-4　侵入岩解译标志一览表

单位	标志			
	色调及界线清晰程度	纹形图案	地貌水系特征	人类活动及植被
大朝阳二长闪长岩	呈黄绿色调，与上水河角闪闪长岩界线不太清晰	格状、条纹状影纹	低缓丘陵和低山地貌，发育少量树枝状水系及冲沟	人类活动改造作用较强，多改造为农田
核桃园角闪石英闪长玢岩	呈青绿色调，与周围地层界线不太清晰	格状、条纹状影纹	低缓丘陵和低山地貌，发育少量树枝状水系及冲沟	人类活动改造作用较强，多改造为农田

续表

单位	标志			
	色调及界线清晰程度	纹形图案	地貌水系特征	人类活动及植被
上水河角闪闪长岩	呈黄绿色调，与东明生辉石闪长岩界线不太清晰	条块状纹形，斑点状、麻点状影纹	高地或平缓山丘为主，水系不发育	人类活动迹象明显，已改造为矿区
东明生辉石闪长岩	呈黄绿色调，与上水河角闪闪长岩界线不太清晰	条块状纹形，斑点状、麻点状影纹	高地或平缓山丘为主，水系不太发育，稀疏的树枝状水系	人类活动迹象明显，已改造为矿区
中元古代牛岚侵入体	深绿色调，色调深于周围岩性，界线较清晰	长条状、脉状展布	高地或平缓山丘为主，水系不发育	人类活动迹象较弱，植被发育
松山中粒二长花岗岩	呈绿色—青绿色，与朱家沟组地层断裂接触界线较清晰	清晰的条纹状影纹，延伸稳定	高地或平缓山丘为主，发育少量树枝状水系及冲沟	人类活动迹象较弱，植被发育
蒋峪条带状中粒黑云二长花岗岩	呈黄绿—绿色调，与松山中粒二长花岗岩界线不太清晰	清晰的条纹状影纹，延伸稳定	高地或平缓山丘为主，发育少量树枝状水系及冲沟	人类活动迹象较弱，植被发育
窝铺黑云英云闪长岩	呈绿色—青绿色，与周围地层界线不甚清晰	清晰的条纹状影纹，延伸稳定	高地或平缓山丘为主，水系不发育	人类活动迹象较弱，植被发育
桃科斑状细粒角闪闪长岩	呈黄绿—绿色调，侵入望府山英云闪长质片麻岩和上港奥长花岗质片麻岩中，与周围地层界线较清晰	清晰的条纹状影纹，延伸稳定	高地或平缓山丘为主，发育少量树枝状水系及冲沟	人类活动迹象较弱，植被发育
上港奥长花岗质片麻岩	呈黄绿—青色调，侵入泰山群山草峪组地层及望府山英云闪长质片麻岩中，与周围地层界线不甚清晰	清晰的条纹状影纹，延伸稳定	高地或平缓山丘为主，水系不发育	人类活动迹象较弱，植被发育
麻塔粗粒变角闪石岩	深绿—青绿色调，侵入望府山条带状英云闪长质片麻岩中，与之界线不甚清晰	清晰的条纹状影纹，延伸稳定	高地或平缓山丘为主，发育少量树枝状水系及冲沟	人类活动迹象较弱，植被发育
望府山条带状黑云英云闪长质片麻岩	呈青绿色调，与上港奥长花岗质片麻岩、窝铺片麻状英云闪长岩等界线不甚清晰	清晰的条纹状影纹，延伸稳定	高地或山地为主，树枝状水系、羽状水系发育	人类活动迹象较弱，植被发育
南官庄斜长角闪岩	呈绿—青绿色调，与包裹的望府山岩体和麻塔岩体界线不甚清晰	清晰的条纹状影纹，延伸稳定	高地或山丘为主，水系不太发育，稀疏的树枝状水系	人类活动迹象较弱，植被发育

三、线型构造

遥感影像上的线性构造很多，根据其地质意义及区域地质构造的特征可以划分为区域性地层和构造接触带形成的线性构造、地貌形成的线性构造、水系异常反映出的线性构造、破碎带形成的线性构造、沿断层分布的线性构造、与地壳断裂或深大断裂有关的线性构造六大类。线性构造主要解译标志有：①色调异常标志；②岩性、地层标志；③构造标志；④地貌标志；⑤水系标志。

受到耕地农田覆盖的影响，很多区域断裂构造并不会直接在遥感影像上显现出来，但是通过对遥感图像进行增强拉伸等处理，以及结合哨兵一号雷达图像，大致可以对线性构造断裂和环形构造进行划分。大致划分为 NEE 向、NE 向、NW 向和近 SN 向等四组(图 2-6-1)。

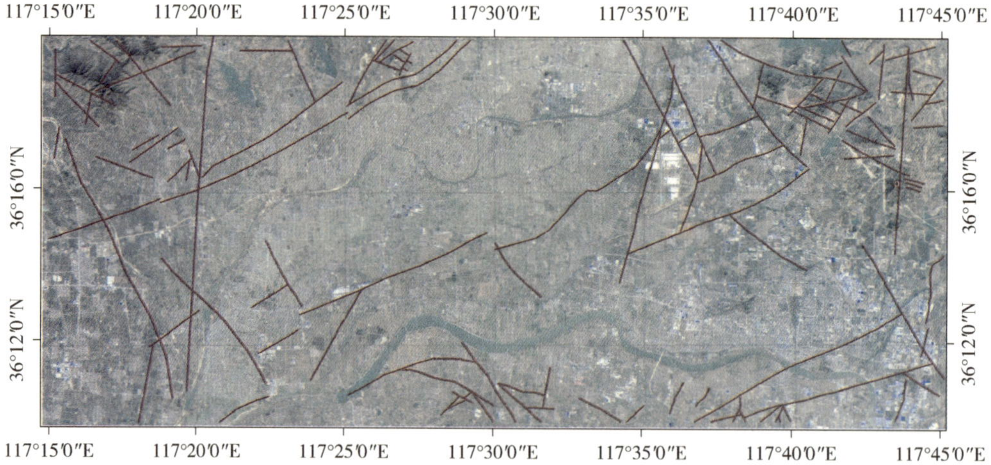

图 2-6-1 遥感构造解译图

研究区构造的解译效果较好，区域构造格局、脆性断裂、韧性剪切带及一些火山岩构造等，在影像上都有清晰的显示。研究区线性断裂较发育，特别是脆性断裂，是图幅内的主要构造类型。脆性断裂控制全区构造格架的主干断裂为 NW 向、近 SN 向，另外还有 EW 向、NE 向。近 EW 向、NW 向断裂一般规模较大，延伸到区外，长度可达数百公里，在影像上呈线状、舒缓波状延伸，常表现断裂两侧色调和影像组合的不同特征，断裂规模越大，被断地层变化越大，在影像上反映越清楚。测区内 NE 向断裂不甚发育，断裂规模不大，左右两侧地层不连续，断层角砾和断层泥等都不发育，影像特征不明显，SN 向断裂构造在地表几乎没有出露，影像特征也不明显。

NNW 向断裂是本区规模较大、变形强烈的主干构造之一，延伸远，走向稳定，对本区构造格局影响较大。规模较大者主要有鹿野—孙祖断裂和口镇—陈梁坡断裂，延伸达数十千米至百余千米，在遥感影像上显示十分清晰的线性构造，主要表现为呈直线状或舒缓波状的色调异常线或色调异常带。

鹿野—孙祖断裂：在研究区内出露于下方山—铜山—孝义水库一线，总体走向

315°~340°，倾向 SE，倾角 60°~80°，断裂两侧及断裂带中间影像特征差异明显，显示出断裂带对地层的分布有着显著的控制作用。断层南段两盘岩性为基底二长花岗岩。断层北段东盘为基底二长花岗岩，为亮青绿色；西盘为寒武纪灰岩和白云岩等地层，为深绿色，影像上较易区分。

口镇—陈梁坡断裂：该断裂在研究区内从口镇东侧通过，向南经陈梁坡至大石家延伸出图幅，只在北王家庄—毕家庄之间有露头，其余为第四系覆盖。该断层总体表现为断层面 SWW 的正断层，为泰莱盆地的东边界断裂。断裂东为基底二长花岗岩，为亮绿色调；西边发育朱家沟组灰质砾岩为深绿色，影像上较易区分。

从遥感蚀变信息分布(图 2-6-2)看，未显示特别明显的蚀变高值，原因与本区的风化覆盖有关。不过还是显示出钻孔区铁染和铝羟基高值、外围铁染和镁羟基高值、再外围铝羟基和镁羟基高值的组合变化特征。各异常组合高值主要集中在探矿区的南部、西部和东部，北部受到正在开采的矿山和城市的影响，地表破坏严重，显示特征不明确。

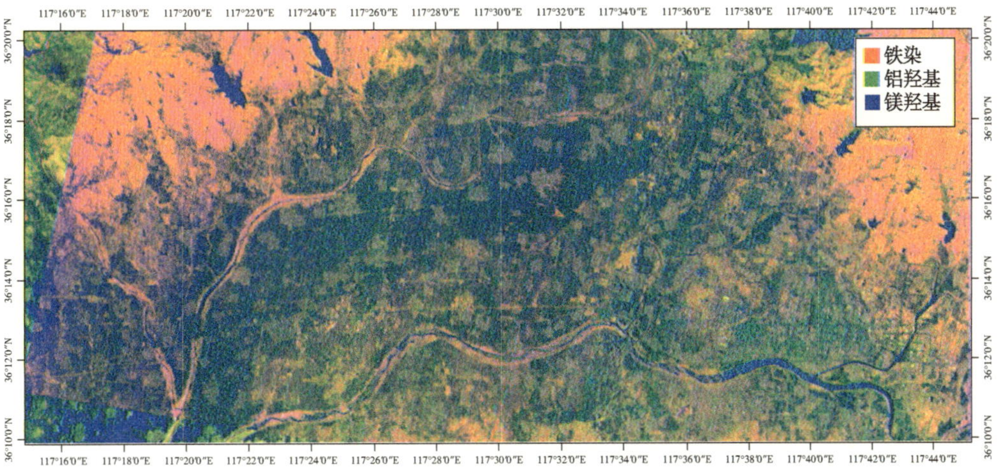

图 2-6-2　ASTER 遥感蚀变信息分布图

第七节　区域矿产特征

调查区位于滨太平洋成矿域(Ⅰ—4)之华北成矿省(Ⅱ—14)之鲁西 Fe-Cu-Au-铝土矿-煤-金刚石成矿带(Ⅲ-64)；在Ⅳ级成矿带上，属于鲁中地区煤-Fe-Al-Au-建材、非金属成矿亚带(Ⅲ-64-②)。

调查区内矿产资源丰富，以铁矿和煤矿为主，其他矿产资源零星分布。大型矿床 4 处，中型矿床 5 处，小型矿床 18 处，矿点 20 处，涉及矿产种类 11 种(表 2-7-1)，按性质和主要用途，可划分为 5 大类：黑色金属—铁矿，有色金属—铜矿、钴矿，贵金属—金矿，能源矿产—煤、地热，非金属矿产—磷、重晶石、钾长石、黏土。

表 2-7-1 调查区矿产资源情况表

序号	矿产分类	矿种	矿床规模				合计	备注
			大型	中型	小型	矿点		
1	黑色金属	铁	4	4	12	6	26	
2	有色金属	铜			1		1	
3		钴				2	2	
5	贵金属	金				3	3	
6	能源矿产	煤		1	5		6	
7		地热				1	1	
8	非金属	钾长石				1	1	
9		重晶石				1	1	
10		磷				2	2	
11		黏土				4	4	

一、黑色金属矿产

调查区黑色金属矿产仅发育铁矿，是区内的优势矿种之一。按照其成因类型可以分为两类，分别为接触交代型铁矿和地下水热液型铁矿，其中前者，发育大型矿床 4 处，中型矿床 4 处，小型矿床 12 处，矿点 5 处；后者仅发育一处矿点。各矿床(点)基本特征如表 2-7-2 所示。

表 2-7-2 接触交代型铁矿床(点)一览表

序号	产地	坐标$\begin{pmatrix}Y\\X\end{pmatrix}$	产出部位	矿体特征	矿石特征	规模	备注
1	莱芜下水河	4022750 20554250	寒武纪地层与闪长岩接触带	扁豆状、似层状，4 个矿体，厚度 1.2～18m	Mt、Hm、Cp、Py，TFe 平均 51.95%	小型	详查
2	张家洼铁矿垂杨矿区	4019100 2056950	奥陶纪灰岩与闪长岩接触带	透镜状，三个矿体，最大的长度 300m，平均厚度 9.04m	Mt 为主，少量 Hm、Cp，TFe 平均 48%，Cu0.042%	小型	详查
3	莱芜方下柳杭沟	4010450 20547350	奥陶纪灰岩与闪长岩接触带	单孔见矿，形态不清	Mt、Lm、Py，TFe 平均 41.84%	矿点	普查
4	莱芜铁矿谷家台矿区	4010450 20552650	五阳山组与闪长岩接触带	似层状，透镜状矿体，长度 2300m，厚度 15～30m	Mt、Hm、Cp，TFe 平均 49.39%	大型	详查
5	小官庄矿区	4014800 20555100	八陡组与闪长岩接触带	似层状、透镜状，矿体多层，矿体长度 2150m，宽度 50～70m，厚度 0.49～74.1m	Mt、Hm、Lm，TFe 平均 48%	大型	详查
6	港里矿区	4017325 20557125	奥陶系灰岩与闪长岩接触带	透镜状、层状	Mt、Lm、Cp、Py，TFe 平均 48%	大型	详查
7	张家洼矿区	4016763 20557097	土峪组、五阳山组与闪长岩接触带	似层状、透镜状，长度 1350m，厚度 30～70m	Mt、Hm、Lm、Nc、Py，TFe53.86，Cu0.033%	大型	详查

续表

序号	产地	坐标$\begin{pmatrix}Y\\X\end{pmatrix}$	产出部位	矿体特征	矿石特征	规模	备注
8	赵庄矿区	4011700 20554550	五阳山组与闪长岩接触带	透镜状、似层状，分两个矿段，全体长150m	Mt、Cp、Py，TFe平均53.86%	小型	详查
9	姚家岭矿区	4010800 20555250	五阳山组与闪长岩接触带	小透镜体、扁豆状，长度325m，宽度290m	Mt、Py、Cp，TFe平均41.19%	小型	详查
10	山子后矿区	4013000 20558800	五阳山组与闪长岩接触带	似层状、透镜状，共4个矿体	Mt、Hm、金属硫化物，TFe平均50%	中型	初勘
11	泰安市唐庄	4004650 20536300	奥陶系灰岩与闪长岩接触带	呈透镜状、串珠状，共三个矿体，1号矿体长度120m，最大厚度27.93m，延伸80m	Mt、Hm、Lm，TFe平均45%，Cu0.106%，Co0.011%	小型	初勘
12	泰安市小河西	4004750 20537150	奥陶系灰岩与闪长岩接触带	透镜状，长度30~85m，延伸宽度30~85m，平均厚度5m	Mt、Hm、Lm，TFe平均45%，Cu0.106%，Co0.011%	矿点	初勘
13	泰安市泉坡	4006000 20539100	奥陶系灰岩与闪长岩体接触	扁豆状、透镜状，走向NNW向，倾向E或SE，矿体延伸深度25m	Mt、Hm、Py，TFe平均40%左右	矿点	初勘
14	泰安市角峪铁矿	4004450 20539100	奥陶系灰岩与闪长岩接触带	透镜状，有2个矿体，主矿体产状165°∠40°，长度300m，宽度163m，厚度7~8m	Mt、Hm为主，少量Cp、Py，TFe平均51.2%	小型	初勘
15	莱芜吴家桥铁矿	4005750 20540200	北庵庄组与闪长岩接触带	透镜状，三个矿体，Ⅰ号矿体走向近EW，倾向N，长度80m，宽度50m，埋深5.47~26.41m	Mt、Hm、Lm，TFe平均41.21%，Cu0.016%，Co0.01%	小型	详查
16	泰安市吴小庄	4004950 20540900	北庵庄组与闪长岩接触带	小扁豆状矿体，两个矿体，1号矿体走向NEE，长40m，厚2~3m	Mt、Hm、Cp、Py，TFe平均40%~60%，Cu0.002%~0.18%，Co0.004%~0.038%	矿点	初勘
17	莱芜牛泉镇鹿毛埠	4006620 20546070	奥陶系灰岩与闪长岩接触带	由两层薄矿体组成	Mt、Hm、Py，TFe平均47.1%	小型	普查
18	莱芜区牛泉镇牛泉	4007750 20548950	奥陶系灰岩与闪长岩接触带	似层状，基本水平产出，长度1096m，宽度410m，厚度4.68m	Mt为主，少量Hm、Lm、Py，TFe平均39.29	小型	普查
19	莱芜铁矿西尚庄矿区	4006300 20549300	奥陶系灰岩与闪长岩接触带	矿体全长414m，可分六个矿带，16个矿体	Mt、Hm、Ph等，TFe平均45.02%，Cu0.062%	中型	详查
20	莱芜铁矿刘家庙矿区	4009700 20551450	五阳山组与闪长岩接触带	透镜状，两个连续矿体	Mt为主，次为Py、Cp等，TFe平均42.19%	小型	初勘
21	莱芜铁矿西泉河—杜官庄铁矿	4007600 20551300	五阳山组灰岩与闪长岩接触带	扁豆状、板状、串珠状，共两个矿体	Mt、Hm、Py，杜家庄TFe平均47.52，西泉河TFe平均42.51%	小型	详查

续表

序号	产地	坐标$\binom{Y}{X}$	产出部位	矿体特征	矿石特征	规模	备注
22	莱芜铁矿业庄矿区	4008350 20554200	奥陶系灰岩与闪长岩接触带	透镜状，长度 300～350m，厚 49m	Mt、Hm、Py、Cp，TFe 平均 52.59%	中型	详查
23	莱芜铁矿曹庄矿区	4010100 20557825	奥陶系灰岩与闪长岩接触带	似层状、透镜状，分两个矿段，单个矿体长度 1000m，厚度 10～15m，延伸深度 30～600m	Mt、Hm、Cp、Py，TFe 平均 49.51% Cu0.383% Co0.023%	小型	详查
24	莱芜铁矿马庄矿区	4010100 20557825	奥陶系灰岩与闪长岩接触带			中型	详查
25	莱芜牛泉镇石门官庄	4004500 20546450	奥陶系灰岩与闪长岩接触带	扁豆状，走向近 EW，倾向 N，倾角 50°，长度不详，宽度 55m，厚度最大 10m	Mt、Py、Lm、Cp，TFe 平均 50%，Co0.011%，S1.17%	矿点	普查

二、有色金属矿产

有色金属调查区内发现铜、钴两个矿种，其中铜矿发育小型矿床 1 处；钴为铁矿的伴生矿种，发育矿化点 2 处(表 2-7-3)。

表 2-7-3　接触交代型钴矿点一览表

序号	产地	坐标$\binom{Y}{X}$	产出部位	矿体特征	矿石特征	规模	备注
1	泰安市角峪（伴生钴）	4004450 20539100	产于灰岩与闪长岩的接触带中	呈透镜状，有两个矿体，主矿体产状为 165°∠40°，长度 300m，厚度 7～8m	磁铁矿、赤铁矿、少量黄铁矿、黄铜矿，TFe51.2%，估计钴 100t	矿点	初勘
2	泰安市泉坡（伴生钴）	4006000 20539100	产于灰岩与闪长岩的接触带中	扁豆状、透镜状，走向 NNW，倾向 E 或 SE，矿体延伸深度 25m	磁铁矿、赤铁矿、黄铁矿，FTe40%左右，估计钴 50 吨	矿点	初勘

三、贵金属矿产

区内贵金属仅金一种，有冲积型砂金矿点 2 处，岩浆热液成因的石英—蚀变岩型矿点 1 处(表 2-7-4)。

表 2-7-4　调查区冲积型砂金矿点一览表

序号	产地	坐标$\binom{Y}{X}$	产出部位	矿体特征	矿石特征	规模	备注
1	泰安市东、西金井	4019300 20533950	第四系冲积或洪积的砂砾层	似层状、透镜状，2 剖面线见 2 层矿，控制矿体宽度 400m，Ⅰ矿层平均厚度 7.25m	Ⅰ矿层品位 0.404g/m^3	矿点	1989 年第九地质队普查
2	莱芜区寨里薛家埠	4019250 20537260	第四系冲积或洪积的砂砾层	似层状、透镜状	自然金	矿点	1989 年第一地质队普查

1. 冲积型砂金

区内发育冲积型砂金矿点 2 处，均位于 1∶50000 范镇幅北侧黄峪一带，地貌上为低山丘陵与盆地转换地带水系的阶地及河漫滩，主要赋存于第四系沉积物底部的砂砾层以及基岩表层的裂隙中。推测与泰山岩群、韧性剪切带、中生代岩体及脉岩分布密切相关。

2. 变质热液型

区内仅有一处矿点，位于泰安市祝阳镇黄峪村一带，发现并已控制的金矿化蚀变带共有 6 条，并圈出金矿体 8 个，金矿化体 2 个。其中规模较大为Ⅰ号金矿体，位于黄峪村西 300m，呈脉状赋存于 AuⅠ号金矿化蚀变带内，该矿体地表均有出露，产状为 190°∠60°，长度 160m，厚度为 0.56～3.48m，平均 1.35m，延伸 120m；品位 1.48×10^{-6}～168×10^{-6}，平均 7.04×10^{-6}。

四、能源矿产

调查区内能源矿产仅发育煤矿及地热两种。位于调查区内的煤矿有 6 处(表 2-7-5)；地热矿产地一处，位于莱芜冷家庄。

表 2-7-5　调查区煤矿矿床特征一览表

序号	产地	坐标$\binom{Y}{X}$	产出部位	矿体特征	矿石特征	规模	备注
1	莱芜煤田北埠煤矿	4010700 20559050	石炭系太原组、二叠系山西组	层状，与矿区范围一致，五层可采煤层，平均厚度 1.54m	无烟煤、瘦煤、气煤、肥煤等	小型	闭坑
2	莱芜煤矿矿山井田	4008925 20557750	石炭系太原组、二叠系山西组	层状，含煤 20 层，可采五层，煤层一般较稳定	无烟煤 CT：90%，Vg：6%～53%，Ag：>25%，QgDT：>23.03MJ/kg	小型	闭坑
3	莱芜煤田八里沟煤矿		石炭系太原组、二叠系山西组	采煤层两层。煤 18 平均厚度 0.7m 左右；煤 19 呈透镜状，平均厚度 1.58m 左右	属中—高热值煤，煤的灰分均大于 25%，为富灰煤，煤的挥发分一般小于 15%，属低挥发分煤	小型	闭坑
4	莱芜煤田杨庄井田	4004725 20553250	石炭系太原组、二叠系山西组	层状，可采煤层为 2、4、7、15、19 层，煤层稳定	Af：20% Wf：0.5%～2% CT：10%	小型	闭孔
5	莱芜区魏家洼煤矿		石炭系太原组、二叠系山西组	可采五层：2、4、7、15、19 层，煤层稳定—较稳定，平均总厚度 7.31m	各煤层属低中—中灰、低—高硫煤，发热量一般在 29.93～33.74MJ/kg，属特高热值煤	小型	闭孔
6	莱芜煤田鄂庄井田	4006500 20559975	石炭系太原组、二叠系山西组	层状，含煤 20 层，可采五层，煤层一般较稳定	Vf：19%～39% Af：0.5%～2% QgDT：>25.12MJ/kg	中型	

五、非金属矿产

调查区内非金属矿产发育长石、磷矿、重晶石以及黏土矿四种。

长石矿点有1处，位于1：50000莱芜区幅东部莱芜区苗山镇铜山村村南，岩性为松山二长花岗岩。发育磷矿矿产地2处(表2-7-6)，均为岩浆岩型，为低品位磷矿。重晶石矿点1处，位于莱芜区寨里镇北庵村东磷肥厂一带。黏土矿主要发育在朱家埠东—石泉家一线，莱芜盆地中南部，含矿层位为新近纪临朐群山旺组。

表2-7-6　调查区磷矿点特征一览表

序号	产地	坐标$\binom{Y}{X}$	产出部位	矿体特征	矿石特征	规模	备注
1	莱芜区杨家庄	4014100 20564000	傲徕山序列松山单元二长花岗岩的构造裂隙	由单矿体组成，呈透镜状，NW向延长，长度600m左右，平均宽度150m	矿石由斜长石、黑云母、石英、磷灰石等组成。矿石中的磷含量一般在1.3%左右	矿点	普查
2	莱芜区北庵	4020650 20538000	新甫山序列上港单元中粒片麻状奥长花岗岩的构造裂缝	脉状，呈明显的分支复合现象，矿体长度200m，总厚度1.5m左右，产状为305°∠1.14°	磷灰石 P_2O_5含量平均3.38%	矿点	普查

第三章

中生代侵入岩特征

燕山运动晚期，伴随区域构造运动和华北克拉通破坏地质事件，华北克拉通发生了显著的岩浆活动，发育一系列侵入岩体。各矿集区的主要成矿地质体即侵入岩体均形成于燕山晚期，成岩年龄基本一致，约为130Ma，且各侵入岩体均表现出杂岩体特征，岩性不均一，表现为基性—中酸性岩浆岩。现以莱芜地区为例，介绍中生代侵入岩特征如下。

莱芜地区中生代岩浆活动强烈，沿盆地边缘形成了多个中偏基性的闪长岩类杂岩体，由北向南分别出露金牛山、矿山、角峪及铁铜沟四个杂岩体，其产出严格受构造控制，侵入时代集中于早白垩世燕山晚期。其中矿山岩体控制了莱芜铁矿田的主要铁矿储量，与其有关的富铁矿储量占莱芜铁矿总量的96.8%，控制大中小型矿床共计14处(莱芜铁矿区总计27处)。

矿田内中生代侵入岩，根据岩石类型、接触关系以及侵位时期等特征，将金牛山、矿山、角峪及铁铜沟四大岩体按照侵入岩谱系序列，划分为东明生、上水河、靳家桥、核桃园、大朝阳5个单元，同属于沂南序列(表3-1-1)。

表3-1-1　莱芜地区中生代侵入岩单元划分表

代	纪	世	期	阶段	序列	单元	岩性	代号	同位素年龄/Ma及测试方法
中生代	白垩纪	早白垩世	燕山晚期	一	沂南	大朝阳	中细斑二长闪长玢岩	$K_1\eta\delta\mu Yd$	(127±1)、(126±1)、(126±1)锆石U-Pb(王永，2010)
						核桃园	细粒角闪石英闪长岩	$K_1\delta o Yh$	
						靳家桥	角闪闪长玢岩	$K_1\delta\mu Yj$	(128±1)锆石U-Pb
						上水河	细粒角闪闪长岩	$K_1\delta Ys$	(130.73±0.78)LIMS
						东明生	中细粒辉石闪长岩	$K_1\delta Yd$	(132±1)锆石U-Pb(王永，2010)，(129±1)、(134±2)

第一节　岩石矿物学特征

一、东明生单元中细粒辉石闪长岩($K_1\delta Yd$)

(一) 岩石学特征

主要分布于莱芜盆地矿山岩体和角峪岩体中。在莱芜矿山一带呈NE向展布，东与奥陶系马家沟群灰岩直接接触，西与细粒角闪闪长岩为涌动接触，没有明显的界线，两者渐变过渡；该岩体中含有辉长岩、辉石岩包体，包体形状不一，包体与基体亦无明显的接触界线。岩体被后期的角闪石英闪长岩脉状侵入，两者接触界线明显。在角峪一带，见4个侵入体，中心相位于角峪岩体中心部位，边部一般为角闪闪长岩，局部侵入奥陶系马家沟群灰岩，南部该岩体侵入辉长岩，与辉长岩、角闪闪长岩均为涌动接触界线，接触带一般存在宽度不一的渐变过渡带。

中细粒辉石闪长岩，岩石呈深灰色，中细粒全自形柱粒状结构，块状构造，主要矿物含量为斜长石 60%~70%、辉石 22%~34%、角闪石 8%~15%，少量的黑云母、钾长石等。副矿物主要为磁铁矿、磷灰石、锆石。

斜长石：自形、半自形，半柱状，粒径一般为 0.5~3.0mm，具有环带结构，有绿帘石和绢云母化。个别样品中，被钾长石沿其边缘交代。

辉石：为普通辉石，呈粒状或短柱状，粒径一般为 0.5~3.0mm，有时常被角闪石包围。

角闪石：呈绿色及褐色，两种不同颜色的角闪石连生，而且往往中心部位呈褐色而边缘呈绿色，褐色自形程度差，与辉石关系密切，常分布于辉石的周围，交代普通辉石，绿色角闪石一般自形程度好，长柱状，粒度小，常有黑云母沿其解理缝交代。

黑云母：少量，呈暗褐—淡黄色多色性。

（二）副矿物特征

东明生单元中的副矿物主要有磁铁矿、磷灰石及榍石，少量的锆石，矿物组合为磁铁矿—磷灰石—榍石类型，锆石特征如表 3-1-2 所示。

表 3-1-2　中生代侵入岩岩石中锆石晶形一览表

单元	岩性	地点	晶形特征	主要晶形	次要晶形
东明生	辉石闪长岩	矿山	柱面（110）（100）和锥面（131）（311）（111）组成复杂的聚形，（100）比（110）发育	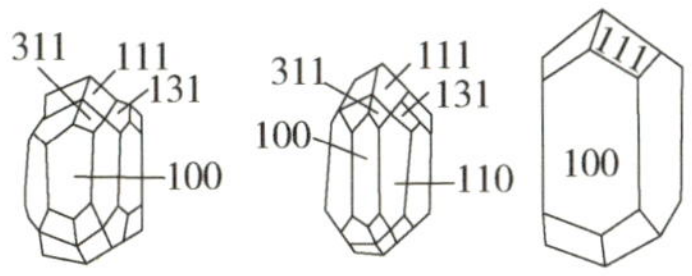	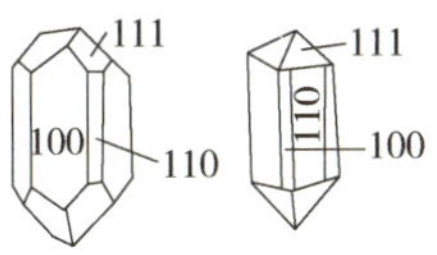
上水河	黑云角闪闪长岩	矿山	主要由晶面（100）（110）和（111）组成聚形，（100）（110）（111）（131）（311）组成复杂聚形	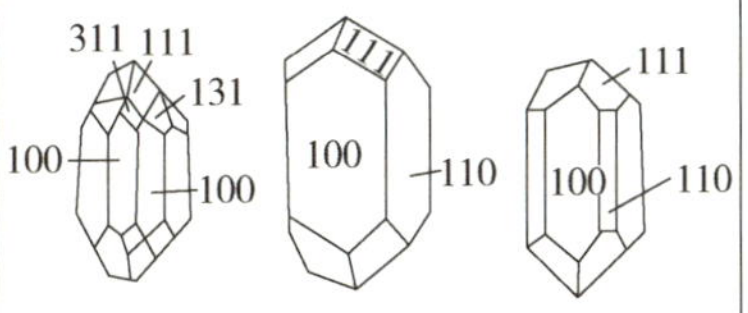	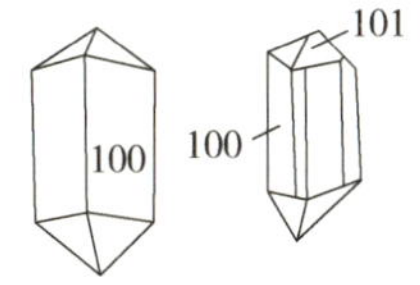
	角闪闪长岩	角峪	由晶面（100）（110）（111）（131）（311）组成复杂聚形	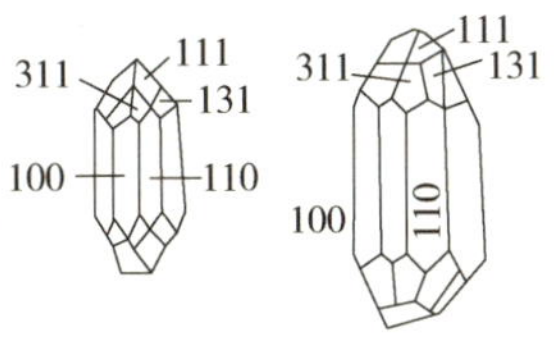	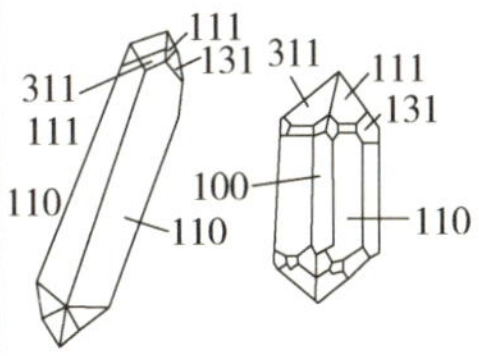
靳家桥	角闪闪长玢岩	金牛山	主要晶形由（100）（110）组成聚形，呈四方柱、四方双锥，晶形完整，表面光滑光亮，面平棱直	×100	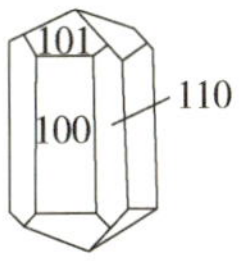×100

续表

单元	岩性	地点	晶形特征	主要晶形	次要晶形
大朝阳	二长闪长岩	矿山	主要晶形由晶面(100)(110)(111)(131)(311)组成复杂聚形	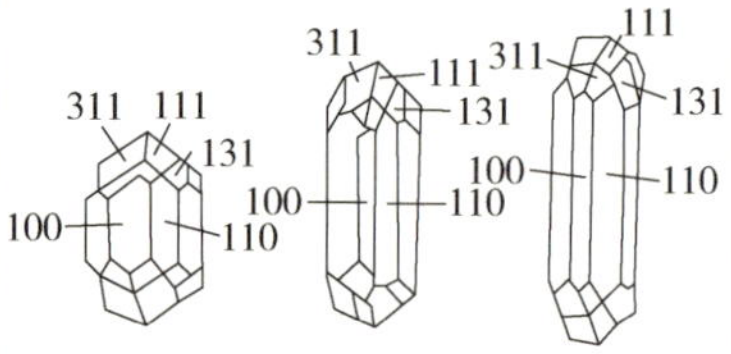	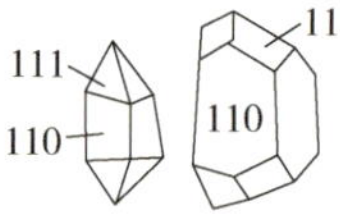

资料来源：1∶200000 泰安、新泰幅区域地质调查报告(1991)

二、上水河单元细粒角闪闪长岩($K_1\delta Ys$)

(一) 岩石学特征

主要分布于莱芜盆地矿山岩体和角峪岩体中，在矿山一带，位于矿山背斜核部，总体呈北东向展布，且由北向南逐渐收敛；东与辉石闪长岩呈涌动接触，西被角闪石英闪长岩侵入。在角峪一带，上水河岩体一般呈边缘相，绕辉石闪长岩分布，局部地区与奥陶纪灰岩直接接触。该岩体地表常见球形风化。

上水河单元岩性以角闪闪长岩为主，但矿物含量不均匀，有时差别较大，在角峪一带，岩石中普通角闪石含量较高，岩性为角闪闪长岩；在莱芜矿山一带，岩石中含黑云母，岩性为黑云角闪闪长岩，黑云闪长岩。岩石呈灰色、灰黑色，中细粒结构，块状构造，主要矿物含量为斜长石 60%~65%、角闪石 10%~25%、黑云母 8%~15%、辉石 8%~15%，极少量的钾长石及石英。副矿物主要为锆石、磷灰石、榍石、磁铁矿等。

斜长石：根据斜长石粒度大小及自形程度，斜长石分为两类：一类颗粒较大，呈半自形板状，为主要类型，粒径约 1mm；另一类呈粒状或不规则状分布于早期斜长石边缘(系交代产物)，粒径 0.1~0.7mm；斜长石 An33~49#，环带发育，普遍绢云母化。

角闪石：为普通角闪石，也可分为两类：一类颗粒较大，往往含有辉石内核，呈粒状，粒径 1~2mm，在普通角闪石的边缘常被黑云母交代，并伴有磁铁矿析出；另一类含量较少，但自形程度高，呈粒状或短柱状，粒径较小，粒径 0.05~0.5mm 全被暗化成氧化铁。

黑云母：呈片状，常分布于普通角闪石的周围，暗褐色—黄褐色，粒径一般为 0.5~2mm。

辉石：为普通辉石，呈粒状，粒径 0.5~1mm，被角闪石包含在中心，与角闪石呈反应边构造。

石英：粒状，粒径 0.1~0.3mm。

钾长石：粒状，粒径 0.5~1mm，高岭土化。

(二) 副矿物特征

上水河岩体中的副矿物主要有磁铁矿、钛铁矿、磷灰石、锆石、榍石，少量方铅矿等，副矿物特征如表 3-1-3 所示。

表 3-1-3　上水河岩体副矿物特征表（CY005RZ）

矿物名称	含量/mg	特征描述（粒径：mm）	标型矿物特征描述	
			名称	锆石
			颜色	玫瑰色
锆石	108.62	黄粉色，断柱状、劈面及块状为主，半自形柱状少，晶内裂纹发育，整体显酥易碎，晶棱晶锥均已钝化，凹坑、沟槽等熔蚀痕迹普遍，有铁染，且常见黑云母、绿泥石粘贴，完整晶形较少，常见锥柱不对称歪晶，本样品锆石颜色单一，晶群集中，改造程度相近，为同源产物	光泽	弱金刚—似毛玻光泽
			透明度	透明—半透明
			包裹体	多见黑色固相包体及气液包体
			粒径/mm	0.10~0.02 为主，0.10~0.30 少
黄铁矿	少量	浅铜黄色，棱角块状，不透明，金属光泽，高硬度	伸长系数	1.0~2.5
磷灰石	209.2	无色—白色，棱角块状为主，浑圆柱状少，透明，玻璃光泽，中硬度 0.01~0.35，长宽比值为（1.2：1）~（2：1）	标型矿物晶形	
方铅矿	少量	钢灰色，阶梯立方体状，不透明，金属光泽		
榍石	93.69	绿黄色，棱角块状，透明—半透明，玻璃光泽，高硬度 0.02~0.42，常见固相黑包体		
钛铁矿	460.525	黑色，棱角块状、板状，不透明，金属光泽，高硬度		
磁铁矿	24990	黑色，棱角、次棱角块状、半自形八面体状或呈包体状，分布在造岩矿物中，不透明，金属光泽，高硬度，粒径以 0.01~0.20 为主，0.20~0.40 少		
其他	4451.96	角闪石、长石等		

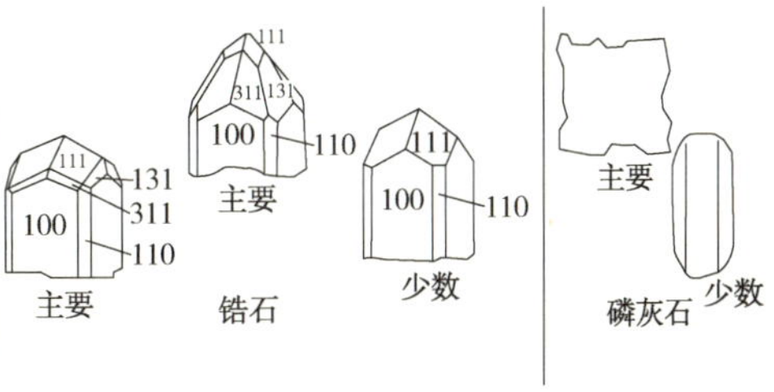

注：分析用量 6.26kg

三、靳家桥单元角闪闪长玢岩（$K_1\delta\mu Yj$）

（一）岩石学特征

主要分布于金牛山和角峪一带，呈脉状，岩体沿断裂侵入寒武—奥陶系灰岩地层中，或者分布于杂岩体最边部。

靳家桥岩体岩性为中细粒角闪闪长玢岩，岩石呈斑状结构、块状构造，主要矿物含量为斜长石 58%~67%、角闪石 31%~40%；个别样品中含有少量的黑云母、钾长石及石英。

斜长石：斑晶为自形板柱状，粒径 0.5~5mm，聚片双晶发育；实测 An36#，基质为粒状，粒径 0.05~0.1mm，绢云母化明显。

角闪石：为普通角闪石，斑晶为柱状和粒状，粒径 0.5~2mm；基质为粒状，粒径 0.05~0.1mm，有绿泥石和阳起石化，具褐绿色—黄绿色多色性。

岩石中的斑晶含量为 30%，是辉石、斜长石和角闪石，基质为粒状结构。

（二）副矿物特征

靳家桥单元副矿物主要为磁铁矿、赤铁矿、锆石、榍石、磷灰石、方铅矿等，副矿物组合为磁铁矿—锆石—榍石—磷灰石型。

锆石：淡紫色、浅黄色、淡红褐色，有的颗粒近于无色，金刚光泽，透明—半透明，面平棱直，表面光滑光亮，晶形完整(表 3-1-1)。

磷灰石：无色，透明度高，玻璃光泽，多数呈柱状，粒块状，大小一般在 0.06~0.16mm 之间。

榍石：褐色，金刚光泽，有的含有黑色包体，不规则粒块状，大小一般在 0.1~0.2mm 之间。

磁铁矿：黑色，金属光泽，有的颗粒表面有一层赤铁矿化的薄膜，完整晶形者少见，多数为粒块状，柱状，粒径一般在 0.03~1.13mm 之间。

四、核桃园单元角闪石英闪长岩($K_1\delta oYh$)

（一）岩石学特征

主要分布于莱芜盆地矿山岩体和角峪岩体中。在矿山一带分布于杂岩体边部或者呈脉状侵入东明生岩体，总体走向近 SN 向、NE 向；在耿公清一带由 N 向 S 收敛变窄，在孟家峪附近侵入上水河单元，侵入界面明显。在角峪一带，分布于杂岩体边部，或者侵入靳家桥岩体，呈 NE 向展布，局部与奥陶系马家沟群灰岩直接接触。该单元岩石中含较明显的辉石闪长岩、角闪闪长岩包体。

核桃园单元岩性为中细粒角闪石英闪长岩。岩石呈灰色、灰白色、灰红色，中细粒结构、块状构造，主要矿物含量为斜长石 68%~71%、角闪石 5%~26%，石英 6%~15%，少量的钾长石(<5%)、辉石等，辉石含量不均匀，一般小于 5%，在辉石闪长岩附近，含量可达 15%。副矿物为磷灰石、磁铁矿、锆石及榍石等。

斜长石：自形，板柱状，粒径 0.5~2mm，聚片双晶发育，实测 An45#，具环带结构，有绢云母、高岭石和绿帘石化。

角闪石：为普通角闪石，绿色，呈粒状和柱状，粒径 0.5~2.5mm，有绿泥石和绿帘石化。

石英：他形粒状，粒径 0.3~1mm，分布在长石粒间。

钾长石：半自形，他形粒状，粒径 0.2~0.8mm，有轻微的高岭石化。

（二）副矿物特征

核桃园单元中的副矿物主要有磁铁矿、赤褐铁矿、磷灰石、锆石等。具体特征如表 3-1-4 所示。

表 3-1-4　核桃园岩体副矿物特征表(CY011RZ)

矿物名称	含量/mg	特征描述(粒径：mm)	标型矿物特征描述	
			名称	锆石
			颜色	黄粉色、玫瑰色
锆石	56.47	分两种：主要为黄粉色，半自形柱状、次浑圆柱粒状，透明，弱金属光泽，晶内有裂纹，常见凹坑、沟槽等熔蚀痕迹，有铁染，伸长系数以1.2~3.0为主，3.0~5.0少，粒径0.2~0.3mm；少数玫瑰色，次浑圆粒状，弱金刚—似毛玻光泽，透明，伸长系数1.0~2.5，粒径0.02~0.20mm，表面常见凹坑等痕迹，可锥柱不对称歪晶，个别见黄粉色的锆石镶嵌在玫瑰色锆石凹坑中	光泽	弱金刚—似毛玻光泽
			透明度	透明—半透明
			包裹体	多见黑色固相包体及气液包体
			粒径/mm	0.02~0.25为主，0.25~0.5少
磷灰石	10.2	无色，半自形次浑圆柱状粒状，透明，玻—似毛玻光泽，中硬度0.02~0.30，长宽比值为(1.2：1)~(2.3：1)	伸长系数	1.2~2.5为主，2.5~5.0少
			聚形组成：隐约可见(110)(100)(311)(131)及(111)	
黄铁矿	微量	浅铜黄色，棱角块状，不透明，金属光泽，高硬度0.02~0.10	标型矿物晶型	
绿帘石	微量	黄绿色，棱角块状，透明，玻璃光泽，高硬度0.02~0.10	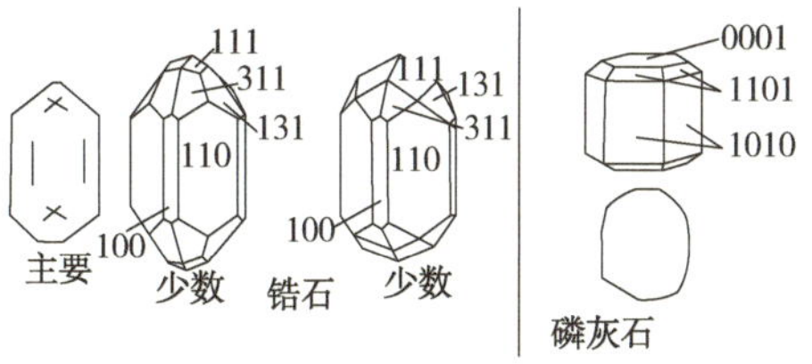	
铬铁矿	少量	黑色，棱角块状，微透明，沥青光泽，高硬度0.02~0.40		
赤褐铁矿	153.56	黑褐色、褐红色，棱角块状，不透明，金属光泽，中高硬度0.02~0.40		
磁铁矿	10150	黑色，棱角块状、半自形八面体状，不透明，金属光泽，高硬度0.02~0.20，部分表面与蚀变矿物粘连		
其他	24.76	黑云母、长石等		

注：分析用量5.74kg

五、大朝阳单元中细粒二长闪长玢岩($K_1\eta\delta\mu Yd$)

(一) 岩石学特征

该单元仅在矿山岩体东部边缘谷家台子一带有所出露，基岩露头较少。侵入体整体呈北北东向展布，周围均被第四系覆盖。

大朝阳单元岩性为中细粒辉石二长闪长岩，岩石呈灰白、浅肉红色，半自形粒状结构，块状构造，主要矿物含量为斜长石46%~68%、钾长石10%~19%，辉石小于9%。副矿物主要为榍石、磷灰石等。

斜长石：分为两期，早期半自形板粒状，正常环带构造发育，An35~41#，晚期呈他形不规则状，分布于早期斜长石等自形矿物的间隙中。

钾长石：粒状，粒径约 0.5mm，普遍有高岭石化。

辉石：普通辉石，粒状，粒径 0.5~1mm，均匀分布。

（二）副矿物特征

大朝阳岩体中的副矿物主要有磁铁矿、磷灰石、榍石、金红石，少量的锆石、黄铁矿、黄铜矿及钛铁矿等，矿物组合为磁铁矿—磷灰石—榍石—金红石类型。

六、最新研究进展

段壮(2019)在研究过程中分别选取了莱芜矿山岩体中闪长岩和石英闪长岩、角峪岩体中闪长岩和二长岩、金牛山岩体中闪长岩及铁铜沟岩体中二辉辉石岩进行岩相学观察，光学显微镜照片如图 3-1-1 所示。

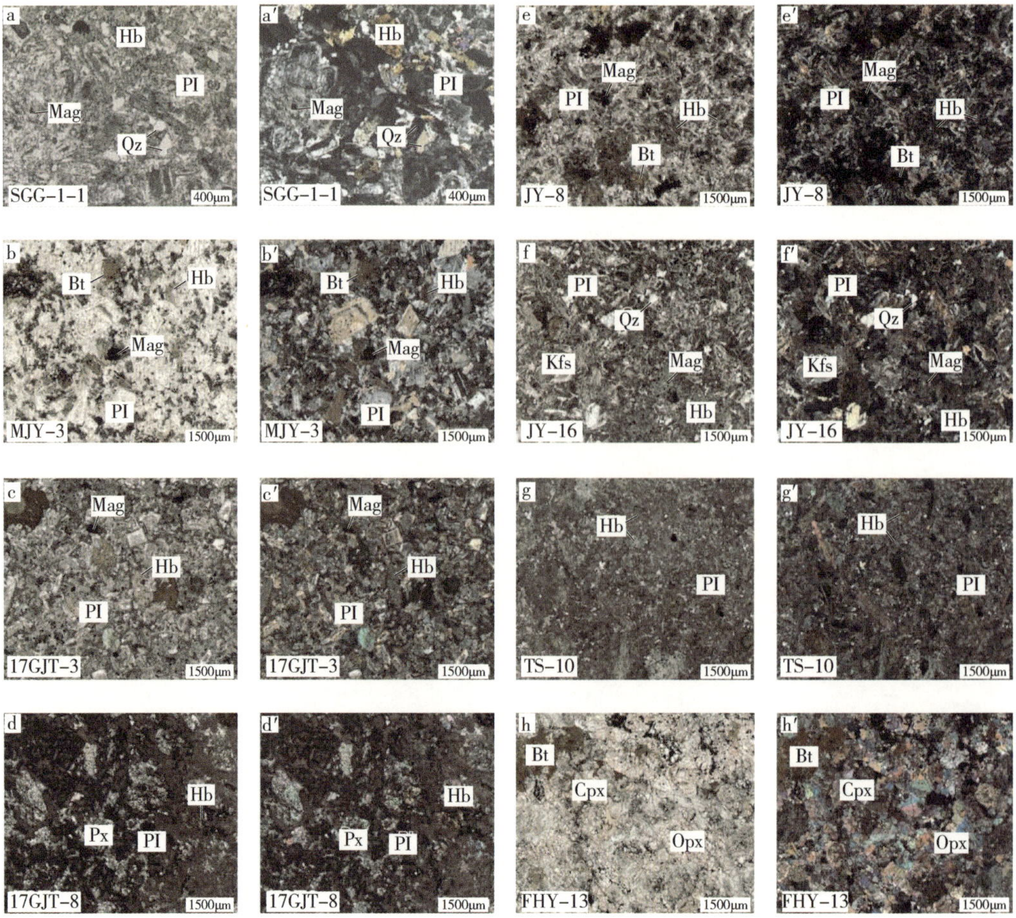

图 3-1-1　莱芜地区闪长岩、二长岩及辉石岩样品镜下显微照片(段壮，2019)

矿山岩体以闪长岩为主，岩石为半自形—自形粒状结构，主要矿物为斜长石、角闪石、黑云母、辉石、钾长石，少量石英，含有磁铁矿、磷灰石、榍石和锆石等副矿物。根据其中矿物组合及含量的不同分为石英闪长岩[图3-1-1(a)(a′)]、黑云母闪长岩[图3-1-1(b)(b′)]、角闪闪长岩[图3-1-1(c)(c′)]和辉石闪长岩[图3-1-1(d)、(d′)]。

角峪岩体中闪长岩具半自形—自形粒状结构，由斜长石(60%)、角闪石(15%)、黑云母(15%)及少量钾长石和辉石组成，副矿物为磁铁矿、磷灰石和锆石等[图3-1-1(e)(e′)]；二长岩由斜长石(约40%)、钾长石(约30%)、角闪石(约15%)及少量石英和黑云母(约15%)组成[图3-1-1(f)(f′)]。

金牛山岩体中闪长岩由斜长石(60%)、角闪石(30%)及少量黑云母、辉石和钾长石组成[图3-1-1(g)(g′)]。

铁铜沟岩体以辉石闪长岩为主，该岩性的主要组成矿物为斜长石和角闪石，其次为辉石、黑云母及少量石英和钾长石(杨承海等，2006)。本次研究采集分布于铁铜沟凤凰峪的二辉石岩样品，该类样品主要由单斜辉石和斜方辉石组成，其中分布约10%的黑云母和角闪石[图3-1-1(h)(h′)]。

第二节　岩石地球化学特征

一、东明生单元中细粒辉石闪长岩($K_1\delta Yd$)

(一)岩石化学特征

岩石化学成分及特征参数如表3-2-1、表3-2-2所示，其中SiO_2含量为54.78%~57.81%，为中性岩；Al_2O_3含量15.53%~16.06%，全碱(K_2O+Na_2O)含量6.56%~7.45%，MgO含量4.59%~5.72%，全铁($FeO+Fe_2O_3$)含量1.78%~7.69%，一件样品为1.78%，与中国主要岩浆岩平均化学成分(黎彤)闪长岩类相比较，化学成分基本相当，但MgO含量偏高，TiO_2偏低。σ(里特曼指数)为2.91~4.2，*A.R*(碱度率)1.71~2.05，*A/CNK*(过铝指数)0.60~0.75，属于偏铝质钙碱性岩石；*DI*(分异指数)54.86~61.57，*SI*(固结指数)26.09~35.5，*FL*(长英质指数)42.57~55.19，反映岩石分离结晶程度中等，分异较差；*OX*(氧化率)0.59~0.61，表明岩浆侵位较浅。

在A-P-Q图解上，投点位于闪长岩、二长闪长岩区域(图3-2-1)。

综上所述：东明生单元岩体为结晶、分异较差、侵位较浅的一套偏铝质碱钙性岩石，属闪长岩类。

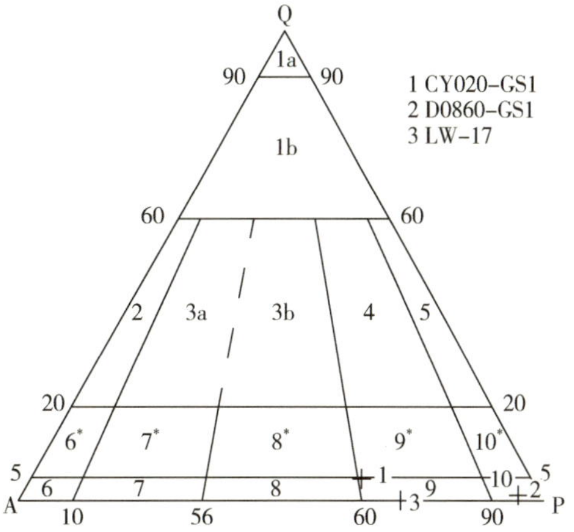

图3-2-1　东明生单元A-P-Q图解

表 3-2-1　莱芜地区中生代侵入岩化学成分一览表

%

序列	单元	产地	样号	岩性	含量															
					SiO_2	TiO_2	Al_2O_3	Fe_2O_3	FeO	MnO	MgO	GaO	Na_2O	K_2O	P_2O_5	H_2O^-	H_2O^+	SO_3	CO_2	LOS	总量
沂南	大朝阳	角峪	LW-12	二长闪长岩	65.29	0.43	16.42	3.08		0.03	1.91	2.34	6.31	3.33	0.15					0.7	99.99
	核桃园	莱芜	D0802-GS1	角闪石英闪长岩	62.96	0.35	15.8	2.15	1.12	0.046	2.87	4.11	4.09	3.49	0.18		0.92			2.44	100.526
		角峪	LW-7		61.94	0.65	16.14	4.28		0.03	2.55	3.84	5.42	3.28	0.25					1.42	99.8
			LW-9		61.33	0.52	16.44	4.66		0.04	2.21	3.18	5.34	3.74	0.21					2.18	99.85
			CY023-GS1		61.01	0.69	17.66	1.18	1.1	0.042	2.26	5.65	9	0.33	0.28		0.41			1.15	100.7
		耿公清	CY011-GS1		62.87	0.48	15.06	1.76	1.87	0.05	4.32	4.39	5.15	2.71	0.13	0.88	0.92		0.05		100.6
	靳家桥	金牛山	1	角闪闪长玢岩	62.58	0.43	15.91	2.48	1.55	0.14	4.18	2.51	6.23	0.83	0.34		3.1				100.2
			2		58.68	0.48	15.21	2.46	1.55	0.1	5.62	4.36	6.66	0.61	0.35		2.56				98.6
	上水河	孟家峪西北	CY005-GS1	角闪闪长岩	58.16	0.52	16.19	3.14	2.16	0.07	5.42	6.59	3.64	2.18	0.21	1.18	0.75	0.02	0.14		99.6
		角峪	L8142-D4211-GS1		58.46	0.76	16.01	3.33	2.67	0.08	4.47	3.92	4.97	3.18	0.28	1.47	0.6	0.03			100.2
		莱矿医院	CY012-GS1		59.82	0.63	15.99	1.17	1.87	0.07	4.24	7.31	4.06	3.36	0.18	0.93	0.83		0.05		100.5
	东明生	莱芜	D0860-GS1	辉石闪长岩	57.81	0.66	16.06	0.62	1.16	0.063	4.59	8.85	6.11	0.45	0.15		0.66			2.9	100.0
			CY020-GS1		57.43	0.57	15.72	3.12	1.77	0.052	5.72	5.93	3.95	3.19	0.25		0.57			1.64	99.9
		角峪	LW-10		56.27	0.62	15.53	7.31		0.06	5.21	6.05	6.85	0.6	0.27					1.14	99.91
		角峪	LW-17		54.78	0.73	15.56	7.69		0.1	5.33	6.24	4.64	2.39	0.28					2.2	99.94

表 3-2-2 莱芜地区中生代侵入岩化学成分特征参数一览表

序列	单元	产地	样号	岩性	σ	A. R	DI	SI	FL	MF	M/F	OX	A/CNK
沂南	大朝阳	角峪	LW-12	二长闪长岩	4. 17	3. 11	82. 62	13. 06	80. 47	61. 72	1. 24	0. 52	0. 90
	核桃园	莱芜	D0802-GS1	角闪石英闪长岩	2. 88	2. 23	70. 76	20. 92	64. 84	53. 26	1. 65	0. 57	0. 87
		角峪	LW-7		4	2. 54	74. 02	16. 42	69. 38	62. 66	1. 17	0. 55	0. 82
			LW-9		4. 5	2. 72	75. 83	13. 86	74. 06	67. 83	0. 93	0. 54	0. 88
			CY023-GS1		4. 83	2. 33	75. 86	16. 29	62. 28	50. 22	1. 87	0. 53	0. 691
		耿公清	CY011-GS1		3. 11	2. 36	69. 08	27. 32	64. 16	45. 67	2. 18	0. 57	0. 77
	靳家桥	金牛山	1	角闪闪长玢岩	2. 55	2. 24	71. 4	27. 37	73. 77	49. 09	1. 86	0. 51	1. 01
			2		3. 37	2. 18	64. 72	33. 25	62. 51	41. 64	2. 62	0. 52	0. 77
	上水河	孟家峪西北	CY005-GS1	角闪闪长岩	2. 23	1. 69	52. 18	32. 75	46. 9	49. 49	1. 89	0. 63	0. 79
		角峪	L8142-D4211-GS1		4. 3	2. 38	65. 01	24	67. 52	57. 32	1. 39	0. 57	0. 85
		莱矿医院	CY012-GS1		3. 27	1. 93	60. 41	28. 84	50. 37	41. 77	2. 56	0. 58	0. 67
	东明生	莱芜	D0860-GS1	辉石闪长岩	2. 91	1. 71	57. 25	35. 5	42. 57	27. 94	4. 56	0. 61	0. 60
			CY020-GS1		3. 53	1. 98	56. 7	32. 23	54. 63	46. 09	2. 15	0. 6	0. 75
		角峪	LW-10		4. 18	2. 05	61. 57	26. 09	55. 19	58. 39	1. 39	0. 59	0. 67
			LW-17		4. 2	1. 95	54. 86	26. 58	52. 98	59. 06	1. 36	0. 6	0. 72

（二）地球化学特征

1. 微量元素特征

微量元素含量如表 3-2-3 所示，与维氏中性岩相比，造岩碱性元素偏低或者接近；高温成矿元素 Zr、Mo、Nb 偏低，Hf 偏高；第一过渡元素除 V 偏低外，均明显偏高；亲硫重金属元素除 Zn 偏低，其他均接近；Ag 元素偏高，Th 元素偏低。在微量元素蛛网(图 3-2-2)上，大离子亲石元素 Rb 亏损、Ba 富集；高场强元素 Nb、Ta 明显负异常，说明岩浆源区有地壳物质参与，Zr、Hf 无异常或正异常，说明源区锆石类矿物不稳定；Sr 元素明显正异常，说明源区长石类矿物不稳定。Y、Yb 元素含量较低，说明石榴石在源区稳定存在。

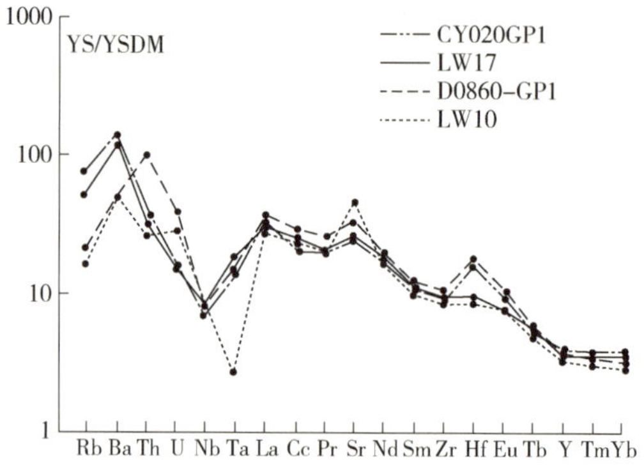

图 3-2-2　东明生单元微量元素蛛网图

2. 稀土元素特征

稀土元素含量及参数如表 3-2-4 所示。稀土总量 $\sum REE=122.6\times10^{-6}\sim149.7\times10^{-6}$，$\sum LREE=92.76\times10^{-6}\sim121.64\times10^{-6}$，$\sum HREE=25.96\times10^{-6}\sim30.07\times10^{-6}$，轻稀土含量明显高于重稀土；$\delta Eu=0.87\sim1.14$，Eu 异常不明显，说明长石类矿物在源区不稳定；$(La/Yb)_N=8.44\sim11.01$，$(Ce/Yb)_N=6.65\sim8.55$，说明稀土元素分异程度明显；$(La/Sm)_N=2.67\sim2.98$，说明轻稀土元素富集，轻稀土之间具明显分异。在稀土配分曲线(图 3-2-3)上，东明生单元表现为右缓倾斜，轻稀土分馏，重稀土分馏不明显，Eu 异常不明显，为轻稀土富集型。

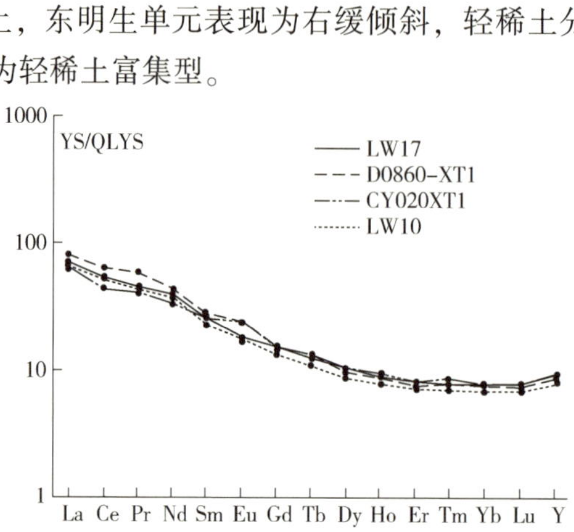

图 3-2-3　东明生单元稀土元素配分曲线

表 3-2-3 莱芜地区中生代侵入岩微量元素一览表

×10^{-6}

微量元素	沂南											
	大朝阳	核桃园				靳家桥		上水河	东明生			
	LW-12	D0802-GS1	LW-7	LW-9	CY023-GS1	1	2	CY005-GS1	D0860-GP1	CY020-GS1	LW-10	LW-17
	角峪	莱芜	角峪			金牛山		孟家峪	莱芜		角峪	
	二长闪长岩	角闪石英闪长岩				角闪闪长玢岩		角闪闪长岩	辉石闪长岩			
Rb	40. 32	48. 35	28. 04	35. 12	5. 15	43. 00	84. 00	32. 32	13. 94	44. 18	10. 39	34. 02
Sr	379. 00	593	529. 0	561. 00	916	544. 0	568. 0	738. 50	707	496	1026. 0	563. 00
Ba	1193. 0	1272	1093. 0	1224. 0	254	864. 0	1090. 0	260. 60	360	1152	364. 00	824. 00
Ga		17. 74			18. 04			20. 14	18. 34	23. 42		
Nb	7. 53	4. 64	8. 56	7. 00	7. 01			4. 27	5. 91	4. 09	5. 21	5. 77
Ta	0. 37	0. 62	0. 59	0. 21	0. 66			0. 28	0. 63	0. 56	0. 11	0. 77
Zr	188. 9	123	187. 1	157. 40	162	84. 00	118. 00	48. 90	118	107	94. 10	110. 10
Hf	5. 08	5. 34	5. 11	4. 27	5. 91			1. 94	5. 73	5. 58	2. 59	3. 03
Th	4. 65	4. 8	3. 57	3. 58	7. 6			3. 27	8. 7	2. 5	2. 29	2. 73
V	54. 80	77. 09	98. 10	87. 10	80. 74	216. 0	94. 00	169. 00	82. 59	169	142. 40	179. 90
Cr	45. 00	130	49. 00	49. 80	50. 57	57. 52	154. 00	230. 70	216	240	118. 90	184. 90
Co	5. 94	6. 57	6. 92	11. 90	6. 22	20. 76	14. 00	17. 62	6. 7	13. 56	20. 60	23. 05
Ni		42. 21			14. 45	27. 32	51	74. 57	39. 04	75. 33		
Li		13. 97			16. 23	26. 00	12. 00	23. 65	27. 33	9. 65		
Sc		8. 67			14. 97			21. 54	19. 64	20. 06		
U	1. 18	0. 58	0. 52	0. 47	0. 77			0. 45	0. 91	0. 41	0. 62	0. 42
P		787			1269			2124. 00	282	1046		

续表

微量元素	沂南											
	大朝阳	核桃园				靳家桥		上水河	东明生			
	LW-12	D0802-GS1	LW-7	LW-9	CY023-GS1	1	2	CY005-GS1	D0860-GP1	CY020-GS1	LW-10	LW-17
	角峪	莱芜	角峪			金牛山		孟家峪	莱芜		角峪	
	二长闪长岩	角闪石英闪长岩				角闪闪长玢岩		角闪闪长岩	辉石闪长岩			
单元	大朝阳	核桃园				靳家桥		上水河	东明生			
样号	LW-12	D0802-GP1	LW-7	LW-9	CY023-GP1	1	2	CY005-GP1	D0860-GP1	CY020-GP1	LW-10	LW-17
产地	角峪	莱芜	角峪			金牛山		孟家峪	莱芜		角峪	
名称	二长闪长岩	角闪石英闪长岩				角闪闪长玢岩		角闪闪长岩	辉石闪长岩			
Cu		5.61			12.52	119.9	186	38.69	7.56	10.05		
Zn		25.07			25.11	147.4	60	28.87	24.61	28.51		
As		3.41			1.36	8.4	13.63	9.82	2.72	3.55		
Sn		0.85			1.19	1.7	2.6	1.20	1.58	0.89		
Sb		0.21			0.13	0.87	2.12	0.22	0.24	0.24		
Bi		0.11			0.06	0.36	0.84	0.02	0.12	0.11		
Pb	4.16	12.69	4.39	4.11	31.12	195.5	74.00	13.25	15.97	11.08	2.32	7.03
Mo		0.13			0.15	0.75	1.77	0.65	0.12	0.21		
Au		0.73			0.89			0.80	0.67	1.91		
Ag		74			92	212.9	728	0.08	79	53		
Hg		2.7			2.95			8.23	3.55	4.3		
Be		1.65			1.51	3.63	2.9	1.23	1.28	1.14		

表 3-2-4 莱芜地区中生代侵入岩稀土元素一览表

×10⁻⁶

微量元素	沂南												
	大朝阳	核桃园				靳家桥		上水河		东明生			
	LW-12	D0802-XT1	LW-7	CY023-XT1	CY011-XT1	1	2	CY005-GS1	L8142-D4211-GS1	D0860-XT1	CY020-XT1	LW-10	LW-17
	角峪	莱芜	角峪		耿公清	金牛山		孟家峪	角峪	莱芜		角峪	
	二长闪长岩	角闪石英闪长岩				角闪闪长玢岩		角闪闪长岩		辉石闪长岩			
La	24. 90	23. 32	24. 22	30. 63	16. 80	22. 77	25. 4	15. 37	27. 66	26. 3	23. 28	20. 19	21. 55
Ce	53. 13	39. 87	51. 36	59. 68	36. 29	40. 58	47. 30	28. 87	52. 52	53. 26	37. 07	42. 92	44. 24
Pr	6. 40	5. 02	7. 03	8. 35	4. 73	4. 70	5. 50	3. 89	7. 23	7. 34	5. 14	5. 53	5. 81
Nd	24. 27	18. 12	30. 02	32. 07	19. 51	19. 25	22. 60	16. 78	29. 74	27. 34	20. 86	23. 25	25. 15
Sm	3. 93	3. 94	5. 59	6. 62	3. 95	4. 35	4. 05	3. 27	5. 43	5. 55	5. 05	4. 50	5. 07
Eu	1. 05	1. 28	1. 27	1. 72	1. 18	1. 29	1. 05	1. 08	1. 51	1. 85	1. 36	1. 32	1. 36
Gd	2. 95	2. 73	4. 31	5. 22	3. 16	4. 22	3. 05	2. 76	4. 49	4. 05	3. 77	3. 59	4. 21
Tb	0. 45	0. 49	0. 65	0. 8	1. 45	0. 52	0. 29	0. 41	0. 65	0. 65	0. 65	0. 53	0. 61
Dy	2. 63	2. 42	3. 82	4. 15	0. 50	2. 77	1. 53	2. 25	3. 43	3. 19	3. 4	2. 95	3. 43
Ho	0. 51	0. 5	0. 72	0. 82	2. 98	0. 56	0. 24	0. 45	0. 66	0. 64	0. 69	0. 57	0. 65
Er	1. 49	1. 2	1. 99	2. 11	0. 54	1. 54	0. 67	1. 24	1. 84	1. 6	1. 71	1. 51	1. 79
Tm	0. 24	0. 22	0. 30	0. 33	1. 56	0. 21	0. 08	0. 19	0. 26	0. 27	0. 29	0. 23	0. 26
Yb	1. 58	1. 26	1. 90	1. 95	0. 24	1. 33	0. 61	1. 19	1. 62	1. 61	1. 68	1. 44	1. 72
Lu	0. 26	0. 2	0. 30	0. 28	0. 25	0. 20	0. 08	0. 18	0. 25	0. 24	0. 26	0. 22	0. 26
Y	14. 36	12. 64	19. 14	20. 68	14. 06	14. 91	7. 64	11. 82	17. 30	15. 84	17. 46	14. 92	17. 14
δEu	0. 90	1. 13	0. 76	0. 86	0. 98	0. 90	0. 87	1. 07	0. 91	1. 14	0. 91	0. 97	0. 87
ΣREE	138. 1	113. 2	152. 6	175. 41	107. 2	119. 2	120. 0	89. 7	154. 5	149. 7	122. 6	123. 6	133. 2
ΣLREE	113. 68	91. 55	119. 49	139. 07	82. 46	92. 94	105. 9	69. 25	124. 08	121. 64	92. 76	97. 71	103. 18
ΣHREE	24. 47	21. 66	33. 13	36. 34	24. 74	26. 26	14. 19	20. 492	30. 49	28. 09	29. 91	25. 96	30. 07
$(La/Yb)_N$	10. 62	12. 47	8. 59	10. 59	47. 19	11. 54	28. 07	8. 70	11. 48	11. 01	9. 34	9. 45	8. 44
$(Ce/Yb)_N$	8. 69	8. 18	6. 99	7. 91	39. 11	7. 89	20. 05	6. 27	8. 37	8. 55	5. 70	7. 70	6. 65
$(Sm/Eu)_N$	2. 49	3. 25	3. 07	3. 90	2. 60	3. 59	8. 35	2. 93	3. 58	3. 81	3. 20	3. 37	3. 22
$(La/Sm)_N$	3. 98	3. 72	2. 72	2. 91	2. 67	3. 29	3. 94	2. 96	3. 20	2. 98	2. 89	2. 82	2. 67

二、上水河单元细粒角闪闪长岩($K_1\delta Ys$)

(一) 岩石化学特征

岩石化学成分及特征参数如表 3-2-1、表 3-2-2 所示，其中 SiO_2 含量为 58.16%~59.82%，为中性岩；Al_2O_3 含量 15.99%~16.19%，全碱(K_2O+Na_2O)含量 5.82%~8.15%，MgO 含量 4.24%~5.42%，全铁($FeO+Fe_2O_3$)含量 3.04%~6.00%，与中国主要岩浆岩平均化学成分(黎彤)闪长岩类相比较，SiO_2、MgO、全碱含量偏高；TiO_2、Al_2O_3、全铁、MnO 偏低。σ(里特曼指数)为 2.23~4.3，*A. R*(碱度率)1.69~2.38，*A/CNK*(过铝指数)0.67~0.85，属于偏铝质钙碱性岩石；*DI*(分异指数)52.18~65.01，*SI*(固结指数)24~32.75，*FL*(长英质指数)46.9~67.52，反映岩石分离结晶程度中等，分异较好；*OX*(氧化率)0.57~0.63，表明岩浆侵位中等。

在 A-P-Q 图解上，投点位于二长闪长岩、石英二长闪长岩区域(图 3-2-4)。

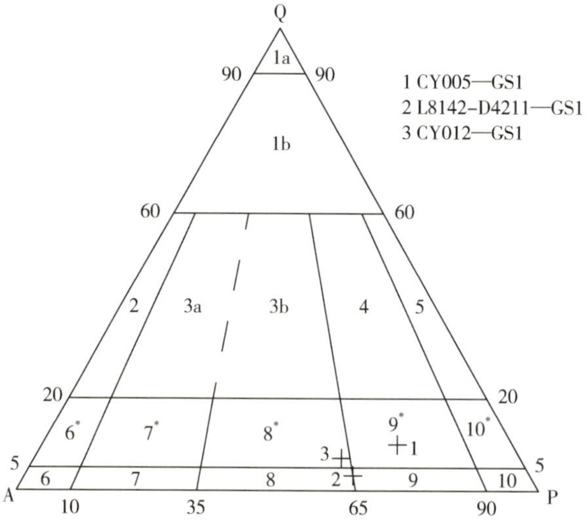

图 3-2-4　上水河单元 A-P-Q 图解

综上所述：上水河岩体为结晶、分异、侵位中等的一套偏铝质钙碱性岩石，属闪长岩类。

(二) 地球化学特征

1. 微量元素特征

微量元素含量如表 3-2-3 所示，与维氏中性岩相比，造岩碱性元素 Rb、Sr 偏低，高温成矿元素 Nb、Ta 偏低，第一过渡元素 V、Cr、Co 偏高，亲硫重金属元素 Cu、Zn 偏高。在微量元素蛛网(图 3-2-5)上，大离子亲石元素 Rb、Sr、Ba、U 明显富集，高场强元素 Nb、Ta 明显亏损，指示地壳物质参与，Zr、Hf 元素不明显负异常，说明锆石类矿物的早期结晶。Sr 正异常明显，说明源区长石类矿物不稳定。相比较 Y、Yb 元素含量较低，说明石榴石在源区稳定存在。

2. 稀土元素特征

稀土元素含量及参数如表 3-2-4 所示。稀土总量 $\sum REE = 89.7\times10^{-6} \sim 154.5\times10^{-6}$，$\sum LREE = 69.25\times10^{-6} \sim 124.08\times10^{-6}$，$\sum HREE = 20.492\times10^{-6} \sim 30.49\times10^{-6}$，轻稀土含量明显高于重稀土的；$\delta Eu = 0.91 \sim 1.07$，Eu 异常不明显；$(La/Yb)_N = 8.70 \sim 11.48$，$(Ce/Yb)_N = 6.27 \sim 8.37$，反映了稀土元素具明显分异；$(La/Sm)_N = 2.96 \sim 3.20$，轻稀土元素富集，轻稀土之间具明显分馏。在稀土配分曲线(图 3-2-6)上，上水河岩体表现为右缓倾斜，轻稀土分馏，重稀土分馏较弱，Eu 异常不明显，为轻稀土富集型。

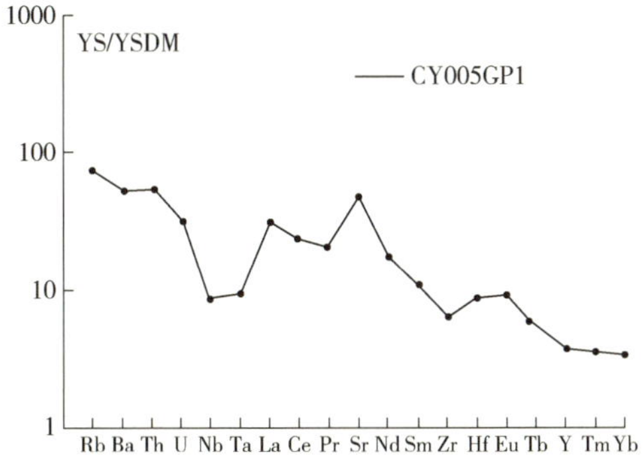

图 3-2-5 上水河岩体微量元素蛛网图

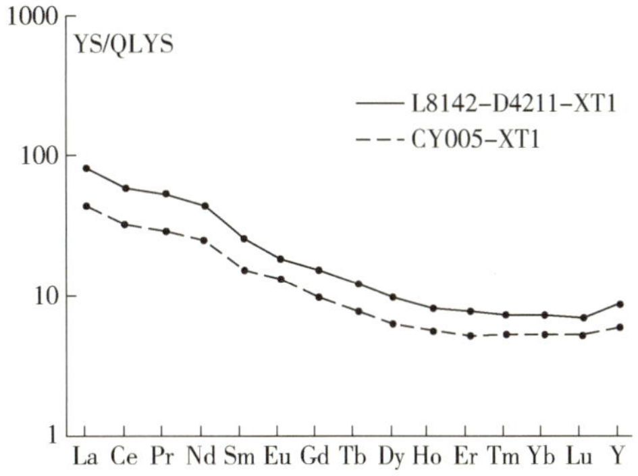

图 3-2-6 上水河岩体稀土元素配分曲线

三、靳家桥单元角闪闪长玢岩($K_1\delta\mu Yj$)

(一) 岩石化学特征

岩石化学成分及特征参数如表 3-2-1、表 3-2-2 所示，其中 SiO_2 含量为 58.68%、62.58%，为中性岩；Al_2O_3 含量 15.21%、15.91%，全碱(K_2O+Na_2O)含量 7.06%、7.27%，MgO 含量 4.18%、5.26%，全铁($FeO+Fe_2O_3$)含量 4.01%、4.03%，与中国主要岩浆岩平均化学成分(黎彤)闪长岩类相比较，SiO_2、MgO、全碱含量偏高；TiO_2、Al_2O_3、全铁、MnO 偏低。σ(里特曼指数)为 2.55、3.37，*A.R*(碱度率)2.18、2.24，*A/CNK*(过铝指数)0.77、1.01，属于偏铝质钙碱性岩石；*DI*(分异指数)64.72、71.4，*SI*(固结指数)27.37、33.25，*FL*(长英质指数)62.51、73.77，反映岩石分离结晶程度较好，分异一般；*OX*(氧化率)0.51、0.52，表明岩浆侵位中等。

在 A-P-Q 图解上，投点位于闪长岩、石英闪长岩区域(图 3-2-7)。

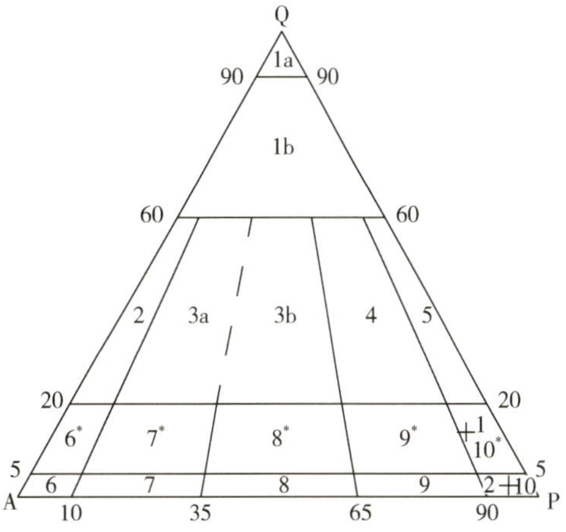

图 3-2-7 靳家桥单元 A-P-Q 图解

综上所述：靳家桥岩体为分离结晶较好，分异一般，侵位中等的一套偏铝质钙碱性岩石，属闪长岩类。

（二）地球化学特征

1. 微量元素特征

微量元素含量如表3-2-3所示，与维氏中性闪长岩相比，造岩碱性元素Rb、Sr、Ba偏低；第一过渡元素Cr、Co偏高，Ni偏低；亲硫重金属元素As、Sb、Pb、Bi均偏高。

2. 稀土元素特征

稀土元素含量及参数如表3-2-4所示。稀土总量$\sum REE=119.2\times10^{-6}$、$120.0\times10^{-6}$，$\sum LREE=92.94\times10^{-6}$、$105.9\times10^{-6}$，$\sum HREE=14.19\times10^{-6}$、$26.26\times10^{-6}$，轻稀土含量明显高于重稀土的；$\delta Eu=0.87$、0.90，Eu负异常不明显；$(La/Yb)_N=11.54$、28.07，$(Ce/Yb)_N=7.89\sim20.05$，反映了稀土元素明显分异；$(La/Sm)_N=3.29$、3.94，轻稀土元素富集，轻稀土之间具明显分馏。在稀土配分曲线（图3-2-8）上，靳家桥岩体表现为右缓倾斜，轻稀土、重稀土均分馏，Eu负异常不明显，为轻稀土富集型。

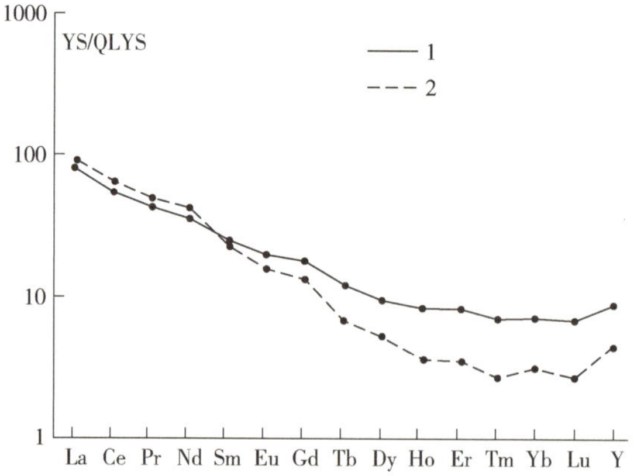

图3-2-8　靳家桥岩体稀土元素配分曲线

四、核桃园单元角闪石英闪长岩（$K_1\delta oYh$）

（一）岩石化学特征

岩石化学成分及特征参数如表3-2-1、表3-2-2所示，其中SiO_2含量为61.01%~62.96%，为中酸性岩；Al_2O_3含量15.06%~17.66%，全碱（K_2O+Na_2O）含量7.58%~9.33%，MgO含量2.21%~4.32%，全铁（$FeO+Fe_2O_3$）含量2.29%~4.66%，与中国主要岩浆岩平均化学成分（黎彤）闪长岩类相比较，SiO_2、Al_2O_3、全碱含量偏高；TiO_2、MgO、全铁、MnO偏低。σ（里特曼指数）为2.88~4.83，*A.R*（碱度率）2.23~2.72，*A/CNK*（过铝指数）0.691~0.88，属于偏铝质碱钙性岩石；*DI*（分异指数）69.08~75.86，*SI*（固结指数）13.86~27.32，*FL*（长英质指数）62.28~74.06，反映岩石分离结晶程度较

好，分异一般；*OX*(氧化率)0.53～0.57，表明岩浆侵位中等。

在 A-P-Q 图解上，投点位于石英二长闪长岩、石英二长岩区域(图 3-2-9)。

综上所述：核桃园单元为结晶、分异一般，侵位中等的一套偏铝质钙碱性岩石，属闪长岩-二长岩类。

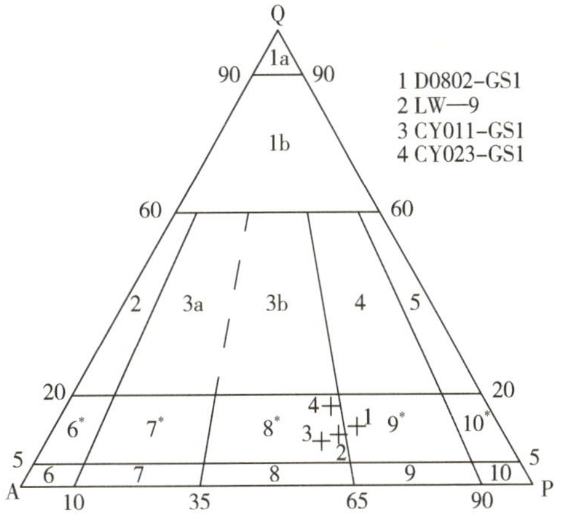

图 3-2-9　核桃园单元 A-P-Q 图解

(二) 地球化学特征

1. 微量元素特征

微量元素含量如表 3-2-3 所示，与维氏中性岩相比，个别样品异常，总体上造岩碱性元素 Li、Rb、Sr 偏低，Ba 偏高；第一过渡元素除 Sc 高外，V、Cr、Co、Ni 均低；高温成矿元素除 Hf 高外，Zr、Nb、Ta 均较低；亲硫重金属元素 Zn、Ga 较低。在微量元素蛛网(图 3-2-10)上，大离子亲石元素 Rb 亏损，Ba、Th、U 相对富集；高场强元素 Nb、Ta 相对亏损，说明岩浆有地壳物质参与，Zr、Hf 相对富集，说明锆石类矿物早期不稳定。Sr 正异常，说明长石类矿物早期不稳定。Y、Yb 含量较低且负异常，石榴石早期稳定存在。

2. 稀土元素特征

稀土元素含量及参数如表 3-2-4 所示。稀土总量 $\sum REE = 113.2\times10^{-6}\sim175.41\times10^{-6}$，$\sum LREE = 91.55\times10^{-6}\sim139.07\times10^{-6}$，$\sum HREE = 21.66\times10^{-6}\sim36.34\times10^{-6}$，轻稀土含量明显高于重稀土的；$\delta Eu = 0.76\sim1.13$，仅一件样品为正异常，其余样品 Eu 为弱负异常；$(La/Yb)_N = 8.59\sim47.19$，$(Ce/Yb)_N = 6.99\sim39.11$，反映了稀土元素明显分异；$(La/Sm)_N = 2.72\sim3.72$，轻稀土元素富集，轻稀土之间具有较明显分异。在稀土配分曲线(图 3-2-11)上，核桃园岩体表现为右缓倾斜，轻稀土分馏，重稀土分馏较弱，多数样品 Eu 弱负异常，为轻稀土富集型。

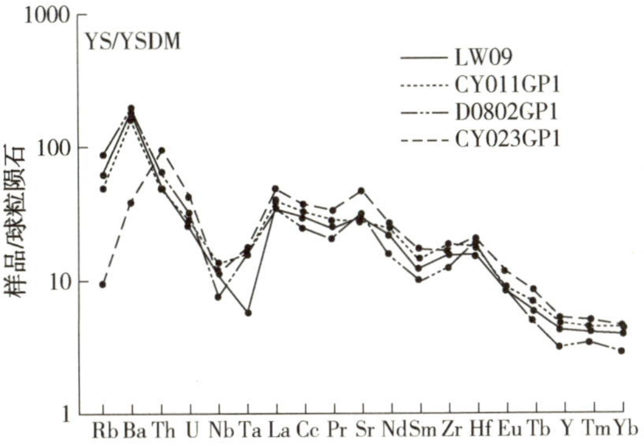

图 3-2-10　核桃园单元微量元素蛛网图

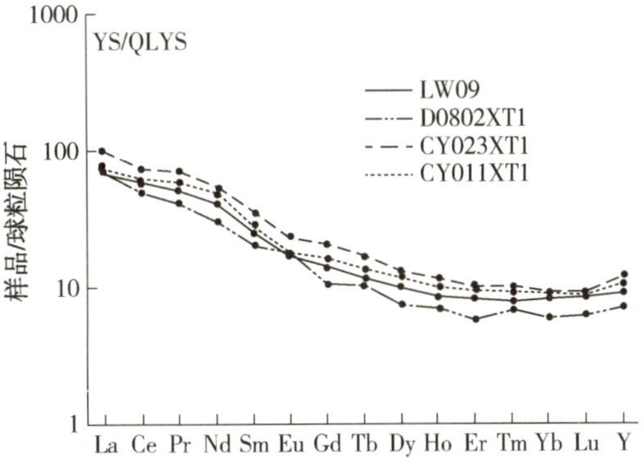

图 3-2-11　核桃园单元稀土元素配分曲线

五、大朝阳单元中细粒二长闪长玢岩($K_1\eta\delta\mu Yd$)

(一)岩石化学特征

岩石化学成分及特征参数如表 3-2-1 和表 3-2-2 所示,其中 SiO_2 含量为 65.29%,为酸性岩;Al_2O_3 含量 16.42%,全碱(K_2O+Na_2O)含量 9.64%,MgO 含量 1.91%,全铁($FeO+Fe_2O_3$)含量 3.08%。σ(里特曼指数)为 4.17,*A. R*(碱度率)3.11,*A/CNK*(过铝指数)0.90,属于偏铝质碱钙性岩石;*DI*(分异指数)86.62,*SI*(固结指数)13.06,*FL*(长英质指数)80.47,反映岩石分离结晶程度较好,分异较好;*OX*(氧化率)0.52,表明岩浆侵位中等。在 A-P-Q 图解上,投点位于石英二长岩区域。

综上所述:大朝阳单元为结晶、分异较好,侵位中等的一套偏铝质钙碱性岩石。

(二)地球化学特征

1. 微量元素特征

微量元素含量如表 3-2-3 所示。在微量元素蛛网(图 3-2-12)上,大离子亲石元素 Rb 负异常,Ba、Th 富集;高场强元素 Nb、Ta 明显负异常,说明岩浆源区有地壳物质参与,Zr、Hf 正异常,说明可能源区早期锆石类矿物不稳定;Sr 弱负异常,说明源区长石类矿物早期结晶。

2. 稀土元素特征

稀土元素含量及参数如表 3-2-4 所示:稀土总量 $\sum REE=138.1\times10^{-6}$,$\sum LREE=113.68\times10^{-6}$,$\sum HREE=24.47\times10^{-6}$,轻稀土含量明显高于重稀土的;$\delta Eu=0.90$,弱负 Eu 异常,说明长石类矿物早期结晶;$(La/Yb)_N=10.62$,$(Ce/Yb)_N=8.69$,反映了 LREE 和 HREE 的分异程度明显;$(La/Sm)_N=3.98$,轻稀土元素富集,轻稀土之间具明显分馏。在稀土配分曲线(图 3-2-13)上,大朝阳岩体表现为右缓倾斜,轻稀土分馏,重稀土分馏不明显,Eu 弱负异常,为轻稀土富集型。

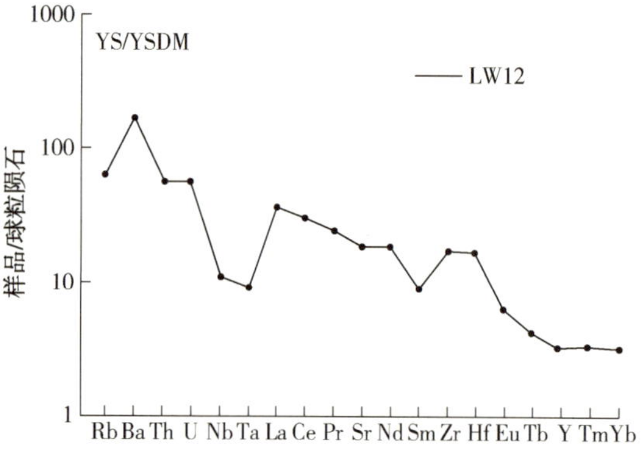

图 3-2-12 大朝阳岩体微量元素蛛网图

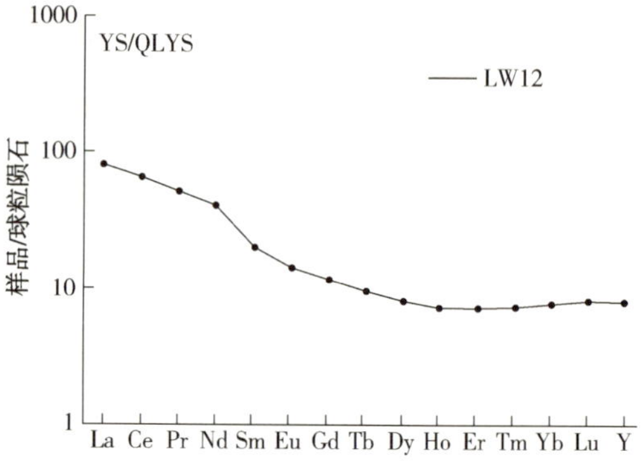

图 3-2-13 大朝阳岩体稀土元素配分曲线

（一）主微量元素特征

1. 主微量元素特征

段壮（2019）对莱芜地区中生代岩体开展过系统的研究，共采集矿山岩体闪长岩样品 12 件及石英闪长岩样品 2 件，角峪岩体闪长岩样品 2 件及二长岩样品 2 件，金牛山岩体闪长岩样品 3 件，铁铜沟岩体二辉辉石岩样品 3 件，并搜集引用了前人大量数据，发现研究区主微量元素特征显示均为碱性-钙碱性系列（图 3-2-14）。

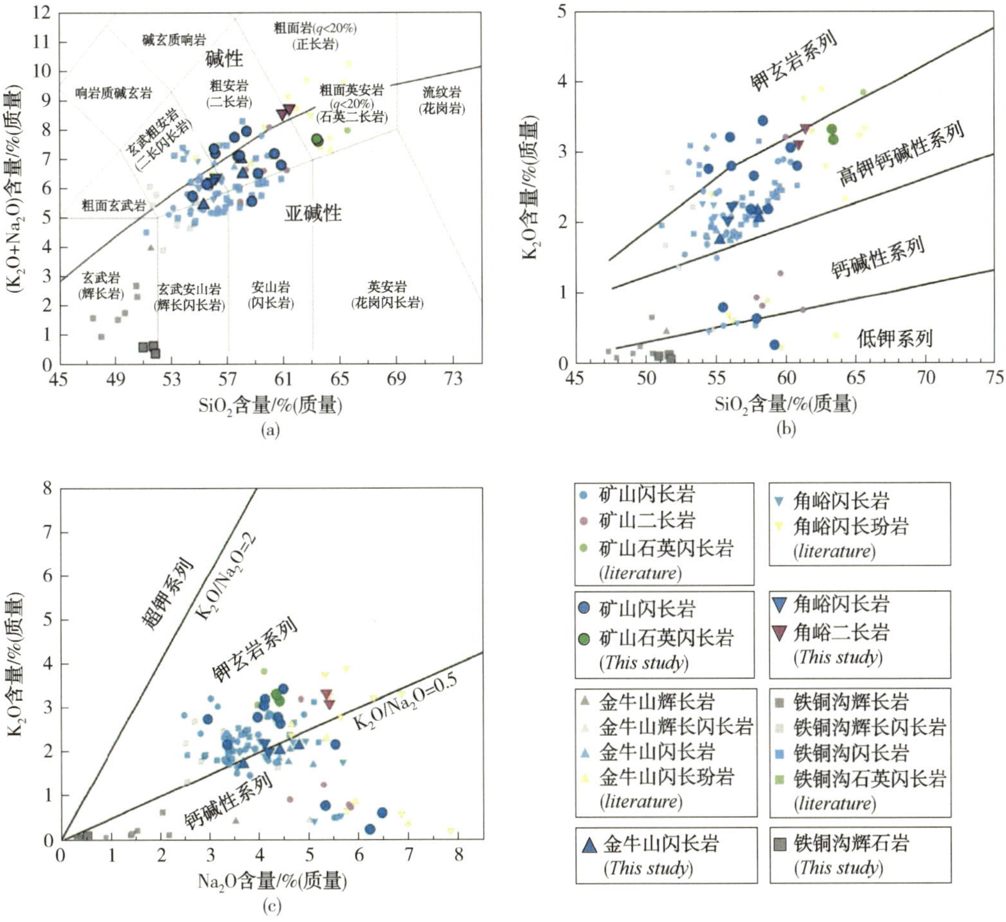

图 3-2-14　莱芜地区各侵入岩主微量元素地球化学图解

图中分类区域引自 Le Maitre（2002）。所引用数据来源：矿山岩体（陈立辉，2001；韩鎏，2014；Lan et al.，2019）；角峪岩体（陈立辉，2001；Xu et al.，2004a；Lan et al.，2019）；金牛山岩体（陈立辉，2001；Lan et al.，2019）；铁铜沟岩体（陈立辉，2001；王艳玲，2011；Yang et al.，2012a，b；Chen et al.，2013）。

矿山闪长岩及石英闪长岩的 SiO_2 含量为 54.52%～63.44%，全碱含量为 5.55%～7.92%，K_2O 含量为 0.26%～3.43%，K_2O/Na_2O 比值为 0.04～0.92，属钙碱性岩和高钾钙碱性岩。其 MgO 含量为 3.55%～7.87%，Mg#值为 63.16～82.82，Cr 和 Ni 含量较

高，分别为 $150\times10^{-6}\sim650\times10^{-6}$ 和 $20.7\times10^{-6}\sim274\times10^{-6}$。

角峪闪长岩的 SiO_2 含量为 55.91%～56.18%，全碱含量为 6.22%～6.34%，K_2O 含量为 2.02%～2.22%，K_2O/Na_2O 比值为 0.48～0.54，属亚碱性岩。其 MgO 含量为 4.27%～4.30%，Mg#值为 50.43～53.92，Cr 和 Ni 含量较高，分别为 $130\times10^{-6}\sim150\times10^{-6}$ 和 $39.6\times10^{-6}\sim49.7\times10^{-6}$。角峪二长岩的 SiO_2 含量为 60.91%～61.41%，全碱含量为 8.52%～8.69%，K_2O 含量为 3.10%～3.33%，K_2O/Na_2O 比值为 0.57～0.62，属偏碱性岩和高钾钙碱性岩。其 MgO 含量为 2.77%～2.98%，Mg#值为 61.24～61.43，Cr 和 Ni 含量较高，分别为 $50\times10^{-6}\sim60\times10^{-6}$ 和 $16.2\times10^{-6}\sim14.6\times10^{-6}$。

金牛山闪长岩的 SiO_2 含量为 55.32%～58.10%，全碱含量为 5.43%～6.97%，K_2O 含量为 1.74%～2.16%，K_2O/Na_2O 比值为 0.45～0.47，属亚碱性岩和高钾钙碱性岩。其 MgO 含量为 5.92%～7.34%，Mg#值为 62.70～64.42，Cr 和 Ni 含量较高，分别为 $350\times10^{-6}\sim420\times10^{-6}$ 和 $72.5\times10^{-6}\sim97.2\times10^{-6}$。

铁铜沟二辉辉长岩的 SiO_2 含量为 50.98%～51.86%，全碱含量为 0.42%～0.67%，K_2O 含量为 0.06%～0.12%，K_2O/Na_2O 比值为 0.17～0.22，属低钾亚碱性岩。其 MgO 含量为 18.6%～20.4%，Mg#值为 75.24～75.80，Cr 和 Ni 含量较高，分别为 $1510\times10^{-6}\sim1770\times10^{-6}$ 和 $371\times10^{-6}\sim423\times10^{-6}$。

2. 微量元素特征

矿山岩体、角峪岩体和金牛山岩体闪长质—二长质岩石具有相似的稀土分配模式，表现出轻稀土元素富集而重稀土元素相对亏损的特点。矿山闪长质岩石、角峪闪长—二长质岩石和金牛山闪长质岩石的 $(La/Yb)_N$ 分别为 7.83～15.72，7.83～15.72 和 8.78～10.38，而铁铜沟岩体辉石岩 $(La/Yb)_N$ 为 10.26～13.38，稀土配分模式平坦，相对亏损轻稀土，与前三者表现出较为明显的区别（图 3-2-15）。

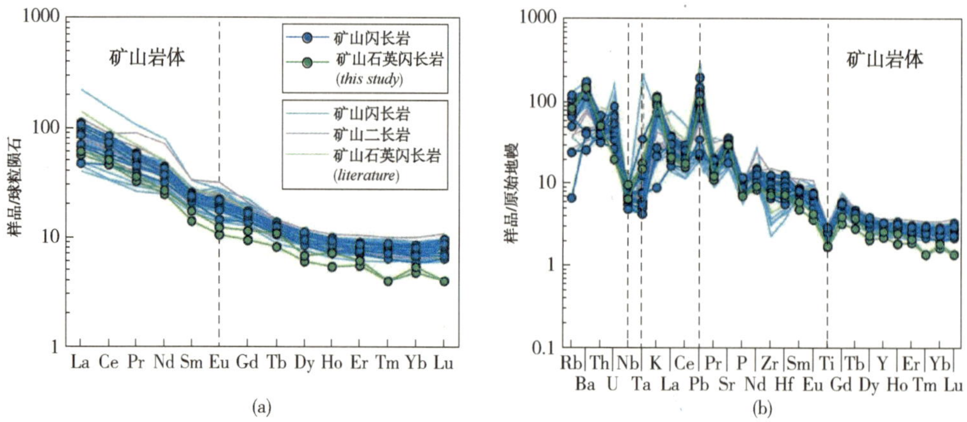

图 3-2-15　莱芜地区各侵入岩稀土元素球粒陨石标准化配分图（a，c，e，g）和微量元素原始地幔标准化蛛网图（b，d，f，h）

标准化数据引自 Sun and McDonough（1989），图中所引用数据来源同图 3-2-14 一致。

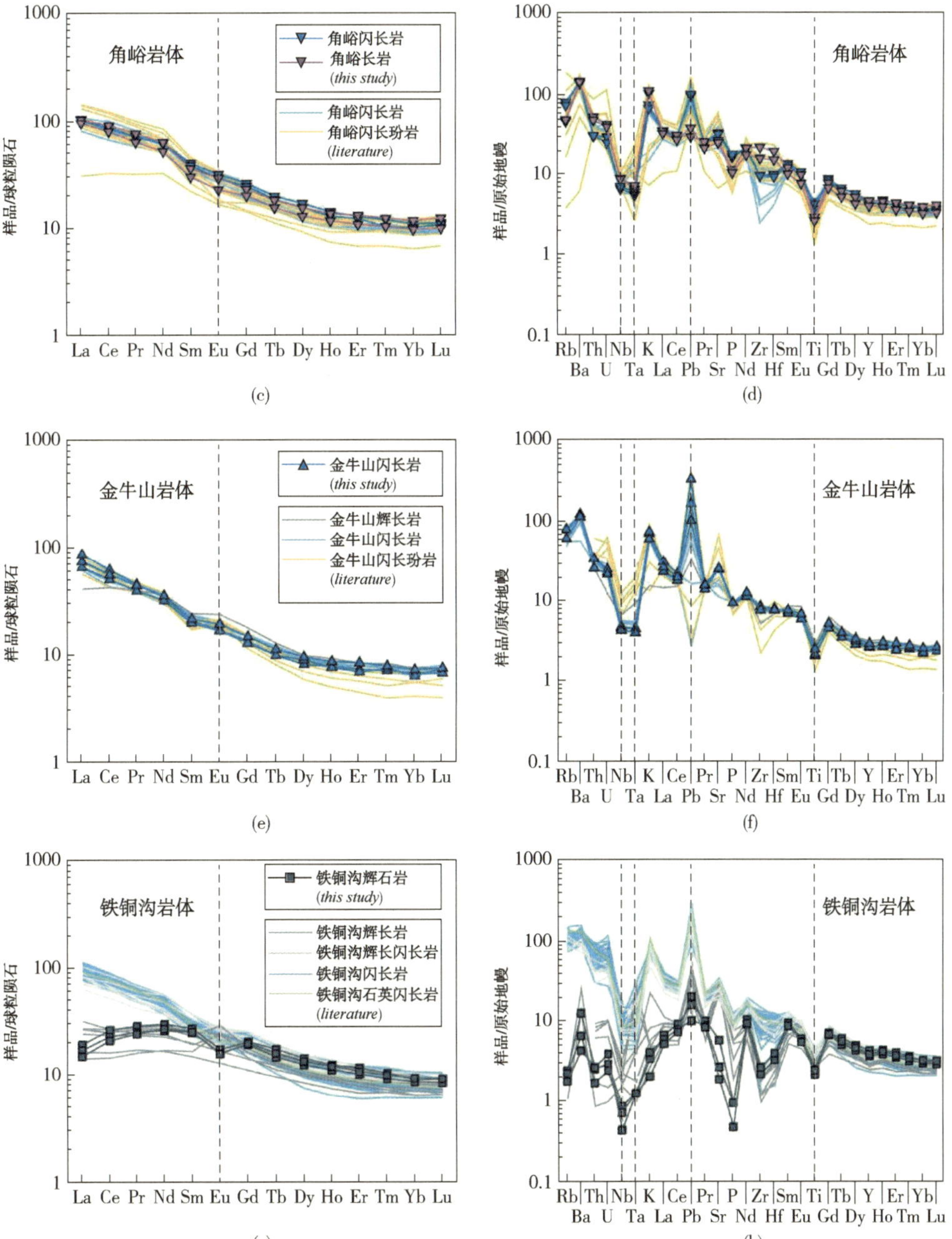

图 3-2-15　莱芜地区各侵入岩稀土元素球粒陨石标准化配分图(a，c，e，g)和微量元素原始地幔标准化蛛网图(b，d，f，h)(续)

标准化数据引自 Sun and McDonough(1989)，图中所引用数据来源同图 3-2-14 一致。

矿山岩体、角峪岩体和金牛山岩体闪长质—二长质中性岩 δEu 分别为 0.85～1.13，0.93～1.02 和 1.04～1.08，而铁铜沟辉长岩具有明显弱 Eu 负异常(δEu 为 0.70～0.74)。在微量元素原始地幔标准化图上，莱芜矿山、角峪和金牛山闪长质—二长质岩石和铁铜沟辉石岩均表现出明显的富集大离子亲石元素 LILE(如 Pb)，亏损高场强元素

HFSE(如 Nd、Ta、Ti)，而铁铜沟辉石岩不相容元素含量低于其他岩体的闪长质岩石样品，与前人报道的铁铜沟辉长岩的微量元素特征一致(图 3-2-15)。

(二) 全岩 Sr-Nd 同位素特征

全岩 Sr-Nd 同位素结果显示，矿山闪长岩的($^{87}Sr/^{86}Sr$)i 的比值介于 0.706445～0.707920，εNd(t)值则介于-17.68～-10.60，($^{87}Sr/^{86}Sr$)i 比值变化集中，而 εNd(t)值变化较大。角峪闪长岩的($^{87}Sr/^{86}Sr$)i 的比值为 0.705806，εNd(t)值为-14.87，角峪二长岩($^{87}Sr/^{86}Sr$)i 的比值为 0.706547，εNd(t)值为-15.27。金牛山两件闪长岩样品的($^{87}Sr/^{86}Sr$)i 的比值为 0.706257/0.705965，εNd(t)值分别为-14.44、-14.94。

(三) 锆石 Lu-Hf 同位素特征

本数据主要引自段壮(2019)和已报道的鲁西地区中—基性侵入岩中锆石 εHf(t)值数据，包括济南辉长岩、邹平辉长岩、莱芜矿山闪长岩、角峪辉长岩、铁铜沟辉长岩、沂南上峪辉长岩和沂南闪长岩。锆石 εHf(t)值采用每个锆石颗粒的 U-Pb 年龄计算，两阶段 Hf 模式年龄(TDM2)根据平均地壳$^{176}Lu/^{177}Hf$值(0.015)计算而得。

矿山闪长岩的$^{176}Lu/^{177}Hf$ 比值变化在 0.282125～0.282209，εHf(t)值变化在-20.2～-17.3 之间(均值-18.3；$n=14$)，TDM2 变化在 2.0～2.2Ga。矿山闪长岩的$^{176}Lu/^{177}Hf$ 比值变化在 0.282099～0.282190，εHf(t)值变化在-21.4～-18.1 之间(均值-19.6；$n=10$)，TDM2 变化在 2.0～2.2Ga。角峪闪长岩的$^{176}Lu/^{177}Hf$ 比值变化在 0.282077～0.282172，εHf(t)值变化在-22.2～-18.0 之间(均值-20；$n=10$)，TDM2 变化在 2.1～2.3Ga。金牛山闪长岩的$^{176}Lu/^{177}Hf$ 比值变化在 0.282140～0.282191，εHf(t)值变化在-21.7～-19.8 之间(均值-18.9；$n=10$)，TDM2 变化在 2.0～2.1Ga。莱芜地区三个岩体中闪长质岩石具有一致且集中的锆石 εHf(t)值和 TDM2。

第三节 岩浆演化和构造背景

莱芜地区中生代侵入岩具有分布集中、时间短、岩石类型多样等特征。东明生、上水河、靳家桥、核桃园、大朝阳及铁铜沟 6 个侵入体单元，其岩石类型分别为辉石闪长岩、角闪闪长岩、角闪闪长玢岩、角闪石英闪长岩、辉石二长闪长玢岩等。

本书在搜集和综合分析前人研究资料的基础上，通过岩石学、岩石化学、地球化学、同位素地球化学等学科，对莱芜地区中生代侵入岩的岩石类型、岩浆演化、形成时代、岩石成因以及构造背景等进行讨论，并通过对比研究鲁西地区中生代岩浆岩侵入时空特征，对区内岩浆侵入期次进行探讨、划分。

一、岩石类型划分

应用岩石化学图解进行岩石类型判别：在 SiO_2-A.R 图解(图 3-3-1)上，侵入岩位于钙碱性与碱性接触部位，在 SiO_2-(K_2O+Na_2O)图解(图 3-3-2)上，投点大部分位于碱性岩系，少量样品位于高铝岩系；在 SiO_2-K_2O 图解（图 3-3-3）上，大部分样品位于高钾岩系，东明生辉石闪长岩、靳家桥角闪闪长玢岩部分样品位于低钾岩系；*A/CNK* 除一件样品外均小于 1（图 3-3-4）。

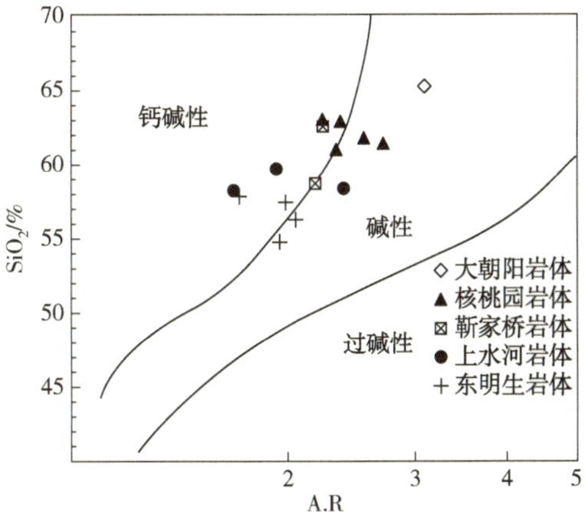

图 3-3-1　中生代侵入岩 SiO_2-A. R 图解

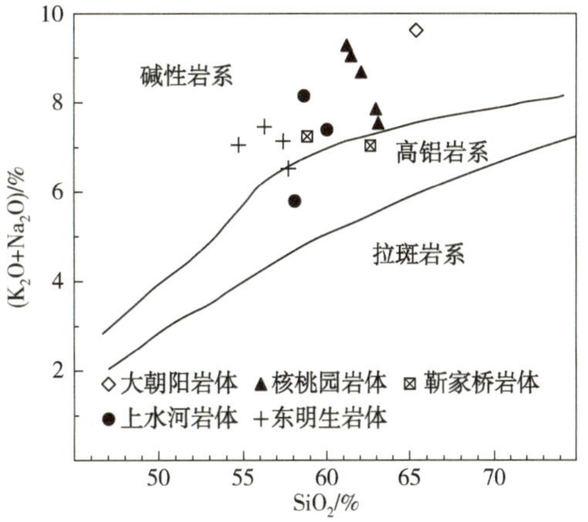

图 3-3-2　中生代侵入岩 SiO_2-(K_2O+Na_2O) 图解

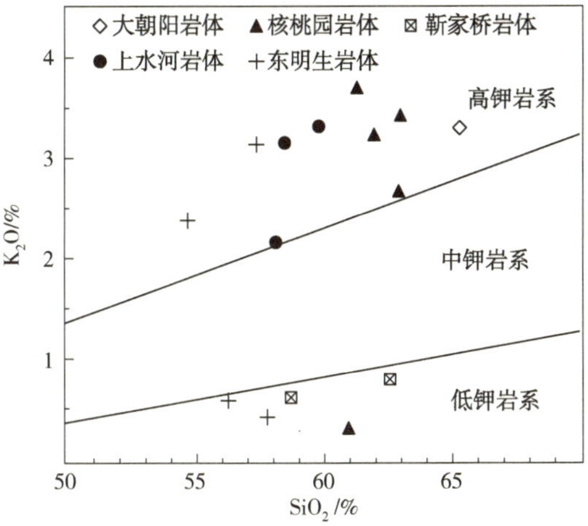

图 3-3-3　中生代侵入岩 SiO_2-K_2O 图解

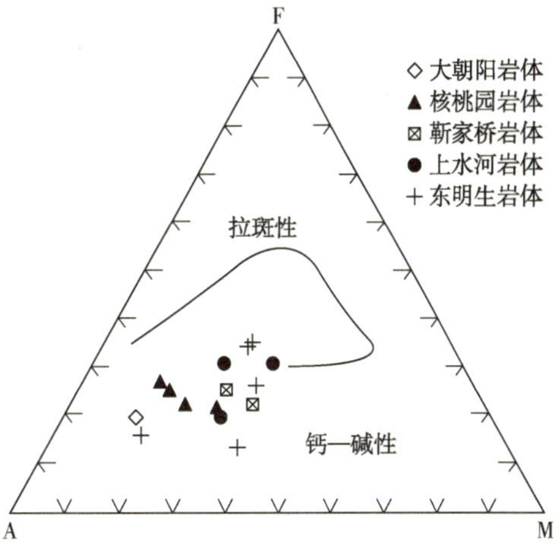

图 3-3-4　中生代侵入岩 AMF 图解

近年来，一些地质专家、学者认为鲁西地区中生代侵入岩其岩石化学特征与埃达克岩相类似。埃达克岩是具有特定地球化学性质的一套中酸性火成岩组合，一般 $SiO_2 \geq 56\%$，$Al_2O_3 \geq 15\%$，$MgO < 3\%$（很少 >6%），贫 Y 和 Yb（$Y \leq 18\mu g/g$，$Yb \leq 1.9\mu g/g$），Sr 含量高（>400μg/g），LREE 富集，无 Eu 异常（或有轻微的负 Eu 异常）等。与之对比（表 3-3-1），区内中生代侵入岩除个别样品异常外，其余特征与埃达克岩地球化学特征基本相符。但是，遵从埃达克岩必须形成于岛弧环境的定义，该区中生代侵入岩是否能称为“埃达克岩”仍然存在争议，只是二者岩石化学成分较为近似。

综上所述：莱芜地区中生代侵入岩为一套以偏铝质高钾钙碱性—钙碱性岩石为主（少量的低钾岩系），与埃达克岩地球化学特征相似的中—中酸性岩石组合。

表 3-3-1　中生代侵入岩与埃达克岩岩石化学特征对比一览表

化学特征	SiO_2	Al_2O_3	MgO	Y	Yb	Sr	δEu
埃达克岩	≥56%	≥15%	<3% 很少>6%	≤18μg/g	≤1.9μg/g	>400μg/g	无、负异常
本区岩石	54.78%～65.29%	15.06%～17.66%	1.91%～5.72%	11.82～20.68μg/g	0.24～1.95μg/g	379～1026μg/g	无、弱负异常

二、岩浆演化规律

莱芜地区燕山晚期侵入岩，按其形成的先后顺序构成了中基性、中性、中酸性的岩浆演化序列，可能是同源岩浆多次脉动、涌动式侵入的产物。早期以辉石闪长岩、角闪闪长岩为主，暗色矿物含量高，两者未见截然接触界线，辉石闪长岩中含辉长岩包体；晚期石英闪长岩、二长闪长岩呈脉动形式侵入早期岩体中，暗色矿物逐渐减少，长英质矿物逐渐增加。岩浆多次活动形成的岩石，在岩石学、岩石化学、地球化学等方面都有一定的差异。

1. 造岩矿物的变化规律

莱芜地区中生代侵入岩主要矿物含量如表 3-3-2 所示。

从表 3-3-2 可以看出，由早期到晚期，长英质矿物逐渐增加，暗色矿物总量逐渐减少，石英含量逐渐增加，石英闪长岩中最高达 15%；角闪石含量先增加后减少，黑云母含量逐渐减少，辉石在辉石闪长岩中含量最高。矿山岩体，从对不同类型侵入岩中斜长石的测定数值(图 3-3-5)来看，辉石闪长岩 An42～60#，角闪闪长岩 An40～52#，石英闪长岩 An34～52#，总体上中—中酸性斜长石牌号逐渐降低。

表 3-3-2　莱芜地区中生代侵入岩矿物含量对比表

岩性	斜长石	石英	钾长石	角闪石	辉石	黑云母
辉石闪长岩	60%～70%		小于 3%	8%～15%	22%～34%	10%～15%
角闪闪长岩	60%～65%	小于 4%		10%～25%	8%～15%	8%～15%
角闪闪长玢岩	58%～67%	少量	少量	31%～40%		少量
石英闪长岩	68%～71%	6%～15%	小于 5%	5%～26%	小于 5%	
二长闪长岩	65%		10%		25%	

2. 地球化学演化规律

莱芜地区中生代侵入岩主要化学成分及特征参数对比见表 3-3-3。由早到晚，总体上具有，SiO_2、全碱、*A.R*、*A/CNK* 逐渐增加，全铁、MgO 含量逐渐降低趋势。在哈克图解(图 3-3-6)上，CaO、TiO_2、全铁、MgO 含量随着 SiO_2 含量增加逐渐降低，Al_2O_3、全碱(K_2O+Na_2O)随着 SiO_2 含量增加逐渐升高；在 AMF 图解上，显示向 K、Na 方向岩浆演化，均指示岩石具有向酸性、碱性方向演化的特点。

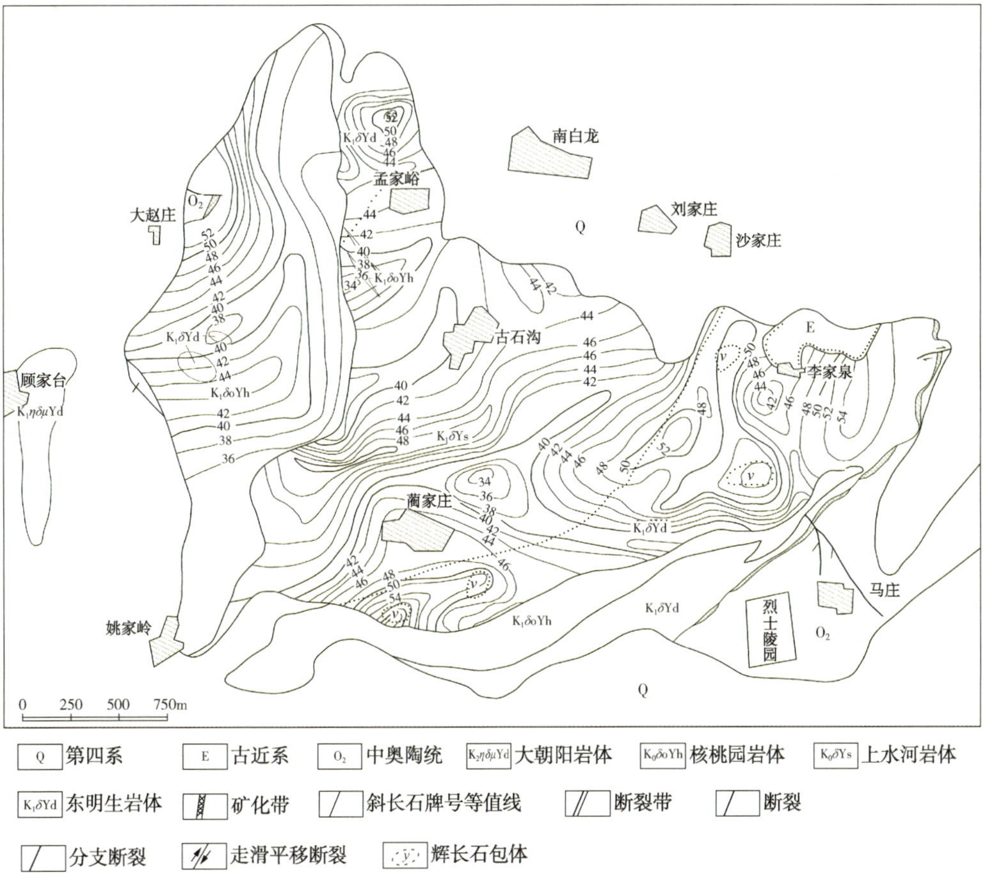

图 3-3-5 矿山岩体岩石斜长石牌号等值线图

表 3-3-3 中生代侵入岩主要化学成分及特征参数对比表

单元	SiO_2	Al_2O_3	K_2O+Na_2O	MgO	$FeO+Fe_2O_3$	σ	*A. R*	*A/CNK*
东明生	54.78%～57.81%	15.53%～16.01%	6.56%～7.45%	4.59%～5.72%	1.78%～7.69%	2.91～4.2	1.71～2.05	0.60～0.75
上水河	58.16%～59.82%	15.99%～16.19%	5.82%～8.15%	4.24%～5.42%	3.04%～6.00%	2.23～4.3	1.69～2.38	0.67～0.85
靳家桥	58.63%、62.58%	15.21%、15.91%	7.06%、7.27%	4.18%、5.26%	4.01%、4.03%	2.55、3.37	2.18、2.24	0.77、1.01
核桃园	61.01%～62.96%	15.06%～17.66%	7.58%～9.33%	2.21%～4.32%	4.28%～4.66%	2.88～4.83	2.23～2.72	0.691～0.88
大朝阳	65.29%	16.42%	9.64%	1.91%	3.08%	4.17	3.11	0.90

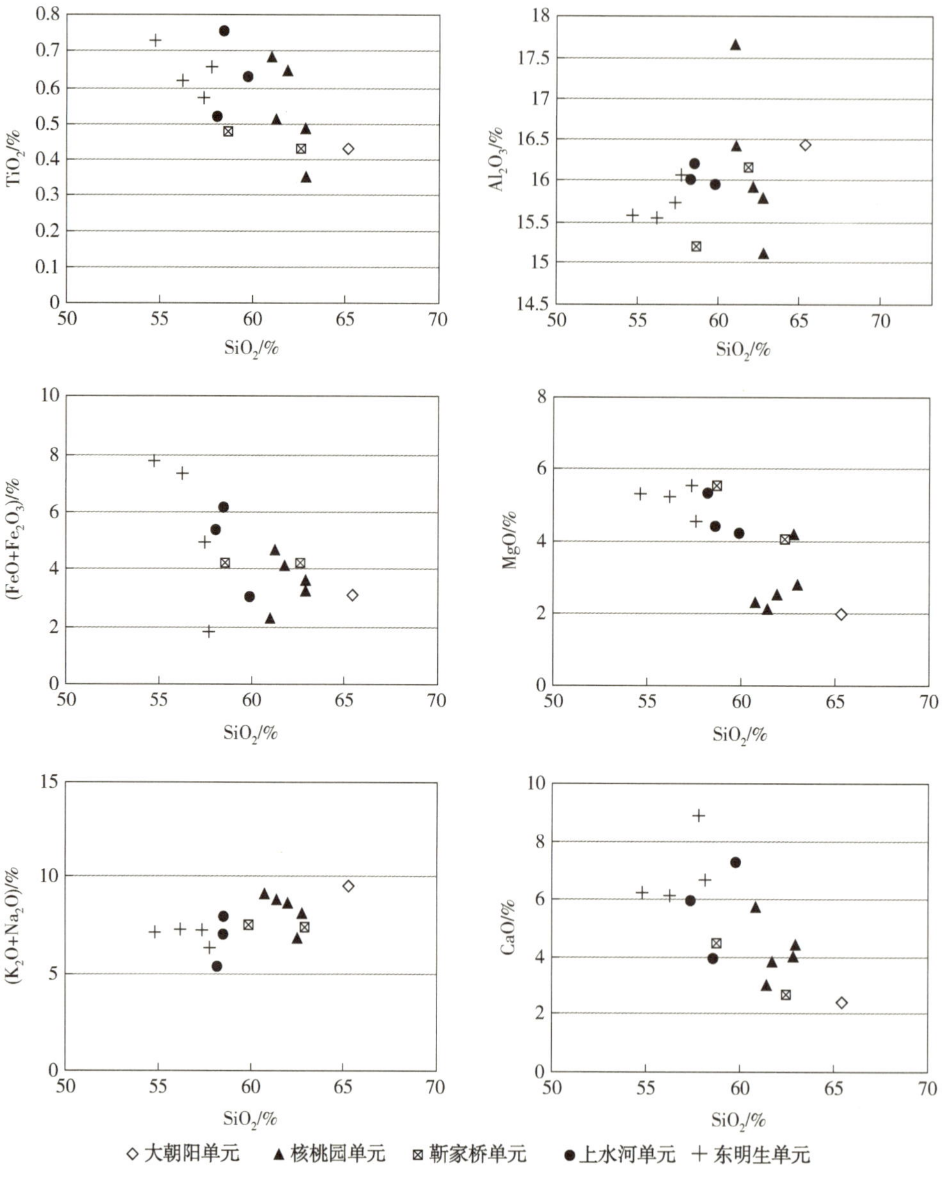

图 3-3-6　中生代燕山期侵入哈克图解

3. 微量元素演化规律

在 SiO_2-微量元素图解（图 3-3-7）上，大离子亲石元素，Rb 随着 SiO_2 含量增加而升高，Sr 则逐渐降低；高场强元素 Zr、Nb 随着 SiO_2 含量的增加而升高；大多数微量元素与 SiO_2 含量大致呈线性相关，说明中生代侵入岩具有同源岩浆性质。

4. 副矿物演化规律

燕山晚期各单元岩石中的副矿物组合为磁铁矿、磷灰石、锆石、榍石型，早先侵入的中偏基性岩中的锆石比较复杂，由（100）（110）（111）（131）（311）组成聚形，后来侵入中酸性岩石中，晶形主要由（100）柱面、（111）锥面组成聚形，晶形简单。同时在同化作用强烈地段，锆石晶形较复杂。

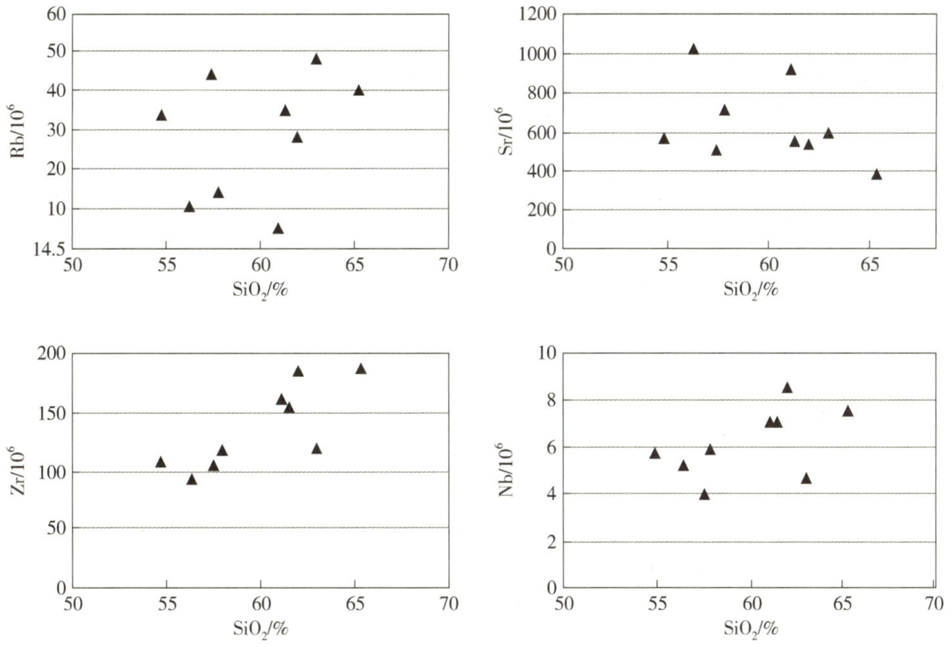

图 3-3-7　中生代燕山期侵入岩 SiO_2-Rb、Sr、Zr、Nb 图解

三、形成时代

中生代侵入岩侵入寒武—奥陶系沉积地层，在钻孔中亦见其侵入石炭—二叠系沉积岩，被古近系陆相地层所覆盖，说明其形成时代应晚于二叠系，早于古近系。

针对中生代侵入岩形成时代，前人做了大量的工作，证明中生代侵入岩形成时代为(126±1)Ma~(134±2)Ma，形成于白垩纪早白垩世。在东明生岩体中获得的 K-Ar 年龄值为 134.60Ma，上水河、核桃园岩体中获得的 K-Ar 年龄为 115Ma~130Ma。杨承海、王永等应用锆石 U-Pb 测年，在东明生辉石闪长岩中获得年龄为(132±1)Ma、(129±1)Ma、(134±2)Ma，上水河黑云母闪长岩年龄为(132.8±4.2)Ma，靳家桥角闪闪长玢岩年龄为(128±1)Ma，大朝阳二长闪长岩的年龄为(127±1)Ma、(126±1)Ma。2014 年 1：50000 图幅莱芜、范镇区调工作，采集两件锆石 U-Pb 年龄样，其中一件变质岩捕掳锆石较多，年龄不准确；另一件为上水河角闪闪长岩，年龄为(130.73±0.78)Ma。

近年来，又有诸多学者针对莱芜矿集区的不同岩体开展了锆石 U-Pb 年代学研究，进一步取得了若干发现，对岩体形成时代基本达成共识。部分莱芜地区锆石阴极发光特征及 U-Pb 年龄谐和图如图 3-3-8 和图 3-3-9 所示。

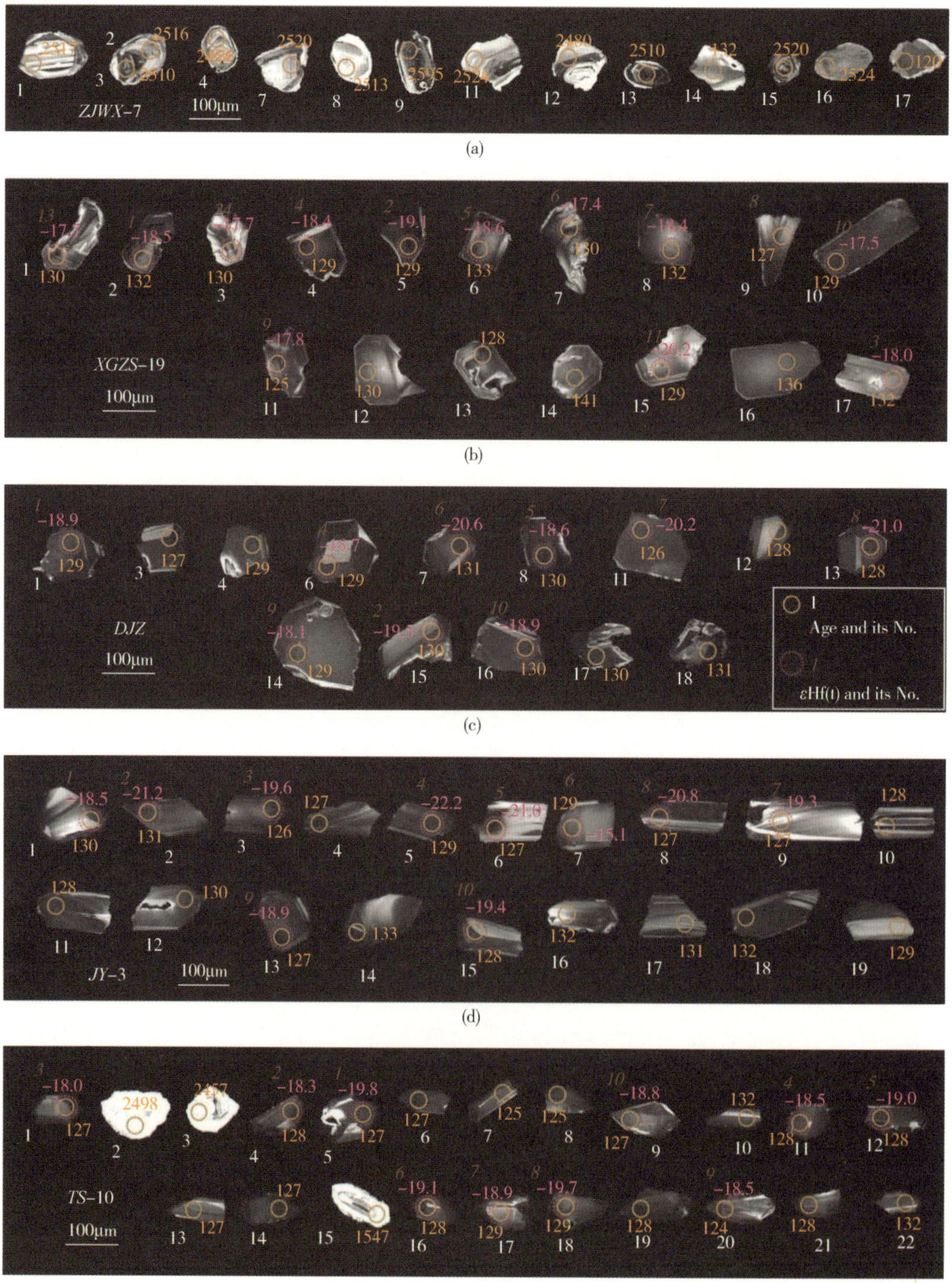

图 3-3-8　莱芜地区闪长岩中锆石阴极发光图像

图注：图中颗粒上的黄色圈代表锆石定年点位，红色圈代表 Hf 同位素分析点位。

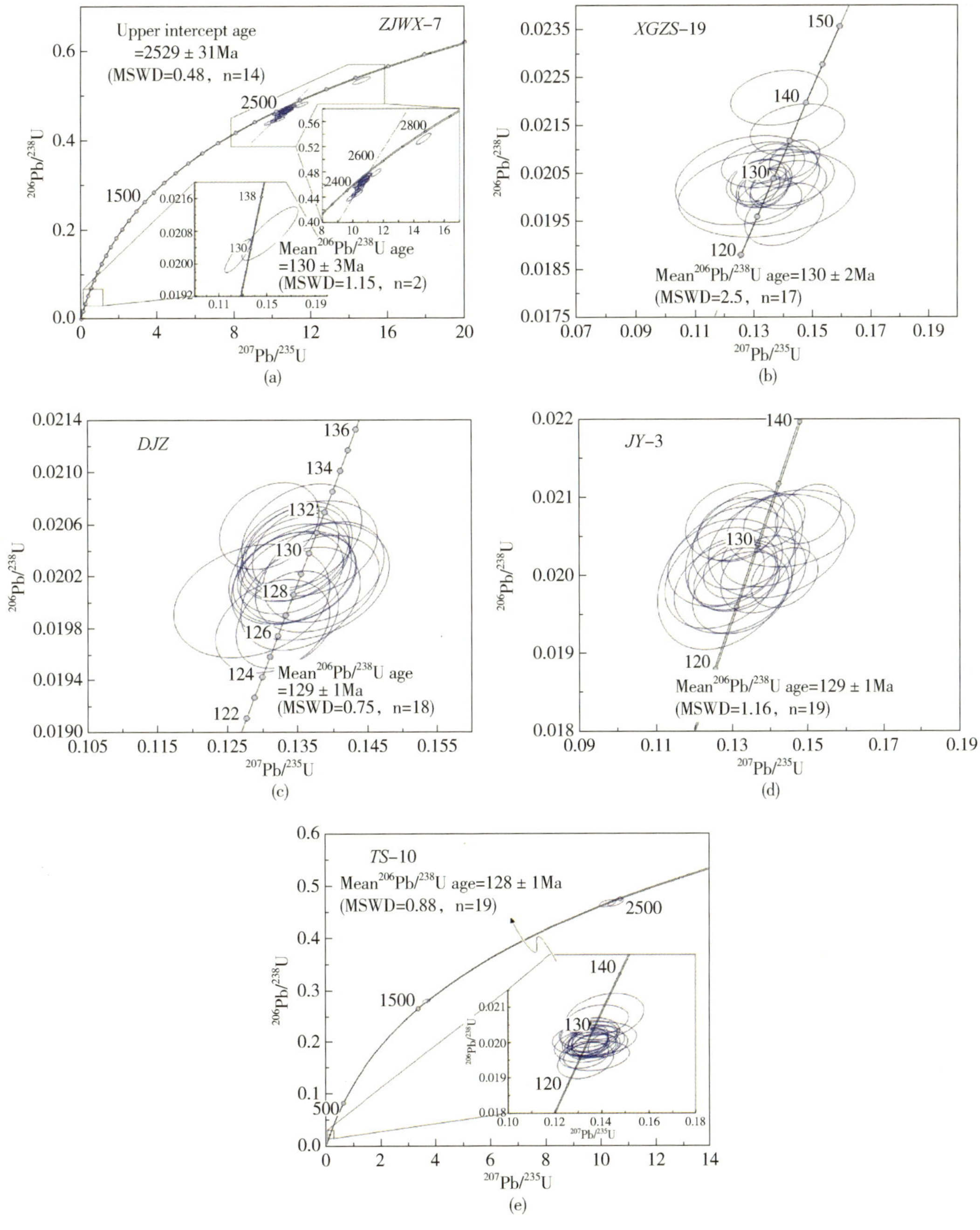

图 3-3-9 莱芜地区闪长岩中锆石 U-Pb 年龄谐和图

四、岩石成因及就位机制

(一) 岩石成因

莱芜地区中生代闪长岩类为一套偏铝质的钾钙碱性—钙碱性中性、中酸性岩石组合类型，其岩石化学特征与埃达克岩相似。在 SiO_2-氧化物图解上，氧化物含量变化与

SiO_2大致呈线性相关；在 SiO_2-微量元素图解上，大部分微量元素含量与 SiO_2 含量也具有一定的相关性，说明该类岩石类型具有同源岩浆演化的特征。在铁铜沟一带，该类岩石中含有幔源橄榄岩包体，包体类型包括纯橄榄岩、方辉橄榄岩、二辉岩等深源岩石，具地幔成因，说明中生代侵入岩原始岩浆起源于地幔。另外，在稀土配分曲线上，稀土元素分馏明显，富轻稀土元素，贫重稀土元素，具有较平坦的 HREE 配分模式；微量元素图解上所有样品均表现为大离子亲石元素 Sr、Ba、Rb 的富集，高场强元素 Nb、Ta 的亏损，说明岩浆具有大陆地壳物质的参与，岩石中含有具熔蚀特征的变质岩锆石，亦印证岩浆活动过程中具有早期壳源物质参与。

因此，莱芜地区中生代闪长岩类来源于上地幔，并有古老地壳物质参与。

（二）就位机制

燕山晚期岩浆活动所形成的侵入体，多以复式岩体形式出现，而有些较小的侵入体多以岩床、岩脉状顺地层层面及构造薄弱面侵入。根据前人工作成果，角峪岩体呈向北倾斜的岩床状，与古生代地层的产状近一致，矿山岩体呈盖状，其深部与金牛山岩体相连。在角峪和矿山，某些侵入体的边缘，往往发育流动构造，这里的矿物定向排列，流动线理的走向呈 SN 方向，向 N 倾伏，说明岩浆是由 N 向 S 倾的，这个时期形成的侵入体，与地层以及面状构造的吻合性比较好，反映了当时较封闭。在压应力作用下，岩浆沿构造薄弱部位以热气球膨胀的形式或者岩墙增生的形式上侵到地壳较浅部位。

五、构造背景分析

莱芜地区内中生代侵入岩是辉石闪长岩—角闪闪长岩—石英闪长岩—二长闪长岩的岩石系列组合，在微量元素上，均表现为 Sr 元素的正异常，表明岩浆早期长石类矿物不稳定；Y、Yb 含量较低，说明岩浆中石榴石稳定存在，Vielzeuf 和 Schmidt 等(2001)在总结了许多和石榴石稳定范围有关的实验岩石学后认为，在 800~1000℃的范围内，石榴石稳定线的位置依据原岩成分的不同在 0.9~1.4MPa 之间变化，说明岩浆形成时的温度较高、压力较大。导致温压条件的因素推断为加厚的陆壳或者板块碰撞俯冲带。结合区域构造演化特征，莱芜地区所在的鲁西地块位于华北板块南缘稳定区，但印支期的华北板块与扬子板块的陆陆碰撞，导致鲁西地块持续抬升成为可能，使地壳逐渐抬升并加厚。另外，鲁西地区均缺失中三叠到下侏罗统的沉积地层，说明该时期该地区处于稳定抬升阶段。据杨承海等的研究，陆壳加厚阶段为 245~220Ma。此后，加厚的地壳发生底侵、拆沉作用，可能是莱芜地区中生代侵入岩具有类似于埃达克岩性质源岩的直接原因。在火山岩里特曼—戈蒂里图解(图 3-3-10)上，莱芜地区中生代侵入岩投点位于 B、C 区；在 TiO_2-Al_2O_3-K_2O 图解(图 3-3-11)上，投点位于岛弧造山带区域，说明该地区岩浆原岩具有岛弧特征。

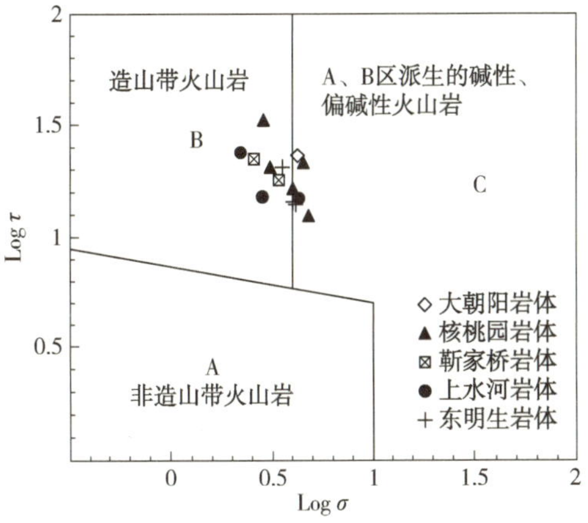

图 3-3-10　中生代燕山期侵入岩里特曼—戈蒂里图解

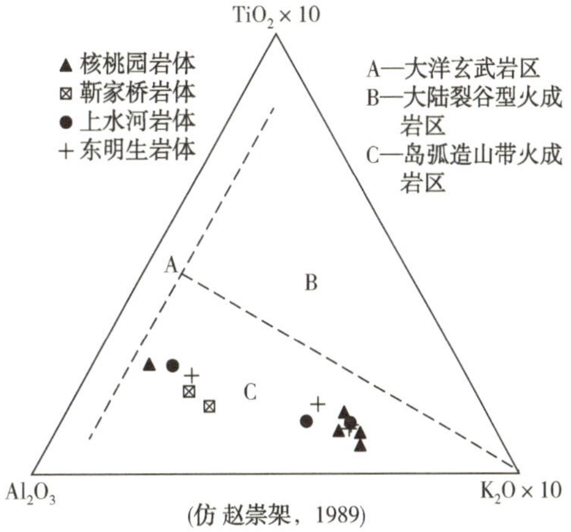

图 3-3-11　中生代岩石期侵入岩 TiO_2-Al_2O_3-K_2O 图解

区内中生代侵入岩形成时间为 134～126Ma，该时间的岩浆事件与燕山早期古太平洋板块向亚欧板块俯冲吻合。在这一大的动力背景持续作用下，造成了先前拆沉的加厚陆壳的熔融以及对上覆岩石圈地幔的交代。在区域压应力(SE-NW 向)环境下，鲁西地块得以继续隆升，最终造就了鲁西隆起区；在应力相对集中的构造边界(一般在刚柔性地质体接触带附近)NNE 至 NE 向压扭性断层和 NW 向张扭性断层应运而生，鲁西隆起区各断块凸起和凹陷格架得以呈现。沿断块边界或者不同方向断裂(特别是 NNE、NE 向断裂与 NW 向断裂)的交汇处，来自地幔的底侵基性岩浆得以上侵、就位，并改造熔融了地壳物质，从而发育了中生代杂岩体。

因此，莱芜地区乃至整个鲁西隆起区，中生代侵入岩的物质成因可能与印支期陆—陆碰撞有关，而其岩石成因、就位机制与燕山期区域压性环境(太平洋板块俯冲挤压)直接相关。

六、最新研究进展

早白垩世高镁闪长岩广泛分布于华北克拉通中部和东部的邯郸—邢台地区及鲁西地区，这类岩石通常具有高 Mg#值和类岛弧的地球化学特征，且被认为形成于陆内环境中岩石圈减薄的过程中(Gao et al.，2008；Qian and Hermann，2010)。部分高镁闪长岩产生矿化，形成了大规模的矽卡岩型铁矿床和少量的矽卡岩型 Cu-Au-Fe 矿床(Zhang et al.，2014；Jin et al.，2015；Sun et al.，2015；Zhang et al.，2015)。

华北中—东部高 Mg 闪长岩的成因尚存在争议，主要有四种成因模型：①拆沉的大陆下地壳发生部分熔融并与地幔橄榄岩发生相互作用(Gao et al.，2008；Xu et al.，2008)；②受到俯冲或拆沉的大陆地壳的交代作用而形成的富集岩石圈地幔发生部分熔融(Huang et al.，2012；Yang et al.，2012a，b)；③硅质壳源熔体与来自交代地幔的玄武质岩浆发生混合(Chen et al.，2013)；④壳源二长—闪长质岩浆在地壳深度同化混染了先前侵位的地幔橄榄岩(Qian and Hermann, 2010)。

莱芜地区代表地幔源区的基性岩浆岩(铁铜沟辉长岩, Yang et al., 2012b)与鲁西地区广泛分布的早白垩世镁铁质岩浆岩(如济南、邹平、沂南上峪辉长岩和方城、费县玄武岩)相似,均具有富集 LILE 和 LREE,亏损 HFSE,富集 Sr-Nd 同位素组成的特征,具有岛弧型微量元素分布型式,这些特征表明其不可能来源于软流圈地幔,也不可能来源于一般相对亏损熔体活动性不相容元素(如 LILE 和 LREE)的古老难熔的华北克拉通岩石圈地幔橄榄岩。鲁西地区岛弧型镁铁质岩浆岩的地幔源区中含有古老的大陆地壳组分,由地壳组分交代地幔橄榄岩而形成的岩石圈地幔发生部分熔融会继承陆壳岩石的岛弧型微量元素特征(赵子福等,2015;郑永飞等,2018)。前人研究结果显示鲁西地区早白垩世辉长岩/玄武岩以及地幔橄榄岩包体也显示出这种特征(Zhang et al., 2002;Xu et al., 2004b;Xu et al., 2008),证实了地幔的交代作用。

针对鲁西地区地幔源区中的陆壳组分来源有两种观点,一是华北克拉通拆沉下地壳(Gao et al., 2004, 2008;Yang et al., 2012a);二是俯冲华南陆块地壳(Zhang et al., 2002, 2003;Xu et al., 2004c;Yang et al., 2012b, c)。下地壳的拆沉作用通常需要经历榴辉岩相的转变以使其密度增加,而密度增加可导致加厚岩石圈根的重力不稳定,从而致使岩石圈地幔脱离岩石圈上地幔而沉入软流圈地幔(Lustrino, 2005)。造山作用可以产生加厚的地壳,从而可以引发加厚地壳的拆沉作用(Lustrino, 2005),华北克拉通南缘和北缘分别经历了造山作用形成大别—苏鲁造山带和燕山造山带,并发育晚中生代的高 Mg 埃达克岩,然而在华北克拉通内部的鲁西地区并没有造山作用的存在。此外,如果确实有拆沉作用发生的话,那么岩石圈地幔拆沉后肯定会有软流圈地幔上涌并充填空位,此时软流圈地幔很可能会发生降压熔融,从而会引起 MORB 型镁铁质岩浆岩的形成,然而在华北克拉通尚未报道有此类型岩浆岩的出现,因此,早白垩世时期地壳的拆沉作用不可能是陆壳物质加入岩石圈地幔的机制。据此,Huang et al. (2012) 认为华北克拉通南缘的古元古代造山作用而引发的地壳拆沉是下地壳物质循环进入岩石圈地幔的主要机制,故鲁西地区西北部远离大别—苏鲁造山带的济南和邹平辉长岩揭示了 EMI 型富集岩石圈地幔域(Xu et al., 2004a)。鲁西东南部靠近大别—苏鲁造山带的早白垩世沂南上峪辉长岩和方城、费县玄武岩具有明显更高的$^{87}Sr/^{86}Sr$比值,代表了 EMII 型富集岩石圈地幔域。三叠纪时期华南板块向华北板块碰撞俯冲过程促使俯冲大陆地壳衍生熔体也会与上覆地幔反应形成岛弧型镁铁质岩浆岩的地幔源区(郑永飞等,2018)。

第四章

典型矿床特征

在华北克拉通范围内选取邯邢地区的白涧铁矿、西石门铁矿，莱芜地区的张家洼铁矿、顾家台铁矿、石家泉铁矿、西尚庄铁矿、三岔河铁金矿，淄博金岭地区的王旺庄铁矿，禹城地区的李屯铁矿、潘店铁矿作典型矿床解剖及对比。其中，莱芜地区的张家洼铁矿、顾家台铁矿、石家泉铁矿、西尚庄铁矿、三岔河铁金矿在本章详细介绍。邯邢地区的白涧铁矿、西石门铁矿，淄博金岭地区的王旺庄铁矿，禹城地区的李屯铁矿、潘店铁矿解剖在第五章矿体分布规律部分结合莱芜地区的张家洼铁矿、顾家台铁矿做对比分析研究。

第一节　张家洼铁矿床

张家洼铁矿位于山东省济南市莱芜区市区北 8km 处，地理坐标东经 117°36′39″~117°39′03″，北纬 36°15′10″~36°17′38″，面积 10.5km²。该矿床划为三个矿段，分别为Ⅰ矿段、Ⅱ矿段和Ⅲ矿段，围绕矿山弧形背斜北部倾没端呈半环形分布（图 4-1-1）。目前，张家洼铁矿已累计查明资源储量超过 3.7×10^{8}t，成为国内规模最大的矽卡岩型优质富铁矿床。

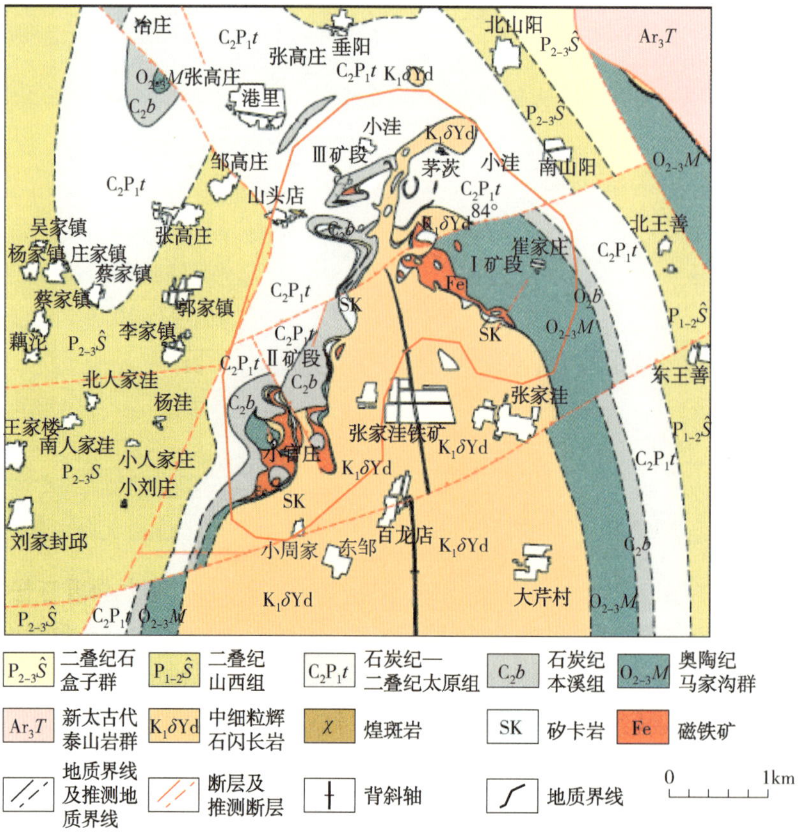

图 4-1-1　张家洼矿床地质简图

一、矿区地质

（一）地层

矿区为第四系覆盖区，仅在山头店附近有古近系小面积出露。据钻孔资料，区内地层主要有奥陶系马家沟群、石炭纪月门沟群本溪组、石炭—二叠纪月门沟群太原组、二叠纪月门沟群山西组、白垩—古近纪官庄群常路组和第四系。与成矿密切相关的为马家沟群。

马家沟群主要分布于矿山弧形背斜两翼，地表无出露。在Ⅰ矿段内（背斜东翼）走向NW，倾向NE，倾角30°～60°；在Ⅱ矿段（背斜西翼）走向NNE，倾向NW，倾角20°～40°；在Ⅲ矿段（背斜北倾没端）-400m标高以浅走向NE，倾向NE，倾角10°～20°，下部倾角变大，倾角为50°～65°。岩性为白云质灰岩、石灰岩、薄层泥质白云质灰岩，厚度300m。

（二）构造

矿区内构造较发育，断裂构造局部切割矿体，复杂程度为中等，断裂有冶庄山头断裂、F1断层、高家洼断裂和王家楼断裂。褶皱构造为矿山弧形背斜（图4-1-2）。

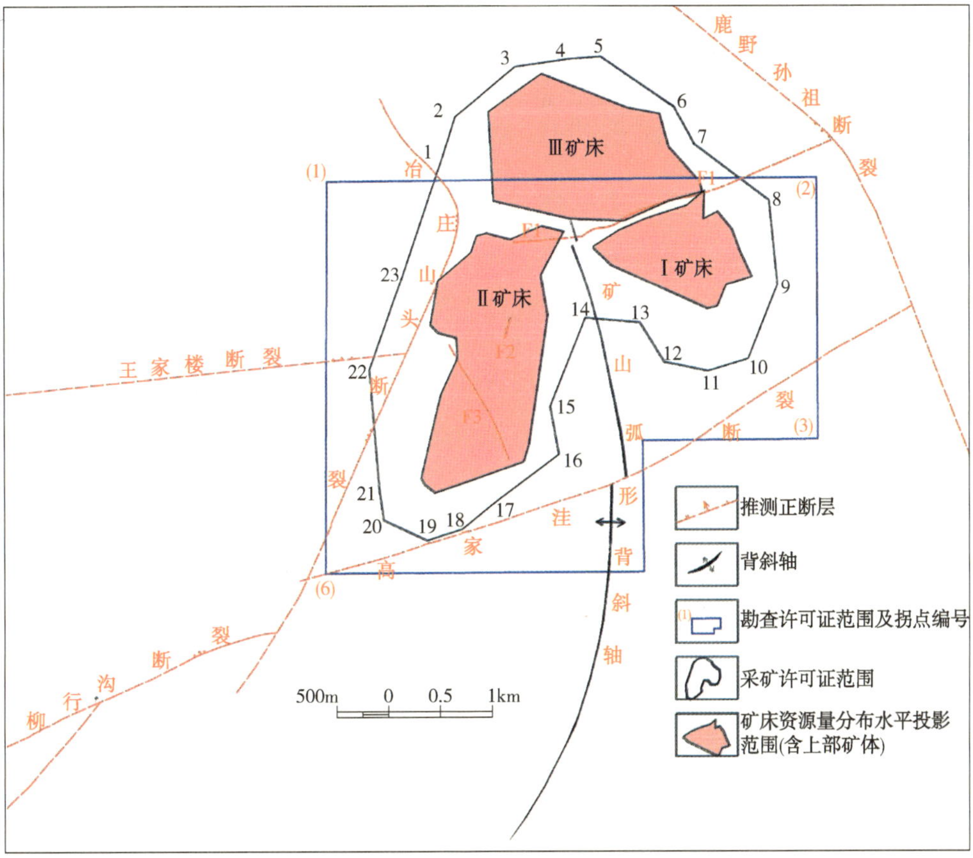

图4-1-2　张家洼矿区构造纲要图（附矿体分布）

冶庄山头断裂：位于矿区中部，北段为 NNW，中部为 SN 向，西段转为 NEE 向，走向同矿山弧形背斜轴向基本一致，倾向 NW，推测为正断层。

F1 断层：位于矿区的北部，走向为 NEE，倾向 NW，自Ⅱ矿床 19 勘查线延伸至Ⅰ矿床 EN，垂直断距 50m 以上，水平断距近百米，为正断层。在 ZK19-6、ZK19-8、23-0 钻孔内，上部采矿权开采巷道内，均可见该断层的出露和影响，该断层在矿区东部分割了Ⅰ、Ⅲ矿床，形成了Ⅰ、Ⅲ矿床中间无矿地带，向西延伸至Ⅱ矿床内，在 23 勘查线至 19 勘查线间形成宽度 50~100m 的无矿地带，无矿地带在钻孔内体现在 23-0、ZK19-6 钻孔，在-500m 开采水平体现在 19 线北，断层影响深度-400~-800m，断层附近矿体被显著切割(ZK19-8 钻孔)，主要矿体在断层两侧被分割，局部呈现角砾状构造特征。

F2 断层：位于张家洼Ⅱ矿床北部，通过 11 线，走向 NNE，倾向 NW，长度约 480m。垂直断距 50~80m，推测为正断层。

F3 断层：位于Ⅱ矿床中部，走向 NW，倾向 NE，长度达 1km 左右，倾角约 80°，推测为正断层。

王家楼断裂：西起孟家官庄，东至王家楼，全长约 12km。走向近 EW，推测为正断层。

高家洼断裂：西起王家楼，东至小洛庄附近，全长约 8km。推测为正断层，产状不明。

矿山弧形背斜：背斜的中北部分布在矿区内，核部为闪长岩体，背斜轴向北段为 NNW，中部转为 NE；东翼为Ⅰ矿床，西翼为Ⅱ矿床，北部倾没端为Ⅲ矿床(图 4-1-2)。

（三）岩浆岩

矿区内岩浆岩为矿山岩体的北延部分(图 4-1-1)，主体相带属燕山期沂南序列东明生单元，岩性为黑云母闪长岩-辉石闪长岩；岩体在矿区内均为隐伏岩体，主要岩性为辉石闪长岩、二长闪长岩、似斑状闪长岩等。

辉石闪长岩：绿灰色，中细粒半自形粒状结构，块状构造。主要矿物为斜长石、角闪石，其他矿物为辉石、黑云母、纤闪石等，含少量磁铁矿。

二长闪长岩：灰红色、淡红色，细粒半自形粒状结构，块状构造。主要矿物为正长石，他形，常见绢云母化和钾长石化，暗色矿物为黑云母、角闪石，含量较低。

似斑状闪长岩：淡灰绿色，似斑状结构，块状构造。斑晶为斜长石、角闪石、透辉石；基质为半自形细粒结构，成分与斑晶相同。

闪长玢岩：灰色，蚀变后常呈暗绿色或淡绿色，斑状结构，块状构造。斑晶主要为角闪石，少量斜长石和暗色矿物集合体；基质为半自形粒状结构，由斜长石、角闪石及少量黑云母、钾长石组成。

角闪辉长岩：灰黑色，辉长辉绿结构或似斑状结构，块状构造。组成岩石的矿物成分主要为斜长石、普通辉石、角闪石、黑云母和少量的金属矿物，粒径一般在 0.30~1.00mm 之间，部分颗粒最大可达 3.00mm。

角闪闪长玢岩：灰白色，斑状结构，块状构造。斑晶主要为斜长石、角闪石，粒径一般在 0.30~2.00mm 之间，杂乱分布。基质呈显微粒状结构，由斜长石和角闪石微晶及极少许榍石、金属矿物组成，粒径一般为 0.15mm 以下，斜长石多呈细小板条状、细粒状，杂乱分布。

（四）地球物理特征

1. 重力异常

张家洼矿床位于矿山岩体北部，重力等值线向 NW 向弯曲，反映了该地段为泰莱盆地西边缘转折部位。在布格重力等值线图上表现为在等值线高值区附近，在张家洼矿床处具有梯级带的波动，在港里矿床北部明显向 WN 向同向弯曲，反映了矿山岩体在该处向 NW 向扭曲，该地段重力等值线同向弯曲梯度变化较小（图 4-1-3）。反映了矿山岩体沿港里—冶庄—口镇方向侵入。

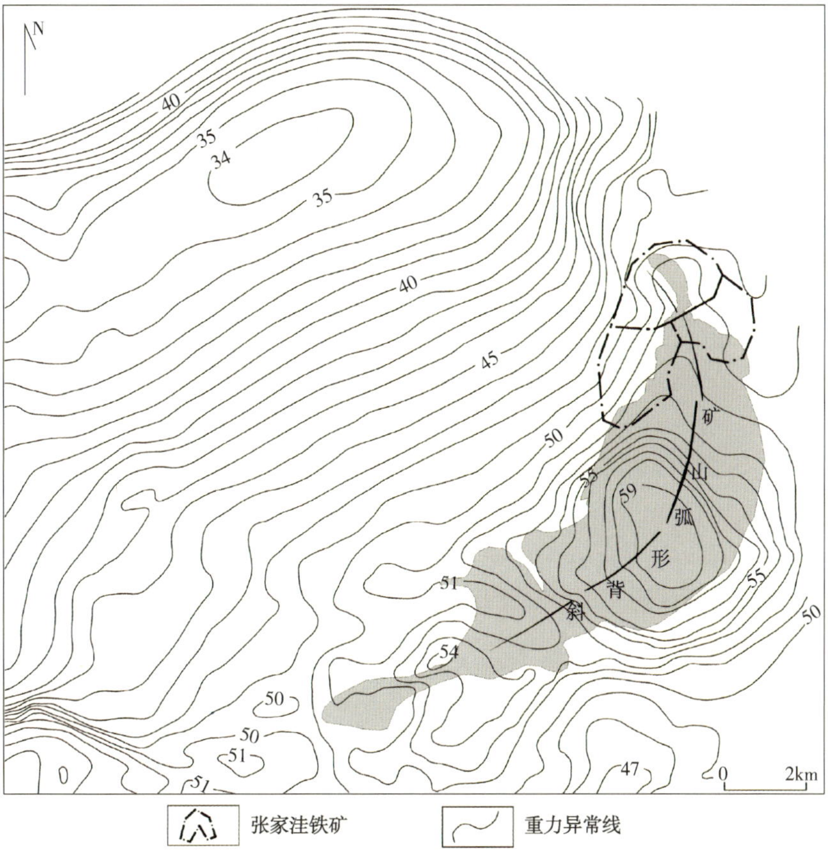

图 4-1-3　布格重力等值线图

2. 磁异常

1）地面磁异常特征

根据以往磁异常资料，矿区有 4 个磁异常，磁异常名称为张家洼、小官庄、港里和 M1 磁异常（图 4-1-4）。

张家洼磁异常：位于矿区东北部，磁异常等值线图呈椭圆形，异常走向近北西向。以 350nT 等值线圈定，长度约 1500m，宽度约 1000m，异常极大值为 650nT，极小值为 250nT。异常北西部位其梯度变化较大，为 0.83nT/m，南东部位梯度变化较小，为

0.40nT/m。经验证，此异常为矿区Ⅰ矿床的矿体引起。

小官庄磁异常：位于矿区中西部，磁异常等值线图呈长椭圆形，异常走向近 NE 向。以 300nT 等值线圈定，异常长度 2300m，宽度 1200m，异常极大值为 600nT，极小值为 150nT。异常沿长轴方向其梯度变化较大，两侧部位梯度变化较小。经验证为Ⅱ矿床矿体引起的磁异常。

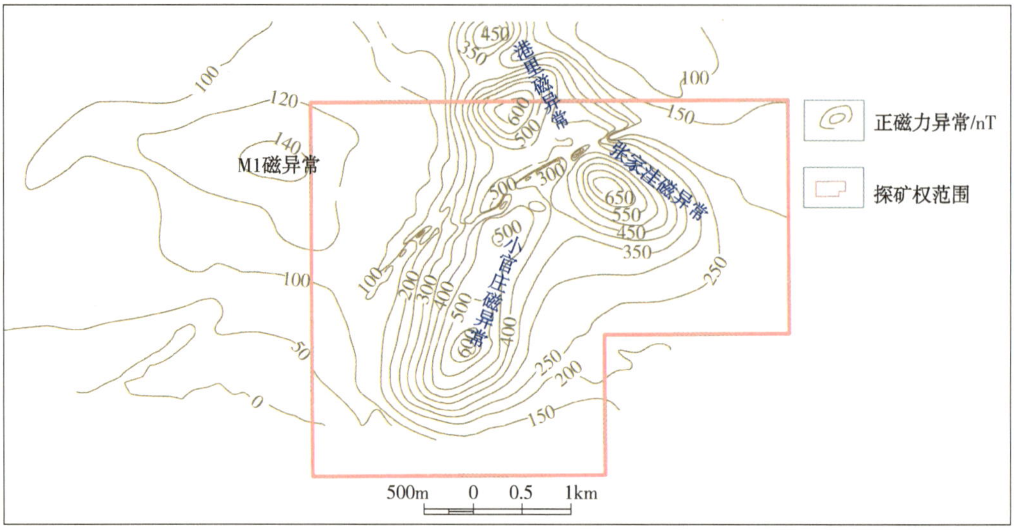

图 4-1-4　张家洼矿区磁异常分布图

港里磁异常：位于矿区北部，呈椭圆形，异常走向近 NNE 向。长度约 1300m，宽度约 700m。异常极大值为 600nT。经验证此异常为矿区Ⅲ矿床矿体引起。

M1 磁异常：该异常位于蔡家镇以西，NE 向断裂以北，ΔT 正异常范围约 1400m×700m，极大值为 148nT。ΔT 磁异常呈平缓变化。根据成矿地质条件，结合岩矿石的磁性特征，推测为矿致异常，由于异常位于本次探矿权外，未进行验证。

2）航磁异常特征

从 1∶10000 航磁 ΔT 阴影图上来看，四个异常均为正磁场背景上的叠加升高异常，形态规则，组合呈“人”字形。其中鲁 C-2020-61 异常呈椭圆形，走向 NE，长度约 1.0km，宽度约 0.6km，在航磁 ΔT 剖面平面图上 5 条测线反映，异常形态规则曲线光滑，异常最大值 172nT；鲁 C-2020-62 异常呈椭圆形，走向 NNE，长度约 1.0km，宽度约 0.7km，在航磁 ΔT 剖面平面图上 10 条测线反映，异常曲线光滑，异常最大值 273nT；鲁 C-2020-63 异常呈椭圆形，走向 NW，长度约 1.1km，宽度约 0.5km，在航磁 ΔT 剖面平面图上 15 条测线反映，异常曲线北侧光滑，南侧呈不规则锯齿状；鲁 C-2020-64 异常呈条带状，走向 NE，长度约 1.9km，宽度约 0.7km。在航磁 ΔT 剖面平面图上 15 条测线反映。化极后异常中心均有不同程度的向北偏移，异常更突出，尤以鲁 C-2020-62 异常突出最明显。进行剩余异常的提取后，异常形态更清晰（图 4-1-5）。

鲁 C-2020-62、鲁 C-2020-63、鲁 C-2020-64 三个异常分别对应张家洼铁矿的三个矿床，根据前人资料张家洼铁矿矿体赋存于矿山弧形背斜北部的倾没端，处于弧形背斜两翼转折、狭缩收敛部位。其中张家洼Ⅰ矿床的赋矿围岩为马家沟组阁庄段泥质白云质石灰岩、灰质白云岩；张家洼Ⅱ矿床和张家洼Ⅲ矿床的赋矿围岩为马家沟组八陡段灰色、青灰色中厚层石灰岩、含白云质灰岩；个别矿体赋存于月门沟群本溪组、太原组铁铝页岩、砂岩等碎屑岩中。马家沟组八陡段灰岩因钙质含量高、渗漏率高、化学性质活泼，是构造薄弱带，具有可溶性和可塑性特点，故易于交代成矿。

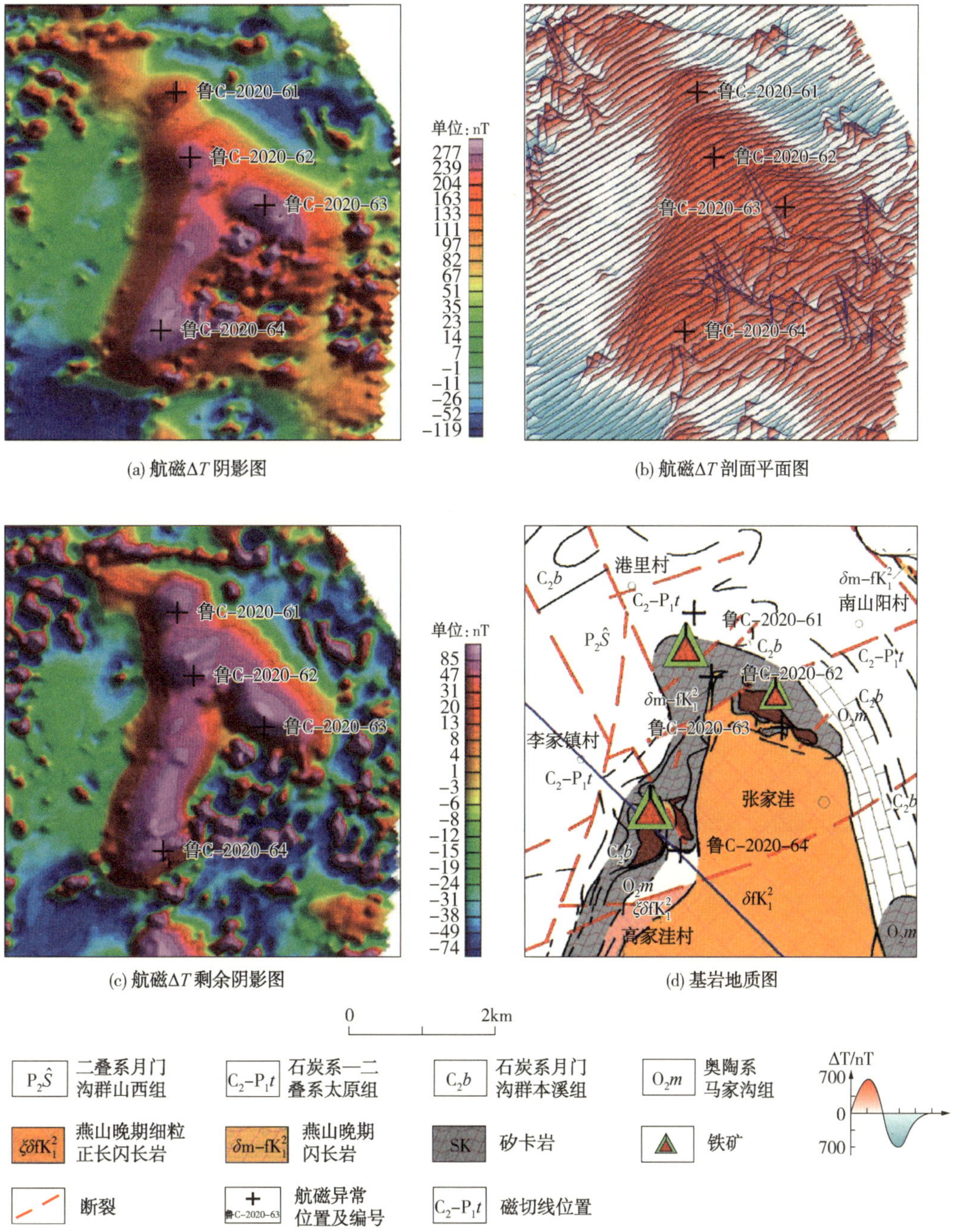

图 4-1-5　张家洼地区 1：10000 航磁—地质综合图

对航磁进行切值剖面处理与地质剖面图对比，可以看出此处铁矿体引起的磁异常幅值为300~400nT(图4-1-6)。本区受燕山期强烈构造运动影响，中—基性岩浆侵入矿山弧形背斜核部，在演化过程中分离出含矿溶液在马家沟组石灰岩接触带附近形成了矽卡岩型铁矿，矿石具有较强的磁性反应，在磁异常明显且地质条件优越地带为矽卡岩型铁矿找矿有利部位，对该异常做进一步研究，探讨深部及北侧是否还有未发现的铁矿体。

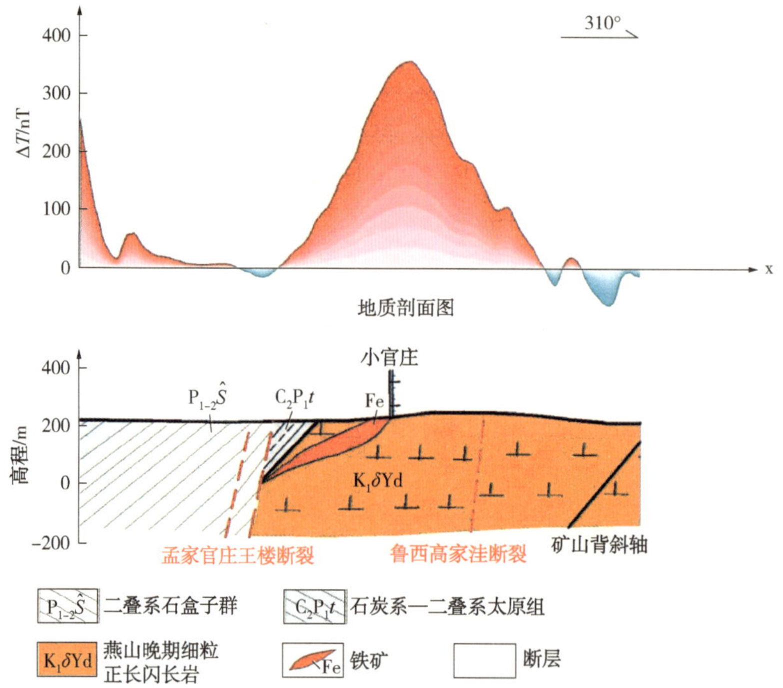

图 4-1-6　航磁异常剖面地质对比图

二、矿床地质

张家洼矿区划为三个矿床(矿床编号为Ⅰ矿床、Ⅱ矿床和Ⅲ矿床)，围绕矿山弧形背斜北部倾没端呈半环形分布。Ⅰ矿床矿体走向NWW，西至矿山弧形背斜轴部，东南侧减薄至尖灭，北侧以F1断层为界与Ⅲ矿床相隔，沿NE向向深部延伸未封闭；Ⅱ矿床位于矿山弧形背斜西侧，倾向NW，向南延伸至高家洼断裂附近，北侧穿过F1断层延伸至矿山弧形背斜北段，东至矿山弧形背斜轴，西侧向断陷盆地内部缓倾延伸未封闭；Ⅲ矿床位于F1断层以北矿山弧形背斜北部倾没端，沿弧形背斜轴部岩浆岩侵入面分别向EW两侧缓倾延伸(图4-1-2)。

矿区内共圈定78个铁矿体(其中保有34个，采空44个)，其中Ⅰ、$Ⅱ_3$、$Ⅱ_4$、$Ⅱ_{10}$、Ⅳ、$Ⅲ_2$、$Ⅲ_3$矿体为主要矿体，$Ⅱ_0$、$Ⅱ_5$、$Ⅲ_1$、$Ⅲ_4$矿体为次要矿体；其余矿体为零星矿体(表4-1-1)。

表 4-1-1　张家洼矿区矿体特征一览表

矿体编号	矿体形态	平面位置	走向/(°)	倾向	倾角/(°)	走向长/m	倾向延伸/m	赋存标高/m	控制矿体钻孔数/个	厚度/m	平均厚度/m	厚度变化系数/%	厚度稳定程度	矿体形态	TFe 品位/%	TFe 平均品位/%	TFe 品位变化系数/%	有用组分均匀程度
Ⅰ	似层状	Ⅰ20-Ⅰ23 线	294	NE	5~75	1400	1100	-1230~-150	97	1.93~100.97	28.89	82.76	较稳定	复杂	21.22~60.78	41.59	21.28	均匀
XⅠ	似层状	28-3 孔	NWW	NNE	20~50	100	50	-195~-198	1	3.18	3.18		较稳定	简单		48.78		均匀
XⅡ	似层状	16-28	NWW	NNE	20~50	200	50	-177~-204	2	3.27~3.44	3.35		较稳定	简单		41.86		均匀
XⅢ	似层状	14-14 孔	NWW	NNE	20~50	100	50	-289~-294	1	5.09	5.09		较稳定	简单		42.74		均匀
LⅠ	层状	28~32 线	近水平		2~5	170	160	-136~-203	4	1.21~12.03	7.81		较稳定	简单		35.63		均匀
LⅡ	层状	7~20 线	近水平		2~5	800	20-100	-131~-222	11	1.05~5.00	2.59		较稳定	简单		35.96		均匀
LⅤ	似层状	14~20 线	近水平		2~5	200	60	-116~-150	4	1.23~2.93	1.8		较稳定	简单		34.14		均匀
LⅥ	层状	16~20 线	近水平		2~5	170	60	-251~-306	2	4.98~8.16	6.57		较稳定	简单		55.32		均匀
LⅦ	层状	14-18 孔	近水平		2~6	100	60	-121~-316	1	2.86	2.86		较稳定	简单		47.83		均匀
LⅧ	层状	15	近水平		2~5	50	70	-378~-407	2	3.67~4.96	4.32		较稳定	简单		29.7		均匀
$Ⅱ_0$	似层状	3~12 线	NNE	NW	10~20	1000	220	-200~-465		2.90~39.11	17.81		较稳定	中等		54.14		均匀
$Ⅱ_1$	似层状	Ⅱ19-Ⅱ23 线	17	NW	25~50	200	220	-630~-780	5	1.99~6.63	3.51	53.85	较稳定	中等	41.70~56.80	47.66	11.56	均匀
$Ⅱ_2$	似层状	Ⅱ15-Ⅱ27 线	17	NW	10~50	650	360	-500~-820	17	1.20~31.92	6.63	117.35	不稳定	复杂	28.18~63.80	49.83	19.13	均匀
$Ⅱ_3$	似层状	Ⅱ8-Ⅱ27 线	17	NW	4~50	1740	1350	-300~-1030	114	1.64~57.94	18.14	77.56	较稳定	中等	21.73~61.24	45.47	19.53	均匀
$Ⅱ_4$	似层状	Ⅱ0-Ⅱ27 线	17	NW	10~50	1340	1300	-365~-1040	96	1.95~43.78	13.72	82.07	较稳定	复杂	23.14~61.35	43.17	22.63	均匀
$Ⅱ_5$	似层状	Ⅱ11-Ⅱ27 线	17	NW	8~50	950	1020	-480~-1060	36	1.77~37.09	12.62	81.70	较稳定	复杂	22.62~59.58	39.12	21.68	均匀
$Ⅱ_6$	似层状	Ⅱ7-Ⅱ11 线	17	NW	15~45	320	220	-570~-820	4	1.71~6.78	3.41	68.33	较稳定	简单	31.91~60.34	49.81	25.76	均匀
$Ⅱ_7$	透镜状	Ⅱ15 线	17	NW	20	100	100	-990~-1050	1	3.7	3.7				32.32	32.32		
$Ⅱ_8$	透镜状	Ⅱ7 线	17	NW	25	100	100	-800~-880	1	3.21	3.21				25.9	25.9		
$Ⅱ_9$	透镜状	Ⅱ27 线	17	NW	29	45	75	-780~-825	1	1.74	1.74				25.34	25.34		
Ⅳ	似层状	Ⅱ20-Ⅱ0 线	17	NW	10~30	880	360	-335~-420	60	2.92~23.38	15.97	52.39	较稳定	中等		44.83		均匀
$Ⅱ_{10}$	似层状	Ⅱ20-Ⅱ0 线	17	NW	10~45	1060	410	-315~-730	26	1.63~33.93	16.22	52.39	较稳定	中等	42.02~48.03	44.49	5.32	均匀
$Ⅱ_{11}$	透镜状	Ⅱ27 线	17	NW	36	50	75	-570~-670	1	2.16	2.16				46.51	46.51		
$Ⅱ_{12}$	透镜状	Ⅱ23-Ⅱ25 线	17	NW	32~43	180	130	-500~-810	5	1.61~20.22	8.92	84.19	较稳定	简单	25.43~58.42	46.06	26.79	均匀
$Ⅱ_{13}$	透镜状	Ⅱ25 线	17	NW	36	50	60	-670~-730	1	2.9	2.9				27.53	27.53		
$Ⅱ_{14}$	透镜状	Ⅱ25 线	17	NW	36	50	60	-660~-740	1	6.27	6.27				52.08	52.08		

续表

矿体编号	矿体形态	平面位置	走向/(°)	倾向	倾角/(°)	走向长/m	倾向延伸/m	赋存标高/m	控制矿体钻孔数/个	厚度/m	平均厚度/m	厚度变化系数/%	厚度稳定程度	矿体形态	TFe 品位/%	TFe 平均品位/%	TFe 品位变化系数/%	有用组分均匀程度
Ⅱ$_{15}$	透镜状	Ⅱ25 线	17	NW	25	50	60	-750~-820	1	6.51	6.51				25.86	25.86		
Ⅱ$_{16}$	透镜状	Ⅱ21 线	17	NW	29	50	70	-920~-970	1	3.33	3.33				54.87	54.87		
Ⅱ$_{17}$	透镜状	Ⅱ19 线	17	NW	48	75	60	-680~-750	1	4.92	4.92				27.25	27.25		
Ⅱ$_{18}$	透镜状	Ⅱ23 线	17	NW	34	50	50	-700~-740	1	2.63	2.63				28.11	28.11		
Ⅱ$_{19}$	透镜状	Ⅱ27 线	17	NW	28	75	70	-680~-740	1	3.86	3.86				38.9	38.9		
Ⅱ$_{20}$	似层状	Ⅱ19-Ⅱ21 线	17	NW	29~48	150	260	-760~-960	4	1.69~5.33	3.46	58.38	较稳定	简单	20.99~30.38	24.5	19.76	均匀
Ⅲ$_4$	似层状	Ⅲ4~Ⅲ44 线	0	NE	5~50	980	830	-300~-1000	55	1.90~84.45	16.56	112.26	不稳定	复杂	28.66~59.71	44.67	18.07	均匀
Ⅲ$_1$	似层状	17~8 线	45°	135°	5~20	920	430	-34~-200m	2	7.25~40.16	14.35	78.42	较稳定	中等	33.75~39.52	47.15	12.21	均匀
Ⅲ$_2$	透镜状或似层状	6~44 线	NNE	270°~320°	8~35	1400	170~910	-150~-875		1.56~122.62	30.59					41.99		均匀
Ⅲ$_3$	似层状	F$_1$~4 线	SN	270°~90°	3~18	1020	500~580	-210~-360		1.50~61.11	19					48.9		均匀
Ⅲ$_4$	似层状	F$_1$~4 线	SN	90°	5~15 40~45	980	730	-300~-800		2.00~104.88	14.99					44.72		均匀
Ⅲ$_5$	似层状	5~17 线	NNW	W	30	300	150	-350~-500		1.15~2.25	1.82					31.93		均匀
Ⅲ$_6$	透镜状	0~5 线	NE	SE	5~20	100	95	-20~-150		1.00~3.55	2.16					31.8		均匀
Ⅲ$_7$	透镜状	12~14 线	NEE	S	5~2°	330	50~75	-130~-180		2.46~5.47	3.47					47.04		均匀
Ⅲ$_8$	透镜状	20~28 线	NNW	NEE	10~15	270	100~150	-150~-250		1.02~5.80	2.76					39.63		均匀
Ⅲ$_9$	囊状	24~28 线	NNW	SWW	10~25	170	0~150	-220~-300		2.40~5.30	3.38					44.09		均匀
Ⅲ$_{10}$	透镜状	44~Ⅱ23 线	NNE	W	35	240	300	-450~-650		1.08~4.45	2.79					41.36		均匀
Ⅲ$_{11}$	囊状	24~40 线	NNW	E	0~15	425	0~250	-250~-350		1.15~17.05	4.91					46.3		均匀
Ⅲ$_{x3}$	囊状	0 线 0~3 孔处	NNW	SWW	0~5	100	100	-150		4.27	4.27					28.51		均匀
Ⅲ$_{x4}$	透镜状	12 线 12/28 孔处	NNW			100	100	-260		3.7	3.7					44.79		均匀
Ⅲ$_{x5}$	透镜状	12~24 线	NNW	W	15	350	100	-360~-400		5.30~15.40	9.04					38.38		均匀
Ⅲ$_{x6}$	脉状	18 线 18/4~18/6	NNE	E	0~5	100	50	-210		1.70~4.43	3.06					35.14		均匀
Ⅲ$_{x7}$	囊状	24 线 24/28 孔处	NNW	W	30	100	100	-260		13.23	13.23					51.17		均匀

（一）典型矿体特征

1. II_3 矿体

II_3 矿体位于Ⅱ矿床Ⅱ8～Ⅱ27 线之间，似层状（图 4-1-7 和图 4-1-8），由 114 个钻孔控制，沿走向和倾向未封闭，控制走向长度 1740m，倾向最大延伸 1350m，深部未

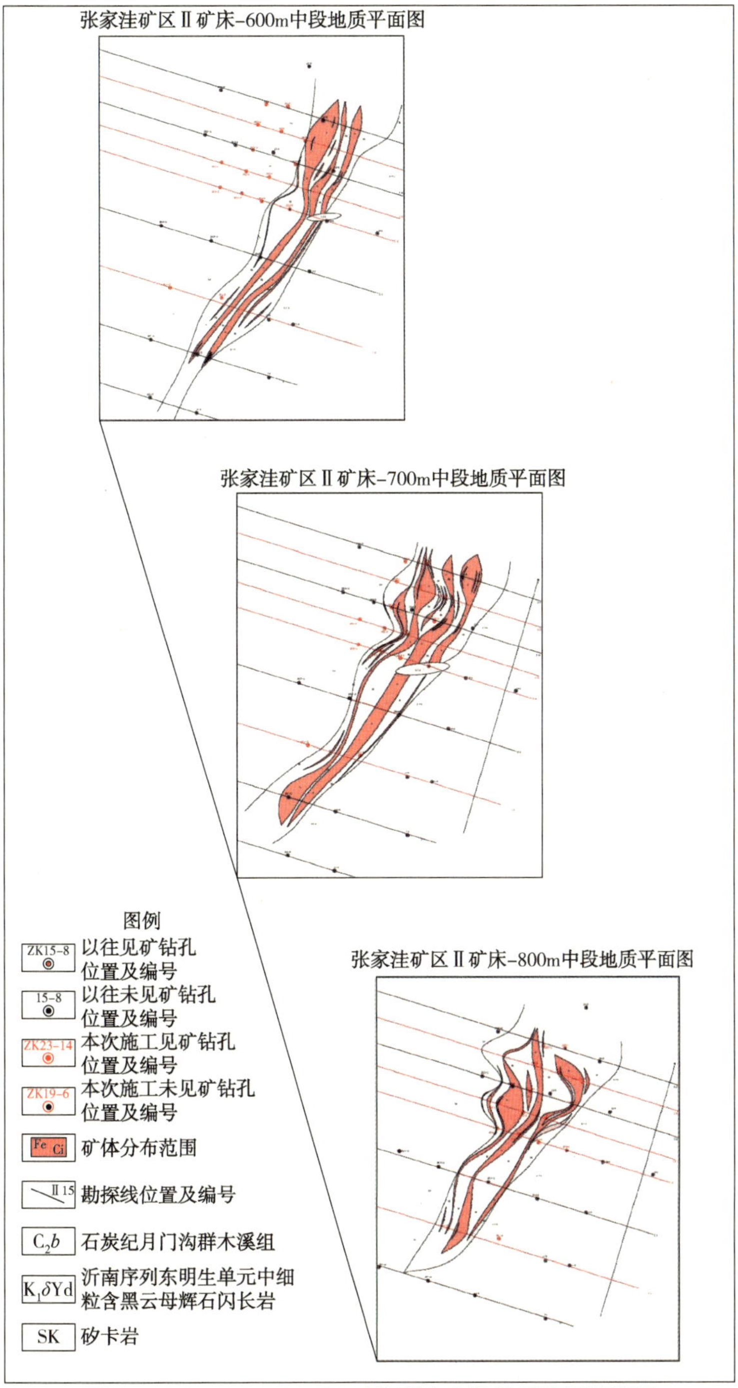

图 4-1-7　II_3、II_4、II_5 矿体联合中段地质平面示意图

封闭，控制标高-300～-1030m，埋深510～1240m，矿体-300～-500m标高已进行开采。矿体走向17°，倾向NW，-400m标高以上倾角10°～30°，-400m标高以下倾角4°～50°，在Ⅱ15～Ⅱ27线之间矿体倾角较稳定，Ⅱ7线处变化较大。该矿体位于$Ⅱ_4$矿体之上，与$Ⅱ_4$矿体垂直距离5～33m，近平行展布，以上为矽卡岩及石炭纪地层，局部有零星矿体分布。矿体厚度1.64～57.94m，平均18.14m，Ⅱ15～Ⅱ27线-500～-900m矿体厚度较大，Ⅱ15线以南矿体逐渐减薄，厚度变化系数77.56%，属厚度较稳定型；矿体夹层少，内部结构简单，矿石类型一致，在Ⅱ19线-600～-650m标高被闪长岩岩体截断，矿体形态和内部结构复杂程度为中等，构造对矿体的破坏程度为中等；矿体TFe品位区间21.73%～61.24%，平均品位45.47%，矿体内部品位无明显变化趋势，但Ⅱ矿床整体体现由上而下品位缓慢降低的趋势，TFe品位变化系数19.53%，有用组分分布均匀。

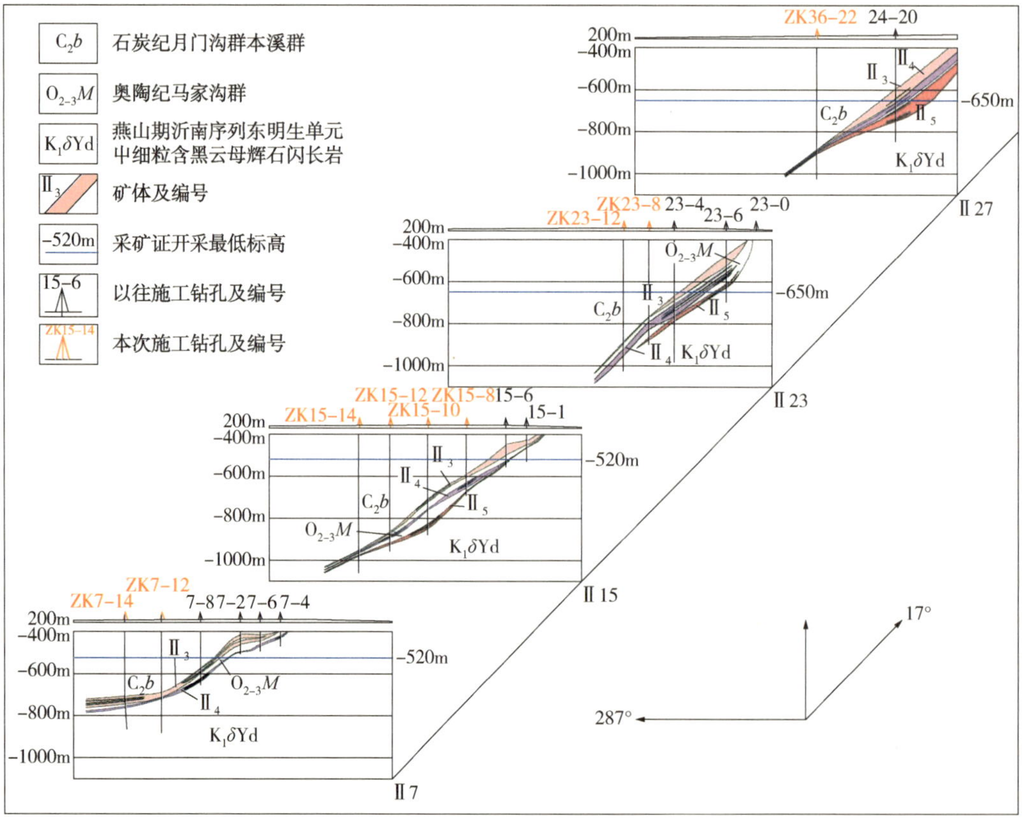

图4-1-8　$Ⅱ_3$、$Ⅱ_4$、$Ⅱ_5$矿体联合剖面示意图

2. Ⅳ矿体

位于石炭系与奥陶系假整合面间，且在闪长玢岩岩床之上。分布在0～40勘查线之间，由84个钻孔控制，见矿钻孔14个，为较大的似层状矿体。总体走向为NNE17°，倾向NW，产状较缓，倾角10°～30°。长度880m，延伸360m，埋深540～622m，赋存标高-335～-420m。厚度2.92～23.38m，平均厚度为15.97m，厚度变化系数为52.39%，厚度变化小；矿体TFe品位25.03%～65.21%，平均品位为44.83%，品位变化系数为18.21%，有用组分分布均匀。

3. Ⅰ矿体

位于Ⅰ矿床的Ⅰ20 线～Ⅰ23 线之间，似层状，局部马鞍状、透镜状(图 4-1-9 和图 4-1-10)。由 97 个钻孔控制。走向控制长度 1400m，倾向延伸 1100m，深部未封闭，控制标高-150～-1230m，埋深 360～1440m，-150～-340m 标高矿体已进行开采。矿体走向 294°，倾向 NE。倾角 5°～75°，在-450m 标高以上倾角主要在 10°～35°之间，向下逐渐变大，-450m 标高以下倾角在 45°～60°之间，局部倾角为 75°，但在Ⅰ0 线-800～-1000m 处倾角变缓，最小为 5°。厚度 1.93～100.97m，平均厚度 28.89m，矿体厚度在Ⅰ0 勘查线-720m以下显著增大，产状由陡及缓，厚度变化系数 82.76%，属厚度较稳定型，矿体形态和内部结构复杂程度为复杂，构造对矿体的破坏程度为中等。TFe 品位区间 21.22%～60.78%，平均品位 41.59%，TFe 品位变化系数 21.28%，有用组分分布均匀。

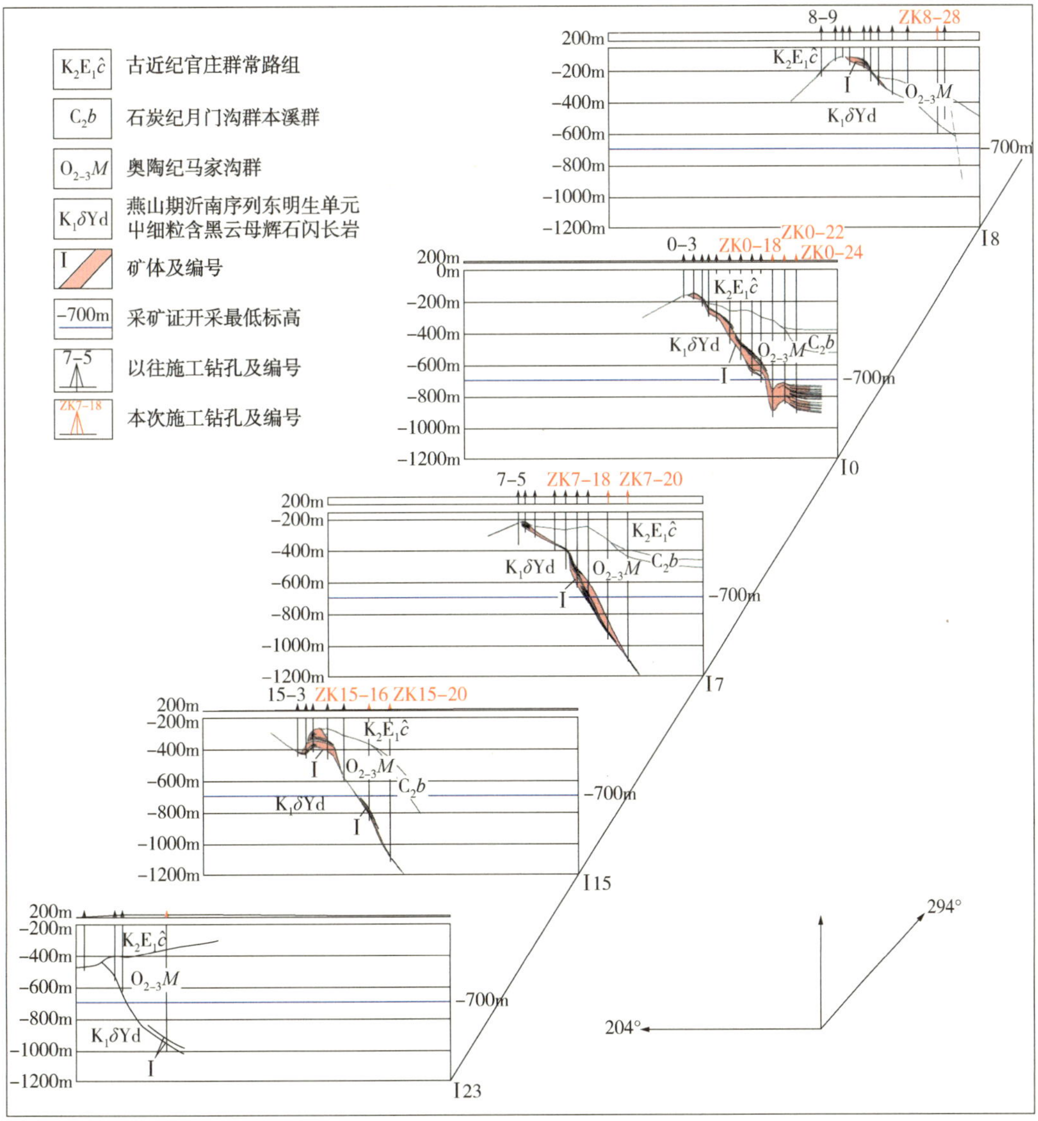

图 4-1-9 Ⅰ矿床Ⅰ矿体联合剖面示意图

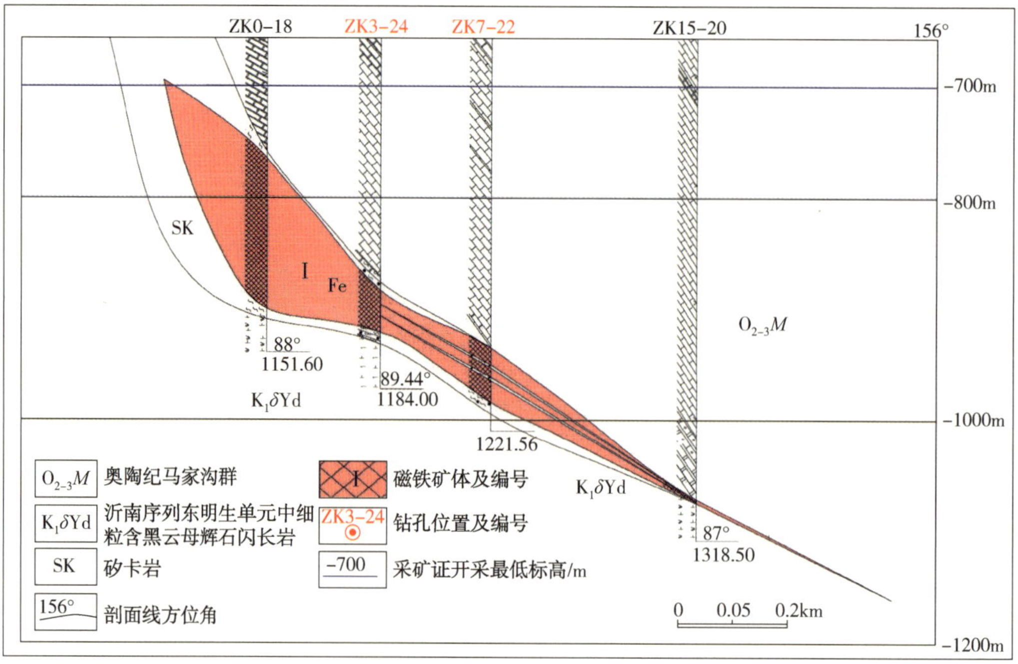

图 4-1-10 I 矿床 I 矿体纵剖面图

4. Ⅲ$_2$ 矿体

该矿体浅部受石炭系与奥陶系假整合面控制，深部受接触带控制。分布在 6~44 勘查线之间，由 172 个钻孔控制，见矿钻孔 84 个。矿体形态呈透镜状或似层状。总体走向 NNE，倾向 W，浅部产状平缓，近水平，至深部变陡，倾角 8°~35°。长度 1400m，延深 170~910m，赋存标高-150~-875m。厚度 1.56~122.62m，平均厚度 30.59m，厚度变化系数为 82%，厚度变化中等。矿体 TFe 品位 25.75%~60.01%，平均品位 41.99%，品位变化系数 16.02%，有用组分分布均匀。

（二）矿石特征

1. 矿石类型和品级

1）自然类型

根据物相分析结果：矿石中氧化铁 oFe 平均含量为 5.82%，且矿体埋深较大，氧化程度低，氧化矿集中在Ⅱ矿床顶部的零星矿体，矿石的自然类型为原生矿石。

组成矿石的主要铁矿物为磁铁矿，矿石自然类型为磁铁矿石。

根据矿石的结构构造，矿石自然类型为致密块状-浸染状磁铁矿石。

2）工业类型

矿石 TFe 平均品位为=42.61%（<50%），工业类型为需选铁矿石。

根据物相分析结果，矿石中磁性铁（mFe）对全铁（TFe）的占有率为：41.78%/48.65%=85.9%>85%，由于 mFe 占有率 85.9%，矿石工业类型属于需选铁矿石中的磁性铁矿石。

矿石碱性氧化物与酸性氧化物的比值为中（CaO+MgO）含量/（SiO_2+Al_2O_3）含量=（4.68%+9.99%）/（12.56%+4.20%）=0.88，介于自熔性矿石所定义的 0.8~1.2 之间，

故为自熔性矿石。

2. 矿物组成与结构、构造

1）矿石结构

矿石结构以半自形—他形粒状变晶结构为主，其次有交代残余结构、压碎结构、鳞片粒状变晶结构。

他形粒状结构：矿石中磁铁矿呈他形粒状或少量自形粒状，脉石矿物呈他形。

交代残余结构：磁铁矿被赤铁矿强烈交代，磁铁矿仅呈残留状分布在赤铁矿内。

压碎结构：磁铁矿受力破碎，后期脉石矿物沿其裂隙充填交代。

鳞片粒状变晶结构：矿石中磁铁矿以他形粒状为主，大小不等，蛇纹石呈细小鳞片状集合体，金云母为片状、板状。

2）矿石构造

矿石构造主要有块状构造、浸染状构造、角砾状构造、细脉状构造等(图 4-1-11~图 4-1-14)。

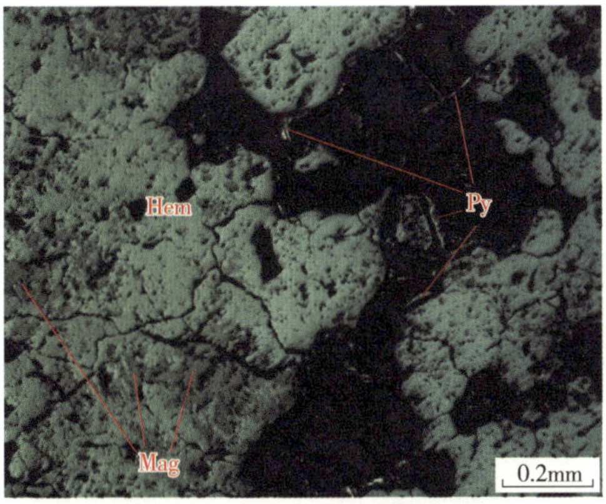

图 4-1-11　团块状磁铁矿

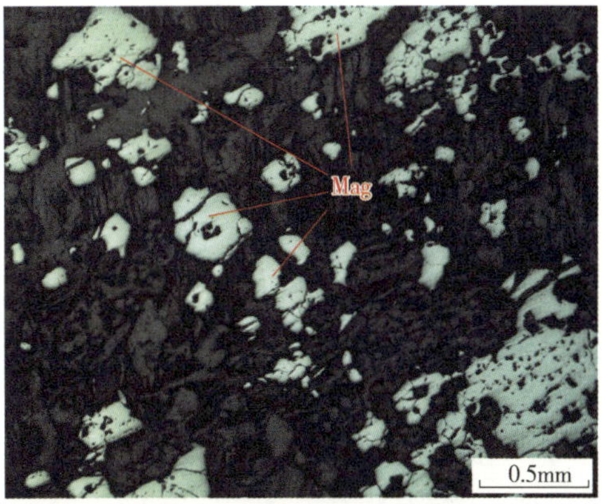

图 4-1-12　浸染状磁铁矿

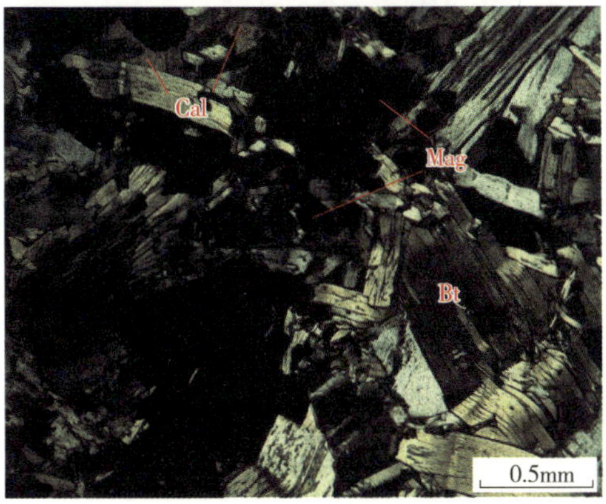

图 4-1-13　角砾状磁铁矿

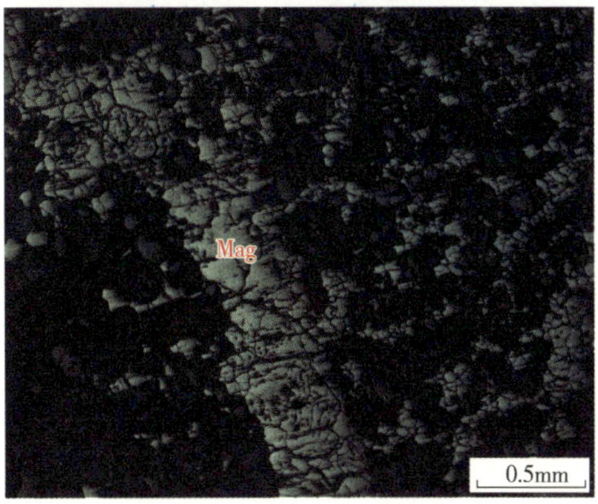

图 4-1-14　细脉状磁铁矿

块状构造：矿石中各种矿物组分分布相对均匀，具有此构造的矿石一般品位较高。

浸染状构造：磁铁矿或假象赤铁矿呈粒状星散分布。

角砾状构造：磁铁矿呈角砾状，其他矿物在角砾间填隙分布。

细脉状构造：磁铁矿赋存空间受控于细脉状裂隙，一定空间内呈脉状或细脉状。

3）矿石矿物成分

矿石中矿石矿物主要为磁铁矿，其次有黄铁矿、黄铜矿、赤铁矿和褐铁矿，另有少量磁黄铁矿、辉铜矿，极少量自然铜。脉石矿物以方解石、蛇纹石和透辉石为主，其次为绿泥石、石榴子石、透闪石，少量金云母、绿帘石等。

磁铁矿（Mag）：磁铁矿是矿石中最主要的矿石矿物，嵌布粒度以细粒为主，粒度范围集中分布在0.02~0.10mm之间，磁铁矿主要呈半自形—他形粒状，部分以粒状集合体的形式产出，少见自形晶。磁铁矿常呈中细粒浸染状分布于脉石矿物中，部分磁铁矿晶粒间隙或裂隙中分布有细粒脉石矿物，此外还有部分呈微细粒浸染状产出，这两部分磁铁矿较难与脉石矿物完全单体解离；有时可见磁铁矿被褐铁矿、赤铁矿沿着边缘和裂隙交代，少量被赤铁矿交代呈蚀变残余结构；有时可见磁铁矿与黄铁矿、磁黄铁矿、黄铜矿共生，少量磁铁矿中包裹有细粒磁黄铁矿和黄铜矿。

黄铁矿（Py）：矿石中最主要的硫的独立矿物，嵌布粒度多分布在0.02~0.15mm之间。黄铁矿一般呈半自形—他形粒状结构分布在脉石矿物中，部分呈自形晶结构，少量呈细脉状产出；有时可见黄铁矿、白铁矿与磁铁矿共生，少量粗粒黄铁矿中包裹有细粒磁铁矿，有时还可见黄铁矿与磁黄铁矿、黄铜矿共生（图4-1-15~图4-1-16）。

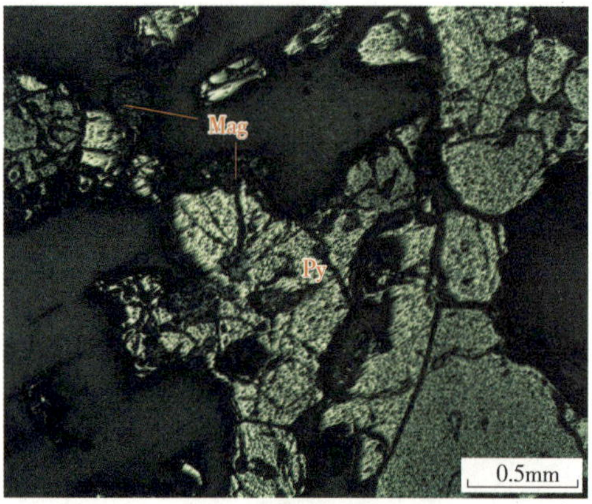

图4-1-15　团块状黄铁矿及孔洞内磁铁矿

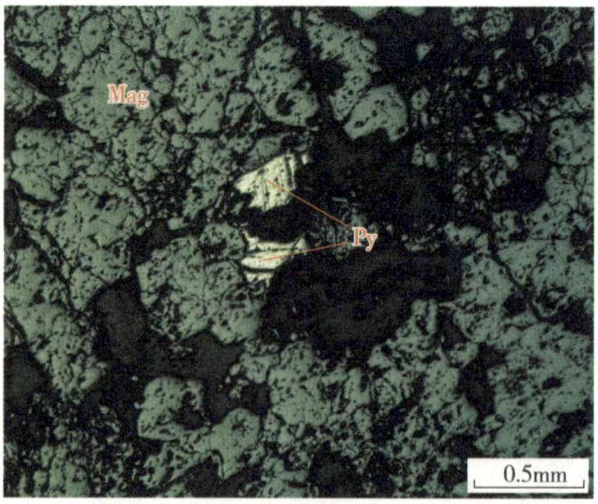

图4-1-16　星点状分布黄铁矿

黄铜矿（Ccp）：黄铜矿在矿石中的相对含量很低，主要呈不规则粒状分布在脉石矿物中，嵌布粒度主要分布在0.01~0.05mm。有时可见黄铜矿与磁铁矿连生，少数被包裹在磁铁矿颗粒中；有时可见黄铜矿与磁黄铁矿、黄铁矿等硫化物共生。

赤铁矿（Hem）：含量较低，嵌布粒度一般分布在0.01~1.2mm之间，矿石中的赤铁矿主要是由磁铁矿氧化而来，常与磁铁矿共生，部分颗粒保留原磁铁矿晶形，有的沿着磁铁矿边缘及裂隙交代，少量在磁铁矿中呈叶片状及格状分布；有时还可见赤铁矿呈不规则粒状分布在脉石矿物中。

磁黄铁矿：是矿石中硫的独立矿物之一，含量很低。磁黄铁矿主要呈不规则粒状分布在脉石矿物中；有时可见磁黄铁矿与磁铁矿共生，部分磁黄铁矿以包体的形式嵌布在磁铁矿颗粒中，粒度一般在0.02mm以下，在选矿的过程中这部分微细粒嵌布于磁铁矿中的磁黄铁矿易随磁铁矿一同进入铁精矿中；有时可见磁黄铁矿与黄铜矿、黄铁矿共生。

矿石中磁铁矿的嵌布粒度以细粒为主，粒度一般为0.02~0.25mm，粗者达0.4mm

左右。总体来看，样品中大部分铁矿物呈单体粒状产出，其余部分与脉石镶嵌构成不同比例铁的连生体，而在连生体中，以毗连型富连生体为主，少部分为包裹型贫铁连生体，连生矿物主要是绿泥石，次为方解石等脉石。一段分级溢流样品中，+0.074mm粒级磁铁矿的粒度占有率55.74%；在-0.019mm粒级中，磁铁矿的粒度占有率为10.53%。综上，矿石中磁铁矿的整体嵌布粒度较细，因此要提高矿石中铁的选别指标，关键是使磁铁矿与脉石矿物之间充分解离。

（三）矿石化学成分

（1）矿石中主要有用组分为Fe，根据基本分析结果，矿石TFe平均品位为42.61%，mFe平均品位为36.32%，TFe与mFe品位呈正相关关系。

（2）根据矿区组合分析样品统计结果（表4-1-2）如下。

表4-1-2　组合分析结果汇总表

元素及单位			$Au/10^{-6}$	S/%	FeO/%	SiO_2/%	Al_2O_3/%	CaO/%	MgO/%	Co/%	Cu/%	P/%
矿体编号	Ⅰ	最大值	0.14	2.31	18.25	20.61	5.61	10.65	14.49	0.02	0.24	0.05
		最小值	/	0.05	8.83	2.38	1.47	1.95	5.45	0.01	0.004	/
		平均值	0.02	0.45	12.41	11.95	3.43	5.39	10.48	0.01	0.06	0.01
	$Ⅱ_1$	最大值	/	10.46	21.54	13.47	6.20	5.57	3.80	0.07	0.47	0.11
		最小值	/	0.01	8.47	5.10	2.93	2.71	2.40	0.01	0.02	0.013
		平均值	/	5.03	15.85	9.00	4.54	4.22	2.89	0.03	0.22	0.05
	$Ⅱ_2$	最大值	0.11	7.49	25.54	26.62	10.79	8.83	11.49	0.05	0.28	0.24
		最小值	/	0.01	3.86	3.28	2.2	1.69	1.88	0.01	0.003	0.006
		平均值	0.02	1.97	13.69	11.43	4.59	4.40	5.99	0.03	0.13	0.05
	$Ⅱ_3$	最大值	1.29	4.18	19.84	23.81	8.39	18.52	15.32	0.04	0.77	0.17
		最小值	/	0.01	5.46	6.70	2.45	1.05	3.44	0.007	0.002	0.006
		平均值	0.07	0.90	13.28	12.17	4.44	4.82	8.25	0.02	0.11	0.04
	$Ⅱ_4$	最大值	0.29	2.48	20.28	28.71	7.76	9.58	21.64	0.03	0.38	0.12
		最小值	/	0.01	4.92	2.94	1.06	0.21	3.56	0.01	0.008	0.002
		平均值	0.02	0.45	12.24	12.11	4.09	3.58	10.95	0.02	0.11	0.02
	$Ⅱ_5$	最大值	0.31	2.49	16.82	23.84	5.61	15.05	23.15	0.03	0.47	0.62
		最小值	/	0.01	2.98	5.94	1.93	0.52	3.30	0.007	0.003	0.003
		平均值	0.03	0.29	10.67	14.31	3.90	4.54	13.83	0.01	0.08	0.04
	$Ⅱ_{12}$	最大值	/	1.82	14.88	18.82	5.57	1.96	20.94	0.03	0.15	0.01
		最小值	/	0.66	7.38	5.5	1.95	0.35	4.62	0.03	0.11	0.005
		平均值	/	1.21	11.82	12.41	3.60	1.33	12.61	0.03	0.12	0.009
	Ⅱ矿床平均		0.05	0.95	12.19	12.59	4.28	4.56	9.90	0.02	0.12	0.04
	$Ⅲ_4$	/	0.09	1.59	9.96	16.21	3.93	10.65	14.65	0.01	0.04	0.01
	核实区	最大值	1.84	10.46	25.54	28.71	10.79	18.52	23.15	0.07	1.69	0.62
		最小值	/	0.002	2.98	2.38	1.06	0.21	1.10	0.006	0.002	/
		平均值	0.05	0.91	12.20	12.56	4.20	4.68	9.99	0.02	0.11	0.03

① 矿石中 Cu 的含量区间为 0.002%~1.69%，平均含量 0.11%，矿体之间 Cu 含量差别较大：Ⅱ矿床 $Ⅱ_3$、$Ⅱ_4$ 矿体 Cu 平均含量均为 0.11%，$Ⅱ_1$、$Ⅱ_2$、$Ⅱ_6$、$Ⅱ_{11}$、$Ⅱ_{12}$、$Ⅱ_{13}$、$Ⅱ_{16}$等 7 个矿体 Cu 平均含量达到 0.1%以上，可以进行伴生矿产综合评价；Ⅰ矿床Ⅰ矿体 Cu 平均含量 0.06%，Ⅲ矿床 $Ⅲ_4$ 矿体 Cu 平均含量 0.04%，Ⅱ矿床 $Ⅱ_5$ 矿体 Cu 平均含量 0.08%，均未达到伴生矿产综合评价的指标要求。

② 矿石中 Co 的含量区间为 0.006%~0.07%，平均含量为 0.02%，矿体之间 Co 含量差别较大：Ⅱ矿床 $Ⅱ_3$、$Ⅱ_4$ 矿体 Co 平均含量均为 0.02%，$Ⅱ_1$、$Ⅱ_2$、$Ⅱ_6$、$Ⅱ_{11}$、$Ⅱ_{12}$、$Ⅱ_{13}$、$Ⅱ_{14}$、$Ⅱ_{16}$等 8 个矿体 Co 平均含量达到 0.02%以上，可以进行伴生矿产综合评价；Ⅰ矿床Ⅰ矿体 Co 平均含量 0.01%，Ⅲ矿床 $Ⅲ_4$ 矿体 Co 平均含量 0.01%，Ⅱ矿床 $Ⅱ_5$ 矿体 Co 平均含量 0.01%，均未达到伴生矿产综合评价的指标要求。

③ 矿床 Au 的含量区间为 $0.00\sim1.84\times10^{-6}$，绝大多数样品未达检出限，矿体平均含量均未达到伴生矿产综合评价的指标要求，其他矿体有用组分达不到综合评价的指标要求。

④有害组分 S 的含量区间为 0.002%~10.46%，平均含量为 0.91%；P 含量区间为检出限以下约 0.62%，平均含量为 0.03%。S 和 P 有害元素不超标(表 4-1-2)。

⑤主要造渣组分 CaO 含量区间为 0.21%~18.52%，平均为 4.68%；MgO 含量区间为 1.10%~23.15%，平均含量为 9.99%；SiO_2 含量区间为 2.38%~28.71%，平均为 12.56%；Al_2O_3 含量区间为 1.06%~10.79%，平均含量为 4.20%(表 4-1-2)。$(CaO+MgO)/(SiO_2+Al_2O_3)=4.68\%+9.99\%/12.56\%+4.20\%=0.88$，为自熔性矿石。

(3) 根据物相分析统计成果(表 4-1-3)矿石中 mFe 含量区间为 8.32%~60.86%，平均为 41.78%；oFe 含量区间为 0.42%~52.80%，平均为 5.82%；siFe 含量区间为 0.00~1.56%，平均为 0.25%；cFe 含量区间为 0.06%~2.21%，平均为 0.35%；sfFe 含量区间为 0.05%~2.18%，平均为 0.44%。样品分布均匀，代表性良好。

表 4-1-3　物相分析结果汇总表　　%

元素	分析结果				
	mFe	sfFe	oFe	siFe	cFe
最大值	60.86	2.18	52.80	1.56	2.21
最小值	8.32	0.05	0.42	0.00	0.06
平均值	41.78	0.44	5.82	0.25	0.35

(4) 根据定性半定量全分析(光谱分析)样品统计结果：矿石中其他元素 Ba 含量区间为 $5.7\times10^{-6}\sim648.8\times10^{-6}$，平均为 227.05×10^{-6}；Mn 含量区间为 $808.7\times10^{-6}\sim10150\times10^{-6}$，平均为 2969.65×10^{-6}；Mo 含量区间为 $0.01\times10^{-6}\sim7.06\times10^{-6}$，平均为 1.30×10^{-6}；Zn 含量区间为 $82.8\times10^{-6}\sim901.1\times10^{-6}$，平均为 300.23×10^{-6}；V 含量区间为 $24.0\times10^{-6}\sim325.1\times10^{-6}$，平均为 155.0×10^{-6}；Cr 含量区间为 $3.0\times10^{-6}\sim107.0\times10^{-6}$，平均为 35.3×10^{-6}；Ti 含量区间为 $193.8\times10^{-6}\sim3874.0\times10^{-6}$，平均为 1371.0×10^{-6}；Ni 含量区间为 $6.9\times10^{-6}\sim417.3\times10^{-6}$，平均为 148.1×10^{-6}。

（5）采用矿石化学全分析样品 13 件，分布在 11 个钻孔 7 个矿体内，根据统计结果（表 4-1-4）：矿石中 Na_2O 含量区间为 0.12%~0.52%，平均 0.24%；K_2O 含量区间为 0.03%~0.39%，平均 0.12%；MnO 含量区间为 0.04%~0.92%，平均 0.36%；TiO_2 含量区间为 0.03%~0.32%，平均 0.16%。

（6）根据矿区电子探针分析结果，磁铁矿矿物的 FeO、MnO、TiO_2、MgO、AI_2O_3 的含量分别为 82.81%(质量)、93.99%(质量)、0~0.26%(质量)、0~1.56%(质量)、0.09%~1.80%(质量)，其余元素 Co、SiO_2、CaO、ZnO、NiO、CaO、Na_2O、K_2O、Cl、P 的含量极低。

表 4-1-4 磁铁矿石化学全分析结果表

样号	岩性	SiO_2	Al_2O_3	CaO	Fe_2O_3	K_2O	MgO	Na_2O	MnO	P_2O_5	TiO_2	FeO	H_2O^-	LOI
ZJW-18	磁铁矿	16.31	3.45	3.43	63.24	0.39	7.20	0.52	0.35	0.04	0.17	14.11	0.22	4.11
ZJW-19	磁铁矿	4.82	1.80	0.42	85.40	0.12	5.35	0.34	0.92	0.03	0.06	24.47	0.14	0.50
ZJW-20	磁铁矿	9.98	1.86	4.45	68.06	0.10	10.78	0.29	0.23	0.02	0.10	14.78	0.11	3.65
ZJW-21	磁铁矿	10.04	3.97	5.86	64.94	0.07	9.27	0.36	0.92	0.02	0.26	7.63	0.12	3.93
ZJW-22	磁铁矿	3.82	1.29	7.89	80.19	0.03	4.87	0.34	0.37	0.09	0.04	15.26	0.12	0.58
ZJW-23	磁铁矿	6.49	2.40	1.71	76.01	0.04	10.67	0.12	0.37	0.01	0.18	18.53	0.03	1.62
ZJW-24	磁铁矿	7.87	4.21	4.17	72.64	0.08	7.80	0.20	0.14	0.02	0.25	18.65	0.09	1.77
ZJW-25	磁铁矿	10.20	2.65	1.31	68.66	0.03	12.56	0.14	0.20	0.01	0.27	16.35	0.05	3.17
ZJW-26	磁铁矿	3.26	2.06	2.11	78.88	0.08	2.66	0.15	0.05	0.88	0.06	18.65	0.04	9.68
ZJW-27	磁铁矿	4.24	1.66	0.29	89.09	0.05	1.86	0.14	0.04	0.06	0.03	23.01	0.02	1.66
ZJW-28	磁铁矿	5.79	1.58	7.78	74.76	0.03	5.86	0.12	0.15	0.01	0.09	1.70	0.04	3.67
ZJW-29	磁铁矿	9.99	3.40	0.54	73.09	0.24	9.55	0.15	0.43	0.01	0.23	13.69	0.12	2.36
ZJW-30	磁铁矿	22.81	6.55	1.13	35.28	0.27	24.16	0.24	0.54	0.06	0.32	8.18	0.14	8.45
平均		8.89	2.84	3.16	71.56	0.12	8.66	0.24	0.36	0.10	0.16	15.00	0.09	3.47

（四）氧化特征

本矿区矿石中 oFe 平均含量为 5.82%，矿体埋深较大，氧化程度低，矿石的自然类型为原生矿石。Ⅰ、Ⅲ矿床、Ⅱ矿床主要矿体内均未见氧化矿层，氧化矿集中在Ⅱ矿床顶部的零星矿体，如 ZK11-8 顶部的 $Ⅱ_6$ 矿体(标高-620m，TFe60.34%，mFe11.36%)，23-8 顶部的 $Ⅱ_1$ 矿体(标高-732m，TFe49.12%，mFe22.26%)等，氧化带零星分布于Ⅱ矿床顶部严重破碎的泥岩、角岩、灰岩以下，与破碎带和地下水活动相关，不连片。采集的物相样品显示氧化带内 oFe 含量在 50%左右，氧化矿物主要为氧化铁。根据块段统计，共有 3 个块段($Ⅱ_1$ 矿体 1 个、$Ⅱ_6$ 矿体 2 个) 40.6×10^4t 氧化矿。上部矿山实际开采中也发现，Ⅱ矿体顶部赋存少量氧化矿，赋存标高-350~-520m，矿山目前对干选的尾矿采用手选赤铁矿块的方式对氧化矿进行选别。

（五）矿体围岩和夹石

1. 矿体围岩

Ⅰ矿床围岩：主矿体围岩其顶板为奥陶系大理岩或古近系砾岩，底板为闪长玢岩或大理岩；零星矿体围岩其顶板为闪长玢岩或蛇纹石化大理岩，底板为蛇纹石化大理岩或矽卡岩及闪长玢岩；砾岩矿体围岩其顶板为古近系砾岩，底板多为大理岩和主矿体磁铁矿。

Ⅱ矿床围岩：Ⅰ、Ⅳ矿体围岩其顶板为石炭系板岩或古近系砾岩，底板为闪长玢岩或大理岩；Ⅱ、Ⅴ矿体围岩其顶板多为闪长玢岩或蛇纹石化大理岩，底板为蛇纹石化大理岩或矽卡岩；Ⅲ、Ⅳ矿体围岩其顶板为大理岩或蛇纹石化大理岩，底板多为矽卡岩、闪长岩等。

Ⅲ矿床围岩：$Ⅲ_1$ 矿体围岩其顶板为石炭系板岩和角岩，底板为中奥陶系大理岩。$Ⅲ_2$ 矿体围岩其顶板为中石炭系板岩和角岩，局部为古近系砂砾岩；底板为透辉石化闪长岩、磁铁矿化蛇纹岩、透辉石矽卡岩等。$Ⅲ_3$ 矿体围岩其顶板为中石炭系板岩和角岩，局部为古近系砂砾岩；底板为透辉石矽卡岩和大理岩。$Ⅲ_4$ 矿体围岩其顶板多为大理岩；底板为闪长岩和透辉石矽卡岩。

2. 夹石

Ⅰ矿床Ⅰ矿体（主矿体）夹石为大理岩，矽卡岩及闪长玢岩；零星矿体及砾岩矿体无夹石；Ⅱ矿床Ⅳ矿体在12线附近有两层薄层夹石，夹石为含磁铁蛇纹石化大理岩；Ⅱ、Ⅴ矿体，夹层较多，夹石多为闪长玢岩或较厚的蛇纹石化大理岩；Ⅲ、Ⅵ矿体矿层层数较多，为多层矿合并而成，因此夹石较多而且较厚，夹石成分多为含磁铁蛇纹石化大理岩及蛇纹石化大理岩；Ⅲ矿床主矿体夹石主要为含磁铁矿蛇纹岩、透辉石矽卡岩、大理岩、透辉石辉石化闪长岩等。

（六）共伴生矿产

矿石中Cu的含量区间为0.002%~1.69%，平均含量为0.11%，矿体之间Cu含量差别较大：Ⅱ矿床$Ⅱ_3$、$Ⅱ_4$ 矿体Cu平均含量均为0.11%，$Ⅱ_2$ 矿体Cu平均含量为0.12%，另有7个零星矿体的Cu平均含量达到了伴生矿产综合评价的指标要求；Ⅰ矿床Ⅰ矿体Cu平均含量为0.06%，Ⅲ矿床$Ⅲ_4$ 矿体Cu平均含量为0.06%，Ⅱ矿床$Ⅱ_5$ 矿体Cu平均含量为0.08%，均未达到伴生矿产综合评价的指标要求。

矿石中Co的含量区间为0.006%~0.07%，平均含量为0.02%。矿体之间Co含量差别较大：Ⅱ矿床$Ⅱ_3$、$Ⅱ_4$ 矿体Co平均含量均为0.02%，$Ⅱ_2$ 矿体Co平均含量为0.02%，另有8个零星矿体的Co平均含量达到了伴生矿产综合评价的指标要求；Ⅰ矿床Ⅰ矿体Co平均含量0.01%，Ⅲ矿床$Ⅲ_4$ 矿体Co平均含量0.01%，Ⅱ矿床$Ⅱ_5$ 矿体Co平均含量0.01%，均未达到伴生矿产综合评价的指标要求。

矿床Au的含量区间为$0.00 \sim 1.84 \times 10^{-6}$，大多数样品未达检出限，矿体平均含量均未达到伴生矿产综合评价的指标要求，其他矿体有用组分达不到综合评价的指标要求。

三、矿床成因

（一）矿床成因

已有研究认为，本区与矽卡岩铁矿成矿作用相关的岩浆活动具备较高的 Mg 含量，轻稀土富集，重稀土亏损，富集大离子亲石元素，亏损高场强元素，中—基性岩浆沿矿山弧形背斜核部(薄弱带)侵入，贫钠岩浆和富钠热液进行钠质交代作用初步产生含矿溶液。经过钠质交代作用呈弱碱性的含矿溶液沿闪长岩和石灰岩接触面流动时，溶液对 CaO 过饱和的碳酸盐岩围岩进行交代，形成了一系列含镁矽卡岩矿物，同时继续增加了溶液中铁的浓度，持续交代的过程中，沉淀了磁铁矿为主体的矿物，形成磁铁矿床。

成矿过程可分为两个成矿期和五个成矿阶段。

1. 矽卡岩期

细分为早期矽卡岩阶段、晚期矽卡岩阶段和氧化物阶段。

(1) 早期矽卡岩阶段：亦称干矽卡岩阶段，以透辉石、方柱石、尖晶石、硅灰石、钙铁辉石、钙铁榴石等为代表矿物，形成于热液交代过程中的矽卡岩矿物沉淀，均属高温变质矿物。

(2) 晚期矽卡岩阶段：亦称湿矽卡岩阶段，以磁铁矿、阳起石、金云母、透闪石和角闪石为代表，热液温度逐步降低，磁铁矿大量析出。

(3) 氧化物阶段：温度进一步降低，产生低温矽卡岩，以长石、绿帘石为代表，部分矿物发生氧化作用。

2. 石英-硫化物期

(1) 早期硫化物阶段：以铁—铜硫化物为主，如黄铜矿、磁黄铁矿，脉石矿物主要为绿泥石、绢云母。

(2) 晚期硫化物阶段：碳酸岩矿物增多，如方解石。

（二）矿床类型

矿体产于闪长岩与石灰岩接触带中，严格受接触带构造的控制。矿床中有典型的矽卡岩矿物组合，矿体与矽卡岩在空间上分布一致，前人将其归为接触交代矿床。

四、成矿规律

根据本区岩相学、地球化学研究成果，矿山岩体岩浆岩呈明显的分带性，基性辉石岩-辉长岩-辉长闪长岩-石英闪长岩均在矿区出现，深部勘探形成的钻孔中，矿体底板以相对浅部更基性的辉长岩为主，极少见石英闪长岩等中性岩浆岩，矿体内部常见较大厚度的二长斑岩、闪长玢岩脉沿矿体层状分布，矿体内部常见多期侵入的岩浆、矿浆重熔矿体形成“假角砾”，该现象在 F1 断层附近厚大矿体处尤为显著，F1 断层在三个矿床成矿过程中起到了重要作用。

交代蚀变作用及由此生成的蚀变矿物发育，是张家洼矿区矽卡岩型铁矿床的重要特征之一。其中，接触变质及热变质作用主要表现为碳酸盐岩的大理岩化和泥岩、泥质灰岩的角岩化；接触交代变质作用在接触带及附近形成各类矽卡岩。本矿区矽卡岩成分较复杂，主要岩性包括透辉石矽卡岩、透闪石矽卡岩、含磁铁矿矽卡岩、绿帘石化矽卡岩、石榴石矽卡岩等

接触交代铁矿床的先后形成经历了热变质作用、钠质交代作用、矽卡岩化作用和中低温热液蚀变作用四个作用阶段。其中，钠质交代作用和矽卡岩化作用是主要的交代蚀变作用，对矿床的形成起决定性作用。

1. 钠质交代作用与成矿的关系

钠质交代作用主要发育在岩体边部，变质作用的早期。侵位初期，岩浆中钠质含量较低，而含矿热液富含钠质，有利于贫钠岩浆和富钠热液进行钠质交代作用。钠质交代作用的显著特点是斜长石和正长石蚀变为钠长石，体现为闪长岩-二长斑岩的演化过程。在此过程中，部分磁铁矿及暗色矿物中的铁质被析出加入热液中，增加了含矿热液中的铁质。同时，热液还对围岩(碳酸盐岩)进行交代，更促使热液中的钙镁质含量相对增加。钠质交代岩与原岩相比，暗色矿物有明显的变化，副矿物磁铁矿相对减少，单斜辉石、角闪石的含量亦有所减少，暗色矿物的这种变化即为钠化过程中失去铁作用的结果。

2. 矽卡岩化作用与成矿的关系

本区的矽卡岩化作用是指钙镁铁质的交代作用，主要以气液的方式对母岩及围岩(碳酸盐岩)进行交代，形成一套钙、镁质的矽卡岩及磁铁矿。矽卡岩化作用在本区分为早晚两期，其中早期矽卡岩化产出了本区主要成矿蚀变岩石，广泛发育且厚度较大，一般为数米至百余米，由于钠质交代作用后期，溶液中的钠质大量消耗，强碱性的溶液渐变为弱碱性，当溶液对碳酸盐岩围岩进行交代时，便形成了一系列含镁矽卡岩矿物，如钙镁橄榄石、粒硅镁石(多蚀变为蛇纹石)、镁铁尖晶石、钙镁榴石等，同时继续增加了溶液中铁的浓度，在继续对碳酸盐岩进行交代的过程中，沉淀了磁铁矿为主体的矿物，形成了磁铁矿床。因此，早期矽卡岩化发育的地段，往往是磁铁矿富集的地段。

总结本矿区成矿规律如下。

(1) 张家洼矿区成矿模式为区域拉张背景下的中—基性岩浆岩与石灰岩接触交代作用。

(2) 局部构造与区域应力和岩浆结晶出溶密切相关，且岩浆房边缘的断层构造为岩浆提供了后期通道，与成矿作用密切相关。

(3) 大规模低缓磁异常与大型岩株边缘的矽卡岩型磁铁矿接触带具有良好的对应关系。

(4) 低缓磁异常中的局部畸变、次级异常通常与中小型构造和厚大矿层密切相关。

五、找矿标志

张家洼铁矿床的矿床成因及成矿规律表明，矿体产出的主要控制因素为岩体与碳酸盐地层，接触带构造是最有利的矿体赋存部位，而褶皱、小型断层、不整合面等软弱构造带易形成厚层矿体，具体找矿标志如下。

1. 碳酸盐岩地层

本区主要成矿地层为奥陶系马家沟群八陡组灰色、青灰色中厚层灰岩、白云质灰岩以及五阳山组灰岩，其次为阁庄组泥质白云质灰岩、灰质白云岩和北庵庄组厚层灰岩、石炭纪太原—本溪组薄层灰岩，高 Ca 含量、中-低 Mg 含量的灰岩地层对成矿更有利。

2. 燕山期岩浆岩

本区成矿母岩主要为燕山期中—基性岩浆岩，形成时代约 130Ma 前，岩性以辉石闪长岩、黑云母辉石闪长岩、闪长岩、二长闪长岩为主，岩浆岩 Mg 含量高有利于接触交代成矿。

3. 地球物理特征

铁矿体一般具备高磁异常，闪长岩体具备高重力值，因此高值重力场可以作为基底岩体的判断方法，强磁异常是本区主要找矿标志，但由于矽卡岩型铁矿产出于接触带附近，下伏岩体同样具备较高的磁异常值，矿体通常呈透镜状-似层状单斜产出，因此，矿致异常通常反映出明显的正负异常伴生现象，异常区形态规整圆滑，高值异常带通常反应埋藏较浅的矿体，成规模的低缓异常通常反映深部隐伏的单斜矿体。

4. 构造空间

本区燕山期岩浆活动受限于燕山期活跃的张性断裂构造，具备接触带形成条件的成矿区域中，褶皱、小型断层、不整合面等软弱构造可以提供岩浆上涌和矿浆聚集的空间条件，易形成厚层矿体。

找矿标志总结如表 4-1-5 所示。

表 4-1-5　找矿标志一览表

成矿要素	详细内容
构造背景	华北板块（Ⅰ）鲁西隆起区（Ⅱ）鲁中隆起（Ⅲ）
成矿环境	太平洋板块向欧亚板块俯冲后形成的伸展构造环境
成矿距今地质年龄	中生代燕山晚期：128～132Ma
含矿建造	闪长岩与灰岩的接触带，奥陶系与石炭系不整合面，岩体内部和围岩裂隙
岩浆作用	与成矿有关的岩浆岩为辉石闪长岩、黑云母辉石闪长岩、闪长岩、二长闪长岩
矿体特征	层状、似层状、透镜状，局部呈囊状
矿物组合	矿石矿物：磁铁矿、赤铁矿、褐铁矿、黄铁矿、黄铜矿；脉石矿物：蛇纹石、方解石、绿泥石、透辉石、石英、尖晶石
结构构造	中细粒半自形粒状结构、似斑状结构；块状构造、浸染状构造、蜂窝状构造、角砾状构造
蚀变作用	热变质作用、接触交代作用、热液蚀变作用。矽卡岩化、蛇纹石化、钠长石化与成矿关系密切

续表

成矿要素	详细内容
控矿地层	奥陶系马家沟群灰岩、石炭—二叠纪月门沟群太原组本溪组灰岩
磁异常	以较大的正椭圆状或单侧延伸的半椭圆状为主，小型化、不规则的高磁异常展布于大型异常边缘或两侧，整个矿致异常往往伴随较为强烈的负异常出现

第二节　顾家台铁矿床

一、矿区地质

（一）地层

矿区位于泰莱盆地中部、矿山背斜西北翼，区内全部被第四系覆盖，下伏地层主要为奥陶系马家沟群、石炭纪月门沟群本溪组、古近纪官庄群常路组等地层（图 4-2-1）。其中与成矿有关的地层主要为奥陶系马家沟群五阳山组、阁庄组、八陡组。矿区内见近岩体处多已重结晶，成为结晶灰岩或大理岩。29 线以东大致呈 SE—NW 走向，倾向 NE，29 线以西走向渐转为近 EW 向，向 N 倾，倾角 25°～40°，深部倾角较大。这三段总厚度 430～675m。

（二）构造

本矿床位于矿山弧形背斜西南倾没端之北西翼。矿床范围内构造简单，多是单斜构造。矿床内的断裂构造主要是东部的 F1 断层，分布在 -3～19 勘查线之间，长度 1000m，总体走向 NW330°左右，倾向 NE，倾角 45°左右，系压扭性断层，断距不清。钻孔中于大理岩顶界面与闪长岩接触处均见有断层角砾岩、糜棱岩及断层泥等，还见有擦痕。角砾成分为大理岩、闪长岩、矽卡岩及铁矿等。砾径大小不一，钙质胶结松散，未见破坏主矿体。

接触带构造是该矿床的主要控矿构造。其走向 290°～320°，倾向 NE，倾角一般 30°～40°。29 线以西走向渐变为近 EW 向，倾向 N。浅部接触带产状较陡，变化较大，深部产状较缓，变化较小。主矿体即赋存于接触带中，接触带的变化直接控制矿体的空间分布规律，形态、产状和规模大小。从 30 线以西的剖面图看，若接触带凹凸不平，折曲多，变化大，则对成矿相对有利。

（三）岩浆岩

区内岩浆岩为燕山期沂南序列东明生单元中细粒辉石闪长岩（矿山岩体），矿山岩体是该地区的主要成矿岩体，一般为矿体的底板。主要岩性为辉石闪长岩、正长闪长岩、似斑状闪长岩等。该侵入体岩性为中偏基性闪长岩，蚀变分带现象明显。侵入岩体与奥陶纪等碳酸盐地层平行接触，深部较陡、浅部较缓，呈倾斜状切割岩体。

（四）地球物理异常特征

根据 1∶10000 航磁测量成果，将顾家台异常分解为鲁 C-2020-51、鲁 C-2020-57

两个异常。

根据莱芜地区岩矿石磁性参数，沉积地层磁化率一般在$(0\sim32)\times10^{-6}\cdot4\pi SI$之间，基本无磁性；闪长岩磁化率一般在$(0\sim15000)\times10^{-6}\cdot4\pi SI$之间，平均值约为$1630\times10^{-6}\cdot4\pi SI$；磁铁矿磁化率平均值约$216100\times10^{-6}\cdot4\pi SI$。闪长岩体及矽卡岩型铁矿体与古生代沉积围岩之间存在明显的磁性差异[2]。岩(矿)石磁性可分为无磁性、中高磁性、强磁性三类。沉积地层均表现为无(微)磁性特征，引起的磁异常可忽略不计；中生代闪长岩体表现为中高磁性特征，明显高于沉积围岩的磁性；矽卡岩型铁矿体表现为强磁性特征，磁性为全区最高。

航磁ΔT阴影图上显示，两个异常为正磁场背景场上的升高异常，呈半月形，首尾相接，由近EW向折向SN向，南侧与矿山岩体引起的异常相连。化极后异常中心整体向北偏移。航磁ΔT剖面平面图上，异常为正异常上的叠加异常，去除北侧尖峰状异常(经验证为人为干扰)，异常最大值约为352nT。对该异常进行剩余异常提取，异常形态更清晰(图4-2-1)。

综上所述，该异常由已知顾家台铁矿体引起，异常位于有利的成矿地质区域。正磁场背景应与矽卡岩矿化蚀变有关，推测局部叠加升高异常为顾家台铁矿体引起。建议对该异常做进一步研究，探讨深部及旁侧是否还有未发现的铁矿体。

二、矿床地质

(一) 矿体特征

本矿床为接触交代矽卡岩类型铁矿，有2个矿体，其中Ⅰ矿体，完全赋存于接触带中(仅尖灭端的矿体小分枝有插入大理岩中)，为本矿床的主矿体，占矿床总储量的99.1%；Ⅱ矿体产于Ⅰ号矿体上盘的大理岩中，由8个小矿体组成。

各矿体特征如表4-2-1所示。

表4-2-1 矿体特征一览表

矿体编号	赋存位置		矿体形态	矿体产状			走向长度/m	倾向延伸/m	平均厚度/m	厚度变化系数/%	TFe平均品位/%	品位变化系数/%
	勘查线	标高/m		走向/(°)	倾向	倾角/(°)						
Ⅰ	1~45	112~-350	似层状局部为囊状	290~320	NW	14~64	2300	61~523	14.95	201.60	46.28	15.58
Ⅱ-1	1	112~-6	透镜状	290~320	NW	35	200	213	8.54	49.22	31.83	35.42
Ⅱ-2	7~8	66~-50	扁豆状	290~320	NW	35~45	124	183	5.18	43.26	39.19	24.90
Ⅱ-3	8A~9A	87.10~61	透镜状	290~320	NW	63	50	29	10.01	0.0	55.47	0.0
Ⅱ-4	16~17	-125~-181	透镜状	290~320	NW	45	100	77	6.41	0.0	35.15	0.0
Ⅱ-5	21~25	44~-60	扁豆状	290~320	NW	35	200	177	16.43	21.07	35.22	15.30
Ⅱ-6	32	-54~-72	透镜状	290~320	NW	19~45	50	52	2.46	0.0	47.73	0.0
Ⅱ-8	41	-304~-350	透镜状	290~320	NW	27	100	100	2.32	0.0	50.59	0.0

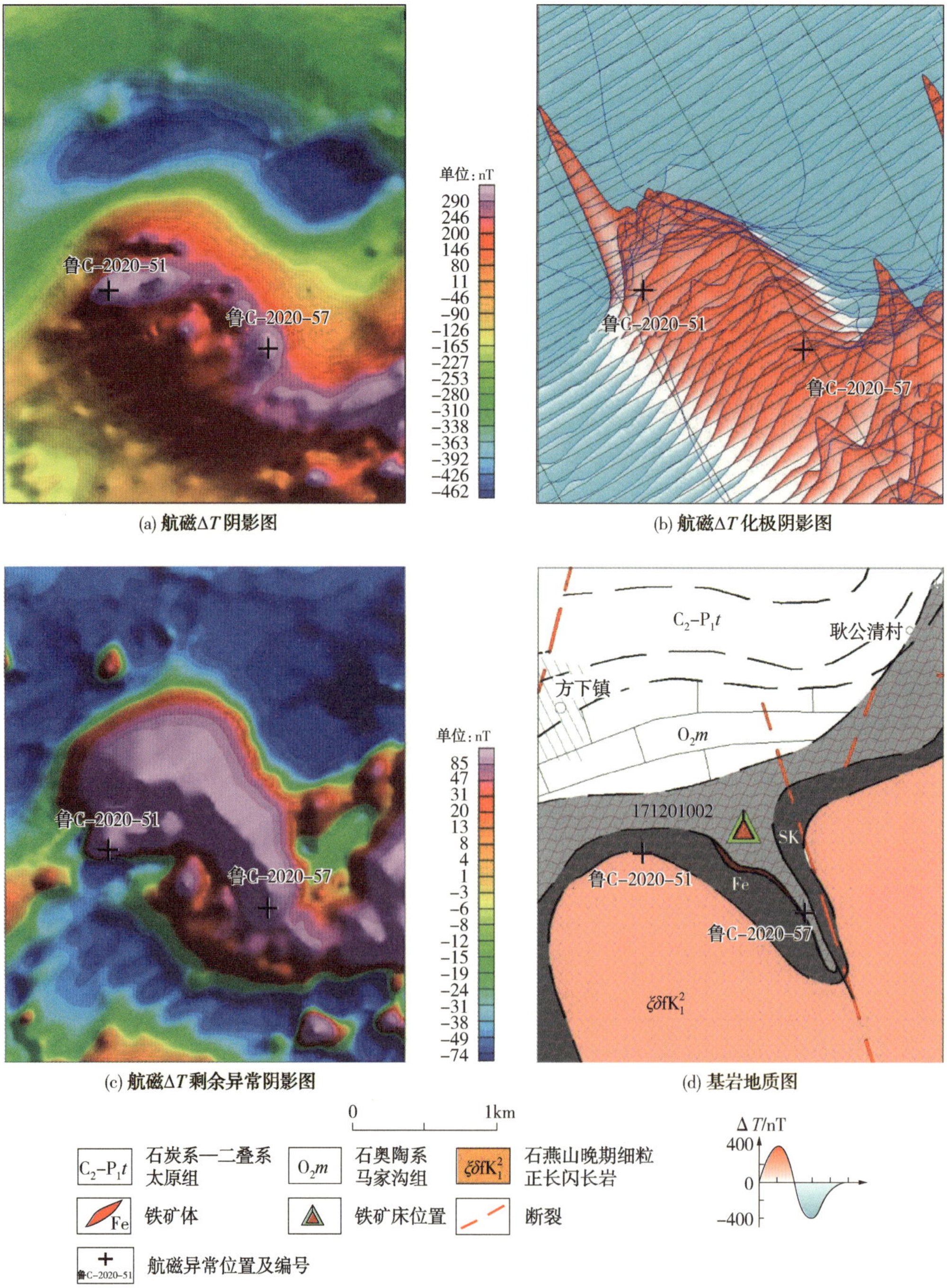

图 4-2-1　顾家台航磁异常、地质综合图

Ⅰ矿体：赋存于大理岩与闪长岩的接触带内，其产状严格受到接触带产状的控制，走向 290°~320°，倾向 NW，倾角一般在 30°~40°。最大达 64°(13 线)，也有的部位较缓，30~32 线一段矿体倾角近于水平，最缓的部位不足 2°(30 线)。矿体分布在 1~45 勘查线之间，走向长度 2300m 左右，倾向延伸长度 61~523m。赋存标高+117.85~

-790.00m，埋深 56m~962m。矿体厚度 0.23~90.81m，平均 14.95m，总的趋势是东薄西厚，厚度变化系数 2.63%，厚度变化小。矿体 TFe 品位 40.00%~66.22%，平均 46.28%，品位变化系数 1.14%，品位分布均匀。矿体呈似层状，局部为囊状，整个矿体连续性好。在 12 勘查线以东矿体有分枝，这些矿体小分枝均插入大理岩中，I 矿体的总趋势是东部矿体薄，西部矿体厚；东部矿体埋藏浅，西部矿体埋藏深；东部矿体产状陡，西部矿体产状缓；东部矿体形态复杂，多层分枝，西部矿体形态则相对简单。矿体的形态、规模及产状、空间分布均受岩浆岩与大理岩接触带控制，接触带产状陡，矿体相对薄；接触带产状缓，尤其显凹凸不平的波浪式、向岩体凹入时，矿体相对厚大。如 31 线和 33 线上岩浆岩与大理岩接触带向岩体凹入，CK92 孔见矿厚度 24.30m，呈一囊状。CK2 孔见矿厚度 81.63m，也为一囊状矿。而与上述两孔相对应的接触带凸入大理岩的部位，CK69 孔见矿厚度 8.42m，33-3 孔则见矿厚度 6.07m。

Ⅱ矿体：系由 8 个断续分布的零星矿体组成，完全产于 I 矿体上盘的大理岩中，矿体多呈透镜状及扁豆状，个别呈似层状和囊状。矿体走向 NW—SE，倾向 NE，倾角 19°~63°，一般在 40°左右。单个矿体走向延伸 50~200m，倾向延伸 29~213m。矿体埋深 62.19~836m，赋存标高 119.80~-664.00m，矿体厚度 1.17~16.43m，TFe 平均品位 36.21%。

从以往钻孔及 ΔT 化极磁异常分析(图 4-2-2)，该矿床矿体在倾向延伸方向，厚度具有薄厚相间、尖灭再现的规律，如 29 线，矿体在 CK47 孔处变薄，往深部 2CK5 孔处变厚，且矿体向深部延伸尚未封闭，深部仍具备进一步找矿的潜力。2CK9 钻孔东北部尚有磁异常梯度带，磁异常等值线向南凹陷，推断为矿山岩体转折部位，是成矿的有利部位。

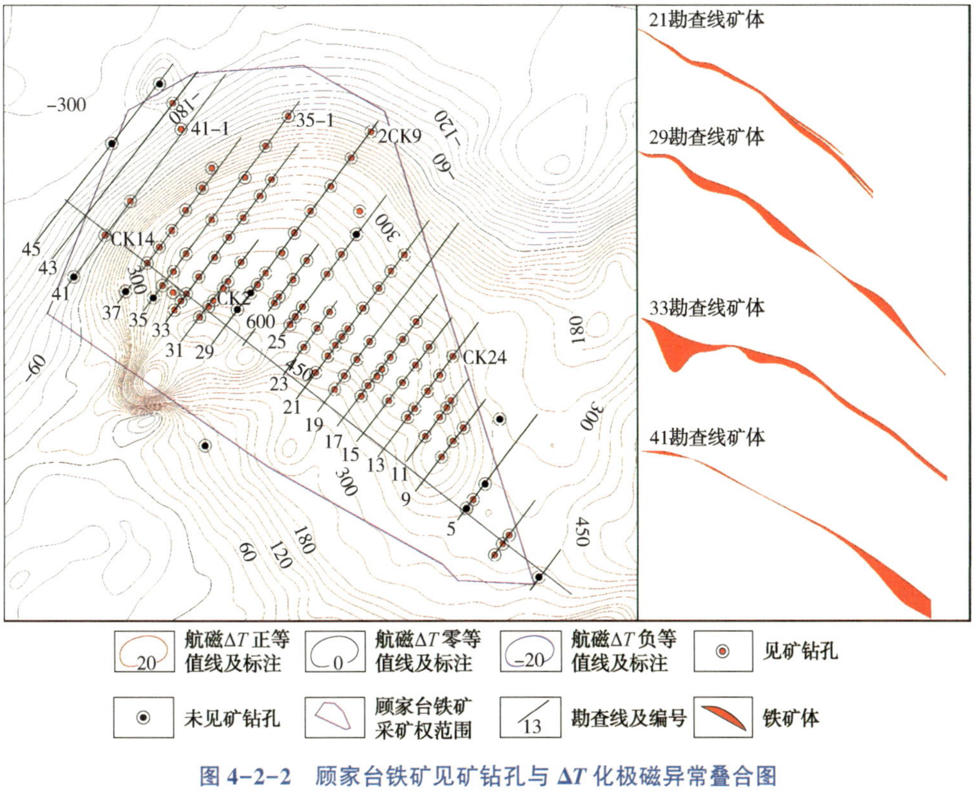

图 4-2-2 顾家台铁矿见矿钻孔与 ΔT 化极磁异常叠合图

（二）矿石质量特征

1. 矿石矿物成分及结构构造

本矿床主要有益元素成分为铁，伴生有益元素为铜、钴，有害元素硫和磷的含量则很低。矿物成分中金属矿物含量占45%~80%，一般在60%。主要为磁铁矿，其次是黄铁矿及少量赤铁矿、微量黄铜矿。非金属矿物含量占20%~55%，主要为方解石，其次是石英，少量绿泥石、金云母、透辉石、橄榄石、蛇纹石、蒙脱石—绿高岭石、石榴石，还有微量阳起石、重晶石、沸石，极少量榍石、磷灰石等。

1）金属矿物

磁铁矿：半自形粒状结构，少量自形和他形纤维放射状和条状等，粒径一般为0.03~0.3mm，小者0.004mm，最大0.5mm，个别大于2mm，沿磁铁矿解理或颗粒边缘常被赤铁矿交代。

黄铁矿：分布不均匀，含量在5%左右，多为他形，少数自形、半自形，与磁铁矿共生者为他形，与脉石矿物共生者为自形、半自形。粒径一般为0.03~0.5mm，最小0.004mm，最大0.7mm。

赤铁矿：一般呈他形片状，少数具磁铁矿假象，片径一般为0.004~0.02mm，最大0.03mm。其多沿磁铁矿边缘交代磁铁矿。

黄铜矿：呈他形片状，直径一般为0.03~0.2mm，最小0.002mm，个别较大者为0.3~0.7mm。

另外，还有微量毒砂、褐铁矿、闪锌矿、磁黄铁矿、针铁矿、铜兰、辉铜矿、方辉铜矿、斑铜矿、自然铜等。

2）非金属矿物

方解石：一种他形粒状者充填在磁铁矿颗粒间，粒状变晶结构者呈集合体分布；另有一种较为自形的被后期他形的充填。后期他形者含水含铁量较高，为铁方解石。

石英：多呈他形粒状分布在磁铁矿颗粒间，少数晶形细小者与细粒他形碳酸盐一起呈集合分布在孔隙中。

蛇纹石：有的呈叶片状及纤维状他形集合体分布于磁铁颗粒间；有的呈淡绿色极细小纤维状、片状集合体，干涉色较高，分布在方解石颗粒间。

金云母：鳞片状—片状集合体，分布不均匀，无色—淡绿色，多已不同程度地被绿泥石交代。

透辉石：短柱状，半自形—他形细小颗粒，被纤闪石及碳酸盐交代呈残留状。

绿泥石：无色—绿色，鳞片—片状，有的呈他形充填在磁铁矿颗粒间，有的被碳酸盐矿物所包裹，有的则包有细小自形磁铁矿、磷灰石及残留金云母等。

3）矿石结构构造

矿石呈灰黑色，品位低者呈暗绿色，氧化者呈赤褐或赤黑色。主要矿石类型为石英方解石磁铁矿石、磁铁矿石、方解石磁铁矿石等。多为半自形粒状结构，也见有交代残余结构及显微网络结构等，浸染状及块状构造，局部为粉状。

2. 矿石化学成分

本矿床主要有益元素为Fe，伴生有益元素为Cu、Co，其他元素主要是S，其次是

P(表4-2-2)。从光谱分析和组合分析中还发现有Ba、Mn、Zn、Ga、Pb、Ti、Ni、V等，但均未发现高于允许含量及需要综合评价者。造渣组分为CaO、MgO、SiO_2、AL_2O_3。

表4-2-2 各矿体TFe等五元素最高品位及平均品位 %

矿体号	项目									
	最高品位					平均品位				
	TFe	Cu	Co	S	P	TFe	Cu	Co	S	P
Ⅰ	68.87	2.77	0.045	13.077	1.836	46.28	0.061	0.009	1.399	0.057
Ⅱ1-8	67.26	0.428	0.038	6.879	3.50	36.21	0.092	0.009	0.417	0.017

矿区矿石基本化学分析样品中，TFe最高含量达68.87%(8-2孔)，平均46.28%。一般规律是矿体愈厚大，TFe含量愈高；矿体愈薄，TFe含量则愈低。即矿体中间TFe含量相对高，尖灭端相对低。

Cu主要以黄铜矿，次为辉铜矿，斑铜矿及少量自然铜等状态存在。矿石基本化学分析样中，铜最高含量为2.77%(10A-4孔)，平均0.061%。Co平均含量达0.009%，虽未达到工业指标要求的0.1%~0.2%综合利用标准，但矿山已综合利用。

矿石中S、P含量普遍较低，S最高含量13.077%(CK73孔)，平均1.3899%。P最高含量1.836%(CK42孔)，平均0.057%。

从整体上看，TFe含量的总趋势是矿体中部相对高，两端相对低。Cu、Co、S含量则两端相对高，即矿体浅部和深部、东部和西部含量相对高。统计资料表明，Cu、Co、S三元素成呈相关关系。沿走向(据7~43线间14条勘查线统计资料)、沿倾向Cu、Co、S三元素均呈正相关关系。

矿石造渣组分MgO含量1.14%~7.63%，平均3.92%，属一般含镁矿石。

3. 矿石类型、品级

组成矿石的主要铁矿物为磁铁矿，矿石自然类型为磁铁矿石。

矿区保有矿石TFe品位25.09%~68.87%，保有矿石最低品位25.09%(CK30孔)，保有矿石平均品位46.28%(小于50%)，矿石工业类型为需选磁铁矿石。

(三)矿体围岩及夹石

从8A~41线间13条线上矿体中见有夹石断续产出，主要岩性为矽卡岩或含铁矽卡岩，个别为大理岩。夹石厚度最大2.88m(41线)，一般延长几十米，个别者可达近200m。

矿体顶板岩主要为大理岩，个别处为薄层矽卡岩。自7A线到21线间的矿体头部曾被风化剥蚀，古近纪官庄群常路组砂砾岩直接覆盖其上。8线附近由钻孔直接揭露的矿体顶板岩性为官庄群砂砾岩。矿体底板岩石主要为矽卡岩化闪长岩，蚀变闪长岩、正长闪长岩及闪长岩。

三、矿床成因

本矿床富铁矿体产于闪长岩与石灰岩接触带中，严格受接触带构造的控制；矿床中有典型的矽卡岩矿物组合，矿体与矽卡岩在空间上分布一致，为接触交代矿床(矽卡岩型铁矿)，成矿模式类似于张家洼铁矿Ⅰ矿床。

该区由于受燕山期的强烈构造运动的影响，形成断陷构造盆地，并导出次级构造—矿山弧形背斜，为岩浆的侵入和矿床的形成提供了良好的构造条件。伴随着构造运动而侵入矿山弧形背斜核部的中性闪长岩岩浆，为矿床的形成提供了物质来源。早期侵入矿山弧形背斜核部的闪长岩岩浆基本凝固之后，富含 Fe、Mg 的残余岩浆沿接触带上升，在有利的围岩和构造部位，发生了以接触渗透交代为主的多种交代作用。首先，发生矽卡岩化，随着交代作用的继续，溶液组分、浓度、温度也发生了变化；接着形成了磁铁矿；最后，溶液温度逐渐降低，其中 Mg 质含量相对增高，与围岩发生交代作用，致使近矿围岩产生多种中、低温热液蚀变，主要形成蛇纹岩、绿泥石、蛭石等含镁的变质矿物，因而围岩的蛇纹石化、绿泥石化极为发育。根据矿床矿体的赋存规律、矿石和围岩蚀变特征，该矿床属接触交代热液型磁铁矿床。

四、成矿规律

矿山弧形背斜是控制矿床生成和展布的主要构造。中生代燕山期中浅层侵入体具有钾、钠化的闪长岩类杂岩体(黑云母辉石闪长岩、正长闪长岩)是利于成矿的母岩，有利于成矿的围岩主要为奥陶系中统马家沟组纯灰岩及白云质泥质灰岩，其次是中石炭系薄层灰岩。矿体的赋存位置在奥陶系灰岩与闪长岩体接触带，当接触带凹入岩体时对成矿更有利。

找矿标志除有利的构造、岩浆岩和地层条件外，还有间接标志，即磁力异常，由于矿体产状平缓、规模大，矿石磁性较弱，埋藏较深，因而在地表只能引起低缓磁异常。三分量井中磁测异常也可以作为寻找钻孔附近盲矿体的依据。

五、找矿标志

莱芜接触交代型铁矿是地层控矿、岩体控矿、构造控矿联合作用的结果。矿体产出的主要控制因素为岩体与碳酸盐地层，接触带构造是最有利的矿体赋存部位，而褶皱、小型断层、不整合面等软弱构造带易形成厚层矿体，具体找矿标志如下。

1. 碳酸盐岩地层

本区主要成矿地层为奥陶系马家沟群八陡组灰色、青灰色中厚层灰岩、白云质灰岩以及五阳山组灰岩，其次为阁庄组泥质白云质灰岩、灰质白云岩和北庵庄组厚层灰岩、石炭纪太原—本溪组薄层灰岩，高 Ca 含量、中—低 Mg 含量的灰岩地层对成矿更有利。

2. 燕山期岩浆岩

本区成矿母岩主要为燕山期中-基性岩浆岩，形成时代约 130Ma 前，岩性以辉石闪长岩、黑云母辉石闪长岩、闪长岩、正长闪长岩为主，岩浆岩 Mg 含量高有利于接触交代成矿。

3. 地球物理特征

铁矿体一般具备高磁异常，闪长岩体具备高重力值，因此高值重力场可以作为基底岩体的判断方法，强磁异常是本区主要找矿标志，但由于矽卡岩型富铁矿产出于接触带附近，下伏岩体同样具备较高的磁异常值，矿体通常呈透镜状—似层状单斜产出，因此，矿致异常通常反映出明显的正负异常伴生现象，异常曲线规整圆滑，高值异常带通常反映埋藏较浅的矿体，成规模的低缓异常通常反映深部隐伏的单斜矿体。

4. 构造空间

本区燕山期岩浆活动受限于燕山期活跃的张性断裂构造，具备接触带形成条件的成矿区域中，褶皱、小型断层、不整合面等软弱构造可以提供岩浆上涌和矿浆聚集的空间条件，易形成厚层矿体。

5. 矿体赋存位置

矿体主要赋存于闪长岩与灰岩的接触带。成矿母岩—中基性岩岩浆上侵带入大量成矿物质，在与奥陶纪灰岩接触时产生接触交代作用发生矽卡岩化，在接触带及附近部位聚集成矿。赋矿部位主要为奥陶纪内的灰岩、白云岩与岩体接触带附近，多数靠近沉积岩层一侧。其形态、产状和规模与接触带的形态、产状密切相关。铁矿体发育处航磁和地磁异常明显，一般位于磁异常的正负异常梯度带附近。

找矿标志总结如表 4-2-3 所示。

表 4-2-3　矿区矽卡岩型富铁矿找矿标志一览表

成矿要素	详细内容
构造背景	华北板块（Ⅰ）鲁西隆起区（Ⅱ）鲁中隆起（Ⅲ）新甫山—莱芜断隆（Ⅳ）泰莱凹陷（Ⅴ）
成矿环境	太平洋板块向欧亚板块俯冲后形成的伸展构造环境
成矿距今地质年龄	中生代燕山晚期：128～132Ma
含矿建造	闪长岩与灰岩的接触带，奥陶系与石炭系不整合面，岩体内部和围岩裂隙
岩浆作用	与成矿有关的岩浆岩为辉石闪长岩、黑云母辉石闪长岩、闪长岩、正长闪长岩
矿体特征	层状、似层状、透镜状，局部呈囊状
矿物组合	矿石矿物：磁铁矿、赤铁矿、褐铁矿、黄铁矿、黄铜矿；脉石矿物：蛇纹石、方解石、绿泥石、透辉石、石英、尖晶石
结构构造	中细粒半自形粒状结构、似斑状结构；块状构造、浸染状构造、蜂窝状构造、角砾状构造
蚀变作用	热变质作用、接触交代作用、热液蚀变作用。矽卡岩化、蛇纹石化、钠长石化与成矿关系密切
控矿地层	奥陶系马家沟群灰岩、石炭—二叠纪月门沟群太原组、本溪组灰岩
磁异常	以较大的正椭圆状或单侧延伸的半椭圆状为主，小型化、不规则的高磁异常展布于大型异常边缘或两侧，整个矿致异常往往伴随较强烈的负异常出现

第三节　石家泉铁矿床

一、矿区地质

（一）地层

矿区为第四系覆盖区，据钻孔资料区内地层主要有奥陶系马家沟群、白垩—古近纪官庄群常路组和第四系（图 4-3-1）。由老到新分述如下。

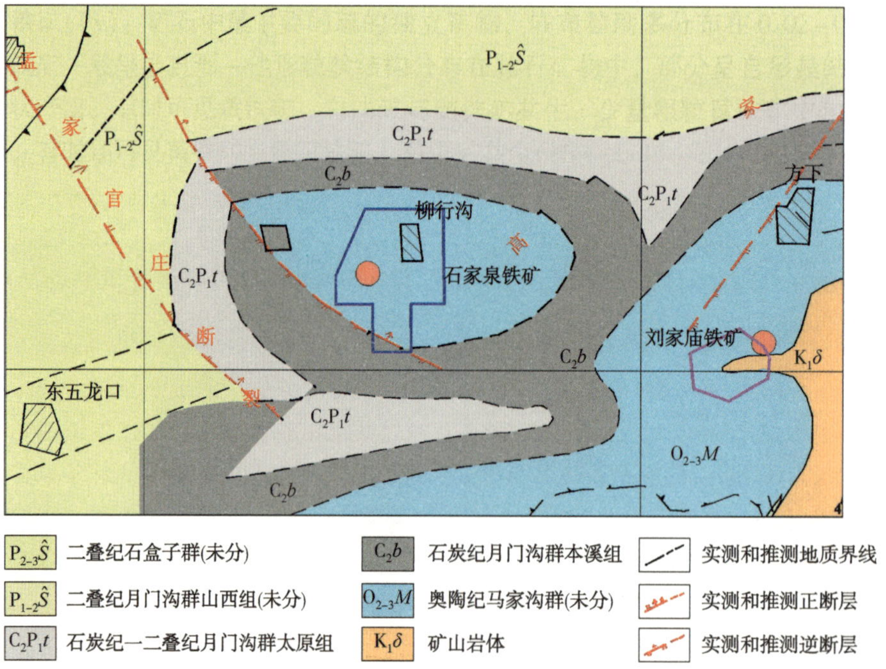

图 4-3-1　矿区地质简图

1. 奥陶系马家沟群（$O_{2-3}M$）

矿区内主要出露阁庄组、五阳山组。岩性为白云质灰岩、灰岩、薄层泥质白云质灰岩，厚度 300m 左右。

1）五阳山组（O_2w）

五阳山组广泛分布于矿区范围内，是本矿床的成矿围岩，以厚层灰岩为主，部分地段见云斑灰岩、纹层状灰岩、白云质灰岩等，局部钻孔中见白云岩膏溶现象，厚度 20～300m。受闪长岩侵入影响，局部大理岩化发育。

2）阁庄组（O_2g）

阁庄组仅分布于矿区东部，岩性以灰色、灰黄色泥质白云岩、细晶白云岩、白云质灰岩为主，局部见紫灰色砾屑白云岩，厚度 40～60m，与下伏五阳山组呈整合接触，与上覆白垩—古近纪官庄群常路组呈平行不整合接触。

2. 白垩—古近纪官庄群常路组($K_2E_1\hat{c}$)

区内广泛分布，与古生界呈不整合接触。岩性主要为红色黏土质粉砂岩、砂岩，灰绿色砂岩；上部灰绿色砾岩夹砂岩。个别钻孔中见有数公分厚的石膏，底部为含砾石砂岩和底砾岩。砾岩的砾石成分主要为灰岩、闪长岩，次为砂页岩。厚度360~640m。

3. 第四系(Q)

在区内广泛分布，由砂质黏土、黏土质砂土、砂砾石组成，厚度9~30m。

(二) 构造

工作区构造较简单，仅依据物探资料推断 F_1 断裂。

F_1 断裂：位于矿区东部。矿区内地表未出露，磁力线弯曲特征明显指示出断裂构造的存在，推断断裂走向65°左右，倾向SE，倾角85°左右。

(三) 岩浆岩

根据钻孔揭露资料，本区有大量闪长岩大致顺层侵入奥陶纪灰岩中，是燕山晚期矿山岩体的西延伸部分。区内磁铁矿层与闪长岩侵入密切相关，主要矿体多产出于岩体与灰岩接触带部位。

区内岩体的岩石类型有闪长岩、辉石闪长岩、角闪闪长岩、闪长玢岩、二长闪长岩，属矿山岩体边缘相岩石。

闪长岩：灰黑色，细粒半自形粒状结构及似斑状结构，块状构造。主要矿物为斜长石、普通角闪石，其次为黑云母、透辉石及微量石英、钾长石，含少量磷灰石、榍石、磁铁矿。

二长闪长岩：灰红色、淡红色，细粒半自形粒状结构，块状构造。主要矿物为斜长石、钾长石，他形，常见绢云母化，暗色矿物为黑云母、角闪石，含量较低。

辉石闪长岩：灰—灰黑色，中—细粒半自形晶粒状结构，而斑状结构较少见。斑晶矿物为斜长石、透辉石，极少为普通角闪石。岩石中主要矿物为斜长石、透辉石、普通角闪石，次要矿物为黑云母、石英、钾长石，局部见有橄榄石假象，副矿物有磷灰石、榍石、磁铁矿。

闪长玢岩：岩石灰黑色，斑状结构，基质隐晶—微晶结构，块状构造。斑晶为自形的板状斜长石及自形的普通角闪石。基质由斜长石、角闪石微晶和隐晶质构成。岩石质地较粗糙。围岩与岩体的蚀变均不强烈，少见矽卡岩带。仅近岩体的地层变质为大理岩。

石家泉矿区闪长岩地球化学分析结果如表4-3-1所示。闪长岩 $w(SiO_2)$ 为55.58%~64.03%，平均为59.98%，属于中性岩浆岩；$w(Al_2O_3)$ 为13.98%~16.56%，平均为15.66%，具有高铝质特点；$w(Na_2O)$ 和 $w(K_2O)$ 分别为4.46%~8.74%和0.13%~2.93%，Na_2O/K_2O 值为1.52~67.47，具有富钠的特征。在TAS图解(图4-3-2)中，作为围岩和夹层的闪长岩类岩体和斑岩类脉岩落入二长闪长岩-二长岩-石英二长岩区间，并显示连续变化特征。在图4-3-2(b)中显示，自闪长岩向二长斑岩演化过程中，岩浆由高钾钙碱性序列向拉斑序列演变，体现了本区矽卡岩早期的钠化过程。

表 4-3-1 石家泉矿区闪长岩主量含量表 %

岩石名称	SiO_2	Al_2O_3	TFe_2O_3	FeO	MnO	MgO	CaO	Na_2O	K_2O	P_2O_5	LOI
二长闪长岩	59.32	15.62	3.08	1.75	0.038	4.59	5.25	7.37	0.51	0.22	2.69
闪长岩	60.29	15.77	5.66	2.89	0.057	4.36	4.78	4.46	2.93	0.22	0.95
闪长岩	60.69	16.39	5.54	2.83	0.062	3.75	5.20	4.79	2.54	0.23	0.50
二长闪长岩	64.03	16.56	2.27	1.49	0.023	2.27	3.55	8.74	0.13	0.20	2.08
闪长岩	55.58	13.98	5.23	2.98	0.069	7.83	6.42	5.07	0.78	0.22	3.34
平均值	59.98	15.66	4.35	2.39	0.050	4.56	5.04	6.09	1.38	0.22	1.91

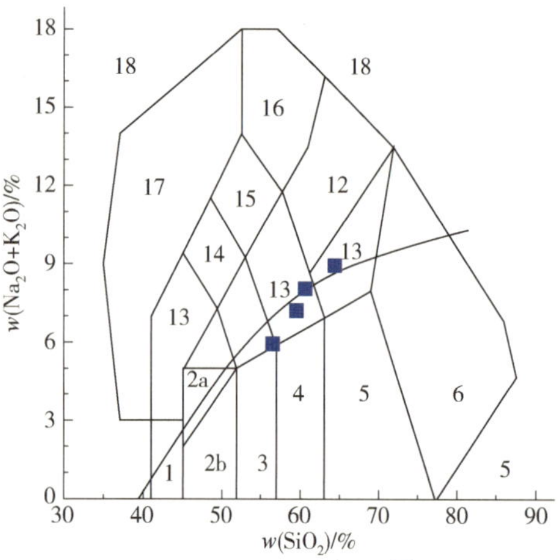

(a) Na_2O+K_2O与SiO_2图

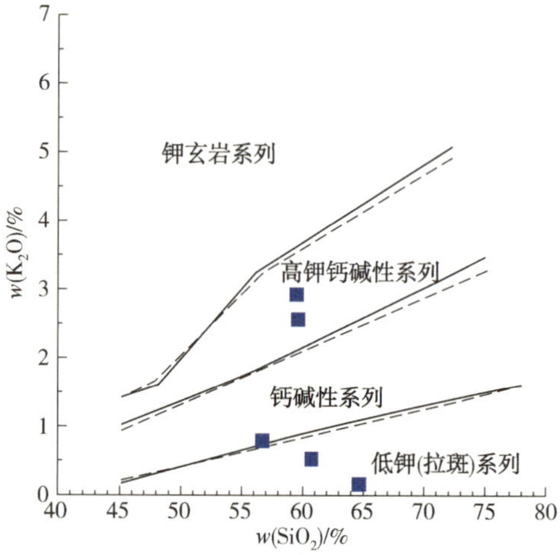

(b) K_2O与SiO_2图

图 4-3-2 TAS 岩石分类图解

1—橄榄辉长岩；2a—碱性辉长岩；2b—亚碱性辉长岩；3—辉长闪长岩；4—闪长岩；5—花岗闪长岩；6—花岗岩；7—硅英岩；8—二长辉长岩；9—二长闪长岩；10—二长岩；11—石英二长岩；12—正长岩；13—副长石辉长岩；14—副长石二长闪长岩；15—副长石二长正长岩；16—副长正长岩；17—副长深成岩；18—霓方钠岩/磷霞岩/粗白榴岩

（四）变质作用和围岩蚀变

矿区接触变质与接触交代变质作用强烈，围岩蚀变明显。

1. 变质作用

本区变质作用主有接触变质与接触交代变质两种作用形式。接触变质作用主要表现为马家沟组碳酸盐岩的普遍大理岩化；接触交代变质作用系高温汽水热液在侵入体与围岩之间彼此通过大量的物质交换而生成矽卡岩的过程。

2. 围岩蚀变

矿区围岩蚀变主要有磁铁矿化、金云母化、蛇纹石化、绿泥石化、黄铁矿化、碳酸盐化、钠长石化等(图 4-3-3)，一般是在矽卡岩化作用晚期或矽卡岩化作用之后，在较高温或中低温条件下发生的交代作用，而钠长石化是岩浆期后早期的高温热液蚀变现象。上述蚀变现象的发生，反映了含矿溶液对围岩的交代作用是一个统一的连续变化过程。晚期蚀变作用常叠加在早期蚀变作用之上，致使形成的岩石类型及矿物组合极复杂。

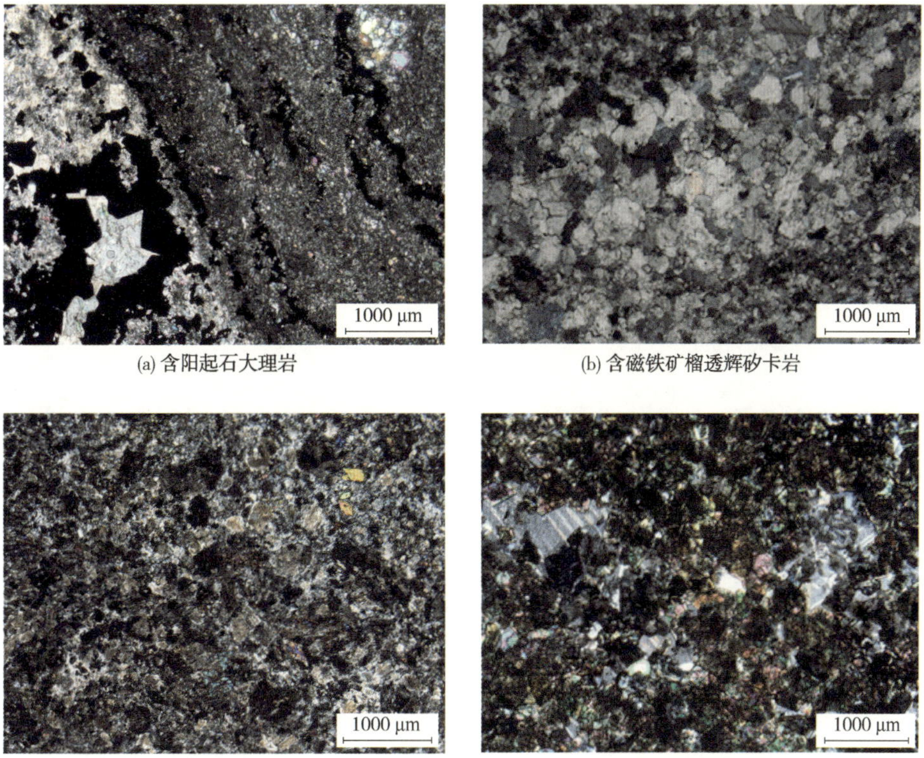

(a) 含阳起石大理岩　(b) 含磁铁矿榴透辉矽卡岩

(c) 绿帘矽卡岩　(d) 蚀变闪长岩

图 4-3-3　蚀变矿物特征

根据近矿围岩蚀变特征及矿物组合规律，将围岩蚀变大体划分为以下 5 个蚀变带，但在某一地段所见蚀变岩石发育并不完全。

蚀变大理岩带：蚀变大理岩为灰白色，中—细粒粒状变晶结构。常见蚀变为蛇纹石化、绿泥石化、透辉石化、橄榄石化、阳起石化等。蚀变大理岩常作为矿层的顶板出现，厚度 3~5m。

矽卡岩带：包括外带的蛇纹石金云母岩带和内带的透灰石矽卡岩带与方柱石矽卡岩带。各种矽卡岩均呈暗灰色或灰绿色，具花岗变晶结构或变嵌晶结构。由矿物组合看，本区矽卡岩类型多属钙镁质。早期矽卡岩多受后期热液蚀变作用的叠加和改造，而形成具有复杂矿物组合的矽卡岩。该岩带为主要含矿带。

钠化矽卡岩化闪长岩带：岩石一般呈肉红色，略带紫色色调。钠长石化的表现形式是：斜长石牌号降低，由中更长石或中拉长石变为更钠长石，钠长石在斜长石四周呈反应边或充填其粒间；普通角闪石褪色并被黑云母、绿泥石等矿物交代而析出铁质；作为原岩的副矿物磁铁矿含量降低，部分消失。

矽卡岩化闪长岩带：灰绿色，半自形粒状结构或变余半自形粒状结构。本带为矽卡岩到蚀变闪长岩的过渡带，与蚀变闪长岩的界线较清晰，而与矽卡岩呈渐变关系。闪长岩的残留部分肉眼尚可辨认。本带分布较普遍但厚度不大。

蚀变闪长岩带：一般常见的蚀变有透辉石化、绿泥石化、碳酸盐化，分别交代岩浆期形成的斜长石、普通角闪石、辉石等矿物。本带厚度较大，与闪长岩呈渐变关系。

（五）地球物理特征

从航磁 ΔT 阴影图[图 4-3-4(a)]上来看，区内磁异常为平静背景场上的孤立正异常，呈规则椭圆形，走向 EW 向，长度约 5.4km，宽度约 2.5km。异常中心在石家泉—柳行沟之间，磁场梯度变化总的趋势是北侧缓南侧陡，航磁 ΔT 剖面平面[图 4-3-4(b)]上，异常剖面曲线形态低缓，化极后中心北移，异常形态由原来的椭圆形变为向北的“凸”字形，推测该异常由深部铁矿体引起。

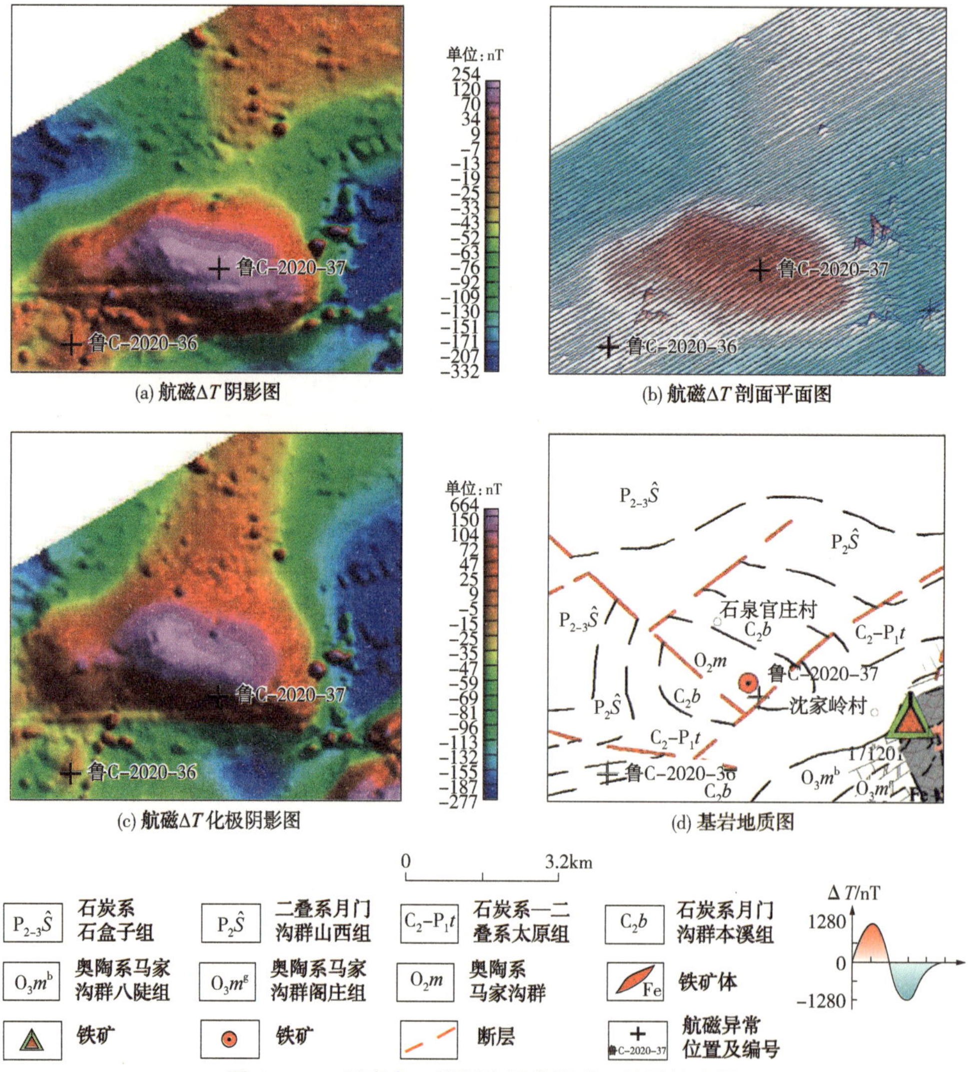

图 4-3-4　石家泉—柳行沟异常航磁、地质综合图

布格重力等值线(图 4-3-5)图反映了石家泉矿区矿山岩体的分布和形态，在矿区内布格重力等值线有 ES 高、WN 低的特征。布格重力等值线呈 NWW 向同向弯曲、同形扭曲形态，确定矿山岩体自刘家庙一带向西侵入至柳行沟一带，埋藏逐渐变深，反映了石家泉—柳行沟背斜发育。石家泉重力、磁异常呈 EW 方向，磁异常反映了矿体的空间位置，而重力异常主要是反映基岩起伏情况，自刘家庙至石家泉重力值逐渐下降，基岩逐渐变深。推断岩体主要在矿区的中部和北部隆起，矿区 ES 部重力高为奥陶系灰岩增厚引起。

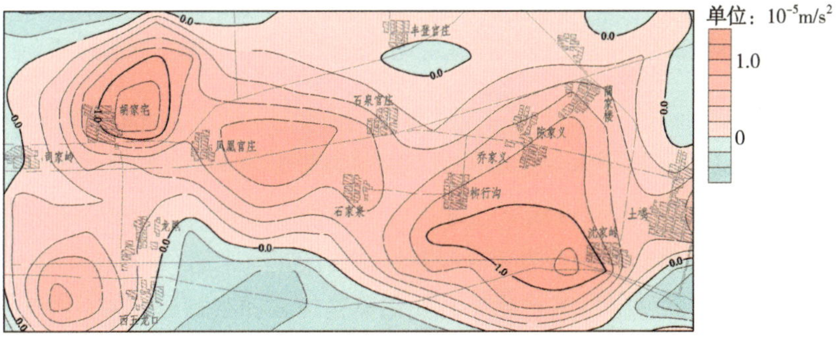

(a) 剩余重力异常图

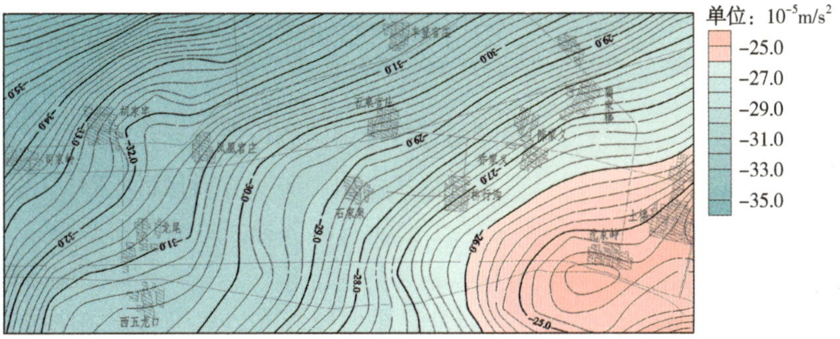

(b) 布格重力异常图

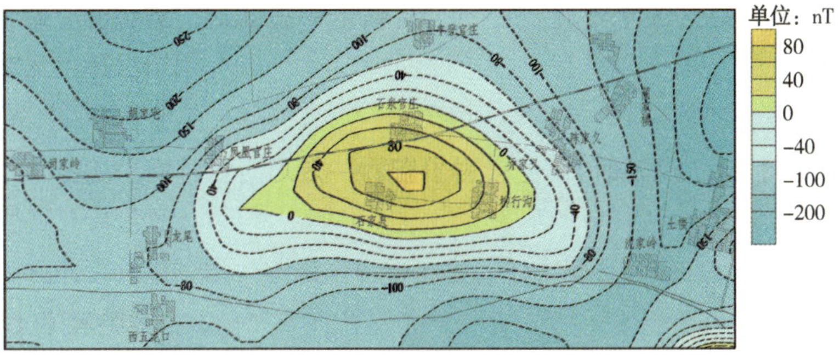

(c) 航磁化极异常图

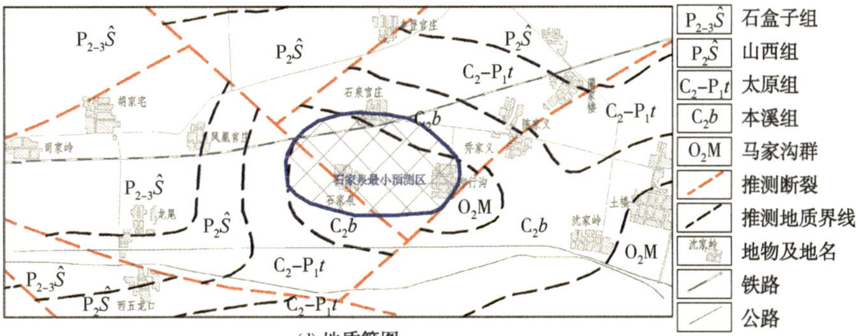

(d) 地质简图

图 4-3-5　石家泉地区重力—磁场综合异常图

二、矿床地质

探矿权范围内共圈定10个铁矿体，4-2、6-1矿体为主要矿体；6-3矿体为次要矿体；1、1-1、2、3-2、5-2、5-3、6-2等7个矿体为零星矿体。

（一）矿床特征

1. 4-2矿体特征

4-2矿体位于3~19线之间，似层状，由20个钻孔控制。矿体主要沿闪长岩中灰岩捕虏体上侧与闪长岩的接触带产出，局部赋存于矽卡岩或大理岩中(图4-3-6)。沿走向和倾向未封闭，控制走向长度1003m，倾向最大延伸957m，深部未封闭，控制标高-430~-590m，埋深600~770m。矿体走向NWW，倾向NNE，倾角8°左右。受矿体所处构造位置、岩浆岩侵入及后期构造活动影响，不同部位矿体的产状变化较大，表现为：矿体西端(3线)倾向SSW，倾角5°左右，向东至9线变平缓，略SSW倾，9线及其以东均NNE倾，倾角5°~15°。但主要受岩体与灰岩接触面产状控制，纵横剖面上矿体多呈起伏状延伸。矿体厚度区间为0.92~17.57m，平均3.59m，沿勘查线厚度变化规律是中间厚、两侧薄，沿走向变化是西部厚度接近平均厚度，向东变薄，但至15线ZK115孔起向东至17线ZK101孔，矿体厚度突然变大，再向东又迅速变薄(19线)，厚度变化系数104.77%，属厚度不稳定型；矿体内部除7线ZK108孔含一层夹石外，均为单层矿，夹石岩性为泥灰岩，局部见厚度0.02m磁铁矿条带，夹石铅直厚度1.54m，矿体内部结构简单，矿石类型一致，矿体形态和内部结构复杂程度为简单，构造对矿体的破坏程度为简单；矿体TFe品位区间为22.98%~55.70%，平均品位49.67%，矿体内部品位无明显变化趋势，TFe品位变化系数21.14%，有用组分分布均匀。

2. 6-1矿体总体特征

6-1矿体位于3~15线之间，似层状，由11个钻孔控制，矿体主要沿闪长岩中灰岩捕虏体下侧与闪长岩的接触带产出，局部赋存于矽卡岩或大理岩中。沿走向和倾向未封闭，控制走向658m，倾向最大延伸435m，深部未封闭，控制标高-540~-650m，埋深734~821m。矿体走向NWW，倾向NNE，倾角5°左右。受矿体所处构造位置、岩浆岩侵入及后期构造活动影响，不同部位矿体的产状变化较大，表现为：矿体西端(3线)倾向SSW，倾角5°左右，东端(13线)呈向上凸起的弧型。但主要受岩体与灰岩接触面产状控制，纵横剖面上矿体多呈起伏状延伸。矿体厚度区间为1.34~7.16m，平均2.75m，沿勘查线厚度变化不大，局部中间厚两侧薄；沿走向变化是中间厚两端薄，厚度变化系数58.81%，属厚度较稳定型；矿体内部结构简单，矿石类型一致，矿体形态和内部结构复杂程度为简单，构造对矿体的破坏程度为简单；矿体TFe品位区间为24.27%~61.08%，平均品位45.82%，矿体内部品位无明显变化趋势，TFe品位变化系数22.48%，有用组分分布均匀。

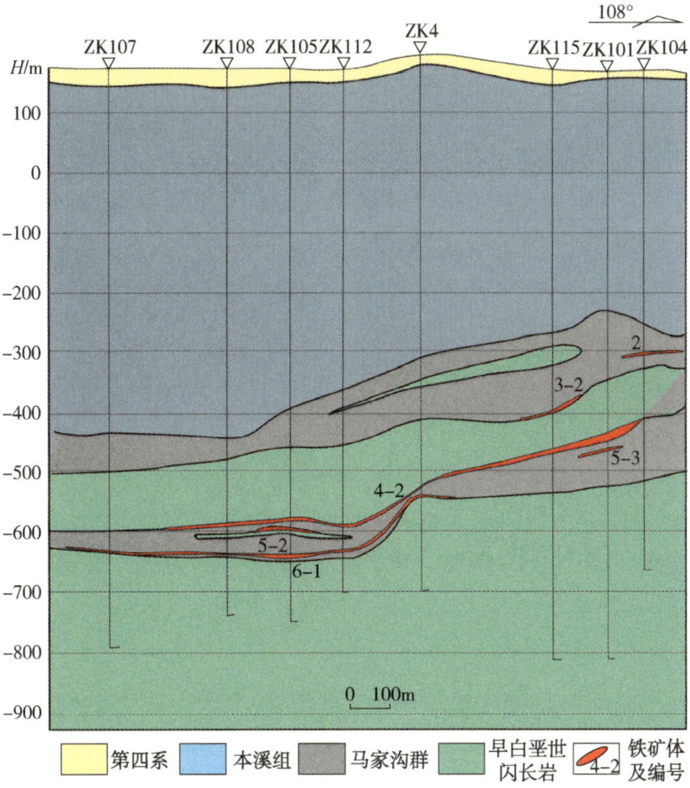

图 4-3-6　矿区基线纵剖面图

（二）矿石特征

1. 矿物组成与结构、构造

1）矿石结构

矿石结构以半自形粒状变晶结构为主，次为自形或他形粒状变晶结构。

矿石中磁铁矿呈半自形粒状或少量自形、他形粒状，多被赤铁矿集合体呈网脉状、细脉状交代。

2）矿石构造

矿石构造主要有浸染状构造、块状构造。

块状构造：矿石中各种矿物组分分布相对均匀，具有此构造的矿石主要由磁铁矿、赤铁矿组成，氧化程度中等，品位较高。

浸染状构造：磁铁矿或假象赤铁矿等金属矿物呈粒状星散分布。

3）矿石矿物成分

矿石中金属矿物主要为磁铁矿，其次为假象赤铁矿、赤铁矿、褐铁矿、黄铁矿，含少量黄铜矿、自然铜、辉铜矿等。

磁铁矿：多为半自形粒状，次为自形或他形粒状，晶体粒度分布区间主要为 0.10~0.50mm，少量为 0.02~0.30mm，主要呈块状或稠密浸染状集合体产出，其次呈颗粒状与脉石矿物相间产出，少量呈包体状分布于蛇纹石、金云母内，为主要矿石矿物。沿裂纹常有方解石、金属硫化物充填，在氧化条件下常被赤铁矿交代而形成假象赤铁矿，含量 60%~90%(图 4-3-7)。

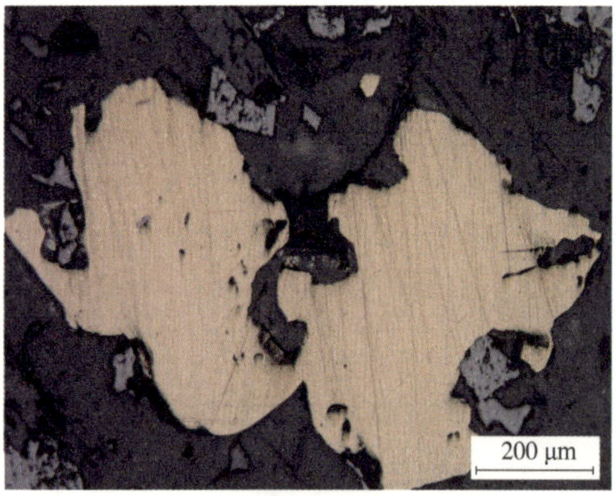

(a) 浸染状磁铁矿

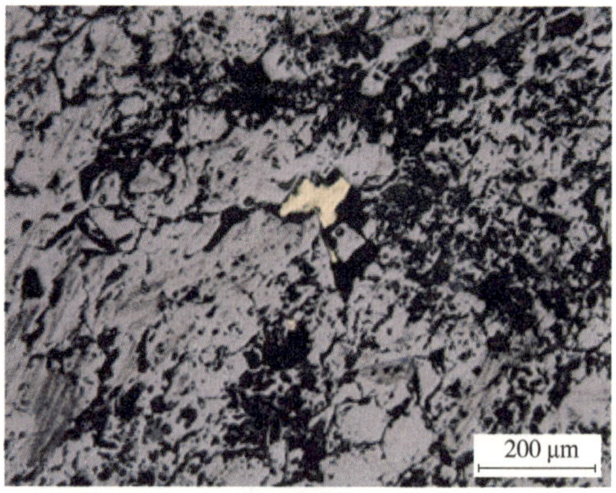

(b) 黄铜磁铁矿

图 4-3-7　两类磁铁矿图

假象赤铁矿(赤铁矿)：呈不规则状或他形粒状，其分布基本与磁铁矿一致，一般顺磁铁矿的边缘或裂隙产出，多为交代磁铁矿而成，有的分布在磁铁矿粒间，局部有聚集现象。粒径 0.02~0.05mm。含量 2%~15%，一般≤5%。

褐铁矿：系交代黄铁矿、磁铁矿、黄铜矿而成，成胶状产出。交代磁铁矿的呈磁铁矿假象；交代黄铁矿者，除形成假象外，常见放射状、球状集合体。一般沿矿物的裂隙产出，有时在矿中形成褐铁矿细脉。

黄铁矿：局部可见。主要呈半自形粒状，个别自形程度较高，零星分布在磁铁矿或非金属矿物粒间。含量一般<1%，局部集中成团块状集合体，含量可达 3%以上。

黄铜矿：一般为他形粒状嵌布在脉石矿物中，局部与黄铁矿同时出现，交代黄铁矿而呈星点状分布于黄铁矿细脉的边部。矿物颗粒一般小于 0.02mm。

辉铜矿：一般为不规则状分布于脉石矿物粒间，局部呈他形粒状，粒径为 0.2~0.5mm，边部多被蓝辉铜矿交代。

自然铜：呈微粒状、细脉状、片状分布于磁铁矿粒间，或呈他形粒状主要与非金属矿物分布在一起，粒度一般为 0.02~0.10mm。

2. 化学成分

(1) 矿石中主要有用组分为 Fe，根据基本分析结果，矿石 TFe 平均品位为 48.22%，mFe 平均品位 41.51%，TFe 与 mFe 品位呈正相关关系。

(2) 根据组合分析统计结果：矿石中 Cu、Co 均未达到伴生矿产综合评价的指标要求，S 和 P 有害元素不超标(表 4-3-2)。

表 4-3-2　石家泉矿区矿石组合分析结果汇总表　　%

样品编号	FeO	SiO_2	Al_2O_3	CaO	MgO	Co	Cu	S	P
ZH1	11.9	9.71	0.61	10.1	8.77	0.0072	0.0024	0.018	0.007
ZH2	9.58	9.94	1.18	5.95	0.96	0.0095	0.045	0.017	0.006
ZH3	10.7	26.0	0.71	8.57	9.17	0.0039	0.020	0.015	0.003
ZH4	21.6	16.1	0.92	7.02	5.35	0.0059	0.081	0.071	0.011
平均	13.44	15.44	0.86	7.91	6.06	0.0066	0.037	0.030	0.007

3. 氧化特征

主要矿体矿石中 oFe 平均含量为 4.91%，矿体埋深较大，氧化程度低，矿石的自然类型为原生矿石(表 4-3-3)。ZK15-2 上部发现 1 层氧化矿，编号 1-1 矿体(标高-307m，TFe51.75%，mFe5.48%)，矿体距离古近系地层厚度不足 20m，推断为成矿后暴露于氧化环境之下，氧化矿物主要为氧化铁。

表 4-3-3　石家泉矿区矿石物相分析结果汇总表

样品编号	工程号	分析结果(B)/%					
		TFe	mFe	cFe	oFe	sFe	siFe
WX1	ZK7-3	42.94	36.94	0.19	5.44	0.01	0.19
WX2	ZK11-3	52.88	45.00	0.19	7.59	0.02	0.14
WX4	ZK11-1	60.28	59.06	0.19	0.38	0.05	0.33
WX5	ZK11-1	37.03	34.41	0.28	0.94	0.07	1.13
ZK114 H03	ZK114	29.86	22.19	0.34	6.17	0.05	0.13
ZK109 H03	ZK109	57.09	53.17	0.23	3.45	0.04	0.11
ZK104 H06	ZK104	34.97	23.80	0.49	10.41	0.06	0.20
平均		45.01	39.22	0.27	4.91	0.04	0.32

4. 矿石类型和品级

1）自然类型

根据物相分析结果：主要矿体矿石中 oFe 平均含量为 4.91%，且矿体埋深较大，氧化程度低，氧化矿仅在古近系之下零星矿体中可见，矿石的自然类型为原生矿石。

组成矿石的主要铁矿物为磁铁矿，矿石自然类型为磁铁矿石。

根据矿石的结构构造，矿石自然类型为致密块状—浸染状磁铁矿石。

2）工业类型

一般低于 50%全铁品位的铁矿石需要经过选矿才能冶炼利用，该矿石 TFe 平均品位为 48.22%，低于 50%，故工业类型为需选铁矿石。

根据物相分析结果，矿石中磁性铁(mFe)对全铁(TFe)的占有率为 86.08%(>85%)，根据 mFe 占有率，矿石工业类型属于需选铁矿石中的磁性铁矿石。

矿石中碱性氧化物酸性氧化物的比值($CaO+MgO$)/($SiO_2+Al_2O_3$)为 0.86，介于自熔性矿物所定义的 0.8~1.2 之间，故为自熔性矿石。

5. 矿体围岩和夹石

4-2 矿体：矿体顶板围岩为闪长岩，局部为矽卡岩；底板围岩是灰岩，局部大理岩化。仅西端 ZK108 孔见 1 层铅直厚度 1.54m 岩性为泥灰岩的夹石。

6-1 矿体：矿体顶板围岩为奥陶系五阳山组，岩性主要为灰岩、白云质灰岩，局部大理岩化。底板围岩为闪长岩和矽卡岩。矿体为单层矿无夹石。

三、矿床成因

本矿床的成因类型属接触交代即矽卡岩型铁矿床。

本矿床的直接围岩为奥陶系马家沟群五阳山组灰岩，该组未发现含铁层位，因此成矿物质应主要来自岩浆岩特定演化阶段的深部分异。矿体主要产于闪长岩与灰岩的接触带，其次产于矽卡岩或大理岩，矿石的矿物成分中含有大量的矽卡岩标准矿物。

矿体的围岩蚀变主要为矽卡岩化。另外，矿石中伴有大量金云母、角闪石、绿帘石、透闪石等含水硅酸盐矿物，说明该矿床主要形成于矽卡岩晚期阶段。

四、成矿规律

石家泉矿床是由中生代燕山期中-基性岩浆侵入奥陶系马家沟群石灰岩时，发生强烈的接触交代作用，产生矽卡岩化，形成透辉石矽卡岩，透辉石矽卡岩往往成为矿体的顶、底板。磁铁矿化主要在蚀变接触带部位，而形成与中-基性侵入岩有关的接触交代型(矽卡岩型)铁矿床。

(一) 时空分布规律

据以往地质工作研究，石家泉铁矿由于矿区处于矿山弧形背斜向西延伸部位，岩体与围岩的接触构造型式相对简单，矿体主要以似层状赋存于灰岩与闪长岩的接触带部位。成矿距今地质年龄为131Ma。

(二) 控矿地质条件

1. 地层与成矿关系

石家泉铁矿的主要成矿围岩为五阳山组，该组以厚层纯灰岩为主，上部和底部含燧石结核，中间夹数层薄层泥质灰岩、白云质灰岩、豹皮状灰岩，厚度超200m。当杂岩体大范围侵入围岩时，所形成的接触带部位与岩体广泛接触，易于交代成矿。

2. 构造与成矿关系

石家泉矿床位于矿山弧形背斜西延伸部位，其形态逐渐变为缓倾带。矿山岩体自刘家庙地区侵入至柳行沟和石家泉地区，接触带连续性较好，且刘家庙至柳行沟一带有由陡变缓的趋势，与区域上的典型矿床(张家洼矿床)矿体特征基本一致。

3. 岩浆岩

矿山岩体的形态为一复杂岩盖，产于矿山背斜之中，接触带的产状与围岩一致。岩体顶部向两侧倾斜，与背斜形态相似。石家泉矿区的岩体为矿山岩体的西延伸部分，随矿山背斜而逐渐倾没，岩体与围岩的接触面向西缓倾斜，局部产状变陡。组成岩体的岩石类型有闪长岩、辉石闪长岩、二长闪长岩等。

岩体侵入时与围岩进行广泛接触，其接触带复杂，且岩体规模大，有利于较大矿体的形成。岩体侵入所形成的接触带的形态及其空间形式是一个重要因素，接触带内凹、上隆或岩体的倾伏转折端处，易于形成大规模的矽卡岩矿床。

(三) 物探异常规律

石家泉磁异常主要为负磁场背景上的升高异常，异常形态规整，呈椭圆形，EW走向；航磁 ΔT 剖面图上显示为宽缓的低值背景上叠加的多个低缓的异常；化极后异常中心整体向N偏移，S侧梯度较大，N侧梯度较小。化极上延1km后异常形态依然清晰，显示引起该升高异常的磁性体埋深较大。铁矿体所引起的磁异常强度、规模、形态特征等与铁矿体的规模大小、埋藏深浅、品位高低等因素相关，因此，航磁异常与铁矿对应关系基本相近。航磁推断的石家泉隐伏岩体深部可能与矿山岩体相连，推测区内航磁异常上叠加的低缓异常可能为磁铁矿引起，为矽卡岩型铁矿成矿有利地段。

五、找矿标志

1. 地层标志

本区与成矿直接有关的围岩为奥陶系马家沟群五阳山组厚层白云质灰岩、白云岩。这种富镁质碳酸盐岩在成矿过程中发挥了重要作用，是寻找该类矿床的重要标志之一。

2. 围岩蚀变标志

本矿床矽卡岩化最强烈的地段，热液蚀变现象也很显著，同时磁铁矿化强度也最大，因此，强烈的矽卡岩化是本矿床围岩蚀变的重要找矿标志。其蚀变作用主要有外带的金云母化、蛇纹石化和内带的方柱石化、透辉石化；较发育的绿泥石化、碳酸盐化、黄铁矿化等，在内外带都有表现，尤其是相伴生成金云母、角闪石、绿帘石、透闪石等含水硅酸盐矿物时，对成矿更有利。

3. 构造标志

本矿床处于矿山背斜倾没端的西翼，其次级褶曲中的向斜核部即岩体顶面下凹部位往往形成厚度大的矿体。

4. 岩浆岩标志

燕山晚期闪长岩分布区是寻找本类矿床的重要标志，其边部往往形成矽卡岩铁矿床。

5. 磁异常标志

较强磁异常向低负异常的过渡带即低缓磁异常分布区，是寻找铁矿床的有利部位，磁异常值较高地区往往是岩体赋存部位。多条磁异常等值线同步外凸部位往往反映岩浆岩与灰岩接触面复杂，常形成厚大矿体。

第四节　西尚庄铁矿床

西尚庄铁矿位于山东省济南市莱芜区 WS12km 处，面积 10.5km^2。该矿床位于矿山弧形背斜西南倾没端，目前已累计查明资源储量 4167.9 万吨。

一、矿区地质

(一) 地层

区内地层自下而上分别为泰山岩群、寒武系、奥陶系、石炭系、二叠系、侏罗系、古近系和第四系，其中与成矿关系密切的地层为奥陶系马家沟群的北庵庄组、五阳山组和八陡组(表 4-4-1)。

表 4-4-1　矿区主要地层及其岩性简表

界	系	统	群/组		段	代号	厚度/m	主要岩性特征	矿体赋存情况
新生界	第四系					Q	20~40	冲积砂、砾、黏土	
	古近系		大汶口组			$E_{2-3}g$	341	红色砂砾岩	
中生界	侏罗系		蒙阴组			J_3m	800	红色交错层砂岩	
下古生界	二叠系		石盒子组			$P_2\hat{s}$	158	紫红色泥岩、铝土页岩、底部为细砂岩	
			山西组			P_1s	175		
	石炭系		太原组			C_2-P_1t	149	炭质页岩、泥岩夹砂岩及灰岩	
			本溪组			C_2b	53	以紫色、黄绿色泥岩、页岩为主，底部铝土页岩	
	奥陶系	上统	马家沟群	八陡组		$O_{2-3}b$	102	以深灰色中厚层灰岩为主，偶夹薄层白云岩	主要赋矿层位
		中统		阁庄组		$O_{2-3}g$	140	中薄层泥晶白云岩夹角砾状白云岩	
				五阳山组		O_1w	223	灰色中厚层泥晶灰岩、云斑灰岩夹燧石结核灰岩	主要赋矿层位
				土峪组		O_1t	47	中薄层微晶白云岩夹角砾状白云岩	
				北庵庄组		O_1b	213	灰色中薄层微晶灰岩、薄层云斑灰岩为主，上部夹薄层白云岩	主要赋矿层位
				东黄山组		O_1d	23	黄绿色薄层泥质白云岩，夹角砾状泥质白云岩	
		下统	三山子组		a 段	O_1s^a	79	灰色中厚层含燧石结核白云岩	次要赋矿层位
					b 段	O_1s^b	117	灰红色中薄层细晶白云岩	
		上统			c 段	ϵ_3s^c	32	褐灰色中厚层微晶白云岩	
	寒武系		炒米店组			ϵ_3c	124	厚层灰岩、竹叶状灰岩、条带状灰岩、泥质条带灰岩夹微细晶白云岩	
			崮山组			ϵ_3g	130	黄绿色页岩夹薄板灰岩，泥质条带状灰岩	

(二) 构造

1. 褶皱构造

区内褶皱较为发育，北部有矿山背斜(区域主要控矿构造)，东侧有八里沟向斜，区内次级褶曲构造发育。

东尚庄—西泉河背斜：分布在东尚庄、侯家沟经 206.4 高地向西泉河一带延伸。轴向为 NE 向，略呈弧形，向 ES 突出。核部地层为奥陶系中统马家沟群五阳山组，两翼地层为阁庄组。岩层倾角 20°左右，为一两翼对称的平缓而开阔的背斜。

侯家沟北向斜：与东尚庄—侯家沟背斜相毗邻。分布在背斜的西北侧。轴向为 NE 向。核部地层为奥陶系中统马家沟群阁庄组，两翼地层为五阳山组，其 WN 翼略陡，而 ES 翼略缓。

纪家庄向斜：于矿山背斜南翼，在靠近背斜轴部有同序次低级小型向斜挠曲构造。长度约 400m，轴向 NNE 向，与矿山背斜轴向夹角 20°左右。其核部地层为奥陶系中统马家沟群阁庄组，两翼为五阳山组，产状较陡，向斜较封闭。

西尚庄向斜：该向斜位于西尚庄村南。核部地层为奥陶系上统马家沟群八陡组，两翼地层为阁庄组。轴向为 NE 向延伸。

2. 断裂构造

本区断裂构造分 NE 向、EW 向、NW 向 3 组。

NE 向断裂：走向 11°~45°，自西向东有 F4、F6、F7、F18、F10、F2、F3 断裂，为压扭性断裂；EW 向断裂有 F5 断裂，为张扭性断裂，F5 总体走向近 EW，倾向 S，倾角约为 80°，垂直断距 250m，此断裂在杜官庄村有所出露；NW 向断裂：走向 310°~340°，自西向东有 F16、F17、F1 断裂，为张扭性断裂。

矿区内主要断裂为 F1 断裂，从矿区中部通过，为一隐伏的 NW 向张扭性断裂，倾向 SW，倾角约 80°，断距约 70m。此断裂主要活动期在成矿以前，成矿期后有规模不大的活动，对矿床的形成仅起控制作用，而无明显的破坏作用。

(三) 岩浆岩

区内岩浆岩为中生代燕山晚期沂南序列东明生单元($K_1\delta Yd$)辉石闪长岩类，呈岩盖状，分布在矿区中北部 11 勘查线~13 勘查线之间，岩浆岩与马家沟群碳酸盐岩接触带是成矿的有利部位。组成岩体的岩石类型有闪长岩、辉石闪长岩及含黑云母辉石闪长岩等，局部出现正长闪长岩，为矿山岩体边缘相岩石。

闪长岩：为细粒半自形粒状结构及似斑状结构。主要矿物为斜长石、普通角闪石，其次为黑云母、透辉石及微量石英、钾长石。透辉石的含量在 5%以下。副矿物有磷灰石、榍石、磁铁矿。

斜长石：为中性长石，长板状半自形晶体，斑晶为板状晶体，环带构造发育，遭钾长石化、钠长石化形成镶边(净边)结构，变嵌晶结构。

普通角闪石：斑晶一般为褐绿色，其他的则为绿色。多色性极其明显，沿节理纹及边缘有黑云母交代。普通角闪石与透辉石在岩石中呈反消长关系。透辉石含量高时，角闪石呈反应边分布于透辉石的边部。而普通角闪石含量高时，则透辉石减少或无，这时岩石由辉石闪长岩过渡为闪长岩。

黑云母：片状、褐色，具明显的多色性，一般在岩石中作为辉石、角闪石的反应边矿物出现，几乎每一个晶体内均有磁铁矿的包体。

透辉石：淡绿色，柱状他形—半自形晶体。边部往往有普通角闪石的反应边，沿边缘及解理纹有黑云母交代。

石英：他形粒状，一般沿斜长石晶体的间隙充填，在辉石闪长岩内很少或无。钾长石呈板状他形个体，沿斜长石晶体的间隙分布。辉石闪长岩具有中—细粒半自形晶粒状结构，而斑状结构较少见。斑晶矿物为斜长石、透辉石，极少为普通角闪石。岩石中主要矿物为斜长石、普通角闪石、透辉石，次要矿物为黑云母、石英、钾长石，局部见有橄榄石假象。副矿物有磷灰石、榍石、磁铁矿。

（四）变质作用与围岩蚀变

矿区接触交代作用强烈，围岩蚀变明显。主要有热变质作用、矽卡岩化作用、热液蚀变作用、钠长石化作用。根据近矿围岩蚀变特征及矿物组合和不同变质作用造成的不同岩带，将矿区近矿围岩划分为 5 个蚀变岩带，与成矿关系密切的主要蚀变岩带分述如下。

蚀变大理岩带：灰白色，粒状变晶结构，常见蛇纹石化、绿泥石化、透辉石化等。蚀变大理岩常作为矿层顶板出现，厚度 3~5m。

矽卡岩带(蛇纹石金云母岩带、透辉石矽卡岩带、方柱石矽卡岩带)：外带为蛇纹石金云母岩带，是主要的含矿带；内带为透辉石矽卡岩带和方柱石矽卡岩带。原岩中矿物交代彻底，矽卡岩矿物及热液蚀变矿物含量达 70%~90%，矽卡岩受后期热液蚀变作用叠加、改造，多形成复杂矿物组合的矽卡岩，故造成近矿矽卡岩带岩石松散，硬度小，厚度为几米到几十米。

钠化矽卡岩化闪长岩带：其特点基本同矽卡岩化闪长岩，但岩石一般呈肉红色，略带紫色调。钠长石化的表现形式为斜长石牌号降低，由中更长石或中拉长石变为更钠长石，钠长石在斜长石四周呈反应边或充填其粒间。普通角闪石褪色并被黑云母、绿泥石等矿物交代而析出铁质。作为原岩的副矿物磁铁矿含量降低，部分消失。

矽卡岩化闪长岩带：呈灰绿色，半自形粒状结构或变余半自形粒状结构，该带为矽卡岩带向蚀变闪长岩的过渡带，与蚀变闪长岩界线清晰，与矽卡岩呈渐变关系。可构成矿体的顶、底板。

蚀变闪长岩带：原岩闪长岩的结构构造及造岩矿物均未受较大改变，但硬度和完整性变差，该岩带厚度大，与闪长岩呈渐变过渡关系。

本区地层、构造、岩浆岩、蚀变相互作用，为本区的铁矿形成提供了物质条件、有利的环境和矿液的运移通道及赋存场所，同时也造成了矿体形态复杂、分布分散的特点。

二、矿床地质

该矿床处于矿山弧形背斜西南倾没端与东西向断裂构造的复合部位，岩体与围岩的接触构造型式较复杂，矿体的附存空间及形态也呈多样性的特征，矿体以似层状、扁豆状及囊状赋存于大理岩及闪长岩的正常接触带上、大理岩捕虏体接触带上及近接触带的岩体中。

矿体总体走向 NE67°，长度 2414m，埋深 172~776m，产状平缓，倾角 2°~42°。共分 6 个矿带，17 个矿体。以 F2 断层为界(图 4-4-1)将矿区分为东西两段。

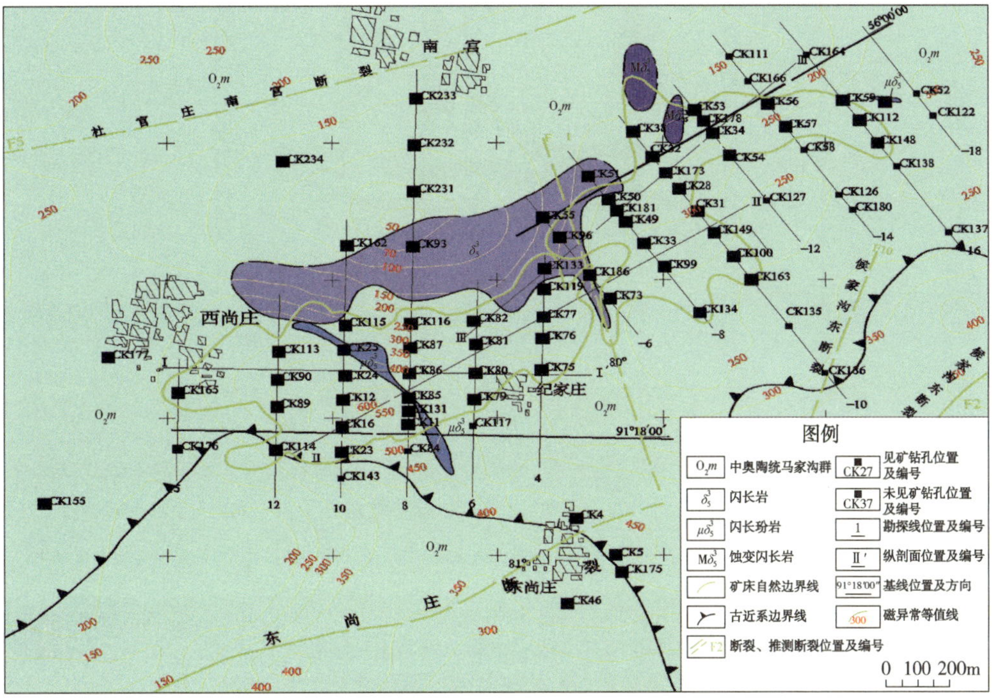

图 4-4-1 山东莱芜铁矿西尚庄矿区基岩地质图(附磁力异常)

数据来源：《山东莱芜西尚庄矿区详查勘探地质报告》，1980

西矿段共有 14 个矿体，主矿体为Ⅰ-2 矿体，Ⅱ-2 矿体次之。其他矿体规模较小，而且赋存位置及空间分散，离主矿体较远。

东矿段共有 3 个矿体，主矿体为Ⅳ-1 矿体，Ⅴ矿体次之，Ⅳ-2 为零星矿体。

(一) 矿区西段(0、Ⅰ、Ⅱ、Ⅲ矿带)

0 矿带：由 0-1 和 0-2 两个埋藏较浅的扁豆状小矿体组成，分别赋存于大理岩与闪长岩的接触带上和近带的闪长岩体中，如图 4-4-2 所示。

Ⅰ矿带：赋存于呈半岛状残留的大理岩接触带上，呈似层状和囊状，由Ⅰ-1、Ⅰ-2、Ⅰ-3 三个矿体组成，其中Ⅰ-2 规模较大，为矿区西段的主矿体。

Ⅱ矿带：赋存于Ⅰ矿带下部，间隔约 40m，与Ⅰ矿带大致平行分布。该矿带的形成与闪长岩体内的似层状大理岩捕虏体有关，由Ⅱ-1、Ⅱ-2 两个似层状矿体组成。

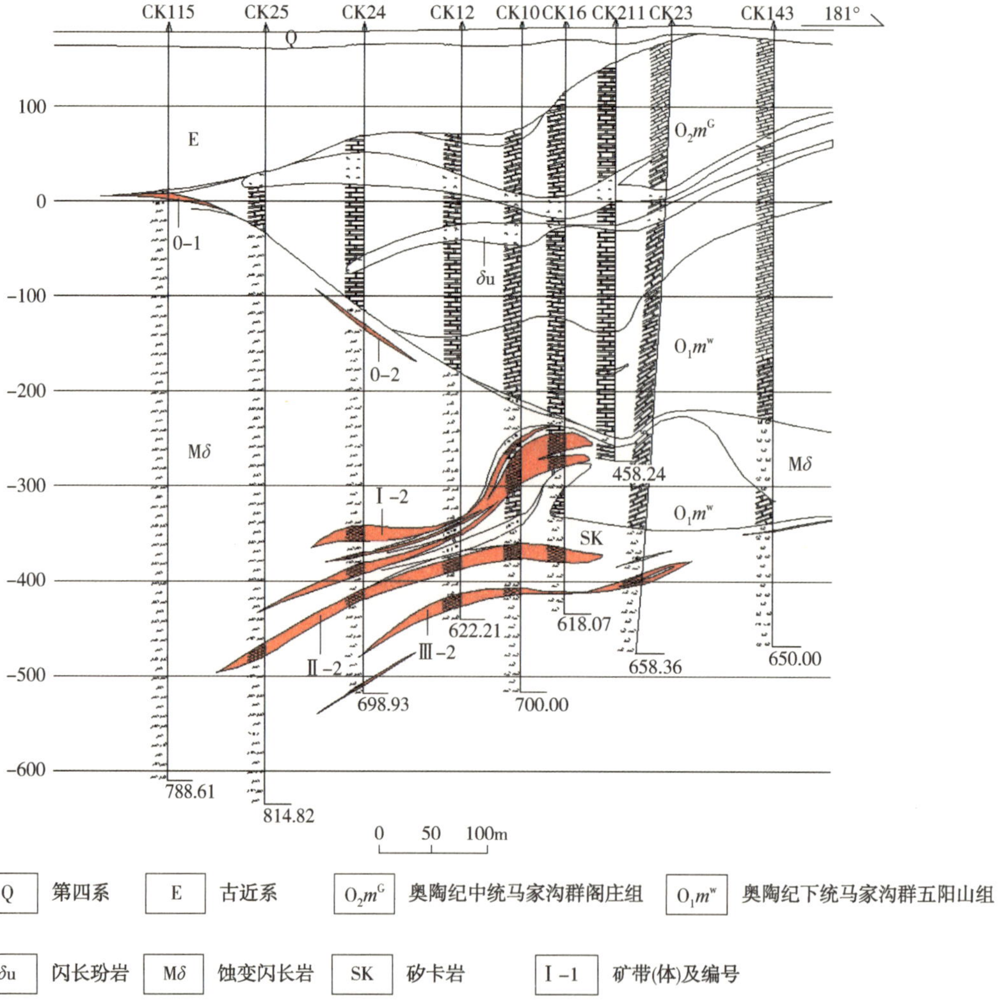

图 4-4-2　莱芜区西尚庄铁矿床成矿模式图(西段 10 勘查线)

数据来源：《山东莱芜西尚庄矿区详查勘探地质报告》，1980

Ⅲ矿带：位于Ⅱ矿带下部，间隔 20~40m，为交代大理岩捕虏体成因的似层状矿体，与Ⅰ、Ⅱ矿体大致平行展布。该矿带由Ⅲ-1、Ⅲ-2、Ⅲ-3、Ⅲ-4、Ⅲ-5、Ⅲ-6 组成，共 6 个矿体，这 6 个矿体位于同一层位而独立存在。

(二) 矿区东段(Ⅳ、Ⅴ矿带)

Ⅳ矿带：赋存于大理岩与闪长岩的正常接触带上，矿体呈不规则扁豆状和透镜状，其形态严格受接触构造型式控制，由图 4-4-3 可见，矿体产状与地层向斜吻合，并且矿体厚大部位也与向斜的核部相一致。该带由Ⅳ-1、Ⅳ-2 两个矿体组成，为赋存于同一接触带上但不连续的两个独立矿体。Ⅳ-1 矿体为矿区东段的主矿体，探明储量 1388 万吨，占东段储量的 73%，占矿区总储量的 31%。

Ⅴ矿带：赋存于闪长岩体中，该带仅一个矿体，呈似层状位于Ⅳ矿带下部，间距 40~100m，如图 4-4-3 所示。

组成上述矿带的各矿体要素如表 4-4-2 所示。

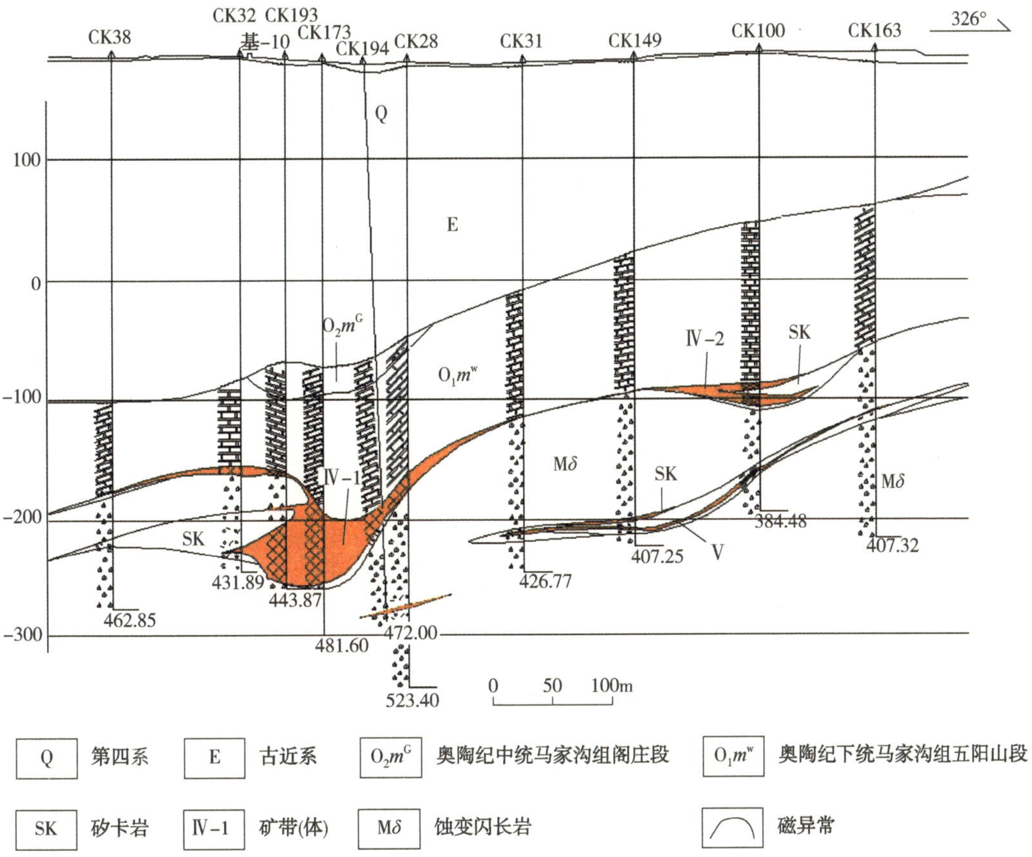

图 4-4-3　莱芜区西尚庄铁矿床成矿模式图(东段 10 勘查线)

数据来源：《山东莱芜西尚庄矿区详查勘探地质报告》，1980

(三) 矿体围岩与夹石

由于矿体产出部位不同，矿体顶底板围岩及矿体内夹层的岩石类型也有所区别。0-1、Ⅳ-1，Ⅳ-2 矿体，顶板为大理岩，底板为矽卡岩化闪长岩及蚀变闪长岩，局部出现大理岩。

Ⅱ-1、Ⅱ-2、Ⅲ-4、Ⅰ-1、Ⅰ-3 及Ⅰ-2 矿体的延伸部分顶底板多为矽卡岩、矽卡岩化闪长岩及蚀变闪长岩，局部为大理岩。0-2、Ⅲ-1、Ⅲ-2、Ⅲ-3、Ⅲ-6 矿体顶底板围岩均为蚀变闪长岩或矽卡岩化闪长岩。当矿体围岩为矽卡岩化闪长岩或蚀变闪长岩时，矿体与围岩之间常含较薄的矽卡岩或含铁矽卡岩，局部含有薄层蛇纹石岩、含铁蛇纹岩、金方母岩、含铁金云母岩。多数情况下，矿体与围岩的界线较清楚，易于辨识，仅当局部矿体顶底板为含铁矽卡岩、含铁蛇纹石岩、含铁金云母岩时，矿体与围岩呈渐变关系，这种情况则需要取样做化学分析方能确定矿体边界。

西尚庄铁矿床多数矿体单矿层厚度较大，矿体内部结构简单，夹层少，厚度小。一般而言，赋存于闪长岩与大理岩正常接触带的矿体厚度较大，内部结构简单；而赋存于岩体中矿体厚度小，内部结构也较复杂。各矿体夹石一般为 1~2 层，最多 4 层，夹层及包体厚度一般为 1.2~2m。

表 4-4-2　山东莱芜西尚庄铁矿床要素一览表

矿体编号	矿体形态	矿体空间位置			矿体规模				矿体产状				备注
		剖面控制	埋深/m	海拔/m	长轴延展/m	剖面最大延伸/m	矿体厚度/m		走向	倾向	剖面倾角/(°)		
							一般	最大			一般	最大	
0-1	扁豆状	6~10	172~309	9~128	528	110	1~2	5	NE—SW	SE	20	30	
0-2	扁豆状	10	266~345	-88~164	120	115	3	4.5	NE—SW	SE	42		
Ⅰ-1	似层状	4~5	258~350	-77~170	208	96	1~2	3.5	NE—SW	NW	16	19°30′	
Ⅰ-2	似层状-囊状	3~15	218~709	-38~538	1336	482	10~20	115	NE—SW	NW	20~27	39	最大厚度在囊状矿体
Ⅰ-3	似层状	8~8	399~473	-217~298	182	134	2	3	NE—SW	NW	29	38	
Ⅱ-1	似层状	3~8	372~633	-190~457	664	416	8~11	28	NE—SW	NW	29	40	
Ⅱ-2	似层状	8~12	493~734	-312~558	540	521	10	31	NE—SW	NW	20	36	
Ⅲ-1	似层状	5	498~565	-318~358	120	91	30	33	NE—SW	NW	37		含矿带厚度
Ⅲ-2	似层状	6~8	446~608	-264~426	356	166	7	17	NE—SW	NW	15	17	最大厚度为含矿带
Ⅲ-3	似层状	7	663~671	-484~493	112	70	2	2.8	NE—SW	NW	7		
Ⅲ-4	似层状	9~11	537~611	-361~429	324	307	8	22	NE—SW	NW	16	22°30′	最大厚度为含矿带
Ⅲ-5	似层状	11~12	632~686	-451~507	226	104	2	5.5	NE—SW	NW	14	15°30′	
Ⅲ-6	似层状	13	740~776	-565~602	125	101	2.5	3	NE—SW	NW	21		
Ⅳ-1	不规则的扁豆状	-7~16	253~442	-60~262	1146	356	40	91	NE—SW	NW	17	34	
Ⅳ-2	扁豆状	-9~10	268~296	-88~108	232	150	9	16	NE—SW	SE	2	5	
Ⅴ	似层状	-5~10	279~554	-98~380	671	618	10	59	NE—SW	NW	19	25	

矿体内夹层及包体的岩石类型多为矽卡岩、含铁矽卡岩，其次为大理岩、矽卡岩化闪长岩、蚀变闪长岩等。

（四）资源量情况

截至2017年底，矿区累计查明铁矿石资源储量4167.9万吨，其中保有铁矿石资源储量3165.0万吨。伴生钴金属量2560吨，伴生硫31.44万吨。

三、矿床成因

据《山东莱芜铁矿西尚庄矿区详细勘探地质报告》，基于蚀变带内矿物的生成顺序（见图4-4-4），本矿床可划分为三个成矿阶段。

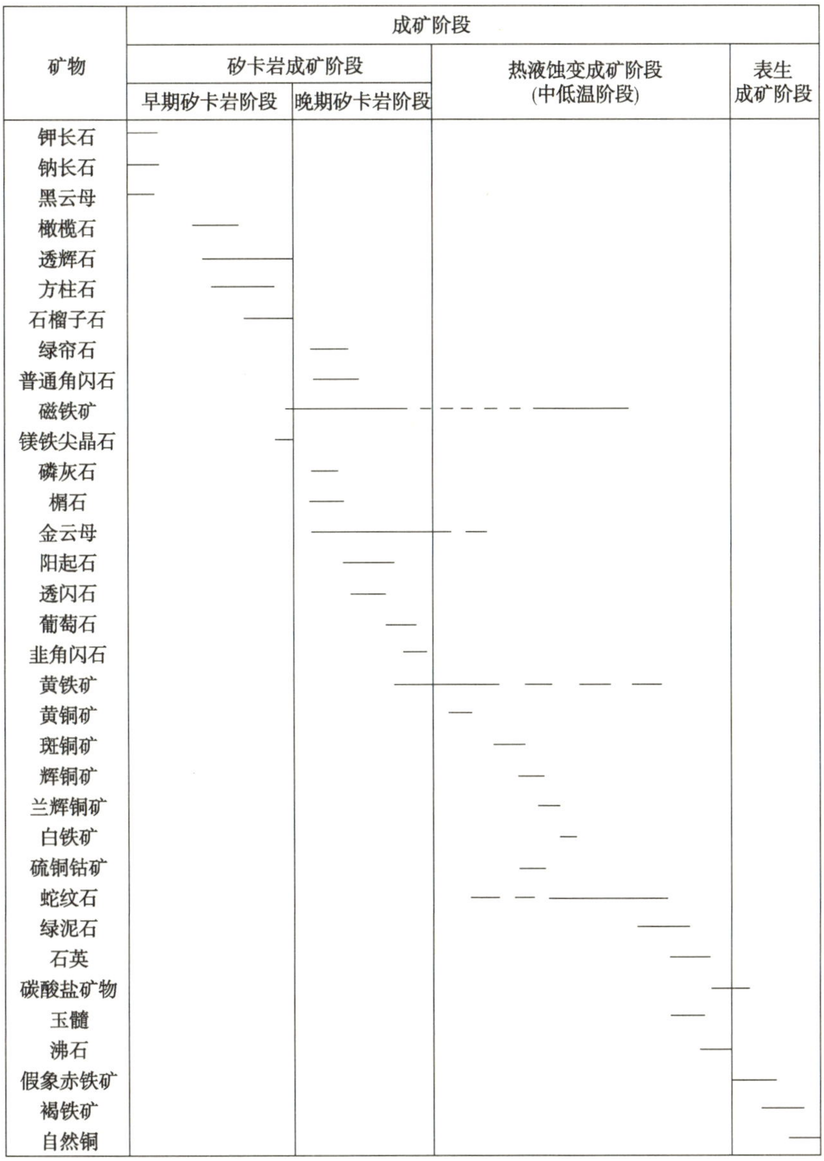

图4-4-4　蚀变带内矿物的生成顺序图

（一）晚期矽卡岩成矿阶段

在矽卡岩阶段晚期，由于早期矽卡岩矿物晶出，围岩成分进一步加入，使含矿溶液的介质条件发生显著改变，随着温度的进一步下降，促使磁铁矿在构造有利部位大量沉淀，伴随生成部分透辉石和大量的含水硅酸盐矿物，如金云母、角闪石、绿帘石、阳起石、透闪石、葡萄石(韭闪石)等，并广泛交代早期矽卡岩矿物。磁铁矿与金云母紧密共生是本矿床主要标志，说明磁铁矿化作用主要发生在含水硅酸盐矿物开始大量出现的时期。这一阶段为本矿床主要成矿阶段，多形成致密块状和粉末状富矿。

（二）中低温热液成矿阶段

残余的含矿溶液在中低温条件下，进一步对围岩和早期形成的矽卡岩、磁铁矿发生交代作用，生成大量的热液蚀变矿物如蛇纹石、绿泥石、方解石、石英、沸石以及黄铁矿、黄铜矿、斑铜矿等金属硫化物，同时伴随生成部分磁铁矿，使原来形成的矿石的物质成分得到改造。本矿床见有晚期磁铁矿脉穿插早期磁铁矿现象，以及金云母透辉石磁铁矿角砾被晚期磁铁矿或碳酸盐胶结的现象。该期形成的矿石多属贫矿和非主要矿体，为本矿床次要成矿阶段。

（三）表生成矿阶段

埋藏较浅，处于地下水循环带中的部分，矿石遭受氧化，使原生磁铁矿部分变为假象赤铁矿、半假象赤铁矿；使部分金属硫化物分解变为褐铁矿，并出现自然铜等。

钠化作用使岩浆岩石析出部分铁质，可能作为矿床的铁质来源之一。但是本矿区钠化并不强烈，也不广泛，因此，不应是铁质的主要来源。

本矿床直接围岩为马家沟群灰岩，未发现含铁层位，更不足以提供这样多的铁质。而成矿物质应主要来自岩浆特定演化阶段的深部分异。含铁的高温汽水溶液沿构造上升在一定的构造型式中产生接触交代作用，使铁质沉淀、富集而形成矿床。

根据单矿物爆裂法包体测温的测试结果，本矿床的矽卡岩矿物及磁铁矿相伴生的金云母都是在高温条件下生成。其中方柱石生成温度为570℃，金云母生成温度为450~550℃，磁铁矿生成的温度显示两个区间：350~410℃和570~650℃。

综上所述，本矿床的成因类型应属接触交代磁铁矿床。

四、成矿规律

西尚庄矿床是由中生代燕山期中-基性岩浆侵入奥陶系马家沟群石灰岩时，发生强烈的接触交代作用，产生矽卡岩化，形成透辉石矽卡岩，透辉石矽卡岩往往成为矿体的顶、底板。磁铁矿化主要在蚀变接触带内或近处的围岩、岩体内，而形成与中-基性侵入岩有关的接触交代型(矽卡岩型)铁矿床。

（一）时空分布规律

据以往地质工作研究，西尚庄铁矿由于矿区处于矿山弧形背斜 WS 倾没端与 EW

向断裂构造的复合部位，导致岩体与围岩的接触构造型式较复杂，矿体的赋存空间及形态也呈多样性的特征，矿体以似层状、扁豆状及囊状赋存于大理岩及闪长岩的正常接触带上、大理岩捕虏体接触带上及近接触带的岩体中。成矿距今地质年龄为131Ma。

（二）控矿地质条件

1. 地层与成矿关系

西尚庄铁矿的主要成矿围岩为五阳山组，该组以厚层纯灰岩为主，上部和底部含燧石结核，中间夹数层薄层泥质灰岩、白云质灰岩、豹皮状灰岩，厚度超200m。当杂岩体大范围侵入围岩时，所形成的半岛状灰岩或岩体捕虏体，由于与岩体广泛接触，易于交代成矿。

2. 构造与成矿关系

西尚庄位于矿山弧形背斜WS倾没端，其形态逐渐变为两翼对称、平缓，背斜核部为矿山岩体。矿山弧形背斜为盆地内矽卡岩型铁矿床的主要控矿构造，在西尚庄地区由于两翼挤压作用，矿液向倾伏端流动，同时由于转折端相对应力强，易形成较大的容矿空间。

矿区内有纪家庄向斜、东尚庄—侯家沟背斜、侯家沟北向斜、西尚庄向斜四条褶皱构造，是有利于成矿的构造。其中，纪家庄向斜、西尚庄向斜的凹部是矿体的膨大部位。

3. 岩浆岩

矿山岩体的形态为一复杂岩盖，产于矿山背斜之中，接触带的产状与围岩一致。岩体顶部向两侧倾斜，与背斜形态相似。西尚庄矿区的岩体为矿山岩体的WS延伸部分，随矿山背斜而逐渐倾没，岩体与围岩的接触面向N、S、W三个方向倾斜。组成岩体的岩石类型有闪长岩、含黑云母辉石闪长岩、辉石闪长岩，局部出现正长闪长岩。

岩体侵入时与围岩进行广泛接触，其接触带复杂，且岩体规模大，有利于较大矿体的形成。岩体侵入所形成的接触带的形态及其空间形式是一个重要因素，接触带内凹、上隆或岩体的倾伏转折端处，易于形成规模大的矽卡岩矿床

（三）物探异常规律

西尚庄铁矿引起的磁异常具有低缓特征，异常总体走向E60°，长度约2500m，异常极大值520nT。该异常由西尚庄和纪家庄两个局部异常构成，西尚庄异常位于西尚庄ES，异常形态规整，呈椭圆形，异常中心强度500nT；纪家庄异常位于纪家庄EN，异常中心有300nT闭合等值线圈，与西尚庄异常相比，该异常无论是强度还是形态均逊色得多。西尚庄异常由位于矿区西段的Ⅰ、Ⅱ、Ⅲ矿带引起，纪家庄异常由位于矿区东段的Ⅳ、Ⅴ矿带引起，并且矿体厚大部位与异常的中心部位相吻合。由于矿区东段的Ⅳ、Ⅴ矿带氧化程度高，矿石磁性强度降低，因而矿区东段Ⅳ、Ⅴ矿带引起的异常

远不如矿区西段Ⅰ、Ⅱ、Ⅲ矿带引起的异常明显。另外，西尚庄铁矿床产状平缓，埋藏深度较大，因而其引起的磁异常具有低缓特征。

五、找矿标志

本矿床矽卡岩化最强烈的地段，热液蚀变现象也最显著，同时磁铁矿化强度也最大。因此，围岩蚀变构成显著找矿标志。最主要的蚀变作用为外带的金云母化、蛇纹石化及内带的方柱石化和透辉石化，绿泥石化、碳酸盐化、黄铁矿化等也较发育，在内、外带都有表现。

矿区内与成矿直接有关的围岩为马家沟群五阳山组厚层纯灰岩及泥质灰岩、白云质灰岩。这种富镁质碳酸盐岩在成矿过程中发挥了重要的作用。因此，可作为找矿标志之一。

本矿床处于矿山背斜倾没的南翼，其次级挠曲中的向斜核部，及岩体顶面下凹部位往往形成厚大矿体，是找矿的构造标志。

岩盖边缘易于形成半岛状和层状捕虏体等接触构造形式，并出现多层矿，也是今后找矿工作中应予注意之点。

磁异常是寻找隐伏磁铁矿的重要标志，尤其对一些低缓磁异常要加强研究，不能忽视。西尚庄铁矿床的发现，是低缓磁异常找矿的一个成功范例。

第五节　三岔河铁金矿床

三岔河矿床是山东省发现的首个具有工业意义的矽卡岩型铁金矿床。矿床位于济南市钢城区，属里辛镇管辖。该区域发现了铁、金共生矿床，探获金金属量 6941kg，平均品位 4.54×10^{-6}；共生铁矿石量 58.1 万吨，TFe 平均品位 32.44%，mFe 平均品位 26.84%；伴生银金属质量 60178kg，平均品位 4.03×10^{-6}。三岔河金铁矿分布于调查区中部，其成矿条件与周边类似，对调查区找矿有直接的参考价值。

该矿区的大地构造位于华北板块之鲁西隆起区。区域地层主要有寒武—奥陶纪浅海相碳酸盐建造，石炭—二叠纪海陆交互相—陆相含煤建造，少量侏罗—白垩纪陆相碎屑岩、火山—沉积建造。区域构造以断裂为主，按其展布方向可分为 NNW 向、NE 向及近 EW 向 3 组(图 4-5-1)。

一、矿区地质

(一) 矿区地层

矿区面积较小，出露地层主要为奥陶系、石炭系、二叠系，大部分面积被第四系

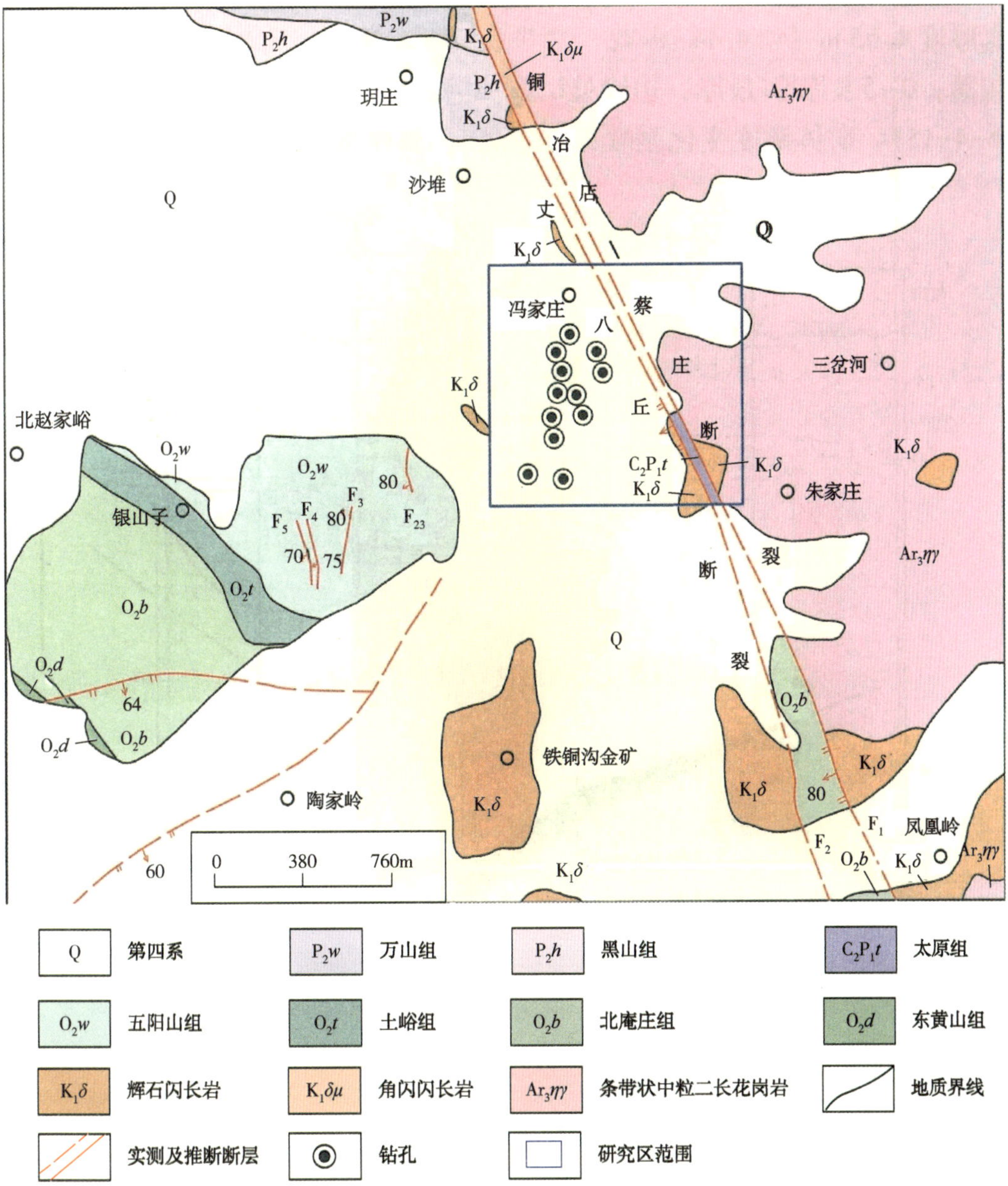

图 4-5-1　莱芜三岔河矿区地质图(山东省第一地质矿产勘查院，2016)

覆盖。受构造运动以及岩浆活动的影响，古生代石炭系、二叠系主要呈现为构造带中的块状岩或者侵入岩体内的捕虏体，岩性差异较大。

奥陶系马家沟群($O_{2-3}M$)：在矿区中部被燕山晚期岩浆吞食，形成捕虏体接触带，为后期铁金矽卡岩矿床的形成提供了条件。按照自下而上的顺序依次描述。东黄山组，岩性以浅灰色中厚层泥质白云岩以及土黄色角砾状白云岩为主；北庵庄组，深灰色中厚层灰岩和中厚层云斑状灰岩；土峪组，黄灰色薄层泥晶白云岩和白云质灰岩；五阳山组，厚层泥晶灰岩含燧石结核灰岩、豹皮状灰岩、砾屑生物碎屑灰岩；阁庄组，黄灰色中薄层泥晶白云岩和白云质灰岩；八陡组，岩性主要为深灰色中厚层灰岩，内含黄灰色薄层状白云岩和生物碎屑灰岩夹层，地层厚度约830m，平行不整合于接触下伏地层之上。

石炭—二叠纪太原组：仅在矿区东部断层内有极少出露，岩性为灰色砂岩黏土质粉砂岩、页岩夹多层灰岩及煤层。层厚约140m，整合接触于下伏地层之上。

二叠纪黑山组(Ph)：出露于矿区北部，岩性为黄绿色长石石英砂岩、粉砂岩夹砂质页岩及少量灰黑色泥岩。地层厚度约90m，整合接触于下伏地层之上。

二叠纪万山组：出露于矿区北部，岩性为杂色泥岩、粉砂质泥岩夹细砂质泥岩、粉砂岩、铝土质泥岩及煤线。地层厚度约80m，整合接触于下伏地层之上。

第四系：在矿区内广泛分布，岩性主要是砂质黏土、黏土质砂土以及砂砾石，层厚度<28m，与下伏地层呈角度不整合接触关系。

NNW向的铜冶店—孙祖断裂是区域上的主干断裂，规模较大，该断裂具多期活动的特点。区域内岩浆活动强烈，其中铁铜沟杂岩体与该次成矿关系密切，是矿床的成矿母岩。

（二）矿区构造

区内构造以断裂为主，主断裂有铜冶店—蔡庄断裂(F1)、丈八丘断裂(F2)，WE向、NS向、NW向断裂大多属于次级断裂。此外，有轻微倾伏背斜、向斜出露铜冶店—蔡庄断裂(F1)为正断层，规模较大。整体走向在NW320°~340°之间，倾向EW，其倾角较大，为70°~85°。北起铜冶店、中经蔡庄、南抵沂沭断裂带，长度约130km。区内部分是断裂的中段，三岔河矿床位于该断裂西侧，铜冶店—蔡庄断裂带也是不同期次侵入岩的接触面。下盘是新太古代晚期二长花岗岩，上盘是燕山期闪长岩和古生代地层，该断裂带断距差别较大，在20~80m之间。断裂破碎带燕山晚期岩浆上侵，提供了运矿通道。断裂带内岩性较复杂，构造角砾岩、碎裂岩充填其中，角砾成分复杂，多为泥质白云岩、灰岩、大理岩、二长花岗岩、闪长岩，角砾大小不一，一般为2~4cm。主断面附近含砾断层泥发育，厚度1~3m，呈褐色、紫色、黄色等。断裂带内可见高岭土化、绿泥石化、硅化、褐铁矿化、碳酸盐化蚀变。

（三）矿区岩浆岩

矿区内岩浆活动较强烈，侵入岩由老至新依次为：新太古代晚期傲徕山序列，中生代燕山晚期济南序列、沂南序列、苍山序列。燕山期岩浆岩与成矿关系密切，多呈小岩株、岩床状产出。根据其穿插关系、岩体特征，岩浆侵入可分为5期：一期为苏长辉长岩，分布于矿区东部；二期为黑云母闪长岩、碎裂状黑云母闪长岩；三期为闪长玢岩，呈脉状产出，多分布于矿体顶部，与矿体距离较近；四期为正长闪长岩，脉状产出，见有黑云母闪长岩包体；五期为花岗闪长岩，出露于矿区东部，在花岗闪长岩边部见有第一次侵入的黑云母闪长岩捕虏体，并有少量花岗细晶岩脉穿插其中，呈岩株状产出。

（四）矿区地球物理特征

矿区磁异常等值线在该异常西较密集，东侧稀疏，磁性体倾向 E。异常区中心位置起伏大，是高值区域，最大为 1125nT，明显指示地下强磁场。通过对化极 ΔT 异常不同高度上延后异常特征变化，可以推断引起异常的磁性体的大致埋深情况。对上延 50m、100m、200m 高度 ΔT 平面等值线进行分析：上延 50m 后，曲线形态相对变缓，异常峰值降低，局部异常消失；上延 100m 和上延 200m 后，曲线形态更趋平缓，异常范围进一步变小，北部异常范围缩减明显，说明异常带北部较浅。

二、矿床地质

三岔河矿床由一个矿体组成，主矿种为金，同体共生铁，伴生银、硫。矿体由 26 个见矿孔和 5 个未见矿孔，共 31 个钻孔控制，分布于 9～20 勘查线间，控制矿体走向长度 587m，最大斜深 216m，分布于+9. 26m～－120. 48m 标高间，埋深为 235～365m，属于隐伏矿体。矿床规模为中型。矿体赋存于燕山晚期沂南序列大有单元黑云母闪长岩内的奥陶纪灰岩捕虏体附近。赋矿岩性主要为矿化矽卡岩，其次为蚀变闪长岩。矿体形态产状较稳定，呈似层状、透镜状，局部形态受捕虏体的形状及构造控制发生变化。

矿体走向近 SN，倾向 E，倾角 5°（ZK405）～62°（ZK402），平均值为 33°，以 17°～40°者居多。金矿体厚度 0. 51～9. 72m，平均真厚度 4. 65m，其厚度沿走向变化呈舒缓波状，沿倾向厚度变化明显，中部矿体较厚，两侧矿体较薄，出现尖灭现象。矿体内无夹石，厚度变化系数为 66. 67%，属厚度变化“稳定型”矿体。金品位（1. 00～24. 77）$\times 10^{-6}$，平均品位 4. 54$\times 10^{-6}$，品位变化系数为 88. 960%，属有用组分分布“均匀型”矿体（图 4-5-2）。

同体共生铁矿被金矿体包裹，由 17 个见矿钻孔、14 个未见矿钻孔控制，控制矿体走向长度 515m，控制矿体最大斜深 130m。矿体标高分布于+3. 17～－117. 55m，矿体埋深为 241. 04～361. 87m。真厚度 1. 06m（ZK903）～5. 47（ZK502）m，平均真厚度 2. 81m，厚度变化系数 58. 36%，其厚度沿走向变化明显，北端矿体厚，南端矿体明显变薄，沿倾向厚度变化明显，中部矿体较厚，两侧矿体较薄，出现尖灭现象。

围岩蚀变与矿化：矿区中的蚀变与矿化有构造蚀变岩型和矽卡岩型。构造蚀变岩主要分布在铜冶店—孙祖断裂带、丈八丘断裂带及次级断裂中，蚀变有硅化、碳酸盐化、高岭土化、绿泥石化、蛇纹石化等。矿化有黄铜矿化、褐铁矿化、金矿化等。矽卡岩主要分布在燕山晚期闪长岩与奥陶纪灰岩接触带，在冯家庄铁铜沟一带，蚀变有矽卡岩化、绿帘石化、绿泥石化。矿化有磁铁矿化、黄铁矿化、黄铜矿化、金矿化，在闪长岩内地层捕虏体附近形成铁金矿床，矿床规模较大，品位较高，为新发现的矿化类型。

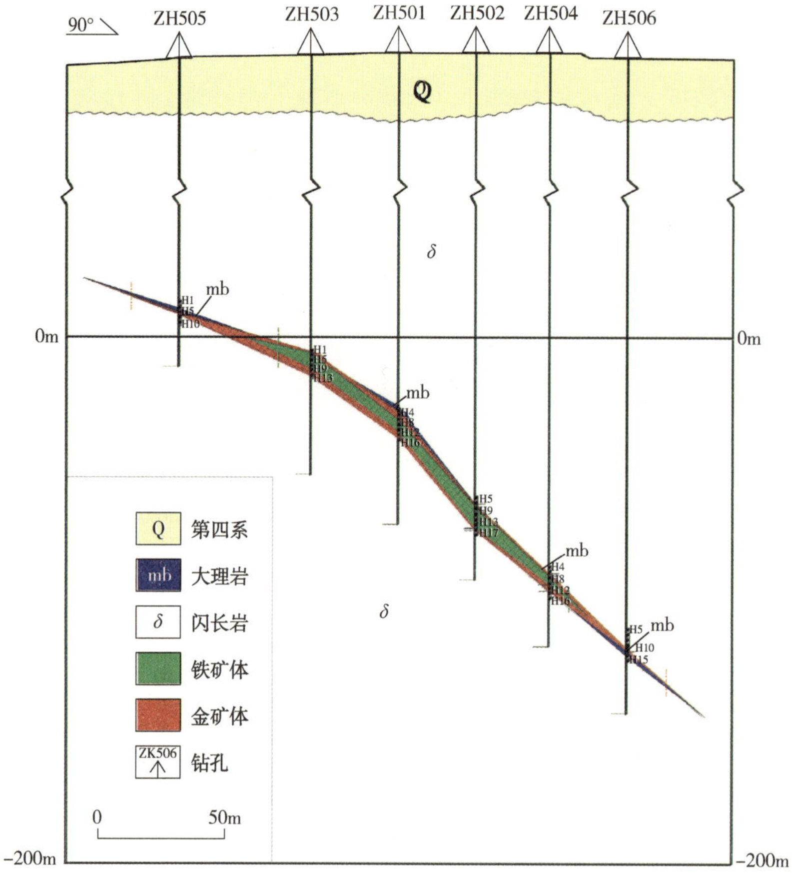

图 4-5-2　三岔河矿区第 5 勘查线矿体特征（马明等，2022）

金矿石自然类型主要为磁铁矿化矽卡岩（磁性弱，只含金）和黄铁矿化磁铁矿化矽卡岩（金铁共生），少量褐铁矿化大理岩和黑云母闪长玢岩；铁矿石自然类型为黄铁矿化磁铁矿化矽卡岩（金铁共生）。

两种矿石类型常见的矿石结构以鳞片粒状变晶结构为主，其次有鳞片纤状变晶结构、柱状纤状变晶结构。两种矿石类型以块状构造为主，镜下观察金属矿物集合体呈浸染状构造。矿石矿物成分如表 4-5-1 所示。

表 4-5-1　三岔河矿区矿石矿物成分表

矿石类型	矿石矿物			脉石矿物		
	主要	次要	少量及微量	主要	次要	少量及微量
磁铁矿化矽卡岩	磁铁矿	黄铁矿	自然金	碳酸盐矿物、金云母、透闪石	透辉石、绿泥石、滑石	方柱石
黄铁矿化磁铁矿化矽卡岩	磁铁矿	黄铁矿	黄铜矿、自然金	蛇纹石、金云母、透闪石	碳酸盐矿物、绿帘石	绿泥石、滑石

三、矿床成因

矿床的形成严格受岩浆岩、围岩、构造等因素控制。燕山晚期大量岩浆沿区域性断裂上侵，将地幔含矿物质带至地壳，形成矿床的初始“矿源层”。由于岩浆上侵，大量灰岩被吞食、断陷、倒置，形成捕虏体接触带构造。在捕虏体附近，侵入体与围岩发生强烈的化学反应，促使其 Si、Al、Ca、Mg 等物质成分的复杂交换，形成矽卡岩矿床，矿床成因类型属接触交代—热液金矿床。

四、成矿规律

主要赋矿层位：矿区内奥陶系马家沟群呈 NW 向条带状斜穿矿区，在矿区中部被燕山晚期侵入岩熔蚀，形成捕虏体接触带构造，金(铁)矿体赋存在黑云母闪长岩内的马家沟群灰岩捕虏体附近。铁铜沟矿区内金矿体在五阳山组灰岩与燕山晚期角闪闪长岩的接触带及其附近发育，马家沟群五阳山组的青灰色厚层纯灰岩夹泥灰岩、白云质灰岩等是矿体赋存的有利层位。

岩浆岩控矿特征：铁铜沟岩体的南北两端与石炭系、二叠系接触，东侧与新太古代二长花岗岩接触，西侧与奥陶系马家沟群灰岩接触，并沿层理侵入，形成接触交代型磁铁矿及含金磁铁矿。以角闪闪长玢岩与成矿关系最密切。含金磁铁矿体主要赋存在接触带附近岩体内部的灰岩捕虏体中，捕虏体发生了强烈的矽卡岩化及矿化。在铁铜沟北部的三岔河矿区，金(铁)矿体赋存在黑云母闪长岩体内马家沟群灰岩捕虏体附近的矽卡岩和蚀变闪长岩中。

控岩控矿构造：区内的 NW—NNW 向断裂与 NE—NNE 向断裂是区内的重要控岩控矿断裂。NW 和 NNW 向断裂与 NE 和 NNE 向断裂的交会部位，往往与深部岩浆房沟通，控制燕山期与成矿密切相关的中基性—中酸性侵入岩的侵位，是深部成矿物质和流体来源的重要通道。

五、找矿标志

地层标志：寒武系底部和中上部的碳酸盐岩，和接触交代型金矿的形成有密切联系，奥陶系分布范围与寒武系基本一致，自下而上为三山子组 a 段、b 段和马家沟群。马家沟群自下而上分为东黄山、北庵庄、土峪、五阳山、阁庄、八陡共 6 个组，马家沟群的石灰岩是形成矽卡岩型铁矿及金矿的有利围岩。侵入岩体与灰岩或大理岩的接触带，以及侵入岩体内的碳酸盐岩捕虏体是寻找矽卡岩型金矿床的地层标志。

构造标志：NW—NNW 向断裂与 NE—NNE 向断裂是区内的重要控岩控矿断裂。NW 和 NNW 向断裂与 NE 和 NNE 向断裂的交会部位，往往与深部岩浆房沟通，控制燕山期与成矿密切相关的中基性—中酸性侵入岩的侵位，是深部成矿物质和流体来源的重要通道。

蚀变标志：该矿区具有很明显的矽卡岩蚀变特征，主要发育的蚀变有矽卡岩化、绿帘石化、绿泥石化，矿化有磁铁矿化、黄铁矿化、黄铜矿化、金矿化，野外可见强烈的磁铁矿化以及黄铁矿化，可以将其作为直接找矿标志之一。

化探标志：铁铜沟(Au、Ag、P、Mo、As)异常以Au、Ag、Pb、Mo、As为主，伴有Cu、Zn、Sb、Bi、Cd、W、Sn、Cr、Co、Mn等多种元素，各元素异常近SN向展布，重叠良好，浓集中心显著而且明显一致。

物探标志：磁异常是寻找本类矿床的间接找矿标志。区内磁异常主要由磁铁矿、磁铁矿化矽卡岩引起。磁铁矿化花岗岩、矽卡岩、角岩，具有一定的磁性；大理岩、灰岩、砂岩、花岗岩具有弱磁性。

第五章

矿体分布规律及关键控制因素

第一节　矿体分布规律

通过对华北克拉通邯邢地区的白涧铁矿、西石门铁矿，鲁中地区的张家洼铁矿、王旺庄铁矿，以及近年来新发现的李屯铁矿解剖分析，发现华北克拉通已发现的各大型矿床富铁矿主矿体在对围岩层系的选择性、与岩溶层的空间关系、与膏岩层的空间关系等方面具有显著的规律性。

一、主矿体所赋存的围岩层系规律

华北克拉通已发现的矽卡岩型铁矿体赋存围岩层系具有明显的规律性。在邯邢地区主矿体赋存于下马家沟组二段和上马家沟组二段；在鲁中淄博—莱芜地区主矿体赋存于峰峰组二段(相当于八陡组)；在齐河—禹城地区的主矿体赋存于奥陶系顶部不整合面上下的峰峰组二段至本溪组附近层位(相当于八陡组至本溪组)。在此，以已发现的代表性矿床为例论述如下。

(一) 白涧铁矿

白涧铁矿位于河北省沙河市，是近年来探明的最大的邯邢式铁矿床[图 5-1-1(a)]，为 2006 年以来邯邢式铁矿找矿突破的重要典型(李秋奎等，2014)。

根据矿体赋存位置，大致可划分为两个主矿体或矿体群(马学平等，1988)，分别为矿体Ⅰ和矿体Ⅱ(冯博，2015；成嘉伟等，2023；郝俊杰等，2011；陈西子，2012)[图 5-1-1(b)]。矿体Ⅰ赋存层系跨中奥陶统下马家沟组二段至上马家沟组二段，东部主体位于下马家沟组二段，西部主体位于上马家沟组二段，中部从下马家沟组二段上斜至上马家沟组二段。矿体厚度 1~138.39m，平均厚度 18.57m，呈形态复杂的层状，与围岩界线清晰(马学平等，1998)，为充填作用成矿[图 5-1-1(c)(d)]。矿体Ⅱ赋存于下马家沟组二段下部与岩体顶部之间，最大厚度 61.10m，平均厚度 8.95m，仅在局部发育矽卡岩化蚀变(冯博，2015)，推断为中部成矿作用形成的矿浆向两侧灌入导致，矿体形态呈似层状，与岩体侵入导致的穹隆顶部变化趋势一致。

(二) 西石门铁矿

西石门铁矿位于河北省武安地区，因其规模大、储量多而被认为是邯邢式铁矿的典型(陈永健等，2014)，矿床地质特征如图 5-1-2(a)~(b)所示。

其主矿体位于中奥陶统上马家沟组二段下部，呈完整的似层状[图 5-1-2(d)~(g)]，矿体长度 5020m，厚度为 1.2~32.0m，最大达 103.42m，主矿体储量占矿床总量的 95%以上(陈永健等，2014)。矿体与碳酸盐岩地层界线截然[图 5-1-2(c)]，并非岩体直接与围岩接触交代形成。钠长石化分布于矿体底部、闪长岩体顶部以及岩体与碳酸盐岩的接触带附近(陈永健等，2014)。除主矿体外，其他小规模零星矿体主要分布于中奥陶统上马家沟组二段中上部和三段，均呈层状或似层状。

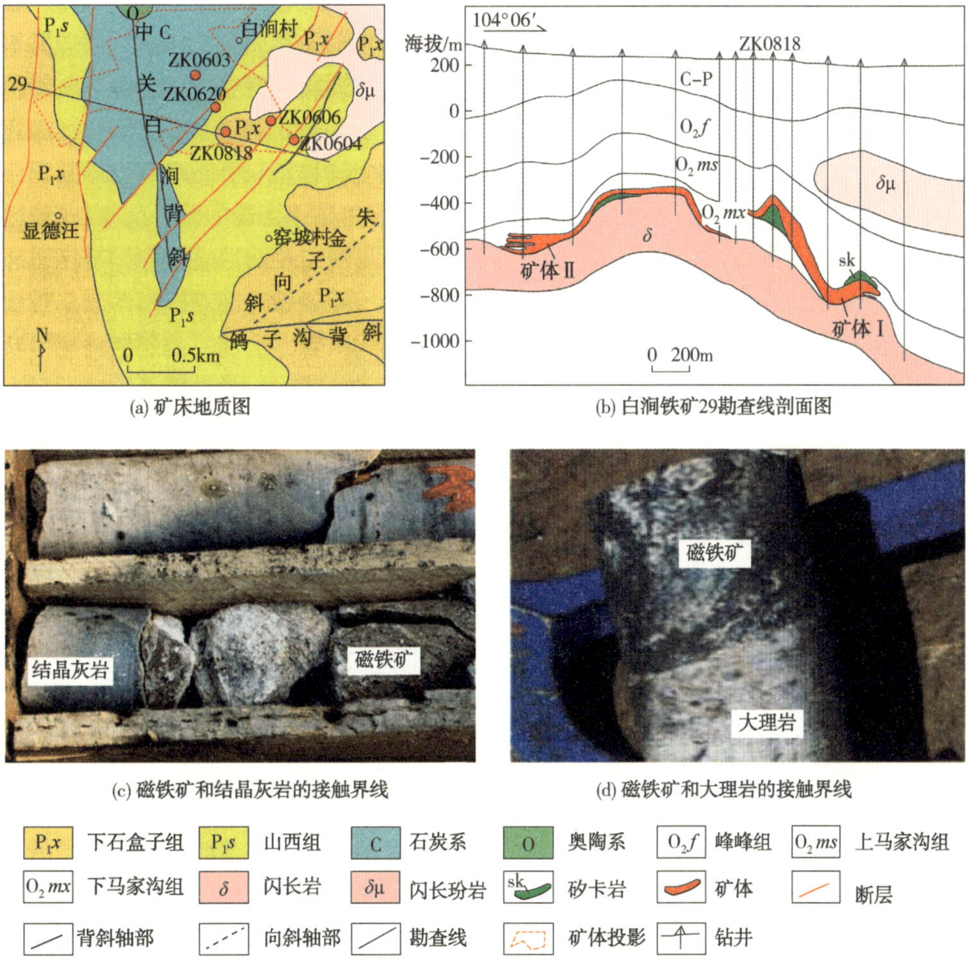

(a) 矿床地质图

(b) 白涧铁矿29勘查线剖面图

(c) 磁铁矿和结晶灰岩的接触界线

(d) 磁铁矿和大理岩的接触界线

图 5-1-1　白涧铁矿矿床地质和矿体及矿石特征图

（三）张家洼铁矿和顾家台铁矿

张家洼铁矿位于山东省莱芜区，是鲁中地区已发现最大的矽卡岩型铁矿床[图 5-1-3(a)]。

矿床由张家洼(Ⅰ)、小官庄(Ⅱ)和港里(Ⅲ)三个矿段组成，三者相邻，共包括 32 个规模不等的矿体(中国矿产地质志，2021)。Ⅰ矿段包括一个矿体，矿体形态呈厚薄相间的似层状，最大厚度 70m，根据岩性分析，矿体厚部位于峰峰组二段[图 5-1-3(c)]。Ⅱ矿段包括 3 个主矿体和十余个零星矿体，3 个主矿体厚度为 1.38~78.71m，均呈似层状分布于峰峰组二段。Ⅲ矿段包括主矿体 4 个，次要和零星矿体 14 个，其中主矿体均呈似层状或透镜状分布于石炭系底部的不整合面至峰峰组二段之间，厚度 1.23~122.62m。磁铁矿中可见晶洞、黄铁矿、碳酸盐矿物等，矿体和围岩界线清晰[图 5-1-3(d)~(e)]。

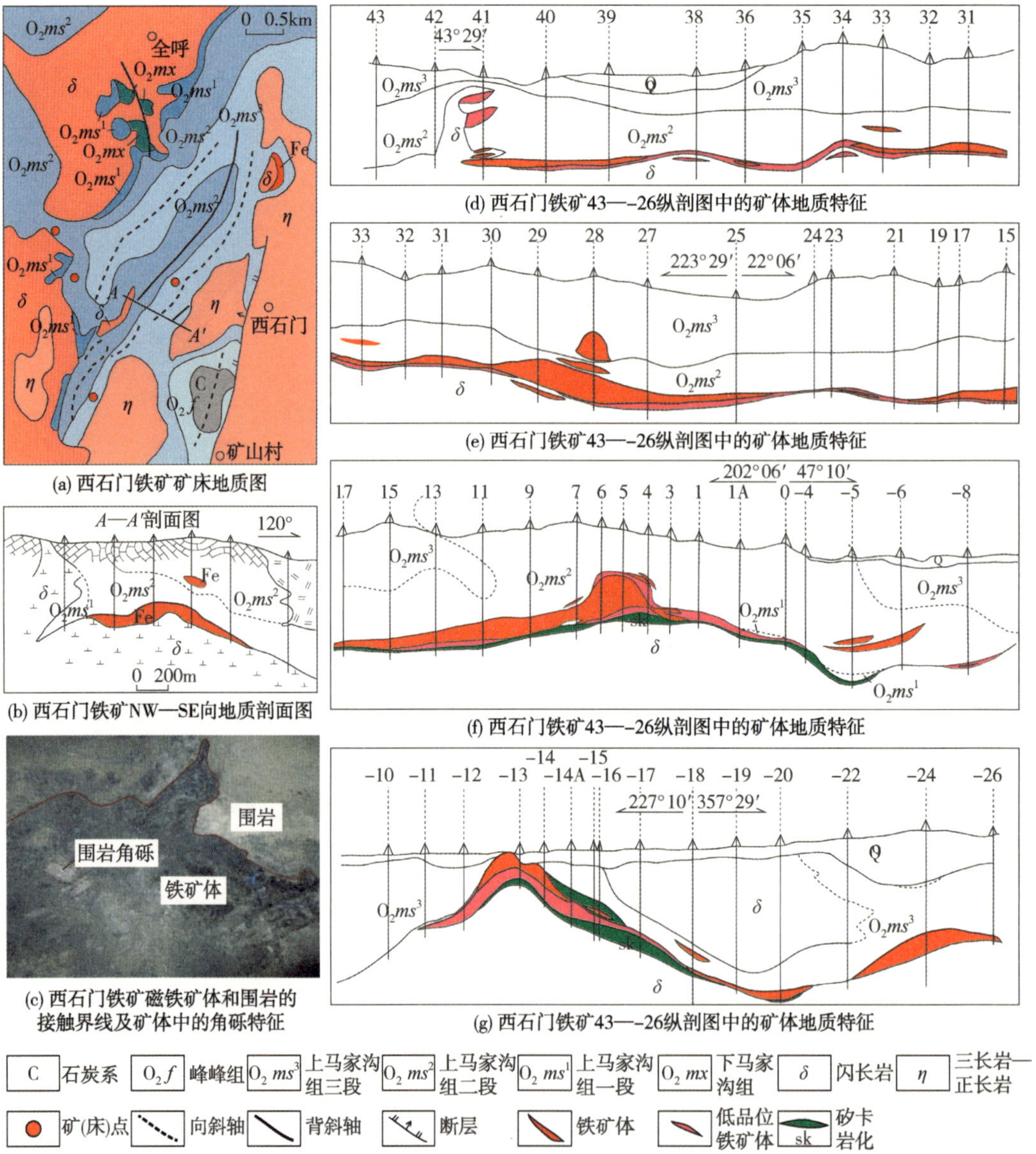

图 5-1-2　西石门铁矿矿床地质和矿体特征图(王俊，2019；陆春云，2015)

顾家台铁矿位于山东省莱芜区，是莱芜张家洼地区另一个大型铁矿床[图 5-1-3(a)]。其主矿体为矿体 I，占矿床总储量的 99.1%。矿体呈似层状，厚度 0.23～90.81m，平均 14.95m，厚度变化很小，厚度变化系数为 2.63%(宗信德等，2010)[图 5-1-3(b)]。赋矿地层按照山东省地层划分，位于马家沟群五阳山组的中下部，相当于本文采用地层方案的上马家沟组二段。矿体顶板为大理岩，底板为矽卡岩化闪长岩。

(四) 王旺庄铁矿

王旺庄铁矿位于山东省淄博市金岭富铁矿矿集区，是金岭地区发现的唯一大型矽卡岩型铁矿床[图 5-1-4(a)～(b)]。

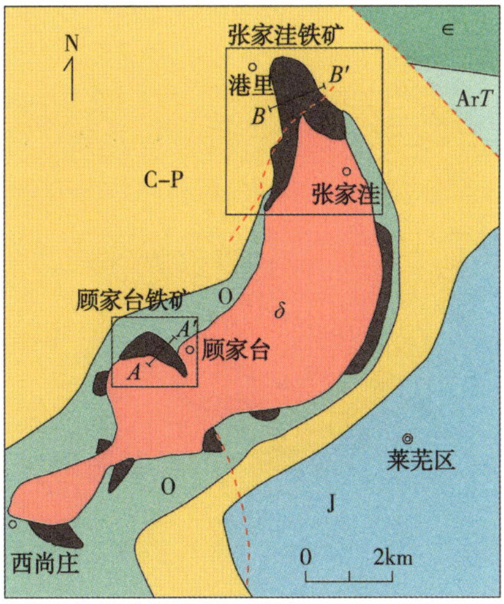

(a) 张家洼地区矿床地质图

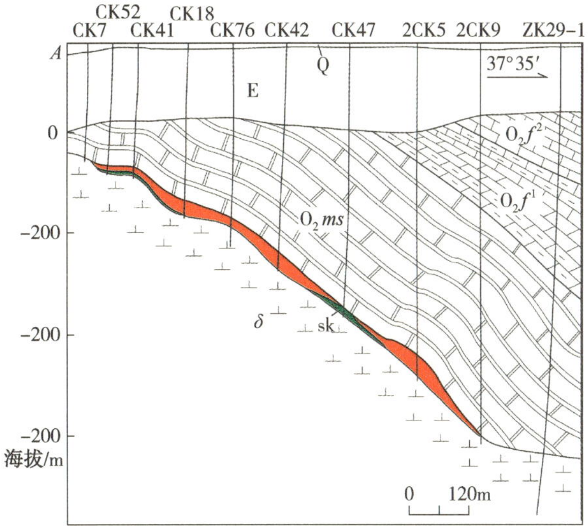

(b) 张家洼地区顾家台铁矿29勘查线地质剖面图

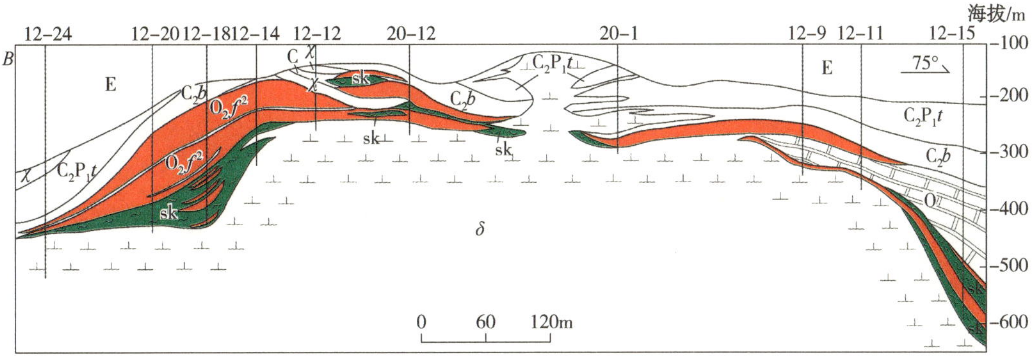

(c) 张家洼铁矿Ⅲ矿床20勘查线地质剖面图

(d) 富铁矿体中发育的晶洞

(e) 张家洼地区富铁矿体与围岩的界线特征

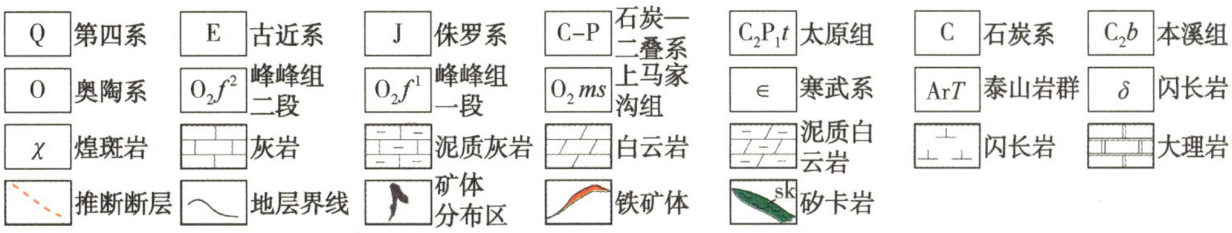

图 5-1-3 张家洼地区矿床地质和矿石特征图

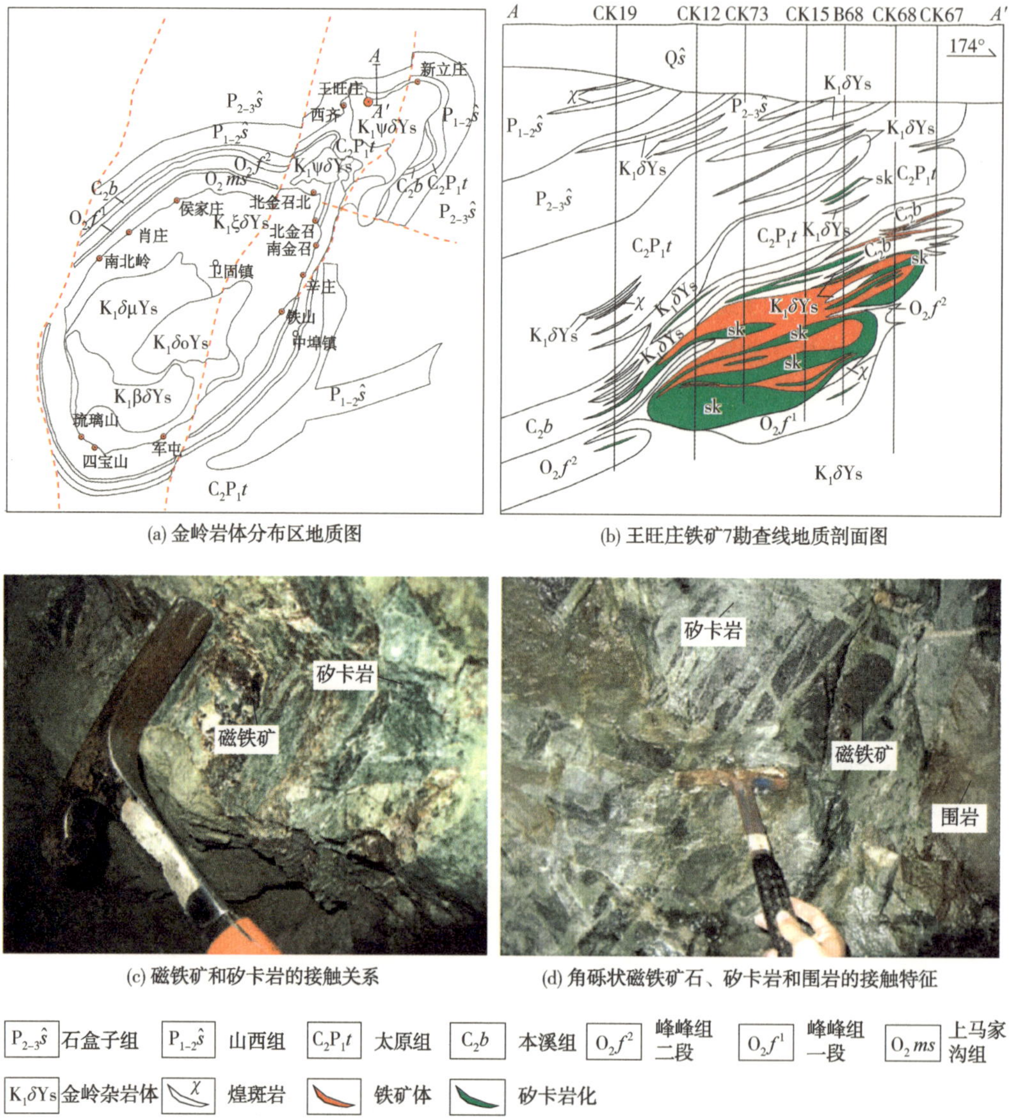

图 5-1-4　王旺庄铁矿矿床地质和矿石特征图

该矿床包括 3 个主矿体和 13 个零星矿体。3 个主矿体均分布在石炭系底部的不整合面至峰峰组二段内，厚度分别为 1.74～71.17m、1.25～90.31m、1.37～14.03m，形态呈似层状或大型透镜状，磁铁矿和矽卡岩化界线清晰（中国矿产地质志，2021）［图 5-1-4(c)～(d)］。

（五）禹城地区铁矿

禹城地区的大张岩体、潘店岩体和李屯岩体分布区目前均已获得找矿发现（沈立军等，2021；王怀洪等，2021；郝兴中等，2022），现属于山东省德州市齐河—禹城富铁矿矿集区，是近年来在深覆盖区发现的矽卡岩型铁矿［图 5-1-5(a)］。中部的潘店铁矿共圈定铁矿体 5 个，均呈似层状，其中主矿体 1 个，钻遇厚度 57.33～99.56m，真厚度

53.57~97.45m，钻遇的矿体赋存地层涉及奥陶系上部、石炭系和二叠系[图5-1-5(b)~(c)]，顶板与围岩相对清晰，发育少量矽卡岩化(沈立军等，2021)。北部的李屯铁矿岩浆侵位位置更高，钻孔分布位置的奥陶系已被侵没，矿体赋存于石炭系—二叠系内[图5-1-5(d)]。

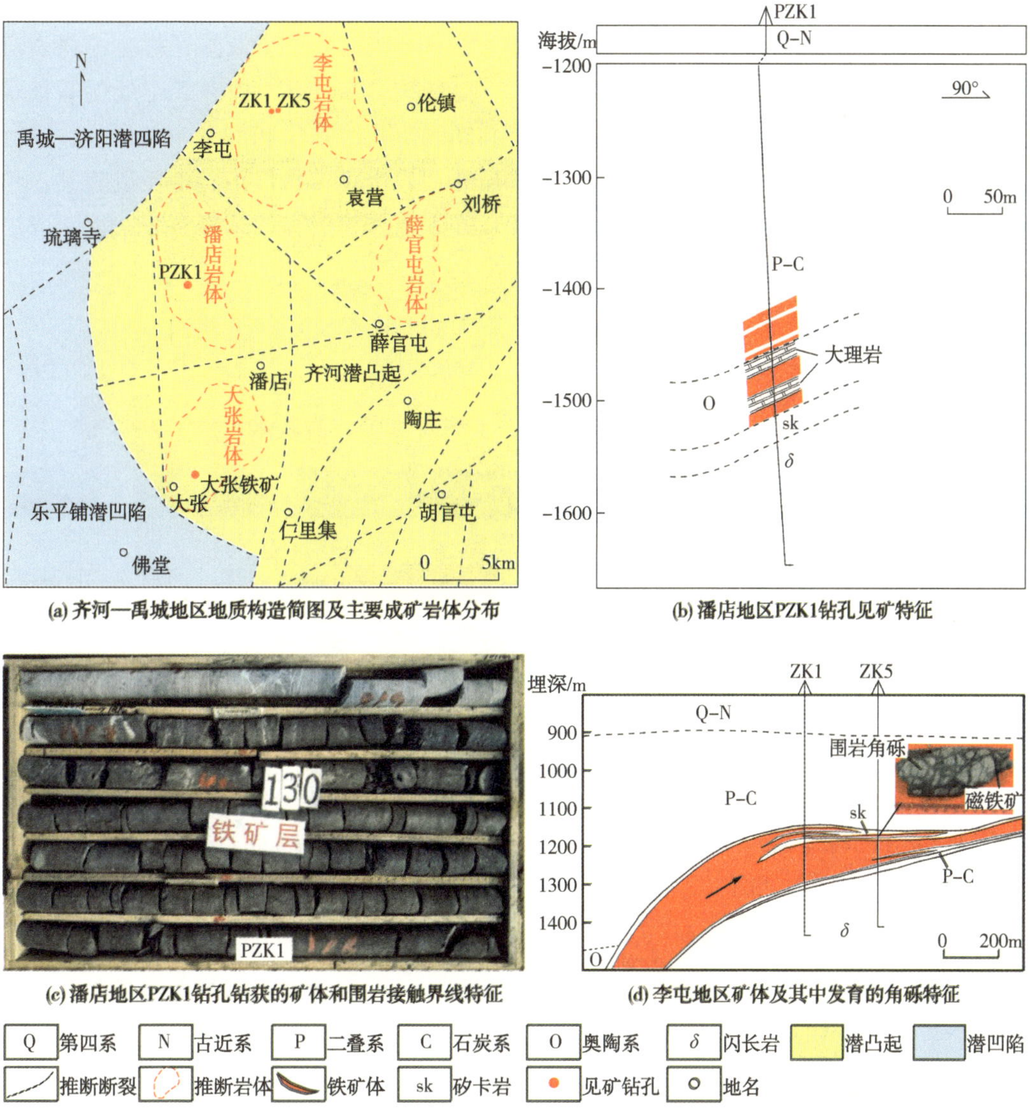

图 5-1-5　齐河—禹城地区铁矿床地质和矿石特征图

二、主矿体与岩溶层的空间关系

华北克拉通矽卡岩型铁矿赋存层系在岩溶发育特征方面具有强烈一致性，均为主要含膏层或含膏层之上的强岩溶发育层(图5-1-6)。如：邯邢地区主矿体所赋存的下马家沟组二段和上马家沟组二段，均为强岩溶化缝洞层较均匀发育层位；鲁中淄博—

莱芜地区主矿体所赋存的峰峰组二段，为缝、洞较均匀发育的强岩溶化层位；齐河—禹城地区的主矿体所赋存的奥陶系顶部不整合面上下的峰峰组二段至本溪组附近层位，为缝、洞较均匀发育的强岩溶化层位，局部如李屯地区岩浆能量高而侵位高度大，促使矿浆迁移至石炭—二叠系就位成矿。主矿体均分布于强岩溶化且缝洞等岩溶单元均匀发育层位，表明岩溶空间为矿体赋存就位提供了必要条件，矿体的总体厚度很大程度上取决于强岩溶层的厚度。这势必导致如下结果：①非岩溶层及连通性差的弱岩溶层不利于成矿，如中奥陶统的弱岩溶层段、下奥陶统、寒武系、前寒武纪地层等很难形成一定规模的矿体；②对强岩溶化缝洞层和弱岩溶化溶孔层相间分布的层位，能否形成一定规模的矿体，取决于强岩溶化缝洞层和弱岩溶化溶孔层更替的频繁程度，相间分布的厚度小，也很难形成大规模的矿体；③连通性好的强岩溶层利于成矿，成矿规模和厚度与岩溶层的厚度及规模联系密切。

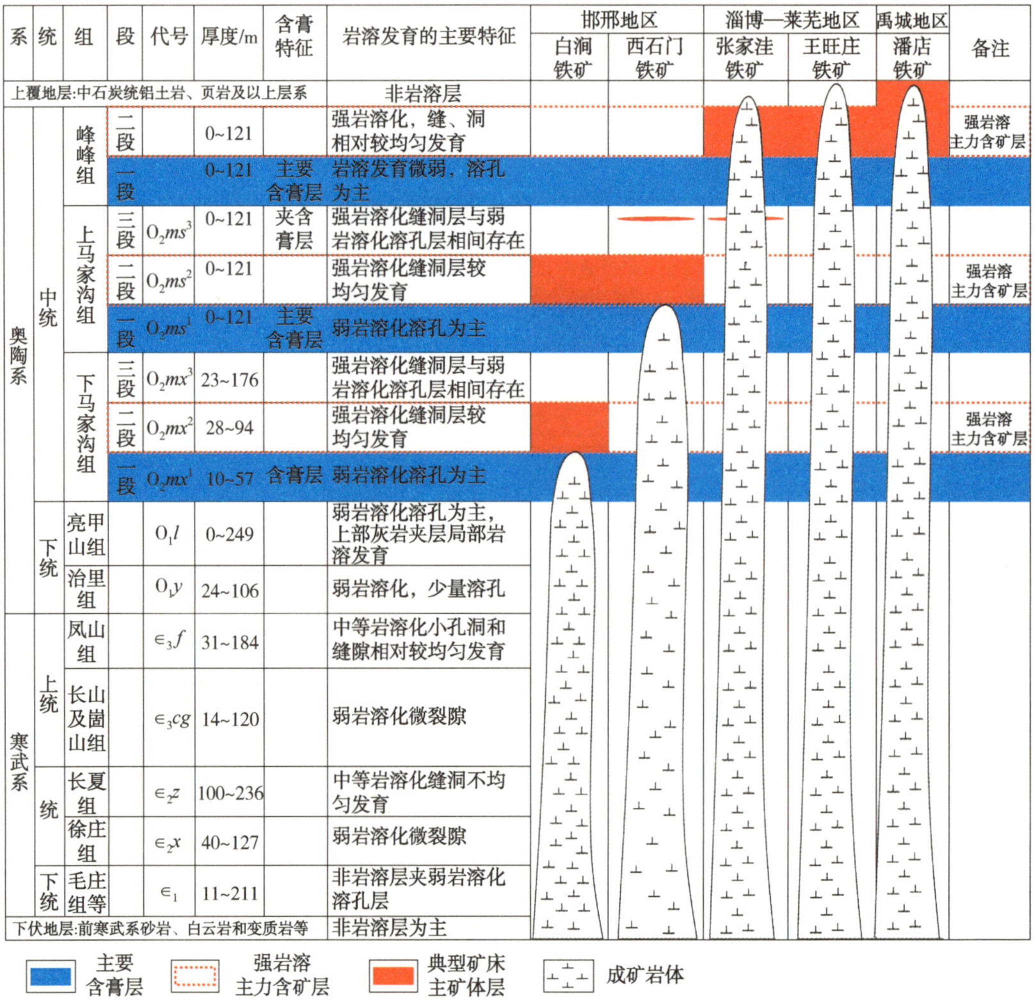

图 5-1-6　华北克拉通矽卡岩型铁矿赋存层位与岩溶层和膏岩层的空间关系

三、主矿体与膏岩层的空间关系

勘探结果表明，华北克拉通已发现的主要矿床的主矿体与膏岩的发育层位具有显著的规律性，即主矿体层位均分布于含膏层或主要含膏层所在层位的上部层位（图 5-1-6）。如：白涧铁矿的主矿体层位为上马家沟组二段和下马家沟组二段，其下部均为含膏层或主要含膏层，分别为上马家沟组一段和下马家沟组一段；西石门铁矿的主矿体层位为上马家沟组二段，其下部为主要含膏层，即上马家沟组一段；淄博—莱芜地区的张家洼铁矿和王旺庄铁矿的主矿体层位为峰峰组二段，其下部为主要含膏层，即峰峰组一段；禹城地区的铁矿床的主矿体层位为本溪组和奥陶系之间不整合面附近的上下层位，其下部的主要含膏层为峰峰组一段。这些含膏层或主要含膏层往往导致上部发育强岩溶层，因此导致主矿体和含膏层的这种空间分布关系。在夹含膏层的组段，如上马家沟组三段内，膏岩夹层的上部强岩溶缝洞夹层也可分布矿体，但由于强岩溶缝洞夹层的厚度较小，很难形成厚大矿体，而往往形成薄层矿体，如西石门铁矿的上马家沟组三段内发育的矿体，厚度不大。

四、小结

华北克拉通已发现的各大型矽卡岩型铁矿床主矿体与围岩层系、岩溶层、膏岩层等空间关系密切。主矿体主要分布于峰峰组二段、下马家沟组二段和上马家沟组二段，处于主要含膏层的上覆相邻层位，且为强岩溶发育层。

第二节　地层学因素对矽卡岩型富铁矿的成矿控制作用

一、岩溶地层垂向分布制约富铁矿体就位的有利空间

铁矿体单层厚度受容矿空间的制约，难以显著大于岩溶层的发育厚度，即岩溶层厚度制约铁矿体的最大单层厚度。峰峰组二段、上马家沟组二段和下马家沟组二段是华北克拉通矽卡岩型富铁矿的重要容矿地层，各容矿地层厚度和富铁矿体的最大厚度均符合这种规律[图 5-2-1(a)~(b)]。峰峰组二段在华北克拉通的厚度为 0~121m，而涉及到该层位的铁矿体均不显著厚于峰峰组二段的地层厚度，如张家洼铁矿矿体Ⅲ的最大厚度为 122.62m，矿体Ⅱ的最大厚度为 78.71m，矿体Ⅰ的最大厚度为 70m，王旺庄铁矿主矿体的最大厚度为 90.31m，李屯铁矿主矿体的最大厚度为 97.45m。上马家沟组二段在华北克拉通的厚度为 28~180m，而涉及该层位的铁矿体

均不厚于上马家沟组二段的地层厚度，如白涧铁矿矿体Ⅰ的最大厚度为138.39m，西石门铁矿主矿体的最大厚度为103.42m，顾家台铁矿主矿体的最大厚度为90.81m。下马家沟组二段在华北克拉通的厚度为28~94m，而涉及该层位的铁矿体亦不厚于下马家沟组二段的地层厚度，如白涧铁矿矿体Ⅱ的最大厚度为61.1m。也就是说，岩溶地层的厚度控制富铁矿体的厚度和规模，目前勘探所发现的主矿体厚度数据指示，各容矿地层主矿体厚度总体上具有上马家沟组二段>峰峰组二段>下马家沟组二段的规律。

华北克拉通容矿岩溶地层		典型铁矿体		
名称	厚度/m	名称	最大厚度/m	编号
峰峰组二段(DC1)	0~121	张家洼Ⅰ矿床主矿体	70	KT1
		张家洼Ⅱ矿床主矿体	78.71	KT2
		张家洼Ⅲ矿床主矿体	122.62	KT3
		王旺庄铁矿床主矿体	90.31	KT4
		李屯铁矿床主矿体	97.45	KT5
上马家沟组二段(DC2)	28~180	白涧铁矿床Ⅰ矿体	138.39	KT6
		西石门铁矿床主矿体	103.42	KT7
下马家沟组二段(DC3)		顾家台铁矿床主矿体	90.81	KT8
	28~94	白涧铁矿床Ⅱ矿体	61.1	KT9

(a)

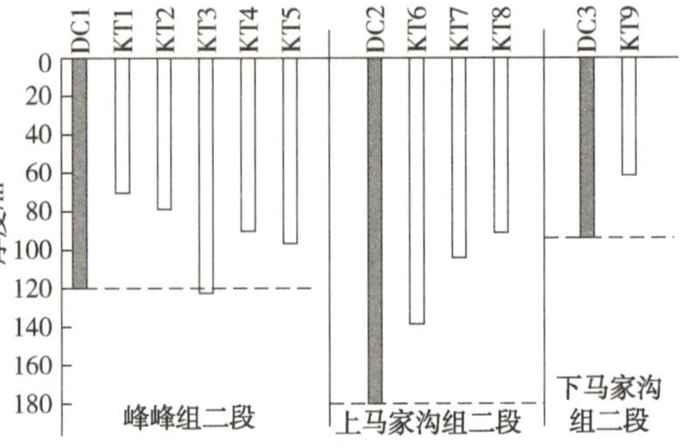

(b)

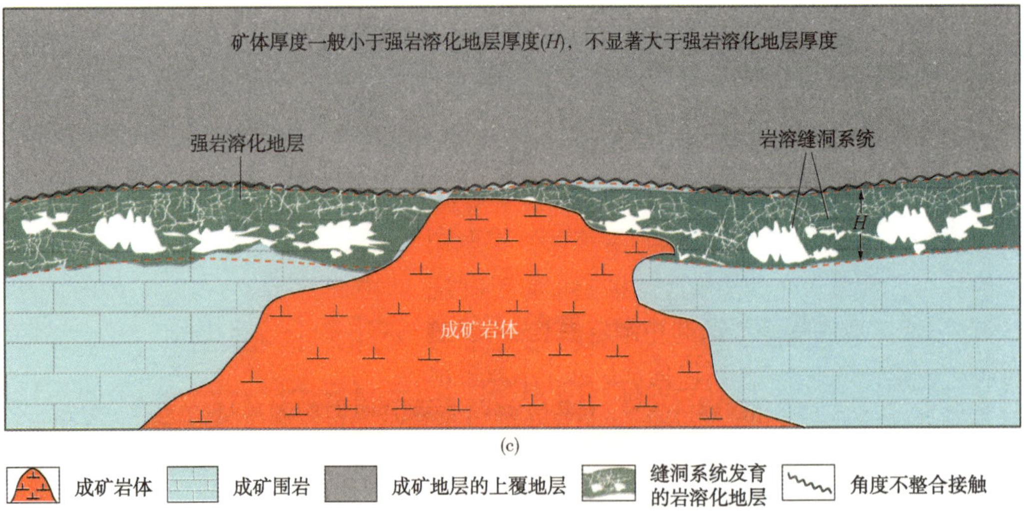

(c)

图 5-2-1　岩溶化地层厚度与矿体厚度关系图

导致这种现象的主要原因是，岩溶发育强度大的地层有利于富铁矿流体的注入，且岩溶缝洞的高比表面积特征利于更充分地接触交代反应。亦即，矿体的厚度和规模受单岩溶层厚度的制约[图5-2-1(c)]。在缝洞均匀发育的强岩溶化地层，矿体最大厚度取决于岩溶地层的厚度；在强岩溶化地层和弱岩溶化地层相间分布的地层内，矿体最大厚度取决于强岩溶地层的厚度；在弱岩溶化和非岩溶化地层往往难以形成规模矿体。成矿前的断裂亦可提供与岩溶地层相似的成矿空间，这在白涧铁矿矿体Ⅰ的中部表现尤其明显，也因此造成下马家沟组二段矿体与上马家沟组二段矿体的连通。

二、不整合面的发育控制岩溶系统的厚度，影响富铁矿体规模

受加里东运动的影响，华北克拉通在奥陶纪和石炭纪之间普遍存在大约150Ma的沉积间断，从而发育一大型平行不整合面(蔡书慧，2014；WANG et al.，2012；刘学飞等，2012；冯跃文等，2012)，这对风化壳型岩溶具有显著的控制作用。钻井液漏失对岩溶发育形成的缝洞系统具有重要的指示作用，可作为岩溶发育程度的重要参考(马骏骐等，2010；王海涛，2012；赵文龙，2020)。田建功(2016)对位于华北克拉通东部的冀中凹陷钻遇奥陶系各井的钻井液漏失情况及不同深度范围的漏失频次进行了系统统计[图5-2-2(a)~(b)]，发现在距平行不整合面150m范围内漏失普遍；150~350m范围内漏失常见，但相比0~150m显著减少；350m以深显著减少，转变为偶然事件。华北克拉通富铁矿矿集区尚未系统研究过岩溶作用的发育特征及其对富铁成矿的作用，但在区域上已做过大量研究，如在南华北克拉通地区的太康一带，时国结合太参3井的实际钻探岩心和测井资料(时国，2010)，对风化壳型岩溶的分带性进行了研究[图5-2-2(c)]，发现岩溶作用影响的深度范围为1900~2040m，厚度跨度为140m，这与田建功等对钻井液漏失的研究结果吻合，且从不整合面由上向下可划分出残积带、垂直渗流带、水平潜流带和深部岩溶带[图5-2-2(d)]，其中以残积带、垂直渗流带和水平潜流带连通性能最好。

风化壳型不整合面对岩溶作用的控制作用，在不同地区具有普遍性的规律。例如，在塔里木克拉通中部，下奥陶统鹰山组和上奥陶统良里塔格组之间存在约10Ma的沉积间断，在此期间的风化剥蚀淋滤，对岩溶系统的发育起到了决定性作用(张保涛等，2015；樊太亮等，2013)。结合工程异常、油气水分布、优质储层分布层位等资料，张保涛等认为，在不受致密隔水层影响的前提下，良好的岩溶系统发育层位多被控制在不整合面以下约150m范围内(张保涛等，2015)。通过塔里木克拉通和华北克拉通的岩溶效果对比，也可以表明，通过一定时间的风化剥蚀淋滤，岩溶垂向发育厚度不再随着时间的增长而增加。

三、层序地层对岩溶期次的约束作用，限定了岩溶发育层位的分布

结合前人层序地层划分方案，时国基于南华北地区有代表性的基干剖面、大量的辅助剖面及钻井剖面研究，提出奥陶系可划分为3个超层序和9个三级层序(时国，2010)(图5-2-3)，其中涉及与矽卡岩型铁矿成矿密切的中上奥陶统的超层序SS2和SS3，SS3之上为石炭系的SS4，三级层序为OSQ3~OSQ9，OSQ9之上为石炭系的OSQ10。OSQ3~OSQ7平均每个层序延续时间为1.16Ma，OSQ8~OSQ9平均每个层序延续时间为5.15Ma(时国，2010)。OSQ10层序的底界为Ⅰ型不整合面，OSQ4~OSQ9层序的底界均为Ⅱ型不整合面。Ⅰ型不整合面控制风化壳型岩溶发育，形成具有垂直渗流带、水平径流带等典型结构的岩溶剖面，而Ⅱ型不整合面因风化时间短、侵蚀规模小对岩溶控制能力较弱，但可形成较大规模的层间岩溶储层，更低级别的层序界面则

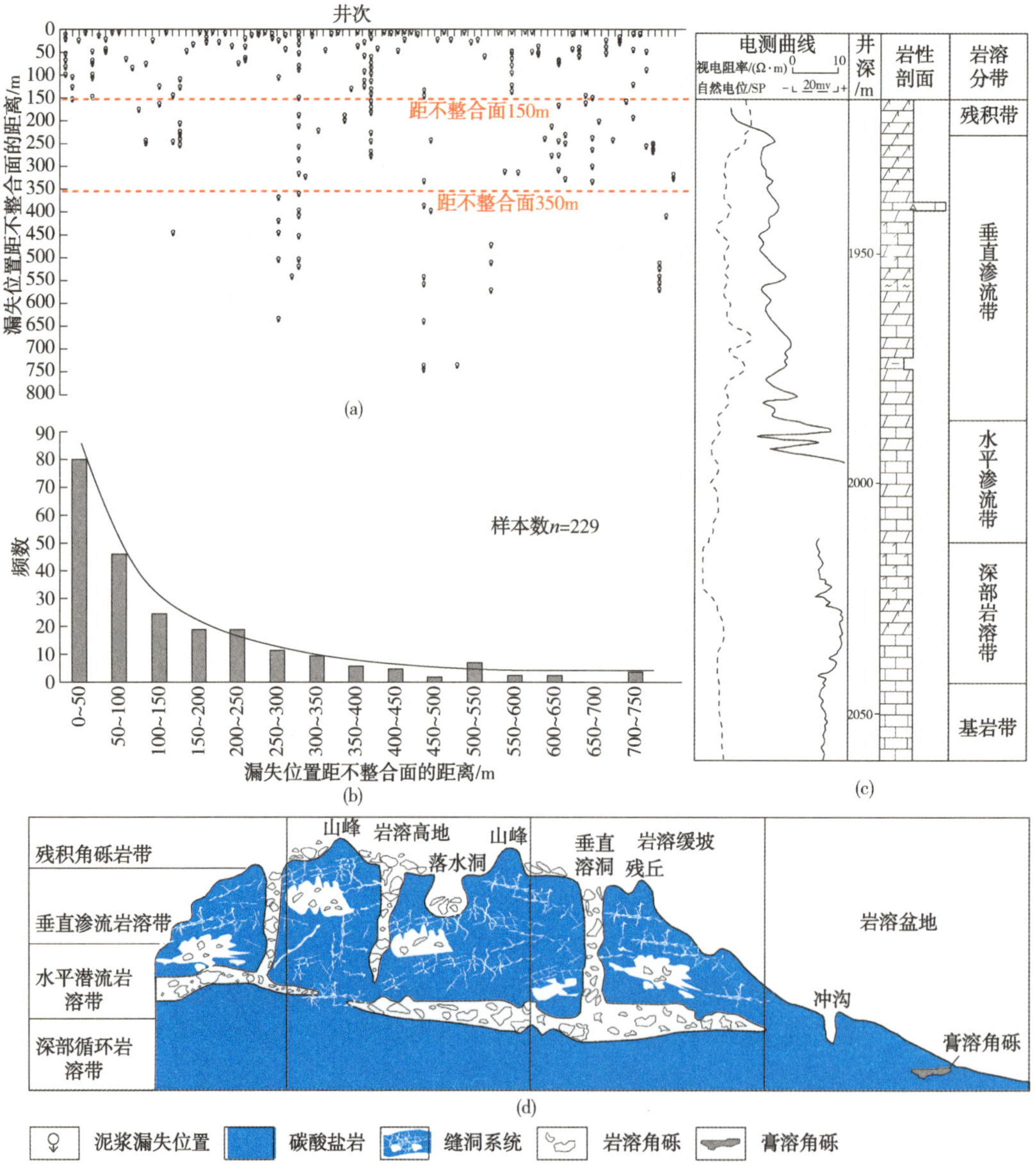

图 5-2-2　不整合面与岩溶系统发育特征关系图

对同生期岩溶具有控制作用(樊太亮等，2023)。由于频繁而短周期的海平面升降变化，为中上奥陶统多期次的岩溶系统发育提供了客观短暂暴露或淡水影响条件，但因暴露或利于岩溶发生的沉积环境持续时间的差异，造成不同层位岩溶发育程度不尽相同。膏溶角砾岩的存在表明，膏溶角砾岩(灰岩)顶部有淡水渗滤带(Lowenstein 等，1989)，指示了岩溶作用的发生。

中奥陶统层序地层发育期次与其“三组八段”的地层划分方案具有较强的可对比性，亦即利于富铁矿矿浆赋存成矿的强岩溶层系受层序地层发育的制约，这是中奥陶统富铁矿赋矿层位具有显著垂向分布规律的根本因素。

地层系统				距今地质年代/Ma	层序划分			
系	统	阶	组		二级层序	三级层序	底界类型	体系域
石炭系	上统	羊虎沟阶	本溪组	约325	SS4 沉积间断剥蚀面	OSQ10	Ⅰ型	TST+HST
奥陶系	中统	艾家山阶	峰峰组	460.9	SS3 全球海侵事件	OSQ9	Ⅱ型	TST
						OSQ8	Ⅱ型	TST+HST
		达瑞威尔阶	上马家沟组		SS2 最大海泛面	OSQ7	Ⅱ型	TST
						OSQ6	Ⅱ型	TST+HST
						OSQ5	Ⅱ型	HST
		大湾阶	下马家沟组	471.8	怀远运动—不整合	OSQ4	Ⅱ型	TST+HST
						OSQ3	Ⅰ型	TST+HST
	下统	道保湾阶	亮甲山组		SS1 最大海泛面	OSQ2	Ⅱ型	TST+HST
		新厂阶	冶里组	488.3	沉积间断剥蚀—平行不整合面	OSQ1	Ⅰ型	TST+HST

图 5-2-3　南华北地区奥陶系层序地层划分(根据时国，2010 修改)

四、膏盐岩层指示阶段性强岩溶作用的底界，限定富铁矿体赋存的有利地层空间下限

膏岩层从形成到深埋藏，大致可划分为膏岩层形成期、构造沉降—膏岩溶滤前、膏岩溶滤—坍塌角砾化期、深埋藏期四个阶段(图 5-2-4)，过程中所发生的物理化学变化导致的系列结果为岩浆侵入时富铁矿矿浆注入创造了条件，同时也决定了富铁矿体的系列典型特征。

在膏岩初始形成时期，由于蒸发沉积作用，石膏($CaSO_4 \cdot 2H_2O$)形成，一般呈大型透镜体状。由于构造沉降膏岩层被埋藏，由此至膏岩溶滤前，膏岩层先后发生孔隙度变化、矿物相转化和塑化作用。地表孔隙度接近 50%的盐岩，当埋深增加到 10m 时，孔隙度降低到 10%，而当埋深达到 45m 后，盐岩的有效孔隙度变为 0(Lowenstein et al.，1989；Talbot C J，1993)；若埋深继续增加，盐岩密度保持在 2.2g/cm^3 不变直至 6~8km(李江海等，2015)。随着温度和压力升高，石膏($CaSO_4 \cdot 2H_2O$)转变为硬石膏($CaSO_4$)，膏岩层体积可减少 30%，而相变产生的水分不仅能够产生局部岩溶作用，还也可导致膏岩层的强度大大降低(赵振宇等，2007)；如果上覆岩层的厚度在横向上不均匀，盐岩将会因塑性在上覆岩层差异沉积负载、构造应力等作用下向上覆岩层沉积薄的区域流动(Talbot C J and Pohjola V，2009；Hudec M R and Jackson M P A，2007；Vendeville B C and Jackson M P A，1992)，膏岩层发生塑性流动。这导致膏岩层原生构造被破坏，体积效应、塑性变形、膏岩和围岩的硬度差异造成膏岩层附近的局部角砾

岩化，这是后续进一步发生岩溶作用和形成岩溶角砾的基础。

阶段	地质模式	地质作用	作用结果
石膏层形成期	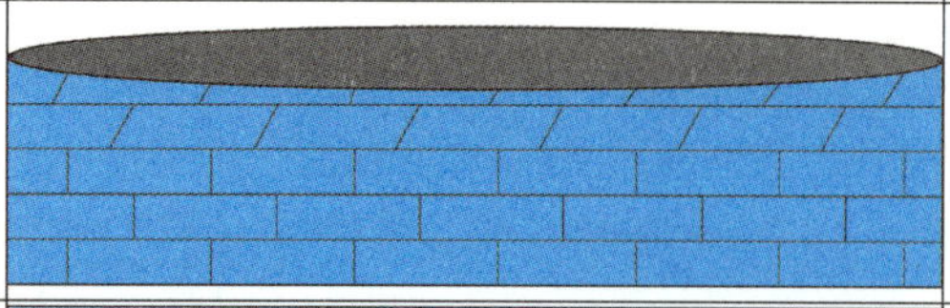	蒸发沉积作用	石膏 $CaSO_4 \cdot 2H_2O$ 形成，一般呈大型透镜体状
构造沉降—膏岩溶滤前		膏岩矿物相转化 膏岩的塑化作用	1.随温度和压力升高，石膏 $CaSO_4 \cdot 2H_2O$ 转变为硬石膏 $CaSO_4$，引起膏岩层体积减小； 2.相变产生的水分也可产生局部岩溶作用，同时导致膏岩层强度大大降低； 3.因上覆地层差异压力、构造应力等作用，膏岩层发生塑性流动； 4.以上三种结果导致膏岩层原生构造被破坏，体积效应、塑性变形、膏岩和围岩的硬度差异，导致膏岩层附近的局部角砾岩化
膏岩溶滤—坍塌角砾化期		膏岩溶滤作用 去白云岩化作用	1.受地下水作用影响，膏岩发生溶滤作用，导致膏岩溶滤层以上层位沉陷坍塌，形成塌陷角砾岩； 2.石膏溶解作用导致去白云岩化作用，去白云岩化作用彻底时形成次生灰岩，不彻底时形成蜂窝角砾状白云岩
深埋藏期		压实作用 胶结作用 盐焊接作用	1.随着上覆岩层的增加，膏岩层遭受塑性流动和拉张作用的破坏，分布于其上下作为刚性物质的碳酸盐岩在层面拉力作用下发生破碎，膏岩便充斥在这些角砾之间，形成膏溶角砾岩； 2.在沉积差异负载作用下，岩盐流动形成盐焊接作用； 3.随着实验温度和压力的升高，石膏或硬石膏的存在将阻止白云岩的溶解，转变为岩溶阻止层

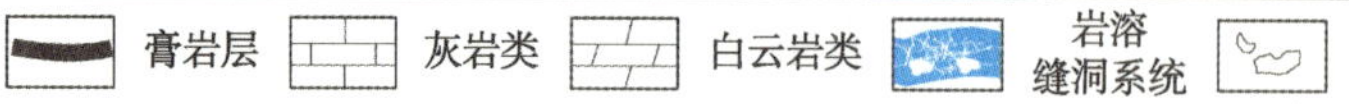

图 5-2-4　膏岩层对岩溶作用的影响模式

膏岩溶滤至坍塌角砾化阶段，发生膏岩溶滤作用和去白云岩化作用。受淡水作用影响，膏岩发生溶滤作用，导致膏岩溶滤层以上层位沉陷坍塌，形成坍塌角砾岩；在表生与相对浅埋藏的温压条件(低于 75℃，20MPa)下，石膏或硬石膏的存在可不同程度加速白云岩的溶解，即石膏溶解作用导致去白云岩化(黄思静等，1996)。这是华北克拉通矽卡岩型富铁矿浆就位空间即岩溶层形成的重要阶段，也是局部矿体中发育角砾的重要原因。

在深埋藏阶段，发生压实作用、胶结作用和盐焊接作用。随着上覆岩层的增加，膏岩层遭受塑性流动和拉张作用的破坏，分布于其上下作为刚性物质的碳酸盐岩在层面拉力作用下发生破碎，膏岩便充斥在这些角砾之间，形成膏溶角砾岩；在沉积差异负载作用下，岩盐流动在盐焊接作用下形成盐焊接层，同时，随着温度和压力的升高(高于75℃，20MPa)，石膏或硬石膏的存在阻止白云岩的溶解(黄思静等，1996)，形成岩溶阻止层。华北克拉通中上奥陶统广泛发育的膏岩层在准同生期即浅埋藏期，层间岩溶发育，但持续时间短，随着埋深的增加，因温压变化即转变为岩溶阻止层。持续时间短决定了层间岩溶层的厚度小，这是华北地区各铁矿中次要薄矿体的决定性因素，也是白云岩地层的出现指示矿体结束的重要因素。

膏溶角砾岩代表原生膏岩层未完全溶蚀的残余，指示岩溶作用的发育下限，也是富铁矿体有利赋存空间的下限，在原始膏岩层及以上层位发生以下三种作用可作为证据。第一，浅埋藏期，由于大量膏岩的溶滤，岩层体积缩小，上覆岩层发生碎裂甚至塌陷，裂隙度的增大加剧了上部岩层的溶蚀作用。这是中上奥陶统普遍存在碎裂化证据诸如角砾状泥灰岩等的重要原因。第二，浅埋藏期结束后，随着上覆岩层的增加，膏岩层遭受塑性流动和拉张作用的破坏，分布于其上下作为刚性物质的碳酸盐岩在层面拉力作用下发生破碎，膏岩便充斥在这些角砾之间，形成膏溶角砾岩。第三，石膏溶解可导致去白云岩化作用。在同离子效应支配下，$CaCO_3$ 沉淀、$CaMg(CO_3)_2$ 溶解，方解石取代白云石，即发生 $Ca^{2+}+SO_4^{2-}+CaMg(CO_3)_2 \rightarrow Mg^{2+}+SO_4^{2-}+2CaCO_3$ 反应(黄思静等，1996；黄思静等，1993)。去白云岩化作用彻底时形成次生灰岩，不彻底时形成蜂窝角砾状白云岩，这在下马家沟组上部和上马家沟组上部比较普遍(马骏骐等，2010)。以上三种作用均发生在原始膏岩层及以上层位，膏溶角砾可代表其下限。

这在实际地质勘查活动中得到证实。如在存在岩浆岩侵入影响的地区，位于莱芜矿集区矿山岩体北部冶庄地区的钻孔揭示，硬石膏层之上从上而下依次为尚未被富铁矿浆完全充填的残留岩溶破碎层、含有岩溶角砾的铁矿体[图5-2-5(a)~(b)]。如在不存在岩浆岩侵入影响的淄博市沣水地区，钻探结果显示，硬石膏夹层段之上一定范围内明显存在岩溶破碎段和岩溶角砾发育段[图5-2-5(c)~(e)]。已发现的膏岩层段的矿物相均为硬石膏，也证实了原始石膏矿物在构造沉降和物化条件变化过程中已向硬石膏矿物相转变的事实。

五、小结

地层学因素对矽卡岩型富铁成矿的关键控制作用主要表现在：岩溶层系的垂向分布制约富铁矿体就位的有利空间；不整合面的发育控制岩溶系统发育的程度，影响富铁矿体规模；层序地层对岩溶期次的约束作用，限定了岩溶发育层位以及铁矿层的分布；膏盐岩层指示阶段性强岩溶作用的底界，限定富铁矿体赋存的有利空间下限。

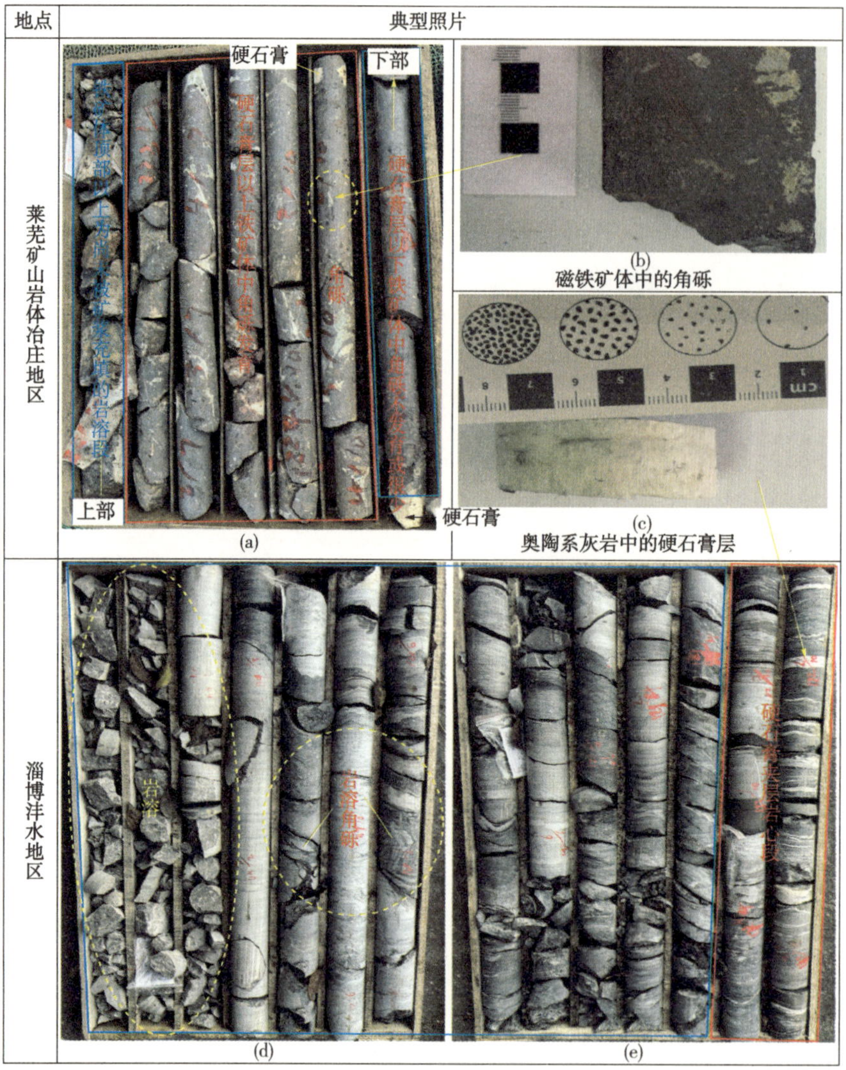

图 5-2-5　钻探揭示的岩溶作用记录

第三节　岩体性质差异对矽卡岩型铁矿的成矿控制作用

一、研究背景

华北克拉通矽卡岩型铁矿是我国富铁矿石的重要来源之一，对国家富铁矿资源安全具有重要意义。位于华北克拉通东部的鲁西地区是我国重要的富铁矿分布区，分布有多个重要矿集区(张招崇等，2024；张保涛等，2024)。近年来，又在鲁西济南莱芜、淄博金岭、德州齐河—禹城等重要富铁矿集区深部及外围先后取得了重要找矿突破(陈磊等，2023，2024)，显示鲁西地区富铁矿仍具有很大找矿潜力。目前，该类矿床的成因和铁质来源仍然存在争议。对于矽卡岩型铁矿床成因，接触交代成因说认为是由中酸性侵入体固结残余岩浆分离出的富含挥发分流体与围岩发生系列复杂反应形成的(沈保丰等，1981；蔡本俊等，1987；许晓峰，1987；Zhao et al.，1984；郑建民，2007)；矿浆贯入充填成因说认为铁质在深部聚集并以矿浆的形式上侵贯入(翟裕生，1982，1992；LI et al.，2019)；深部岩浆分异成因说认为成矿物质与岩浆同源，均来自上地幔(林新多等，1984，1998；裴荣富，1985)；等等。对于矽卡岩型铁矿铁质来源，有学者认为来自岩浆系统(沈保丰等，1981；Zhao et al.，1984；林新多等，1984，1998；裴荣富，1985)，亦有学者认为来自基底的硅铁石英岩(真元庆和马丽华，1982)。目前，华北克拉通矽卡岩型铁矿成矿闪长质岩体的岩浆作用和成矿效应成为阻碍实现进一步找矿突破的重要科学问题之一。

锆石具有稳定的物理化学性质(Cherniak D J and Hanchar J M，Watson E B，1997)，常以副矿物的形式广泛分布于各类岩石中(Andersen T，2005；Gehrels G et al.，2011；Kohn M J et al.，2015；Rubatto D，2017；邹心宇等，2021；Zhai M G，2014)，蕴含着结晶年龄、温度、氧逸度、岩浆源区、岩浆演化过程等大量信息(Cherniak D J et al.，1997；Watson B E and Harrison M T，2005；Ballard J R et al.，2002；Trail D et al.，2011；Smythe D J and Brenan J M，2015；吴福元等，2005；赵志丹等，2018；雷玮琰等，2013)。随着矿物原位微区测试技术的发展和锆石微量元素理论的研究进展，运用锆石微量元素解决地质及成矿作用问题成为地球科学研究的重要技术手段(Taylor M J R et al.，2015；Tang M et al.，2017；Turner S et al.，2020；赵振华，2010)，并在成矿作用研究方面取得了大量成果(Dilles H J et al.，2015；Buret Y et al.，2016；Buret Y et al.，2017)。本次工作以鲁西富铁成矿区为例，从锆石微量元素角度入手，结合已有成岩和成矿理论，拟进一步约束岩浆成矿作用及成矿效应，为进一步成矿研究和实现找矿突破工作提供理论基础。

二、研究区地质背景

目前，鲁西地区已发现矽卡岩型富铁矿矿集区四处，分别为济南矿集区、莱芜矿集区、金岭矿集区和齐河—禹城矿集区(图5-3-1)。其中，济南矿集区因城市规划已全部停产闭坑；莱芜矿集区和金岭矿集区为生产状态，因资源接替问题处于增储上产攻坚阶段；齐河—禹城矿集区为近年来的新发现成果，正处于资源量提升阶段。

鲁西已发现的各矽卡岩型富铁矿矿集区在大地构造位置上位于华北板块(Ⅰ)鲁西隆起区(Ⅱ)鲁中隆起(Ⅲ)(张保涛等，2021)，Ⅳ级构造单元上分别涉及泰山—济南断隆(济南矿集区和齐河—禹城矿集区)、鲁山-邹平断隆(金岭矿集区)和新甫山—莱芜断隆(莱芜矿集区)。在Ⅴ级成矿带上，各矿集区均位于铁成矿区。除矽卡岩型铁矿外，鲁西地区与华北克拉通其他地区相似，在区域上广泛发育太古宙—元古宙沉积变质型铁矿(Li H et al.，2014)。燕山运动晚期，伴随区域构造运动和华北克拉通破坏地质事件，区内发生了显著的岩浆活动，发育了一系列侵入岩体，形成了一系列矽卡岩型铁矿床（张保涛等，2024；朱日祥等，2012）。各矿集区的主要成矿地质体即侵入岩体均形成于燕山晚期，成岩年龄基本一致，距今地质年龄约为130Ma，且各侵入岩体均表现出杂岩体特征，岩性不均一，表现为基—中酸性岩浆岩，有学者认为是由多期次多阶段叠加侵入改造导致（张招崇等，2021）。区内多为第四系覆盖，仅在个别矿集区的局部区域可见少量基岩露头。根据钻探揭示结果，各矿集区普遍发育寒武系、奥陶系、石炭系、二叠系等地层，赋矿空间具有明显的地层选择性特征，与地质体赋矿空间的提供能力具有密切联系（张保涛等，2024）。自上而下共发育七层潜在赋矿空间，分别为中奥陶统峰峰组二段、上马家沟组三段、上马家沟组二段、下马家沟组三段、下马家沟组二段，寒武系的凤山组、张夏组，其中主力成矿层为峰峰组二段、上马家沟组二段和下马家沟组二段。

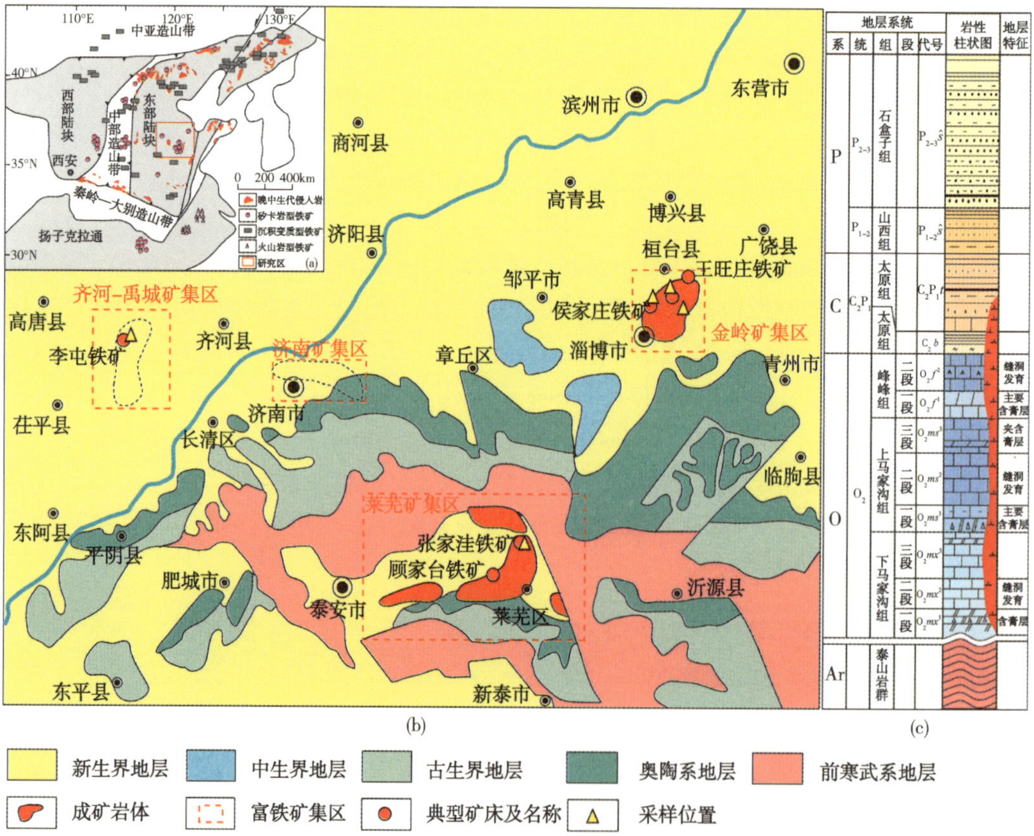

图 5-3-1　华北克拉通东部鲁西铁矿矿集区分布及地质背景（底图据张招崇等，2024 修改）

三、样品采集与测试

（一）样品采集

矿床规模在一定程度上可反映成矿地质体的成矿禀赋。针对研究区的莱芜矿集区、齐河—禹城矿集区和淄博金岭矿集区，根据成矿规模的差异，选取典型矿床针对成矿岩体分别开展样品采集，共采集 5 件(表 5-3-1)。在莱芜矿集区和齐河—禹城矿集区分别选取张家洼铁矿及李屯铁矿各采集样品 1 件，代表成矿禀赋优；在淄博金岭矿集区选取侯家庄铁矿和北金召北铁矿各采集样品 1 件，代表成矿禀赋中等；在淄博金岭矿集区选取凤凰地区采集样品 1 件，代表成矿禀赋差。所有样品均采自钻孔岩芯，岩性为闪长岩类，矿物主要有斜长石、钾长石、黑云母、角闪石、石英等，SiO_2 含量 53%~62%，Al_2O_3 含量 12%~17%，K_2O 含量 2%~3%，Na_2O 含量约 4%(王鹏等，2017)。

张家洼铁矿是莱芜矿集区发现的迄今为止国内最大的矽卡岩型铁矿，累计探获资源量超 4 亿吨(张保涛等，2024)；李屯铁矿是齐河—禹城矿集区近年来发现的富铁矿，厚度大、品位高(朱裕振等，2018)；侯家庄铁矿和北金召北铁矿位于金岭矿集区，均为中型矿床，累计查明资源量分别为 1138.3 万吨和 1746.1 万吨(王昌伟等，2011；王昌伟，2008)；凤凰地区位于金岭矿集区的南东侧，矿体薄且散乱、规模小，找矿效果不显著，目前探获资源量数十万吨(张保涛等，2021)。相关矿床特征在以往研究成果中均有介绍，在此不再详细说明。

（二）样品测试

LA-ICP-MS 锆石原位微区分析由中国冶金地质总局山东局测试中心完成。测试仪器为 Icapq 电感耦合等离子体质谱仪(YQ108)和激光烧蚀 Compex Pro ArF Geolas (YQ061)。分析环境为：温度为 20~25℃，湿度为 40%~45%。测试过程分锆石分选、制靶、锆石阴极发光(CL)照相、锆石同位素分析等主要流程，测定过程中使用标准测定程序条件进行。实验中采用 He 作为剥蚀物质的载气，锆石微量元素含量分析用 ^{29}Si 作为内标，采用 NIST SRM610 作为外标，同位素比值标样采用国际标准锆石 91500。样品的同位素比值计算采用 ICPMSDATACAL 软件进行数据处理，年龄计算采用 Isoplot3.0 程序进行处理。实验采用的激光束斑直径为 32μm，实验获得的数据采用 Andersen 的方法进行同位素比值矫正，以扣除普通 Pb 的影响(Andersen，2002)。

（三）锆石钛地质温度和氧逸度计算

锆石钛地质温度计公式采用 Ferry 和 Watson(2007)对 Watson 等(2006)修正的计算公式，即 $\lg(\text{Ti-in-zircon})=(5.711\pm0.072)-(4800\pm86)/T(\text{K})-\lg\alpha_{SiO_2}+\lg\alpha_{TiO_2}$。对锆石和金红石共存的体系通常认为 $\alpha_{TiO_2}=1$，这时如果假定 $\alpha_{SiO_2}=1$，该公式计算的温度与 Watson 等的公式计算的温度几乎一致。因本次未对 TiO_2 和 SiO_2 的活度做更多工作，在此不做更多考虑，故锆石 Ti 温度计公式采用：$T_{(Zr-Ti)}=(4800\pm86)/[(5.711\pm0.072)-\lg(Ti)]-273.15$，单位为℃。

在锆石 Ti 温度计计算的基础上，结合锆石 Ce 异常，根据 Trail 等(2011)提出来的经验公式可以计算岩浆的氧逸度，即：$\text{Ln}(Ce/Ce^*)_D=(0.1156\pm0.0050)\times\text{Ln}(fO_2)+(13860\pm708)/T-(6.125\pm0.484)$。其中：$(Ce/Ce^*)_D$ 指锆石中 Ce 异常，fO_2 表示氧逸度，T 表示锆石结晶绝对温度。

测试和相关参数计算结果如表 5-3-1 和表 5-3-2 所示。其中，莱芜张家洼地区闪长岩样品数据引自王鹏等(2017)，测试方法和其他样品一致。

表 5-3-1　成矿岩体锆石 U-Pb 年龄和锆石原位微量元素原始数据表

点号	元素含量/10^{-6}			距今地质年龄/Ma			微量元素含量/10^{-6}																			
	Pb	Th^{232}	U^{238}	$^{207}Pb/^{206}Pb$	$^{207}Pb/^{235}U$	$^{206}Pb/^{238}U$	La	Ce	Pr	Nd	Sm	Eu	Gd	Tb	Dy	Ho	Er	Tm	Yb	Lu	Y	Sc	Hf	Nb	Ta	Ti
齐河—禹城李屯地区闪长岩																										
L-01	6.60	183.69	219.88	1100	192	126	0.18	25.58	0.24	2.75	4.45	2.09	19.76	5.80	74.19	29.90	145.77	33.19	347.39	80.11	951.62	236.04	8544.94	1.45	0.44	1.88
L-02	7.63	301.59	274.30	154	128	126	0.09	23.15	0.13	1.69	2.46	1.36	12.61	4.11	55.27	23.06	115.29	27.01	292.27	67.09	775.62	226.11	7143.37	1.17	0.43	1.60
L-03	9.69	490.59	357.82	120	117	117	3.65	39.84	0.91	5.33	5.52	2.41	27.29	8.46	93.68	37.97	180.54	42.50	454.73	102.21	1204.88	234.09	7101.57	1.61	0.52	2.13
L-04	7.48	307.09	262.33	339	138	130	0.01	21.80	0.07	1.48	1.48	1.01	12.01	3.95	50.64	21.65	106.72	25.36	258.35	61.53	690.20	226.07	7766.85	1.36	0.41	1.78
L-05	13.18	617.69	437.40	213	131	128	0.05	37.39	0.23	3.20	6.57	3.59	37.29	11.79	142.13	54.19	247.55	56.61	561.85	124.76	1697.92	267.95	6881.36	1.84	0.52	2.35
L-06	9.46	425.96	315.05	213	134	129	0.57	26.29	0.18	1.73	2.45	1.43	15.16	5.19	63.72	26.74	132.38	30.23	321.15	73.22	855.66	225.12	7119.31	1.28	0.43	1.71
L-07	6.63	227.79	244.90	398	139	127	0.07	33.90	0.59	9.20	12.11	4.11	47.57	12.64	141.19	52.75	242.80	55.17	545.89	118.79	1643.71	230.08	7700.93	1.40	0.47	1.87
L-08	4.22	130.24	166.24	161	125	128	0.02	12.29	0.08	1.12	1.37	0.79	7.41	2.57	32.84	14.39	79.38	19.92	226.58	55.87	500.00	199.84	7204.56	0.86	0.28	1.13
L-09	6.27	226.08	233.88	150	126	128	0.01	18.35	0.10	1.65	2.21	1.49	14.32	4.90	63.25	28.26	149.00	36.67	399.97	96.01	955.51	220.31	7194.62	1.25	0.35	1.60
L-10	12.80	636.07	485.61	806	154	113	0.18	74.21	1.17	19.46	27.89	9.40	94.96	27.69	282.00	107.23	469.82	102.79	1033.22	215.97	3238.61	260.95	7572.11	2.54	0.61	3.15
L-11	42.24	2432.39	1314.69	435	136	120	0.23	280.05	1.42	23.10	37.03	8.37	148.94	44.02	468.48	166.47	735.05	154.21	1442.00	281.69	4987.18	328.83	8154.22	15.72	2.92	18.64
L-12	28.75	1402.87	808.55	1813	280	131	0.07	79.46	0.22	3.81	7.78	2.70	34.03	10.76	114.60	43.19	198.96	45.53	466.61	100.26	1379.09	233.89	7596.40	4.01	1.38	5.39
L-13	11.23	563.40	382.99	146	129	128	0.02	33.68	0.15	1.83	3.02	2.11	28.67	9.62	120.63	48.74	234.03	53.43	538.08	119.16	1563.80	244.70	7106.52	1.87	0.56	2.43
L-14	14.01	638.99	451.42	254	134	128	15.35	116.76	4.66	25.21	20.04	6.89	76.38	22.42	242.27	89.37	401.12	87.16	836.63	176.64	2721.93	281.39	7837.17	3.52	0.78	4.30
L-15	5.44	165.02	212.55	256	133	129	0.01	19.92	0.06	1.07	2.07	1.20	12.00	4.26	55.79	25.46	128.23	30.46	334.11	79.06	797.16	229.12	7675.81	1.52	0.48	2.01
L-16	4.57	139.64	184.85	54	118	125	0.01	12.02	0.04	0.87	1.60	0.79	8.47	2.70	34.21	15.16	80.71	19.43	209.15	50.00	506.13	212.28	7232.68	1.01	0.40	1.40
L-17	12.80	456.93	410.81	367	137	128	8.23	87.06	2.81	21.89	18.72	6.37	74.67	19.18	216.89	79.91	367.31	81.37	806.85	172.46	2481.31	254.72	7980.90	2.46	0.62	3.09
L-18	5.35	169.20	214.87	239	129	127	0.02	13.89	0.09	1.10	1.31	0.96	8.31	3.08	40.72	18.03	93.11	22.48	244.40	58.79	591.75	219.32	7355.72	1.04	0.36	1.40
L-19	32.29	1145.03	709.42	2727	472	144	13.39	155.01	3.69	29.51	29.07	9.05	110.92	30.80	316.99	114.01	505.73	112.70	1064.41	217.04	3580.26	298.12	7939.19	4.90	1.31	6.21
L-20	6.76	265.70	241.97	100	119	128	1.88	31.96	0.60	4.77	6.53	2.77	27.43	8.62	96.11	37.63	181.68	43.10	444.23	101.95	1212.77	224.49	7251.40	1.30	0.39	1.68
L-21	4.94	138.54	178.54	122	119	131	0.02	14.11	0.07	1.01	1.57	0.85	8.55	3.06	37.45	16.94	87.71	21.37	228.63	55.96	561.75	218.90	7714.27	1.18	0.39	1.58
L-22	3.61	87.06	146.40	189	128	127	0.01	10.15	0.05	0.69	1.38	0.69	6.88	2.38	29.63	13.19	70.17	16.83	187.00	45.33	431.11	209.69	7300.37	0.86	0.30	1.16
L-23	22.02	862.08	670.97	1678	252	126	9.95	111.55	2.35	12.73	10.79	3.24	42.12	12.27	148.18	59.15	274.22	63.77	639.85	136.58	1853.15	261.69	7639.98	4.72	1.16	5.88
L-24	7.49	287.59	251.46	235	128	128	0.01	20.03	0.06	1.23	2.36	1.17	11.45	3.83	48.06	19.60	99.75	23.31	248.41	59.50	644.53	218.06	7854.18	1.27	0.40	1.67
L-25	45.90	2415.71	1258.44	1324	219	129	0.65	360.09	1.94	29.66	46.01	10.48	185.49	52.68	567.41	201.26	859.45	177.26	1616.26	316.11	6117.40	332.75	8176.65	17.46	2.50	19.96

续表

点号	元素含量/10^{-6}			距今地质年龄/Ma			微量元素含量/10^{-6}																			
	Pb	Th^{232}	U^{238}	$^{207}Pb/^{206}Pb$	$^{207}Pb/^{235}U$	$^{206}Pb/^{238}U$	La	Ce	Pr	Nd	Sm	Eu	Gd	Tb	Dy	Ho	Er	Tm	Yb	Lu	Y	Sc	Hf	Nb	Ta	Ti
莱芜张家洼地区闪长岩																										
Z-01	7.73	317.00	258.00	100	124	128	0.02	33.20	0.11	2.30	4.39	1.36	27.10	9.24	115.00	46.00	213.00	47.60	462.00	86.2	1429.00	—	—	—	—	—
Z-02	12.90	695.00	377.00	200	130	128	0.02	48.60	0.15	3.01	6.70	1.96	39.60	13.50	166.00	65.10	299.00	63.90	604.00	117	2034.00	—	—	—	—	—
Z-03	11.80	574.00	363.00	276	135	128	0.06	57.60	0.58	8.96	16.50	4.60	83.40	24.40	269.00	96.60	418.00	86.10	794.00	151	2911.00	—	—	—	—	—
Z-04	21.30	1229.00	583.00	error	122	128	0.20	134.00	1.57	28.50	52.20	13.80	231.00	63.50	668.00	227.00	935.00	184.00	1603.00	296	6833.00	—	—	—	—	—
Z-05	11.70	563.00	354.00	98	126	127	0.02	47.00	0.14	3.17	6.39	2.02	38.80	13.30	164.00	63.70	292.00	63.10	594.00	113	1967.00	—	—	—	—	—
Z-06	11.10	533.00	337.00	117	126	128	0.05	43.10	0.21	3.48	7.00	1.85	38.30	12.10	145.00	54.30	244.00	53.00	496.00	95.5	1674.00	—	—	—	—	—
Z-07	14.00	628.00	379.00	1266	219	128	0.44	60.90	0.59	10.30	15.90	4.52	78.40	22.40	250.00	89.00	383.00	80.90	753.00	133	2699.00	—	—	—	—	—
Z-08	20.10	1059.00	567.00	300	136	128	0.20	118.00	1.46	24.20	44.10	11.40	192.00	53.00	565.00	194.00	807.00	158.00	1408.00	260	5868.00	—	—	—	—	—
Z-09	7.21	261.00	236.00	1146	194	127	0.11	35.70	0.45	6.13	9.54	2.69	45.60	13.80	162.00	59.90	267.00	58.70	567.00	97.1	1818.00	—	—	—	—	—
Z-10	7.52	321.00	238.00	376	137	128	0.07	30.50	0.16	2.20	4.71	1.35	27.00	9.03	112.00	44.50	207.00	44.60	426.00	84.9	1366.00	—	—	—	—	—
Z-11	12.90	582.00	379.00	767	159	124	0.16	65.30	0.97	9.44	27.30	7.30	110.00	35.10	383.00	129.00	532.00	119.00	1035.00	182	4031.00	—	—	—	—	—
Z-12	11.40	469.00	327.00	456	146	128	0.10	47.50	0.65	10.00	16.30	4.99	84.30	25.20	277.00	104.00	448.00	92.40	853.00	167	3100.00	—	—	—	—	—
Z-13	12.30	551.00	392.00	256	134	128	0.09	69.90	0.97	15.70	25.80	6.83	110.00	31.80	342.00	120.00	513.00	103.00	933.00	178	3653.00	—	—	—	—	—
Z-14	7.27	297.00	238.00	167	125	128	0.05	38.90	0.60	9.52	16.50	4.35	73.30	21.00	233.00	83.40	360.00	73.50	670.00	129	2485.00	—	—	—	—	—
Z-15	11.90	537.00	394.00	78	125	127	0.08	67.30	0.58	10.20	17.70	4.59	81.70	24.60	280.00	102.00	444.00	91.20	837.00	160	3124.00	—	—	—	—	—
Z-16	4.12	150.00	143.00	1065	185	128	0.02	21.80	0.32	4.84	7.17	1.99	39.50	11.20	121.00	46.50	204.00	43.30	400.00	77.4	1368.00	—	—	—	—	—
Z-17	9.69	412.00	313.00	220	131	128	5.60	52.10	1.43	8.16	5.60	1.69	30.80	10.40	130.00	51.40	235.00	51.00	487.00	94.8	1581.00	—	—	—	—	—
Z-18	6.72	266.00	230.00	228	138	127	0.06	32.10	0.46	6.88	12.20	3.43	58.90	17.30	194.00	71.10	312.00	65.00	594.00	117	2174.00	—	—	—	—	—
Z-19	9.39	408.00	300.00	211	134	128	0.05	44.30	0.52	7.56	13.90	3.65	66.80	19.90	226.00	83.10	363.00	75.70	707.00	135	2526.00	—	—	—	—	—
Z-20	14.00	659.00	466.00	6	121	127	0.11	73.40	0.86	13.90	24.50	6.60	115.00	33.70	369.00	132.00	562.00	115.00	1043.00	197	4038.00	—	—	—	—	—
Z-21	16.30	968.00	485.00	58	123	128	0.13	57.70	0.27	4.20	8.09	2.24	47.20	15.80	189.00	73.70	335.00	70.40	657.00	127	2281.00	—	—	—	—	—
Z-22	5.68	198.00	180.00	1100	189	127	0.56	23.90	0.14	1.67	2.66	0.89	17.50	5.54	67.70	26.80	127.00	27.80	275.00	52.7	834.00	—	—	—	—	—
Z-23	10.50	422.00	340.00	391	145	127	0.27	47.00	0.77	9.46	17.10	4.37	76.90	23.40	259.00	94.50	419.00	86.30	802.00	153	2962.00	—	—	—	—	—
Z-24	17.80	799.00	568.00	error	115	128	0.04	72.10	0.82	11.70	21.70	4.75	96.00	26.10	299.00	111.00	486.00	103.00	942.00	192	3470.00	—	—	—	—	—
Z-25	6.01	234.00	213.00	error	121	128	0.02	32.00	0.22	3.86	7.21	2.09	35.50	11.20	132.00	49.20	220.00	46.90	443.00	88.3	1519.00	—	—	—	—	—

续表

点号	元素含量/10^{-6}			距今地质年龄/Ma			微量元素含量/10^{-6}																			
	Pb	Th^{232}	U^{238}	$^{207}Pb/^{206}Pb$	$^{207}Pb/^{235}U$	$^{206}Pb/^{238}U$	La	Ce	Pr	Nd	Sm	Eu	Gd	Tb	Dy	Ho	Er	Tm	Yb	Lu	Y	Sc	Hf	Nb	Ta	Ti
淄博金岭侯家庄地区闪长岩																										
H-01	119.80	168.58	202.21	2476	2404	2305	0.08	42.02	0.14	2.53	4.15	1.36	22.02	6.41	69.82	25.42	123.16	26.29	266.59	56.53	820.98	201.79	10901.33	1.91	0.67	2.58
H-02	19.00	37.06	24.73	2529	2432	2364	0.00	21.19	0.08	1.52	2.84	0.75	13.13	3.96	43.95	15.54	68.49	14.45	131.42	26.55	465.44	204.60	10463.95	1.12	0.38	1.50
H-03	175.94	72.78	321.24	2528	2468	2385	0.05	19.23	0.01	0.37	1.11	0.36	9.83	3.15	41.24	15.64	72.76	16.17	154.83	33.24	472.55	192.24	12122.72	3.15	1.70	4.85
H-04	347.05	256.46	606.23	2707	2560	2363	0.05	19.61	0.07	0.90	2.55	0.67	15.90	5.35	63.82	24.99	119.79	26.97	265.96	58.00	800.71	257.08	12284.38	2.20	0.90	3.10
H-05	111.17	176.99	172.23	2529	2466	2373	6.38	51.18	2.12	11.13	4.67	0.64	16.73	5.13	58.94	22.83	104.40	22.91	230.38	49.16	698.26	223.43	11000.63	1.83	0.71	2.54
H-06	139.03	227.48	236.56	2531	2394	2225	0.04	37.24	0.05	1.35	2.84	0.99	12.50	3.86	41.38	16.55	79.27	18.58	185.94	42.55	531.58	204.50	11306.49	1.48	0.58	2.06
H-07	220.27	92.47	416.40	2500	2427	2327	0.03	10.94	0.03	0.31	1.55	0.96	12.66	4.77	62.98	25.70	121.81	27.49	268.50	57.18	814.31	292.45	12384.15	2.32	0.71	3.03
H-08	60.10	69.92	92.30	2554	2531	2489	50.17	132.21	12.13	48.52	9.00	1.07	15.44	3.49	35.67	12.90	56.98	12.84	120.13	24.79	393.14	203.09	10918.93	1.11	0.39	1.50
H-09	274.06	583.37	374.03	2515	2497	2458	1.61	64.59	1.23	13.81	18.33	6.46	65.63	17.07	167.34	57.96	243.78	51.27	482.72	99.19	1759.02	220.82	8947.71	2.14	0.61	2.74
H-10	197.62	285.17	291.21	2528	2531	2519	4.66	62.46	1.54	8.06	4.05	1.28	17.47	5.62	67.35	26.27	128.25	29.55	296.70	65.80	846.15	205.69	10797.50	2.84	0.89	3.73
H-11	41.40	127.96	48.14	2513	2460	2381	0.05	14.71	0.14	2.22	2.21	1.15	9.34	2.71	30.93	12.08	56.06	12.53	133.83	31.03	368.77	254.19	10755.00	0.63	0.46	1.09
H-12	210.16	154.22	430.72	2483	2328	2139	0.19	27.11	0.08	0.98	1.97	0.58	7.42	2.40	28.91	11.15	54.92	12.75	135.60	30.82	365.01	186.19	13403.23	2.05	2.02	4.07
H-13	44.16	62.35	61.87	2524	2575	2620	0.03	18.51	0.25	3.55	5.18	0.88	18.98	5.12	53.23	19.46	78.02	16.12	151.12	30.14	569.91	227.01	9046.18	1.02	0.41	1.43
H-14	5.28	159.87	207.26	254	128	127	0.06	25.79	0.13	2.29	4.02	3.25	30.18	9.27	105.27	39.04	171.30	36.87	362.13	75.78	1217.49	280.83	7662.30	2.35	0.55	2.90
H-15	4.47	161.61	164.98	480	139	127	0.02	14.93	0.18	2.83	4.04	2.78	17.28	4.96	54.58	22.04	98.16	22.09	228.44	51.14	676.84	232.98	7767.71	0.89	0.29	1.18
H-16	9.60	321.82	363.84	302	132	128	0.29	33.93	0.27	2.69	4.09	2.76	19.87	5.57	63.20	22.69	109.27	24.80	261.28	62.17	754.95	262.01	7422.34	2.00	0.56	2.56
H-17	7.16	449.43	206.65	433	139	128	0.43	61.86	0.29	3.37	7.01	2.50	34.54	11.34	123.77	43.87	191.41	39.28	366.86	73.95	1343.15	239.77	8617.53	2.94	0.71	3.65
H-18	6.72	316.52	221.75	54	119	127	0.18	47.68	1.31	16.43	22.35	11.93	74.31	18.65	178.74	58.32	239.13	48.64	467.11	97.31	1736.00	356.23	6905.65	1.75	0.40	2.15
H-19	14.54	710.11	473.82	339	138	130	0.13	27.03	0.63	7.89	12.98	6.69	50.38	13.96	142.18	48.19	199.51	40.23	381.15	79.53	1404.19	334.94	7075.19	1.59	0.59	2.18
H-20	37.92	2107.86	1163.47	287	136	128	0.03	66.20	0.13	2.65	5.94	3.54	30.94	9.57	101.86	37.98	170.41	35.07	351.15	77.59	1157.92	261.87	9029.62	4.99	1.36	6.35
H-21	7.17	287.11	253.73	120	125	127	0.20	28.68	0.76	9.97	13.33	6.98	45.06	12.11	117.84	39.45	163.48	33.78	320.04	66.70	1193.27	267.73	6934.19	1.58	0.44	2.01
H-22	3.03	86.44	112.55	128	117	130	0.04	18.97	0.26	4.24	5.31	3.66	24.51	6.94	74.00	26.97	125.08	28.89	299.47	67.56	868.89	248.72	7417.96	1.25	0.40	1.66
H-23	4.68	142.27	173.18	494	143	132	0.10	15.91	0.11	1.39	2.62	1.87	15.37	4.87	54.72	21.25	98.58	22.09	233.05	54.20	665.59	273.25	7164.31	0.98	0.26	1.24
H-24	3.32	136.96	112.06	165	125	131	0.03	30.44	0.14	2.48	4.40	1.71	20.78	7.07	86.83	32.68	149.33	31.68	299.64	63.04	1025.03	231.49	8018.57	1.59	0.55	2.14
H-25	15.20	698.58	505.57	332	139	128	0.22	86.68	1.18	16.74	26.72	9.08	106.36	30.30	315.08	106.94	429.86	84.88	749.84	141.07	3167.19	279.94	9332.70	6.15	1.77	7.92

续表

点号	元素含量/10^{-6}			距今地质年龄/Ma			微量元素含量/10^{-6}																			
	Pb	Th^{232}	U^{238}	$^{207}Pb/^{206}Pb$	$^{207}Pb/^{235}U$	$^{206}Pb/^{238}U$	La	Ce	Pr	Nd	Sm	Eu	Gd	Tb	Dy	Ho	Er	Tm	Yb	Lu	Y	Sc	Hf	Nb	Ta	Ti
淄博金岭北金召北地区闪长岩																										
B-01	19.44	1027.53	601.98	43	127	132	0.16	79.99	1.27	19.14	25.27	10.82	88.52	24.13	247.57	85.46	369.55	79.14	753.23	152.71	2654.46	265.53	7509.88	2.55	0.84	3.39
B-02	33.09	2140.57	874.58	122	132	133	0.03	119.83	0.38	5.53	16.57	9.61	96.14	28.31	295.73	101.70	435.76	88.46	822.63	161.06	3162.64	274.08	7399.74	4.19	0.94	5.13
B-03	18.93	1090.86	544.96	167	130	129	0.15	105.87	1.36	22.31	33.40	14.38	131.18	35.20	360.21	121.82	519.17	107.11	982.88	195.36	3706.16	288.65	7347.26	3.80	0.94	4.75
B-04	23.28	1328.73	675.29	17	124	131	0.46	129.68	2.16	33.28	44.86	18.52	154.99	41.24	411.31	137.25	568.63	117.42	1083.83	211.66	4136.48	287.27	7035.36	3.85	0.93	4.78
B-05	14.30	653.86	452.59	28	127	133	0.10	51.41	0.72	11.14	14.34	6.22	54.93	16.03	168.66	61.27	278.66	61.51	593.60	127.31	1928.48	259.46	7465.30	2.31	0.73	3.04
B-06	6.98	279.38	225.50	83	131	136	0.02	25.59	0.20	3.97	6.48	3.13	28.28	8.15	89.34	33.89	158.04	36.13	362.47	81.40	1070.20	228.24	7127.83	1.73	0.50	2.23
B-07	27.78	1831.54	770.90	200	127	127	0.37	148.54	2.42	36.76	53.83	22.65	182.92	48.16	465.87	154.24	629.44	127.62	1158.31	225.62	4635.87	298.63	7575.17	4.40	0.92	5.32
B-08	39.77	2813.05	979.26	150	131	130	0.49	207.73	4.08	60.78	76.39	31.35	246.45	61.47	585.09	186.07	747.69	150.14	1362.77	261.69	5599.07	322.05	7631.97	4.90	1.10	5.99
B-09	25.81	1451.65	749.19	139	130	131	0.22	111.94	1.62	24.92	34.71	14.58	116.59	31.33	315.24	107.55	460.71	95.87	909.15	181.56	3340.95	265.30	7738.65	3.21	1.03	4.24
B-10	17.84	957.33	539.78	80	128	131	0.22	92.91	1.46	22.02	30.95	12.60	108.97	30.50	299.26	104.16	443.29	91.70	864.41	172.66	3184.68	264.45	7272.55	3.00	0.90	3.90
B-11	20.18	1218.32	594.94	206	130	127	0.25	119.18	1.94	29.85	42.95	17.70	149.25	40.83	403.11	135.57	560.34	114.07	1046.37	203.90	4059.45	288.02	7377.30	3.78	1.00	4.78
B-12	24.50	1393.81	680.94	167	132	132	0.22	114.62	1.84	27.18	38.60	15.73	130.89	35.16	344.60	116.65	499.98	102.78	965.27	190.51	3610.29	275.62	7801.16	3.40	0.93	4.33
B-13	25.93	1728.93	702.56	232	132	126	0.25	113.68	1.60	24.54	42.78	17.47	156.41	42.08	420.94	136.79	568.17	118.36	1097.59	207.97	4147.00	267.35	7536.85	3.53	0.84	4.37
B-14	16.16	826.85	497.18	287	135	127	0.20	81.96	1.32	20.65	27.37	11.33	100.80	27.03	276.22	95.23	405.88	83.52	789.66	157.25	2907.17	254.03	7227.61	2.65	0.79	3.44
B-15	11.10	516.34	356.29	198	133	130	0.13	60.79	0.94	16.07	21.78	9.02	78.41	22.65	224.23	78.42	341.70	70.66	664.76	136.27	2386.64	245.11	7445.03	2.22	0.71	2.93
B-16	33.70	2299.19	861.22	257	137	130	0.05	125.84	0.39	7.31	20.71	10.68	109.27	30.24	315.91	106.82	443.49	90.00	821.49	158.21	3313.65	263.14	7836.49	4.28	1.07	5.34
B-17	19.16	1034.54	566.31	146	129	129	0.12	73.67	0.94	14.71	23.25	10.63	89.02	24.05	248.33	85.14	366.67	77.36	739.02	145.78	2651.51	253.34	7722.03	2.72	0.79	3.51
B-18	23.43	1436.11	628.59	272	136	130	0.22	125.91	1.85	28.48	41.16	16.99	153.60	40.66	415.30	143.13	583.36	118.91	1091.02	213.74	4200.44	304.86	7600.87	4.07	0.94	5.01
B-19	62.58	4457.54	1490.85	169	134	131	0.12	214.63	0.98	19.53	33.86	14.41	127.89	34.40	349.78	118.58	508.07	104.39	965.99	187.52	3744.20	302.32	7398.10	8.54	1.95	10.50
B-20	26.50	1671.99	731.90	56	124	128	0.17	134.44	1.44	24.19	39.48	16.80	150.44	41.14	411.65	138.14	578.39	117.14	1091.64	207.91	4185.65	290.72	7248.12	4.33	0.98	5.31
B-21	20.92	1190.13	596.64	error	123	132	0.36	121.45	2.27	31.01	40.83	16.76	142.51	38.23	380.69	126.63	527.71	107.98	1005.90	194.20	3860.44	285.15	7085.53	3.58	0.92	4.49
B-22	15.49	775.53	486.38	232	130	128	0.13	64.00	0.94	14.08	19.55	8.02	71.00	19.15	203.34	72.07	314.87	67.75	675.83	139.06	2260.86	256.90	6982.17	2.74	0.64	3.38
B-23	8.93	384.76	297.34	76	123	128	0.09	38.70	0.68	10.39	14.78	6.08	47.96	14.18	147.61	50.20	224.71	47.23	457.61	93.91	1589.82	219.88	7668.37	1.55	0.60	2.15
B-24	11.29	487.32	344.88	1463	221	124	0.39	45.79	0.77	9.68	13.36	5.76	49.14	14.05	149.22	53.52	243.70	52.66	522.71	108.49	1696.49	231.79	7124.80	2.39	0.63	3.02
B-25	18.48	1084.47	513.94	150	132	131	0.20	95.34	1.60	23.41	34.94	15.29	133.82	35.89	360.09	118.45	489.61	99.72	930.13	180.08	3554.28	265.32	7607.70	3.37	0.77	4.15

续表

点号	元素含量/10^{-6}			距今地质年龄/Ma			微量元素含量/10^{-6}																			
	Pb	Th^{232}	U^{238}	$^{207}Pb/^{206}Pb$	$^{207}Pb/^{235}U$	$^{206}Pb/^{238}U$	La	Ce	Pr	Nd	Sm	Eu	Gd	Tb	Dy	Ho	Er	Tm	Yb	Lu	Y	Sc	Hf	Nb	Ta	Ti
淄博金岭凤凰地区闪长岩																										
F-01	14.64	570.16	516.38	154	130	129	0.01	5.67	0.05	0.90	2.11	1.11	16.36	5.36	68.04	26.25	120.98	26.08	242.53	48.98	829.06	207.39	8643.07	0.90	0.68	1.58
F-02	33.56	1080.39	1195.57	76	131	134	0.01	7.44	0.06	1.16	2.78	1.30	17.33	6.32	78.67	30.85	142.65	31.42	295.16	58.72	971.45	212.34	11564.23	1.16	1.56	2.72
F-03	14.93	531.65	523.66	322	140	130	0.03	5.52	0.10	1.89	3.44	1.69	19.74	6.25	72.42	27.36	122.23	26.36	245.16	48.74	848.42	206.23	9130.81	1.89	0.69	2.58
F-04	13.40	580.20	435.10	122	130	133	0.00	5.56	0.06	0.86	2.97	1.41	16.75	5.59	67.50	25.64	112.80	23.74	227.39	44.79	788.39	203.94	8253.85	0.86	0.45	1.31
F-05	11.79	568.11	379.04	261	137	131	0.01	5.52	0.09	1.06	2.45	1.37	15.44	4.68	51.75	19.13	83.40	18.28	169.96	34.70	590.19	198.74	8135.65	1.06	0.42	1.48
F-06	20.70	1005.36	692.07	287	136	127	0.01	7.69	0.10	1.49	3.44	1.98	25.22	8.48	94.47	35.76	155.93	32.54	299.00	57.69	1113.92	210.20	8978.44	1.49	0.64	2.14
F-07	18.42	1170.29	519.92	256	134	127	0.02	9.35	0.11	1.55	3.69	2.36	27.72	8.86	96.74	34.92	149.36	30.55	272.32	54.50	1053.14	211.64	7651.97	1.55	0.57	2.12
F-08	18.58	748.69	633.03	333	138	131	0.01	6.18	0.07	0.98	2.27	1.51	17.10	5.55	66.62	25.94	117.15	25.07	241.86	47.39	801.76	204.66	9367.69	0.98	0.75	1.72
F-09	5.74	205.48	206.95	102	123	130	0.03	3.65	0.19	2.74	5.46	2.31	23.88	6.33	68.62	23.93	103.34	22.07	207.25	40.93	738.93	191.83	7764.24	2.74	0.39	3.13
F-10	41.11	3055.39	1027.77	150	131	129	0.03	14.45	0.16	2.56	5.68	3.55	40.20	11.60	122.97	41.98	173.25	34.52	308.69	58.29	1265.11	222.67	7943.52	2.56	0.78	3.34
F-11	19.93	1031.23	636.28	333	136	129	0.06	11.10	0.39	7.70	15.36	7.28	69.22	19.04	195.15	65.07	268.91	53.89	492.82	92.10	1942.96	222.92	8085.69	7.70	0.77	8.47
F-12	12.47	512.93	430.48	58	127	131	0.01	5.90	0.09	1.88	3.57	2.00	22.41	7.22	80.47	29.96	130.42	27.59	256.12	50.07	924.93	205.70	8147.65	1.88	0.51	2.39
F-13	12.03	429.29	440.76	257	135	128	0.01	4.88	0.10	1.85	3.43	1.56	18.45	5.87	64.71	23.63	105.24	22.56	211.13	42.25	747.01	203.31	9836.52	1.85	0.60	2.45
F-14	10.59	496.49	339.12	error	117	128	0.00	5.69	0.06	0.98	2.35	1.43	16.71	5.64	63.81	24.96	109.32	23.47	228.37	45.07	771.31	202.74	7694.22	0.98	0.42	1.40
F-15	30.55	1380.94	983.75	233	139	134	0.03	9.71	0.20	3.58	7.56	3.60	39.22	12.31	138.10	49.18	210.16	44.07	394.76	75.32	1497.91	220.15	9798.13	3.58	1.07	4.65
F-16	17.37	605.14	623.41	217	137	133	0.02	5.49	0.23	2.83	4.95	2.29	24.11	7.75	78.68	28.80	122.89	25.82	245.20	46.66	860.86	198.17	10567.18	2.83	0.75	3.57
F-17	11.80	470.68	410.55	61	130	132	0.06	5.17	0.23	3.42	6.07	2.83	26.97	7.62	87.56	30.88	130.70	27.00	258.02	49.85	936.31	210.65	8595.95	3.42	0.56	3.98
F-18	16.60	898.50	527.51	161	128	129	0.01	6.83	0.09	1.24	2.92	1.59	19.48	6.18	69.36	25.69	108.86	23.45	218.97	42.65	784.97	202.79	8436.72	1.24	0.54	1.78
F-19	20.41	875.30	689.44	error	123	132	0.01	6.89	0.11	1.61	3.57	1.77	22.58	6.95	78.57	28.95	125.61	26.28	251.25	49.03	888.63	206.00	9371.54	1.61	0.70	2.32
F-20	7.38	301.61	262.45	167	130	131	0.01	5.44	0.06	1.24	2.71	1.15	14.12	4.76	55.37	22.23	102.45	21.96	213.93	43.63	693.20	197.97	7937.86	1.24	0.43	1.66
F-21	13.58	520.31	490.80	154	131	131	0.01	5.11	0.07	1.36	2.93	1.49	17.24	5.78	68.83	26.57	117.08	25.58	240.35	48.43	816.64	202.77	8756.19	1.36	0.66	2.02
F-22	22.29	1029.12	715.33	256	139	133	0.00	6.06	0.05	0.96	2.75	1.37	14.97	4.56	50.70	18.19	80.11	17.29	161.24	31.92	569.61	194.22	9461.97	0.96	0.57	1.53
F-23	13.27	547.44	462.03	50	127	133	0.00	5.87	0.04	0.96	2.41	1.39	18.40	6.54	79.98	31.68	143.66	30.31	285.22	56.08	1002.13	210.02	8253.45	0.96	0.66	1.62
F-24	13.32	707.25	418.52	132	129	131	0.02	7.76	0.13	2.22	5.08	2.61	30.85	9.90	106.79	39.15	165.21	33.33	310.77	59.94	1180.09	214.32	7683.76	2.22	0.47	2.69
F-25	10.09	424.79	355.09	187	132	130	0.04	6.34	0.29	4.90	7.85	3.43	33.07	9.58	96.85	33.79	139.95	28.78	267.18	51.73	1009.73	196.87	8059.81	4.90	0.38	5.28

表 5-3-2 成矿岩体锆石原位微量元素特征参数表

样品编号	ΣLREE	ΣHREE	ΣREE	ΣLREE/ΣHREE	δEu	δCe	$T_{(Zr-Ti)}$/℃	lg(fo_2)
齐河—禹城李屯地区闪长岩								
L-01	89.86	6639.30	6729.15	0.0135	0.57	25.11	757.41	-20.80
L-02	63.81	5430.28	5494.09	0.0118	0.60	42.11	770.53	-15.20
L-03	138.26	8529.49	8667.75	0.0162	0.49	5.12	789.37	-30.85
L-04	51.28	4968.60	5019.88	0.0103	0.50	85.38	814.02	-5.24
L-05	135.84	10960.77	11096.62	0.0124	0.55	46.19	789.23	-12.63
L-06	70.65	6043.79	6114.44	0.0117	0.54	19.70	769.52	-21.60
L-07	179.93	10672.30	10852.23	0.0169	0.45	16.67	749.67	-24.98
L-08	35.55	4145.11	4180.66	0.0086	0.60	42.18	767.04	-15.53
L-09	57.81	7395.63	7453.43	0.0078	0.61	53.11	774.00	-12.94
L-10	404.45	20178.59	20583.04	0.0200	0.50	18.09	758.24	-23.43
L-11	700.53	28921.33	29621.87	0.0242	0.30	56.00	820.88	-8.11
L-12	183.07	8920.77	9103.85	0.0205	0.43	96.51	750.01	-10.38
L-13	90.13	10294.27	10384.41	0.0088	0.45	62.75	784.43	-10.55
L-14	470.07	16688.70	17158.77	0.0282	0.47	3.30	809.01	-32.68
L-15	53.86	6194.64	6248.50	0.0087	0.57	88.29	766.65	-9.45
L-16	35.54	3897.86	3933.40	0.0091	0.52	96.33	764.22	-8.96
L-17	375.92	15794.98	16170.90	0.0238	0.45	4.35	784.09	-32.72
L-18	39.45	4551.91	4591.35	0.0087	0.67	44.18	758.05	-16.04
L-19	585.87	21167.27	21753.14	0.0277	0.42	5.22	794.31	-30.22
L-20	129.39	8501.95	8631.34	0.0152	0.54	7.23	764.75	-30.39
L-21	39.31	4306.39	4345.70	0.0091	0.56	55.50	752.15	-14.75
L-22	30.58	3466.31	3496.89	0.0088	0.56	54.55	760.46	-14.05
L-23	309.74	12154.78	12464.52	0.0255	0.40	5.37	775.06	-31.83
L-24	55.31	4722.56	4777.87	0.0117	0.56	94.41	760.32	-9.52
L-25	890.61	33211.15	34101.76	0.0268	0.30	49.48	782.55	-12.69
莱芜张家洼地区闪长岩								
Z-01	86.77	8587.71	8674.48	0.0101	0.29	85.92	—	—
Z-02	127.29	11670.00	11797.29	0.0109	0.28	93.90	—	—
Z-03	237.95	16012.70	16250.65	0.0149	0.31	28.80	—	—
Z-04	681.03	34184.56	34865.60	0.0199	0.32	24.54	—	—
Z-05	124.72	11410.63	11535.35	0.0109	0.30	96.50	—	—
Z-06	121.92	9657.15	9779.07	0.0126	0.27	56.57	—	—
Z-07	241.41	14720.85	14962.26	0.0164	0.32	24.10	—	—
Z-08	579.19	29603.63	30182.83	0.0196	0.32	23.16	—	—
Z-09	143.72	10525.34	10669.06	0.0137	0.32	21.85	—	—
Z-10	85.34	8220.12	8305.46	0.0104	0.28	49.53	—	—
Z-11	343.67	20791.57	21135.23	0.0165	0.35	19.09	—	—

续表

样品编号	∑LREE	∑HREE	∑REE	∑LREE/∑HREE	δEu	δCe	$T_{(Zr-Ti)}$/℃	lg(f_{O_2})
Z-12	232.12	17262.49	17494.61	0.0134	0.33	20.83	—	—
Z-13	345.53	19276.45	19621.98	0.0179	0.33	20.97	—	—
Z-14	212.49	13685.30	13897.79	0.0155	0.32	18.96	—	—
Z-15	258.09	16877.77	17135.87	0.0153	0.31	33.28	—	—
Z-16	101.39	7965.25	8066.65	0.0127	0.28	20.10	—	—
Z-17	159.42	9336.62	9496.04	0.0171	0.31	4.33	—	—
Z-18	164.06	12043.22	12207.27	0.0136	0.32	20.13	—	—
Z-19	192.46	14051.02	14243.48	0.0137	0.30	24.79	—	—
Z-20	336.24	21289.13	21625.37	0.0158	0.31	24.54	—	—
Z-21	152.80	12865.91	13018.71	0.0119	0.27	54.25	—	—
Z-22	60.98	5133.88	5194.86	0.0119	0.30	20.03	—	—
Z-23	227.86	16015.66	16243.52	0.0142	0.31	16.20	—	—
Z-24	291.07	19179.43	19470.50	0.0152	0.27	26.00	—	—
Z-25	113.12	8742.93	8856.06	0.0129	0.32	42.41	—	—
淄博金岭侯家庄地区闪长岩								
H-01	97.29	5167.20	5264.49	0.0188	0.35	72.57	791.33	-8.68
H-02	101.47	7151.60	7253.07	0.0142	0.64	51.58	819.40	-8.93
H-03	82.98	4430.53	4513.51	0.0187	0.86	24.48	746.01	-22.17
H-04	54.12	2687.90	2742.02	0.0201	0.31	76.04	786.00	-8.80
H-05	35.22	3038.05	3073.26	0.0116	0.22	182.52	791.53	-1.02
H-06	48.67	5142.88	5191.55	0.0095	0.24	66.74	760.73	-12.35
H-07	152.51	4461.30	4613.81	0.0342	0.20	3.34	804.81	-32.96
H-08	76.75	3611.04	3687.79	0.0213	0.42	178.32	798.86	-0.52
H-09	107.91	5115.11	5223.02	0.0211	0.76	26.61	771.29	-18.93
H-10	155.69	7474.55	7630.24	0.0208	0.40	40.93	797.15	-12.88
H-11	373.57	9853.60	10227.17	0.0379	0.80	10.45	783.42	-25.50
H-12	209.15	8012.70	8221.84	0.0261	0.69	12.09	763.60	-26.23
H-13	35.26	5138.36	5173.62	0.0069	0.46	89.53	784.79	-7.56
H-14	566.45	2412.87	2979.32	0.2348	0.27	1.25	862.38	-36.05
H-15	165.74	7077.92	7243.66	0.0234	0.64	144.44	771.51	-4.88
H-16	221.63	6706.25	6927.88	0.0330	0.78	10.29	793.09	-24.71
H-17	109.60	5801.62	5911.23	0.0189	0.81	20.52	779.41	-20.29
H-18	299.58	9980.97	10280.55	0.0300	0.50	10.46	810.12	-23.00
H-19	156.43	5685.33	5841.77	0.0275	0.39	5.59	844.34	-25.16
H-20	50.09	2586.16	2636.24	0.0194	0.66	28.83	792.81	-16.20
H-21	54.43	2556.42	2610.85	0.0213	0.41	52.44	764.37	-13.99
H-22	69.41	3117.59	3187.01	0.0223	0.24	20.87	845.36	-14.15
H-23	61.82	4526.95	4588.76	0.0137	0.69	33.14	729.35	-21.40

续表

样品编号	ΣLREE	ΣHREE	ΣREE	ΣLREE/ΣHREE	δEu	δCe	$T_{(Zr-Ti)}$/℃	$\lg(fo_2)$
H-24	88.72	5975.38	6064.10	0.0148	0.45	62.70	810.46	-8.12
H-25	405.22	16021.51	16426.73	0.0253	0.45	20.65	817.17	-16.72
淄博金岭北金召北地区闪长岩								
B-01	417.65	15216.04	15633.69	0.0274	0.62	18.12	739.40	-25.35
B-02	375.58	16895.75	17271.33	0.0222	0.57	92.61	781.51	-7.60
B-03	545.48	20429.45	20974.92	0.0267	0.57	22.45	754.35	-22.03
B-04	715.53	22550.15	23265.68	0.0317	0.60	16.72	769.52	-22.96
B-05	246.08	11827.41	12073.49	0.0208	0.59	20.35	749.75	-23.32
B-06	115.53	7084.24	7199.77	0.0163	0.59	36.78	758.48	-17.52
B-07	848.32	24591.46	25439.78	0.0345	0.62	17.47	773.53	-22.20
B-08	1208.81	29253.76	30462.57	0.0413	0.63	14.68	732.30	-27.84
B-09	569.03	18559.65	19128.68	0.0307	0.63	19.86	753.55	-23.13
B-10	493.32	17721.94	18215.26	0.0278	0.59	18.20	774.60	-21.76
B-11	673.42	21914.82	22588.24	0.0307	0.60	17.63	756.36	-23.83
B-12	613.44	19851.53	20464.96	0.0309	0.60	17.98	760.56	-23.25
B-13	651.03	22578.48	23229.51	0.0288	0.57	20.24	765.41	-21.78
B-14	440.79	16168.85	16609.65	0.0273	0.58	17.65	778.01	-21.68
B-15	343.70	13662.20	14005.89	0.0252	0.59	18.52	757.44	-23.31
B-16	421.85	17114.10	17535.95	0.0246	0.55	92.18	786.67	-7.14
B-17	386.68	14868.81	15255.49	0.0260	0.62	22.46	751.24	-22.34
B-18	659.82	22840.25	23500.07	0.0289	0.57	19.60	784.85	-20.15
B-19	674.94	19868.88	20543.82	0.0340	0.58	62.86	800.35	-9.03
B-20	648.54	22506.35	23154.90	0.0288	0.58	26.90	786.55	-17.36
B-21	657.70	20810.83	21468.53	0.0316	0.60	15.18	772.90	-23.43
B-22	319.45	13325.93	13645.38	0.0240	0.58	19.57	756.18	-22.99
B-23	229.07	9187.50	9416.57	0.0249	0.63	16.35	754.35	-24.66
B-24	226.73	10249.60	10476.32	0.0221	0.60	15.02	921.81	-10.76
B-25	556.49	19325.79	19882.28	0.0288	0.59	17.20	777.38	-21.95
淄博金岭凤凰地区闪长岩								
F-01	34.74	4770.02	4804.76	0.0073	0.41	33.33	802.72	-14.07
F-02	43.52	5704.12	5747.64	0.0076	0.43	33.03	802.95	-14.12
F-03	51.44	4850.95	4902.39	0.0106	0.49	14.69	795.46	-21.54
F-04	43.14	4456.44	4499.58	0.0097	0.48	27.76	798.86	-15.94
F-05	40.40	3404.91	3445.31	0.0119	0.51	18.54	790.37	-20.09
F-06	57.20	5982.85	6040.05	0.0096	0.46	22.22	791.30	-18.50
F-07	66.05	5679.10	5745.16	0.0116	0.51	23.10	812.20	-16.24
F-08	41.83	4667.92	4709.75	0.0090	0.52	25.76	791.02	-17.30
F-09	69.92	4170.05	4239.97	0.0168	0.52	5.44	782.91	-30.97

续表

样品编号	ΣLREE	ΣHREE	ΣREE	ΣLREE/ΣHREE	δEu	δCe	$T_{(Zr-Ti)}$/℃	lg(fo_2)
F-10	100.60	6489.73	6590.33	0.0155	0.52	25.54	803.36	-16.22
F-11	207.12	10257.04	10464.17	0.0202	0.57	8.03	788.86	-27.17
F-12	56.50	5112.32	5168.82	0.0111	0.51	18.88	795.83	-19.42
F-13	48.62	4205.14	4253.76	0.0116	0.47	13.47	795.41	-22.26
F-14	40.49	4424.37	4464.86	0.0092	0.50	28.29	794.05	-16.24
F-15	107.15	8043.53	8150.68	0.0133	0.51	13.76	807.18	-21.00
F-16	69.75	4862.64	4932.39	0.0143	0.52	6.86	786.17	-28.74
F-17	83.51	5158.43	5241.95	0.0162	0.56	6.23	800.42	-28.19
F-18	47.68	4353.41	4401.09	0.0110	0.48	22.31	795.52	-18.07
F-19	54.31	4969.12	5023.43	0.0109	0.45	18.39	794.59	-19.76
F-20	38.73	4139.78	4178.51	0.0094	0.45	24.93	791.89	-17.49
F-21	44.36	4728.23	4772.59	0.0094	0.49	21.72	787.78	-19.02
F-22	42.10	3212.81	3254.91	0.0131	0.51	34.79	799.81	-13.98
F-23	40.30	5571.95	5612.24	0.0072	0.45	43.76	788.71	-13.12
F-24	75.81	6312.71	6388.51	0.0120	0.49	16.48	794.20	-20.70
F-25	105.08	5492.53	5597.60	0.0191	0.55	6.26	788.49	-29.27

四、锆石形态及年龄特征对成矿作用要素的反映

对研究区不同矿集区采集的5件锆石U-Pb测年及锆石原位微区分析共获得125个有效数据。结果显示，锆石根据时代可划分为中生代和太古宙—元古宙两组。中生代锆石多呈柱状，粒径多介于50~200μm，长短轴比例介于(2∶1)~(5∶1)，不同锆石粒径和长短轴比差异较大；自形程度高，韵律环带明显。太古宙—元古宙锆石多呈短柱状，粒径多介于50~100μm，长短轴比例多为(2∶1)~(3∶1)，不同锆石粒径和长短轴差异小于中生代锆石；自形程度高，韵律环带明显，部分锆石具有增生边。中生代和太古宙—元古宙锆石在晶体形态上往往难以区分，均表现出岩浆锆石的特点(图5-3-2)。

不同样品锆石U-Pb测年结果集中度高，中生代锆石年龄集中在130Ma左右，太古宙—元古宙锆石年龄集中在2300Ma~2500Ma(图5-3-2)。齐河—禹城矿集区李屯地区闪长岩的锆石U-Pb年龄介于113Ma~144Ma，加权平均年龄为(128±1.7)Ma；莱芜矿集区张家洼地区闪长岩的锆石U-Pb年龄介于124Ma~128Ma，加权平均年龄为(128±1)Ma；淄博金岭矿集区侯家庄地区闪长岩的中生代锆石U-Pb年龄介于127Ma~132Ma，加权平均年龄为(128±1.8)Ma，太古宙—元古宙锆石U-Pb年龄介于2139Ma~2620Ma，加权平均年龄为(2515±22)Ma；淄博金岭矿集区北金召北地区闪长岩的中生代锆石U-Pb年龄介于124Ma~136Ma，加权平均年龄为(130±0.8)Ma；淄博金岭矿集区凤凰地区闪长岩的中生代锆石U-Pb年龄介于127Ma~134Ma，加权平均年龄为(131±0.9)Ma。中生代成矿岩体年龄一致，太古宙—元古宙锆石U-Pb年龄与新太古代和古

元古代之交的成铁纪时间上高度吻合。

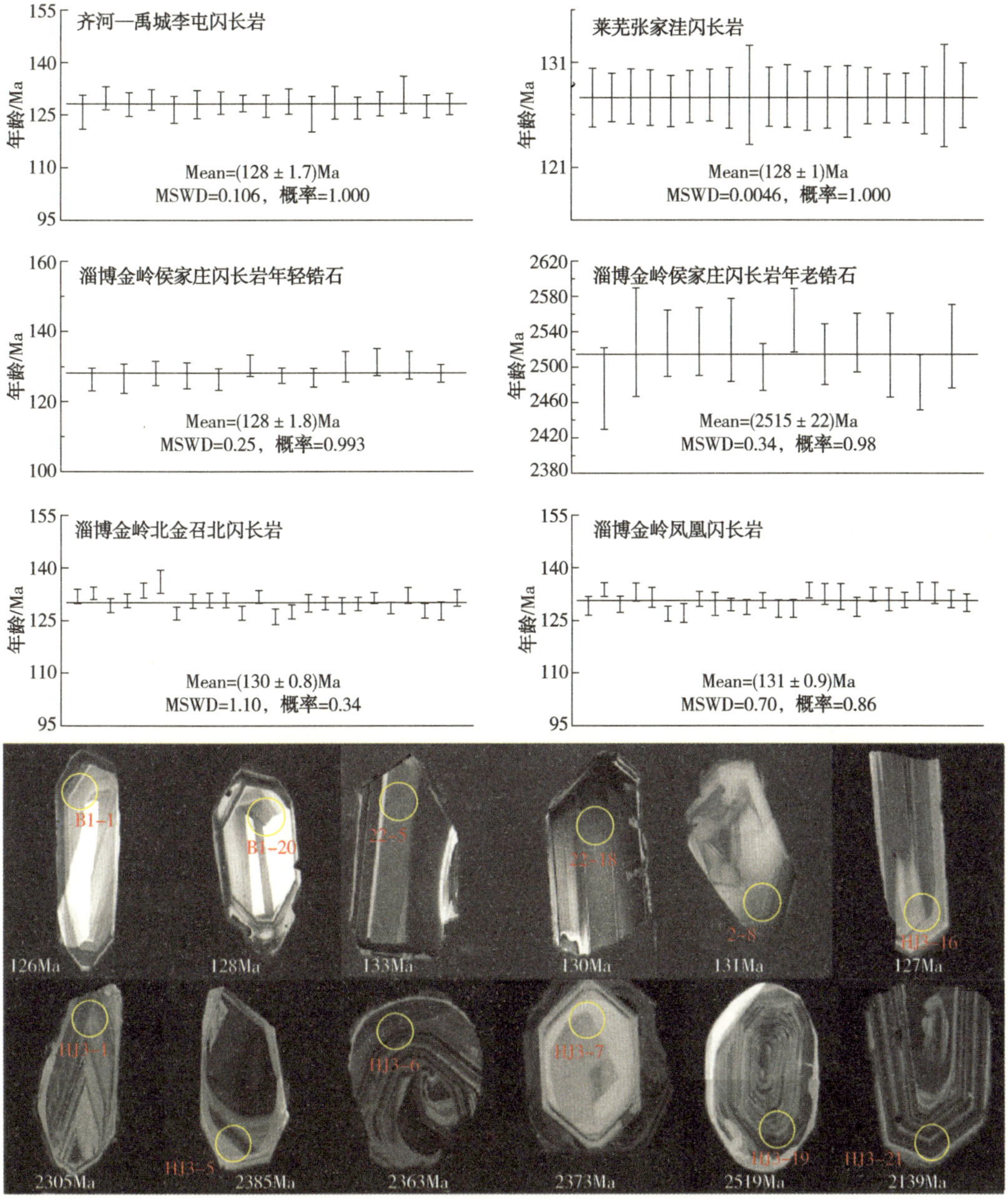

图 5-3-2　成矿岩体锆石 U-Pb 年龄及形态特征

五、锆石微量元素特征对成矿作用要素的反映

研究区不同矿集区成矿岩体样品锆石稀土元素特征指示其为岩浆锆石。球粒陨石标准化稀土元素配分曲线均呈现出重稀土相对轻稀土更加富集，且“左低右高”的配分型式(图 5-3-3)，LREE/HREE 比值介于 0.0068~0.2348，集中在 0.01~0.04，符合岩浆锆石的稀土元素配分特点。同时，具有不同程度的 Ce 正异常和 Eu 负异常：δCe 为

1.25~182.52，δEu 为 0.20~0.86。锆石 Th/U 值为 0.22~2.99，均大于 0.1，集中于 0.8 以上，表现为典型的岩浆成因锆石特征(Belousova E et al.，2002)。δCe—$(Sm/La)_N$图解可很好地区分岩浆锆石和热液成因锆石(Hoskin W P，2004)，本次样品据此亦显示为岩浆成因锆石[图 5-3-4(a)]。

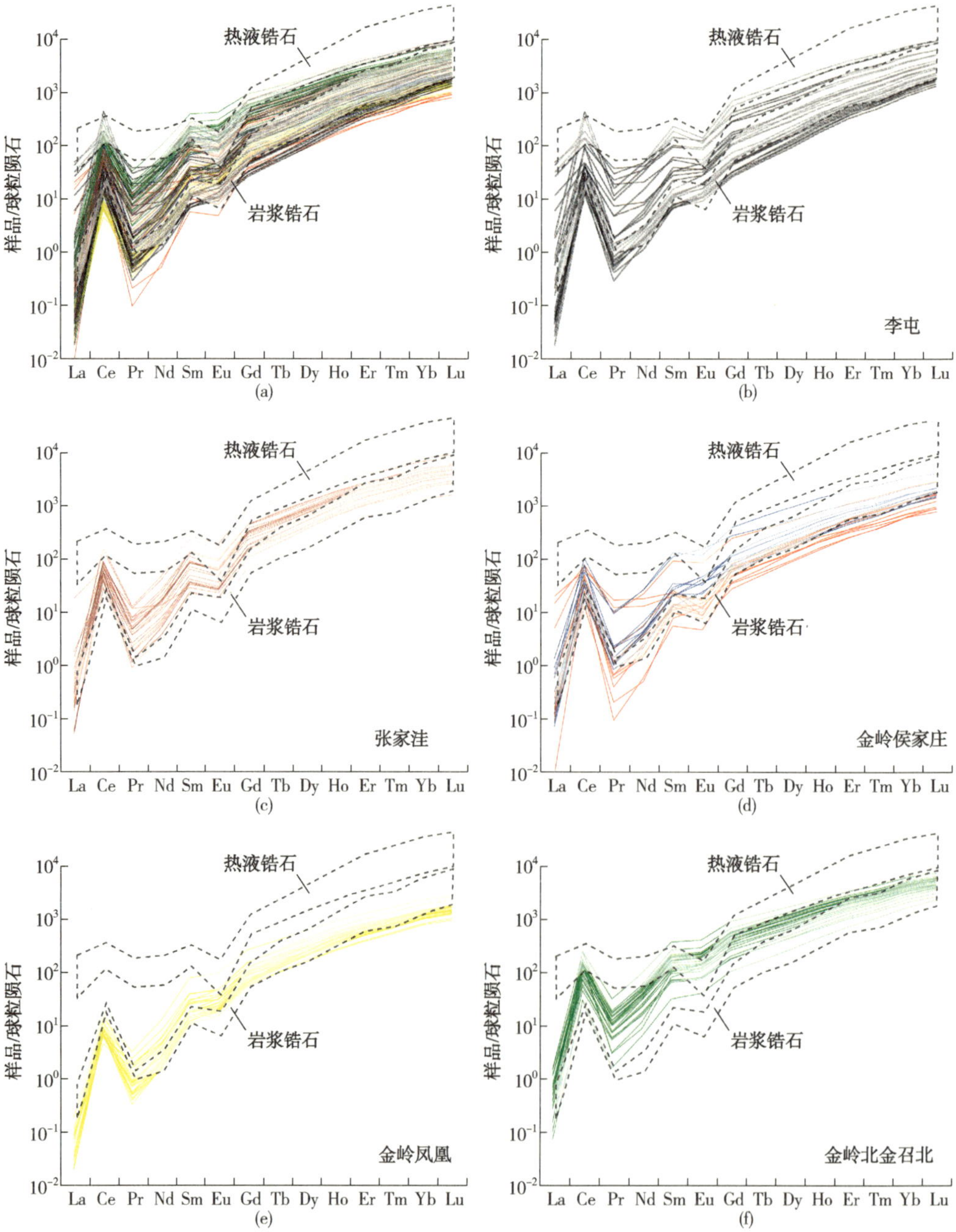

图 5-3-3　成矿岩体锆石球粒陨石标准化稀土配分曲线

(底图据 Hoskin O W P and Schaltegger U，2003)

锆石样品中的高场强元素 Ti、Nb、Ta 的含量特征符合岩浆锆石特征，且指示所测试点位不受包裹体或含钼矿物结晶的影响和控制。据研究，典型岩浆锆石高场强元素

Ti、Nb、Ta 的含量一般为(Hoskin O W P and Schaltegger U，2003)：$\omega(Ti)\leqslant75\times10^{-6}$，$\omega(Nb)\leqslant62\times10^{-6}$，$\omega(Ta)\leqslant3\times10^{-6}$。研究区所测试锆石含量 $\omega(Ti)$ 为 1.09×10^{-6} ~ 19.96×10^{-6}，平均为 3.44×10^{-6}；$\omega(Nb)$ 为 0.63×10^{-6} ~ 17.46×10^{-6}，平均为 2.68×10^{-6}；$\omega(Ta)$ 为 0.26×10^{-6} ~ 2.92×10^{-6}，平均为 0.75×10^{-6}，均在岩浆锆石的范围之内。

研究区样品的岩浆锆石未遭受后期热事件干扰，为未变质岩浆锆石。所测试锆石样品中的高场强元素 Ti、Nb、Ta 的含量特征暗示其未受包裹体或含钽矿物结晶的影响(El-Bialy Z M and Ali A K，2013；Lichtervelde V M et al.，2015)。排除该干扰，可以利用锆石 Ti 温度计近似计算获得相应锆石的结晶温度。本次计算的锆石结晶温度为 729~921℃，平均为 783℃，位于未变质锆石上限和下限之间[图 5-3-4(b)]。

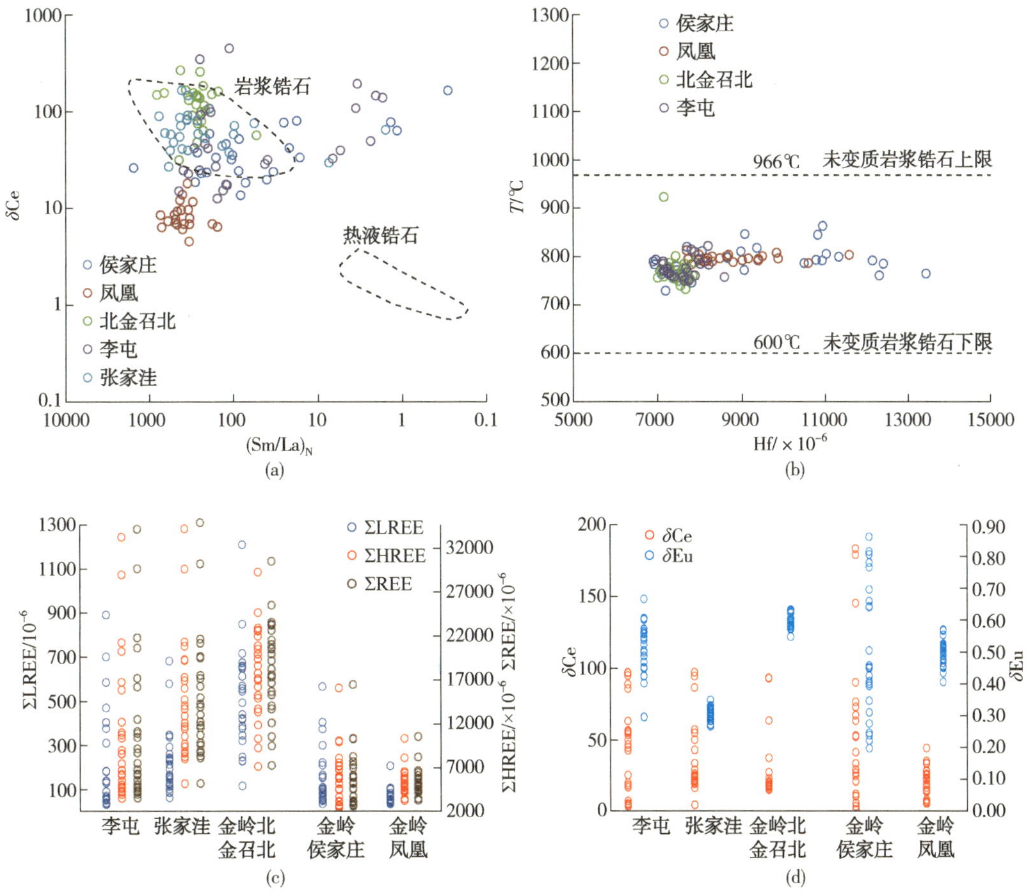

图 5-3-4　成矿岩体锆石微量元素特征图

成矿禀赋不同的各样品在锆石微量元素特征方面表现出以下明显的差异。

第一，标准化后的稀土元素含量离散程度不同(图 5-3-5)，表现出“成矿禀赋强总体大于成矿禀赋弱”的特点。标准差(σ)是统计学中用以描述数据的离散程度的统计量，故以此进行数据计算与量化对比(郝拉娣和于化东，2005)。因从轻稀土向重稀土元素离散程度逐渐显著，故以重稀土镥元素的变化幅度规律性差异及其标准差为例表述如下：齐河—禹城李屯地区闪长岩$(Lu)_N$为 1365.43×10^{-6} ~ 9521.52×10^{-6}，变化幅度为 8156.09×10^{-6}，标准差为 71.78×10^{-6}；莱芜张家洼地区闪长岩$(Lu)_N$为 $1587.35\times$

10^{-6} ~ 8915.66×10^{-6}，变化幅度为 7328.31×10^{-6}，标准差为 55.66×10^{-6}；金岭北金召北地区闪长岩$(Lu)_N$为 2451.76 ~ 7882.21×10^{-6}，变化幅度为 5430.45×10^{-6}，标准差为 41.90×10^{-6}；金岭侯家庄地区闪长岩$(Lu)_N$为 746.63×10^{-6} ~ 4249.22×10^{-6}，变化幅度为 3502.59×10^{-6}，标准差为 26.07×10^{-6}；金岭凤凰地区闪长岩$(Lu)_N$为 961.33 ~ 2774.02×10^{-6}，变化幅度为 1812.69×10^{-6}，标准差为 12.03×10^{-6}。

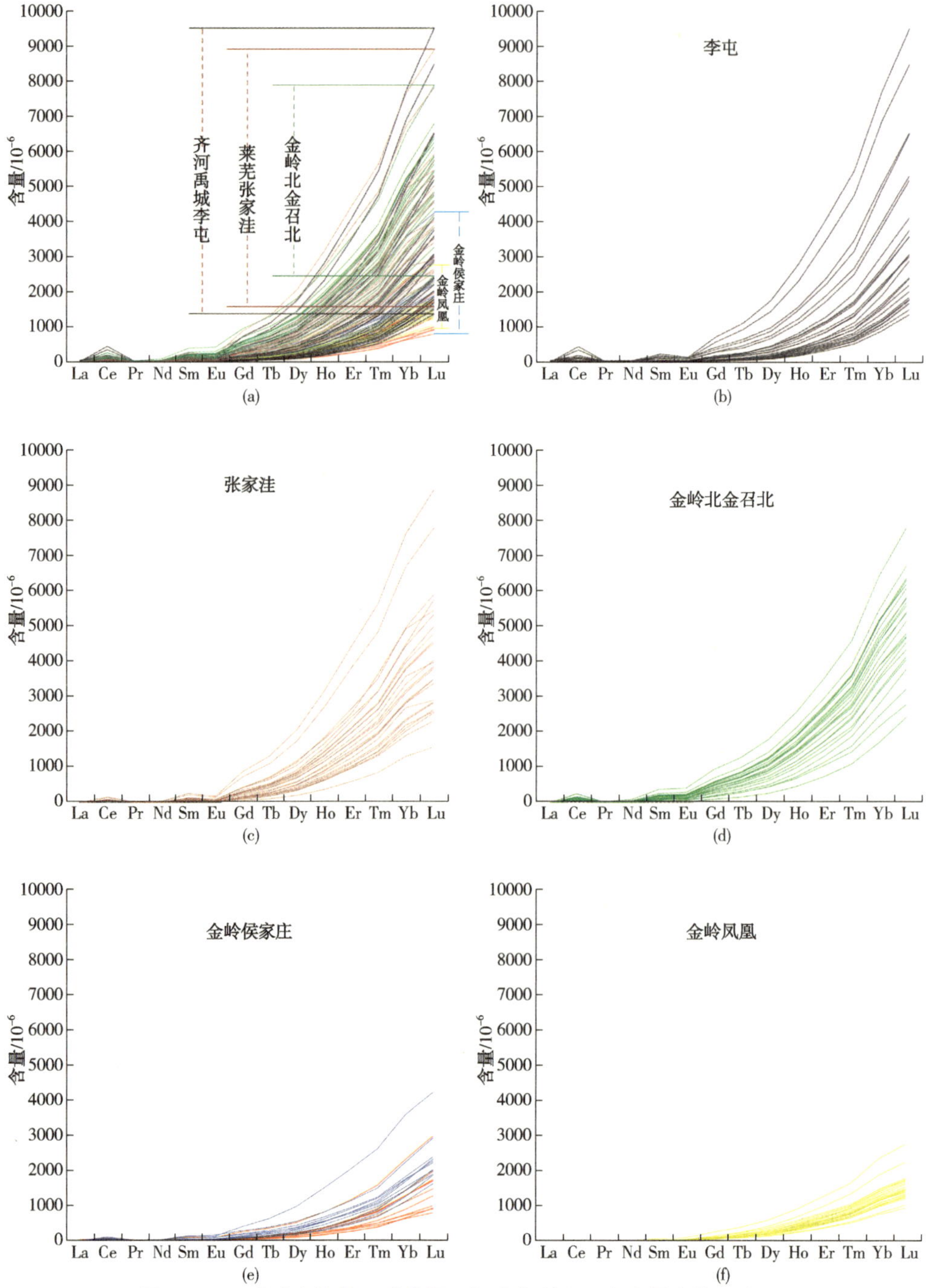

图 5-3-5　成矿岩体锆石球粒陨石标准化稀土元素含量发散程度图

第二，不同成矿禀赋的样品锆石∑LREE、∑HREE 和∑REE 值的离散程度存在显著差别[图 5-3-4(c)]。成矿禀赋越好的样品∑LREE、∑HREE 和∑REE 值变化幅度越大，如李屯闪长岩、张家洼闪长岩；而成矿禀赋差者则其值越集中，如金岭凤凰闪长岩。通过标准差(σ)计算，总体符合这个规律，如李屯、张家洼、北金召北、侯家庄和凤凰岩体的∑REE 值标准差($\times10^{-6}$)分别为 7974.40、6755.18、5327.09、3028.13、1459.90；∑HREE 值标准差($\times10^{-6}$)分别为 7748.62、6612.60、5107.45、2959.75、1428.92；∑LREE 值标准差($\times10^{-6}$)分别为 230.16、144.91、228.00、129.80、35.89。

第三，不同成矿禀赋的样品锆石铈异常值 δCe 虽均呈正异常但仍具有明显差异，较好的成矿禀赋者具有更加宽泛的变化范围，如李屯、张家洼、北金召北、侯家庄等，而成矿禀赋弱者 δCe 更集中，如凤凰，这表明其均来自壳源锆石且形成于相对氧化的条件但结晶时相对氧化的程度不同(Hoskin O W P and Schaltegger U，2003)；而铕异常值 δEu 则无明显规律[图 5-3-4(d)]，铕负异常可能是岩浆先期进行了斜长石的分离结晶带走大量的 Eu 导致(Snyder G A et al.，1993)，锆石的 Eu 异常继承了锆石结晶时熔体的 Eu 亏损状态，同时受氧逸度影响(雷玮琰等，2013)，因此呈现出无明显规律的现象。

六、岩浆演化和成矿作用关键条件

伴随温度的降低，研究区成矿岩体样品锆石 δCe 和 δEu 表现出一定的差异。成矿禀赋好的岩体锆石随温度降低，δCe 和 δEu 均发生较显著的变化，而成矿禀赋差的岩体锆石随温度降低，δCe 和 δEu 则未发现明显的规律性变化，且变化范围极小[图 5-3-6(a)(b)]。这暗示在岩浆演化过程中，随着不同矿物的分离结晶，岩浆的物理化学条件如氧逸度波动程度不同，成矿禀赋好者物理化学条件具有较显著的波动，反之则波动有限。

随岩浆分异作用的进行或其他物源的进一步加入，锆石中 Hf 质量分数可不断升高(Hoskin O W P and Schaltegger U，2003)，可以反映岩浆演化等过程。由于中生代锆石和太古宙—元古宙锆石年龄差异很大，锆石信息不具有岩浆演化连续性，故为更客观地反映岩浆演化程度和成矿作用的关系，将中生代和太古宙—元古宙岩浆锆石区分表示，以中生代锆石信息讨论为主。相比李屯地区、北金召北地区和侯家庄地区，成矿禀赋差的凤凰岩体锆石总体具有更高的 Hf 含量，是岩浆演化较高的产物，抑或是地壳重熔界面升高至古基底之上熔融了中酸性物源所致，即岩浆演化程度高或岩浆演化末端或大量地壳浅部中酸性非铁质壳源物质的融入可能并不是不利于大规模成矿的关键。

根据锆石微量元素组成计算得出的氧逸度结果表明，不同样品的锆石氧逸度变化范围较大，但仍有明显区别。成矿禀赋好的李屯岩体、北金召北岩体和侯家庄岩体样品均有一定数量的锆石分布于 FMQ 甚至 MH 线之上，指示一定程度的高氧逸度岩浆占比，而成矿禀赋差的凤凰岩体样品锆石主要分布于 FMQ 线之下。如李屯岩体、北金召岩体、侯家庄岩体、凤凰岩体锆石氧逸度数值位于 FMQ 线之上的个数分别为 12、4、4、3，分别占总测点数(25 点)的 48%、16%、16%和 12%；位于 MH 线之上的个数分别为 5、2、2、0，分别占总测点数(25 点)的 20%、8%、8%和 0。根据本次研究锆石微量元素计算获得的太古宙—元古宙锆石氧逸度，结合金子梁(2017)获得的古老下地壳太古宙—元古宙锆石氧逸度数据，2500Ma 左右的古老下地壳锆石氧逸度主要分布于 FMQ 线之上，且 MH 线之上者占多数，显示高氧逸度条件(见图 5-3-7)。

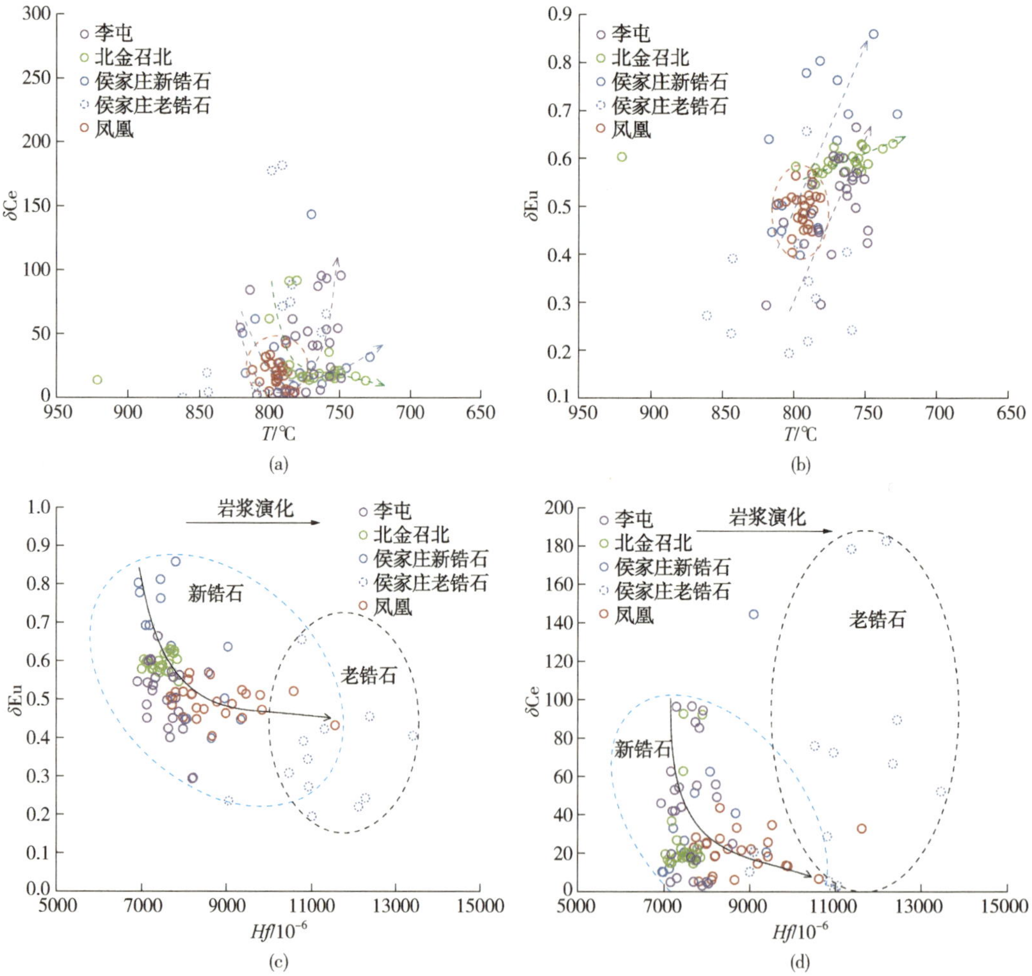

图 5-3-6　岩浆演化锆石微量元素指示图解

七、小结

(1) 华北克拉通鲁西富铁成矿区成矿岩体中识别出中生代和太古宙—元古宙两类未变质岩浆锆石，结晶温度集中，其中，太古宙—元古宙锆石与新太古代和古元古代之交的成铁纪时间上高度吻合。

(2) 不同禀赋的矿床闪长质岩体在锆石微量元素特征如标准化稀土元素含量发散程度，∑LREE、∑HREE 和∑REE 值的变化幅度，δCe 变化范围等方面具有明显差异，可作为地球化学找矿参考标志。

（3）根据锆石 δCe、δEu 及 Hf 质量分数的变化规律，指示岩浆演化末端或不利于大规模成矿。氧逸度计算结果表明，存在分布于 FMQ 甚至 MH 线之上的样品是成矿有利条件，反映高氧逸度条件是成矿的重要有利因素。

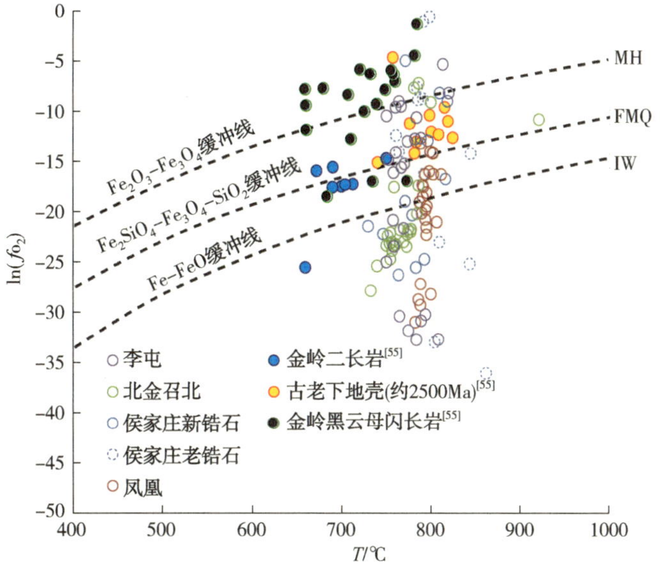

图 5-3-7　基于锆石微量元素计算的岩浆氧逸度特征

第六章

岩浆作用和成矿模式

第一节　岩浆作用构造背景

基于典型矿区成矿岩体锆石矿物微区微量元素数据(具体数据见第五章第三节)特征推断的寄主岩石岩浆物质源区主要来自于陆壳，而寄主岩石形成的构造背景类型推断为大陆边缘弧型。

一、岩浆物源

寄主岩石岩浆物源应主要来自于陆壳，但不乏受幔源影响。锆石微量元素 U/Yb—Hf、U/Yb—Y 和 U—Yb 图解可有效判别寄主岩石的锆石来源(Grimes C et al.，2007)，本次研究样品锆石数据均落在陆壳锆石范围内(图 6-1-1a、b、d)，指示其岩浆物源主要起源于陆壳。个别样品具有较低的 U/Yb 值，最低可低至 0.19，接近于大洋地壳，推断是由于古西太平洋板块俯冲导致的少量大洋残片的贡献造成。在 Th—Pb 图解中，锆石数据可分为两部分，中生代锆石均落于 I 型花岗岩范围，而未重熔的太古代—元古代锆石落在 S 型花岗岩范围内，结合近年来的研究认识，即 I 型花岗岩实际上是壳源岩浆与幔源岩浆混合作用的产物(张蕊等，2024)，推断中生代锆石为壳幔源岩浆发生充分作用而形成的岩浆岩矿物，而部分太古代—元古代锆石应因局部温度等因素限制被已形成的岩浆携带混合而未发生矿物本质改变。本次研究锆石较宽泛的锆石 Ce 异常特征也辅证了这一认识，壳源锆石为岩浆的形成提供了相对氧化的条件，但陆壳成分的差异导致相对氧化的程度差异。另据金子梁基于淄博金岭岩体的研究(金子梁，2017)，金岭岩体黑云母闪长岩中，中生代锆石的初始 $^{176}Hf/^{177}Hf$ 比值为 0.282584～0.282733，对应的 εHf(t=126Ma)比值范围为-3.9～1.3；角闪石闪长岩中，古老锆石的初始 $^{176}Hf/^{177}Hf$ 比值为 0.281206～0.281353，对应的 εHf(t=2529Ma)比值平均值为 3.2，且矿区采集的所有古老锆石均具有相似的 Hf 同位素特征。据吴福元等(2007)的重要地球化学储源库的 Hf 同位素组成及其变化研究成果，研究区中生代锆石来源均对应为下地壳。

二、构造背景

寄主岩石形成的构造背景类型推断为大陆边缘弧型。以往研究认为，锆石微量元素地球化学特征可用以约束岩石成因的构造背景(Grimes B C et al.，2005；Schulz B et al.，2005)。在不同构造背景下锆石的 U/Yb—Hf、Gd/Yb—Yb、lg(U/Yb)—lg(Nb/Yb)及 Ta—Nb 判别图解中(图 6-1-2)，研究样品锆石数据均落于大陆边缘弧型或大陆边缘弧-岛弧型。古西太平洋板块在中侏罗世开始向华北克拉通俯冲，大致经过燕山运动 A 幕上覆板块挤压(低角度俯冲，中侏罗世，约 165Ma)、岩石圈伸展与岩浆活动(高角度俯冲，晚侏罗世，约 155Ma)、燕山运动 B 幕挤压与抬升(低角度俯冲，早白垩世，约 140Ma)、岩石圈大规模减薄(华北克拉通东部彻底破坏，早白垩世，约 125Ma)等阶段

（朱日祥等，2019）。因此，结合区域地质演化历史和本次研究数据结果，研究区寄主岩石形成的构造背景类型推断为大陆边缘弧–岛弧型。

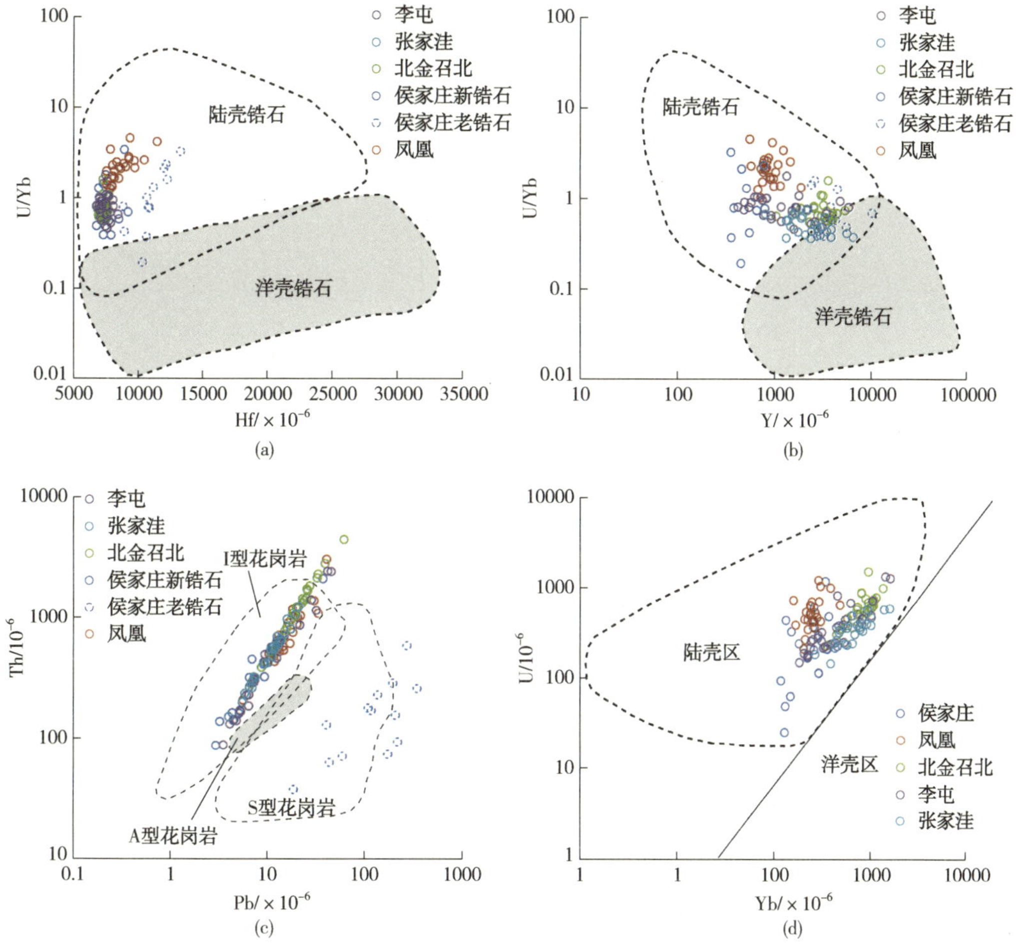

图 6–1–1　寄主岩石锆石结晶环境和成因类型微量元素判识图

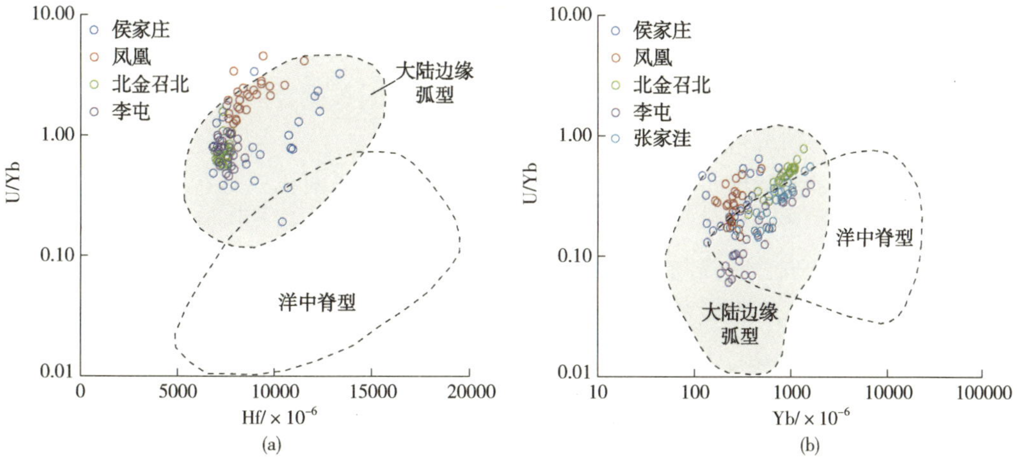

图 6–1–2　寄主岩石形成构造背景锆石微量元素判识图解

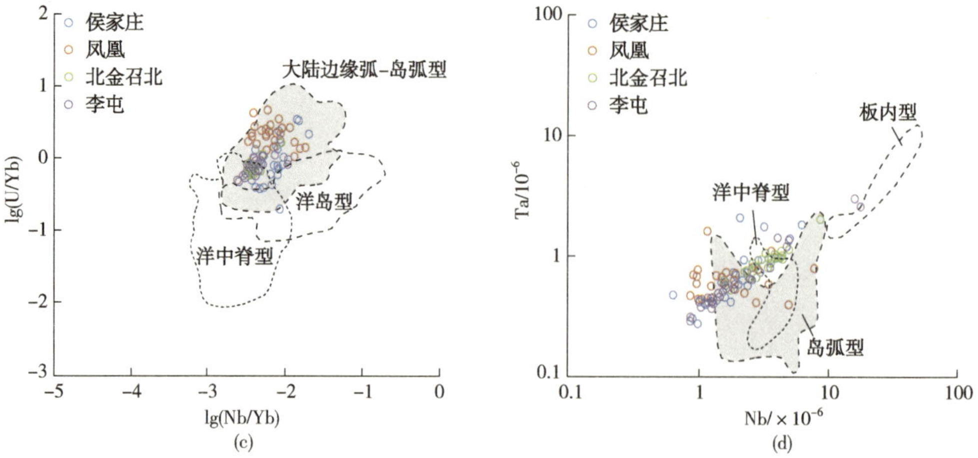

图 6-1-2　寄主岩石形成构造背景锆石微量元素判识图解(续)

第二节　岩石成因和形成条件

一、研究背景

并不是所有的闪长质岩石都能形成矽卡岩铁矿，成矿作用是否与岩浆的演化过程、侵位深度等因素有关尚研究不足，在此选取近年来在鲁西地区新发现的齐河—禹城富铁矿勘查基地为例开展进一步工作。经过几年的勘查工作，在该区发现了李屯、潘店、大张三个矿产地，显示该地区具有良好的找矿前景(吴成平等，2020)。区内富铁矿属于矽卡岩型铁矿(郝兴中等，2018)，矿石具有“厚度大、品位高、埋藏深、分布集中”的特点(郝兴中等，2021)。以往对闪长岩的成岩时代、地球化学特征等方面进行了较为详细的研究工作，认为区内闪长岩与邯邢式铁矿床的形成时代相近，均形成于早白垩世(约 130Ma)(秦杰等，2023；ZHU Y Z et al.，2022)，具有壳幔混源特征，与铁矿的成矿关系密切(沈立军等，2021)。但以往的研究对闪长质岩浆演化和成矿作用过程中的物理化学条件研究尚欠缺。

温度、压力、氧逸度、含水量等物理化学参数对岩浆演化、岩石成因和岩浆热液成矿作用具有重要指示作用(向坤等，2019)。角闪石和黑云母是中酸性岩浆岩的主要造岩矿物，它们的成分特征与岩浆结晶过程中的物理化学条件密切相关，可对岩浆结晶时的温度、压力、氧逸度和含水量等进行较好的限定(RIDOLFI F et al.，2008)，还可以提供成岩物质来源、形成环境及成矿作用过程等方面的信息(RIDOLFI F et al.，2010)。在此，以齐河—禹城地区成矿闪长岩的黑云母和角闪石为研究对象，通过电子探针化学成分分析，对闪长岩形成时的物理化学条件和岩石成因进行分析，为进一步探讨闪长岩与铁矿成矿的关系提供重要依据。

二、研究区地质概况

齐河—禹城地区位于华北板块鲁中隆起区与华北坳陷区的接壤部位（图 6-2-1a、b），整体处于淄博金岭—济南接触交代型铁矿成矿带的西延，均分布于齐（河）—广（饶）断裂以南。

整个齐河—禹城地区被新生界覆盖，属超深覆盖区。根据物探和钻探揭露，新生界之下主要发育新太古界、寒武—奥陶系、石炭—二叠系、三叠系（图 6-2-1c）。其中，奥陶纪马家沟群碳酸盐岩地层是齐河—禹城地区矽卡岩型铁矿形成的最主要控矿围岩和赋矿围岩，石炭—二叠纪月门沟群、石盒子群也是铁矿的重要的赋矿围岩。

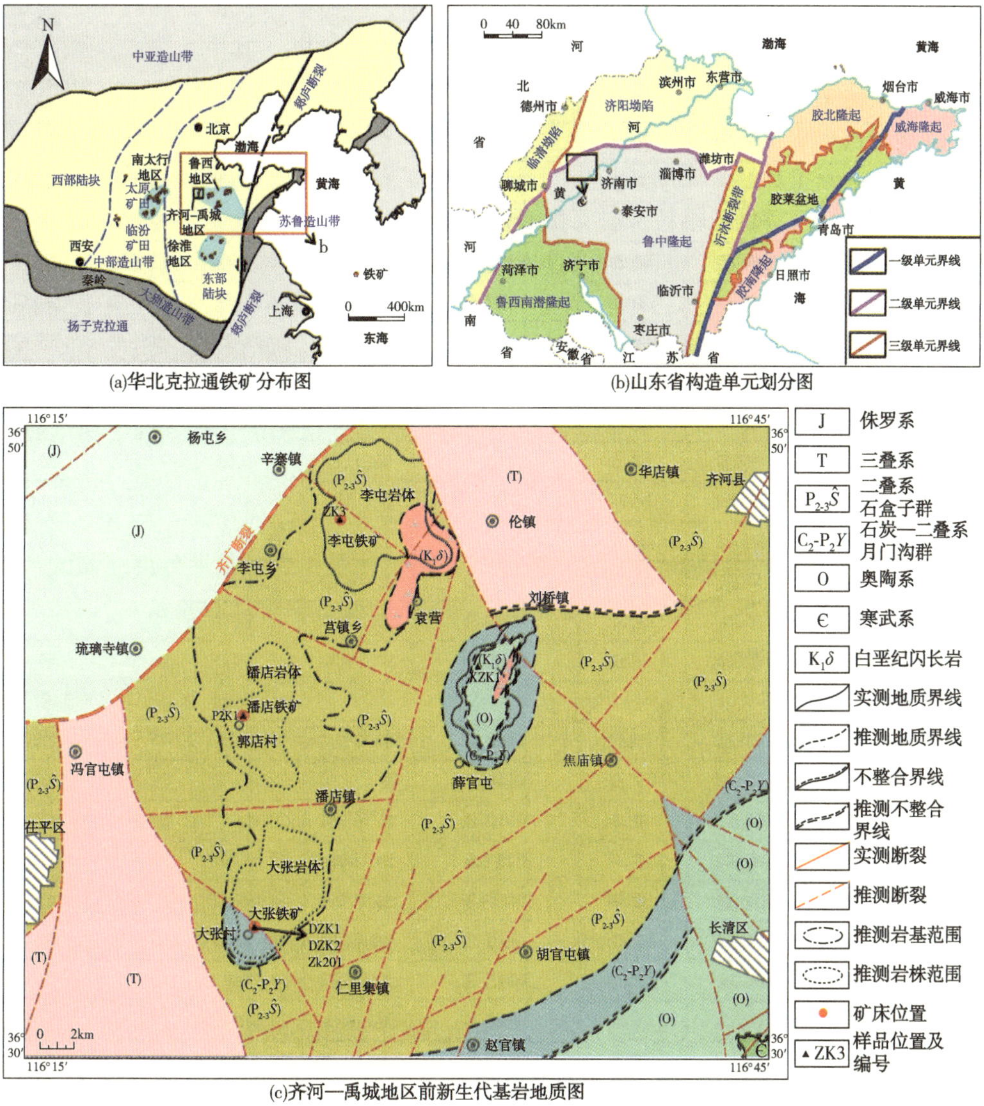

(a)华北克拉通铁矿分布图

(b)山东省构造单元划分图

(c)齐河—禹城地区前新生代基岩地质图

图 6-2-1　齐河—禹城地区大地构造位置及前新生代基岩地质简图

（a 据 DUAN Z and Li J W（2017）修改；b 据郝兴中等（2023）修改）

齐河—禹城地区铁矿的控矿岩体主要为李屯—郭店—大张铁矿区内钻孔揭露的中生代早白垩世闪长岩体，整体呈NNE向展布，深部相互连通构成大岩基，浅部则表现为李屯、潘店、大张等小岩株(吴成平等，2022)。闪长岩与围岩主要为侵入接触关系(王润生等，2022)，并且接触带附近多表现出钠长石化特征。在大张、郭店、薛官屯地区侵入奥陶纪马家沟群碳酸盐岩，在李屯地区侵入石炭—二叠纪月门沟群和石盒子群，而在袁营地区则直接被新近系角度不整合覆盖。闪长岩整体具高镁特征(沈立军等，2021)，与鲁西莱芜、金岭等铁矿床的闪长岩类似。

区域构造以脆性断裂构造为主，总体上表现为NE向、NW向和近EW向三组断裂构造。这些断裂相互切割，形成了区域内凹陷和凸起相间的构造格局(图6-2-1c)。

区内铁矿体形态都呈层状、似层状，少量呈透镜状、囊状、脉状形态。勘查工作表明，大张矿床铁矿埋藏最浅，埋深为747~828m，李屯矿床铁矿埋藏较深，埋深为1127~1247m，潘店地区铁矿埋藏最深，埋深为1062~1444m。其中大张矿床铁矿体厚度较薄，累计厚度为7~26m，潘店矿床铁矿体较厚，累计厚度为16~66m，李屯矿床铁矿体最厚，累计厚度为25~119m。矿石构造以致密块状、浸染状构造为主，少量条带状、偶见角砾状构造、流动构造、气孔构造。矿石结构主要为细粒粒状结构，少量中细粒结构，极少量自形粗粒。矿石中金属矿物成分主要为磁铁矿，少量黄铁矿和极少量的磁黄铁矿、黄铜矿、闪锌矿，非金属矿物为透辉石、透闪石、石榴石、阳起石、绿泥石、金云母、方解石等。矿石品位：平均TFe为45.08%~61.26%，平均mFe为42.68%~56.97%。矿化蚀变类型包括矽卡岩化、磁铁矿化、角岩化、大理岩化、钠长石化、黄铁矿化、阳起石化、碳酸盐化等。

根据钻孔岩心观察，齐河—禹城地区的主要成矿地质体为闪长岩。通过镜下观察，闪长岩岩性可以细分为辉石(二长)闪长岩、角闪(二长)闪长岩(图6-2-2a)、石英(二长)闪长岩(图6-2-2b)，黑云母含量低于5%，普遍发育暗色矿物富集包体(图6-2-2c)，由黑云母、纤闪石及不透明矿物组成的集合体，可能代表了岩浆早期分离结晶的产物。不同岩性闪长岩之间多表现为涌动接触关系，局部表现出脉动接触关系。另有闪长玢岩侵入闪长岩。

辉石(二长)闪长岩，岩石新鲜面呈灰色，多发生钠长石化，呈灰白色，中细粒半自形粒状结构，部分具似斑状结构，块状构造。主要矿物为斜长石(65%~75%)、钾长石(5%~10%)、普通辉石(5%~20%)、角闪石(<5%)，基本不含黑云母。次生矿物包括钠长石、绿帘石、高岭土、次闪石等，表现为斜长石钠长石化，轻微高岭土化，局部绿帘石化；钾长石表面高岭土化、边缘具钠长石化；辉石和角闪石边缘具次闪石化。副矿物包括磁铁矿、锆石、磷灰石、榍石。

角闪(二长)闪长岩，岩石新鲜面呈灰色，细粒不等粒半自形粒状结构，偶见似斑状结构，块状构造。主要矿物为斜长石(65%~75%)、钾长石(3%~7%)、石英(<2%)、角闪石(15%~30%)、黑云母(<3%)。次生矿物包括粘土矿物、绢云母、碳酸盐、次闪石、钠长石，表现为斜长石黏土化、绢云母化、碳酸盐化，边部具钠长石化；钾长石高岭土化、轻微绢云母化；角闪石具褐铁矿化、次闪石化。副矿物包括磁铁矿、锆石、磷灰石。

石英(二长)闪长岩，岩石新鲜面呈灰色，细粒不等粒半自形粒状结构，局部似斑状结构，块状构造。主要矿物为斜长石(45%~75%)、钾长石(3%~10%)、石英(5%~10%)、角闪石(15%~35%)、黑云母(3%~5%)。次生矿物包括粘土矿物、绢云母、次闪石、钠长石、褐铁矿，表现为斜长石黏土化、绢云母化、褐铁矿化、钠长石化；钾长石高岭土化；角闪石褐铁矿化。副矿物包括磁铁矿、锆石、磷灰石、榍石。

闪长玢岩，岩石新鲜面呈灰色，斑状结构，基质微晶结构，块状构造。斑晶由斜长石(25%)、角闪石(20%~25%)，少量黑云母和普通辉石组成。

由岩体中心到边缘，岩石结构具有中细粒半自形粒状结构(图6-2-2d)—细粒不等粒结构—似斑状结构(图6-2-2e)的变化特征。镜下观察，角闪石表现出褐黄色和黄绿色两种不同的颜色，其中褐黄色角闪石多色性弱，构成斑状结构的斑晶(图6-2-2g)或者似斑状结构中斑晶的核部，并且普遍发生了蚀变，表面表现出明显的糙面，个别褐黄色角闪石边缘发育黄绿色角闪石(图6-2-2h)，反映褐黄色角闪石形成早于黄绿色角闪石。黄绿色角闪石表现为黄绿色—墨绿色多色性，矿物边界清晰，普遍发育在半自形粒状结构的闪长岩内部或者斑晶的边缘，蚀变程度普遍相对弱，局部可见与黑云母共生现象(图6-2-2i)，表明二者是在相同的物理化学条件下结晶形成的。

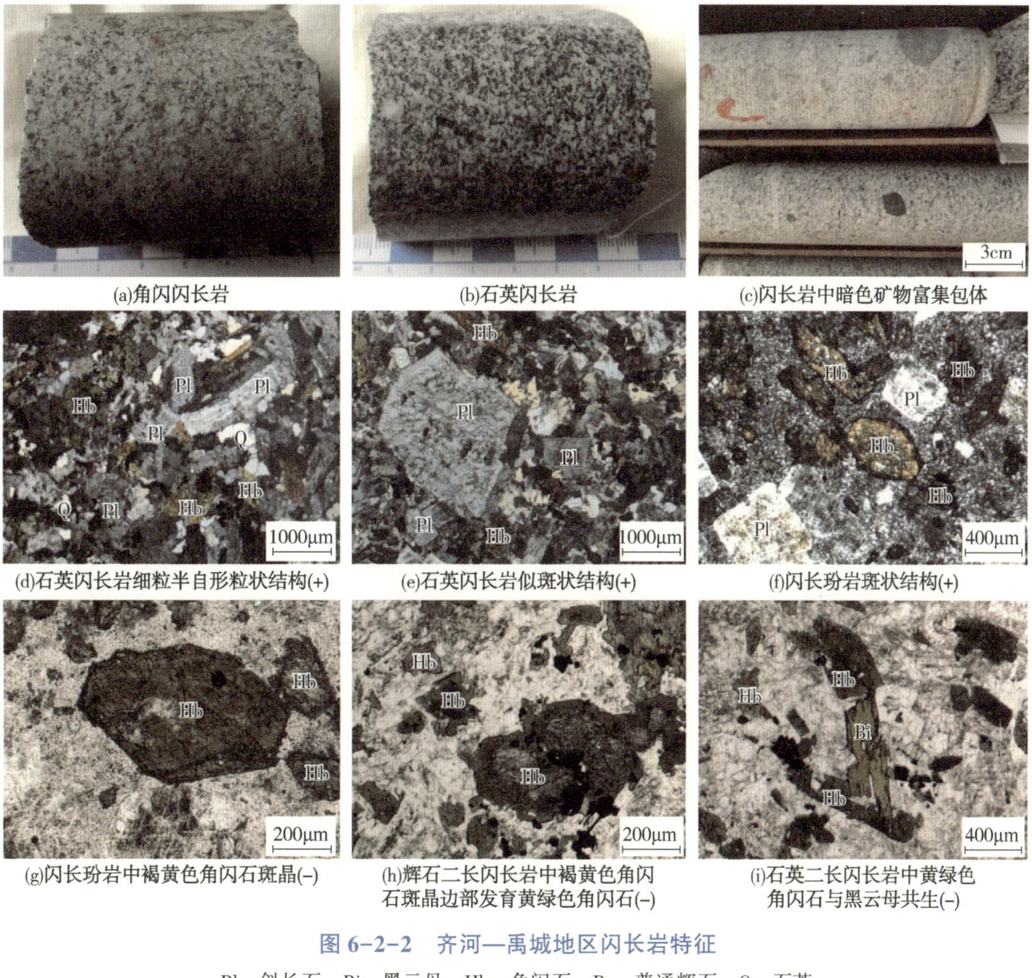

(a)角闪闪长岩　(b)石英闪长岩　(c)闪长岩中暗色矿物富集包体

(d)石英闪长岩细粒半自形粒状结构(+)　(e)石英闪长岩似斑状结构(+)　(f)闪长玢岩斑状结构(+)

(g)闪长玢岩中褐黄色角闪石斑晶(−)　(h)辉石二长闪长岩中褐黄色角闪石斑晶边部发育黄绿色角闪石(−)　(i)石英二长闪长岩中黄绿色角闪石与黑云母共生(−)

图6-2-2　齐河—禹城地区闪长岩特征

Pl—斜长石；Bi—黑云母；Hb—角闪石；Px—普通辉石；Q—石英

三、分析方法和结果

（一）分析方法

采集不同矿区闪长岩的角闪石和黑云母进行电子探针分析，其中PZK1样品采自潘店铁矿区，DZK1、DZK2和ZK201样品采自大张铁矿区，ZK3样品采自李屯铁矿区，XZK1样品采自薛官屯北铁矿普查区(图6-2-1c)。电子探针分析在室内详细显微镜鉴定的基础上开展，其中角闪石和黑云母分别选取分析了15个测点，并分别挑选了黄绿色角闪石和褐黄色角闪石进行主量元素面扫分析。

电子探针原位成分分析在武汉上谱分析测试有限公司完成，电子探针面扫在中国冶金地质总局山东局测试中心完成。电子探针分析(EMPA)仪器型号均为日本电子JEOL JXA-8230。测试条件为：束流 $2*10^{-8}$A、加速电压15kV，束斑为5μm。主量元素含量的校正标样使用由SPI公司提供的矿物标样。数据校正采用日本电子(JEOL)的ZAF校正方法进行修正。面扫描分析的束流为 $1.0*10^{-7}$A，加速电压为15kV。

（二）分析结果

1. 黑云母

黑云母电子探针分析结果(表6-2-1)显示，齐河—禹城地区闪长岩中黑云母 SiO_2 含量为35.54%~37.05%，Al_2O_3 含量为12.87%~14.00%，TiO_2 含量为4.09%~5.05%，FeO含量为13.30%~17.88%，MgO含量为12.44%~15.42%，Na_2O 含量为0.07%~0.57%，K_2O 含量为8.91%~9.66%。以22个氧原子为基准，采用林文蔚和彭丽君(1994)提出的方案调整 Fe^{2+} 和 Fe^{3+}。在Mg-($Al^{VI}+Fe^{3+}$+Ti)-(Fe^{2+}+Mn)分类图解中黑云母落入镁质黑云母范围内，在10×TiO_2-(FeO+MnO)-MgO图解中，黑云母落入原生黑云母范围内(图6-2-3)。$Fe^{2+}/(Mg+Fe^{2+})$=0.27~0.40，平均值为0.34，比值变化较小，表明黑云母受后期流体的改造有限。黑云母未发生明显的蚀变现象也说明了这一点。

表6-2-1 黑云母化学成分和计算结果表 %

样品号	PZK1-71	PZK1-71	PZK1-76	PZK1-76	DZK2-46	DZK2-46	DZK2-46
点号	T1-05	T1-06	T1-03	T1-04	T1-05	T1-06	T1-15
SiO_2	36.95	37.05	36.71	36.83	35.54	36.17	36.92
TiO_2	4.47	4.53	4.18	4.09	5.05	4.60	4.89
Al_2O_3	13.93	13.91	14.00	13.82	13.82	13.28	13.67
FeO	14.40	14.07	13.30	13.52	17.12	17.88	17.01
MnO	0.13	0.14	0.12	0.13	0.10	0.23	0.10
MgO	15.20	15.42	15.38	15.41	12.80	12.52	13.06
CaO	0.04	0.03		0.04	0.03	0.02	0.05
Na_2O	0.57	0.51	0.24	0.28	0.14	0.15	0.16

续表

样品号	PZK1-71	PZK1-71	PZK1-76	PZK1-76	DZK2-46	DZK2-46	DZK2-46
点号	T1-05	T1-06	T1-03	T1-04	T1-05	T1-06	T1-15
K_2O	9.04	8.91	9.55	9.36	9.14	9.31	9.64
F	0.29	0.35	0.47	0.48	0.14	0.15	
Cl	0.06	0.05	0.05	0.06	0.13	0.14	0.12
Si	2.77	2.77	2.77	2.78	2.74	2.78	2.79
Al^{IV}	1.23	1.22	1.23	1.22	1.25	1.20	1.21
Al^{VI}	0.00	0.00	0.02	0.01	0.00	0.00	0.01
Ti	0.25	0.25	0.24	0.23	0.29	0.27	0.28
Fe^{3+}	0.20	0.22	0.21	0.22	0.22	0.21	0.21
Fe^{2+}	0.70	0.66	0.63	0.64	0.88	0.94	0.87
Mn	0.01	0.01	0.01	0.01	0.01	0.01	0.01
Mg	1.70	1.72	1.73	1.73	1.47	1.44	1.47
Ca	0.00	0.00	0.00	0.00	0.00	0.00	0.00
Na	0.08	0.07	0.03	0.04	0.02	0.02	0.02
K	0.86	0.85	0.92	0.90	0.90	0.91	0.93
Total	7.80	7.78	7.79	7.78	7.78	7.79	7.79
MF	0.65	0.66	0.67	0.67	0.57	0.55	0.58
$Al^{VI}+Fe^{3+}+Ti$	0.45	0.47	0.47	0.46	0.51	0.48	0.49
$Fe^{2+}+Mn$	0.71	0.67	0.63	0.64	0.89	0.96	0.87

样品号	DZK2-46	DZK1-59	DZK1-59	ZK3	ZK3	ZK201-28	XZK1-10	XZK1-10
点号	T1-16	T1-07	T1-08	T2-07	T2-08	T1-02	T1-01	T1-02
SiO_2	36.16	36.12	36.40	36.62	36.22	36.43	37.03	36.51
TiO_2	4.83	4.35	4.34	4.46	4.52	4.20	4.36	4.62
Al_2O_3	13.39	12.87	13.01	13.72	13.54	13.37	12.87	13.06
FeO	17.51	16.03	16.43	17.45	17.78	17.05	17.12	16.93
MnO	0.07	0.10	0.10	0.24	0.22	0.14	0.18	0.21
MgO	12.44	13.50	13.77	12.99	12.93	13.53	13.65	13.76
CaO		0.06	0.05			0.01	0.07	0.23
Na_2O	0.13	0.10	0.10	0.11	0.07	0.20	0.13	0.15
K_2O	9.66	9.42	9.23	9.35	9.35	9.19	9.18	8.91
F	0.12	0.30	0.26	0.19	0.14	0.24	0.28	0.35
Cl	0.16	0.08	0.07	0.13	0.14	0.09	0.39	0.36
Si	2.78	2.80	2.80	2.78	2.77	2.79	2.81	2.77
Al^{IV}	1.21	1.18	1.18	1.22	1.22	1.20	1.15	1.17

续表

样品号	DZK2-46	DZK1-59	DZK1-59	ZK3	ZK3	ZK201-28	XZK1-10	XZK1-10
点号	T1-16	T1-07	T1-08	T2-07	T2-08	T1-02	T1-01	T1-02
Al^{VI}	0.00	0.00	0.00	0.01	0.00	0.00	0.00	0.00
Ti	0.28	0.25	0.25	0.25	0.26	0.24	0.25	0.26
Fe^{3+}	0.21	0.21	0.21	0.22	0.20	0.20	0.24	0.24
Fe^{2+}	0.92	0.83	0.84	0.89	0.93	0.89	0.85	0.83
Mn	0.00	0.01	0.01	0.02	0.01	0.01	0.01	0.01
Mg	1.43	1.56	1.58	1.47	1.47	1.54	1.54	1.56
Ca	0.00	0.00	0.00	0.00	0.00	0.00	0.01	0.02
Na	0.02	0.01	0.01	0.02	0.01	0.03	0.02	0.02
K	0.95	0.93	0.90	0.91	0.91	0.90	0.89	0.86
Total	7.79	7.79	7.79	7.78	7.80	7.80	7.76	7.76
MF	0.56	0.60	0.60	0.57	0.56	0.58	0.58	0.59
$Al^{VI}+Fe^{3+}+Ti$	0.49	0.47	0.46	0.48	0.46	0.44	0.49	0.51
$Fe^{2+}+Mn$	0.92	0.83	0.85	0.90	0.95	0.90	0.86	0.84

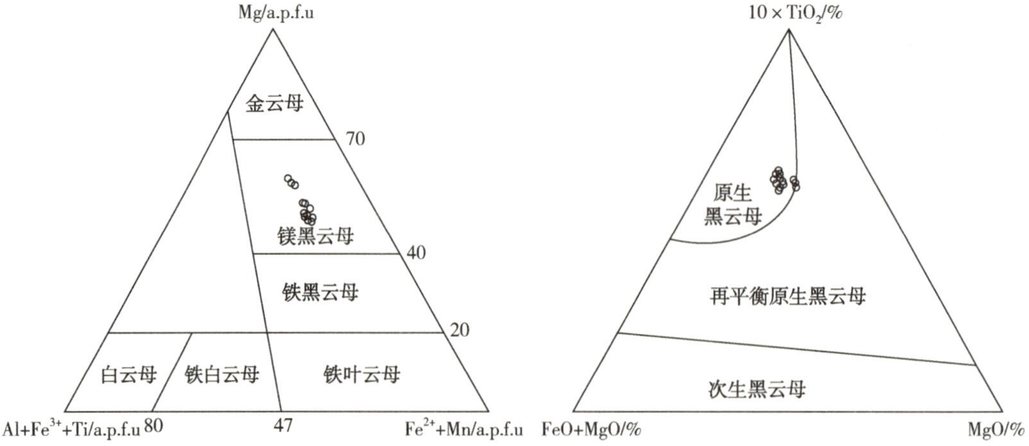

(a) (b)

图 6-2-3 黑云母分类图解

（a 底图据 FOSTER M D，1960；b 底图据 NACHIT H et al.，2005）

2. 角闪石

角闪石电子探针分析结果(表 6-2-2)显示，齐河—禹城地区闪长岩中角闪石 SiO_2 含量为 43.33%~53.75%，Al_2O_3含量为 2.20%~10.59%，TiO_2 含量为 0.35%~2.37%，FeO 含量为 9.14%~15.22%，MgO 含量为 12.31%~18.01%，CaO 含量为 10.90%~11.73%，Na_2O 含量为 0.60%~2.09%，K_2O 含量为 0.18%~0.95%。全部角闪石中 SiO_2和 Al_2O_3、TiO_2、FeO、Na_2O+K_2O 具有明显的负相关性，与 MgO、CaO 则表现出正相关性(图 6-2-4)。

表 6-2-2　角闪石化学成分和计算结果表　　%

样品号	PZK1-71	PZK1-71	PZK1-76	PZK1-76	PZK1-85	PZK1-85	DZK1-59
点号	T1-03	T1-04	T1-05	T1-06	T1-03	T1-04	T1-05
特征	褐黄色斑晶	褐黄色斑晶	褐黄色斑晶边缘黄绿色角闪石	褐黄色斑晶	褐黄色斑晶	褐黄色斑晶	黄绿色角闪石
SiO_2	46. 32	43. 33	48. 74	44. 67	43. 68	45. 43	53. 75
TiO_2	1. 64	2. 37	1. 31	1. 85	1. 67	1. 26	0. 35
Al_2O_3	8. 18	10. 59	6. 51	9. 35	9. 40	8. 66	2. 20
Cr_2O_3	0. 02	0. 04	0. 07	0. 04	0. 03	0. 10	0. 03
TFeO	12. 37	13. 50	11. 21	12. 97	12. 99	13. 36	9. 27
MnO	0. 34	0. 34	0. 33	0. 33	0. 29	0. 31	0. 16
MgO	14. 59	12. 91	15. 57	13. 71	13. 58	14. 08	18. 01
CaO	11. 26	11. 22	11. 08	11. 21	11. 46	11. 12	11. 73
Na_2O	1. 87	2. 09	1. 47	2. 00	1. 98	1. 77	0. 60
K_2O	0. 68	0. 95	0. 44	0. 78	0. 86	0. 70	0. 18
F	0. 00	0. 00	0. 00	0. 00	0. 03	0. 00	0. 07
Cl	0. 03	0. 04	0. 02	0. 04	0. 05	0. 06	0. 04
Si	6. 78	6. 42	7. 09	6. 60	6. 54	6. 69	7. 70
Al	1. 22	1. 58	0. 91	1. 40	1. 46	1. 31	0. 30
Sum_T	8	8	8	8	8	8	8
Al	0. 19	0. 27	0. 20	0. 23	0. 19	0. 19	0. 07
Ti	0. 18	0. 27	0. 14	0. 21	0. 19	0. 14	0. 04
Cr^{3+}	0. 00	0. 00	0. 01	0. 01	0. 00	0. 01	0. 00
Fe^{3+}	0. 26	0. 23	0. 22	0. 27	0. 33	0. 45	0. 16
Mg	3. 18	2. 85	3. 37	3. 02	3. 03	3. 09	3. 85
Fe	1. 19	1. 38	1. 06	1. 27	1. 26	1. 12	0. 88
Sum_C	5	5	5	5	5	5	5
Fe	0. 07	0. 06	0. 09	0. 06	0. 04	0. 08	0. 07
Mn	0. 04	0. 04	0. 04	0. 04	0. 04	0. 04	0. 02
Ca	1. 77	1. 78	1. 73	1. 78	1. 84	1. 75	1. 80
Na	0. 13	0. 12	0. 15	0. 12	0. 09	0. 13	0. 11
Sum_B	2	2	2	2	2	2	2
Na	0. 41	0. 48	0. 27	0. 46	0. 49	0. 38	0. 06
K	0. 13	0. 18	0. 08	0. 15	0. 16	0. 13	0. 03
Sum_A	0. 53	0. 66	0. 35	0. 60	0. 65	0. 51	0. 09
T/℃	847	914	790	880	893	853	687
P/MPa	144	269	94	196	205	163	33
D/km	5. 4	10. 1	3. 6	7. 4	7. 8	6. 2	1. 2
ΔNNO	1. 4	0. 6	1. 8	1. 0	1. 0	1. 4	2. 9
$\log fO_2$	-12	-11	-12	-11	-11	-11	-14
H_2O_{melt}	4. 3	5. 0	4. 4	4. 7	4. 5	4. 7	3. 1

续表

样品号	DZK1-59	DZK2-46	DZK2-46	ZK3	ZK3	ZK201-28	XZK1-10	XZK1-10
点号	T1-06	T1-07	T1-08	T2-05	T2-06	T1-01	T1-05	T1-06
特征	黄绿色角闪石	黄绿色角闪石	黄绿色角闪石	黄绿色角闪石核部褐黄色角闪石	黄绿色角闪石	黄绿色角闪石	黄绿色角闪石	黄绿色角闪石
SiO_2	53.10	49.63	48.88	44.48	49.38	53.21	50.04	51.55
TiO_2	0.52	0.70	0.84	2.15	1.03	0.61	1.04	0.61
Al_2O_3	2.48	4.72	5.25	9.48	5.41	3.13	5.37	4.06
Cr_2O_3	0.03	0.04	0.00	0.05	0.03	0.04	0.01	0.04
TFeO	9.14	14.01	14.51	15.22	13.62	10.40	12.06	11.44
MnO	0.22	0.49	0.43	0.34	0.39	0.48	0.37	0.41
MgO	17.93	14.31	13.84	12.31	14.49	17.21	15.15	16.14
CaO	11.40	10.90	11.38	11.10	11.56	11.48	11.47	11.71
Na_2O	0.69	0.91	0.85	1.67	0.88	0.91	1.04	0.73
K_2O	0.22	0.37	0.45	0.80	0.42	0.26	0.50	0.32
F	0.00	0.06	0.00	0.11	0.13	0.16	0.11	0.12
Cl	0.02	0.08	0.07	0.02	0.03	0.04	0.11	0.08
Si	7.65	7.31	7.21	6.58	7.19	7.58	7.27	7.43
Al	0.35	0.70	0.79	1.42	0.81	0.43	0.73	0.57
Sum_T	8	8	8	8	8	8	8	8
Al	0.07	0.12	0.12	0.23	0.12	0.10	0.19	0.12
Ti	0.06	0.08	0.09	0.24	0.11	0.07	0.11	0.07
Cr^{3+}	0.00	0.00	0.00	0.01	0.00	0.01	0.00	0.01
Fe^{3+}	0.18	0.38	0.38	0.33	0.34	0.16	0.15	0.25
Mg	3.85	3.14	3.04	2.71	3.15	3.65	3.28	3.47
Fe	0.84	1.27	1.37	1.48	1.28	1.02	1.26	1.09
Sum_C	5	5	5	5	5	5	5	5
Fe	0.09	0.07	0.04	0.07	0.04	0.06	0.05	0.04
Mn	0.03	0.06	0.05	0.04	0.05	0.06	0.05	0.05
Ca	1.76	1.72	1.80	1.76	1.81	1.75	1.79	1.81
Na	0.13	0.15	0.11	0.13	0.10	0.13	0.11	0.10
Sum_B	2	2	2	2	2	2	2	2
Na	0.07	0.11	0.14	0.35	0.15	0.12	0.18	0.10
K	0.04	0.07	0.08	0.15	0.08	0.05	0.09	0.06
Sum_A	0.11	0.18	0.22	0.50	0.22	0.17	0.27	0.16
T/℃	699	733	745	868	754	701.	753	720
P/MPa	35	62	71	202	72	41	71	51
D/km	1.3	2.3	2.7	7.6	2.7	1.5	2.7	1.9
ΔNNO	2.9	1.9	1.6	0.6	1.7	2.5	1.8	2.3
$\log fO_2$	-13	-14	-13	-12	-13	-14	-13	-13
H_2O_{melt}	2.9	4.4	4.7	5.4	4.7	3.4	4.4	4.2

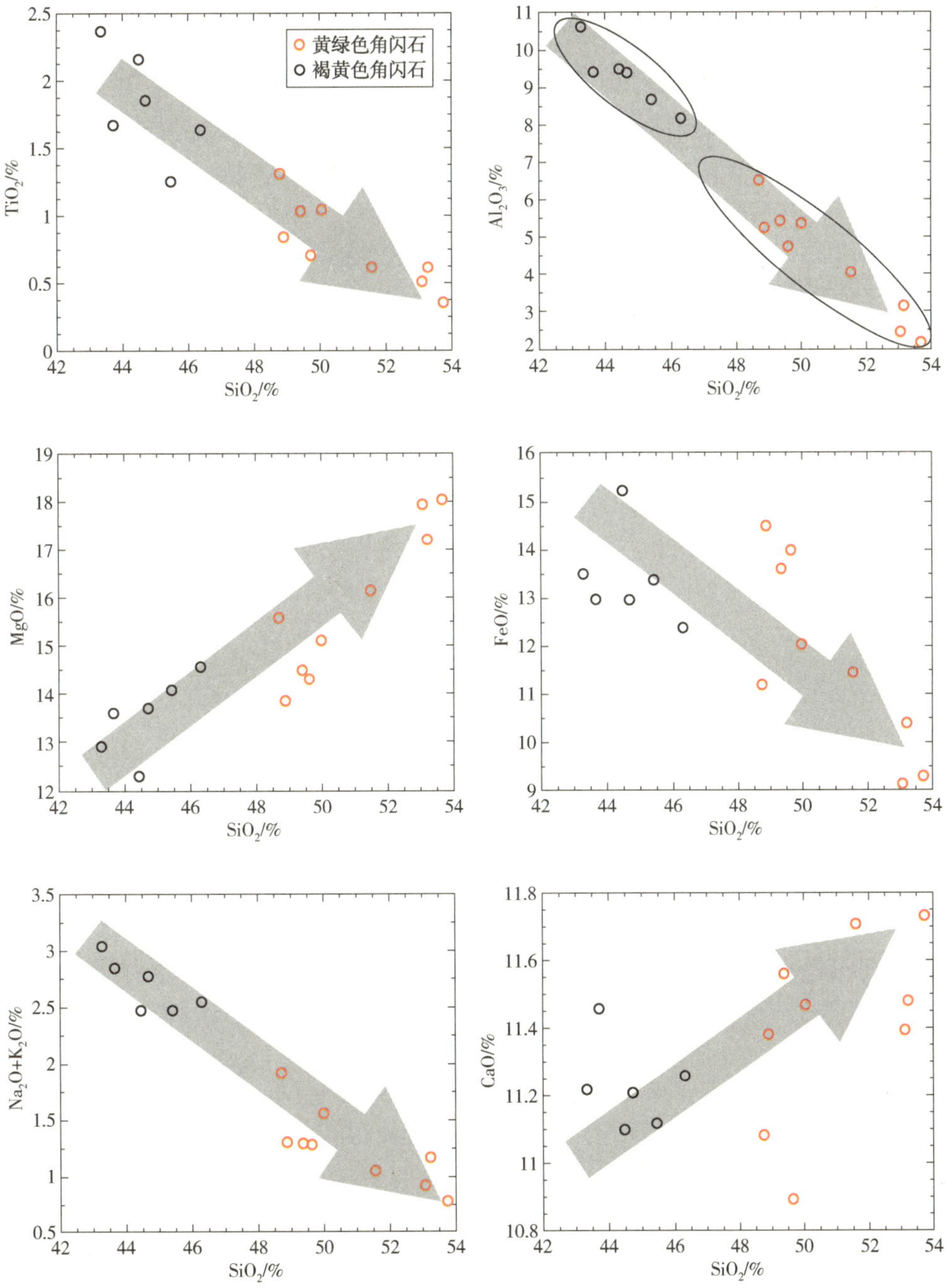

图 6-2-4　角闪石主量元素协变图

褐黄色角闪石和黄绿色角闪石主量元素表现出成分上的差别，褐黄色角闪石具低硅高铝特征，SiO_2含量为 43.33%~46.32%，平均值为 44.65%，相应的 Al_2O_3含量为 8.18%~10.59%，平均值为 9.28%TFeO 含量为 12.37%~15.22%，平均值为 13.40%，TiO_2含量为 1.26%~2.37%，平均值为 1.61%；黄绿色角闪石具高硅低铝特征，SiO_2含量为 48.74%~53.75%，平均值为 50.92%，相应的 Al_2O_3含量为 2.20%~6.51%，平均值为 4.35%，TFeO 含量为 9.14%~14.51%，平均值为 11.74%，TiO_2 含量为 0.35%~1.31%，平均值为 0.83%。以 23 个氧原子为基准，采用林文蔚和彭丽君(1994)提出的方案调整 Fe^{2+} 和 Fe^{3+}。角闪石的阳离子 Ca_B = 1.72~1.84，均大于 1.5，属于钙质角闪石。在钙质角闪石的 Si-Mg/(Mg+Fe^{2+})分类图解中，褐黄色角闪石主要落入铁质普通角闪石范围；黄绿色角闪石落在镁质普通角闪石和阳起石过渡范围内(图 6-2-5)，表示部分角闪石可能发生了阳起石化蚀变，发生了热液蚀变作用。

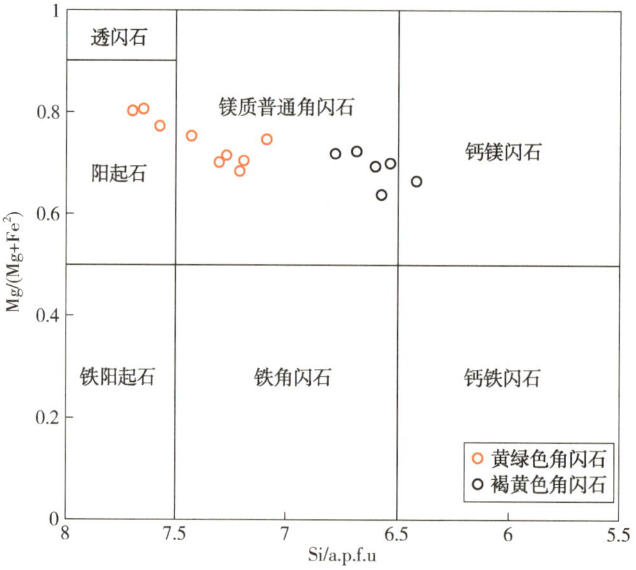

图 6-2-5　角闪石分类图解(底图据 LEAKE B E et al.，2006)

褐黄色角闪石和黄绿色角闪石的主量元素电子探针面扫(图 6-2-6)表明，褐黄色角闪石主量元素整体变化不大，环带特征不明显；另外，主量元素表现出明显的平行矿物边界的浓度分带特征，反映了流体交代作用是沿着解理进行的，导致 Si、Mg 含量略有升高，其他元素含量降低。黄绿色角闪石主量元素表现出较明显的环带分布特征，由核部到边缘，随着 Si 含量的升高，Mg 含量也相应地升高，而 Al、Fe、Ti、Na、K 则相应的降低，这与角闪石点分析结果具有一致的协变关系。黄绿色角闪石由中心向边缘 Si 含量具有升高的趋势，Al 含量具有降低的趋势，反映了黄绿色角闪石核部具有褐黄色角闪石的化学成分特征。

四、岩石成因

角闪石及黑云母的化学成分是区分岩浆来源的重要依据(张聚全等，2018)。通过电子探针对黑云母和角闪石的来源进行判别(图 6-2-7)，在角闪石 TiO_2-Al_2O_3图解中，角闪石主要落入壳幔混合源区域，暗示齐河—禹城地区闪长岩可能是幔源岩浆与下地壳部分熔融岩浆混合的产物，与处于同一岩浆岩带的金岭铁矿区闪长岩中角闪石具有一致的岩浆来源特征。黑云母 Fe^{3+}-Fe^{2+}-Mg^{2+} 成分图解中，黑云母也落在壳幔混合源区。

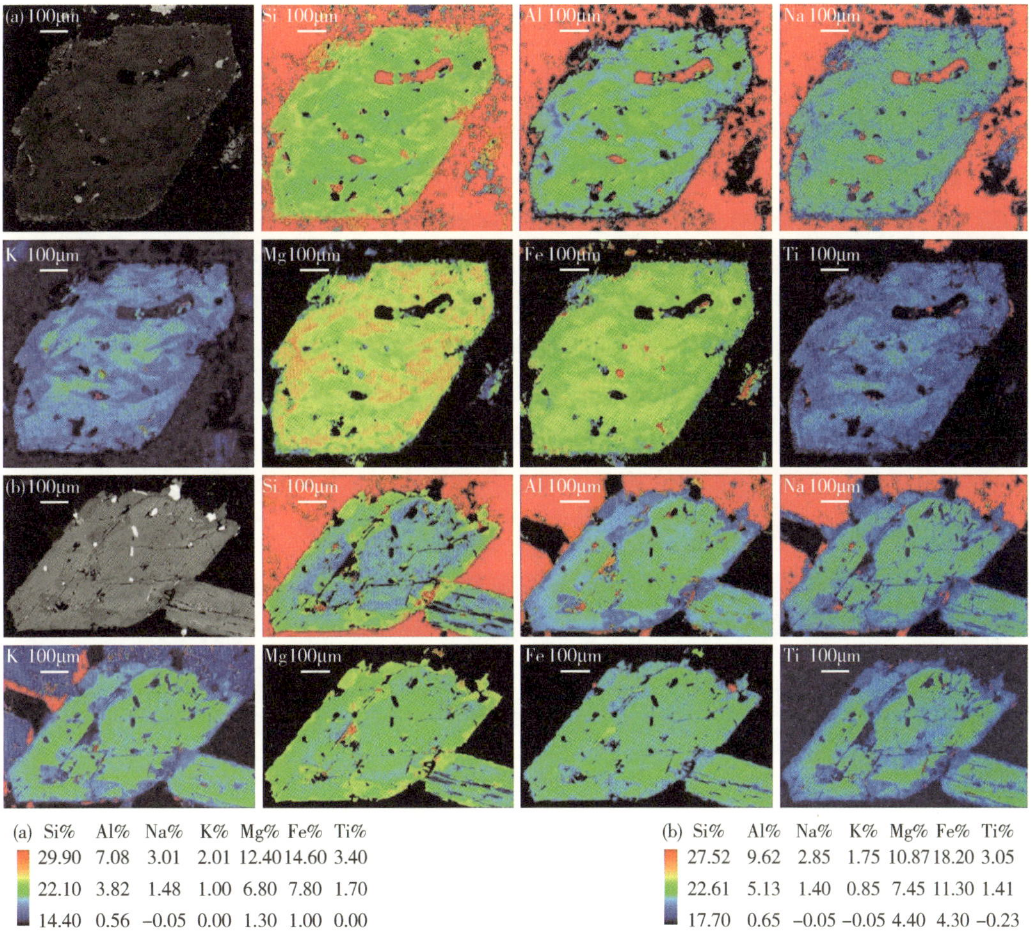

图 6-2-6 角闪石背散射图和元素面分布图

a—褐黄色角闪石；b—黄绿色角闪石

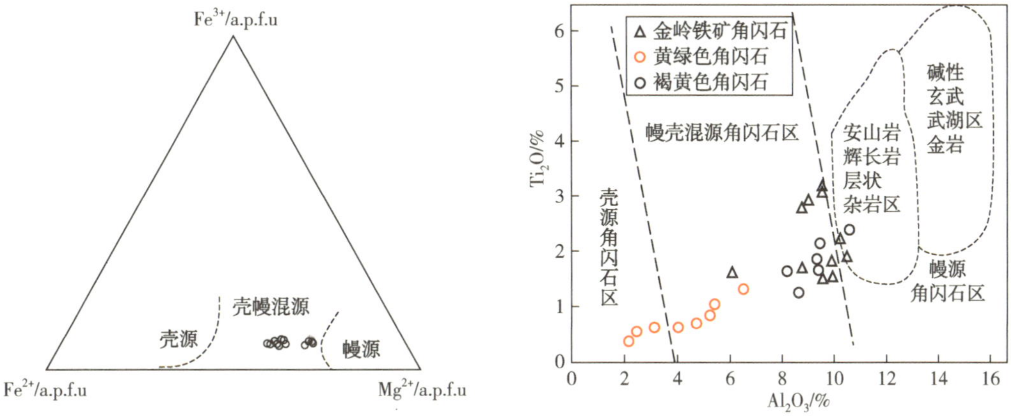

(a) (b)

图 6-2-7 黑云母(a)和角闪石(b)判别岩浆来源图解

(a 底图据 NACHIT H et al.，2005；b 底图据姜常义和安三元，1984；金岭铁矿角闪石数据引自张超等，2021)

李屯矿区闪长岩岩石地球化学（沈立军等，2021）表明，闪长岩具有较高的 Mg#，Zr/Nb 值高于 OIB 的 Zr/Nb 值；同时 Ta/La 值低于原始地幔 Ta/La 值，Ce/Pb 值与上地壳的 Ce/Pb 的值较为相近；岩石具富集大离子亲石元素（Rb、Ba、Sr 等）、过渡元素（Cr、Co、Ni 等）和轻稀土元素，亏损高场强元素（Zr、Hf、Nb、Ta 等）的特点，表明闪长岩来源于岩石区地幔，并有壳源物质的加入。Sr-Nd 同位素数据（王来明等，2023）显示，闪长岩 $^{87}Sr/^{86}Sr$ 为 0.70456～0.70653，$\varepsilon_{Nd}(t)$ = -10.9～-14.47，具有 EM Ⅰ 玄武岩源区特征，与本区相邻的济南辉长岩 I_{Sr} = 0.70406～0.70563，$\varepsilon_{Nd}(t)$ = -6.0～-13.0 相似（李全忠等，2007），但是济南辉长岩更具幔源特征，发育深源包体（赵海玲等，1998），代表鲁西早白垩世辉长—闪长质岩浆的幔源源区特征（杨承海等，2005），遭受地壳物质的混染程度相对低（高林和陈斌，2013）。齐河—禹城地区闪长质岩浆可能相对受更多地壳物质混染，结合岩石中捕获有 $^{207}Pb/^{206}Pb$ 年龄为 2.4～2.5Ga 古老基底锆石（王玉往等，2017），总体表明齐河—禹城地区闪长质岩浆来源于富集岩石圈地幔，并且在上升侵位过程中发生了显著地壳混染作用。

五、结晶温度和压力

研究表明，黑云母中元素组成与体系温度之间存在一定联系（WONES D R and EUGSTER H P，1965）。因此，可以根据黑云母中元素组成来估算体系的温度。在 Ti-Mg/（Mg+Fe）图解（图 6-2-8）中，齐河—禹城地区闪长岩中黑云母形成温度落在 650～700℃之间。Ridolfi 等（2008，2010）研究认为角闪石的元素化学成分不仅与原始岩浆成分有关，还与矿物结晶时的物理化学条件有关。因此提出了根据角闪石化学成分计算其结晶温度的公式。角闪石作为齐河—禹城地区岩浆岩中的常见矿物，其结晶的温度可以用来代表其所在原始岩浆的温度。利用 Ridolfi 等（2010）提出的公式计算得出褐黄色角闪石的结晶温度为 847～914℃，黄绿色角闪石的结晶温度为 687～790℃，其中黄绿色角闪石与黑云母的结晶温度是一致的。

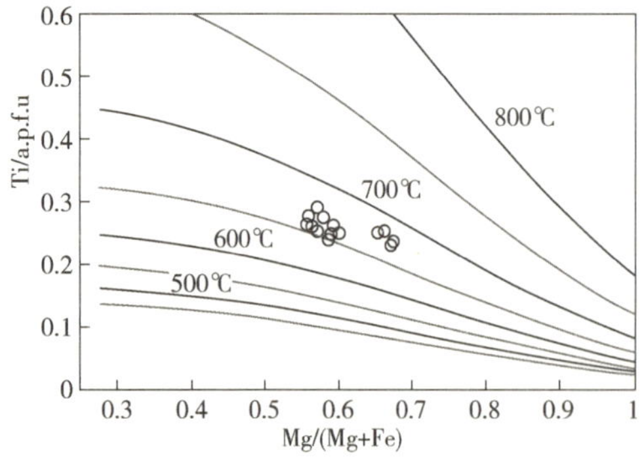

图 6-2-8　黑云母 Ti-Mg/（Mg+Fe）图解

（底图据 HENRY D J et al.，2005）

通过对比角闪石和黑云母压力计，发现角闪石比黑云母更加适合作为全铝压力计的目标矿物（康志强等，2010）。角闪石化学成分中全铝含量与结晶时的压力成正比关系（JOHNSON M C and RUTHERFORD M J，1989），因此可以通过角闪石中 Al 的含量来计算矿物结晶时的压力。前人提出了一系列计算角闪石结晶压力的压力计，但这些公式都有严格的矿物组合条件，使得使用过程中受到很多限制。Ridolfi 等（2010）指出传统的角闪石全铝压力计对结晶压力计算会存在误差，并根据实验提出了基于与俯冲相关的钙碱性火山岩中角闪石的新的温压计、氧逸度和岩浆含水量计算公式，并对其进行了重新修订，扩大了其适用范围(RIDOLFI F and RENZULLI A，2012)。利用公式计算结果显示，齐河—禹城地区闪长岩中角闪石结晶压力为 33~269MPa，其中褐黄色角闪石结晶压力范围为 144~269MPa，黄绿色角闪石结晶压力范围为 33~94MPa，对应的结晶深度分别为 5.4~10.1km 和 1.2~3.6km，平均值为 7.4km 和 2.2km。

分析结果表明，岩浆熔体在上升过程中随着温度和压力的不断降低，角闪石发生了分离结晶作用，褐黄色角闪石在早期温度和压力较高的情况下在深部发生了结晶；随着岩浆上升时温度和压力的减低，黄绿色角闪石与黑云母同时在浅部发生结晶并侵位。

六、岩浆含水量和氧逸度

在岩浆演化过程中，岩浆氧逸度和含水量对岩浆—成矿系统具有重要的影响作用(RICHARDS J P，2003)。Ridolfi 等(2010)实验证明角闪石中的 Al^{VI} 与含水量在熔融状态中有强烈的相关性，并提供了计算含水量的方法。利用 Ridolfi 等(2010)提出的根据角闪石化学成分计算岩浆含水量的公式，估算出相应的角闪石结晶时岩浆含水量为 H_2O_{melt}2.9%~5.4%，具有较高的含水量，其中褐黄色角闪石对应的岩浆含水量为 H_2O_{melt}4.3%~5.4%，黄绿色角闪石对应的岩浆含水量为 H_2O_{melt}2.9%~4.7%。这说明岩浆在地壳深部驻留时平衡熔融体含水量相对较高，岩浆快速侵位后由于温度压力减小导致流体出溶岩浆熔体中含水量下降。

利用 Ridolfi 等(2008，2010)提出的结晶氧逸度公式估算出齐河—禹城地区闪长岩中角闪石结晶时岩浆氧逸度 $\log f_{O_2}$ 变化范围为 ΔNNO+0.6~ΔNNO+2.9，氧逸度较高，其中褐黄色角闪石的氧逸度为 ΔNNO+0.6~ΔNNO+1.4，黄绿色角闪石氧逸度为 ΔNNO+1.6~ΔNNO+2.9。Wones 和 Eugster(1965)研究提出根据黑云母中的 Fe^{3+}、Fe^{2+} 和 Mg 的含量可以对矿物结晶时的岩浆氧逸度进行估算。齐河—禹城地区闪长岩体中黑云母的 $Fe^{3+}-Fe^{2+}-Mg$ 图解(图 6-2-9)显示，样品均落在 NNO 缓冲线和 HM 缓冲线之间，属于较高氧逸度环境(WONES D R，1989)。同时，岩浆体系中黑云母结晶过程中 Fe、Mg 含量与其氧逸度密切相关，在较高氧逸度下形成的黑云母富 Mg，在较低氧逸度下形成的黑云母富 Fe(BUDDINGTON A F and LINDSLEY D H，1964)。齐河—禹城地区闪长岩体中黑云母 Mg/Fe 为 1.31~1.81。上述特征综合反映出齐河—禹城地区闪长质岩浆结晶于较高氧逸度环境，并且具有侵位后氧逸度升高的特征。研究表明，铁是硅酸盐熔体中最重要的变价元素(张宏罗等，2016)，并且主要赋存于铁镁质矿物中。在岩浆混合过程中，温压条件的变化可以导致岩浆冷却结晶。分离结晶作用被认为是影响

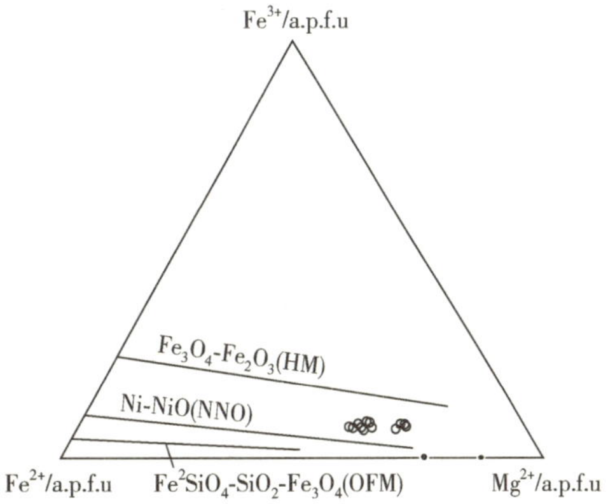

图 6-2-9 黑云母的 $Fe^{3+}-Fe^{2+}-Mg$ 图解

(底图据 WONES D R and EUGSTER H P，1965)

岩浆氧化还原状态的重要过程(辛雨等，2023)。分离结晶模拟表明，冷却结晶过程中富 Fe^{2+} 铁镁质矿物的分离结晶消耗了其中的 Fe^{2+}，从而使残余熔体的 $Fe^{3+}/\sum Fe$ 升高 0.1~0.3(ZHANG J B et al.，2022)，导致其氧逸度升高(辛雨等，2023；范琳琳等，2021)。同时，岩浆在上升的过程中的同化混染作用也可以改变岩浆的氧逸度(THAKURTA J et al.，2008)。研究表明，岩浆同化混染碳酸盐岩围岩能够导致氧逸度升高(GANINO C et al.，2008；GANINO C et al.，2013)。因此，岩浆体系后期氧逸度升高可能是岩浆结晶分异和地壳混染导致的。

七、成矿指示

Hou 等(2018)在接近自然界条件下，获得较为接近铁矿石组分的端元—铁钙磷熔体，证实了富铁熔体的存在。这可以解释绝大部分富铁矿石成因(张招崇，2021)。另外，根据包裹体研究表明，矽卡岩矿物中熔融包裹体普遍存在并广泛发育(赵劲松等，2000)。同时，大量流体包裹体数据显示，矽卡岩型富铁矿的成矿流体为富铁岩浆热液(张招崇，2021)。这说明相对富铁的岩浆和其出溶的富铁热液是后期矽卡岩铁矿成矿重要的物质基础(金子梁，2017)。相对富铁的岩浆和其出溶的富铁热液流体的来源存在以下几种可能：

(1) 华北克拉通早白垩世岩石圈地幔为富集岩石圈地幔(杨浩田等，2018；DAI F Q et al.，2019)，鲁西地区与铁矿相关的早白垩世闪长质岩浆均来源于介于 EMⅠ型和 EMⅡ型地幔之间的富集岩石圈地幔的部分熔融形成的玄武质岩浆，并发生不同程度的地壳混染及结晶分异作用(段壮，2019)。地幔部分熔融过程中，镁铁硅酸盐矿物释放的铁元素进入到熔体中，使得幔源岩浆普遍含有较高的铁含量，并且地幔在较高氧逸度条件下熔融会产生富铁熔体(HE D T et al.，2020)。齐河—禹城地区闪长质岩浆同样来源于富集岩石圈地幔的部分熔融，说明富铁的幔源岩浆可能为后期铁成矿奠定了物质基础。

(2) 鲁西地区变质基底普遍发育 BIF 型铁矿和富含镁铁硅酸盐矿物(万渝生，2012)。研究表明，超基性熔体在上升过程中，同化地壳岩石可以促进富铁、贫硅铝熔体从硅酸盐岩浆中分离出来(TORNOS F et al.，2023)。齐河—禹城地区闪长质岩浆具有地壳混染的特征，闪长岩中发育 $^{207}Pb/^{206}Pb$ 年龄为 2.5~2.4Ga 的锆石(王玉往，2017)说明在岩浆上升过程中捕获了这些变质基底岩石，经历了同化混染作用可能将变质基底内部的铁元素带入到岩浆体系中，从而使岩浆更加富铁。

(3) 研究表明，富铁热液可能与成矿岩浆充分地分离结晶有关(张招崇，2021)。根据电子探针分析结果，齐河—禹城地区闪长质岩浆在岩浆演化过程中伴随着温压条件的变化，发生了角闪石的分离结晶作用。虽然角闪石分离结晶会消耗岩浆中的铁，但是岩浆系统经历了岩石圈地幔的部分熔融和上升过程中的地壳混染积累了足够的铁，即使在角闪石结晶分异之后，残余岩浆仍然可能富铁。另外，伴随着分离结晶，角闪石的铁含量逐渐减少，镁含量逐渐升高，其中褐黄色角闪石的 TFeO 含量为 12.37%~15.22%，平均 13.40%，MgO 含量为 12.31%~14.59%，平均 13.53%；黄绿色角闪石的 TFeO 含量为 9.14%~14.51%，平均 11.74%，MgO 含量为 13.84%~18.01%，平均 15.85%。这与莱芜张家洼铁矿矿山岩体中同心环状角闪石和其包裹的早期角闪石两类岩浆成因角闪石 FeO 和 MgO 含量的变化趋势是一致的，反映了岩浆演化后期富铁热液的出溶(金子梁，2017)。而且黄绿色角闪石由核部到边缘，随着 Si、Mg 含量的升高，Fe、Ti 等元素则相应的降低，也说明了岩浆演化过程中可能发生了含铁热液的出溶。

这主要是由于一方面，H_2O 和 Cl 会随着岩浆的分离结晶作用变为过饱和(张招崇等，2016)，从而导致热液流体在岩浆中出溶，导致晚期黄绿色角闪石含水量小于早期褐黄色角闪石。同时由于 Fe 在流体和熔体中的分配系数取决于岩浆中 Cl 的浓度，即 Cl 的浓度越高，Fe 倾向于出溶的流体中。齐河—禹城地区早期矽卡岩阶段流体具有高温高盐度富氯特征(张兆年等，2022)，因此出溶的热液流体应该是富铁的。而且岩浆侵位过程中，伴随着压力的降低会导致流体的溶解度下降从而引起流体的出溶(张招崇等，2024)。另一方面，通过对淄博金岭铁矿的成矿岩体和济南辉长岩的岩浆氧逸度分析(JIN Z L et al.，2015；XIE Q H et al.，2015)]表明，与矽卡岩型铁矿相关的岩浆均具有高氧逸度特征。这表明具有高氧逸度的壳幔混源岩浆有利于形成矽卡岩型铁矿，在邯邢地区矽卡岩型铁矿床中也总结出一致的认识(白富生等，2021)。高氧逸度可以阻止铁元素以硫化物的形式沉淀，有助于铁元素进入流体相(MEINERT L D，1995)；高氧逸度和高含水量有利于岩浆系统中富铁热液流体与硅酸盐熔体分离(ZHANG J Q et al.，2020)。实验岩石学表明，增加 αH_2O 和 fO_2 可以扩大双液相场，从而使 Fe-Ca-P 熔体更容易从寄主硅质岩浆中分离(赵劲松等，2000)。综合闪长岩中的角闪石和黑云母氧逸度和含水量的分析，齐河—禹城地区闪长质岩浆具有较高的氧逸度和含水量，并且在岩浆侵位前后，受氧逸度升高的影响，导致岩浆体系中的富铁热液流体脱离硅酸盐熔体，促使富铁热液流体与碳酸盐岩围岩发生反应形成矽卡岩型铁矿。

(4) 钠长石化在齐河—禹城地区普遍发育。钠长石化是碱质交代的一种，碱金属离子是铁络合物的重要组成物质，当闪长岩发生钠长石化碱质交代过程中，大量的铁质从闪长岩中被活化析出(张招崇等，2024；赵一鸣，2013)，形成含铁质热液。

壳幔混合源的闪长质岩浆经历了岩石圈地幔的部分熔融和上升过程中的地壳混染形成了富铁岩浆，岩浆上升过程中在 7.64km 浅部岩浆房有短暂的停留，此时为高温、高压、较高氧逸度和高含水量的条件，角闪石发生分离结晶，形成褐黄色角闪石；高含水量的富铁残余熔浆携带稍早结晶的褐黄色角闪石侵位于地壳浅部 2.05km 深度处，黄绿色角闪石与黑云母同时发生结晶。此时岩浆温度、压力和含水量均低于侵位前，氧逸度则显著升高。岩浆侵位过程中，温压条件和含水量、氧逸度的变化，通过矿物的结晶分异和钠长石化作用，很好地促进了富铁流体从硅酸盐熔浆中出溶，为岩浆与碳酸盐岩围岩发生接触交代作用提供了成矿物质和条件。

八、小结

(1) 闪长岩中角闪石可以分为两类，即稍早结晶的以斑晶形式存在的褐黄色角闪石和稍晚结晶的分布在半自形粒状闪长岩中或者斑晶边缘的黄绿色角闪石。其中，褐黄色角闪石具低硅高铝特征，普遍发生了蚀变和流体交代作用；黄绿色角闪石具高硅低铝特征，与黑云母共生。成分上，黑云母属于原生黑云母，角闪石主要是镁质普通角闪石。结合岩石化学和同位素数据分析，闪长质岩浆具有壳幔混合源特征。

（2）闪长岩中褐黄色角闪石结晶温度为847~914℃，结晶压力为144~269MPa，相对应的结晶深度为5.4~10.1km，氧逸度为ΔNNO+0.6~ΔNNO+1.4，含水量为H_2O_{melt} 4.3%~5.4%；黄绿色角闪石结晶温度为687~790℃，结晶压力为33~94MPa，结晶深度为1.23~3.55km，氧逸度为ΔNNO+1.6~ΔNNO+2.9，含水量为H_2O_{melt}2.9%~4.7%。这反映了岩浆演化过程中存在角闪石的结晶分异作用。与黄绿色角闪石共生的黑云母估算的温压条件和高氧逸度结果验证了角闪石计算结果的准确性。

（3）壳幔混合源的闪长质岩浆经历了岩石圈地幔的部分熔融和上升过程中的地壳混染形成了富铁岩浆。岩浆侵位前后，温压条件和含水量、氧逸度的变化，通过矿物的结晶分异和钠长石化作用，促进了富铁流体从硅酸盐岩浆中出溶，为岩浆与碳酸盐岩围岩发生接触交代作用提供了成矿物质和条件。

第三节　岩浆作用和成矿效应理论模型

研究区成矿岩体极具复杂性，基于以往工作成果和本次研究认识，可以得出如下基本规律：研究区岩浆岩岩相不唯一且各岩相之间表现为渐变特征，无明显的岩性分界线；锆石年龄不唯一，中生代锆石年龄集中，且局部岩体含大量太古宙—元古宙锆石；锆石微量元素含量特征及相关参数表现为极大的宽泛性，成矿禀赋不同的岩体锆石具有明显的差异；锆石结晶温度较集中，介于729~921℃，平均为783℃；氧逸度波动极为宽泛，但成矿禀赋好者与成矿禀赋差者在高氧逸度锆石数量方面具有明显差别等。

根据研究认识，推测研究区岩浆岩并非由性质固定的同一岩浆房岩浆分异而成，应为随不同物源的不断加入而岩浆性质逐渐变化的岩浆系统。结合地壳重熔花岗岩（广义）成因理论（具体过程可参考前人相关研究成果）（陈国能，2011；陈国能等，2017；张旗等，2023），建立研究区岩浆作用和成矿效应理论模型，简要过程（图6-3-1）如下。

第一阶段：板块加速俯冲，由于能量转换导致大陆系统内能升高（Chen G N and Grapes R，2007）。古西太平洋板块向华北克拉通加速俯冲，大陆岩石圈边缘内能（温度）升高（Chen G N and Grapes R，2007；Turcotte D L and Schubert B，1982）。当上陆壳底部温度上升到岩石的初熔温度时，岩石开始熔融。由于能量提供的不均匀性，熔融开始时间和强度变化趋势为从近俯冲带至远俯冲带。此时，熔融区物源相对单一和局限。

第二阶段：俯冲作用持续，能量持续提供，岩浆对流产生。古西太平洋板块加速俯冲过程持续进行，能量持续供应，形成对流岩浆层并逐渐增厚，重熔界面升高，且地壳重熔不断向远俯冲带方向延伸。此时，岩浆熔融区物源不断丰富。

第三阶段：重熔界面持续升高，导致陆缘造山。由于重熔界面不断升高，固态陆壳不断减薄，盖层岩石形变能力持续提高。当固态陆壳减薄至不足以支撑俯冲板块产生的横向压力时，大规模压缩变形即陆缘造山随之发生。该阶段，岩浆熔融层逐渐升高，岩浆物源单一度不断降低。随着物理化学条件的变化，岩浆逐渐固结成岩。

具体到研究区而言，古西太平洋板块在中侏罗世开始向华北克拉通俯冲，大致经过燕山运动 A 幕上覆板块挤压(低角度俯冲，中侏罗世，距今地质年龄约 165Ma)、岩石圈伸展与岩浆活动(高角度俯冲，晚侏罗世，距今地质年龄约 155Ma)、燕山运动 B 幕挤压与抬升(低角度俯冲，早白垩世，距今地质年龄约 140Ma)、岩石圈大规模减薄(华北克拉通东部彻底破坏，早白垩世，距今地质年龄约 125Ma)等阶段(朱日祥等，2019)。在岩石圈大规模减薄即华北克拉通东部彻底破坏阶段，地幔上涌为地壳持续向上重熔提供了热量，且局部可能存在地幔物质的上侵。

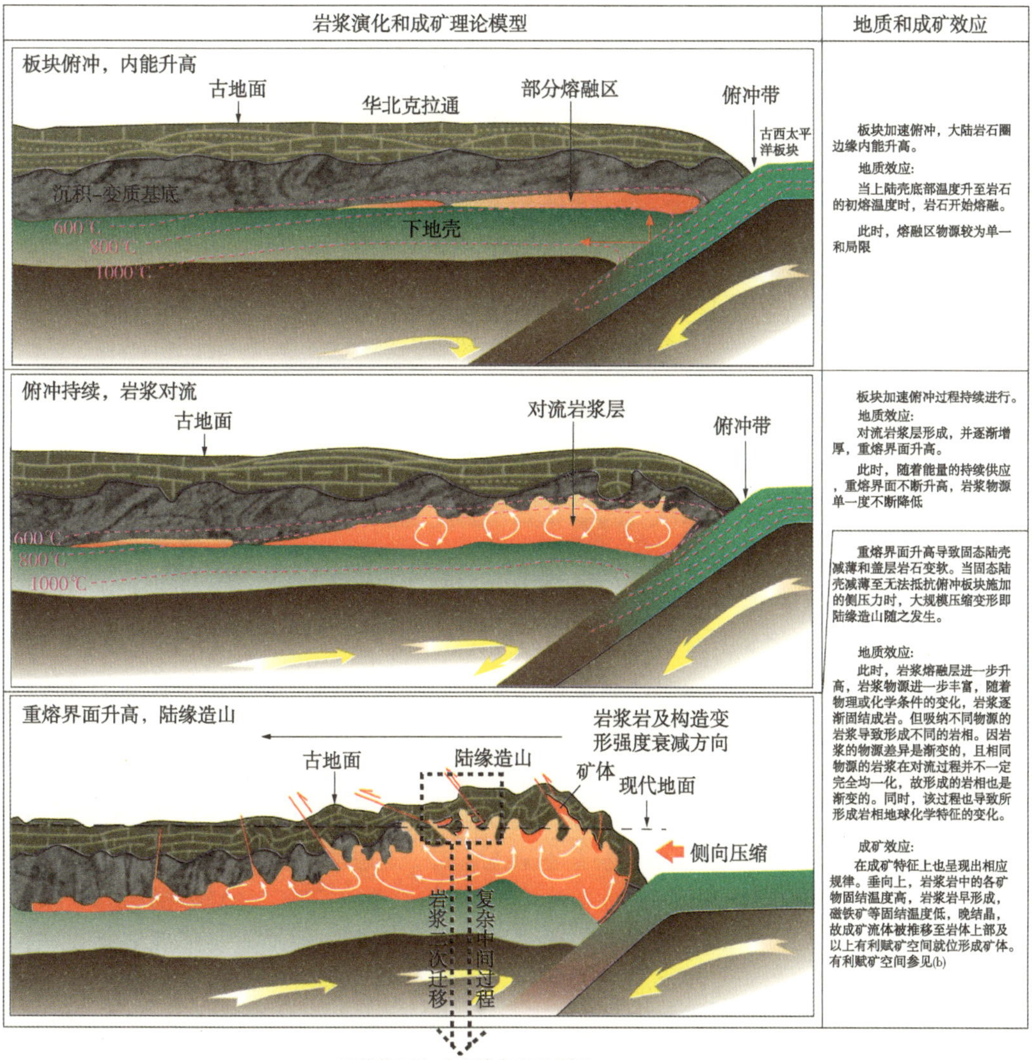

(a) 岩浆作用和成矿效应理论模型

图 6-3-1　成矿岩体岩浆作用和成矿效应理论模型

(图 a 底图，据 Chen G N and Grapes R，2007 修改)

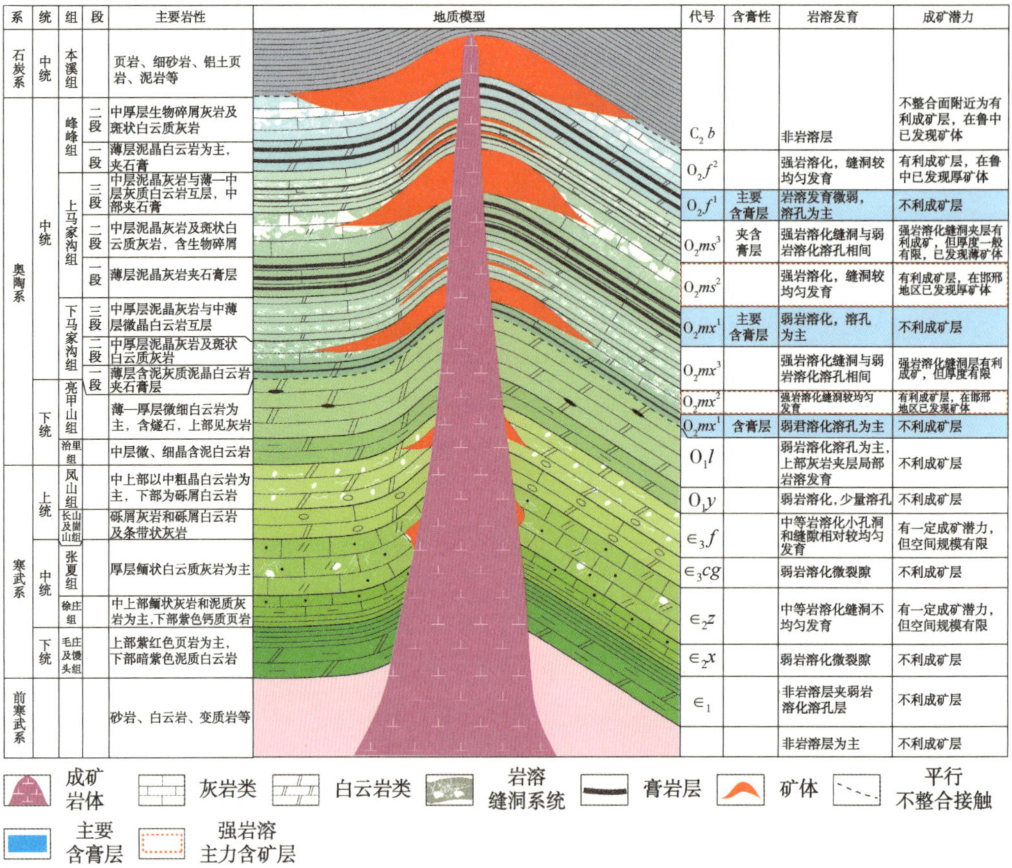

(b) 区域多层赋矿地质找矿模型

图 6-3-1　成矿岩体岩浆作用和成矿效应理论模型(续)

(图 a 底图，据 Chen G N and Grapes R，2007 修改)

不同程度的地壳重熔导致物源组成差异及性质不同的岩浆，不同物源组成的岩浆加之岩浆的二次迁移导致形成不同的岩相和地球化学表现。由于岩浆的物源差异是渐变的，且相同物源的岩浆在对流过程中也未必完全均一化，故形成的岩相也是渐变的，如同研究区所表现的情形。同时，该过程也导致所形成岩相的地球化学特征等发生相应变化，在成矿特征上也呈相应规律：垂向上，岩浆岩各矿物固结温度高，成岩在先，而富铁流体被迫移至岩体上部及以上有利赋存空间[图 6-1(b)]因物理化学条件的变化或快或慢就位形成矿体；铁矿体赋存层位除受有利的岩溶层等有利空间外(张保涛等，2024)，还受到岩浆侵位高度的控制，岩浆侵位高成矿位置也应高，如鲁西地区岩浆岩侵位总体较高，可至峰峰组二段甚至石炭—二叠系(张保涛等，2024)，而岩浆侵位低者，成矿位置也应低，如邯邢地区岩浆岩侵位高度相对低，赋矿层为下马家沟组二段至上马家沟组二段。据此推测，地层中的铁质如沉积变质型铁等对铁质物源的贡献占有很大比例，需要进一步获取直接证据，但具有较大难度。

该理论模型除可以很好地解释以上基本规律外，还可以很好地解释诸多难题。如目前岩体形成后占据了原地质体所占据的巨大空间问题，华北克拉通不同地区岩体侵位及铁矿体赋存的层位高低差异问题，地球化学及同位素特征问题。

第七章

找矿模型和典型案例分析

第一节　找矿模型

一、地质找矿模型

前人大量研究指示，华北克拉通矽卡岩型富铁矿并非严格意义上的接触交代作用形成，而是富铁岩浆热液灌入赋存空间充填成矿(姚书振，1983；翟裕生等，1992；LI W et al.，2019)。大量流体包裹体研究揭示，流体沸腾或相分离是矽卡岩型富铁矿的重要成矿机制(翟裕生等，1992)。高温高盐度、富铁且贫硅贫铝的热液进入各种开放的控矿构造体系中，再因压力迅速下降而发生流体沸腾作用，这是富铁矿快速沉淀成矿的重要机制，但不利于接触交代作用和矽卡岩化的进行(张招崇等，2021；Whitney J A et al.，1985；Meinert L D et al.，2005)。通过对华北克拉通矽卡岩型矿体分布规律和基于地层学因素的成矿关键控制因素研究，认为岩溶作用及其形成的岩溶空间是导致流体沸腾、快速降温的关键因素以及相对开放体系的主要提供者。基于研究认识，认为燕山期岩浆岩的侵位深度、膏岩层的发育位置、岩溶发育程度是华北克拉通矽卡岩型富铁矿成矿垂向分布的关键控制因素，据此更新华北克拉通矽卡岩型富铁矿地质找矿模型(图 7-1-1)如下。

在华北克拉通共发育七层成矿潜在空间，自上而下分别为中奥陶统峰峰组二段、上马家沟组三段、上马家沟组二段、下马家沟组三段、下马家沟组二段，寒武系的凤山组、张夏组。其中，有利成矿层为峰峰组二段、上马家沟组二段和下马家沟组二段。

现对各层成矿潜在空间分别叙述如下。

(1) 峰峰组二段：岩性为中厚层生物碎屑灰岩及斑状白云质灰岩，顶部为沉积间断达 150Ma 的平行不整合面；强岩溶化，缝洞较均匀发育，为有利成矿层；若燕山期岩浆岩侵入该层位及以上，则可形成有利找矿层位，具有形成厚大矿体的潜力，如淄博—莱芜地区的张家洼铁矿、金岭王旺庄铁矿等矿床的主矿体均赋存在该层。

(2) 上马家沟组三段：岩性为中层泥晶灰岩与薄—中层灰质白云岩互层，夹含膏层；强岩溶化缝洞与弱岩溶化溶孔相间分布；若燕山期岩浆岩侵入该层位及以上，强岩溶化缝洞夹层为有利成矿层，但受强岩溶化缝洞夹层的厚度所限，成矿厚度一般有限，如邯邢地区的西石门铁矿除主矿体外分布于该层的零星矿体。

(3) 上马家沟组二段：岩性为中层泥晶灰岩及斑状白云质灰岩，含生物碎屑；强岩溶化，缝洞较均匀发育；若燕山期岩浆岩侵入该层位及以上，则形成有利成矿层，如邯邢地区的白涧铁矿、西石门铁矿等发育的厚大矿体。

(4) 下马家沟组三段：岩性为中层泥晶灰岩与中薄层微晶白云岩互层；强岩溶化缝洞与弱岩溶化溶孔相间分布；若燕山期岩浆岩侵入该层位及以上，强岩溶化缝洞夹层为有利成矿层，但受强岩溶化缝洞夹层的厚度及连通性所限，成矿厚度有限。

(5) 下马家沟组二段：岩性为中厚层泥晶灰岩及斑状白云质灰岩；强岩溶化，缝

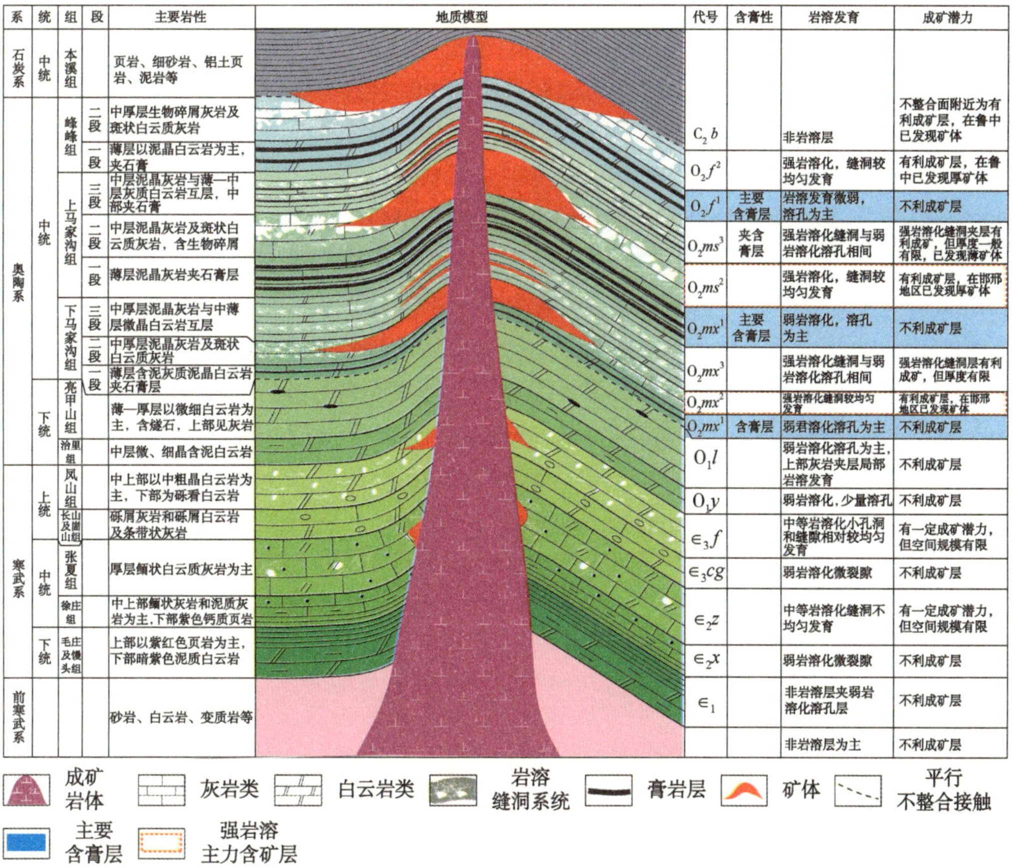

图 7-1-1　华北克拉通矽卡岩型富铁矿区域地质找矿模型

洞较均匀发育；若燕山期岩浆岩侵入该层位及以上，则形成有利成矿层，如邯邢地区白涧铁矿的矿体Ⅱ即赋存于此。

（6）凤山组：中上部岩性以中粗晶白云岩为主，下部为砾屑白云岩；中等岩溶化小溶孔和缝隙较均匀发育；有一定成矿潜力，但岩溶的连通性不明，根据勘探经验，难以形成大规模层状矿床，但可局部小规模成矿，如莱芜地区金牛山岩体分布区枣园一带的铁矿等（赵景林，2009）。

（7）张夏组：岩性以厚层鲕状白云质灰岩为主；中等岩溶化缝洞不均匀发育，推测难以形成大规模层状矿床，但可局部小规模成矿，如莱芜地区金牛山岩体分布区的下水河铁矿等（宗信德，1973）。

在鲁中地区，燕山期岩浆岩和寒武系分布区所发现的矿床均为零星小规模矿体，多为几万吨至十几万吨规模，几十年来的研究和勘查工作均无大的突破，应主要受地层赋矿空间条件的约束。

根据研究认识及形成的地质找矿模型，认为燕山期岩浆岩侵位最高处及以深的各有利成矿层是下一步重点找矿及研究方向。如在鲁中地区，燕山期岩浆岩侵位总体较高，目前所发现的主要矿体大多产自峰峰组二段，局部地区勘查至上马家沟组三段或二段，具有从峰峰组二段至下马家沟组二段多层成矿的可能性（主力成矿层为峰峰组二段、上马家沟组二段和下马家沟组二段）；在邯邢地区的西石门地区，燕山期岩浆岩侵位至上马家沟组二段，具有从上马家沟组二段至下马家沟组二段多层成矿的可能性（主力成矿层为上马家沟组二段和下马家沟组二段）；在邯邢地区的白涧地区，燕山期岩浆岩侵位至下马家沟组二段，则具有多层大规模成矿的可能性小，主力成矿层为下马家沟组二段。

二、地球物理找矿标志

（一）岩（矿）石物性标志

探测目标体与围岩之间存在的物性差异是有效开展地球物理工作的前提。对岩（矿）石的物性特征进行总结、分析是建立铁矿的地球物理找矿标志的基础，为此，本次收集并分析了莱芜地区及周边以往地质矿产勘查过程中积累的大量岩矿石物性资料（表 7-1-1）。

表 7-1-1　莱芜地区岩（矿）石密度统计表

岩性	块数	密度/(g/cm^3)		磁化率 κ/($10^{-6}\cdot 4\pi SI$)		剩磁 J_r/($10^{-3}A/m$)		电阻率/($\Omega\cdot m$)	
		范围	均值	范围	均值	范围	均值	范围	均值
围岩	45	2.3~2.83	2.72	0~850	106	0~510	71	56~1657	638
矽卡岩	36	3.05~3.24	3.12	0~12150	2420	0~20200	2340	106~251	171
岩体	52	2.65~2.87	2.78	0~15000	1630	0~1000	300	796~1488	904
磁铁矿	24	3.80~4.32	4.0	12430~216100	216100	8400~56700	56700	13~142	43

注：物性资料，引自该地区以往铁矿普查报告和本次实测数据。

1. 磁性特征

沉积地层和岩（矿）石之间存在较大的磁性参数差异。沉积地层均表现为无（微）磁性特征，其引起的磁异常可忽略不计，因而根据磁异常无法推测地层界面起伏，区内的磁异常低值区对应了地层分布范围。

其他各类岩（矿）石的磁性可分为中高磁性和强磁性岩石两类。中生代闪长岩体的磁性随着铁镁质矿物含量的增加而增大表现为中高磁性特征，磁化率平均值为 $1630\times 10^{-6}\cdot 4\pi SI$，剩余磁化强度平均值为 $300\times 10^{-3}A/m$，明显高于沉积围岩的相关数据。矽卡岩型铁矿体表现为强磁性特征，磁化率平均值为 $216100\times 10^{-6}\cdot 4\pi SI$，剩余磁化强度平均值为 $56700\times 10^{-3}A/m$，两参数均明显高于闪长岩体的。闪长岩体在规模上远大于铁矿体的，因此，磁异常高值区总体为闪长岩体的反映，而铁矿体埋深大、厚度薄，磁场特征表现则为闪长岩体磁异常之内的局部叠加异常。

2. 密度特征

磁铁矿和围岩之间存在明显的密度界面，因此，若矿体具有一定规模，就能在地表产生相应的重力异常。据以往资料统计，第四系密度小于 $2.6g/cm^3$，常见值在 $2.0g/cm^3$ 左右；奥陶系马家沟群北庵庄组、五阳山组和八陡组的岩石密度变化区间在 2.3~2.73g/cm^3，常见值为 $2.72g/cm^3$；中生代燕山期闪长岩的密度平均值 $2.78g/cm^3$；磁铁矿的密度普遍大于 $3.8g/cm^3$，常见值在 $4.0g/cm^3$ 左右。

3. 电性特征

根据以往工作资料，第四系岩性主要为黏土、粉质黏土，电阻率值较低，一般为10~40Ω·m。奥陶系灰岩的电阻率变化较大，为50~1600Ω·m，主要受灰岩的含水性影响较大，含水性高导致其电阻率降低。闪长岩体表现为相对高阻，电阻率值为800~1500Ω·m。从物性参数上看，围岩和岩体电阻率值变化范围有交叉，没有明显的电阻率差异，但实际上，莱芜周边地下水、岩溶发育，灰岩富水性较强，常表现为相对低阻特征。在电阻率断面图上，岩体和围岩的接触带表现为条带状的高低阻梯级带，为推断奥陶纪碳酸盐岩地层与中生代闪长岩体接触带的空间展布提供了依据。

综合来看，闪长岩体及矽卡岩型铁矿体与沉积围岩之间存在着明显的磁性差异，其中闪长岩体规模较大，呈高密度、中高磁性特征，可形成大范围且形态相对宽缓的封闭重磁异常。铁矿体呈强磁性特征，其磁异常叠加在岩体异常之上。奥陶系灰岩作为控矿地层，呈高密度、无(微)磁性、中高阻特征，可根据低磁、高重、高低阻梯级带的特征对其进行辨别。

(二) 重磁平面异常找矿标志

重磁场特征是研究区的地层分布、构造格架及岩浆岩发育综合特征的反映。研究区接触交代型铁矿是燕山晚期闪长岩侵位于特定地层而形成。与成矿相关的地层多表现为“无磁低重”的特点，而侵入岩体具有重力、磁场较高的特点(马明等，2020)。从物性特征分析，闪长岩体及矽卡岩型铁矿体与沉积围岩之间存在着明显的磁性和密度差异，其中闪长岩体规模较大，呈高密度、中高磁性特征，可形成大范围且形态相对宽缓的封闭重磁异常。铁矿体呈强磁性特征，其磁异常叠加在岩体引起的异常之上。奥陶系灰岩作为控矿地层，呈高密度、无(微)磁性特征，可根据低磁、高重的特征对其进行辨别。目标地质体与围岩之间的物性差异为基于面积性重磁测量工作开展靶区圈定及找矿预测提供了地球物理前提(郝兴中，2014)。

将莱芜地区已知铁矿投影到重力场(图7-1-2)，发现重力异常与铁矿分布关系不密切。重力异常高值区一般为中基性岩体分布区或巨型凹陷内的浅凸区；重力异常低值区往往与第四系或沉积盖层分布有关，即在巨型凹陷区，第四系覆盖厚度大或沉积盖层大面积分布区，往往呈重力低值。虽然重力异常高值区不一定是铁矿产分布区，但对寻找铁矿具有指导意义。矽卡岩型铁矿床一般分布于中—基性岩体的边部与灰岩的接触带附近。在重力异常图中往往分布于重力高值区与重力低值区的梯度带附近。如闪长岩体分布区如矿山闪长岩体、金牛山岩体、角峪岩体、铁铜沟岩体等显示重力异常高值区，而铁矿体则往往分布于重力异常高值区的边部。因此，碳酸盐岩广布区内的重力异常高值区往往预示隐伏岩体，其梯度带附近可能赋存接触交代型铁矿床(李倩等，2015)。

为突出反映浅部地质因素并压制区域性深部地质因素的影响，对布格重力异常作垂向导数计算可将叠加在区域异常上的局部异常凸显出来，达到使某些特征更加清晰的目的，有助于识别和研究局部异常。理论上，一阶、二阶导数与剩余异常成比例，即有意义的异常在剩余重力异常图和二阶导数异常图上会同时有显示，异常形态相同但数值不同。布格重力垂向二阶导数高值异常和剩余重力高值异常均由闪长岩体引起，根据二者的零值线可大致圈定闪长岩体侵入范围(周明磊等，2021)。根据大量找矿实践研究，发现铁矿床多位于岩体的边缘接触带中，因此，提取重力异常平面找矿标志为：剩余重力异常和剩余重力垂向一阶导数等值线密集区或梯级带位置；局部重力高值异常中心边部。

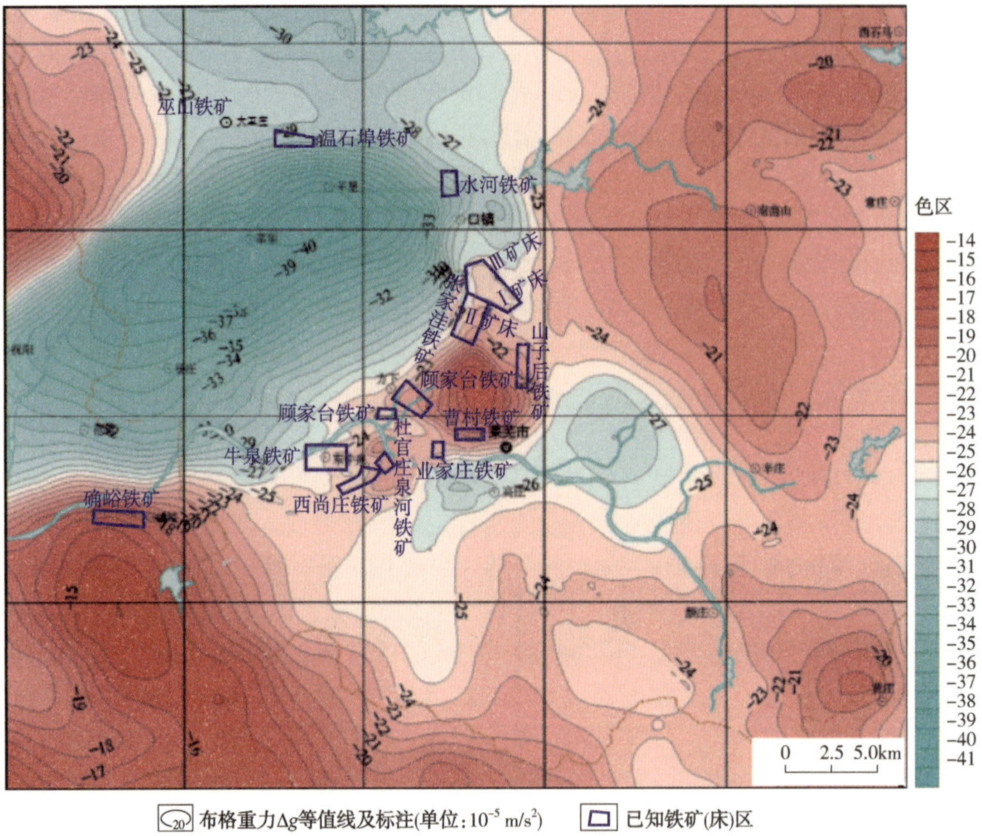

图 7-1-2　莱芜盆地布格重力异常等值线平面图(马明等，2020)

将研究区内已知铁矿投影到磁异常(图 7-1-3)上，发现铁矿床的分布与磁异常分布密切相关，尤其在中大比例尺磁异常中反映较明显。磁力异常可分为相对的稳定磁场区和变化磁场区。相对稳定的磁场区异常强度变化平稳，表现为-50～100nT，广布于盆地内沉积岩分布区；变化的磁场区异常强度表现为100～2000nT，呈透镜状、条带状及不规则状，广布于燕山期侵入的岩体及岩体周边部位。其高值磁异常分布区多有隐伏矽卡岩型富磁铁矿床产出，如西尚庄铁矿、张家洼铁矿及温石埠铁矿等。随着铁矿埋深的加大，磁异常往往不是特别明显，通常表现为低缓的磁异常，异常走向也不固定。对于矽卡岩型铁矿而言，由于中—基性岩体磁异常反映较强烈，与其接触的灰岩磁性弱，在航磁异常图中，铁矿床的分布一般位于正负磁异常带靠近负磁异常一侧。在中小比例尺航磁测量中，较大的正椭圆状低缓磁异常之上通常分布椭圆状、不规则状更强磁异常。规模较大磁异常强度一般在100～300nT，在大的椭圆状磁异常两侧，往往伴随较强烈的负异常出现，其中大型磁异常的形状多受侵入岩体规模控制，小型磁异常多与形成矿床密切相关(王世进等，2008)。

侵入接触带与破碎带构造或不整合面构造的复合部位，是形成规模较大矽卡岩型

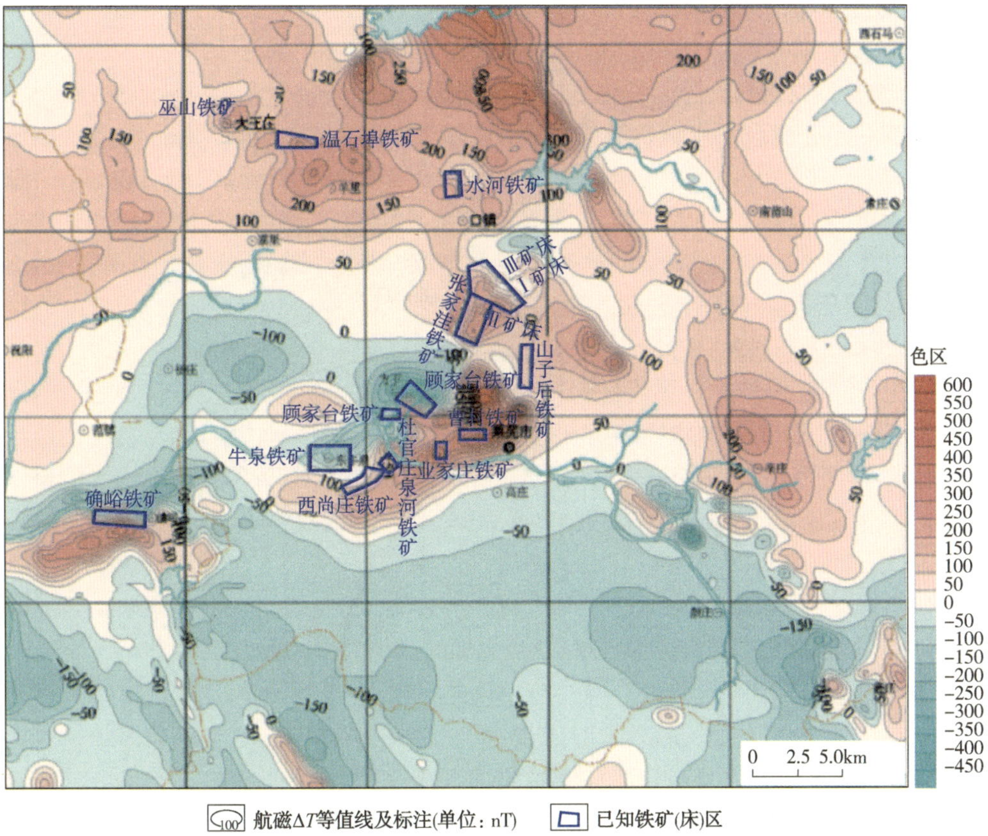

图 7-1-3　莱芜盆地航磁 ΔT 等值线平面图(马明等，2020)

铁矿有利位置。破碎带因充填磁性物质往往会出现系列串珠状异常或沿构造走向的带状异常(山东省鲁中地区 1∶50000 高精度磁测调查报告，2014)。

在利用磁测资料进行找矿时，要特别注重对磁测位场处理后的资料的运用，如 ΔT 化极、上延及垂向导数处理等。现以莱芜地区的冶庄矿区和石家泉矿区找矿实例进行说明。

冶庄矿区位于张家洼铁矿床的西北部。2018 年，中国冶金地质总局山东正元地质勘查院在该区开展了 1∶10000 低飞航磁工作，获取了大比例尺航磁平面基础资料，并对航磁 ΔT 数据进行了位场处理。航磁 ΔT 化极等值线平面(图 7-1-4)显示，区内存在四个明显的磁异常，其中张家洼磁异常、小官庄磁异常及港里磁异常均是正磁场背景之上的叠加升高异常，形状规则，组合成“人”字形。该异常已被证实，由矿山岩体叠加张家洼铁矿床引起。冶庄异常呈不规则椭圆形，航磁 ΔT 数据经化极处理后，北部有多条磁异常等值线同步外凸，形成了一个独立的北向外凸分支异常，异常强度介于 140~280nT 之间，整体上呈现低缓的特征，与港里异常相似，推测是其北延部分。根据前人资料分析，张家洼铁矿体位于矿山弧形背斜的两翼转折、狭缩收敛部位，由于两翼挤压作用，矿液向倾伏端流动，同时形成了一个封闭的容矿空间，易于矿液集中交代，因此易于发生成矿作用(沈立军等，2020)。该异常经钻孔验证，在埋深 537.7~552.2m 钻获磁铁矿矿体，厚度 14.5m，TFe 品位大于 55%(山东省济南市莱芜区港里—垂阳地区富铁矿普查，2023)，证实该异常为矿致异常，异常向北及东西两侧均有较大延伸，具有较大的找矿潜力。

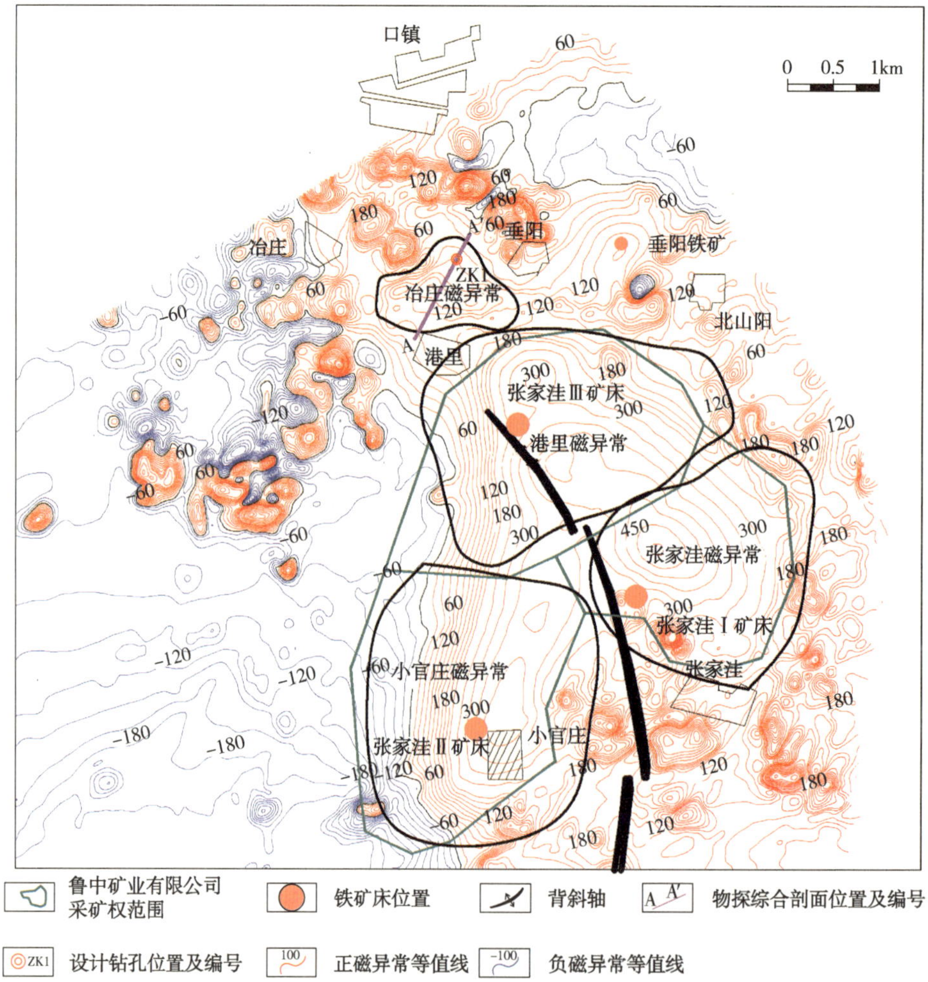

图 7-1-4　张家洼矿区及外围航磁 ΔT 化极等值线平面图

通过对冶庄磁异常的外凸分支异常验证，认为在莱芜矿集区内局部的低缓异常中存在明显外凸分支异常是有利的找矿地段。

石家泉矿区的异常分布范围第四系覆盖严重，仅北侧出露新近系山旺组。异常附近 NE 向断裂发育。第四系和新近系下伏地层为奥陶系、石炭系、二叠系及古近系，岩性以灰岩、白云质灰岩、砂岩为主，均无磁性。磁异常为平静背景场上的孤立正异常，呈规则椭圆形，EW 走向，长度约 5. 4km，宽度约 2. 5km(图 4)。异常中心位于石家泉村和柳行沟村之间，磁场梯度变化总的趋势为 N 侧缓 S 侧陡。根据异常特征推断该磁异常应为深部的磁铁矿体引起(山东省莱芜区沈家岭地区铁矿普查报告，2010)。

考虑到该区深部铁矿体受斜磁化的影响且剩磁较大，加之该区铁矿体倾角较小，影响了对深部铁矿体范围的判断(黄树棠等，1964)。为进一步研究和查明石家泉磁异常的原因，结合近几年在山东省铁矿深部找矿中的实践及找矿成果，提出：首先，利用垂向二次导数圈定铁矿体的大致分布范围；其次，利用垂向二次导数异常的高值点作为钻探验证的首选靶区。对比石家泉地区垂直磁力 ΔZ 异常(图 7-1-5)及地面磁测

ΔZ 垂向二次导数异常(图 7-1-6)，发现：在 ΔZ 垂向二次导数异常中，原石家泉磁异常形态发生了较大变化，具体表现为原来 2 个高值异常峰值中心变为 3 个异常峰值中心，分别位于石家泉北、柳行沟和沈家岭西。其中，沈家岭西侧区域在垂直磁力 ΔZ 异常中表现为石家泉整体磁异常向东突出的部分，磁力异常形态不规则，而在 ΔZ 垂向二次导数异常中，这一突出部分形成了一个相对独立的异常峰值中心，与石家泉北及柳行沟异常峰值中心并列组成 3 个相对独立的异常区，反映了深部磁性地质体的形态及大致分布范围。针对石家泉村北、柳行沟村东、沈家岭村西 3 个 ΔZ 垂向二次导数异常中心分别开展钻探验证，施工的 3 个钻孔(ZK102、ZK201 及 ZK202)均见到了厚度较大的富铁矿体(曹秀华等，2011)。

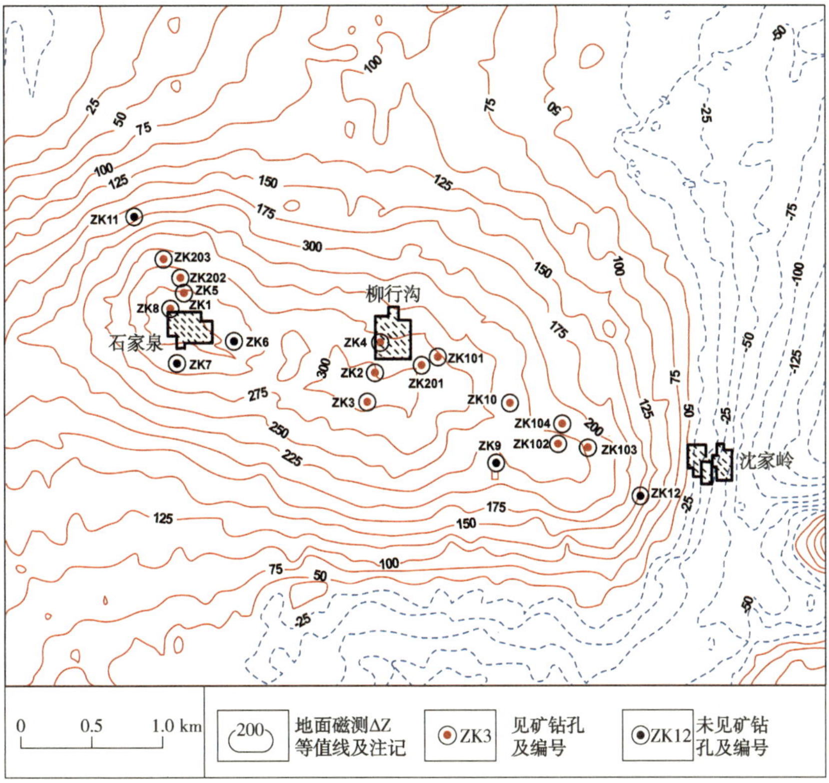

图 7-1-5　莱芜区石家泉地区垂直磁力 ΔZ 异常平面图

石家泉地区找矿实践表明，利用磁法垂向二阶导数零等值线大致圈定的磁性地质体分布边界，其高值异常分布区往往是铁磁性物质相对富集的区域，可作为寻找(磁)铁矿体的重点靶区。

综上所述，总结铁矿重磁异常平面找矿标志如下。

(1) 布格重力异常图上表现为等值线高值区附近梯级带的波动、转弯处或者等值线同向弯曲梯度变化较缓的一侧，且在剩余重力异常图上表现为局部重力高值异常中心的边部。

(2) 较强磁异常向低负异常的过渡带即低缓磁异常分布区，是(磁)铁矿矿体的有利指示部位。

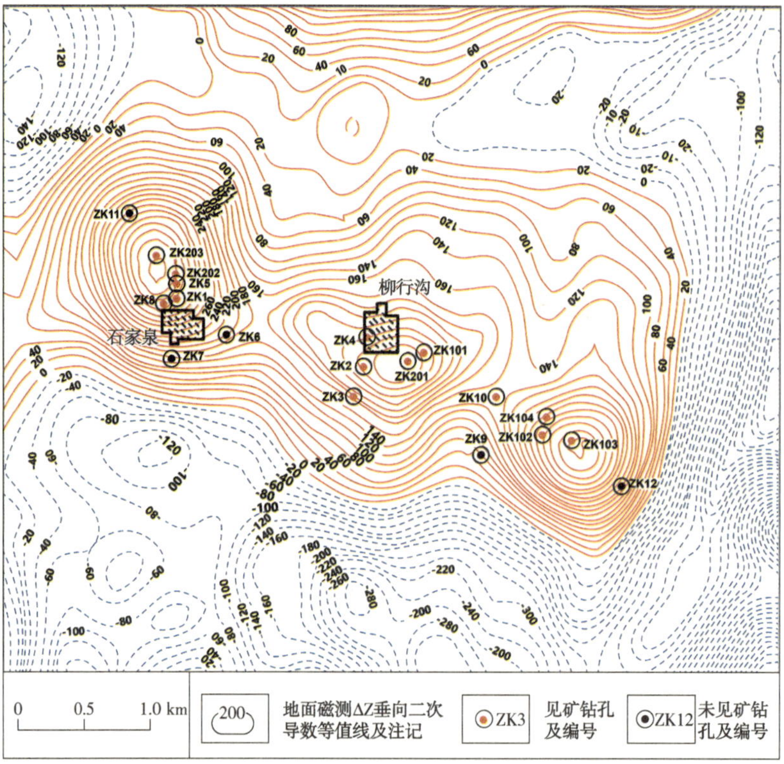

图 7-1-6　莱芜区石家泉地区垂直磁力 ΔZ 垂向二次导数异常平面图

(3) 磁异常值较高地区往往是岩体赋存部位，ΔT 及 ΔT 化极后多条磁异常等值线同步外凸部位是厚大矿体的有利指示。

(4) 磁法垂向二阶导数零等值线大致圈定的磁性地质体分布边界内，其高值异常分布区往往是铁磁性物质相对富集区域的有利指示，可以作为(磁)铁矿矿体的重点找矿靶区。

(5) 重磁异常等值线的封闭、弯曲、极大值、极小值及异常的水平梯度变化等特征，均可能是(磁)铁矿矿体引起的异常指示，在找矿实践中应引起重视。

(三) 重、磁、电剖面找矿标志

利用重磁平面资料圈定找矿靶区后，还需要部署大比例尺物探剖面工作，综合利用地质、磁法、重力、电磁法等资料，开展了重、磁、电剖面联合精细反演，推断地层与闪长岩体接触带的空间展布即隐伏矿体的主要赋存空间。

据大比例尺重磁剖面推断解译的岩矿体的延伸形态特征可作为隐伏铁矿找矿工作的重要参考。图 7-1-7 为张家洼Ⅲ矿床 20 勘查线地质—地球物理综合剖面，ΔT 剖面曲线呈宽“八”字形，整体表现为宽缓的高磁异常特征。ΔT 化极后曲线的幅值升高明显，整体形态未发生变化，但向 NE 向偏移。ΔT 及 ΔT 化极曲线均表现为剖面中部磁异常隆起。结合 20 勘查线地质剖面图推断，为较高磁性的底部岩体与磁铁矿体的强磁异常相互叠加的结果。剖面曲线两侧变化梯度较小，反映磁性矿体的倾角较缓。剖面南西侧的磁异常梯度明显小于剖面北东侧的磁异常梯度，根据已有钻孔揭露是由南西侧矿体的厚度和规模优于北东侧的厚度和规模所导致，这是因为剖面南西侧岩体局部上升隆起，产状变化大而呈现阶梯状，形成封闭的容矿空间，易于矿液集中交代，形成规模较大的矿体。剖面的布格重力异常和剩余布格重力异常曲线形态与磁测曲线形态相似，表现为中部宽缓的异常隆起，与磁铁矿体厚大的部位相对应，反映铁矿体重磁同源的特征。

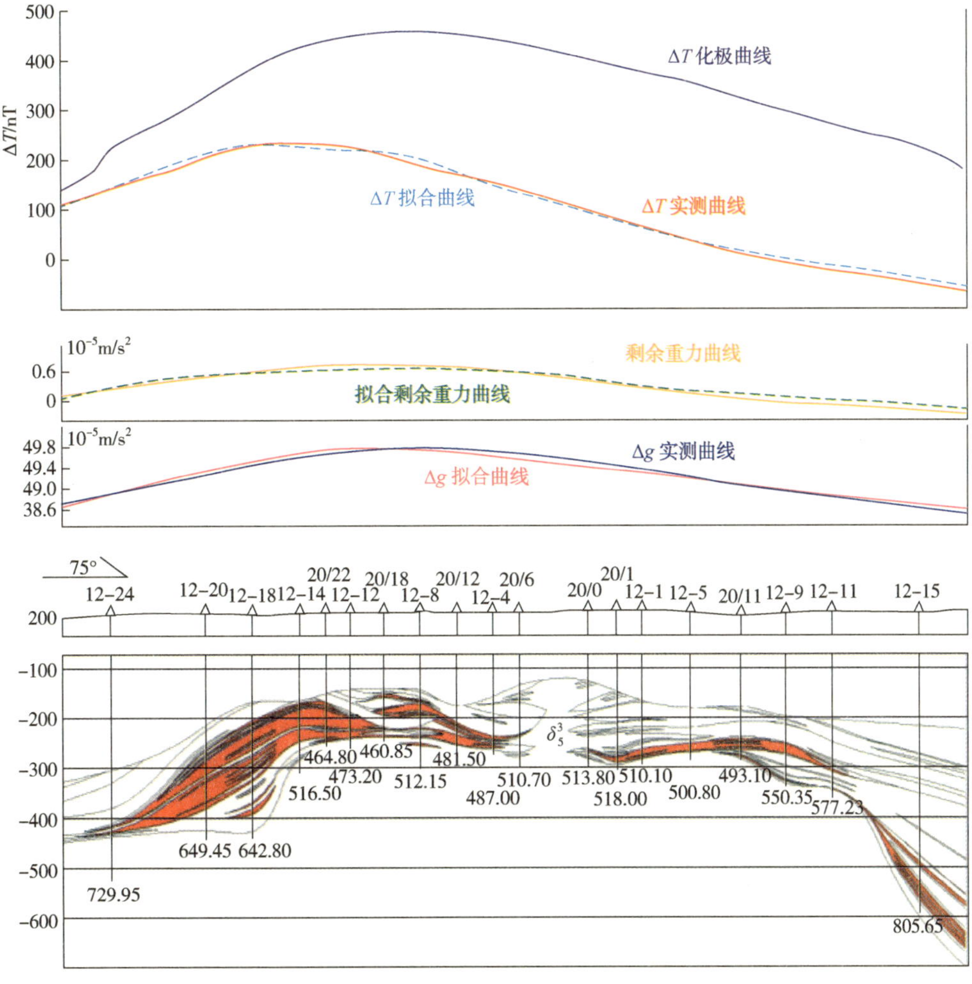

图 7-1-7　张家洼Ⅲ矿床 20 勘查线地质—地球物理综合剖面

根据前文所述的铁矿床分布和地球物理场之间的关系，岩体边部及内部正磁场背景下的升高异常可能为矿致异常，而重力异常梯度带及重力场局部抬升部位对矿体具有一定指示意义，电阻率高低阻的梯级带可作为寻找深部隐伏铁矿体的间接找矿标志（田文法等，2010）。在冶庄异常范围区内布设 *A*-*A*′剖面（图 7-1-4）作为典型剖面研究预测深部找矿靶区案例。

利用 1∶10000 航空磁测资料切制磁剖面数据，结合实测的重力剖面以及 CSAMT 数据，进行地球物理联合反演（刘光鼎等，1995；王涛，2016；朱德朋，2015；闫政文等，2020），获得 *A*-*A*′剖面的重磁电综合地球物理模型，并推测碳酸盐岩地层与闪长岩体接触带的空间展布特征，进而预测圈定找矿靶区。

图 7-1-8 显示，从地表至埋深 -1000m 以浅大致可分为三层。第一层即地表至 -200m埋深推断为第四纪黏土、砂层和古近纪泥岩、砂岩，电阻率整体呈现低阻特征。第二层推断为二叠纪泥岩、页岩、砂岩、煤层，石炭纪砂岩、灰岩、煤层，奥陶纪灰岩、白云岩，电阻率整体呈现相对中高阻特征。该层位受下部闪长岩岩体隆起影响，顶界面有一定的起伏。第三层推断为燕山中期闪长岩岩体，整体呈相对高阻特征。根据电阻率高低阻梯级带的形态推断出碳酸盐岩地层与岩体的空间展布特征，岩体向北东方向延伸且深度逐渐变大，在剖面长度 700~950m 处，岩体出现局部凸起，以剖面长度 900m 处为鞍部，南西侧较北东侧坡度陡。

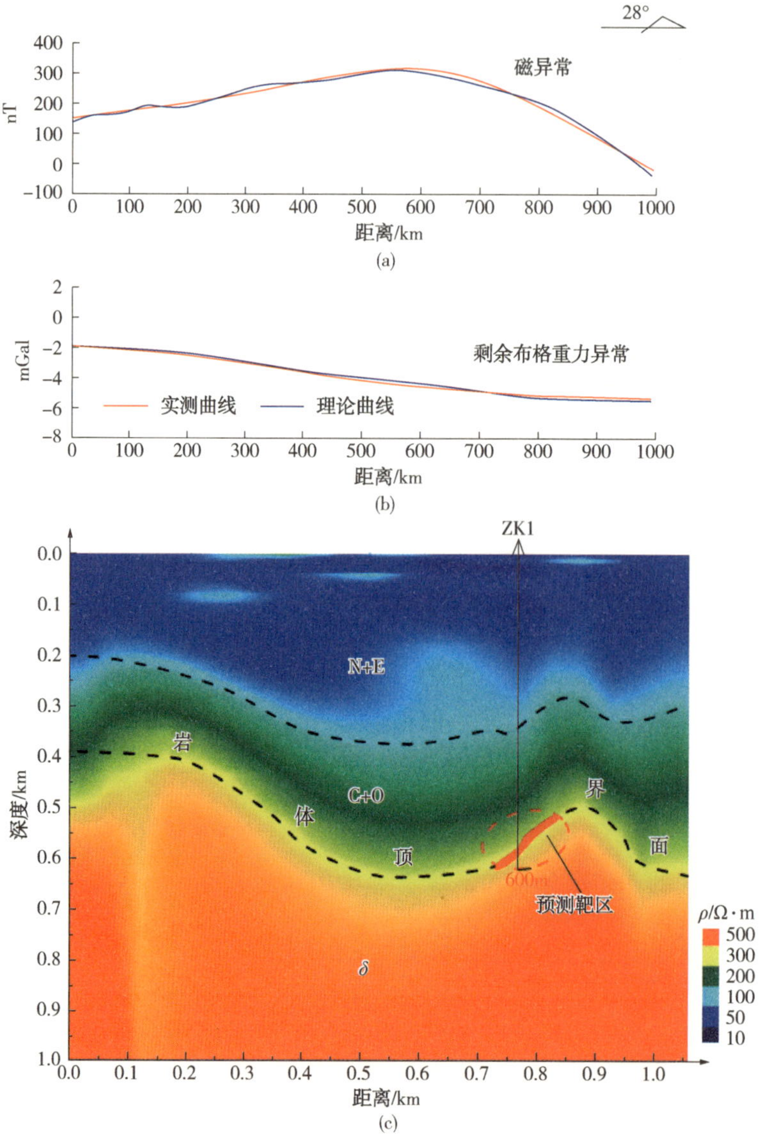

图 7-1-8 *A*-*A*′剖面重磁电联合反演地质—地球物理模型

为确定验证孔位，对该剖面重、磁异常进行了精细的等效模拟正、反演计算。正反演结果显示，在剖面长度 730~850m 之间有较大可能存在隐伏磁性体，该位置正对应推断的岩体局部凸起的缓坡一侧。根据前文所述的规律并结合勘探资料，将剖面长度 730~850m，深度 520~560m 的范围推断为成矿有利位置。本次设计 ZK1 钻孔(设计深度 650m)对预测的找矿靶区进行验证。

施工的 ZK1 钻孔实际钻进至 600m 终孔，在 537.7~552.2m 深度见磁铁矿矿体，矿体厚度为 14.5m，TFe 品位在 55%以上，证实冶庄异常确为矿致异常。隐伏盲矿体位于本次预测的找矿靶区范围内，且赋存位置与预测结果基本一致。

结合已有地质先验信息，采用综合地球物理方法研究局部低缓磁异常是否为矿致异常是一种有效的手段。以高精度磁法为主，加之重力测量、可控源音频大地电磁测深是富铁矿深部找矿的有效技术组合。

总结矽卡岩型铁矿重、磁、电剖面找矿标志如下。

(1) 岩体一侧重磁异常往往表现为强磁异常、重力高；地层一侧重磁异常往往表现为弱磁异常、重力低；矿体处往往为磁异常、重力异常由低到高变化率最高范围。

(2) 重磁电综合剖面磁异常、剩余布格重力异常曲线局部抬升，电阻率等值线局部凸起之间的鞍部及局部凸起的缓坡一侧为成矿有利指示部位。

(四) 三分量磁测井找矿标志

在磁性铁矿勘查过程中，对矿体空间分布及产状的认识往往与实际有偏差，应用井中三分量磁测可以发现旁侧磁异常或井底磁异常，进而推测磁性铁矿体存在与否，以此判断磁性铁矿体的空间分布及其产出状态，从而有效指导找矿。在磁性铁矿勘查中进行井中三分量磁测很有必要(战群，2007)。

图 7-1-9 为莱芜地区某矿区井中三分量磁测曲线，单孔揭露两层矿体，赋存深度在 550m 以下，两条矿体总厚度 9.17m，其中Ⅰ号矿体厚度最大，矿体均赋存于矽卡岩带中，两矿体顶、底板围岩以矽卡岩为主。

Ⅰ号矿体：矿体分布在侵入体与石灰岩的接触带，单孔单线控制，呈似层状，产状为 204°∠5°，见矿孔深 570.20~576.50m，铅垂厚度 6.30m，真厚度 6.28m，矿体单样品最高品位 TFe51.58%，mFe49.42%；最低 TFe22.07%，mFe 为 18.85%；平均品位 TFe39.05%，mFe34.91%。品位变化系数为 109%，与顶、底板为突变接触关系。

Ⅱ号矿体：矿体分布在侵入体与灰岩接触带，单孔单线控制，呈似层状，其产状为 204°∠5°，见矿深度为 582.20~585.10m，铅垂厚度为 2.90m，真厚度 2.89m，矿体单样品最高品位 TFe53.99%，mFe51.92%；单样品最低品位 TFe10.68%，mFe6.32%；平均品位 TFe37.45%，mFe34.69%，品位变化系数为 97%，与顶、底板为突变接触关系。

井中三分量磁测结果在矿体和围岩两者之中表现为截然不同的特征，是磁性体的直接反映。钻孔施工过程中，井中三分量磁测可以反映钻进方向一定范围内的赋矿可能，也可以反映钻孔附近区域旁侧的赋矿可能，是指导钻探施工的重要指示方法。

三分量磁测井铁矿找矿标志为：ΔZ 和 ΔH 异常曲线呈锯齿状剧烈跳跃，跳跃幅度较大；ΔT 矢量指向凌乱，无明显规律，是指示测量段内或井旁存在强磁性体的三分量磁测井找矿标志。

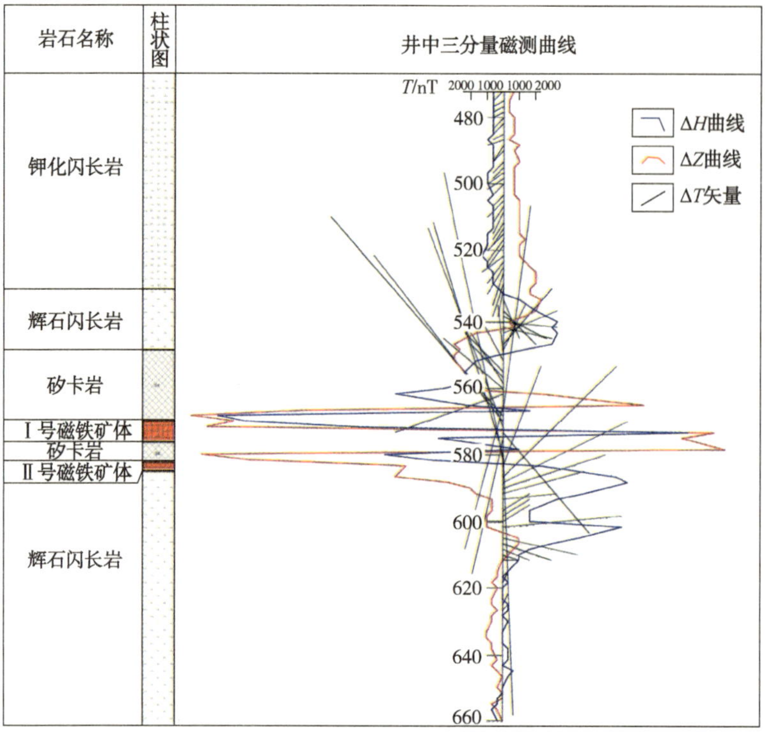

图 7-1-9　井中三分量磁异常特征

（五）地球物理找矿标志小结

1. 岩(矿)石物性标志

磁性方面：铁矿石具有强磁性的特点，与其围岩有明显差异，磁异常高值区主要为闪长岩体的反映，矽卡岩型铁矿埋深大、厚度薄，磁场特征表现为闪长岩体磁异常之内的局部叠加异常。

密度方面：磁铁矿和围岩之间存在明显的密度界面，只要磁铁矿具有一定规模，就能在地表产生相应的重力异常。

电性方面：岩体和围岩的接触带表现为条带状的高低阻梯级带，为地层与闪长岩体接触带的空间展布特征的反映。

2. 重磁平面异常找矿标志

布格重力异常图上，有利成矿部位表现为等值线高值区附近梯级带的波动、转弯处或者等值线同向弯曲梯度变化较缓的一侧，而在剩余重力异常图上表现为局部重力高值异常中心边部。

较强磁异常向低负异常的过渡带即低缓磁异常分布区是(磁)铁矿体赋存的有利指示部位。

磁异常值较高地区往往是矿体赋存部位的反映，而 ΔT 及 ΔT 化极后多条磁异常等值线同步外凸部位常常是厚大矿体的反映。

磁法垂向二阶导数零等值线大致圈定的磁性地质体分布边界其高值异常分布区往往是铁磁性物质相对富集的区域反映，可以作为(磁)铁矿体找矿的重点靶区。

重磁异常等值线的封闭、弯曲、极大值、极小值及异常的水平梯度变化等特征，均可能是(磁)铁矿体引起的异常反映，在找矿实践中应引起重视。

3. 重、磁、电剖面找矿标志

重磁联合反演剖面上：岩体一侧往往表现为强磁异常、重力高，而地层一侧往往表现为弱磁异常、重力低；在矿体处往往为磁异常、重力异常由低到高变化率最高范围。

重磁电物探综合剖面上：磁异常、剩余布格重力异常曲线局部抬升，电阻率等值线局部凸起之间的鞍部及局部凸起的缓坡一侧为成矿有利指示部位。

4. 三分量磁测井找矿标志

ΔZ 和 ΔH 异常曲线呈锯齿状剧烈跳跃，跳跃幅度较大；ΔT 矢量指向凌乱，无明显规律，是指示测量段内或井旁存在强磁性体的三分量磁测井找矿标志。

三、地球化学找矿标志

根据第五章的具体分析，认为不同闪长质岩体在锆石微量元素特征如标准化稀土元素含量发散程度，∑LREE、∑HREE 和∑REE 值的变化幅度，δCe 变化范围等方面具有明显差异，可作为地球化学找矿参考标志；根据锆石 δCe、δEu 及 Hf 质量分数的变化规律，指示岩浆演化末端或不利于大规模成矿，是重要的地球化学成矿指示标志；氧逸度计算结果表明，存在样品分布于 FMQ 甚至 MH 线之上是必要的成矿有利条件，反映高氧逸度条件是成矿的重要且关键有利因素。

（一）判定岩浆成因锆石的地球化学标志

锆石稀土元素特征标志：球粒陨石标准化稀土元素配分曲线呈重稀土相对轻稀土强烈富集，“左低右高”的配分型式；LREE/HREE 比值符合岩浆锆石的稀土元素配分特征；具有不同程度的 Ce 正异常和 Eu 负异常；锆石 Th/U 值大于 0.1；在 $\delta Ce—(Sm/La)_N$ 图解中落于岩浆锆石范围。

锆石中高场强元素含量特征标志：典型岩浆锆石高场强元素 Ti、Nb、Ta 的含量一般为(Hoskin O W P and Schaltegger U，2003) $\omega(Ti) \leqslant 75\times10^{-6}$，$\omega(Nb) \leqslant 62\times10^{-6}$，$\omega(Ta) \leqslant 3\times10^{-6}$。

锆石 Ti 温度计指示标志：在所测试锆石样品中的高场强元素 Ti、Nb、Ta 的含量特征暗示其未受包裹体或含钽矿物结晶的影响前提下，通过锆石 Ti 温度计方法计算的锆石结晶温度位于未变质锆石上限和下限之间。

（二）判定有利成矿岩体的地球化学标志

标准化后的稀土元素含量离散程度标志：可以用标准差(σ)表示，表现出“成矿禀赋强总体大于成矿禀赋弱”的特点。不同成矿禀赋岩体的稀土元素含量标准差示例：以重稀土镥元素的标准差为例，齐河—禹城李屯地区闪长岩$(Lu)_N$标准差(σ)为 71.78×10^{-6}；莱芜张家洼地区闪长岩$(Lu)_N$标准差(σ)为 55.66×10^{-6}；金岭北金召北地区闪长岩$(Lu)_N$标准差(σ)为 41.90×10^{-6}；金岭侯家庄地区闪长岩$(Lu)_N$标准差(σ)为 26.07×10^{-6}；金岭凤凰地区闪长岩$(Lu)_N$标准差(σ)为 12.03×10^{-6}。各岩体成矿禀赋与实际基本相符。

锆石 ∑LREE、∑HREE 和 ∑REE 值的离散程度特征标志：成矿禀赋越好的样品 ∑LREE、∑HREE 和 ∑REE 值变化幅度越大，如李屯地区闪长岩、张家洼闪长岩；而成矿禀赋差者则其值越集中，如金岭凤凰地区闪长岩。通过标准差(σ)计算，总体符合这个规律，如李屯地区、张家洼地区、北金召北地区、侯家庄地区和凤凰地区岩体的 ∑REE 值标准差($\times10^{-6}$)分别为：7974.40、6755.18、5327.09、3028.13、1459.90；∑HREE 值标准差($\times10^{-6}$)分别为：7748.62、6612.60、5107.45、2959.75、1428.92；∑LREE 值标准差($\times10^{-6}$)分别为：230.16、144.91、228.00、129.80、35.89。

锆石铈异常值 δCe 差异标志：不同成矿禀赋的样品锆石铈异常值 δCe 虽均呈正异常但仍具有明显差异，较好的成矿禀赋者具有更加宽泛的变化范围，如李屯地区、张家洼地区、北金召北地区、侯家庄地区等，而成矿禀赋弱者 δCe 更集中，如凤凰地区，这表明其均来自壳源锆石且形成于相对氧化的条件，但结晶时相对氧化的程度不同。

（三）关键成矿作用条件地球化学标志

锆石 δCe 和 δEu 变化规律标志：成矿禀赋好的岩体锆石随温度降低，δCe 和 δEu 均发生较显著的变化，而成矿禀赋差的岩体锆石随温度降低，δCe 和 δEu 则未发现明显的规律性变化，且变化范围极小。

锆石 Hf 含量标志：相比成矿禀赋好的岩体，成矿禀赋差的岩体锆石总体具有更高的 Hf 含量，是岩浆演化较高的产物，是大规模成矿的不利地球化学指示因素。

氧逸度指示标志：成矿禀赋好的李屯地区岩体、北金召北地区岩体和侯家庄地区岩体样品均有一定数量的锆石分布于 FMQ 甚至 MH 线之上，指示一定程度的高氧逸度岩浆占比，而成矿禀赋差的凤凰地区岩体样品锆石主要分布于 FMQ 线之下。如李屯地区岩体、北金召北地区岩体、侯家庄地区岩体、凤凰地区岩体锆石氧逸度数值位于 FMQ 线之上的个数分别为 12、4、4、3，分别占总测点数(25 点)的 48%、16%、16%和 12%；位于 MH 线之上的个数分别为 5、2、2、0，分别占总测点数(25 点)的 20%、8%、8%和 0。

四、地质—地球物理和地球化学勘查模型

根据地质—地球物理和地球化学找矿标志的分析，构建华北克拉通矽卡岩型铁矿找矿地质—地球物理和地球化学勘查模型如表 7-1-2 所示。

表 7-1-2　华北克拉通矽卡岩型铁矿地质—地球物理和地球化学勘查模型

勘查要素		描述内容	重要性
区域成矿环境	构造背景	华北板块(Ⅰ)	一般
	成矿环境	太平洋板块向欧亚板块俯冲后形成的伸展构造环境	一般
	成矿距今地质年龄	中生代燕山晚期：130Ma 左右	必要
	含矿建造	中奥陶统—寒武系岩溶层；闪长岩与灰岩的接触带；少量赋存于岩体内部和围岩裂隙	必要
	岩体类型	与成矿有关的岩浆岩为燕山晚期中—基性侵入岩	一般

续表

勘查要素		描述内容	重要性
地质条件	控矿地层	中奥陶统峰峰组二段、上马家沟组三段、上马家沟组二段、下马家沟组三段、下马家沟组二段，寒武系的凤山组、张夏组中的岩溶层，其中，有利成矿层为峰峰组二段、上马家沟组二段和下马家沟组二段	重要
	控矿构造	岩溶层、不整合面、岩体与围岩接触带、层间破碎带、挤压破碎带、成矿前断裂裂隙、捕虏体等	重要
	控矿岩体	有利成矿岩体特征：标准化后的稀土元素含量离散程度大；成矿禀赋越好的样品 ∑LREE、∑HREE 和 ∑REE 值变化幅度越大；较好的成矿禀赋者具有更加宽泛的锆石铈异常值 δCe 变化范围	重要
	围岩蚀变	热变质作用、接触交代作用、热液蚀变作用。矽卡岩化、蛇纹石化、钠长石化与成矿关系密切	一般
	矿体赋存位置	共发育七层成矿潜在空间，自上而下分别为：中奥陶统峰峰组二段、上马家沟组三段、上马家沟组二段、下马家沟组三段、下马家沟组二段，寒武系的凤山组、张夏组中的岩溶层，其中，有利成矿层为峰峰组二段、上马家沟组二段和下马家沟组二段；闪长岩与灰岩的接触带；少量赋存于岩体内部和围岩裂隙	重要
地球化学条件	判定有利成矿岩体的地球化学标志	有利成矿岩体特征：标准化后的稀土元素含量离散程度大；成矿禀赋越好的样品 ∑LREE、∑HREE 和 ∑REE 值变化幅度越大；较好的成矿禀赋者具有更加宽泛的锆石铈异常值 δCe 变化范围	重要
	关键成矿作用条件地球化学标志	锆石 δCe 和 δEu 变化规律标志：成矿禀赋好的岩体锆石随温度降低，δCe 和 δEu 均发生较为显著的变化。 锆石 Hf 含量标志：相比成矿禀赋好的岩体，成矿禀赋差的岩体锆石总体具有更高的 Hf 含量，是岩浆演化相对较高的产物，是大规模成矿的不利地球化学指示因素。 氧逸度指示标志：成矿禀赋好的岩体样品均有一定数量的锆石分布于 FMQ 甚至 MH 线之上，指示一定程度的高氧逸度岩浆占比，而成矿禀赋差的凤凰地区岩体样品锆石主要分布于 FMQ 线之下	重要
地球物理条件	物性标志	铁矿石具有强磁性、高密度和高阻特性，与其围岩有明显差异	重要
	重力场标志	布格重力异常图上表现为等值线高值区附近梯级带的波动、转弯处或者等值线同向弯曲梯度变化较缓的一侧，在剩余重力异常图上表现为局部重力高值异常中心边部，为找矿有利部位	重要
	磁场标志	较强磁异常向低负异常的过渡带即低缓磁异常分布区、磁异常值较高地区且 ΔT 及 ΔT 化极后多条磁异常等值线同步外凸部位、垂向二阶导数零等值线大致圈定的磁性地质体分布边界其高值异常分布区以及磁异常等值线的封闭、弯曲、极大值、极小值及异常的水平梯度变化大的部位可以作为寻找(磁)铁矿体的有利位置	重要

续表

勘查要素		描述内容	重要性
地球物理条件	剖面重磁标志	岩体一侧表现为强磁异常、重力高，在地层一侧往往表现为弱磁异常、重力低，在矿体处往往为磁异常、重力异常由低到高梯度最大的部位为成矿有利位置	重要
	电磁剖面标志	电磁法反演电阻率剖面等值线局部凸起之间的鞍部及局部凸起的缓坡一侧为成矿有利部位	重要
	三分量磁测井找矿标志	ΔZ 和 ΔH 异常曲线呈锯齿状剧烈跳跃，跳跃幅度较大，ΔT 矢量指向凌乱，无明显规律，是指示测量段内或井旁存在强磁性体的标志	重要

第二节　典型成矿预测案例分析

一、矿集区级成矿预测案例

山东淄博金岭杂岩体分布区是鲁中富铁矿矿床集中发育区之一，为典型的隐伏区矽卡岩型铁矿矿集区，富铁矿资源储量超过2亿吨(Jin Ziliang，2017)。自20世纪初德国在此首先开展铁矿勘查以来，已超过百年，1948年起进入正式的开采阶段(Jin Ziliang，2017)，该区开采历史悠久，随着开采程度的加剧，矿区正面临资源枯竭问题，隐伏矿体的探寻逐步成为重点研究领域(Zhao Pengda et al.，2008；Chen Weijun et al.，2008)，亟须利用新方法、新理论评价区内资源潜力(Zhao Pengda et al.，2003)，指导区内富铁矿找矿方向。现以金岭矿集区为例，介绍资源潜力和找矿方向矿集区级预测案例。

(一) 地质背景

研究区在大地构造位置上位于华北板块(Ⅰ)鲁西隆起区(Ⅱ)鲁中隆起(Ⅲ)鲁山—邹平断隆(Ⅳ)邹平—周村凹陷(Ⅴ)东北缘；在Ⅴ级成矿带上，属于淄博铁矿成矿区[图7-2-1(a)]。区内矽卡岩型铁矿主要形成于燕山运动晚期，伴随燕山晚期岩浆作用产出于侵入岩和寒武—奥陶系的接触带[图7-2-1(d)](Zhang Chao et al.，2017)。金岭杂岩体和寒武—奥陶系地层接触带的分布限定了区内主要矽卡岩型铁矿的分布范围[图7-2-1(b)]。

研究区第四系覆盖严重，基岩自然出露差，钻探揭示地层由老到新依次为寒武系、奥陶系、石炭系、二叠系、白垩系和第四系[图7-2-1(c)]。目前钻探揭示的矿体主要赋存围岩为中上奥陶统的八陡组($O_{2-3}b$)和五阳山组($O_{2-3}w$)，主要岩性为灰岩；其次为上石炭统本溪组(C_2b)底部，主要岩性为细碎屑岩夹透镜状灰岩，与下伏奥陶系灰岩呈平行不整合接触。

受多期构造—热事件的叠加，区域上形成以NWW—NW向伸展断裂为主的构造格局(Yang Chenghai, 2007)。研究区内断层主要表现为 NW—NWW 向和 NNE 向两组[图 7-2-1(b)]。NW—NWW 向断裂中，北高阳断层和寇家庄断层为产状较陡的 NNE 倾正断层；土山断层为产状较陡的 SSW 倾正断层；西南部的炒米店断层为产状较陡的 SW 倾逆断层。NNE 向表现为压扭性正断层，金岭杂岩体东西两侧的断层面相背，且东侧的断层倾角小于西侧的。如东侧的陈家庄断层和金岭断层为 SE 倾，倾角为 50°；西侧的玉皇山断层和张店断层为 NW 倾，倾角为 75°。受区域构造的制约，研究区发育 NE 向倾伏的金岭短轴背斜，两翼为中奥陶统碳酸盐岩和石炭—二叠系的碎屑岩(Jin Ziliang et al., 2015)。

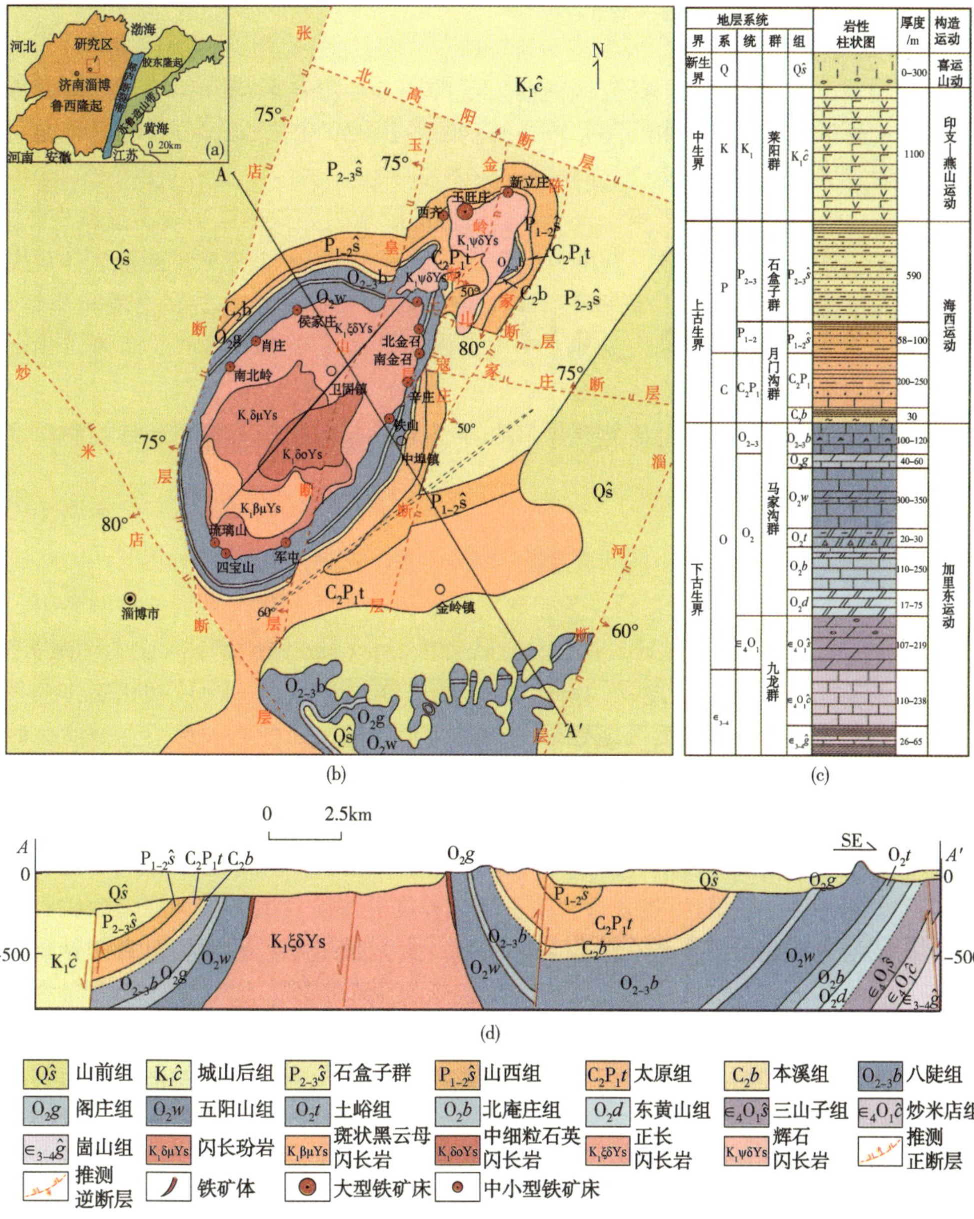

图 7-2-1 研究区大地构造位置及地质特征

金岭杂岩体是由辉石闪长岩、黑云母闪长岩、石英闪长岩、二长岩等一系列中—基性岩组成的复杂岩体，是岩浆多期侵位的结果(Jin Ziliang et al.，2015)，呈椭圆状发育于金岭背斜的核部，形态和展布严格受金岭背斜的控制(Hu Yalu et al.，2018；Wang Shijin et al.，2009)。不同学者对该期次与矽卡岩型铁矿相关的中—基性岩浆岩进行研究认为，其岩浆起源于上地幔纯橄榄岩熔体的部分熔融并受到陆壳物质的混染作用(Chen Bin et al.，2013；Wang Hao et al.，2015；Jin Ziliang et al.，2015；Xie Qiuhong et al.，2015；Xu Wenliang et al.，2003；Ning Peisong et al.，2013；Wang Dongyan et al.，2004；Wu Xiangyang et al.，2003；Yang Chegnhai et al.，2006)。金岭杂岩体是研究区矽卡岩型铁矿形成的重要成矿地质体之一。

(二) 矿体空间分布规律

从基岩分布平面图上看，研究区内已发现的矽卡岩型铁矿均分布于金岭杂岩体与地层接触带附近，总体上呈 NE—SW 向展布(图 7-2-1)。根据岩体分布特征和断层错移情况，研究区总体可划分为南北两部分。

北部岩体分布相对杂乱，规模较小，已发现的矽卡岩型铁矿床主要有王旺庄铁矿、新立庄铁矿、西齐铁矿等 5 处，其中大型 1 处，中型 2 处，小型 2 处。南部岩体规模相对大，分布形态相对规则，呈椭圆形，分布有中小型铁矿十余处，其中侯家庄铁矿、肖庄铁矿、南北岭铁矿、琉璃山铁矿、四宝山铁矿等位于南部岩体的北西侧，北金召铁矿、南金召铁矿、辛庄铁矿、铁山铁矿、军屯铁矿等位于南部岩体的南东侧。目前，王旺庄矿区和辛庄矿区控制的矿体较深，约为-500～-600m，其余矿区矿体控制深度均在-500m 以浅。

从矿体的赋存围岩及在垂向上的空间赋存特征看，其空间分布类型可划分为：岩体/地层接触带式、假整合面/层间裂隙式、岩体内捕虏体式三种(图 7-2-2)。

岩体/地层接触带式的主要特征为：磁铁矿矿体分布于岩体与地层的接触带上，一般具有“矽卡岩蚀变带包裹磁铁矿矿体”的显著特征；(磁)铁矿矿体常呈“阶梯状”分布，随成矿条件的变化，往往可发育若干阶梯状矿体，发育 2～3 个阶梯状矿体的现象较常见；在接触带缓凸起或缓凹陷处最有利于赋存矿体，而在接触带平直处往往矿化较差，常表现为矿体薄弱、尖灭或消失。

假整合面/层间裂隙式的主要特征为：(磁)铁矿矿体分布于奥陶系马家沟群灰岩与石炭系本溪组底部之间的假整合面上以及其他层间裂隙内，一般具有“厚度稳定、似层状分布、产状平缓、规模大”的显著特征；矿化程度受假整合面内或裂隙内的岩石物质组成、岩浆灌入物理化学条件及动力条件控制；假整合面内的矿体与蚀变带分布范围总体上呈层状或板状展布，裂隙内的矿体与蚀变带分布范围总体上呈分布方向各异的墙状。

岩体内捕虏体式的主要特征为：(磁)铁矿矿体分布于岩体内的捕虏体中，一般具有“矿体与蚀变分布规律不明显，形态不规则，矿体规模受制于捕虏体大小”的特征；这种类型的矿体分布于岩体一侧，与接触带界线的距离往往很近，可作为探寻接触带式矿体分布的重要指示标志。

空间分布类型	矿体空间分布典型模型	特征描述
岩体/地层接触带式分布	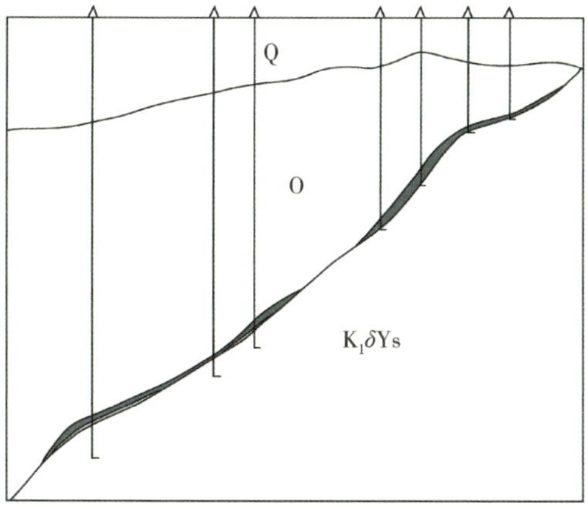	磁铁矿矿体分布于岩体与地层的接触带，一般具有“矽卡岩蚀变带包裹磁铁矿矿体”的显著特征。磁铁矿矿体常呈“阶梯状”分布，随成矿条件的变化，往往可发育若干阶梯状矿体，发育2~3个阶梯状矿体的现象较为常见。在接触带缓凸起或缓凹陷处最有利于赋存矿体，而在接触带平直处往往矿体赋存的可能性小，常表现为矿体薄弱、尖灭或消失
假整合面/层间裂隙式分布	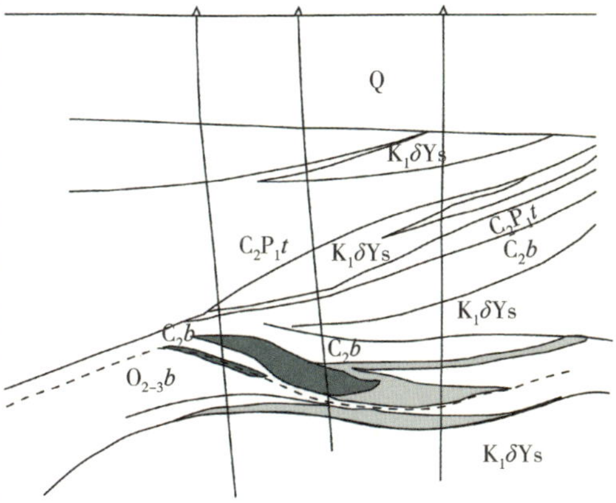	磁铁矿矿体分布于奥陶纪马家沟群灰岩与石炭纪本溪组底部之间的假整合面上以及其他层间裂隙内，一般具有“厚度稳定、似层状分布、产状平缓、规模大”的显著特征；矿化程度受假整合面内或裂隙内的岩石物质组成、岩浆灌入物理化学条件及动力条件控制；假整合面内的矿体与蚀变带分布范围总体上呈层状或板状展布，裂隙内的矿体与蚀变带分布范围总体上呈分布方向各异的墙状
岩体内捕虏体式分布	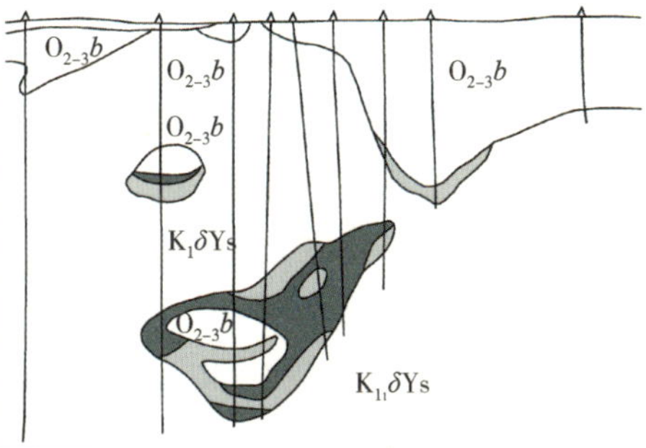	磁铁矿矿体分布于岩体内的捕虏体中，一般具有“矿体与蚀变分布规律不明显，形态不规则，矿体规模受制于捕虏体大小”的特征。这种类型的矿体分布于岩体一侧，与接触带界线的距离往往有限，可作为探寻接触带式矿体分布的重要指示标志

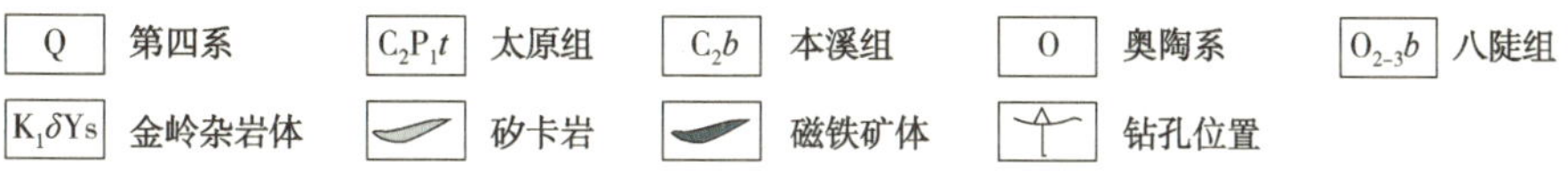

图 7-2-2　研究区矿体空间分布类型图

（三）地球物理反映

1. 磁异常反映

1∶50000 航磁 ΔT 等值线平面（图 7-2-3）显示，研究区总体上显示出 NE 向展布正负伴生的磁异常特征。正磁异常位于东南，异常值为 50~300nT；负异常位于西北，异常值为-200～-400nT。异常形态总体呈 NE—SW 向展布的长轴椭圆状，与金岭杂岩体形态基本吻合。相对中部，异常 ES 和 WN 两侧梯度较大，反映出岩体产状及表面起伏变化特征。金岭短轴背斜与金岭杂岩体的耦合关系在磁异常特征中反映明显。正磁异常规模从 SW 端向 NE 端逐渐收窄，尤其在 NE 端显示出显著的细条状正高磁异常带，该特征与 NE 向倾伏的金岭短轴背斜地质特征吻合。中部 NE 向分布的显著凹形磁正异常形态由 NE 向分布的玉皇山断裂导致，该断裂是成矿后断裂，在成矿预测时应引起重视。

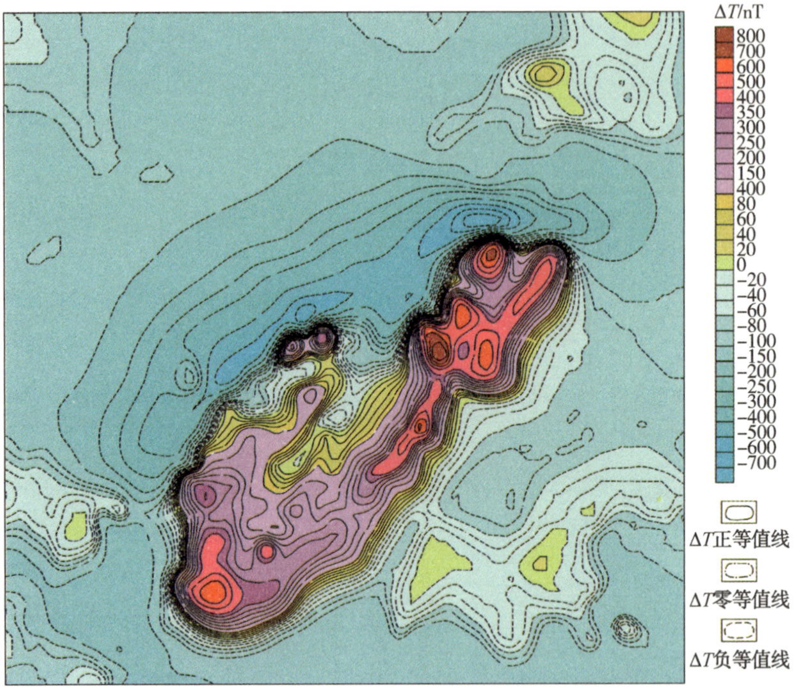

图 7-2-3 研究区 1∶50000 航磁 ΔT 异常等值线平面图（Ni Zhenping 等，2013）

研究区北部进行的 1∶10000 航空磁法测量工作更精确地展现出了磁异常变化（图 7-2-4）。以金岭杂岩体及其围岩边界为线，磁异常表现为明显的两部分，NW 侧呈长条状负异常，伴随 SE 侧的正异常区出现。NW 侧负异常区在 NE 部呈强负异常，最低达-950nT；在 SW 部呈强弱程度变化紊乱的负异常，最低为-600nT。SE 侧正异常区北部呈具若干强正异常凸起的特征，磁异常最大值可达 1700nT 以上，这一区域内若干正异常区及其边缘是已发现磁铁矿分布的主力范围；SE 侧正异常区南部呈磁异常变化较紊乱的特征。

2. 重力异常反映

研究区布格重力异常沿 45°方向展布，整体可分为南北两个极值区，与金岭杂岩体的分布吻合（图 7-2-4）。

北极值区呈沿 35°方向展布的似椭圆状，由两个近乎平行的子异常区组成。西侧子异常区位于东召口至王旺庄一带，面积较大且宽缓，由于两端的异常凸起致使整个子异常区呈 NE 向，极大值为 33.8×10^{-5}m/s^2。东侧子异常区位于立子营至尚河头一带，

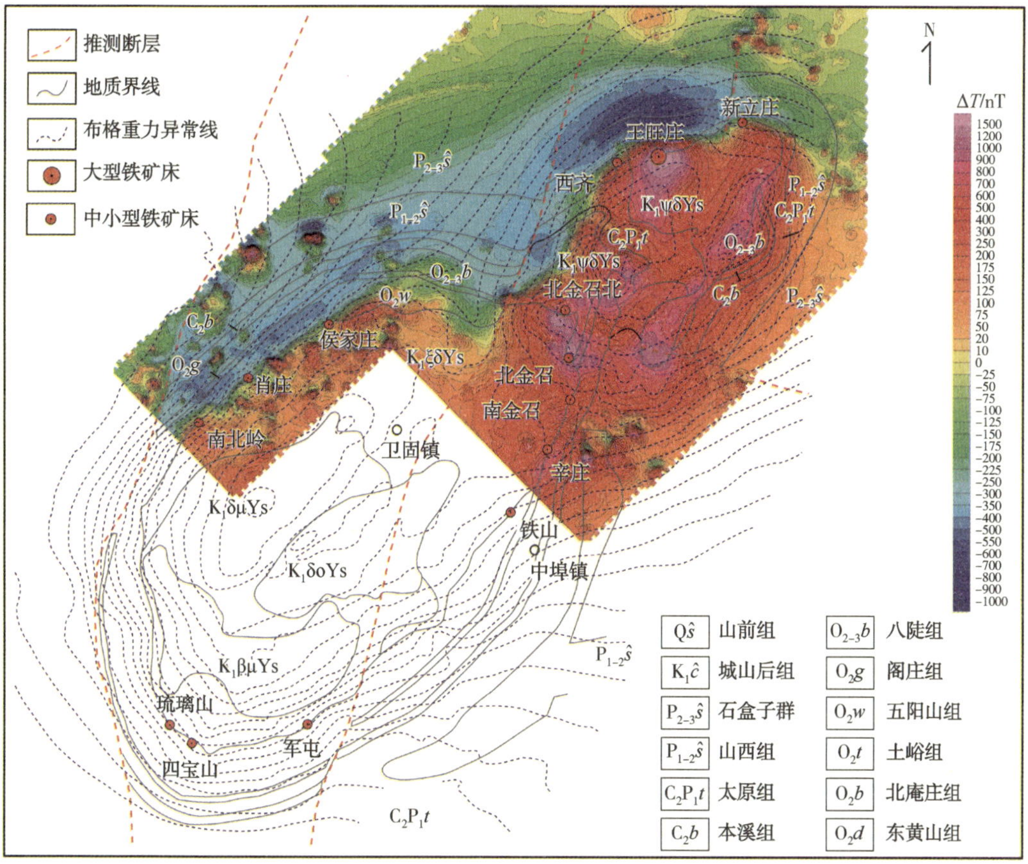

图 7-2-4　研究区重力异常及北部 1∶10000 航磁 ΔT 异常等值线平面图

呈狭窄的长条状，且极值范围小，极大值为 32.8×10^{-5}m/s^2。两子异常区之间形成一个与两者平行的低值区。整个北极值区由 31.0×10^{-5}m/s^2 等值线连成一体，使异常呈椭圆状展布，西侧等值线外凸幅度和范围较大且梯度较缓，东侧等值线外凸范围较小且梯度较陡，但往东仍有凸起的趋势。

南极值区呈沿 40°方向展布的拉长状，同样由两个近乎平行的子异常区组成。西子异常区长度和宽度均较大，极大值为 29.0×10^{-5}m/s^2，而东子异常区呈狭窄的长条状，极大值为 27.0×10^{-5}m/s^2，两者之间有一个与之平行的低值区。整个异常极值区部分等值线呈稀疏宽缓的特征，四周等值线密集区显示出一定梯度，每公里下降约 6×10^{-5}m/s^2。

南北两极值区由 26.0×10^{-5}m/s^2 等值线连成一个整体，在连接部位东侧的 26.0×10^{-5}m/s^2 和 25.0×10^{-5}m/s^2 两等值线收缩明显，且幅度和范围较大。重力异常等值线同样表现出从 SW 端向 NE 端逐渐收窄的特征，是金岭短轴背斜和金岭杂岩体耦合关系的反映，指示了矽卡岩型磁铁矿有利成矿区域的宏观分布。

3. *岩矿石物性特征*

研究区岩矿石物性参数(表 7-2-1)表明，磁铁矿、闪长岩、沉积岩、变质岩等不同地质体均表现出不同的物性特征。闪长岩表现为弱磁性，富铁矿床矿石主要为磁铁矿，具有磁性强、密度高的特点，一般为闪长岩磁性的几十倍以上；沉积岩及相应的变质岩(如灰岩、大理岩、变余砂岩、角岩等)，均表现出弱磁性或无磁性。

表 7-2-1　研究区岩矿石物性参数统计表

岩矿石	参数							
	4πK/10^{-5}SI		Jr/(10^{-3}A/m)		剩余磁偏角/(°)	剩余磁倾角/(°)	密度/(g/cm^3)	
	平均	变化范围	平均	变化范围			平均	变化范围
磁铁矿	500000	75000~4924000	213000	7000~1660000	345	63	4	3.79~4.54
闪长岩	4400	18000~10600	700	100~7140	345	63	2.75	2.54~2.89
蚀变闪长岩	2500	1000~5700	400	220~680	345	65	—	—
煌斑岩	4300	4000~4700	385	300~470	—	—	—	—
砂岩、砾岩	—	—	—	—	—	—	2.4	2.16~2.55
角岩、黏板岩	—	—	—	—	—	—	2.6	2.40~2.70
大理岩	—	—	—	—	—	—	2.75	2.57~2.84

（四）成矿深度

通过流体包裹体研究，利用均一温度和盐度值，可以计算成矿作用阶段中矽卡岩期到石英硫化物期各阶段矿物形成时的压力和深度，从而反映成矿作用深度。Jin Ziliang(2015)和 Wang Kaiyuan(2014)对流体包裹体的研究认为，石榴子石、透辉石、磁铁矿间透辉石、透闪石、绿帘石、硬石膏矿物压力平均值分别为 160.1MPa、152.2MPa、144.5MPa、142.9MPa、123.5MPa、103.7MPa，对应的深度平均值分别为 5.3km、5.1km、4.8km、4.7km、4.1km、3.4km，代表了相应成矿阶段流体压力和所处深度特征(表 7-2-2)。

表 7-2-2　成矿压力与深度计算结果表(Wang Kaiyuan，2014)

矿物	压力/MPa	压力平均值/MPa	成矿深度/km	深度平均值/km
石榴子石	99.7~172.7	160.1	3.3~5.7	5.3
透辉石	144.3~163.0	152.2	4.81~5.7	5.1
磁铁矿间透辉石	130.7~162.8	144.5	4.35~5.45	4.8
透闪石	134.8~150.3	142.9	4.5~5.0	4.7
绿帘石	97.1~140.1	123.5	3.2~4.7	4.1
硬石膏	73.0~106.2	103.7	2.4~4.7	3.4

磁铁矿间透辉石矿物温压特征代表了磁铁矿主成矿期的温压条件，磁铁矿间透辉石形成压力介于 130.7~162.8MPa，相应形成深度为 4.35~5.45km，深度跨度为 1.1km，可以作为磁铁矿形成时的深度参考。燕山运动结束进入喜马拉雅运动阶段，研究区长期遭受剥蚀，缺失上白垩统和第三系地层，致使矿体埋藏深度变浅甚至出露地表，但随着整体抬升和剥蚀，研究区磁铁矿的深度跨度微乎其微。目前，金岭矿集区磁铁矿矿体埋深浅者一般为 200m 左右，据此推测矿集区的找矿埋深空间至少可以拓展至 1300m。

（五）有利找矿方向分析

1. 可控源音频大地电磁测深技术对成矿地质体的反映

分布于研究区南东侧辛庄一带的 *A*–*A′* 可控源音频大地电磁测深二维剖面反演显示，纵向上反演电阻率总体呈“上低下高”的特征，具体表现为：表层上高下低，中部低中有高，下部稳定高阻(图 7–2–5)。结合勘查线剖面特征，电阻率表现为上高下低的表层为第四系松散堆积物显示；中上部的次高阻为二叠系及以新的碎屑岩沉积反映，其显示为若干椭圆形的不均一电阻率推测为断裂导致；中部稳定低阻为奥陶—石炭系灰岩沉积显示；下部由浅入深电阻率逐渐增大，为闪长岩或矽卡岩化闪长岩显示。由此推测，金岭杂岩体在南东部辛庄一带由西向东埋深逐渐增大并在东部骤然隆起，呈凹形分布，有利的成矿地质体在下凹底部仍具有较好的成矿条件。

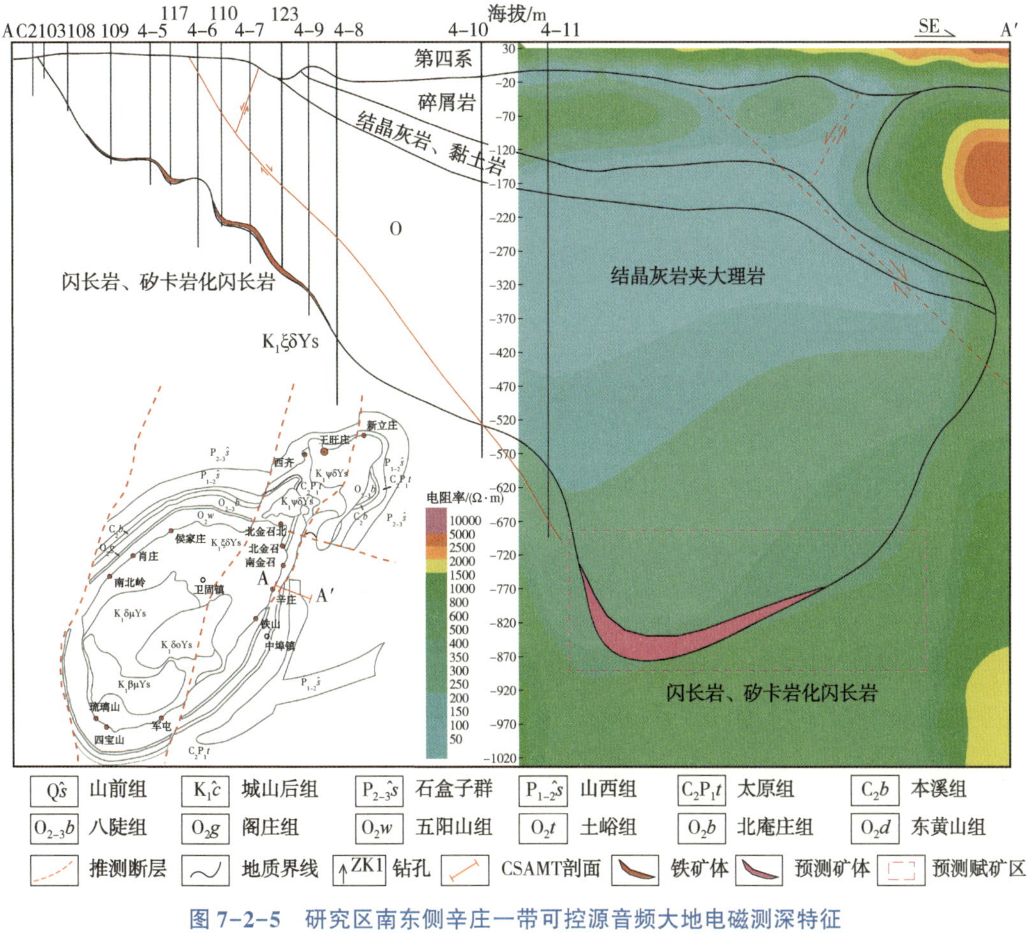

图 7–2–5　研究区南东侧辛庄一带可控源音频大地电磁测深特征

分布于研究区北西侧北金一带的 *B*–*B′* 可控源音频大地电磁测深二维剖面反演显示，纵向上反演电阻率呈“高低相间”的特征(图 7–2–6)。结合勘查线剖面特征：第①层电阻率上高下低，为第四系松散堆积物显示；第②层和第④层总体表现为低电阻，为结晶灰岩显示；第③层电阻率总体高，为闪长岩、矽卡岩化闪长岩或受岩浆作用影响强烈的硅化灰岩，推测其受 NW 倾向的断裂影响较大；第⑤层由上至下电阻率稳定增大，为蚀变程度不等的闪长岩岩体显示。该 CSAMT 二维剖面显示，在 NW 部外围仍是有利的成矿地质体发育区；在该剖面向 SE 侧上部矿体已被发现，但容易忽视的是，其深部或许是比上部更有利的成矿区。

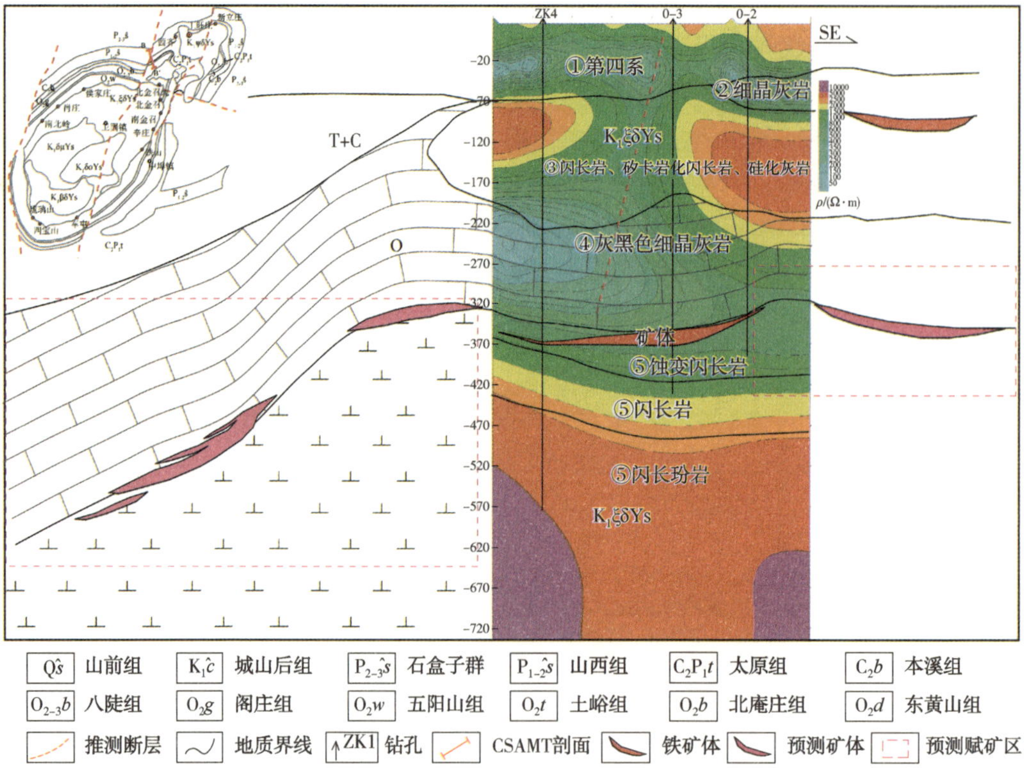

图 7-2-6 研究区北西侧北金一带可控源音频大地电磁测深特征

分布于研究区北部的王旺庄一带是已发现的最大铁矿富集区域，$C-C'$可控源音频大地电磁测深二维剖面反演显示，纵向上反演电阻率呈“上下高、中间低”的特征(图 7-2-7)。结合勘查线剖面特征：第①层电阻率变化紊乱，为第四系松散堆积物显示；第②层表现为稳定高电阻率，为二叠系的碎屑岩沉积显示；第③层表现为稳定低电阻率，为结晶灰岩、受热变质或热液作用而形成的角岩、矽卡岩及磁铁矿矿体显示，为主要的赋矿空间；第④层表现为电阻率由上至下向岩体一侧稳定增高的趋势，为闪长岩岩体蚀变程度不同的显示。分布于该剖面东侧近乎垂直的低阻带，推断为 NW 倾向的高角度断裂带的反映，此深大断裂及其次级断裂导致闪长岩岩体电阻率相比其他区域的更低。其 NW 部向磁负异常中心延伸方向仍有较好的成矿地质体反映。

2. 磁反演技术对成矿地质体及磁性体的显示

加入先验地质、构造、岩石物性、钻孔数据及其他地球物理解释信息条件下的磁反演模拟是获得地下结构的有效方法(Qi Guang et al.，2012；Williams N C，2008；Fullagar P K et al.，2000；Fullagar P K et al.，2007；Yu Peng et al.，2008)。在研究区 EN 部、NW 部、ES 部分别选取后下、北金、凤凰区进行了 2.5D 磁法反演，依次记为剖面 CFY1、CFY2 和 CFY3，在辛庄和朱家庄一带进行了 2.5D 重磁联合反演，分别标记为

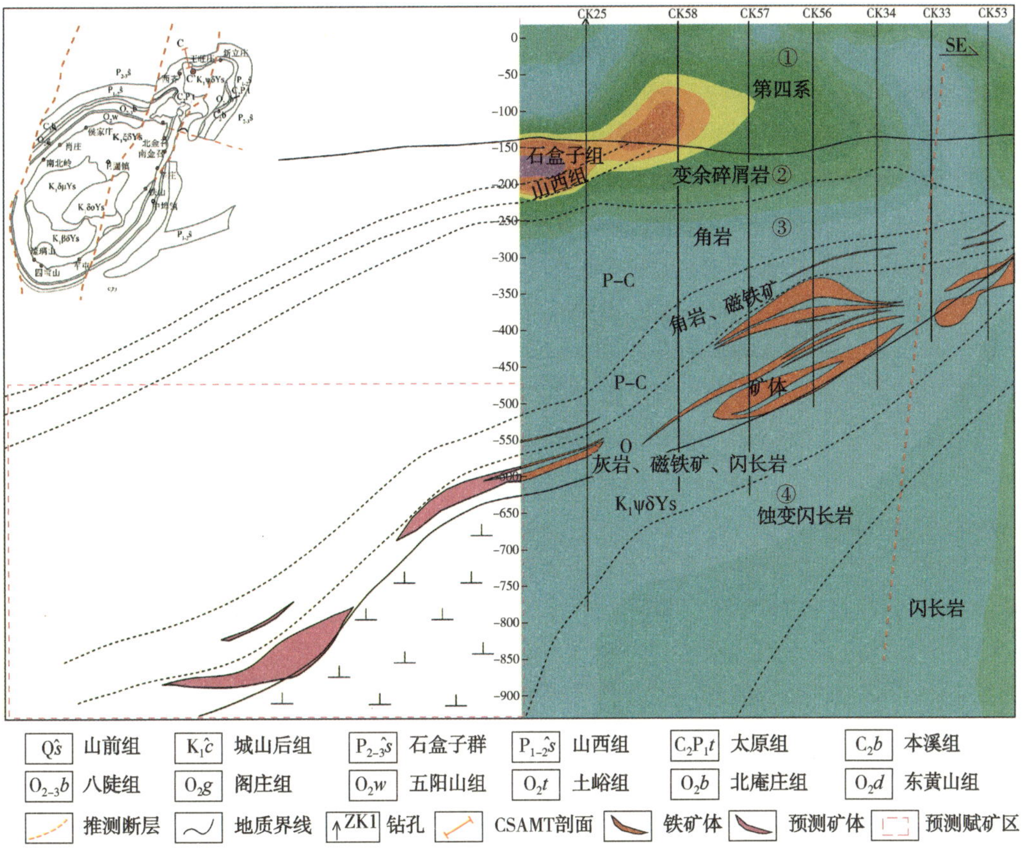

图 7-2-7 研究区北侧王旺庄一带可控源音频大地电磁测深特征

剖面 ZCFY1、ZCFY2 和 ZCFY3(图 7-2-8a)。反演结果为金岭杂岩体分布区两侧成矿地质体的产状特征及找矿方向提供了间接指示。

CFY1 剖面磁反演特征[图 7-2-8(b)]显示，金岭杂岩体 EN 部后下一带 NE 部外围为有利找矿空间。岩体分布区磁异常值总体上显著高于地层分布区的，在岩体一侧 ΔT 值介于 50~250nT，地层分布区一侧 ΔT 值介于-300~-200nT。在岩体向地层过渡范围内，高强磁异常梯度反映出高陡的接触带产状特征。ΔT 值从岩体内侧向外侧逐渐增加并在接触带附近达到极大，推断为赋存在岩体和地层接触带附近的磁铁矿体导致。结合金岭杂岩体 EN 部已施工钻孔及磁反演结果，推测 ZK5NE 外围 800m 范围内为有利的找矿空间。

CFY2 剖面磁反演特征[图 7-2-8(c)]显示，金岭杂岩体 NW 部北金一带 NW 部外围及 SE 侧深部仍为有利的找矿方向。剖面磁异常值总体较高，介于 250~900nT，呈略向 NW 倾的正态分布形态，反映出隐伏岩体接触带 NW 倾角较缓的产状特征。结合北金一带已施工钻孔及磁反演结果，推断在剖面 NW 部-400~-550m 仍为有利的找矿范围。剖面 SE 侧表现为“岩枝上部插入，岩体下伏”的特征，这导致上部岩枝与地层接触带附近的矿体被发现后误判为已钻至基岩而停止向深部勘探，下伏岩体接触带的成矿空间极易被忽视，因此，值得向-400m 以深继续探索。

CFY3 剖面磁反演特征显示出凤凰镇一带的有利成矿特征，并为本次钻孔所证实[图 7-2-8(d)]。剖面 NW 部岩体一侧表现出持续高磁异常值，稳定在 900nT 附近；在 SE 部地层一侧，磁异常值稳定在 0nT 上下。岩体向地层过渡区域磁异常梯度相比金岭杂岩体 EN 部的 CFY1 剖面附近显著下降，岩体在-500m 以浅存在数次大规模地向地层方向穿插现象，而在-600m 以深则以较缓的产状向 SE 侧延伸。CFY3 剖面所在的凤凰镇一带，岩体一侧易形成大型捕虏体式矿体，地层一侧-600m 以深易形成接触带式矿体。

3. 重磁联合反演技术对成矿地质体形态变化及找矿方向的揭示

北金、王旺庄一带的可控源音频大地电磁测深(图 7-2-6 和图 7-2-7)及磁反演结果[图 7-2-8(c)]已经揭示，隐伏金岭杂岩体基岩面产状在 NW 侧普遍较缓，这在实际生产中也已经被钻探验证；在 EN 部后下一带，磁反演和钻探联合证实，岩体基岩面陡立，为岩体侵入的转折端。对于金岭杂岩体 SE 侧，在以往的实际生产中，在北部主要注重于岩体内正异常中心的验证，往往探获规模较小的捕虏体式矿体，而忽视了东侧磁异常梯度带的成矿条件研究；而在南部主要完成了浅部接触带式矿体的勘查，对东侧外围深部研究不足。联合反演作为地球物理反演的新思路，对地质体的综合解释具有更好的效果(Yan Zhengwen et al., 2020；Ding Wenxiang et al., 2018；Gao Dezhang et al., 2004；Li Dechun et al., 2012；Jiang Mei et al., 2012；Colombo and Destefano, 2007；Jegen et al., 2009；Qu Shuanzhu et al., 2019)。为准确反映金岭杂岩体南东侧的形态变化，由北向南在朱家庄北部、朱家庄南部和辛庄一带垂直接触带走向依次布置完成了三条重磁联合剖面反演，分别为 ZCFY1、ZCFY2 和 ZCFY3[图 7-2-8(e)~(g)]。

重磁联合剖面反演结果显示，在金岭杂岩体南东侧从北向南基岩面产状总体上由陡变缓。朱家庄北部、朱家庄南部和辛庄三条剖面在重力异常变化上存在一个共同点，即由岩体一侧向地层一侧逐渐降低，反映出金岭杂岩体和地层在密度上的差异，但磁异常特征变化形态不同[图 7-2-8(e)~(g)]。

朱家庄北部的 ZCFY1 剖面磁异常变化呈略向地层一侧倾斜的正态分布形态[图 7-2-8(e)]，受接触带磁性体的影响，波峰出现在接触带分布范围；磁反演揭示岩体陡斜，成矿具有“岩体内部捕虏体式矿体为次，接触带式矿体为主”的特征，找矿深度可向 1400m 探索。

朱家庄南部的 ZCFY2 剖面磁异常变化呈波峰偏向岩体一侧的不对称凸起形态，并在接触带一侧伴随两个微弱的次波峰[图 7-2-8(f)]；磁反演揭示岩体具有上部陡立、下部变缓的侵入特征，成矿具有“上部以捕虏体式矿体为主，下部以断续出现的接触带式矿体为主”的特征；找矿深部可向 1100m 探索。

辛庄一带的 ZCFY3 剖面磁异常变化呈多个波峰同时出现的现象，-500m 以浅的接触带区域显现最大波峰，岩体内侧出现次高峰，-900~-1100m 范围内出现微波峰[图 7-2-8(g)]。揭示赋存在-500m 以浅的接触带区域的磁性体主导了主波峰，这已被钻探所验证；岩体内侧或存在小规模的捕虏体式矿体，导致了次高峰，值得探索；而在-900~-1100m 深度范围的微波峰是由深部接触带式矿体导致，由于埋藏深度大而产状相对平缓导致地表磁异常显示弱，需进一步进行钻探验证。

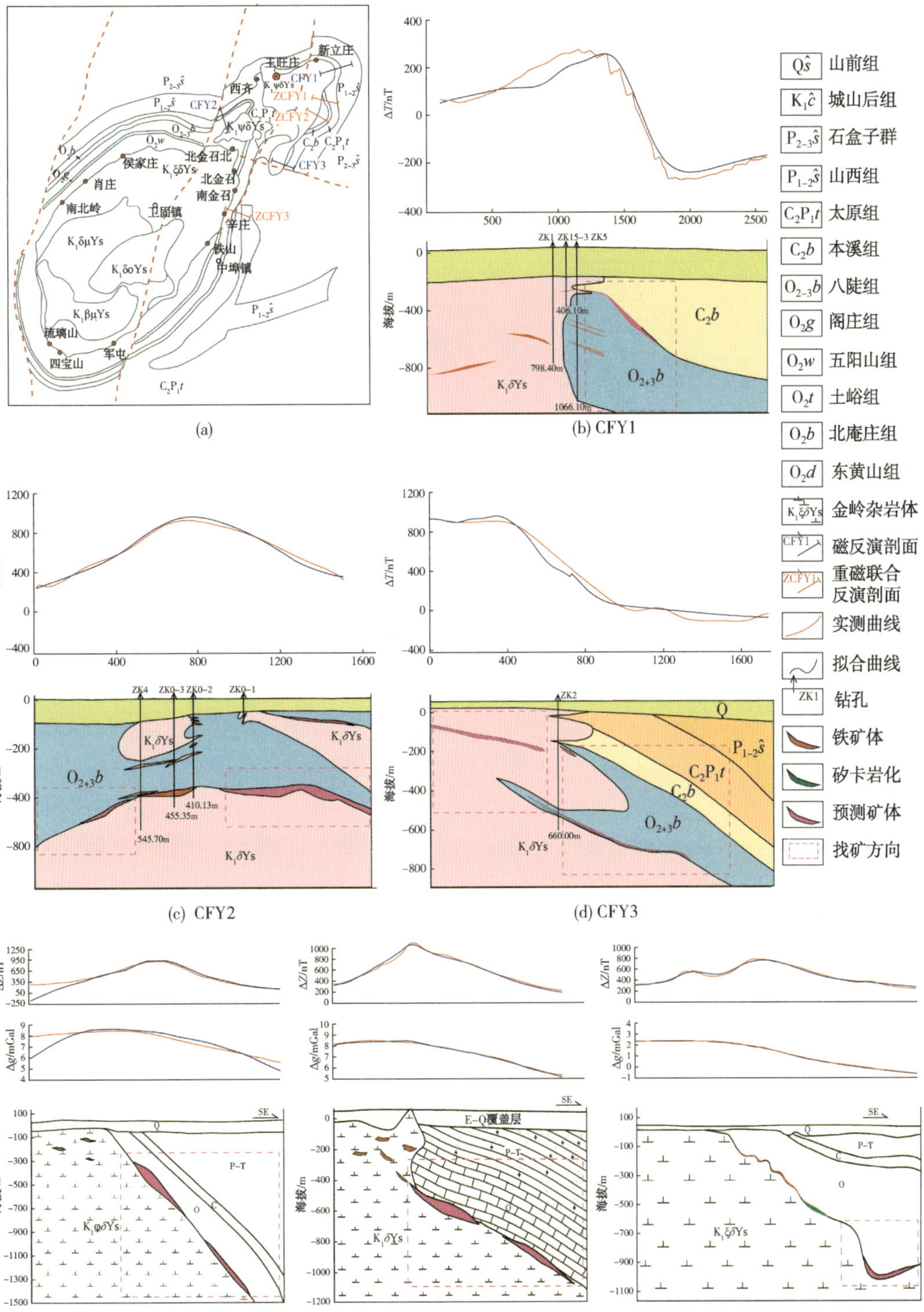

图 7-2-8 研究区深部外围磁反演剖面图

4. 有利找矿区预测

基于对成矿地质条件和成矿规律的研究，综合利用重、磁、电、地方法，认为在金岭杂岩体深部和外围尚具有较大的找矿潜力，可作为今后找矿的重要方向。近期有利找矿预测区建议如下(图 7-2-9)。

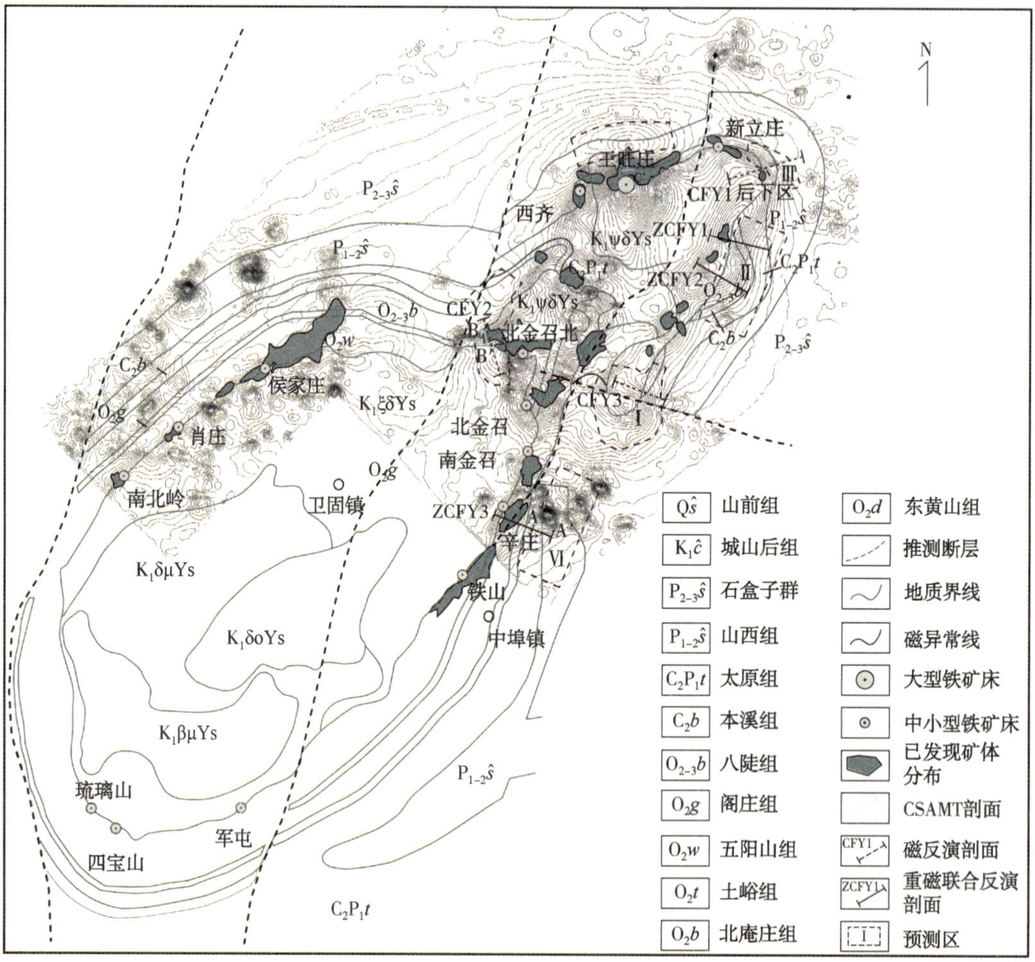

图 7-2-9 研究区深部外围找矿有利区预测

(1) 凤凰有利找矿区Ⅰ：包含一近似圆形强正磁异常及其次级异常，异常值介于200~1000nT，东侧磁异常梯度大，并具有两处明显的次级异常。磁剖面反演指示该区有较好成矿显示，西部岩体一侧易形成大型捕虏体式矿体，东部地层一侧-600m以深易形成接触带式矿体。

(2) 朱家庄有利找矿区Ⅱ：位于NE向强正磁异常带(极值大于900nT)的东侧，磁异常梯度大，并处于金岭杂岩体和奥陶系灰岩接触带区域。重力异常和磁异常形态一致，均表现为弧形外凸。重磁反演揭示，岩体产状具有上陡下缓的特征，并从北向南逐渐变缓，上部以捕虏体式矿体为主，下部以断续出现的接触带式矿体为主。找矿深部可向1100~1400m探索。

(3) 后下有利找矿区Ⅲ：位于金岭杂岩体东北部的正负磁异常强转换带，岩体和奥陶系接触带较陡立。磁反演显示 NE 侧外围 800m 范围内为有利的找矿空间。

（4）王旺庄有利找矿区Ⅳ：位于金岭杂岩体北部王旺庄强正磁异常的北部，跨正负磁异常转换带及负磁异常区。可控源音频大地电磁测深二维剖面反演显示，向 NW 部磁负异常中心延伸方向仍有较好的成矿地质体反映，深部找矿可向-900m 区域探索。

（5）北金召北有利找矿区Ⅴ：处于高强正磁场区和负磁场区强转换带，金岭杂岩体侵入奥陶系灰岩的形态复杂。可控源音频大地电磁测深和磁剖面反演显示，其 NW 部外围岩体和灰岩接触带仍较平缓，是有利的成矿地质体发育区；SE 侧老矿区勘探活动局限在 200m 以浅，其深部是比浅部更有利的找矿区，可将找矿领域延深至-550m。

（6）辛庄有利找矿区Ⅵ：位于正异常由强变弱的平缓变化处，磁场值沿从 NW 向 SE 平稳降低，最高为 800nT，最低为 200nT，局部可见微弱凸起。可控源音频大地电磁测深结果指示，金岭杂岩体和围岩接触带由西向东埋深逐渐增大并在东部再次隆起，下凹底部仍具有较好的成矿条件。重磁联合反演结果显示，在-900～-1100m 深度范围为有利找矿空间。

（六）小结

金岭杂岩体为燕山运动晚期的产物，广泛侵入古生代灰岩，是燕山晚期内生成矿典型事件之一。研究区已发现矿体主要分布在-500m 以浅，重、磁、电、地综合指示，其深部和外围依然具有优越的矽卡岩型富铁矿成矿条件，资源潜力大。

按赋存介质及空间分布，研究区矿体可划分为岩体/地层接触带式、假整合面/层间裂隙式、岩体内捕虏体式三种类型。流体包裹体数据对成矿温压条件的反映指示，主成矿期成矿深度跨度为 1.1km，研究区磁铁矿找矿有利埋深空间可延伸至 1.3km。

通过可控源音频大地测深、重磁反演技术对深部和外围成矿地质体的反映，建立了地质地球物理综合找矿模型，优选出矿集区深部和外围的主要有利找矿区，建议加快对这些区域开展精细评价和钻探部署，尽快实现研究区深部和外围找矿发现。

二、矿床级深边部找矿预测案例

一个矿床的发现勘查过程大体上可分为 4 个阶段：①就矿找矿阶段，主要对已发现矿床及其附近开展找矿勘查；②磁异常全面验证及普查、勘探阶段，这一阶段找矿效果好、成果多；③低缓磁异常和剩余磁异常找矿阶段，这一阶段属于查漏补缺阶段；④深部及外围找矿预测与潜力评价阶段，这一阶段属于向深部进军阶段，已取得了一定认识，但钻探验证尚少。目前，研究区矿山普遍存在如下现状：已发现和开采的矿体普遍偏浅，多位于海拔-500m 以浅（张保涛，2021）；在建矿山迫切需求深部铁矿资源以补充后续产能；由于后续新发现的可采铁矿资源不足，已出现因资源枯竭而关停的矿山。辛庄铁矿位于金岭杂岩体的 SE 侧，因浅部资源枯竭及深部资源接替不足而被迫关闭。

辛庄铁矿区第四系覆盖严重，属于典型的隐伏矿，地球物理探测作为直接探测地面以下乃至深部特征的技术方法对隐伏区找矿将起到重要作用（郎兴海等，2014；严新泺等，2015；戴清峰等，2015；张叶鹏等，2015；李赛赛等，2016；李建良，2016；俞胜等，2016）。为此，针对辛庄铁矿，基于已形成的地质、地球物理资料，综合利用重、磁、电、地方法，探讨矿区深部地质地球物理特征，并开展深部成矿预测。辛庄铁矿作为矿床级深边部找矿预测案例介绍如下。

（一）区域地质背景

辛庄铁矿位于鲁中金岭富铁矿矿集区的 ES 侧（图 7-2-10），在大地构造位置上属于华北板块（Ⅰ）鲁西隆起区（Ⅱ）鲁中隆起（Ⅲ）鲁山—邹平断隆（Ⅳ）邹平—周村凹陷（Ⅴ）东北缘，在Ⅴ级成矿带上属于淄博铁矿成矿区（张保涛等，2021）。区域上，第四系覆盖严重，基岩出露零星。根据金岭杂岩体分布区的钻探揭露，区域地层主要有寒武系、奥陶系、石炭系、二叠系、白垩系和新生界（高继雷等，2021），其中与矽卡岩型铁成矿关系密切的主要为奥陶—石炭系。中—上奥陶统的八陡组（$O_{2-3}b$）和五阳山组（$O_{2-3}w$）灰岩是已确定的有利成矿围岩，而岩体与地层接触带、石炭系底部的平行不整合面及裂隙是已知的有利赋矿空间（张保涛，2021）。

受多期构造运动的叠加，区域上发育多组断层，主要有 NW 向、NNW 向和 NNE 向三组。其中，NW 向和 NNW 向为成矿前断裂，除南部的炒米店断裂外，以正断层为主；NNE 向断裂为成矿后断裂，主要为正断层，断层面倾角多为 50°～75°。区域褶皱主要为呈 NE-SW 向并行发育的金岭背斜和湖田向斜（高继雷等，2021；金子梁，2017）。金岭背斜为受金岭杂岩体侵入导致上覆地层隆升而形成，与区域上金岭杂岩体分布区矽卡岩型铁矿联系紧密（胡雅璐等，2018；王世进等，2009）；湖田向斜平行分布于金岭背斜 ES 侧，为金岭杂岩体上侵导致地层折弯而形成。

区域上的岩浆岩主要为金岭杂岩体，主要分为南北规模不等的两部分，呈椭圆状，是岩浆多期侵位的产物（Jin Ziliang et al.，2015），岩性以细粒黑云角闪闪长岩、中细粒黑云角闪闪长岩、中细粒黑云角闪二长闪长岩、细粒角闪二长闪长岩为主，由早到晚分别归属于上水河单元、万盛单元、太平单元和大朝阳单元（高继雷等，2021）。据最新研究，金岭杂岩体侵位时代为早白垩世早—中期，形成于古太平洋板块俯冲后回撤引起的板内伸展环境，是地幔物质发生部分熔融并在侵入过程中受下地壳混染的产物（高继雷等，2021；王浩等，2015；Xie Qiuhong 等，2015）。

区域上的矿产主要为围绕金岭杂岩体发育的矽卡岩型铁矿，主要分布于金岭杂岩体与地层接触带附近（张保涛等，2021），已发现大、中、小矿床十余处，除个别矿山，控制深部多为海拔-500m 以浅。辛庄铁矿正处于金岭南部岩体的东南侧，是发育在岩体与地层接触带附近典型的矽卡岩型铁矿。

（二）矿区地质特征

辛庄铁矿位于金岭杂岩体 ES 侧和金岭背斜的 ES 翼，根据矿区内已施工钻孔揭露和推断，发育的地层由老到新依次为奥陶系马家沟群五阳山组（O_2w）、阁庄组（O_2g）和八陡组（$O_{2-3}b$），石炭—二叠系月门沟群本溪组（C_2b）、太原组（C_2P_1t）和山西组（$P_{1-2}\hat{s}$），各地层由老到新从西向东依次分布（图 7-2-11）。

马家沟群五阳山组是已发现矿体的主要成矿围岩，岩性主要为灰色中厚层、厚层微晶灰岩，顶以灰岩基本结束、大套褐灰色中薄层微晶、细晶膏溶角砾白云岩出现为界，与上覆阁庄组呈整合接触。阁庄组岩性为深灰色、褐灰色中厚层细晶白云岩夹薄

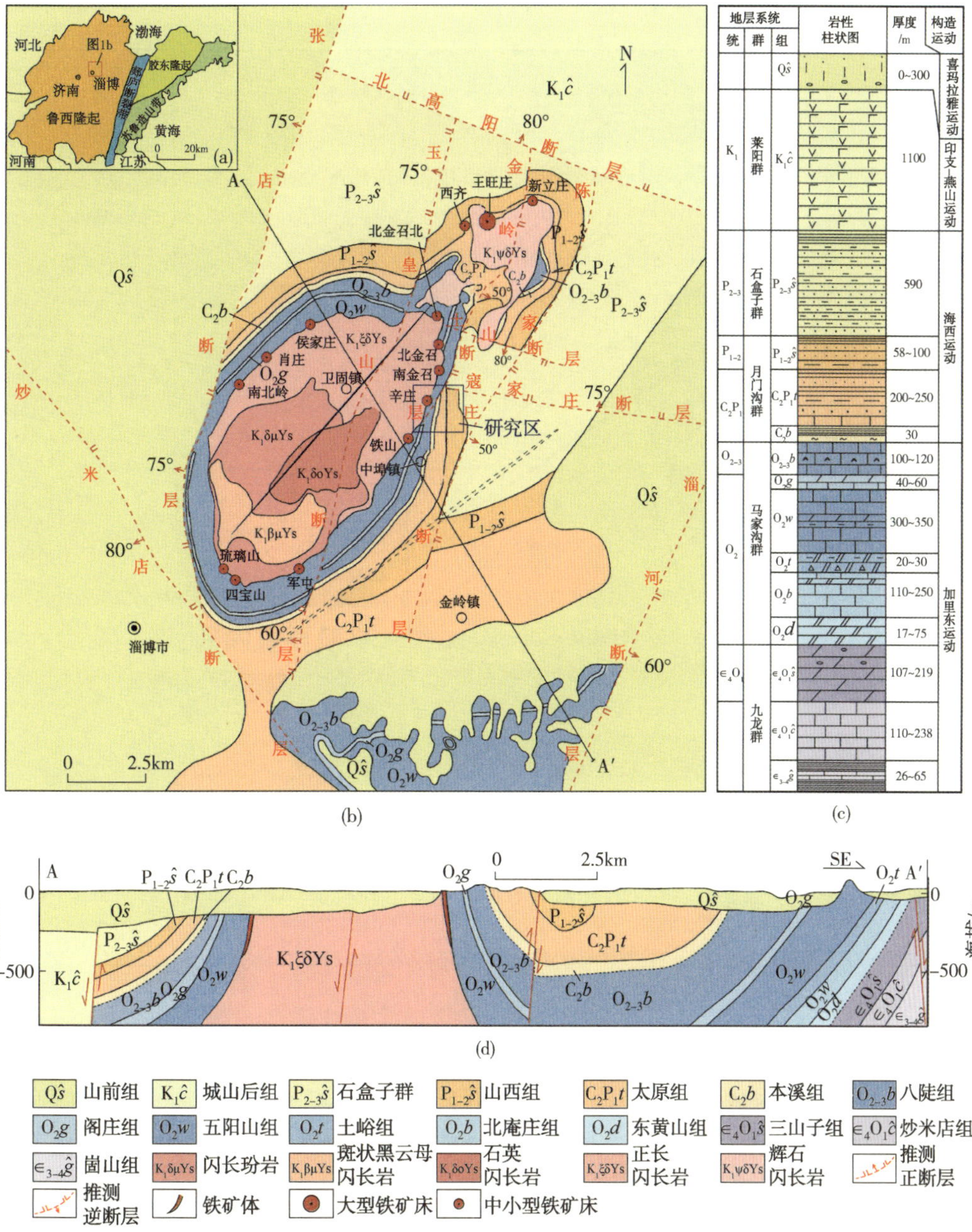

图 7-2-10　金岭地区辛庄铁矿大地构造位置及区域地质特征

层灰质白云岩和中厚层云斑白云质灰岩。八陡组岩性主要以灰色、深灰色中厚层、厚层微晶灰岩为主，夹灰褐色薄层白云质灰岩及灰色薄层灰质白云岩、白云岩。本溪组岩性主要为一套紫色、杂色铁铝质泥岩、铝土岩及粉、细砂岩组合，与下伏马家沟群八陡组呈平行不整合接触，该平行不整合面是研究区容矿空间之一。

经过区内的断裂主要为金岭断裂，为正断层，呈 NNE 走向，倾向 SE，倾角为 50°，为成矿后断层，在研究区西部自南向北穿过。岩浆岩分布于研究区西部，主要为早白垩世浅肉红色中粗粒正长闪长岩，属于闪长岩、辉石闪长岩的边缘相（高继雷等，

2021)，是研究区的成矿岩体(图 7-2-11)。

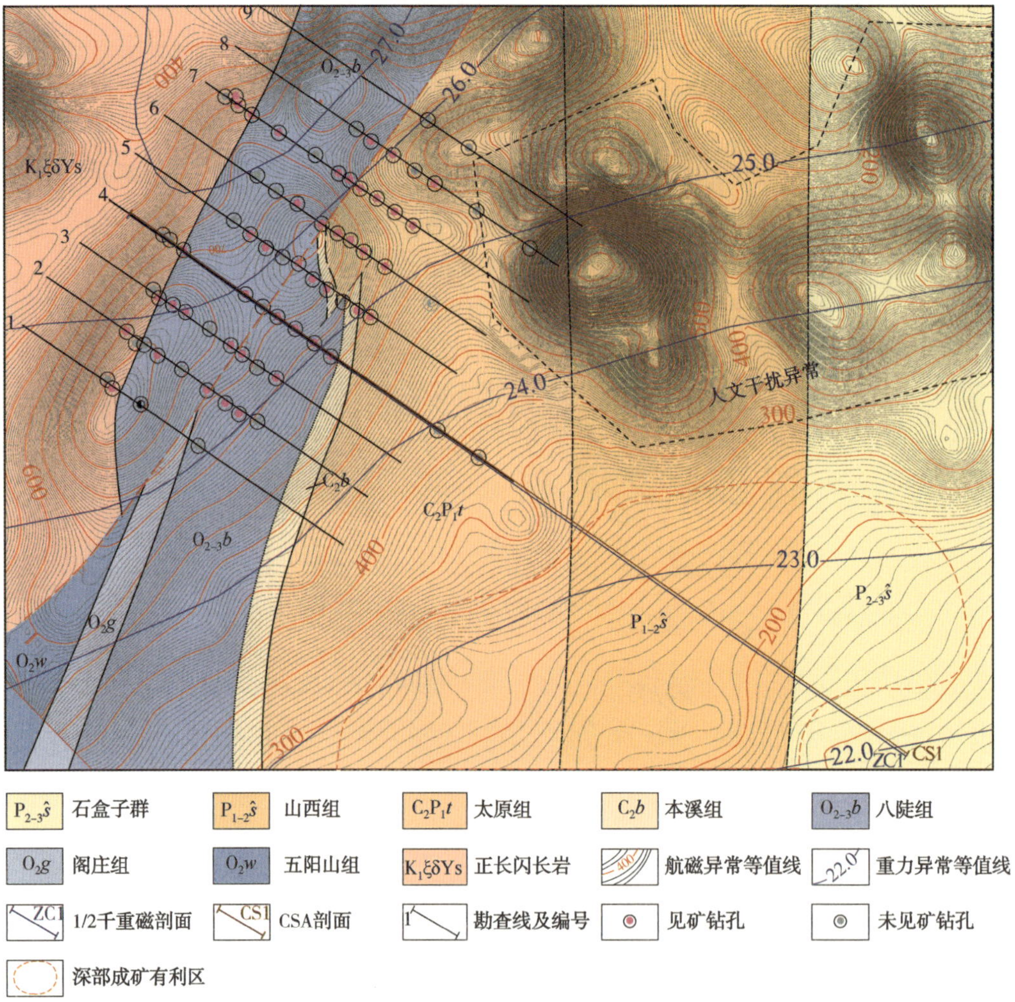

图 7-2-11　金岭地区辛庄铁矿地质物探综合平面图

(三) 矿体地质特征

辛庄铁矿已发现三个矿体，编号分别为矿体Ⅰ、Ⅱ和Ⅲ(图 7-2-12)。由 SW 至 NE，上部分别为规模较小的矿体Ⅰ和矿体Ⅱ，矿体Ⅲ赋存于矿体Ⅰ和矿体Ⅱ的深部，属尖灭再现的第二阶梯矿体。三个矿体均赋存于金岭岩体与奥陶系马家沟群灰岩的接触带，矿体产状和形态严格受岩体和地层接触带制约，在接触带走向和倾向上均具尖灭再现和膨大缩小的特征(图 7-2-13)。在接触带凹陷部位，矿体往往厚大，而在凸起部位，矿体常常变薄以至尖灭形成无矿间隔，总体具有“平缓凹陷处易成矿，陡峭凸起处不易成矿”的特点。

现以主矿体Ⅲ为例将矿体特征介绍如下。矿体Ⅲ分布在勘查线 1～9 之间，形态较复杂，总体呈扁豆状。矿体倾向为 115°，走向 32°～65°，总体呈上缓下陡。矿体走向长度 696m，倾斜延深 168～390m，赋存标高为-120～-472m。矿体铅直厚度为 1.22～88.29m，平均为 8.98m，厚度变化系数为 155.94%，反映厚度变化大。矿石品位 TFe

为23.66%~62.51%，平均为52.03%，品位变化系数为9.08%，矿化连续，品位分布均匀。

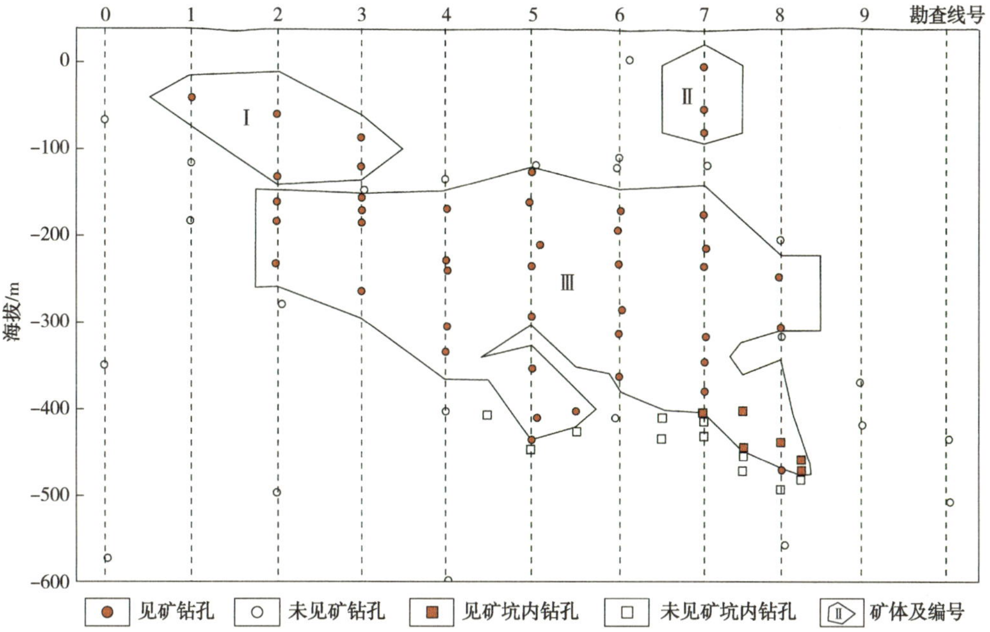

图7-2-12　金岭地区辛庄铁矿矿体垂直纵投影图

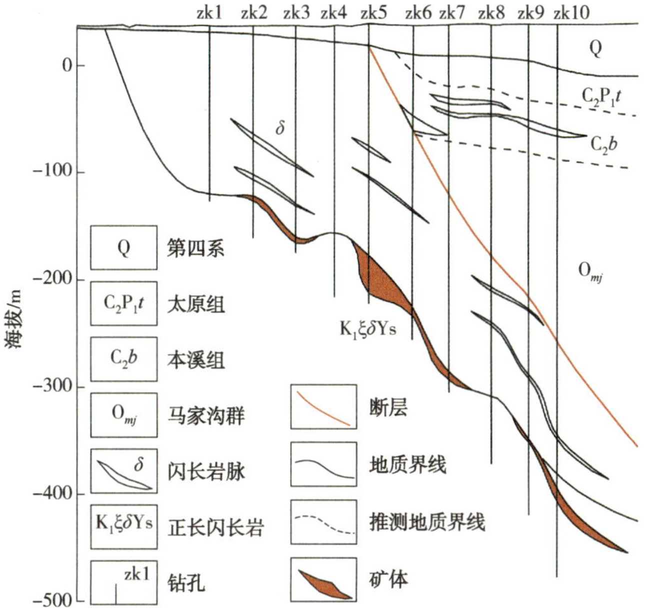

图7-2-13　金岭地区辛庄铁矿5勘查线地质剖面图

研究区的矿石主要为磁铁矿，主要呈致密块状，次为条状构造和浸染状构造；矿石结构主要呈半自形—他形粒状，部分呈嵌晶结构。金属矿物主要为磁铁矿、赤铁矿、微量黄铜矿、黄铁矿、褐铁矿；磁铁矿与黄铁矿、黄铜矿密切共生。脉石矿物主要为透辉石、金云母、橄榄石、蛇纹石、透闪石、阳起石、电气石、绿帘石、绿泥石、方解石等。矿石中主要有益元素为Fe，有害元素为S、P、As，伴生有益元素为Cu、Co。Cu含量一般在0.005%～0.25%，平均0.074%，最高可达1.52%；Co含量一般在0.006%～0.03%，平均为0.0157%；有害元素S含量一般在0.1%～2.5%之间，平均为0.667%。

（四）地球物理特征

1. 岩矿石物性参数

通过前人对金岭岩体分布区不同岩矿石的物性参数统计，发现不同岩矿石的磁化率、剩余磁化强度和密度存在显著差异（表7-2-3）。砂岩、砾岩、角岩、黏板岩、大理岩等沉积成因或由此变质而成的岩石均无磁性。对磁化率而言，总体上存在“磁铁矿>闪长岩>煌斑岩>蚀变闪长岩>沉积地层”的规律，其中辛庄矿区的磁化率为151000×10^{-5}～1771000×10^{-5}SI，平均为453000×10^{-5}SI，总体略低于金岭地区的。对剩余磁化强度而言，总体上存在“磁铁矿>闪长岩>蚀变闪长岩>煌斑岩>沉积地层”的规律，其中辛庄矿区的剩余磁化强度为160～1260A/m，平均为228A/m，总体略高于金岭地区。测定的磁铁矿和闪长岩剩余磁偏角为345°，剩余磁倾角为63°～65°。对于密度而言，磁铁矿明显高于其他岩石类型，密度值为3.79～4.54g/cm^3，平均为4g/cm^3，而闪长岩、砂岩、砾岩、角岩、黏板岩、大理岩等的密度值均介于2.16～2.89g/cm^3之间。

表7-2-3 金岭地区岩矿石物性参数统计表（张保涛等，2021；金子梁，2015）

岩矿石名称		参数							
		磁化率/(4πK/10^{-5}SI)		*Jr*/(A/m)		剩余磁偏角/(°)	剩余磁倾角/(°)	密度/(g/cm^3)	
		平均	变化范围	平均	变化范围			平均	变化范围
磁铁矿	金岭地区	500000	75000～4924000	213	7～1660	345	63	4	3.79～4.54
	辛庄矿区	453000	151000～1771000	228	160～1260				
闪长岩		4400	18000～10600	0.7	0.1～7.14	345	63	2.75	2.54～2.89
蚀变闪长岩		2500	1000～5700	0.4	0.22～0.68	345	65	—	—
煌斑岩		4300	4000～4700	0.385	0.3～0.47	—	—	—	—
砂岩、砾岩		—	—	—	—	—	—	2.4	2.16～2.55
角岩、黏板岩		—	—	—	—	—	—	2.6	2.40～2.70
大理岩		—	—	—	—	—	—	2.75	2.57～2.84

2. 重磁异常特征

研究区布格重力异常整体上由NW部的岩体中心一侧到ES部远离岩体方向逐渐降低，等值线方向总体上反映岩体与地层接触带走向（图7-2-11）。重力异常在WN部最大值为27×10^{-5}m/s^2，至ES部降至22×10^{-5}m/s^2。布格重力异常等值线自南西向北东呈明显的“S”状展布，在研究区中部呈向SE开口的宽缓“V”字形特征。重力异常特征反映出岩体产状总体向SE倾，且在研究区中部具有明显转折，形成利于赋存矿体的凹陷岩体产状特征。

1∶10000航磁Δ*T*等值线平面图显示，研究区以岩体和灰岩接触带已发现的浅部磁铁矿体为中心发育环形强正磁异常，磁异常强度随磁性体埋深增加，向 ES 部逐渐变弱，但磁异常等值线形态不规则，反映出深部磁性体的磁性强度的不均一性。在已发现的浅部辛庄铁矿体一带，磁异常值最大，超过 800nT，向 ES 部逐渐降至 200nT 以下。磁异常梯度强弱不一，不同磁异常等值线形态极不协调，在 200nT 和 400nT 之间具有多个局部低缓分支异常，存在由局部深部磁性体引起的可能。

（五）深部找矿预测

1. 有利成矿地质体对成矿深度的约束

华北地区中奥陶统普遍发育膏岩层，中奥陶统膏岩层及其以上层位是矽卡岩型铁成矿作用的主要垂向分布区间，这是因为在岩浆上侵过程中，膏岩层以热液流体交代、萃取的方式在湿矽卡岩阶段持续加入成矿流体系统中，成矿岩体出溶的富氯流体利于铁质出溶和搬运，是成矿的关键因素（段壮，2019）。辛庄铁矿所处的淄博地区的膏岩层位于中奥陶统东黄山组顶部，周永刚等（2015）在区域地质调查时，在东黄山组顶部发现膏溶现象发育，因此辛庄铁矿一带的垂向有利成矿区间应限制在中奥陶统东黄山组顶部及以上层位。

矿区内以往工作揭示的地层倾角为 30°，以各层组厚度的下限计算，预测区东黄山组顶部层位在岩浆侵入之前埋深最浅也应在 1430m，据此可以确定埋深 1430m 及以浅均位于膏岩层以上，处于有利的垂向成矿区间。

2. 可控源音频大地电磁测深（CSAMT）对有利成矿区的预测

可控源音频大地电磁测深技术是获取隐伏区地下地质结构的有效方法之一（雷达等，2004）。本次在辛庄矿区沿典型勘查线 4 并贯穿至深部区域完成的可控源音频大地电磁测深剖面，对深部成矿地质体形态变化具有较好的反映（图 7-2-11 和图 7-2-14）。

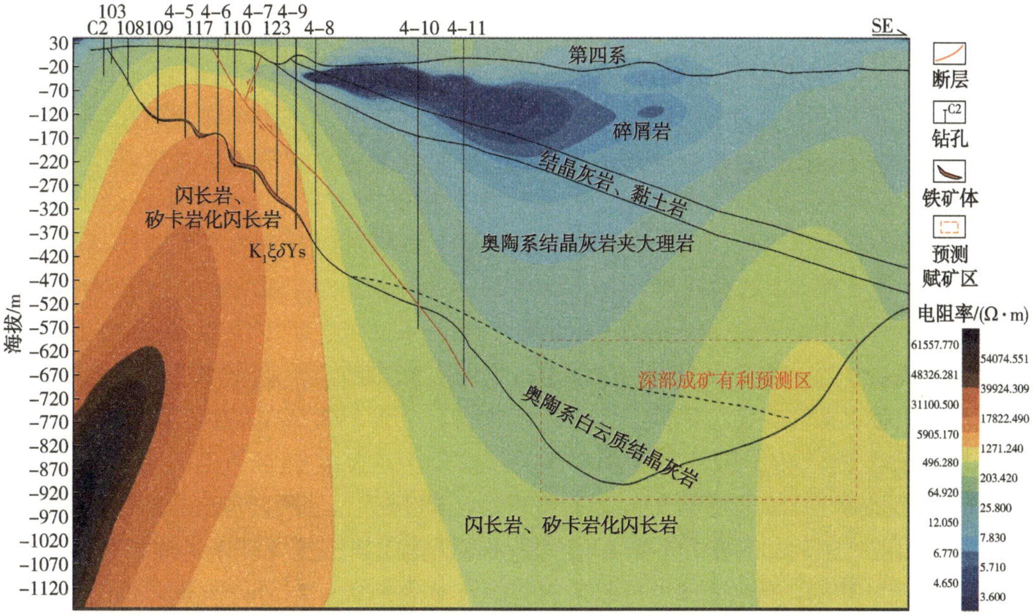

图 7-2-14　辛庄铁矿勘查线 4 深部可控源音频大地电磁测深特征图

如图 7-2-14 所示，勘查线 4 的中西部已经过钻孔验证，岩体与地层的接触带较稳定，表现为波浪状，在接触带的凹部易形成铁矿体，而在接触带的凸起处或陡峭处不易形成铁矿体。结合 NW 端已施工钻孔揭露的地质界线分布及可控源音频大地电磁测深剖面电性结果，可推断出此勘查线深部地质体的大致特征。据此，推测自浅部至深部的岩性依次为第四系松散堆积物、石炭—二叠系碎屑岩类及所夹结晶灰岩、石炭系底部的黏土岩、奥陶系结晶灰岩和白云质结晶灰岩及因热变质而成的大理岩夹层、矽卡岩化闪长岩及闪长岩体。第四系松散沉积物电阻率表现为上高下低的似层状，上部高阻层推测为含水量较少的松散堆积物，而下部低阻层推测为堆积物中含有一定量的潜水。石炭—二叠系碎屑岩类总体表现为中高阻，垂向切割高阻区的少量低阻范围略呈线性，推测为断裂导致流水进入引起。石炭—奥陶系中—上部总体表现为低阻，推断与灰岩溶蚀相关。奥陶系下部至闪长岩岩体，电阻率逐渐增大，电阻率等值线变化形态反映了岩体与地层接触带的变化特征，结合已施工的地质勘查线剖面可推断出岩体与地层接触带在深部的变化。

据电性特征反映，在勘查线 4 的 SE 端岩体表现出再次明显向上抬升的特征，在深部形成一凹形槽，为闪长岩体与碳酸盐岩的接触带，且在岩体凹陷处对应的磁异常线并未随之下凹，反而在 ES 部岩体凸起处略有降低，而重力异常反而也高于 ES 部岩体凸起处，是有利的成矿位置(图 7-2-14)。

3. 重力—磁法—地质联合反演对深部磁性体的预测

在已掌握的浅部勘查线施工钻孔揭露的地质特征的基础上，利用可控源音频大地电磁测深所反映的地质体界线特征，可以构建较为客观的地质模型，据此，重力—磁法—地质联合反演可以更好地反映深部成矿地质体和磁性体的分布及变化特征(闫政文等，2020；丁文祥等，2018；高德章等，2004；李德春等，2012；姜枚等，2012；Colombo and Destefano，2007；Jegen et al.，2009；屈栓柱等，2019)。由 NW—SE 穿过辛庄矿区的重磁联合剖面反演结果如图 7-2-15 所示。

重力异常剖面结果指示，由岩体中心位置至岩体边缘，重力异常值较稳定，有略微降低。在岩体与地层接触带倾斜区域，重力异常值随接触带的起伏及含矿性的变化由浅入深逐渐降低，并具有如下显著特征：在接触带波状变化及铁矿体断续出现处，重力异常曲线表现出微弱的波状变化；在深部磁性体预测区，重力异常曲线具有微弱上凸现象，指示深部受高密度地质体的影响。磁异常剖面结果指示，磁异常具有多凸起现象：最大峰值出现在中浅部已发现的铁矿体分布区域，是中浅部接触带式铁矿体的反映；随岩体埋深及产状变化，磁异常在稳定下降的趋势下具有波状起伏，在一定程度上也受透镜状磁性体的影响；而在深部预测区范围，岩体下凹，磁异常线并未随之下凹，推断为磁性体深埋引起的叠加效应。

4. 深部找矿靶区定位

通过对成矿地质体分布及形态变化、重磁异常特征和已发现矿体展布规律的分析，基于可控源音频大地电磁测深、重磁联合反演等技术手段，结合前人建立的金岭矿集区地质地球物理综合找矿模型，预测了辛庄铁矿深部找矿靶区的空间分布(图 7-2-16 和图 7-2-10)。

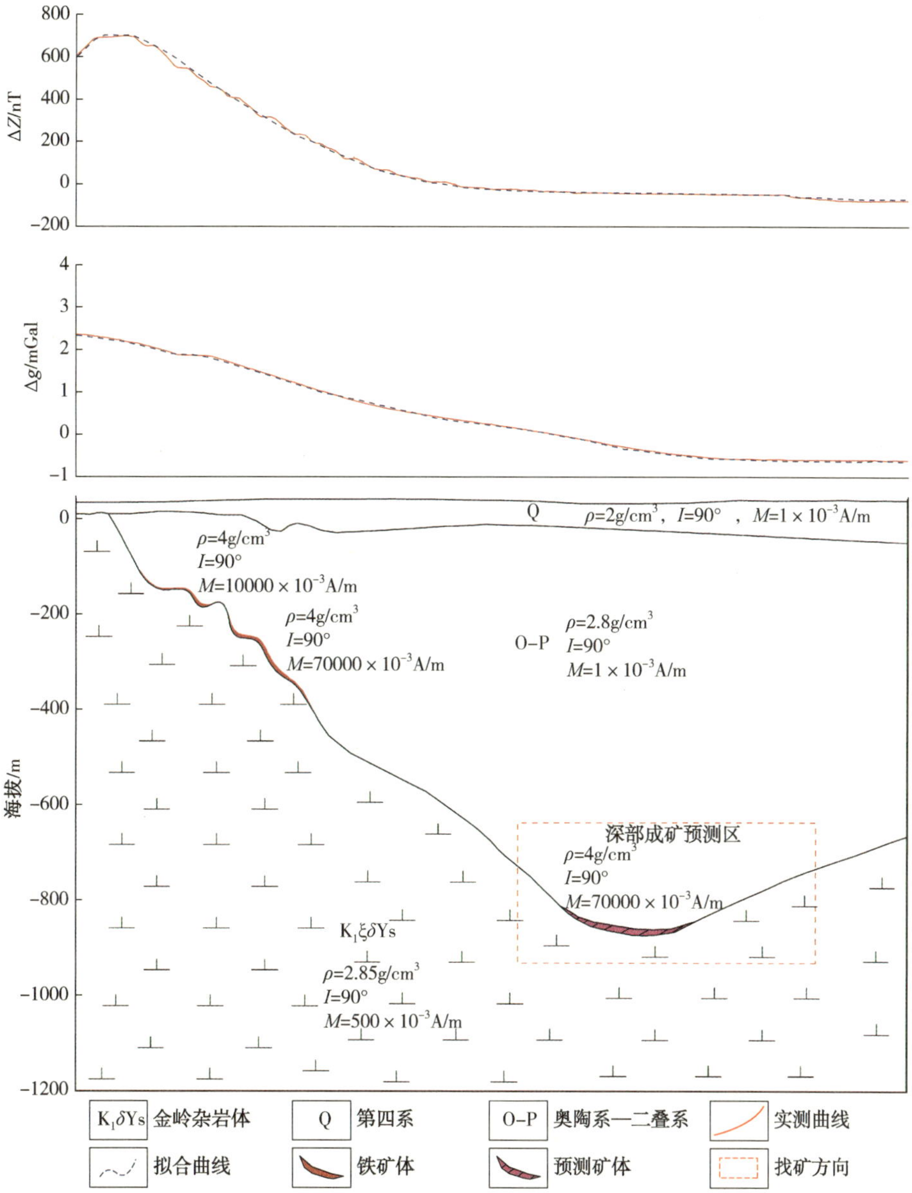

图 7-2-15　辛庄铁矿勘查线 4 重磁反演剖面图

辛庄铁矿深部找矿预测靶区在平面上位于已发现矿体的南东侧，在基岩地质图上处于太原组和山西组分布区，面积约 0.5km^2。重力异常线向岩体一侧凸起，反映此处为对成矿有利的凹部，而磁异常则整体表现为外凸且具有多个磁异常凸起或局部磁异常(图 7-2-10)。因此，推断此处深部位于岩体凹处，且具有磁性体反映，为深部找矿提供了平面上的预测依据。通过重磁电地剖面联合反演，显示在辛庄铁矿南东侧深部岩体出现凹状展布形态，与地质物探平面分布特征所指示的结论一致。据此，圈定深部找矿预测靶区一处，位于勘查线 7 的 SW 侧，海拔-770～-950m 处(图 7-2-16)。

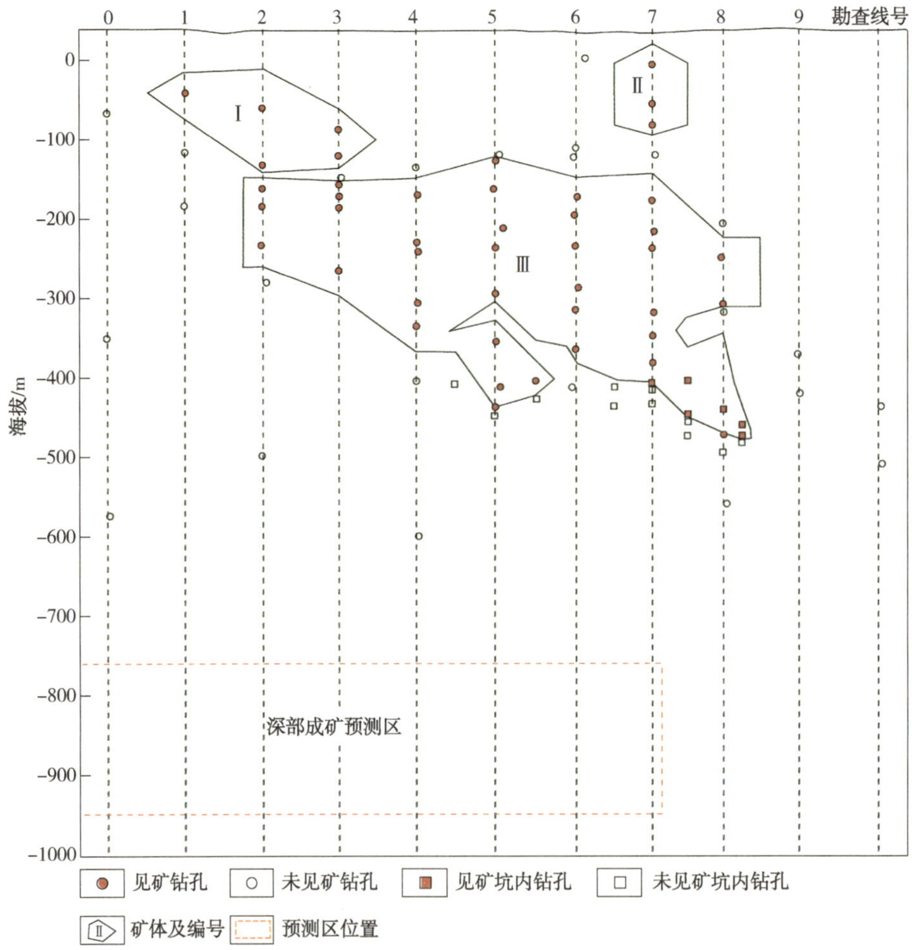

图 7-2-16　辛庄地区深部成矿预测垂直纵投影图

（六）小结

（1）山东金岭地区辛庄铁矿具有较好的矽卡岩型铁成矿地质条件，接触带具有“平缓凹陷处易成矿，陡峭凸起处不易成矿”的特点，以往发现的矿体主要分布于-500m以浅，深部仍具有较大的找矿空间。

（2）重、磁、电、地综合信息指示，金岭杂岩体在辛庄一带SE侧深部具有明显上隆现象，形成明显的“凹”字形展布形态，岩体凹部是有利成矿部位。

（3）通过对成矿地质体分布及形态变化、重磁电异常特征和已发现矿体展布规律的分析，圈定深部找矿预测靶区一处，推测深部磁性体赋存于海拔-770～-950m附近。

三、深覆盖区找矿预测案例

位于齐河—禹城矿集区北部的叠道地区，为第四系和新近系深覆盖，覆盖厚度900米左右，属于典型的深覆盖区。现以叠道地区作为深覆盖区找矿预测案例介绍如下。

（一）地质背景

1. 地层

第四系广泛覆盖。据钻孔揭示情况，区内赋存地层自下而上依次为奥陶系、石炭—二叠系、新近系、第四系。

1）奥陶系马家沟群（$O_{2-3}M$）

奥陶纪灰岩在区域上分布广泛，发育较稳定，按山东省地层划分，自下而上分为六个组。

东黄山组（O_2d）：上部岩性为黄绿色薄层泥质白云岩，夹竹叶状石灰岩及页岩；中部岩性为中厚层状鲕状石灰岩；下部岩性为紫红色云母页岩及薄层石灰岩。与下伏寒武纪地层呈平行不整合接触，厚度20~30m。

北庵庄组（O_2b）：岩性以灰—深灰色中薄层微晶灰岩为主，夹灰黄、灰褐—红褐色叠层白云岩、白云质灰岩，虫迹构造发育。与下伏东黄山组呈整合接触，厚度120~150m。

土峪组（O_2t）：岩性以灰色、灰褐色、紫灰色中薄层微晶白云岩为主，夹泥晶白云岩、膏溶角砾岩。与下伏北庵庄组呈整合接触，厚度30~50m。

五阳山组（O_2w）：岩性以灰色中厚层泥晶灰岩、云斑灰岩为主，夹中厚层白云岩，中下部灰岩中含燧石结核。与下伏土峪组呈整合接触，厚度200~300m。

阁庄组（O_2g）：岩性以黄灰色中薄层泥晶白云岩为主，夹角砾状白云岩和钙质灰岩、薄层灰岩等。与下伏五阳山组呈整合接触，厚度60~80m。

八陡组（$O_{2-3}b$）：岩性以灰、深灰色中厚层状灰岩为主，纯度高，夹薄层白云岩和泥岩。与下伏阁庄组呈整合接触，厚度69~110m。

2）中上二叠统石盒子群（$P_{2-3}\hat{s}$）

一套陆相沉积，主要为以灰色为主的泥岩、砂岩，夹铝土岩，偶见煤线。自下而上划分为黑山组、万山组、奎山组、孝妇河组。

黑山组（P_2h）：揭露厚度10.32m，部分断缺。岩性以灰色细砂岩为主，中厚层状，成分以石英为主，次为长石，含少量其他暗色矿物，次圆状，分选性中等，泥钙质胶结，具少量垂直裂隙，充填方解石薄膜，具结核，见黄铁矿散晶。与下伏月门沟群呈整合接触。

万山组（P_2w）：揭露厚度142.52m，岩性以灰色、浅灰色泥岩、粉砂岩为主，夹中—细砂岩薄层。块状结构，见缓波状层理，局部见裂隙充填方解石薄膜或细脉及黄铁矿散晶，中部见薄煤线。顶部与上部分别揭露岩浆岩体，岩性为辉绿岩和闪斜煌斑岩，单层厚度5.30~18.00m，产状与围岩一致。与下伏黑山组呈整合接触。

奎山组（P_2k）：揭露厚度33.80m，岩性以浅灰、灰色细砂岩为主，局部夹中砂岩。中厚层状，成分以石英为主，次为长石，含少量其他暗色矿物，次圆状，分选性中等，泥钙质胶结，具少量垂直裂隙，充填方解石薄膜。底部与岩体接触部位岩石破碎，呈角砾状。与下伏万山组呈整合接触。

孝妇河组（P_3x）：揭露厚度17.20m，具明显古风化壳特征。主要岩性为棕黄、棕红色粉砂岩，厚层状，裂隙发育，局部裂隙面被铁质浸染呈暗紫红色，夹砂质泥岩薄层。与下伏奎山组呈整合接触。

3）下石炭—上二叠统月门沟群（C_2-P_1Y）

本溪组（C_2b）：岩性主要为灰色及杂色泥岩、铝土岩，局部含砂岩，分布较稳定。与下伏地层呈平行不整合接触，厚度5~20m。

太原组（C_2P_1t）：钻探揭露最大残余厚度170.65m。主要由灰—深灰色粉砂岩、粉砂质泥岩、泥质粉砂岩、泥岩以及浅灰—灰色细砂岩组成，夹少量薄煤线及薄层炭质泥岩。钻探揭露8层岩浆岩层，厚度0.90~4.46m，一般1~3m，与顶底板接触界面清楚，接触面大多与岩层层理面基本一致，应为顺层侵入，岩性以辉长岩、辉石闪长岩为主。受岩浆岩影响，部分泥质岩明显角岩化。太原组共揭露磁铁矿薄层3层，分布于太原组中下部，厚度均小于1m，与顶底板围岩多为突变接触，个别顶板呈渐变接触。孔深1073m左右见一薄层黄铁矿化蚀变岩；孔深1082.14m处见破碎带充填方解石晶族，并零星分布有方铅矿矿物颗粒，粒径小于0.5cm。与下伏本溪组呈整合接触。

山西组（$P_{1-2}s$）：钻探揭露厚度46.64m。主要由灰色粉砂岩、泥质粉砂岩、浅灰色细砂岩及粉细砂岩互层组成，夹灰—深灰色泥岩，含少量薄煤层、煤线和炭质泥岩。部分泥质岩受岩浆岩影响明显角岩化。岩浆岩呈岩床状侵入本组，岩床厚度2.50~4.42m，岩性以辉长岩为主。与顶底板围岩呈侵入接触。本组与下伏太原组呈整合接触。

4）新近系（N）

钻孔揭露厚度503.47m。主要由褐黄、棕红、灰绿、紫色砂质泥岩、泥岩、粉砂岩、细砂岩组成，局部夹灰色中砂岩，底部灰白色含砂砾岩。与下伏孝妇河组呈角度不整合接触。

5）第四系（Q）

广泛发育。钻孔揭露厚度396.11m，在本区有南薄北厚变化趋势。岩性主要为灰、褐灰、黄、黄绿色黏土、砂质黏土及砂层。

2. 构造

区内断裂构造不发育，各断层的性质与产状主要受区域上齐广断裂、刘集断层及东阿断层等区域性断裂构造的控制。断层互相切割形成断块，各断块内古生代地层埋藏深度各有差异，但总体上表现为SE浅NW深、由阶梯状断块组成、向NW倾斜的单斜构造形态。地层产状总体较缓，局部发育次一级褶曲。

齐广断裂：位于案例区WN，走向NE，倾向NW，为一区域断裂构造，对本区构造格局有重要的控制作用。

李屯断层：位于案例区中部，正断层，走向近NNE，倾向W，断距100~300m，向北交于齐广断裂，向南交于莒镇断层，在案例区内延展长度约2km。上升盘有大面积岩浆岩侵位于石炭—二叠系。

莒镇断层：位于案例区南侧，走向NEE，倾向N，两端延出分别交于刘集断层和东部的东阿断层。

3. 岩浆岩

区域上圈定4处岩体，分别为薛官屯岩体、大张岩体、潘店岩体和李屯岩体。其中，案例区位于李屯岩体北部。

李屯岩体分布于齐广断裂与东阿断层之间，其平面形态如图 7-2-17 所示。该岩体总体呈北东向展布，平面形态呈不对称的哑铃形，面积约为 100km^2。根据钻孔揭示情况，李屯一带侵入体岩石类型主要为辉石闪长岩、角闪闪长岩、石英闪长岩等，在岩体顶部地层中常见辉绿岩、辉长岩、闪斜煌斑岩、辉石闪长岩、闪长岩、闪长玢岩等以岩床或岩脉侵入石炭—二叠系。

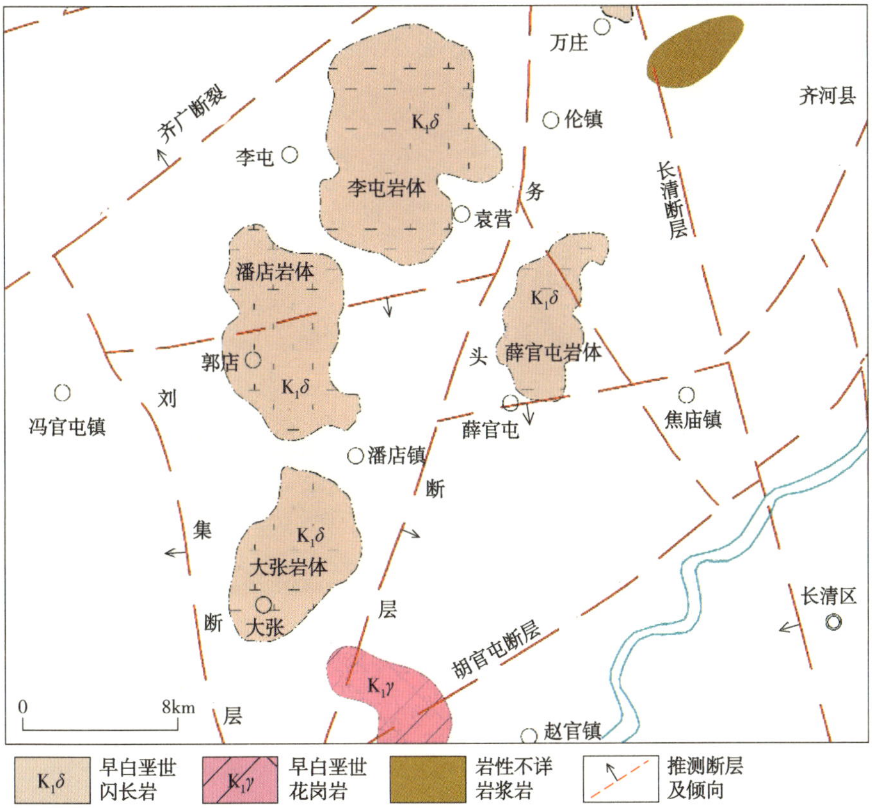

图 7-2-17　调查区周边岩浆岩空间分布图

据野外及镜下鉴定结果，主要岩石特征如下。

辉绿岩：新鲜面呈深灰色，略带淡绿色，斑状结构，基质呈辉绿结构，块状构造，主要矿物为斜长石和普通辉石，微量金属矿物。其中，斜长石呈他形—半自形板状，含量 60%~65%，粒径一般 1.00~5.00mm，具黏土矿物化、绢云母化等蚀变；普通辉石呈浅褐色，他形—半自形柱状、粒状，含量 35%~40%，具强烈绿泥石化等蚀变，极个别见有金属矿物析出。

闪斜煌斑岩：呈深灰色略带淡绿色，主要矿物为斜长石和角闪石。其中，角闪石具浅褐色，多呈他形—半自形柱状、纤状，含量 40%~45%，粒径一般 0.30~1.50mm，多构成岩石斑晶，极个别具轻微绿泥石化等蚀变；斜长石多分布于基质中，含量 55%~60%，呈细小粒状、不甚明显的板条状，具黏土矿物化等蚀变。根据结构、结晶程度推测，矿物生成顺序大致为角闪石—斜长石—金属矿物。

（二）地球物理特征

1. 重力异常特征

李屯重力异常（图 7-2-18）G3 以 $1.7\times10^{-5}m/s^2$ 圈定，SN 跨度约 8.9km，面积约 $33.1km^2$，异常中心位于李楼村 WN 约 2.1km，幅值为 $4.35\times10^{-5}m/s^2$。案例区处于李屯重力异常北部转折处，显示该处可能为岩体的转折处，是有利的成矿地质条件。

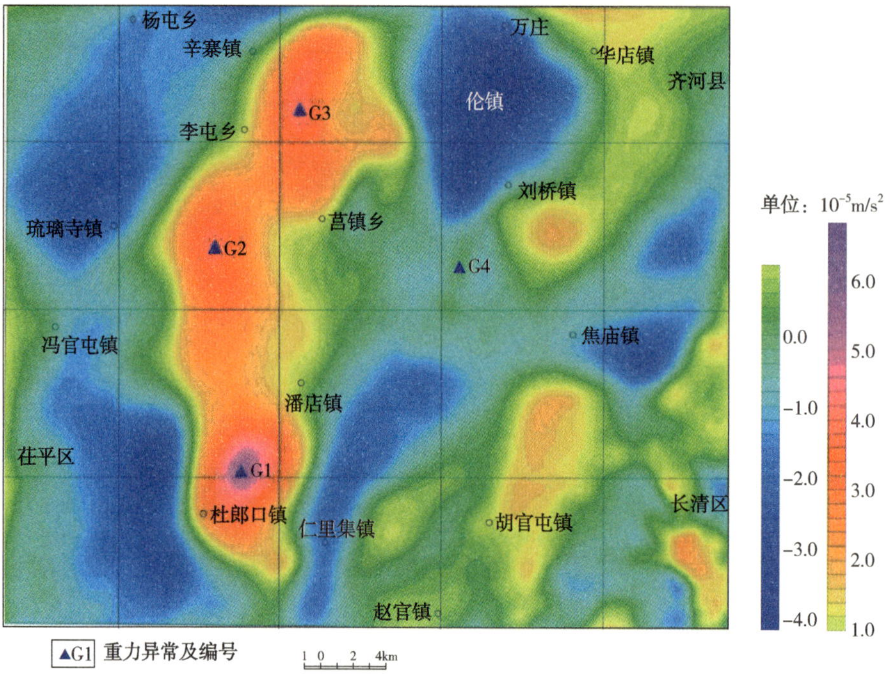

图 7-2-18　调查区剩余重力异常平面图（重力异常圈定）

2. 磁异常特征

案例区位于李屯磁异常北部（图 7-2-19），李屯异常整体走向约 NNE20°，异常形态呈不规则椭圆状，整个异常北端收敛狭窄，中间膨大，南端收敛圆滑形似“葫芦状”，多处有鼓凸现象，异常东侧 250nT 趋向 ES 突出，NW 侧 100nT 等值线明显向外突出，北侧的 140nT 等值线也有膨出现象，NE 侧 20~100nT 等值线呈舌状伸出。

案例区所在的地磁场特征比较简单，处于李屯异常北梯级带上，主要表现为平缓的正值区，发育多个局部突出。

案例区南侧的李屯异常铁矿勘查钻孔 7 个，其中 5 个见矿，见矿孔均位于异常西侧磁异常凸起内，该地段磁异常垂向二阶导数为全区最高。经验证表明，李屯异常主体同为高密度、高磁性燕山晚期闪长岩体，同时叠加了深部厚大矽卡岩型铁矿体的叠加磁异常。

（三）深覆盖区成矿预测

1. 重磁平面异常成矿信息提取

对应的航磁 ΔT 异常呈向 NW 凸起的分支异常（图 7-2-20），位于负异常内。磁异常内密集等值线向同方向规律性地凸起，即同形外凸的磁异常梯度带变大，一定程度显示出相对宽缓的岩体磁异常内的铁矿体叠加异常，该特征是最为直观典型的找矿标志。

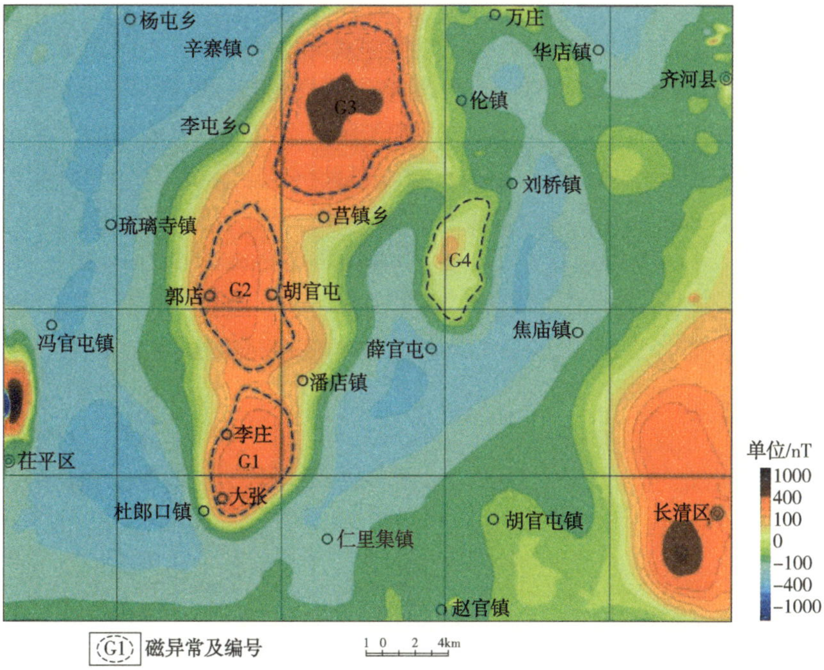

图 7-2-19　调查区航磁异常化极平面图(磁异常圈定)

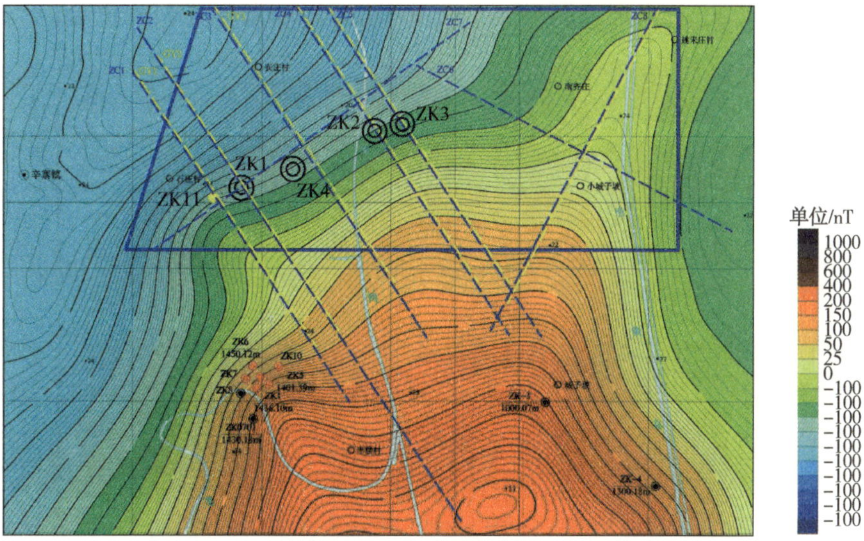

图 7-2-20　调查区航磁 ΔT 等值线平面图(附钻孔设计孔位)

磁异常经化极处理后表现为较强磁异常向低负异常的过渡带(即磁异常梯度带)处密集等值线的同步外凸特征(图 7-2-21)。经位场转换处理后，梯度大、幅值高的化极垂向导数异常反映了分离出的超深覆盖区下深部铁矿体的矿致异常，且位场转换后提取的垂向导数异常范围较原有航磁化极磁异常明显缩减。该找矿标志大大缩小了勘查范围，提高了找矿的准确度。

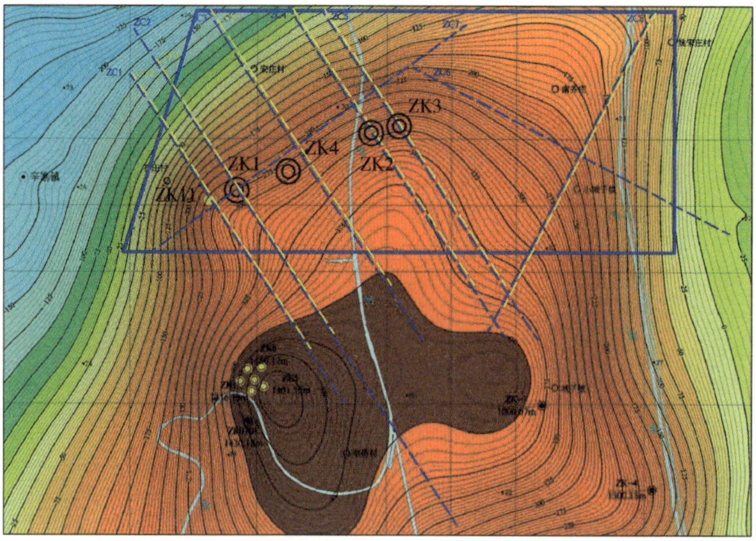

图 7-2-21　调查区航磁 **Δ*T*** 化极等值线平面图(附钻孔设计孔位)

航磁 Δ*T* 化极异常经垂向一阶导数转换后，在设计的 ZK1 钻孔附近形成一明显的磁异常圈闭(图 7-2-22)，指示该处闪长岩体局部凸起。ZK1 钻孔处于异常高值中心的 EN 侧，等值线梯度较 W 侧缓，推断局部凸起的闪长岩体 EN 侧的产状较 W 侧缓。

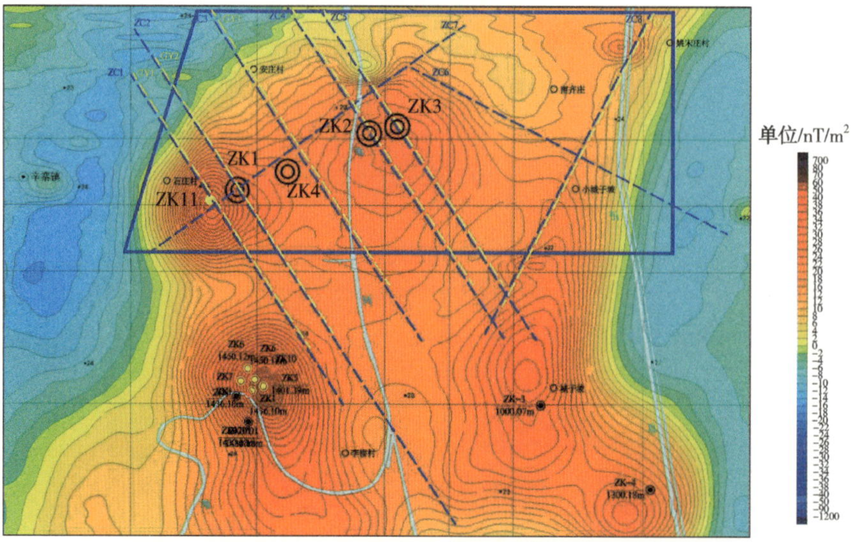

图 7-2-22　调查区航磁 **Δ*T*** 化极异常垂向一阶导数等值线平面图(附钻孔设计孔位)

航磁 Δ*T* 化极异常经垂向二阶导数转换后，磁异常高值区进一步缩小且形态更清晰(图 7-2-23)。ZK1 钻孔处于航磁化极垂向二阶导数等值线高值中心的偏 EN 侧，局部异常的长轴方向为 NE 向，且 NE 向的等值线梯度较 SW 向的等值线梯度缓。靠近航磁 Δ*T* 化极垂向一阶导数、垂向二阶导数高值中心位置是成矿有利部位。

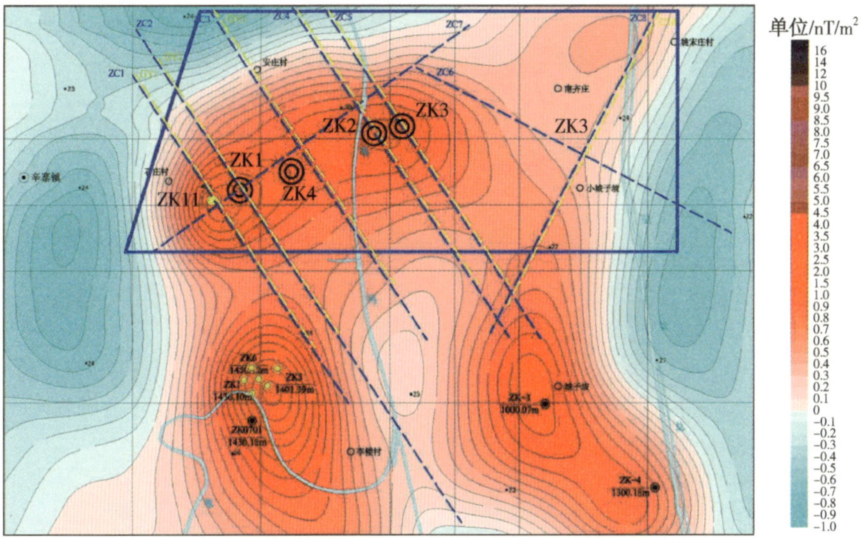

图 7-2-23　调查区航磁 ΔT 化极异常垂向二阶导数等值线平面图(附钻孔设计孔位)

重力异常较高区域多为闪长岩体上隆和古生代地层发育的地段。布格重力高或局部重力高，对应高密度的闪长岩体、寒武—奥陶系灰岩或二者的综合反映。剩余重力异常平面图显示，ZK1 钻孔位于剩余重力异常极大值中心的北侧(图 7-2-24)，与南侧李屯矿区见矿孔几乎处于同一等值线圈闭。

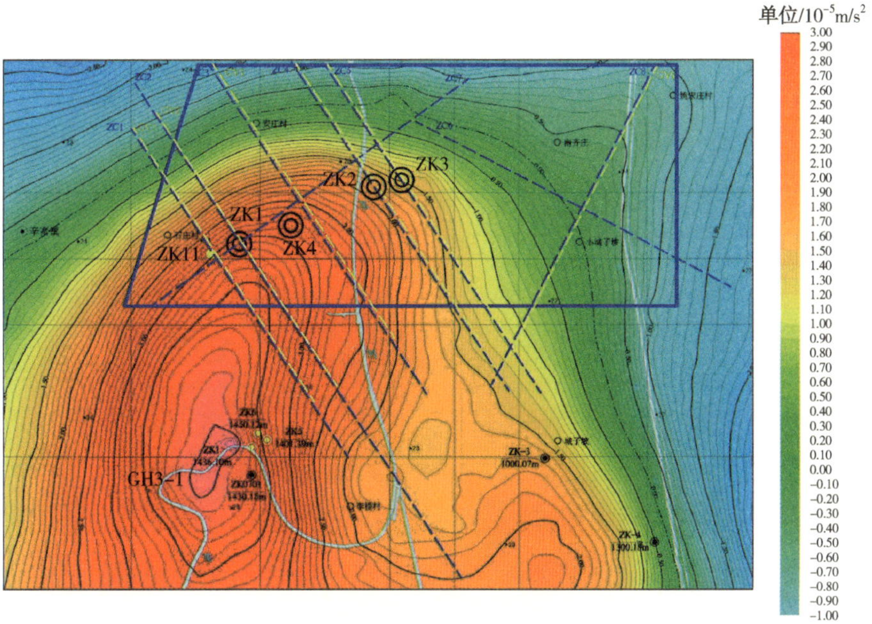

图 7-2-24　调查区剩余重力异常平面图(附钻孔设计孔位)

2. 重、磁、电剖面异常成矿信息提取

1) ZC1 剖面

ZC1 剖面长度 6.0km，方位角为 146°，测点编号为 1000～7000 点，其中 1000～

6100 点号段为重叠的广域电磁 GY1 剖面。该剖面重力、磁法、电磁反演解释、地质解译成果综合剖面图如图 7-2-25 所示。

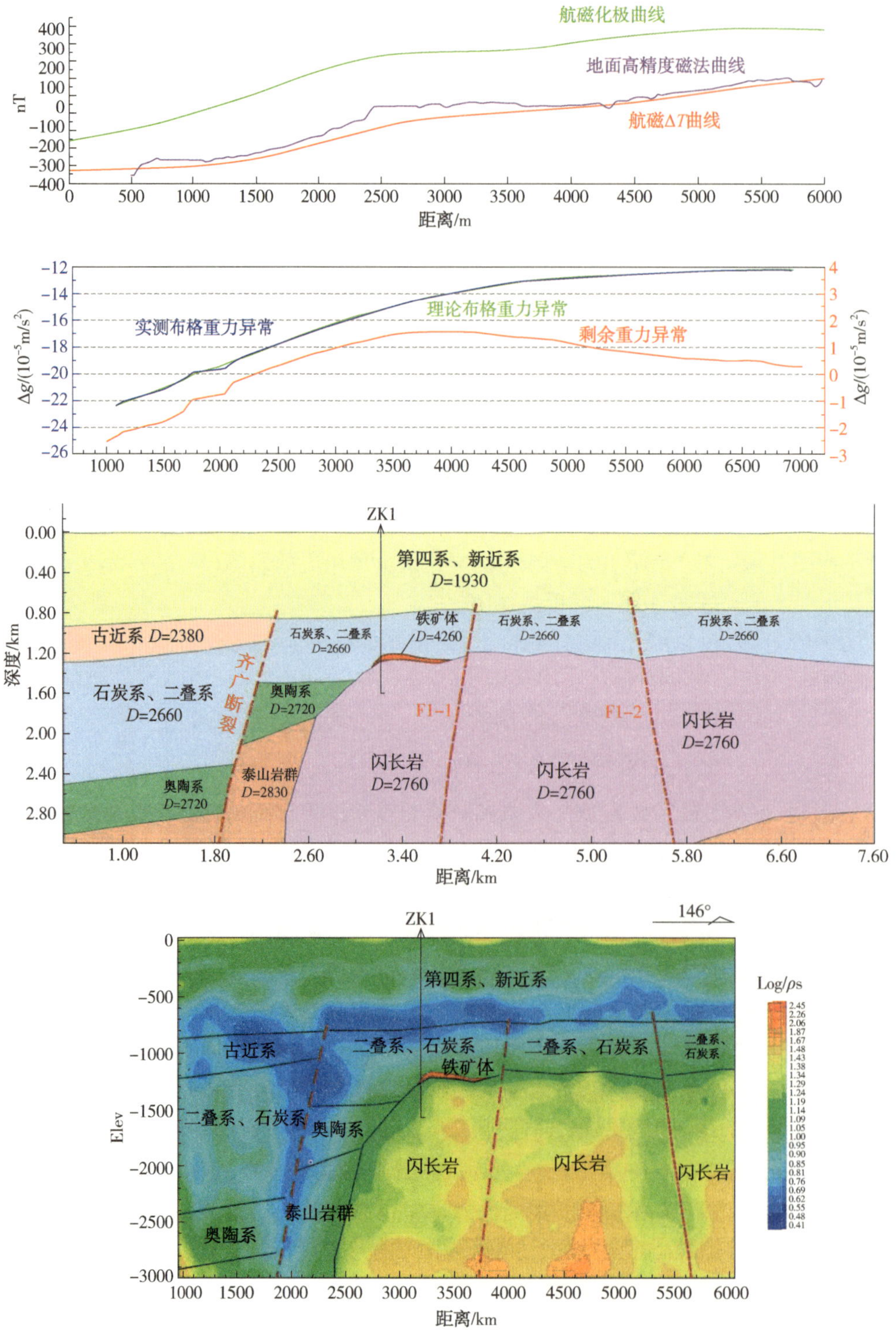

图 7-2-25　叠道 ZC1-GY1 综合物探剖面图

（1）重力特征。

布格重力异常 Δg_b 曲线整体呈现 WN 低 ES 高的重力场特征，布格异常幅值变化区间为$(-22.5\sim-12.2)\times10^{-5}m/s^2$，最大与最小幅值差值为 $10.3\times10^{-5}m/s^2$。曲线约在 1000~3900 点号段异常梯度值较大，而在 3900~7000 点号段异常梯度值逐渐变小。WN 端异常值下降到$-22.5\times10^{-5}m/s^2$ 且还存在下降趋势，可能未到达正常场。在剖面 1500 号点及 2000 号点附近存在相对明显的下凹异常。

该剖面虽有自 W 向 E 覆盖层厚度逐渐变薄的特点，但不足以引起这么高幅值的重力异常，故推断布格重力异常幅值升高的形态为深部岩体的向上侵入所引起，岩体呈 W 侧较陡、由 W 向 E 逐渐平缓的形态。1500 号点及 2000 号点的下凹异常应为断裂构造的反映。

剩余重力异常 Δg_R 曲线表现为单峰特征，峰值位于点号 3900 附近，幅值约为 $1.55\times10^{-5}m/s^2$。异常梯度值较大且峰值突出，西侧梯度相比于东侧的较大，推断岩体埋深较浅处为点号 3900 附近，可能有深部富铁矿体的叠加异常。

（2）磁性特征。

航磁异常曲线和地面高精度磁测曲线整体呈 NW 低 SE 高的特征，航磁异常幅值变化为-328~170nT，地磁异常幅值变化为-340~190nT。曲线在 0~3000 号点（对应重力 1000~4900 号点）段异常梯度值较大，在 3000~6000 号点段异常梯度值逐渐变小。航磁化极异常曲线与航磁异常曲线、地面高精度磁测曲线整体形态相似，幅值明显升高。航磁化极异常幅值变化为-168~440nT，在剖面长度 2000~3000 号点（对应重力 3000~4000 号点）有一局部凸起。磁测曲线局部高值异常部位为闪长岩体起伏和磁铁矿叠加的结果。该段同时也对应剩余重力异常的高值。根据“重力异常高且较强磁异常向低负异常的过渡带（低缓磁异常分布区）是铁矿床的有利指示部位”这一规律，推断该剖面段深部可能含有富铁矿高磁性体的叠加异常。

（3）电性特征。

从广域电磁反演总体特征来看，异常形态在纵向上具有较明显的层状特征。表层的中低阻层为第四系的反映，其下存在一条低阻异常带，推断为新近系。该低阻异常带下的中低阻层推断为一套组合层，由石炭—二叠系及其与侵入岩体的接触带组成。该层之下为高阻区，推断为蚀变或完整的侵入岩体。横向上，剖面西侧深部以中低阻特征为主，中东部电阻率值较高，且电阻率等值线横向上存在多处不连续、弯曲变形，其中在 2000 号点附近，呈现明显条带状低阻异常特征，据此推断附近为齐广断裂，断裂 W 倾，西侧沉积地层较厚。据电性特征推断，2400 号点处为侵入岩体的西侧边界，2400~3200 点间由西向东岩体顶面埋深逐渐变浅，3200 点由西向东岩体顶面埋深变化不大。

电阻率反演断面显示：侵入岩体电性分布并不均匀，局部存在相对低阻区；推断西侧边界顶面凸起部位存在铁矿体，其在反演断面图中呈现相对低阻特征；该推断的矿体位于断裂构造附近，为成矿有利部位。

（4）重力、磁法、电磁联合反演解释。

根据该剖面电磁、重力资料构建的地质—地球物理找矿模型（图 7-2-25）。第四系与新近系总厚度推测在 900~1100m，西侧较厚。岩体主要侵位于石炭—二叠系底部，顶部埋深 1200m 左右，推断矿体赋存于闪长岩体与石炭系的接触部位。推断的铁矿体沿岩体左侧顶面凸起部位起伏，顶板埋深1200m左右，位于3150~3900点之间，推断厚度40m。

2）ZC2剖面

ZC2剖面长度9.0km，方位角为146°，测点编号为1000~10000点，中间的1560~6660点号段为重叠的广域电磁GY2剖面。该剖面与ZC1剖面平行布设，位于ZC1剖面NE侧约433m处。重力、磁测曲线类型和视电阻率断面及反演特征相近，局部存在差异。该剖面重力、磁法、电磁反演解释、地质解释成果综合剖面如图7-2-26所示。

（1）重力特征。

布格重力异常Δg_b曲线整体呈现WN低ES高的重力场特征，布格异常幅值变化为$(-24.0\sim-12.3)\times10^{-5}m/s^2$，最大幅值与最小幅值差值为$11.7\times10^{-5}m/s^2$。曲线在1000~4300点号段异常梯度值较大，4300~8300点号段异常梯度值逐渐变小，而在8300~10000点号段异常梯度值又慢慢变大。WN端异常值下降到$-24.0\times10^{-5}m/s^2$，且还存在下降趋势。在剖面8300号点附近存在相对明显的下凹异常。

考虑到第四系与新近系本身起伏不大，该剖面虽有自西向东覆盖层厚度逐渐变薄的特点，但不足以引起这么高幅值的重力异常，故推断布格重力异常幅值升高的形态为深部岩体的向上侵入所引起，岩体界面呈现西侧较陡、由西向东逐渐平缓至缓慢下降的形态，至8300号点处，该处的下凹异常应为莒镇断裂的反映，受其影响，下盘的闪长岩体有所抬升，引起布格重力异常曲线上升趋势增大。

剩余重力异常Δg_R曲线表现为单峰特征，峰值位于4300点号附近，幅值约为$1.6\times10^{-5}m/s^2$。异常梯度值较大且峰值突出，西侧梯度相比于东侧的较大，推断岩体埋深较浅处为点号4300附近，或该处叠加了深部富铁矿体的重力异常。

（2）磁性特征。

航磁异常曲线和地面高精度磁测曲线整体呈现WN低ES高的磁场特征。航磁异常幅值变化为-330~278nT，地磁异常幅值变化为-346~317nT。曲线在0~3500号点(对应重力1000~4500号点)段异常梯度值较大，3500~9000号点段异常梯度值逐渐变小。航磁化极异常曲线与航磁异常曲线、地面高精度磁测曲线整体形态相似，但航磁化极异常幅值明显升高，变化区间为-214~420nT。在剖面2000~3500号点(对应重力3000~4500号点)有一局部凸起，推断为闪长岩体起伏和矽卡岩性磁铁矿共同作用的结果。该段同时也对应剩余重力异常的高值，根据“重力异常高且较强磁异常向低负异常的过渡带(低缓磁异常分布区)，是矿体有利指示部位”这一规律，推断深部具含有富铁高磁性体的叠加异常。

（3）电性特征。

从广域电磁反演结果来看，异常形态在垂向上整体表现为层状。表层中低阻层为第四系的反映，其下的新近系主要表现为层状低阻异常，该低阻层位以下的中低阻层推断为一套组合层，由石炭—二叠系及其与侵入岩体的接触带组成。在该层下主要为高阻区，推断为蚀变或完整的侵入岩体。横向上，异常差异较为明显，1500~3100点为中低阻区，3100号点以东大部分表现为高阻异常。3000号点附近存在较明显的低阻条带状异常，推断为齐广断裂分布区。受齐广断裂影响，两侧地质特征发生明显变化，在其WN沉积地层较厚，其ES侧沉积地层逐渐变薄。从电性整体形态看，3100号点处为侵入岩体的西侧边界，3100~3700 点间由西向东岩体顶面埋深逐渐变浅，3700~6600 点间由西向东岩体顶面起伏变化，但埋深变化不大。

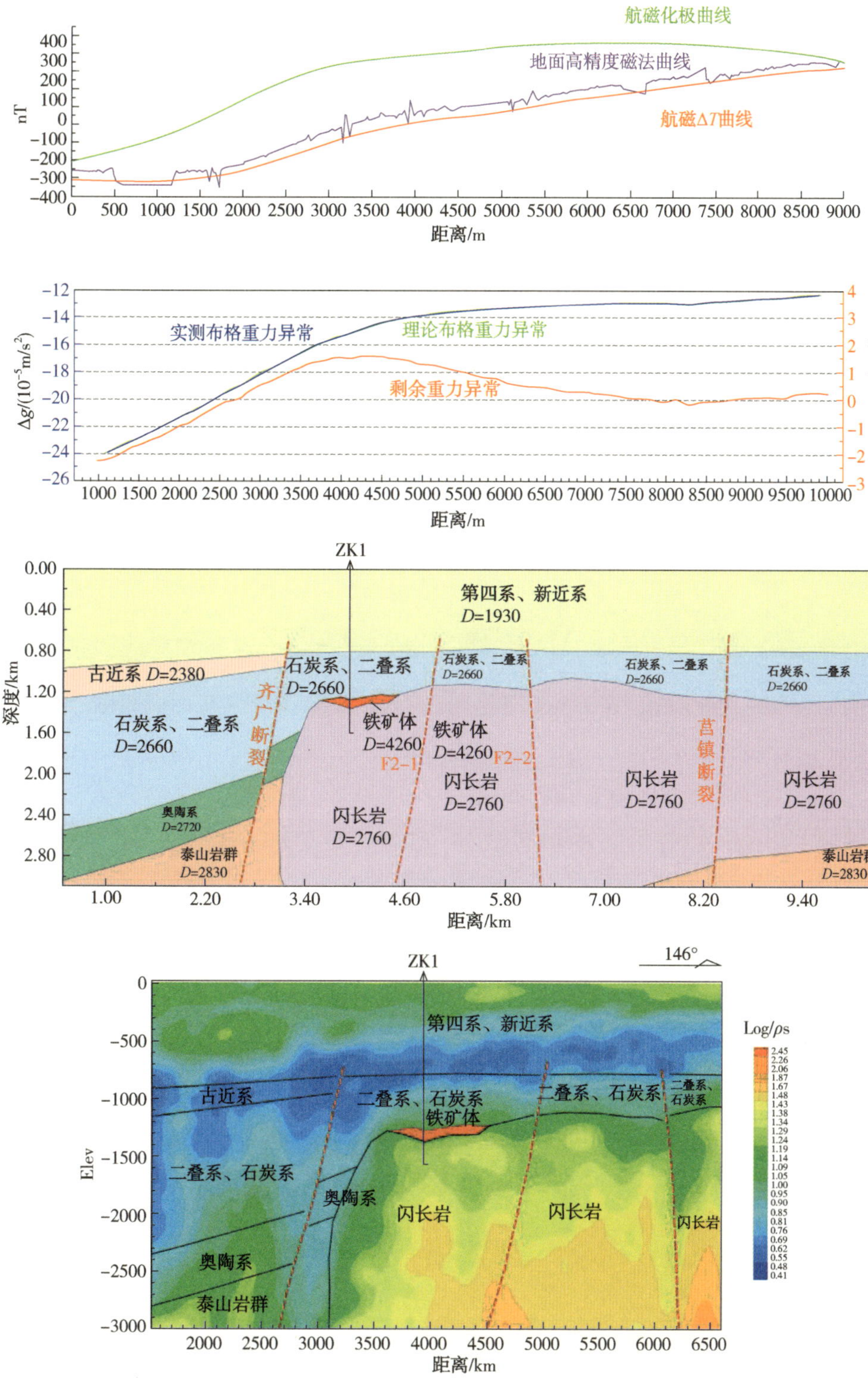

图 7-2-26　叠道 ZC2-GY2 综合物探剖面图

电阻率反演断面显示，侵入岩体电性分布并不均匀，局部存在相对低阻区；考虑到矿体产出部位常和岩体顶面起伏有关，且矿体位于断裂构造附近，为成矿的有利部位，西侧边界顶面下凹部位推断存在铁矿体。

（4）重力、磁法、电磁联合反演解释。

该剖面电磁、重力资料构建的地质—地球物理找矿模型(图 7-2-26)显示：第四系与新近系总厚度在 1000~1150m 左右，西侧沉积较厚；推断的岩体顶部埋深 1250m 左右，岩体主要侵位于石炭—二叠系和奥陶系。推断铁矿体一处，位于岩体左侧顶面凹陷部位，预测顶板埋深约 1230m，厚度 80m 左右。

3）ZC7 剖面

ZC7 剖面长度 6.0km，方位角为 55°，测点编号为 1000 ~ 7000。该剖面与 ZC1、ZC2、ZC3、ZC4、ZC5 剖面相交布设；未布设广域电磁剖面。重力、磁法异常曲线、地质解释成果综合剖面如图 7-2-27 所示。

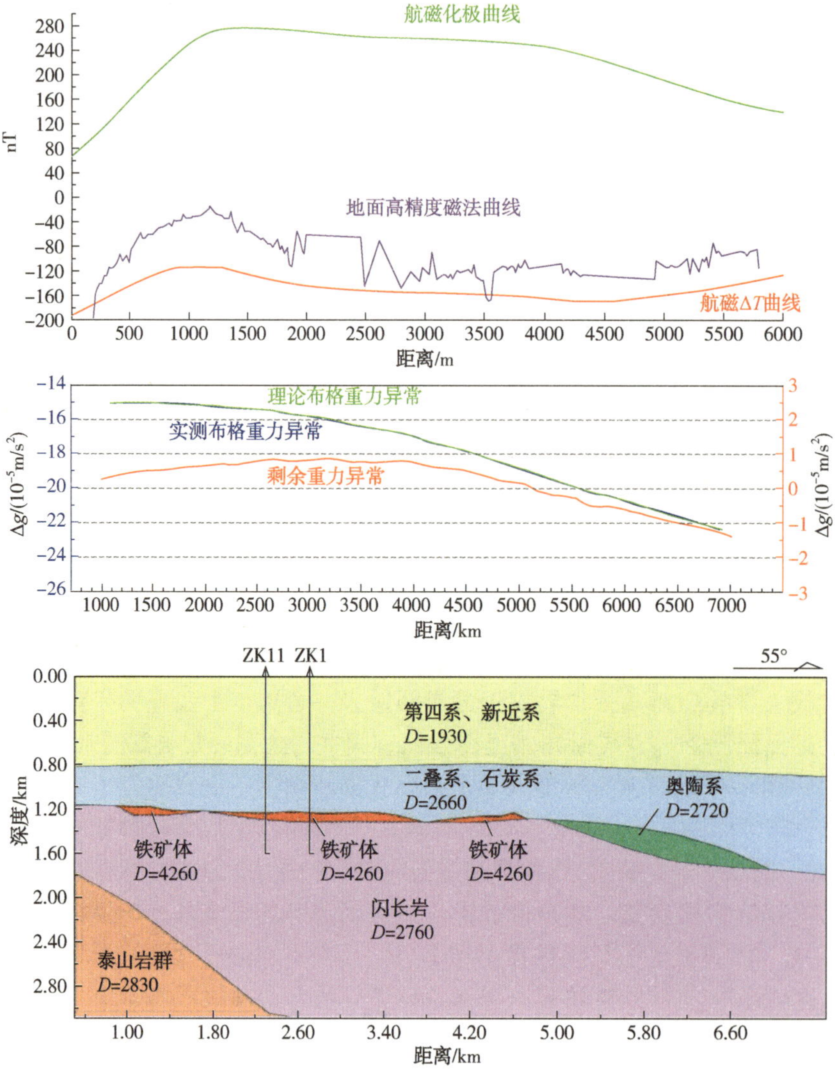

图 7-2-27　叠道 ZC7-GY7 综合物探剖面图

（1）重力特征。

布格重力异常 Δg_b 曲线呈现 WS 高 NE 低的重力场特征，布格异常幅值变化区间为 $(-22.5\sim-15.0)\times10^{-5}m/s^2$，最大幅值与最小幅值差值为 $7.5\times10^{-5}m/s^2$。曲线在 1000～4500 点号段异常梯度值较小，在 4500～7000 点号段异常梯度值相对变大。剖面 NE 端异常值下降到 $-22.5\times10^{-5}m/s^2$ 且仍存在下降趋势。推断引起布格重力异常的主要原因是深部岩体的侵入。据 Δg_b 曲线 WS 高 NE 低的异常特征，推断岩体可能呈现西侧顶界面平缓下降、东侧下降明显的形态，与重力异常形态吻合。剩余重力异常 Δg_R 曲线峰值表现不明显：1000～4500 点号段呈相对平缓的近圆弧状，最高幅值 $0.6\times10^{-5}m/s^2$，局部多处有鼓凸现象；4500 点号至线东端异常梯度值增大。推断 1000～4500 点号段反映了深部存在顶界面起伏变化不大的侵入岩体，其上可能包含了深部富铁矿体的叠加异常，4500 点以东岩体顶界面为明显下降的趋势。

（2）磁性特征。

航磁异常曲线和地面高精度磁测曲线整体呈现 WN 低 ES 高的磁场特征。航磁异常幅值变化为-192～-115nT，地磁异常幅值变化为-282～-15nT。航磁化极异常曲线与航磁异常曲线、地面高精度磁测曲线整体形态相似，幅值明显升高，航磁化极异常幅值变化为 64～275nT。在 500～2000 号点（对应重力 1500～3000 号点）有一局部凸起，磁测曲线局部高值异常部位推测为闪长岩体起伏和矽卡岩性磁铁矿共同作用的结果，且该段同时对应剩余重力异常的高值。根据“重力异常高且较强磁异常向低负异常的过渡带（低缓磁异常分布区），是铁矿的有利指示部位”这一规律，推断深部可能含有富铁矿高磁性体的叠加异常。

（3）2.5D 人机交互反演解释。

该剖面的 2.5D 人机交互反演解释构建的地质—地球物理找矿模型（图 7-2-27）显示：第四系与新近系总厚度为 950～1050m；岩体顶部埋深推断为 1200m，侵位于石炭—二叠系和奥陶系。推断赋存规模较大铁矿体一处，矿体顶板埋深约 1200～1260m，位于 950～4700 点号之间，厚度 10～100m 左右。

3. 地震剖面异常成矿信息提取

DZ1 线地震剖面（图 7-2-28）方位为 0°，经过以往施工的钻孔 ZK6 和 ZK0701。正在施工的 ZK11 钻孔位于剖面西侧约 730m 处，设计钻孔 ZK1 位于剖面西侧约 300m 处。根据反射波的对比原则，突出了波的振幅、波形和相位标志，结合地震剖面经过的已知钻孔信息，经综合分析如下。

在地震剖面上部获取一组明显的反射波组，波组近水平且连续，为新近系与二叠系呈角度不整合接触面。据此推测，案例区西部第四系和新近系覆盖厚度为 800～950m，设计钻孔 ZK1 处第四系和新近系，覆盖厚度约 950m，闪长岩体顶界面埋深 1200m 左右，存在局部隆起。

据已知钻孔揭露，该区岩体上侵至石炭系，导致石炭系地层角岩化且破碎，石炭系下部由此成为铁矿体的赋矿围岩。由于岩体上侵程度的不同，造成石炭系底界凹凸不平，在地震剖面上反射面不连续。

地震剖面显示案例区北部存在一处高角度正断层。断层以北从上至下可以获取两

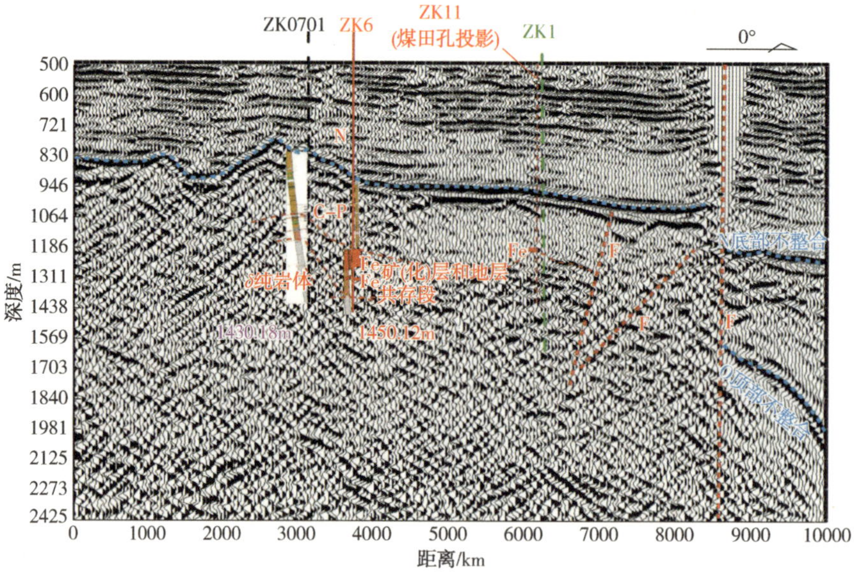

图 7-2-28　DZ1 线地震剖面图

组明显的反射波组，波组突出且连续。第一个反射波组反映的是新近系与二叠系呈角度不整合接触面，深度约 1200m；第二个反射波组反映的是石炭系与奥陶系呈平行不整合面，深度约 1600m。据此推测石炭—二叠系厚度约 400m。

（四）成矿预测效果验证

通过重、磁、电联合剖面工作，进一步解译了调查区磁异常，推断了叠道村和于庄地区的深部地质结构，为钻孔部署提供了依据。

施工验证两钻孔（DDZK1 和 DDZK3），均为见矿孔。DDZK1 孔揭露 1 层铁矿体，矿体埋深 1084. 00 ~ 1150. 55m，厚度 66. 55m，TFe 平均品位 61. 06%，mFe 平均品位 51. 94%。矿体赋存于石炭系和奥陶系不整合面附近。DDZK3 孔揭露 2 层铁矿体，矿体埋深分别为 1233. 8 ~ 1237. 3m 和 1242. 6 ~ 1256. 2m，厚度 3. 50m 和 13. 60m，累计厚度 17. 10m。TFe 平均品位 51. 66%，mFe 平均品位 47. 13%。矿体赋存于石炭系和奥陶系不整合面附近。利用地质块段法，初步估算调查区内铁矿石推断资源量为 2726 万吨，提交中型矿产地 1 处。

第八章

结　语

本书围绕华北克拉通矽卡岩型富铁矿成矿关键控制因素这一科学问题开展了系统研究工作，取得了一系列重要认识，提出了华北克拉通矽卡岩型富铁矿的区域多层赋矿成矿效应和成矿机制，为深化理解华北克拉通矽卡岩型富铁矿的成矿规律和指导找矿勘查提供了科学依据，是对几十年来华北克拉通矽卡岩型富铁矿勘查和科研主要成果的全面系统的总结、集成和提升。本书是一部客观、全面、系统的矽卡岩型富铁矿专著，对华北克拉通地区矽卡岩型富铁矿找矿、科学研究具有重要的借鉴和参考价值，希望对进一步扩大华北克拉通矽卡岩型富铁矿找矿成果有所帮助，为指导我国具有相似地质条件的其他地区提供典型范例。

一、主要进展和成果

（一）发现岩溶对华北克拉通矽卡岩型富铁矿成矿的关键控制作用，提出了岩溶、膏岩等对成矿作用的制约机理，创建了区域多层赋矿成矿模式和地质找矿模型

（1）发现地层的岩溶发育程度对富铁矿成矿具有关键控制作用，岩溶、膏岩等对成矿作用的控制机理包括：①岩溶层系的垂向分布制约富铁矿体就位的有利空间；②不整合面的发育控制岩溶系统发育的程度，影响富铁矿体规模；③层序地层对岩溶期次的约束作用，限定了岩溶发育层位以及富铁矿层的分布；④膏盐岩层指示阶段性强岩溶作用的底界，限定富铁矿体赋存的有利空间下限。

（2）首次创建了区域多层赋矿成矿模式和地质找矿模型，第一次提出在华北克拉通共发育七层成矿潜在空间，自上而下分别为中奥陶统峰峰组二段、上马家沟组三段、上马家沟组二段、下马家沟组三段、下马家沟组二段，寒武系的凤山组、张夏组，其中，主力成矿层为峰峰组二段、上马家沟组二段和下马家沟组二段。该创新性认识成果得到华北克拉通邯邢、安林、淄博、莱芜、齐河—禹城等矽卡岩型富铁矿矿集区大量勘查资料的证实。

（二）首次通过锆石原位微区微量地球化学研究，揭示了古基底沉积变质型铁矿与矽卡岩型富铁矿的成矿耦合关系，构建了岩浆作用与成矿效应理论模型，并提出成矿有利关键条件和地球化学找矿关键标志

（1）在成矿岩体中识别出中生代和太古宙—元古宙两类未变质岩浆锆石，结晶温度集中，其中，太古宙—元古宙锆石与新太古代和古元古代之交的成铁纪时间上高度吻合。

（2）不同成矿禀赋矿床的闪长质岩体在锆石微量元素特征如标准化稀土元素含量离散程度，$\sum$LREE、$\sum$HREE 和$\sum$REE 值的变化幅度，δCe 变化范围等方面具有明显差异，其值的标准差(σ)可作为地球化学找矿关键标志。

（3）根据锆石 δCe、δEu 及 Hf 质量分数的变化规律，揭示岩浆演化末端或不利于大规模成矿，并发现高氧逸度条件是成矿的重要有利因素，存在分布于 FMQ 甚至 MH 线之上的锆石样品是成矿有利关键条件。

（4）结合地壳重熔花岗岩（广义）成因理论最新成果，创新构建了岩浆作用与成矿效应理论模型，成功解释了华北克拉通矽卡岩型富铁矿现存难以解释的复杂现象和诸多难题。

（三）构建了综合勘查技术方法体系。

（1）针对新老矿区的差异以及优选重点工作区、优选找矿靶区、推断矿体展布、验证矿体等目的的不同，结合地质、地球物理、地球化学等方法，构建了“地质+地球物理+地球化学+钻探”综合勘查技术方法体系，系统融合了地质与重磁电震多元地球物理数据模型，采用的航空地球物理测量、地面高精度重磁测量、广域电磁勘探及二维地震、微动地震等多元地球物理数据约束反演，可精细刻画岩体形态，有效识别深部矿体引起的弱异常，在找矿实践中得到有效应用。

（2）针对矿集区级、矿床级、深覆盖区等不同层次开展了成矿预测案例分析

（四）指导华北克拉通多个富铁矿集区实现了找矿突破，增储增量富铁矿石超过 2×10^8t

（1）研究成果在华北克拉通及其他具有相似成矿地质条件的地区具有重要推广应用前景，得到华北克拉通邯邢、安林、淄博、莱芜、齐河—禹城等地区大量勘查资料的印证。

（2）在找矿实践中，指导济南莱芜、齐河—禹城、淄博金岭等多个富铁矿集区实现找矿突破，增储增量富铁矿石超过 2×10^8t。

二、成果的重要意义

（一）进一步打开了富铁矿找矿空间，为国家富铁矿资源安全提供了保障

华北克拉通矽卡岩型铁矿成矿受束缚于传统经典接触交代型铁矿成矿理论，面临找矿空间的极大限制，增储遇到瓶颈，本研究成果冲破固有认识的束缚，打开了找矿空间和找矿方向，指导发现一批优质富铁矿，具有重要推广应用价值，可进一步为国家富铁矿资源安全提供保障。

（二）为矿山资源接替困境指明找矿方向，助力企业渡过难关

华北克拉通矽卡岩型富铁矿矿山企业普遍存在接替资源不足的情况，已出现因资源枯竭而关停的矿山。新的理论研究认识为矿山企业提供了巨大的找矿空间，延长了企业生命。

（三）提供了矿产勘查开发新路径，起到示范作用

本次研究基于产学研深度融合，以科技创新和找矿实践相结合，实现了“科技创新引领新的找矿空间—财政风险勘查—商业跟进增储上产”的矿产勘查工作良性循环，提供了矿产勘查开发新路径，广泛引导矿产勘查工作和矿山增储上产大规模开展，起到示范作用。

三、今后研究方向

尽管本书取得了一系列重要研究进展，但华北克拉通矽卡岩型富铁矿的成矿理论研究仍然存在一些问题和挑战，如：对成矿流体的来源、性质和演化过程的认识还不够深入；对成矿过程中元素迁移富集机制的研究还不够系统；对深部隐伏矿体的预测和勘查技术方法还有待进一步探索；等等。

未来，建议进一步加强诸如以下方面的研究：加强成矿流体的研究，利用多种地球化学示踪手段，示踪成矿流体的来源、性质和演化过程；加强成矿过程中元素迁移富集机制的研究，利用实验模拟和数值模拟等手段，揭示元素迁移富集的物理化学条件和动力学过程；加强深部隐伏矿体的预测和勘查技术方法研究，发展地球物理、地球化学和遥感等综合勘查技术，提高深部找矿效率；等等。

相信随着研究的不断深入，华北克拉通矽卡岩型富铁矿的成矿理论将不断完善，找矿勘查工作将取得更大的突破，为我国铁矿资源的保障作出更大的贡献。

参 考 文 献

[1] ANDERSEN T. Detrital zircons as tracers of sedimentary provenance：Limiting conditions from statistics and numerical simulation[J]. Chemical Geology，2005，216(3-4)：249-270.

[2] BALLARD J R，PALIN M J，CAMPBELL I H. Relative oxidation states of magmas inferred from Ce(Ⅳ)/Ce(Ⅲ)in zircon：Application to porphyry copper deposits of northern Chile[J]. Contributions to Mineralogy and Petrology，2002，144(3)：347-364.

[3] BELOUSOVA E，GRIFFIN W，O'REILLY Y S，et al. Igneous zircon：trace element composition as an indicator of source rock type[J]. Contributions to Mineralogy and Petrology，2002，143(5)：602-622.

[4] BURET Y，QUADT V A，HEINRICH C，et al. From a long-lived upper-crustal magma chamber to rapid porphyry copper emplacement：Reading the geochemistry of zircon crystals at Bajo de la Alumbrera (NW Argentina)[J]. Earth and Planetary Science Letters，2016，450：120-131.

[5] BURET Y，WOTZLAW J，ROOZEN S，et al. Zircon petrochronological evidence for a plutonic-volcanic connection in porphyry copper deposits[J]. Geology，2017，45(7)：623-626.

[6] CHEN G N，GRAPES R. Granite Genesis：In-Situ Melting and Crustal Evolution [M]. Dordrecht，Netherlands：Springer，2007：1-278.

[7] CHEN Y J，CHEN H Y，ZAW K，et al. Geodynamic settings and tectonic model of skarn gold deposits in China：An overview[J]. Ore Geology Reviews，2007，31(1/2/3/4)：139-169.

[8] COLOMBO D，DE STEFANO M. Geophysical modeling via simultaneous joint inversion of seismic，gravity and electromagnetic data：Application to prestack depth imaging[J]. The leading edge，2007，26(3)：326-331.

[9] CHERNIAK D J，HANCHAR J M，WATSON E B. Rare-earth diffusion in zircon[J]. Chemical Geology，1997，134(4)：289-301.

[10] DENG X D，LI J W，WEN G. U-Pb geochronology of hydrothermal zircons from the Early Cretaceous iron skarn deposits in the Handan-xingtai district，North China Craton[J]. Economic Geology，2015，110(8)：2159-2180.

[11] DILLES H J，KENT J A，WOODEN L J，et al. Zircon compositional evidence for sulfur-degassing from ore-forming arc magmas[J]. Economic geology and the bulletin of the Society of Economic Geologists，2015，110(1)：241-251.

[12] EL-BIALY Z M，ALI A K. Zircon trace element geochemical constraints on the evolution of the Ediacaran(600-614Ma) post-collisional Dokhan Volcanics and Younger Granites of SE Sinai，NE Arabian-Nubian Shield[J]. Chemical Geology，2013，360-361，54-73.

[13] FERRY M J，WATSON B E. New thermodynamic models and revised calibrations for the Ti-in-zircon and Zr-in-rutile thermometers[J]. Contributions to Mineralogy and Petrology，2007，154(4)：429-437.

[14] FULLAGAR P K，HUGHES N A，PAINE J. Drilling-constrained 3D gravity interpretation. Exploration geophysics，2000，31(1-2)：17-23.

[15] FULLAGAR P K，PEARS G A. Towards geologically realistic inversion，in B. Milkereit，ed. Exploration in the new millennium. Proceedings of the Fifth Decennial Conference on Mineral Exploration，2007，445-460.

[16] GEHRELS G，KAPP P，DECELLES P，et al. Detrital zircon geochronology of pre-Tertiary strata in the

Tibetan–Himalayan orogeny[J]. Tectonics, 2011, 30(5): TC5016.

[17] HOSKIN O W P, SCHALTEGGER U. The Composition of Zircon and Igneous and Metamorphic Petrogenesis[J]. Reviews in Mineralogy and Geochemistry, 2003, 53(1): 27–62.

[18] HOSKIN W P. Trace–element composition of hydrothermal zircon and the alteration of Hadean zircon from the Jack Hills, Australia[J]. Geochimica et Cosmochimica Acta, 2004, 69(3): 637–648.

[19] HU H, LI J W, HARLOV D E, et al. A genetic link between iron oxide–apatite and iron skarn mineralization in the Jinniu volcanic basin, Daye district, Eastern China: Evidence from magnetite geochemistry and multi–mineral U–Pb geochronology[J]. GSA Bulletin, 2020, 132(5/6): 899–917.

[20] HUDEC M R, JACKSON M P A. Terra infirma: Understanding salt tectonics[J]. Earth–Science Reviews, 2007, 82(1/2): 1–28.

[21] JEGEN M D, HOBBS R W, TARITS P, et al. Joint inversion of marine magnetotelluric and gravity data incorporating seismic constraints: preliminary results of sub – basalt imaging off the Faroe Shelf. Earth and planetary letters, 2009, 282(1–4): 47–55.

[22] JIN ZILIANG, ZHANG ZHAOCHONG, HOU TONG, et al. Genetic relationship of high–Mg dioritic pluton to iron mineralization: a case study from the Jinling skarntype iron deposit in the North China Craton[J]. Journal of Asian Earth Sciences, 2015, 113(3): 957–979.

[23] KOHN MJ, CORRIE SL, MARKLEY C. The fall and rise of metamorphic zircon[J]. American Mineralogist, 2015, 100(4): 897–908.

[24] LI H, ZHANG Z, LI L, et al. Types and general characteristics of the BIF–related iron deposits in China[J]. Ore Geology Reviews, 2014, 57: 264–287.

[25] LI J W, VASCONCELOS P, ZHOU M F, et al. Longevity of magmatic–hydrothermal systems in the Daye Cu–Fe–Au District, Eastern China with implications for mineral exploration[J]. Ore Geology Reviews, 2014, 57: 375–392.

[26] LI W, XIE G Q, MAO J W, et al. Mineralogy, fluid inclusion, and stable isotope studies of the Chengchao deposit, Hubei Province, eastern China: Implications for the formation of high–grade Fe skarn deposits[J]. Economic Geology, 2019, 114(2): 325–352.

[27] LICHTERVELDE V M, MELCHER F, WIRTH R. Magmatic vs. hydrothermal origins for zircon associated with tantalum mineralization in the Tanco pegmatite, Manitoba, Canada [J]. American Mineralogist, 2015, 94(4): 439–450.

[28] LOWENSTEIN ENRIQUE CASAS TIM K. Diagenesis of saline pan halite: Comparison of petrographic features of modern, quaternary and Permian halites[J]. SEPM Journal of Sedimentary Research, 1989, 59(5): 724–739.

[29] MEINERT L D, DIPPLE G M, NICOLESCU S. World skarn deposits[M]. Economic Geology, one hundredth anniversary, 2005.

[30] RUBATTO D. Zircon: The metamorphic mineral[J]. Reviews in Mineralogy and Geochemistry, 2017, 83(1): 261–295.

[31] SMYTHE D J, BRENAN J M. Cerium oxidation state in silicate melts: Combined fO2, temperature and compositional effects[J]. Geochimica et Cosmochimica Acta, 2015, 170: 173–187.

[32] SNYDER G A, TAYLOR L A, CROZAZ G. Rare earth element selenochemistry of immiscible liquids and zircon at Apollo 14: An ion probe study of evolved rocks on the Moon[J]. Geochimica et Cosmochimica Acta, 1993, 57(5): 1143–1149.

[33] TALBOT C J, POHJOLA V. Subaerial salt extrusions in Iran as analogues of ice sheets, streams and

glaciers[J]. Earth-Science Reviews, 2009, 97(1/2/3/4): 155-183.

[34] TALBOT C J. Spreading of salt structures in the Gulf of Mexico[J]. Tectonophysics, 1993, 228(3/4): 151-166.

[35] TANG M, RUDNICK R L, MCDONOUGH W F, et al. Multi-mode Li diffusion in natural zircons: Evidence for diffusion in the presence of step-function concentration boundaries[J]. Earth and Planetary Science Letters, 2017, 474: 110-119.

[36] TAYLOR M J R, HARLEY L S, HINTON W R, et al. Experimental determination of REE partition coefficients between zircon, garnet and melt: a key to understanding high-T crustal processes[J]. Journal of Metamorphic Geology, 2015, 33(3): 231-248.

[37] TRAIL D, WATSON E B, TAILBY N D. The oxidation state of Hadean magmas and implications for early Earth's atmosphere[J]. Nature, 2011, 480(7375): 79-82.

[38] TURCOTTE D L, SCHUBERT B. Geodynamics: Applications of Continuum Physics to Geological Problems [M]. New York: John Wiley and Sons, 1982: 188-197.

[39] TURNER S, WILDE S, WÖRNER G, et al. An andesitic source for Jack Hills zircon supports onset of plate tectonics in the Hadean[J]. Nature Communications, 2020, 11(1): 1241.

[40] VENDEVILLE B C, JACKSON M P A. The rise of diapirs during thin-skinned extension[J]. Marine and Petroleum Geology, 1992, 9(4): 331-354.

[41] WANG Q F, LIU X F, YAN C H, et al. Mineralogical and geochemical studies of boron-rich bauxite ore deposits in the Songqi region, SW Henan, China[J]. Ore Geology Reviews, 2012, 48: 258-270.

[42] WATSON B E, WARK A D, THOMAS B J. Crystallization thermometers for zircon and rutile[J]. Contributions to Mineralogy and Petrology, 2006, 151(4): 413-433.

[43] WATSON B E, HARRISON M T. Zircon thermometer reveals minimum melting conditions on earliest earth[J]. Science, 2005, 308(5723): 841-844.

[44] WEN G, BI S J, LI J W. Role of evaporitic sulfates in iron skarn mineralization: A fluid inclusion and sulfur isotope study from the Xishimen deposit, Handan-Xingtai district, North China Craton[J]. Mineralium Deposita, 2017, 52(4): 495-514.

[45] WHITNEY J A, HEMLEY J J, SIMON F O. The concentration of iron in chloride solutions equilibrated with synthetic granitic compositions; the sulfur-free system[J]. Economic Geology, 1985, 80(2): 444-460.

[46] WILLIAMS N C. Geologically-constrained UBC-GIF gravity and magnetic inversions with examples from the agnew-wiluna greenstone belt, western Australia[Doctor's thesis][M]. Canada: the university of British Columbia, 2008.

[47] XIE G Q, MAO J W, ZHU Q Q, et al. Geochemical constraints on Cu-Fe and Fe skarn deposits in the Edong district, Middle-Lower Yangtze River metallogenic belt, China[J]. Ore Geology Reviews, 2015, 64: 425-444.

[48] XIE Q H, ZHANG Z C, HOU T, et al. Petrogenesis of the Zhangmatun gabbro in the Ji'nan complex, North China Craton: Implications for skarn-type iron mineralization[J]. Journal of Asian Earth Sciences, 2015, 113: 1197-1217.

[49] XIE Q H, ZHANG Z C, HOU T, et al. Petrogenesis of the Zhangmatun Gabbro in the Jinan Complex, North China Craton : Implications for Skarn-Type Iron Mineralization[J]. Journal of Asian Earth Sciences, 2015, 113: 1197-1217.

[50] YING J F, ZHANG H F, TANG Y J. Crust-mantle interaction in the central North China Craton during

the Mesozoic: Evidence from zircon U-Pb chronology, Hf isotope and geochemistry of syenitic-monzonitic intrusions from Shanxi Province[J]. Lithos, 2011, 125(1/2): 449-462.
[51] ZHAI M G. Multi-stage crustal growth and cratonization of the North China Craton[J]. Geoscience Frontiers, 2014, 5(4): 457-469.
[52] ZHAO P D, CHENG Q M, XIA Q L. Quantitative prediction for deep mineral exploration[J]. Journal of University of Geosciences, 2008, 19(4): 309-318.
[53] ZHAO Y M, BI C S, LI DX. The characteristics of volatile components and alkaline metasomatism in main Skarn-type iron deposits in China and their role in ore formation[J]. Geochimica, 1984, 3(1): 14-23.
[54] 蔡本俊，李席珍，魏寿彭，等．邯邢地区中奥陶统蒸发岩特征及其对内生铁(硫)矿床的控制[J]. 中国地质科学院地质力学研究所所刊，1987，(2)：1-84.
[55] 蔡书慧．华北克拉通石炭系铝土矿碎屑锆石年代学及其意义[D]. 北京：中国地质大学(北京)，2014.
[56] 曹秀华，赵法强，刘红旗，等．地面磁测垂向二次导数在莱芜区石家泉矿区铁矿深部找矿中的应用[J]. 山东国土资源，2011，27(3)：4.
[57] 陈斌，陈长健，贺敬博，等．华北东部中生代高镁埃达克质岩浆的起源：岩石学和 Nd-Sr-Os 同位素证据．科学通报，2013，58(20)：1941-1953.
[58] 陈国能，王勇，陈震，等．花岗岩浆形成定位机制的思考与研究进展[J]. 岩石学报，2017，33(5)：1489-1497.
[59] 陈国能．岩石成因与岩石圈演化思考[J]. 地学前缘，2011，18(1)：1-8.
[60] 陈建强，胡树庭，杨欣德．山东淄博地区奥陶系层序地层划分和层序界面的识别标志[J]. 现代地质，2001，15(3)：247-253，356.
[61] 陈磊，侯建华，郭晶，等．山东省 2021 年度省级地质勘查项目成果综述[J]. 山东国土资源，2024，40(3)：1-5.
[62] 陈磊，张业智，侯建华，等．山东省 2020 年省级地质勘查项目成果综述[J]. 山东国土资源，2023，39(3)：1-4.
[63] 陈伟军，刘红涛，刘建明，等．隐伏矿床定位预测常用的综合物化探方法[J]. 有色矿冶，2008，24(2)：2-7.
[64] 陈西子．河北省白涧铁矿成矿地质特征研究[D]. 石家庄：河北地质大学，2012.
[65] 陈艳，张招崇，朱江．河南省安林矽卡岩型铁矿的成岩时代和成矿物质来源探讨[J]. 岩石学报，2014，30(5)：1307-1321.
[66] 陈永健，苏尚国，何永胜，等．河北武安西石门铁矿床 Fe 同位素特征及其成矿指示意义[J]. 岩石学报，2014，30(11)：3443-3454.
[67] 成嘉伟，刘新星，张娟，等．河北邯邢地区白涧铁矿蚀变矿物红外光谱分析及找矿研究[J]. 地球科学，2023，48(4)：1551-1567.
[68] 戴清峰，方根显，林万里．江西相山火山岩型铀矿田邹家山与牛头岭矿区地球物理特征对比研究[J]. 地质与勘探，2015，51(3)：555-562.
[69] 翟裕生，姚书振，林新多，等．长江中下游地区铁、铜等成矿规律研究[J]. 矿床地质，1992，11(1)：1-12.
[70] 翟裕生，石准立，林新多，等．鄂东大冶式铁矿成因的若干问题[J]. 地球科学，1982，(3)：239-251.
[71] 丁文祥，袁峰，李晓晖，等．基于重磁联合反演的宁芜盆地钟姑矿田深部地质结构解析及成矿

预测．地质学报，2018，92(11)：2301-2317.
[72] 杜瑞庆．深部铁矿勘探的地球物理找矿模式研究——以河南省某地区的铁矿为例[D]．北京：中国地质大学(北京)，2013.
[73] 段壮．山东莱芜地区矽卡岩型铁矿床成矿作用与成矿机制研究[D]．武汉：中国地质大学，2019.
[74] 樊太亮，高志前，吴俊．塔里木盆地深层碳酸盐岩建造-改造作用与多类型储层有序性分布[J]．地学前缘，2023，30(4)：1-18.
[75] 冯博．河北省白涧铁矿成矿规律及成因分析[D]．石家庄：河北地质大学，2015.
[76] 冯跃文，刘学飞，李中明，等．河南三门峡贯沟铝土矿矿物组成及其特征[J]．地质与勘探，2012，48(3)：471-478.
[77] 高德章，赵金海，薄玉玲，等．东海重磁地震综合探测剖面研究[J]．地球物理学报，2004，47(5)：854-862.
[78] 高继雷，周永刚，张振飞，等．华北克拉通东缘金岭杂岩体岩浆源区及构造背景：来自岩相学、岩石地球化学及年代学的证据[J]．地质科学，2021，56(1)：253-271.
[79] 郝俊杰，莘建宏，赵新卫，等．河北省沙河市白涧铁矿床稀土元素地球化学特征[J]．现代地质，2011，25(3)：545-552.
[80] 郝拉娣，于化东．标准差与标准误[J]．编辑学报，2005，(2)：116-118.
[81] 郝兴中，王润生，王巧云，等．鲁西北潘店物探异常中矽卡岩型铁矿勘查启示[J]．矿产勘查，2022，13(4)：453-459.
[82] 郝兴中，杨毅恒，刘伟．山东潘店地区矽卡岩型铁矿地质特征及找矿意义[J]．科学技术与工程，2018，18(20)：51-58.
[83] 郝兴中．鲁西地区铁矿成矿规律与预测研究[D]．北京：中国地质大学(北京)，2014.
[84] 胡雅璐，刘树文，金子梁，等．鲁西金岭岩浆侵入杂岩体中角闪石岩包体成因研究[J]．北京大学学报：自然科学版，2018，54(2)：385-397.
[85] 黄树棠，顾学新．斜磁化条件下磁测资料的推断解释[C]//地球物理与地球化学探矿研究报告文集(第2集)．北京：中国工业出版社，1964..
[86] 黄思静，杨俊杰，张文正，等．去白云化作用机理的实验模拟探讨[J]．成都地质学院学报，1993，20(4)：81-86.
[87] 黄思静，杨俊杰，张文正，等．石膏对白云岩溶解影响的实验模拟研究[J]．沉积学报，1996，14(1)：103-109.
[88] 黄懿，裴荣富，任冠政，等．论大冶式铁矿[J]．地质学报，1957(2)：191-202，251-252.
[89] 江秀敏，罗照华，陈必河，等．致矿侵入体的识别标志——以新疆阿尔夏提矽卡岩型铁铜矿床为例[J]．岩石学报，2014，30(11)：3455-3466.
[90] 姜枚，彭淼，王有学，等．喜马拉雅东构造结岩石圈板片深俯冲的地球物理证据[J]．岩石学报，2012，28(6)：1755-1764.
[91] 金子梁．矽卡岩型富铁矿成因研究——以鲁西淄博和莱芜铁矿为例[J]．中国地质大学(北京)，2017，1-102.
[92] 孔庆友，张天祯，于学峰，等．山东矿床[M]．济南：山东科学技术出版社，2006.
[93] 郎兴海，唐菊兴，谢富伟，等．西藏雄村矿区地面磁测异常特征及其对找矿方向的指示[J]．地质与勘探，2014，50(3)：411-418.
[94] 雷达，孟小红，王书民，等．复杂地形条件下的可控源音频大地电磁测深数据二维反演技术及应用效果[J]．物探与化探，2004，28(4)：323-326.

[95] 雷玮琰，施光海，刘迎新．不同成因锆石的微量元素特征研究进展[J]．地学前缘，2013，20(4)：273-284.
[96] 李德春，杨书江，胡祖志，等．三维重磁电震资料的联合解释——以库车大北地区山前砾石层为例[J]．石油地球物理勘探，2012，47(2)：353-359.
[97] 李厚民，陈毓川，李立兴，等．中国铁矿成矿规律[M]．北京：地质出版社，2012.
[98] 李厚民，王瑞江，肖克炎，等．立足国内保障国家铁矿资源需求的可行性分析[J]．地质通报，2010，29(1)：1-7.
[99] 李建良．井中激发极化法在金牙金矿床普查中的应用[J]．地质与勘探，2016，52(5)：924-930.
[100] 李建威，赵新福，邓晓东，等．新中国成立以来中国矿床学研究若干重要进展[J]．中国科学：地球科学，2019，49(11)：1720-1771.
[101] 李建武，李天骄，贾宏翔，等．中国战略性关键矿产目录厘定[J]．地球学报，2023，44(2)：261-270.
[102] 李江海，王洪浩，周肖贝，等．盐构造[M]．北京：科学出版社，2015.
[103] 李俊建，党智财，彭翼，等．华北地区铁矿资源成矿规律初探[J]．华北地质，2022，45(1)：79-91.
[104] 李明娟，张洪年，胡宗全，等．济阳坳陷古生界层序地层研究[J]．石油与天然气地质，2004，25(1)：106-110.
[105] 李倩，李建国，王万银，等．重磁电联合勘查深部铁矿方法试验研究[J]．工程地球物理学报，2015，12(2)：218-224.
[106] 李秋奎，郝俊杰，张庆红，等．河北省沙河市白涧铁矿床蚀变岩地球化学特征[J]．矿床地质，2014，33(增)：417-418.
[107] 李赛赛，冯佐海，付伟，等．地物化综合方法寻找隐伏岩体——以广西西大明山隐伏岩体的发现为例[J]．地质与勘探，2016，52(3)：524-536.
[108] 李延河，谢桂青，段超，等．膏盐层在矽卡岩型铁矿成矿中的作用[J]．地质学报，2013，87(9)：1324-1334.
[109] 林新多，姚书振，张叔贞．鄂东大冶式铁矿成矿流体性质的探讨[J]．地球科学，1984，(4)：99-106.
[110] 林新多．岩浆——热液过渡型矿床的若干特征[J]．现代地质，1998(4)：30-37.
[111] 刘波，王英华，钱祥麟．华北奥陶系两个不整合面的成因与相关区域性储层预测[J]．沉积学报，1997，15(1)：25-30.
[112] 刘波，王英华，许书梅．晋中南沁水盆地早古生代海平面变化及其对碳酸盐岩储层的制约：以中阳城关剖面为例[J]．地球学报，1997，18(4)：429-437.
[113] 刘光鼎，郝天珧．应用地球物理方法寻找隐伏矿床[J]．地球物理学报，1995，3(6)：850-854.
[114] 刘学飞，王庆飞，李中明，等．河南铝土矿矿物成因及其演化序列[J]．地质与勘探，2012，48(3)：449-459.
[115] 刘英俊，李兆麟，赵梅芳，等．华北邯邢式富铁矿形成条件的实验研究[J]．南京大学学报(自然科学版)，1982(4)：917-927.
[116] 陆春云．太行山南段西石门铁矿矿床地质特征及成因[D]．西安：长安大学，2015.
[117] 马骏骐，游利军，康毅力，等．缝洞性碳酸盐岩储层钻井液漏失预测地质—地球物理方法[J]．钻采工艺，2010，33(3)：90-93，145.

[118] 马明，高继雷，高明波，等．鲁西莱芜地区地球物理特征及富铁矿床勘查模型建立[J]．华北地震科学，2020，38(2)：13-20.
[119] 马学平，韩作振，王英华．华北地区冶里—亮甲山期层序地层及其岩相古地理[J]．地质科学，1998，33(2)：166-179.
[120] 倪振平，李庆平，李洪奎，等．山东省矿产资源潜力评价成果报告[R]．济南：山东省地质调查院，2013.
[121] 宁培松，龙群，程婷，等．鲁西地块晚中生代中——基性岩地球化学和 Sr-Nd-Pb 同位素组成特征[J]．地球科学与环境学报，2013，35(4)：62-76.
[122] 裴荣富．再论大冶式铁矿[G]//中国地质科学院矿床地质研究所文集(15)．北京：地质出版社，1985：12.
[123] 齐永安，施振生．河南奥陶系层序地层学研究[J]．焦作工学院学报：自然科学版，2002，21(1)：29-32.
[124] 祁光，吕庆田，严加永，等．先验地质信息约束下的三维重磁反演建模研究——以安徽泥河铁矿为例[J]．地球物理学报，2012，55(12)：4194-4206.
[125] 屈栓柱，唐宝山，张海珠，等．准噶尔盆地南缘盆地轮廓和构造属性及页岩气战略选区的重磁电勘探研究[J]．地质论评，2019，65(5)：1288-1298.
[126] 沈保丰，翟安民，李增慧，等．冀南邯邢式铁矿成矿地质条件分析[J]．地质学报，1981，(2)：127-138，164.
[127] 沈保丰，陆松年，翟安民，等．冀南等地接触交代型铁矿床中磁铁矿的化学成分特征及其地质意义[J]．地质论评，1979(1)：10-18.
[128] 沈保丰，陆松年，于恩泽，等．某区磁铁矿床中钠质交代作用的特征及其找矿意义[J]．地质科学，1977(3)：263-274.
[129] 沈立军，朱裕振，王怀洪，等．山东齐河—禹城地区李屯富铁矿床地球化学特征及地质意义[J]．地质论评，2021，67(1)：84-98.
[130] 沈立军，朱裕振，高志军，等．山东齐河禹城富铁矿区李屯岩体地质特征初探[J]．山东国土资源，2020，36(2)：23-29..
[131] 沈其韩，宋会侠，赵子然．山东韩旺新太古代条带状铁矿的稀土和微量元素特征[J]．地球学报，2009，30(6)：693-699.
[132] 石准立，金振民，熊鹏飞，等．湖北铁山“大冶式”铁矿床矿浆成矿问题的初探[J]．地球科学，1981(2)：145-154.
[133] 石准立，熊鹏飞，王定域，等．湖北铁山“大冶式”铁矿床的某些成因问题[J]．地质科技情报，1983(S1)：10-29.
[134] 时国．南华北地区奥陶系层序地层与层序格架内古岩溶研究[D]．成都：成都理工大学，2010.
[135] 司东泽，张招崇，金子梁．山西塔儿山—二峰山含矿闪长质岩石年代学和地球化学特征及对深部动力学过程约束[J]．西北地质，2022，55(4)：204-220.
[136] 田建功．冀中坳陷奥陶系储层特征及分布研究[D]．北京：中国石油大学(北京)，2016.
[137] 田建涛，喻亨祥，杨准，等．矽卡岩成因及成矿作用研究进展综述[J]．中国科技信息，2005(23)：107.
[138] 田文法，郝俊杰，严加永，等．综合地球物理方法在邯邢式铁矿深部找矿中的应用[J]．地球物理学进展，2010，25(4)：1442-1452.
[139] 田郁溟，琚宜太，周尚国．我国战略矿产资源安全保障若干问题的思考[J]．地质与勘探，2022，58(1)：217-228.

[140] 王冬艳，许文良，兰翔，等．鲁西中生代辉长闪长岩中辉石岩捕虏体的岩石成因[J]．吉林大学学报：地球科学版，2004，34(2)：167-173.
[141] 王海涛．碳酸盐岩层系潜在钻井液漏失层识别[D]．成都：西南石油大学，2012.
[142] 王浩，徐兆文，李海勇，等．邹平雪山二长岩年代学和 Sr-Nd 同位素研究及成因探讨[J]．南京大学学报(自然科学)，2015，51(1)：73-86.
[143] 王怀洪，李秀章，沈立军，等．山东齐河—禹城地区“禹城式”富铁矿地质特征与成矿模式[J]．山东国土资源，2021，37(9)：26-35.
[144] 王俊，王乾，伍翔，等．邯邢西石门铁矿床地质特征及成因[J]．四川有色金属，2019(3)：47-50.
[145] 王开元．山东金岭矽卡岩铁矿流体包裹体研究[M]．北京：中国地质大学(北京)，2014.
[146] 王世进，万喻生，张成基，等．鲁西地区早前寒武纪地质研究新进展[J]．山东国土资源，2008，24(1)：10-20.
[147] 王世进，张成基，杨恩秀，等．鲁西地区中生代侵入岩期次划分[J]．山东国土资源，2009，25(2)：18-23.
[148] 王涛．磁法与可控源音频大地电磁法二维联合反演研究[D]．北京：中国地质大学(北京)，2016.
[149] 温冰冰，张招崇，谢秋红，等．安徽庐枞盆地小包庄铁矿的矿床地质特征和成矿机制以及与罗河铁矿的关系[J]．地质学报，2018，92(7)：1474-1492.
[150] 文广．邯邢地区矽卡岩富铁矿床形成机理及关键控制因素[D]．武汉：中国地质大学，2017.
[151] 巫祥阳，徐义刚，马金龙，等．鲁西中生代高镁闪长岩的地球化学特征及其成因探讨[J]．大地构造与成矿学，2003，27(3)：228-236.
[152] 吴福元，杨进辉，柳小明，等．冀东 3.8Ga 锆石 Hf 同位素特征与华北克拉通早期地壳时代[J]．科学通报，2005，50(18)：1996-2003.
[153] 肖克炎．“深部综合信息矿产资源预测评价”专辑特邀主编寄语[J]．地球学报，2020，41(2)：130-134.
[154] 许文良，王冬艳，高山，等．鲁西中生代金岭闪长岩中纯橄岩和辉石岩包体的发现及其意义[J]．科学通报，2003，48(8)：790-797.
[155] 许晓峰．从邯邢式铁矿某些蚀变矿物学特征探讨矿床的形成[J]．矿床地质，1987(3)：57-67.
[156] 闫政文，谭捍东，彭淼，等．基于交叉梯度约束的重力、磁法和大地电磁三维联合反演[J]．地球物理学报，2020，63(2)：736-752.
[157] 严新泺，胡华清，张厚云，等．广西凤山县金牙金矿 CSAMT 法深部找矿预测研究[J]．地质与勘探，2015，51(1)：143-150.
[158] 杨承海，许文良，杨德彬，等．鲁西中生代高 Mg 闪长岩的成因：年代学与岩石地球化学证据[J]．地球科学：中国地质大学学报，2006，31(1)：81-92.
[159] 杨承海．鲁西中生代高镁闪长岩的年代学与地球化学：对华北克拉通岩石圈演化的制约[D]．吉林：吉林大学，2007.
[160] 姚书振．湖北灵乡矿浆—热液过渡型铁矿床的地质特征及某些成因问题的初步探讨[J]．地质科技情报，1983，2(增)：70-78.
[161] 阴江宁，肖克炎，娄德波．中国铁矿预测模型与资源潜力分析[J]．地学前缘，2018，25(3)：107-117.
[162] 于鹏，戴明刚，王家林，等．密度和速度随机分布共网格模型的重力与地震联合反演[J]．地球物理学报，2008，51(3)：845-852.

[163] 俞胜，蒙轸，尤关进，等．物化探综合找矿方法在西口沟钼矿勘查中的应用[J]．地质与勘探，2016，52(5)：838-845.
[164] 战群．张家洼矿床控矿构造特征及找矿预测[J]．金属矿山，2007，378(12)：83-85.
[165] 张保涛，胡兆国，曹其琛，等．山东淄博金岭杂岩体分布区深部富铁矿资源潜力及找矿方向[J]．地质学报，2021，95(5)：1545-1560.
[166] 张保涛，胡兆国，梅贞华，等．山东淄博金岭地区辛庄铁矿地质地球物理特征及深部找矿预测[J]．地质论评，2022，68(6)：2259-2268.
[167] 张保涛，于炳松，朱光有，等．塔中北斜坡富油气区油气分布规律与富集主控因素研究[J]．地学前缘，2015，22(1)：271-280.
[168] 张保涛，梅贞华，李秀章，等．华北克拉通矽卡岩型富铁矿成矿关键控制因素：来自地层学的制约[J]．现代地质，2024，38(1)：98-116.
[169] 张超，崔芳华，张照录，等．鲁西金岭地区含矿闪长岩体成因：来自锆石 U-Pb 年代学和地球化学证据[J]．吉林大学学报：地球科学版，2017，47(6)：1732-1745.
[170] 张凤岐，韩行瑞．华北地区寒武奥陶系可溶岩与岩溶[J]．勘察科学技术，1986(1)：32-38.
[171] 张俊明，王海峰，李国祥．吉林大阳岔上寒武统凤山组—下奥陶统冶里组层序地层和化学地层研究[J]．地层学杂志，1999，23(2)：81-88.
[172] 张旗，翟明国，魏春景，等．新时代花岗岩的新理论：花岗岩四阶段理论探讨[J]．地学前缘，2023，30(6)：406-435.
[173] 张叶鹏，严家斌，王红，等．大比例尺综合物探方法在深部矿产远景调查试点中的应用[J]．地质与勘探，2015，51(4)：741-747.
[174] 张招崇，李厚民，李建威，等．我国铁矿成矿背景与富铁矿成矿机制[J]．中国科学：地球科学，2021，51(6)：827-852.
[175] 张招崇，王怀洪，谢秋红，等．"禹城式"矽卡岩型富铁矿的形成机制[J]．现代地质，2024，38(1)：1-12.
[176] 张兆年，曹毅，朱裕振，等．山东大张矽卡岩型铁矿床中铁的富集机制：来自流体包裹体和氢、氧同位素的证据[J]．矿床地质，2022，41(1)：91-105.
[177] 赵国春，孙敏，S. A. Wilde. 华北克拉通基底构造单元特征及早元古代拼合[J]．中国科学(D辑)，2002，32(7)：538-549.
[178] 赵景林，李明村，刘延奎．山东省莱芜区莱城区枣园地区铁矿普查报告[R]．莱芜：莱芜区国土资源信息咨询中心，2009.
[179] 赵鹏大，陈建平，张寿庭．"三联式"成矿预测新进展[J]．地学前缘，2003，10(2)：455-463.
[180] 赵文龙，韩春元，严梦颖，等．冀中坳陷北部奥陶系储层形成机理与分布模式[J]．特种油气藏，2020，27(5)：61-67.
[181] 赵一鸣，毕承思，李大新．中国主要矽卡岩铁矿床的挥发组分和碱质交代特征及其在成矿中的作用[J]．地质论评，1983，(1)：66-74.
[182] 赵一鸣．中国主要富铁矿床类型及地质特征[J]．矿床地质，2013，32(4)：685-704.
[183] 赵振华．副矿物微量元素地球化学特征在成岩成矿作用研究中的应用[J]．地学前缘，2010，17(1)：267-286.
[184] 赵振宇，周瑶琪，马晓鸣，等．含油气盆地中膏盐岩层对油气成藏的重要影响[J]．石油与天然气地质，2007，28(2)：299-308.
[185] 赵志丹，刘栋，王青，等．锆石微量元素及其揭示的深部过程[J]．地学前缘，2018，25(6)：124-135.

[186] 真元庆，马丽华．邯邢式铁矿时控层控的成因分析[J]．河北地质学院学报，1982(3)：27-39.
[187] 郑建民．冀南邯邢地区矽卡岩铁矿成矿流体及成矿机制[D]．北京：中国地质大学(北京)，2007.
[188] 中国矿产地质志(山东卷)编撰委员会．中国矿产地质志．山东卷．铁钛矿产[M]，北京：地质出版社，2021.
[189] 周明磊，汝亮，朱裕振，等．山东齐河—禹城地区重磁场特征及找矿预测[J]．物探与化探，2021，045(2)：301-307.
[190] 周永刚，张振飞，刘伟，等．淄博市幅区域地质调查报告[R]．济南：山东省第一地质矿产勘查院，2015.
[191] 朱德朋．磁法与大地电磁法数据二维联合反演研究[D]．北京：中国地质大学(北京)，2015.
[192] 朱日祥，徐义刚，朱光，等．华北克拉通破坏[J]．中国科学：地球科学，2012，42(8)：1135-1159.
[193] 朱日祥，徐义刚．西太平洋板块俯冲与华北克拉通破坏[J]．中国科学：地球科学，2019，49(9)：1346-1356.
[194] 朱裕振，周明磊，高志军，等．山东齐河—禹城地区矽卡岩型富铁矿的发现及其意义[J]．地质通报，2018，37(5)：938-944.
[195] 宗信德，李卫，赵宏生，等．山东莱芜接触交代-热液铁矿多因素成矿及特征[J]．地质与资源，2011，20(5)：370-375.
[196] 宗信德，徐建，卢铁元，等．山东莱芜矿山矿田铁矿产出构造类型、矿体型式及大-大中型矿床赋存规律[J]．地质找矿论丛，2010，25(3)：234-240.
[197] 宗信德．山东莱芜铁矿金牛山矿区下水河地段Ⅰ-Ⅱ号矿体补充勘探报告[R]．莱芜：山东省泰安冶金地质勘探队，1973.
[198] 邹心宇，蒋济莲，秦克章，等．锆石微量元素的理论基础及其应用研究进展[J]．岩石学报，2021，37(4)：985-999.
[199] Grimes C，John B，Kelemen P，et al. Trace element chemistry of zircons from oceanic crust：A method for distinguishing detrital zircon provenance[J]. Geology，2007，35(7)：643-646.
[200] 张蕊，尹继元，邱亮，等．新疆西准噶尔造山带北部晚石炭世Ⅰ型花岗岩的岩石地球化学和锆石 Hf-O 同位素特征：对其岩石成因与构造过程的启示[J]．地质学报，2024，98(04)：1146-1163.
[201] 吴福元，李献华，郑永飞，等．Lu-Hf 同位素体系及其岩石学应用[J]．岩石学报，2007，(02)：185-220.
[202] Grimes B C，Wooden L J，Cheadle J M，et al. "Fingerprinting" tectono-magmatic provenance using trace elements in igneous zircon[J]. Contributions to Mineralogy and Petrology，2015，170(5-6)：
[203] Schulz B，Klemd R，Brätz H. Host rock compositional controls on zircon trace element signatures in metabasites from the Austroalpine basement[J]. Geochimica et Cosmochimica Acta，2005，70(3)：697-710.
[204] 吴成平，于长春，周明磊，等．空地磁残差计算在平原厚覆盖区找矿应用[J]．地球物理学进展，2020，35(2)：663-668.
[205] 郝兴中，彭观峰，王润生，等．山东省齐河—禹城富铁矿勘查区工作进展及对策[J]．山东国土资源，2021，37(12)：17-23.
[206] 秦杰，朱学强，王丽娟，等．鲁西潘店铁矿成矿岩体成因：锆石 U-Pb 年代学和地球化学证据[J]．山东国土资源，2023，39(3)：14-22.

[207] ZHU Y Z, ZHANG Z N, SHEN L J, et al. First report on zircon U-Pb age(125.9 Ma)of the quartz monzonite from the Pandian skarn iron deposit in the Luxi area, Eastern China[J]. China Geology, 2022, 5(1): 185-187.
[208] 向坤，薛传东，谢志鹏，等．滇西北拉巴燕山晚期花岗岩岩石成因及其成矿指示—黑云母和角闪石矿物化学证据[J]. 岩石矿物学杂志，2019，38(1)：34-46.
[209] RIDOLFI F, PUERINI M, RENZULLI A, et al. The magmatic feeding system of El Reventador volcano (sub-Andean zone, Ecuador) constrained by texture, mineralogy and thermobarometry of the 2002 erupted products[J]. Journal of Volcanology and Geothermal Research, 2008, 176(1): 94-106.
[210] RIDOLFI F, RENZULLI A, PUERINI M. Stability and chemical equilibrium of amphibole in calc-alkaline magmas: an overview, new thermobarometric formulations and application to subduction-related volcanoes[J]. Contributions to Mineralogy and Petrology, 2010, 160(1): 45-66.
[211] DUAN Z, Li J W. Zircon and titanite U-Pb dating of the Zhangjiawa iron skarn deposit, Luxi district, North China Craton: implications for a craton-wide iron skarn mineralization[J]. Ore Geology Reviews, 2017, 89: 309-323.
[212] 郝兴中，肖珂炎，王巧云，等．山东铁矿成矿规律及潜力分析[J]. 地球学报，2023，44(5)：834-848.
[213] 吴成平，于长春，周明磊，等．航空重磁在山东齐河厚覆盖区圈定隐伏岩体的方法及效果[J]. 地质通报，2022，41(2-3)：398-406.
[214] 王润生，郝兴中，陈大磊，等．山东齐河—禹城地区矽卡岩型铁矿成矿地质体边界讨论及深部特征研究[J]. 地球物理学进展，2022，37(1)：59-68.
[215] 林文蔚，彭丽君．由电子探针分析数据估算角闪石、黑云母中的 Fe^{3+}、Fe^{2+}[J]. 长春地质学院学报，1994(2)：155-162.
[216] FOSTER M D. Interpretation of the composition of trioctahedral micas[M]// U. S. Geological Survey Professional Paper. Washington: United States Government Printing Office, 1960: 11-40.
[217] NACHIT H, IBHI A, ABIA E H, et al. Discrimination between primary magmatic biotites, re-equilibrated biotites and neoformed biotites[J]. Comptes Rendus Geoscience, 2005, 337(16): 1415-1420.
[218] LEAKE B E, WOOLLEY A R, ARPS C E S, et al. Nomenclature of amphiboles: report of the subcommittee on amphiboles of the international mineralogical association, commission on new minerals and mineral names[J]. The Canadian Mineralogist, 1997, 35: 219-246.
[219] 张聚全，王吉中，李胜荣，等．南太行邯邢地区矽卡岩型铁矿成矿过程的成因矿物学解析[J]. 矿物岩石地球化学通报，2018，37(2)：205-213.
[220] 姜常义，安三元．论火成岩中钙质角闪石的化学组成特征及其岩石学意义[J]. 矿物岩石，1984，4(3)：10-15.
[221] 张超，崔芳华，耿瑞，等．鲁西金岭矽卡岩型铁矿区早白垩世石英闪长岩成因：年代学和地球化学证据[J]. 矿物岩石，2021，41(1)：80-92.
[222] 王来明，郝兴中，朱学强，等．山东省齐河—禹城超深覆盖区矽卡岩型铁矿三维成矿预测研究[M]. 北京：地质出版社，2023，103-116.
[223] 李全忠，谢智，陈江峰，等．济南和邹平辉长岩的 Pb-Sr-Nd 同位素特征和岩浆源区中下地壳物质贡献[J]. 高校地质学报，2007，13(2)：297-310.
[224] 赵海玲，邓晋福，贺怀宇，等．造山带陆壳增厚的一个岩石学记录——以济南辉长岩及其包体研究为例[J]. 地学前缘，1998，(4)：251-256.

[225] 杨承海，许文良，杨德彬，等．鲁西济南辉长岩的形成时代：锆石 LA-ICP-MS U-Pb 定年证据[J]．地球学报，2005，26(4)：321-325.
[226] 高林，陈斌．鲁西地块济南辉长岩岩石学、地球化学和 Os-Nd-Sr 同位素研究[J]．地球科学与环境学报，2013，35(2)：19-31.
[227] 王玉往，解洪晶，石煜，等．山东省齐河—禹城地区接触交代型富铁矿综合信息找矿预测地质模型．北京：北京矿产地质研究院，2017.
[228] WONES D R，EUGSTER H P. Stability of biotite：experiment，theory，and application[J]. American Mineralogist，1965，50(9)：1228-1272.
[229] HENRY D J，GUIDOTTI C V，THOMSON J A. The Ti-saturation surface for low-to-medium pressure metapelitic biotites：implications for geothermometry and Ti-substitution mechanisms[J]. American Mineralogist，2005，90：316-328.
[230] 康志强，冯佐海，王睿．角闪石黑云母全铝压力计的可靠性对比——以广西姑婆山-花山花岗岩为例[J]．桂林理工大学学报，2010，30(4)：474-479.
[231] JOHNSON M C，RUTHERFORD M J. Expermental calibration of the aluminum-in-hornblende geobarometer with application to Long Valley Caldera(California) volcanic rocks[J]. Geology，1989，17：837-841.
[232] RIDOLFI F，RENZULLI A. Calcica mphiboles in calc-alkaline and alkaline magmas：thermobarometric and chemometric empirical equations valid up to 1130℃ and 2. 2GPa[J]. Contributions to Mineralogy and Petrology，2012，163(5)：877-895.
[233] RICHARDS J P. Tectono-magmatic precursors for porphyry Cu-(Mo-Au) deposit formation[J]. Econ Geol，2003，98：1515-1533.
[234] WONES D R. Significance of the assemblage titanite magnetite quartz in granitic rocks[J]. American Mineralogist，1989，74(7-8)：744-749.
[235] BUDDINGTON A F，LINDSLEY D H. Iron - titanium oxide minerals and synthetic equivalents [J]. Journal of Petrology，1964，5(2)：310-357.
[236] 张宏罗，MARC H，MICHAEL W，等．压力对硅酸盐熔体中氧逸度的影响以及在类地行星岩浆海氧化还原演化过程中的应用[C]// 第十八届中国高压科学学术会议文集．成都：中国物理学会高压物理专业委员会，2016：175.
[237] 辛雨，薛胜超，王信水，等．汇聚环境岩浆氧化态来源的进展与展望[J]．岩石学报，2023，39(9)：2817-2831.
[238] ZHANG J B，WANG R，HONG J. Amphibole fractionation and its potential redox effect on arc crust：Evidence from the Kohistan arc cumulates[J]. American Mineralogist，2022，107：1779-1788.
[239] 范琳琳，卢静，张聚全，等．冀南綦村斑状石英二长岩角闪石环带结构及其地质意义[J]．矿物岩石地球化学通报，2021，40(4)：903-913.
[240] THAKURTA J，RIPLEY E M，Li C S. Geochemical constraints on the origin of sulfide mineralization in the Duke Island complex，southeastern Alaska[J]. Geochemistry，Geophysics，Geosystems，2008，9(7)：34.
[241] GANINO C，ARNDT N T，ZHOU M F，et al. Interaction of magma with sedimentary wall rock and magnetite ore genesis in the Panzhihua mafic intrusion，SW China[J]. Mineralium Deposita，2008，43(6)：677-694.
[242] GANINO C，HARRIS C，ARNDT N T，et al. Assimilation of carbonate country rock by the parent magma of the Panzhihua Fe-Ti-V deposit(SW China)：evidence from stable isotopes[J]. Geoscience

Frontiers, 2013, 4(5): 547-554.

[243] HOU T, CHARLIER B, HOLTZ F, et al. Immiscible hydrous Fe-Ca-P melt and the origin of iron oxide-apatite ore deposits[J]. Nature Communications, 2018, 9(1): 1415.

[244] 赵劲松，赵斌，李兆麟．大冶铁矿床夕卡岩矿物中熔融包裹体的发现及其地质地球化学意义[J]. 地球化学，2000，29(5)：500-503.

[245] 杨浩田，杨德彬，师江朋，等．鲁西早白垩世岩石圈地幔的属性：大昆仑辉长岩和辉绿岩年代学、岩石地球化学和 Sr-Nd-Pb-Hf 同位素制约[J]. 岩石学报，2018，34(11)：3327-3340.

[246] DAI F Q, ZHAO Z F, ZHENG Y F, et al. The geochemical nature of mantle sources for two types of cretaceous basaltic rocks from Luxi and Jiaodong in east-central China[J]. Lithos, 2019, 344-345: 409-424.

[247] HE D T, LIU Y S, Chen C F, et al. Oxidization of the mantle caused by sediment recycling may contribute to the formation of iron-rich mantle melts[J]. Science Bulletin, 2020, 65(7): 519-521.

[248] 万渝生，刘敦一，王世进，等．华北克拉通鲁西地区早前寒武纪表壳岩系重新划分和 BIF 形成时代[J]. 岩石学报，2012，28(11)：3457-3475.

[249] TORNOS F, HANCHAR J M, STEELE-MACINNIS M, et al. Formation of magnetite-(apatite) systems by crystallizing ultrabasic iron-rich melts and slag separation[J]. Miner Deposita, 2023, 59: 189-225.

[250] 张招崇，柴凤梅，谢秋红．热幔—冷壳背景下的高角度俯冲：海相火山岩型铁矿的形成[J]. 中国地质，2016，43(2)：367-379.

[251] 白富生，金雅楠，范琳琳，等．邯邢地区东部紫泉闪长岩的成因矿物学研究[J]. 石家庄经济学院学报，2021，44(2)：1-7.

[252] MEINERT L D. Compositional variation of igneous rocks associated with skarn deposits-chemical evidence for a genetic connection between petrogenesis and mineralization[J]. Mineralogical Association of Canada, 1995, 23: 401-418.

[253] ZHANG J Q, YAN L N, SANTOSH M, et al. Tracing the genesis of skarn-type iron deposit in central North China Craton: insights from mineral zoning textures in ore-forming intrusion[J]. Geological Journal, 2020, 55(9): 6280-6295.

[254] 黎彤，袁怀雨，吴胜昔．中国花岗岩类和世界花岗岩类平均化学成分的对比研究[J]. 大地构造与成矿学，1998，(01)：29-34.

[255] 邱家骧．确定陆相火山岩名称、酸度、碱度、系列、组合的简便化学方法[J]. 地质与勘探，1979，(08)：50-56.